D1671731

Eckehard Schnieder (Hrsg.)

Verkehrsleittechnik

Automatisierung
des Straßen- und Schienenverkehrs

Mit Beiträgen von

Uwe Becker, Imma Braun, Andreas Busemann, Stefan Detering, Frank Hänsel,
Jörg May, Lars Müller, Jan Poliak, Eckehard Schnieder, Harald Schrom,
Roman Slovak und Stefan Wegele

Mit 236 Abbildungen und 45 Tabellen

 Springer

Professor Dr.-Ing. Dr. h.c. Eckehard Schnieder (Hrsg.)
TU Braunschweig
Institut für Verkehrssicherheit und Automatisierungstechnik
Langer Kamp 8
38106 Braunschweig
e.schnieder@tu-bs.de

Bibliografische Information der Deutschen Nationalbibliothek
Die Deutsche Nationalbibliothek verzeichnet diese Publikation in der Deutschen Nationalbibliografie;
detaillierte bibliografische Daten sind im Internet über http://dnb.d-nb.de abrufbar.

ISBN 978-3-540-48296-3 Springer Berlin Heidelberg New York

Springer ist ein Unternehmen von Springer Science+Business Media

springer.de

© Springer-Verlag Berlin Heidelberg 2007

Satz: Digitale Vorlage des Autors
Herstellung: LE-TeX Jelonek, Schmidt & Vöckler GbR, Leipzig
Einbandgestaltung: WMXDesign, Heidelberg

Gedruckt auf säurefreiem Papier   68/3180/YL – 5 4 3 2 1 0

Vorwort

Verkehr ohne Leittechnik ist wie Laufen im Dunkeln. Damit Personen und Sachgüter individuell, sicher und komfortabel, zügig und effizient ihre Ziele erreichen, sind geeignete Regularien erforderlich, die organisatorisch, menschlich und technisch ausgeführt werden. Die Regularien der Verkehrsabwicklung haben sich über sehr lange Zeiträume evolutionär entwickelt. Damit geht auch eine gewisse Konsolidierung ihrer Verkehrsleitfunktionen und technischen Realisierung einher, welche zu den langfristigen Investitionsgütern einer Volkswirtschaft zählen.

Demgegenüber steht der technische Fortschritt, insbesondere durch neu- und andersartige Technologien, z. B. der Digitalisierung und Miniaturisierung, welche eine neuartige Lokalisierung, z. B. Positionserfassung auf Fahrzeugen, und kommunikative Vernetzung der leittechnischen Funktionen, z. B. durch Mobilfunk, ermöglicht, so dass weitergehende Potenziale zugunsten einer effizienten Verkehrsorganisation erschlossen werden. Diese technologisch mögliche Entwicklung korrespondiert mit den weltweit politisch initiierten liberalisierten Verkehrsmärkten. Daraus resultiert auch die Internationalisierung verkehrsleittechnischer Produkte. Diese werden jetzt aber – fast paradoxerweise – nicht mehr als Angebot technischer Funktionalität verstanden, sondern als Lösungen funktionaler Anforderungen und Bedarfe. Dies ist ein fundamentaler Paradigmenwechsel, der die verkehrsleittechnische Aufgabe in den Vordergrund stellt und ihr die Priorität zuspricht.

Die vorliegende Monografie stellt daher diese mittlerweile industriell etablierte Neuausrichtung einer funktional orientierten Verkehrsleittechnik in den Mittelpunkt. Damit werden auch die längerfristig geltenden Grundlagen trotz des rasanten technologischen Fortschritts nicht zu schnell an Substanz verlieren.

Das Buch richtet sich an Studierende und Fachleute des ingenieurwissenschaftlichen Verkehrswesens. Voraussetzungen sind elementare Kenntnisse des

Straßen- und Schienenverkehrs im Anwendungsbereich und der Regelungstechnik bzw. Systemtheorie aus methodischer Sicht.

Jede Verkehrsart, d. h. Straßen- und Schienenverkehr als die so genannten bodengebundenen Verkehrsträger sowie der Luft- und Schiffsverkehr mit ihren natürlichen Verkehrswegen, beansprucht eine gewisse Eigenständigkeit. Wegen der Beschränkung der landgebundenen Verkehrsträger auf eigens dafür hergestellten Verkehrswege, d. h. Straßen und Schienen, sind gewisse Ähnlichkeiten bei hinreichender Abstraktion vorhanden, z. B. allein in der Bewegungsdynamik der Fahrzeuge auf eine bis zwei Dimensionen im Raum. Auch aus dieser Bedingung heraus bezieht sich dieses Buch nur auf den Straßen- und Schienenverkehr. Interessant ist aber auch der hier nur mögliche Vergleich des strikt regulierten Schienenverkehrs und des Straßenverkehrs mit weitgehend offenem Zugang. Auch in der Kombination dieser beiden Verkehrsmoden wird das Primat der Funktion „Beförderung" vor dem der technischen Realisierung „Straßen-" oder „Schienenfahrzeug" evident und als didaktischer Ansatz genutzt. Der attraktiven Verlockung aktuelle Projekte und technische Realisierungen im Detail zu beschreiben, wurde jedoch widerstanden, da sie durch den raschen Fortschritt überholt werden und der Grundlagencharakter im Vordergrund steht.

Der hier verfolgte konzeptionelle Ansatz zur Verkehrsleittechnik stammt aus der Regelungs- und Automatisierungstechnik, der durch ihre modernen Beschreibungsmittel und die der Informatik formalisiert wird. Insbesondere steht dadurch der funktional-dynamische Zusammenhang im Vordergrund, einschließlich kausaler und temporaler Wirkungsketten, in z. T. sehr weit auseinanderliegenden zeitlichen Spannweiten. Daraus erwächst auch das Verständnis für die Wirkung von Maßnahmen der Verkehrsleittechnik, sowohl zur gezielten Einflussnahme als auch ihrer Grenzen.

Insgesamt umfasst das Buch fünf zusammenhängende Teile:

Zur Betonung des Primats der verkehrsleittechnischen Funktion werden die wissenschaftlichen Grundlagen und ihre Modellkonzepte eigens vorangestellt, welche für die curriculare Entwicklung der Teile und Kapitel des Buches ein übergeordnetes Begriffsverständnis geben. Damit ist auch der Anspruch verbunden, durch geeignete Begriffsbildung und Benennung prägend sowie präzisierend zu wirken, denn immer wieder wird als Ursache für Inkompatibilitäten ein nur scheinbares Verständnis infolge unscharfer Begriffe identifiziert. Gleichzeitig ermöglicht dieser Ansatz auch den Zugang zur Kooperation der Verkehrssysteme.

Der erste Teil stellt nach der Einleitung und Darstellung der Grundlagen das mobile Transportmittel zur Beförderung von Personen und Sachgütern auf der bereitgestellten Verkehrswegeinfrastruktur ins Zentrum. Zur Realisierung der Leitfunktionen ist die sensorische Erfassung des unmittelbaren Verkehrsgeschehens und die Kommunikation erforderlich.

Nach der Darstellung der Bewegungssteuerung einzelner Verkehrsmittel im Straßen- und Schienenverkehr wird im nächsten Teil ihre Bewegung in größerem Zusammenhang von Verkehrsflüssen auf unverzweigten Abschnitten der Verkehrswegeinfrastruktur des Straßen- und Schienenverkehrs behandelt. Anschließend folgt in einem weiteren Teil das Management von Verkehrsströmen in Straßenkreuzungen und Bahnhöfen als den Knoten der Infrastrukturtopologie und schließt Rangierbahnhöfe und Bahnübergänge ein.

In der weiteren Abstraktion von Strecken und Knoten sind dann Verkehrsströme in modalen Netzen Gegenstand der Betrachtung. Hier sind es Verkehrsflussregelungen im größeren regionalen Zusammenhang, d. h. den Netzen des Straßenverkehrs in urbanen Ballungsräumen oder im Schienenverkehr unter Berücksichtigung des Personen- und Güterverkehrs. Hierunter fällt auch das Flottenmanagement im Straßenverkehr. Im letzten Teil wird die modale Verteilung insgesamt als regelungstechnische Problemstellung unter Berücksichtigung der Wirkung politischer und ökonomischer Parameter als Einflussgrößen diskutiert. Mit den Verzeichnissen der Literatur, Sachworte und Autoren schließt das Buch.

Der große Umfang der Materie macht es einem einzelnen Wissenschaftler schwer, sämtliche Aspekte der Verkehrsleittechnik zu behandeln, so dass dieses Werk von Beiträgen mehrerer Autoren lebt. Die Gefahr, dadurch zwar die Breite abzudecken, jedoch nicht dem konzeptionellen Ansatz und einer einheitlichen Begriffswelt treu zu bleiben, konnte vermieden werden, indem eine Gemeinschaft an Autoren aus dem wissenschaftlichen Umfeld des Herausgebers der Verkehrsregion Braunschweig gewonnen werden konnte, die z. T. gestaltend an verkehrsleittechnischen Projekten der Wissenschaft und Wirtschaft mitwirkten. Namentlich sind die Projekte Transrapid, H-Bahn, Metro-Mailand, European Train Control System ETCS aus der Wirtschaft und die Projekte Disposition, Innovativer Güterverkehr, Bahnübergänge, Ortungstechnologie und -kommunikation sowie Regelung von Straßenfahrzeugen aus Forschungsvorhaben der Europäischen Union, der Forschungsförderung durch das Land Niedersachsen, durch Bundesministerien und der Deutschen Forschungsgemeinschaft sowie von Unternehmen der Kraftfahrzeug- und Eisenbahnindustrie sowie ihres -betriebes zu erwähnen. Auch die Impulse aus vielen Dissertationen und einer Reihe von nationalen und internationalen wissenschaftlichen Veranstaltungen mit langjähriger verantwortlicher und inhaltlicher Teilhabe der Autoren, u. a. Gesamtverkehrsforum, Automatisierungs- und Assistenzsysteme für Transportmittel (AAET), Control in Transportation der IFAC, Formale Techniken für Automatisierungs- und Sicherheitssysteme im Eisenbahn- und Automotivebereich (FORMS/FORMAT) sowie die aktive Ausgestaltung des Studiengangs Mobilität und Verkehr der Technischen Universität Braunschweig mit der u. a. dort in den letzten Jahren entwickelten Vorlesung Verkehrsleittechnik, bilden die vielen Wurzeln der Beiträge dieser Monografie.

Die Autoren haben bei der Erstellung des Buches vielfältige und tatkräftige Unterstützung erhalten. An dieser Stelle sei Frau R. Stegemann, Frau J. Lorenz und Frau M. Schmidt für die Erstellung der Manuskripte, der Abbildungen und die Literaturrecherchen, und für ihre Mitwirkung bei der drucktechnischen Aufbereitung insbesondere Ehepaar Wegele herzlich gedankt. Herrn Jan Poliak gebührt Anerkennung für die organisatorische Betreuung, den Herren Jörg Müller und Lars Müller sowie Jörn Drewes für die redaktionellen Bearbeitungen. Frau Lena Thiele, Herrn Max Büsen und Herrn Torben Kupke danken die Autoren für die Anfertigung der Abbildungen und Tabellen. Für die freundliche Genehmigung zur Verwendung ihrer Ergebnisse sei namentlich den Herren Gunther Ellwanger (Abschnitt 15.4.2), Kai Müller (Abschnitt 2.4.2), Horst Strobel (Abschnitte 15.2.3 und 15.4.1) und Wolf Zechnall (Abschnitt 12.5.1) sowie vielen Firmen und Betreibern für die Zustimmung zur Verwendung von Abbildungen gedankt.

Für den Anstoß zu diesem Buchprojekt danke ich meinem Kollegen Dirk Abel aus Aachen und Herrn Lehnert für die Aufnahme in den Springer Verlag und seine motivierende Begleitung.

Eckehard Schnieder   Braunschweig, Mai 2007

Inhaltsverzeichnis

1

Einleitung

Deutschland kann noch das erste Land in Europa und in der Welt werden, das bis zum Jahr 2020 fast alle Unfälle und Staus mit Hilfe von intelligenten Verkehrsregelungs- und -anreizsystemen vermeidet. Dafür muss beim Ausbau der Verkehrsinfrastruktur so viel wie nötig für Managementsysteme und so wenig wie möglich für zusätzliche Verkehrswegebauten getan werden. Mit dem Einsatz von Intelligenz und Innovation lässt sich eine Heimatbasis schaffen, die dazu befähigt, beim Export von Infrastrukturausrüstungen, Produkten und Diensten des Verkehrsmanagements Weltmeister zu werden.

Fritjof Mietsch, 2005

1.1 Aufgabenstellung der Verkehrsleittechnik

Verkehr ist eine wesentliche Grundlage der Gesellschaft, Zivilisation und Wirtschaft. Über Jahrhunderte wurden Verkehrswege geschaffen und immer neue Verkehrsmittel entwickelt. Sie dienen der Raumüberwindung von Menschen und Gütern, d. h. dem Transport, und bilden eine wichtige Voraussetzung für Mobilität als humanem und sozialem Wert an sich. Verkehr ist von akuter öffentlicher Präsenz. Verbunden mit Mobilität sind neben der Nutzung von Energie zur Beförderung und den damit einhergehenden Emissionen (Feinstaub, CO_2) auch Risiken und Schäden an Personen, Sachen und Natur durch Verkehrsteilhabe.

Die Organisation des Verkehrs, vor allem ab einer seit längerem überschrittenen Dichte, hat erheblichen Einfluss auf die positiven und negativen Auswirkungen des Verkehrs aus persönlicher Sicht des Menschen und seiner natürlichen Umwelt sowie aus Sicht der Wirtschaft und Gesellschaft im Allgemeinen.

Die Organisation des Verkehrs umfasst die Steuerung der Verkehrsmittel, d. h. der Straßen-, Schienen- und Luftfahrzeuge sowie der Schiffe, einzeln, in Verbänden, in den jeweiligen örtlichen Bereichen, d. h. sowohl auf Straßen und Verzweigungen in einzelnen Verkehrsnetzen als auch in den unterschiedlichen Verkehrsmoden insgesamt.

Die Organisation der beabsichtigten Zielerreichung und sicheren Bewegung einzelner Verkehrsmittel und ihre Führung auf den Verkehrsnetzen beruht einerseits auf Werten, geeigneten Zielen, Strategien und Funktionen und erfordert andererseits auch die geeigneten technischen Träger zu deren Verwirklichung einschließlich institutioneller Verantwortung bzw. Zuständigkeit. All dies umfasst die Verkehrsleittechnik und ihre Systeme, Anlagen, Einrichtungen und Personal.

Vor allem infolge des technischen Fortschritts sind immer mehr neue gewünschte Funktionen realisierbar und bereits vorhandene Funktionen verbesserbar. Infolge politischer Entwicklungen ergeben sich neue Verantwortungsfelder für die wirtschaftliche Betätigung, welche die staatliche Zuständigkeit ablösen (z. B. Liberalisierung im europäischen Verkehr bzw. im Telekommunikationssektor).

Die beiden Aspekte technischer Fortschritt und politische Entwicklung sind Anlass dieser Monografie zur Verkehrsleittechnik, die sowohl die grundlegenden methodischen Ansätze als auch den aktuellen technologischen Stand und weitere Möglichkeiten integriert.

1.2 Methodischer Ansatz

Die Beherrschung komplexer Verkehrsströme auf den Netzen des Straßen- und Schienenverkehrs kann ohne regelnde Einflussnahme deren mögliche Kapazitäten nicht optimal ausschöpfen und andererseits auch ihre Wirkungen auf Emissionen und Risiken nicht verändern. Zum Entwurf dieser Beeinflussung und ihrer Realisierung mit technischen Einrichtungen, d. h. der Verkehrsleittechnik, ist eine solide Kenntnis und adäquate Modellierung der Verkehrssysteme mit ihrem Verhalten und der darauf angepassten Steuerungs- und Sicherungsfunktionen mit ihren Sensoren, Automatisierungseinrichtungen und Stellgliedern Voraussetzung.

Wegen der großen Detailfülle dieser komplexen Thematik ist es wichtig, über ordnende Strukturen und Konzepte zu verfügen, die über den raschen Technologiewandel hinaus Gültigkeit haben.

Mit dieser Zielsetzung wurde das Konzept dieser Monografie über die Verkehrsleittechnik im landgebundenen Transport wissenschaftstheoretisch entwickelt. Ein erster Schritt ist dabei die Entscheidung, nicht nur den Straßenverkehr allein zu behandeln, sondern komplementär den Schienenverkehr einzubeziehen. Beide sind die wesentlichen Träger der Mobilität im Landverkehr; beide benötigen komplexe technische Infrastrukturen. Aus dem steten Wechsel der Perspektive resultieren zahlreiche Verfremdungseffekte mit interessanten Potenzialen. Insbesondere der Vergleich technischer, betrieblicher und organisatorischer Aspekte schärft den Blick für Ähnlichkeiten und Unterschiede. Dadurch wird Verständnis für die z. T. historisch oder partikulär begründete Andersartigkeit geweckt. Deren Gründe werden nachvollziehbar. Es werden aber auch Potenziale offengelegt, um traditionelle Betrachtungen in Frage zu stellen, wenn sie überholt zu sein scheinen. Gleichzeitig öffnen sich Perspektiven, die Verkehrssysteme weiter zu integrieren.

In diesen Kontext der modalen Vergleichbarkeit werden zwei weitere Aspekte gestellten. Zum einen der historische Fortschritt, was insbesondere wichtig ist, da Verkehrsleitsysteme zu den langlebigen Investitionen einer Volkswirtschaft gehören und sich daraus die Fortschrittsgestaltung ergibt, insbesondere unter Einführung und Nutzung neuer globaler Technologien (z. B. Mobilfunk, Satellitenortung) oder zunehmend lokal und mobil verorteter Technologien (z. B. Multisensorik, Radio-Frequenz-Identifikation (RFID), Fahrzeug-Fahrzeug-Kommunikation). Gestaltung und Betrieb der Investitionsgüter der Verkehrsleittechnik schließt auch ihre Erhaltung und Migration, d. h. Änderung mit ein. Zum anderen rückt auch der internationale Aspekt immer mehr in das Bewusstsein, wie es bereits seit langem in der Schiff- und Luftfahrt eine Rolle spielt. Insbesondere im Fokus globalisierter Märkte und regionaler Vernetzung wird dieser Gesichtspunkt in Zukunft wirtschaftlich höchst entscheidend.

Eine gewisse Problematik bei der wissenschaftlichen Behandlung der Verkehrsleittechnik, die in dieser Form bislang nicht existiert, sind die modalspezifische bzw. domänenspezifische Terminologien und Modellkonzepte, an der man einerseits zwar die Fachkunde identifiziert, deren mangelnde begriffliche Abstraktion jedoch andererseits die Wahrnehmung ähnlicher Konzepte erschwert. Insofern schafft die vorliegende Darstellung genügend Distanz zum Nutzen gegenseitiger Befruchtung in der wissenschaftlichen Erkenntnis und zum wirtschaftlichen Erfolg. Infolge der somit vergleichbaren Darstellung der Leittechnik in zwei Moden des Landverkehrs werden strukturelle oder funktionale Gemeinsamkeiten auf begrifflicher Ebene transparent oder ihrerseits begriffliche Unschärfen offenbart.

Durch den vorliegenden methodischen Ansatz sollen diese offenkundigen Unzulänglichkeiten überwunden werden. Die dazu erforderlichen Grundlagen werden im 2. Kapitel "Grundlegende Begriffe und Konzepte„ dargestellt.

1.3 Gliederung

Entsprechend dem im nächsten Kapitel dargestellten System- und Sichtenkonzept, nach dem u. a. Systeme gemäß verschiedenster Aspekte gegliedert und betrachtet werden können, ist das Buch im Anschluss an diese Einleitung und das nachfolgende Grundlagenkapitel in vier weitere Teile gegliedert. Die Teile spiegeln die grundsätzliche Struktur von Verkehrssystemen in fortschreitender Abstraktion entsprechend den hierarchischen Ebenen des Leitsystems wider (Tabelle 1.1).

Tabelle 1.1. Gliederung und Kapitelübersicht

Teil	Kap.	Thema
0		Einleitung und Grundlagen
	1	Einleitung
	2	Grundlegende Begriffe und Konzepte
I		Einzelfahrzeugsteuerung und Informationsmanagement
	3	Regelung der Längsbewegung einzelner Verkehrsmittel
	4	Sensorik
	5	Kommunikation
II		Verkehrsflusssteuerung
	6	Flusssteuerung im Straßenverkehr
	7	Sicherung und Steuerung von Zugbewegungen
III		Knotensteuerung
	8	Kreuzungsmanagement im Straßenverkehr
	9	Knotenmanagement im Schienenverkehr
	10	Rangiertechnik
	11	Bahnübergänge
IV		Betriebs- und Netzmanagement
	12	Netzmanagement im Straßenverkehr
	13	Netzmanagement im Schienenverkehr
	14	Flottenmanagement
	15	Modal-Split-Management
V		Verzeichnisse
	16	Literaturverzeichnis
	17	Sachwortverzeichnis
	18	Autorenverzeichnis

Ausgangspunkt ist das mobile Transportmittel, d. h. das elementare Objekt im Verkehr zur Beförderung von Personen und Sachgütern auf der bereitgestellten statischen Verkehrswegeinfrastruktur. In paralleler Kongruenz wird zunächst die Bewegung von einzelnen Fahrzeugen unter dem leittechnischen Zweck der Verkehrsorganisation behandelt.

Zur Realisierung der Leitfunktionen ist die sensorische Erfassung des unmittelbaren Verkehrsgeschehens und die Kommunikation von Sensor-, verdichteten Verkehrs- und Stellinformationen erforderlich, die in separaten Kapiteln folgt.

Nach der regelungs- und automatisierungstechnischen Darstellung der Bewegungssteuerung von Einzelfahrzeugen im Straßen- und Schienenverkehr wird im zweiten Teil ihre Bewegung in größerem Zusammenhang, d. h. auf einem längeren, aber unverzweigten Abschnitt der Verkehrswegeinfrastruktur behandelt. Schwerpunkte sind die kollisionsfreie Kolonnenfahrt auf Schnellstraßen sowie die sichere Zugfolge im Bahnbetrieb.

Der dritte Teil behandelt das Management von Verkehrsströmen in Straßenkreuzungen und Bahnhöfen als den Knoten der Infrastrukturtopologie und schließt Rangierbahnhöfe und Bahnübergänge ein.

In der weiteren Aggregation von Strecken und Knoten zu Netzen sind dann deren Verkehrsströme Gegenstand der Betrachtung. Hier sind es Verkehrsflussregelungen im größeren regionalen Zusammenhang, d. h. den Netzen des Straßenverkehrs in urbanen Ballungsräumen oder Aufgaben der Netzdisposition im Schienenverkehr unter Berücksichtigung des Personen- und Güterverkehrs. Dabei werden insbesondere auch Fragen der organisatorischen Verantwortung der Steuerungsaufgaben diskutiert. Hierunter fällt auch das Flottenmanagement im Straßenverkehr als dedizierte Leitfunktion mit eigenständigen Leitsystemen.

Im letzten Teil wird die modale Verteilung als regelungstechnische Problemstellung unter Berücksichtigung der Wirkung politischer und ökonomischer Parameter als Einflussgrößen diskutiert.

Die Literaturangaben sind im Literaturverzeichnis zusammengefasst.

Die jeweiligen Kapitel sind weitgehend ähnlich gegliedert (Tabelle 1.2): Nach einer Einführung in die verkehrliche Aufgabenstellung auf der betreffenden modalen Abstraktionsebene wird die Verhaltensdynamik als Gegenstand der leittechnischen Einflussnahme erläutert.

Tabelle 1.2. Grundstruktur der Kapitelabschnitte

Kapitelabschnitt	Inhalt
1	Aufgabenstellung
2	Verkehrlicher Gegenstandsbereich Aufbau und dynamisches Verhalten
3	Leittechnische Funktion Steuerung, Regelung, Messung und Optimierung
4	Realisierung der leittechnischen Funktionen
5	Anwendungsbeispiele

Methodischer Ansatz in den einzelnen Kapiteln ist die Darstellung in Form eines Regelungs- oder Automatisierungssystems ausgehend von einer Analyse des weitgehend unbeeinflussten Verkehrsverhaltens, d. h. der sogenannten Regelstrecke, und der Formulierung der Regelungsaufgabe, dem daraus resultierenden Konzept der Regelung und ihrem Entwurf sowie der Beurteilung des resultierenden Systemverhaltens, welche auch seine Optimierung einschließt. Nach dem theoretisch funktionalen Entwurf des Idealkonzepts wird seine meist automatisierungstechnische Verwirklichung mit Sensoren, Automatisierungseinrichtungen und Kommunikationssystemen sowie den verkehrstechnischen Stelleinrichtungen dargestellt. Konkrete Beispiele von tatsächlich ausgeführten Einrichtungen und Anlagen veranschaulichen die Verwirklichungen der jeweiligen Konzepte und Systemstrukturen und -modelle.

2

Grundlegende Begriffe und Konzepte

Ausgehend von einer anfangs noch intuitiven Vorstellung der Verkehrsleittechnik werden nach und nach geeignete Begriffskonzepte entwickelt und sprachlich präzise formuliert. So entsteht aus einer mentalen Idee über eine Terminologie eine strukturierte Taxonomie. Die danach im nächsten Abschnitt vorgestellten Konzepte der Konstituenten, der Rollen und die hierarchische Organisation zeigen bereits die ersten Taxonomien und Begriffstrukturen der Verkehrsleittechnik, welche mit Hilfe von etablierten Modellkonzepten weiterentwickelt werden.

Für die thematisch konsistente und weitgehend vollständige Beherrschung der Begriffsgebäude ist ihre mengentheoretische Ordnung unter Verwendung geeigneter Relationen zwischen den Begriffen außerordentlich hilfreich. Eine adäquate Repräsentation eines derartigen komplexen Beziehungsgefüges ist zwar mit heutigen wissensbasierten Softwaretools inhaltlich möglich, kann jedoch nur sichtenspezifisch visualisiert und damit ausschnitthaft veranschaulicht werden, z. B. durch Beschreibungen mittels so gennanter Klassendiagramme. Die genauen physikalisch bzw. organisatorisch und technisch bedingten Abhängigkeiten zwischen der verkehrlichen Eigenschaft und ihre Merkmale quantifizierenden Größen kann nur mathematisch formalisiert werden, z. B. implizit mit Hilfe von Funktionen, Gütekriterien in Integralform oder Verhaltensbeschreibungen durch Differenzialgleichungen oder explizit durch ihre zumeist simulative Lösung und graphisch beschriebene Zeitreihen.

Bei der technisch-wissenschaftlichen Darstellung komplexer Systeme spielen daher die Beschreibungsmittel eine zentrale Rolle, um die thematisierten Sachverhalte angemessen darzustellen und in ihrem Wesen und Gehalt dem Leser näher zu bringen.

Darüber hinaus ist es noch wichtiger, für die Systeme mit ihren Eigenschaften treffende Modellkonzepte zu nutzen oder zu finden und diese dann mit den passenden Beschreibungsmitteln zu repräsentieren, was schließlich in mathe-

matische Formalismen mündet. Exemplarische Verwendung findet das Modellkonzept des Regelkreises mit seiner Formalisierung im Zeit- und Bildbereich
einerseits sowie das Informatik-Paradigma der Objektorientierung andererseits, welche z. B. mit den Klassendiagrammen komplexe Sachverhalte transparent strukturiert. Konzeptionell wird auch ein fortgeschrittenes System-
Modellkonzept mit einem Zustands-, Struktur-, Funktions- und Verhaltens-
begriff als charakteristische Eigenschaften durchgehend verwendet. Daraus
wird ein universelles Prozessmodell begründet, welches die Funktionsweise und
Verhaltensdynamik über Zustände und Änderungen abbildet und die dazu erforderlichen Ressourcen, d. h. technische und menschliche Träger einschließt.
Eine formalisierte Darstellung gelingt hier mit den Diagrammen der Unified
Modelling Language (UML), insbesondere mit Klassendiagrammen, sowie mit
dem Petrinetz-Konzept.

2.1 Begriffsentwicklung und -konzept

Der wissenschaftliche Fortschritt entwickelt sich über die vier wesentlichen
Phasen: Mentale Ideenentwicklung, ihre Begriffs- und Modellkonzeptbildung
in sprachlicher Formulierung, weiter über eine vorwiegend mathematische Formalisierung, bis zur Standardisierung und technischen Instrumentalisierung in
fortschreitender Reife, Abstraktion und Konsensbildung vom Stand der Wissenschaft bis zum Stand der Technik (SCHNIEDER 1999, SCHNIEDER 2001a).

Zentraler Ansatz der wissenschaftlichen Entwicklung ist die Konzeption trag-
fähiger Modelle, die gemäß dem Popperschen Drei-Welten-Ansatz von einer
mentalen Begriffsbildung unter Nutzung sprachlicher Konstrukte artikuliert
und kommuniziert werden, woraus schließlich mehr oder weniger formalisierte Modelle unter Nutzung geeigneter Beschreibungsmittel entstehen. Für das
menschliche Verständnis ist eine verlässliche Kommunikation nur mit einer
konsistenten und verbindlichen Begriffsbildung möglich. Leider wird häufig
eine (sprachliche) Bezeichnung bereits mit ihrem Begriff verwechselt. Daher
soll hier eine Präzisierung erfolgen, welche insbesondere von Lorenzen in der
so genannten „Erlanger Schule" entwickelt wurde (LORENZEN 1987), die van
Schrick in konzentrierter Form zusammengefasst hat und die hier auszugsweise
verwendet wird (VAN SCHRICK 2002).

Unter einem Begriff wird eine Denkeinheit verstanden, die einem abstrakten Gegenstand zugeordnet ist und diesen im Denken vertritt (BROCKHAUS
1967). Der Begriff selbst wird durch Worte oder Laute benannt und durch
Symbole bezeichnet. Für die Worte und Laute kommen die Formulierungen
natürlicher Sprache infrage, die durch Alphabete der natürlichen Sprachen
bezeichnet werden; für die Symbole hat sich in den einzelnen Domänen eine
Vielzahl individueller und mehr oder weniger formaler Beschreibungsmittel
herausgebildet (vgl. Abschnitt 2.2).

Die Begriffsgesichtspunkte umfassen nach (VAN SCHRICK 2002) die Begriffsbezeichnung und -bestimmung, den -inhalt und den -umfang sowie Begriffsbeziehungen, die im Begriffssystem zusammenhängend gebildet, festgelegt und
geordnet werden. Alle Gesichtspunkte sind nachfolgend zusammenfassend aufgeführt:

- *Begriffsbezeichnung*: Repräsentation eines Begriffs mit sprachlichen oder
  anderen Mitteln. Begriffe werden sprachlich vertreten durch verschiedene
  Bezeichnungen. Die hauptsächliche Bezeichnungsart ist die Benennung.

- *Begriffsinhalt*: Gesamtheit der Merkmale eines Begriffs. Der Begriffsinhalt
  ist der Typ einer Klasse von Gegenständen.

- *Begriffsumfang*: Gesamtheit aller Gegenstände, die unter einen Begriff fallen. Der Begriffsumfang ist die Klasse der im Typ erfassten Gegenstände.
  Diese Gegenstände weisen die Eigenschaften auf, die den Begriffsinhalt in
  Form einer Merkmalsmenge ausmachen und den Begriffsumfang bestimmen.

- *Begriffsbestimmung*: Festlegung eines Begriffs aufgrund seiner Merkmale im Rahmen eines Begriffssystems. Die Bestimmung eines Begriffs mit
  sprachlichen Mitteln erfolgt über die so genannte Begriffsdefinition, die der
  zweckgebundenen Festlegung des Inhalts und Umfangs des Begriffs dient.

- *Begriffsbeziehung*: Beziehung zwischen Begriffen, die aufgrund von Merkmalen besteht oder festgelegt wird. Begriffsbeziehungen sind die Grundlage
  zur Ordnung von Begriffsmengen, zum Aufbau von Begriffssystemen.

- *Begriffssystem*: Menge von Begriffen, die aufgrund ihrer Begriffsbeziehungen verbunden sind.

Das begriffliche Modellkonzept liefert den formalen Rahmen, die jeweiligen
Aspekte konzeptionell und quantitativ zu präzisieren, der ggf. auch modell-
basiert bisherige Entwicklungen erklärt und Prognosen erlaubt.

(Technische) Systeme werden begrifflich gemäß ihrer diversen Sichten nach
verschiedenen Eigenschaften kategorisiert (Umfang). Diese abstrakten Eigenschaften von (technischen) Systemen beschreiben dessen Zustand, Struktur,
Funktion und Verhalten, die wiederum mittels bestimmter Eigenschaften detailliert werden können. Konkrete Eigenschaften eines Systemzustandes sind
z. B. Verlässlichkeit inklusive Sicherheit, die ihrerseits konsekutiv präzisiert
werden können (Tiefe), nämlich nach Eigenschaft, Merkmal, Größe und Ausprägung in Wert bzw. Skalierung und Einheit, d. h. physikalischer Dimension.
Dies kann insgesamt ein formalisierungsfähiges Modellkonzept begründen (vgl.
Abschnitt 2.3.2).

2.2 Beschreibungsmittel

Für die jeweiligen Modellkonzepte haben sich vielfältige Beschreibungsmittel evolutionär herausgebildet. Der Begriff des Beschreibungsmittels kann dabei gleichermaßen zur Begriffsbezeichnung als auch zur Konkretisierung des Begriffssystems inklusive aller Begriffsdefinitionen und -beziehungen dienen und umfasst dabei die drei inneren Begriffe Symbolik der Notation, Syntax und Semantik und, für den Bezug zu den damit beschriebenen Gegenstandsbereichen, den Begriff Pragmatik (SCHNIEDER und JANSEN 2001).

- Die *Symbole* beinhalten den Vorrat einer definierten Menge an Zeichen meist grafischer Natur, schließen jedoch auch gebräuchliche alphanumerische Zeichen mit ein.

- Die *Syntax* beschreibt die Verknüpfungsmöglichkeiten der Symbole. Sie stellt die Grammatik des Beschreibungsmittels dar. Eine strenge Syntax ist also die abgeschlossene Menge der Regeln zur erlaubten Symbolkombination.

- Die *Semantik* interpretiert die Symbolkombinationen und birgt damit dynamisch-kausale Aspekte. Mit Hilfe der Semantik lassen sich aus unvollständigen Ausdrücken, d. h. syntaktisch korrekten Symbolfolgen, weitere syntaktisch korrekte Symbolfolgen regelhaft herleiten.

- Zur Modellierung realer Sachverhalte und ihrer Gültigkeitsprüfung, d. h. Validierung, muss die sinnhafte Beziehung zwischen den Begriffsbezeichnungen mittels der Beschreibungsmittel und (den Begriffen) der realen Welt hergestellt werden, was als *Pragmatik* bezeichnet wird.

Die drei ersten Begriffe bilden eine in sich geschlossene Menge aus Symbolen (Zeichen und Operatoren). Ihre konkrete Nutzung kann unter Verwendung der Semantik verifiziert, d. h. bewiesen werden.

Für die Beschreibung von Leit- und Automatisierungssystemen und den nachfolgend erläuterten Modellkonzepten des Verkehrsverhaltens werden vorwiegend regelungstechnische Blockschaltbilder, Frequenzgänge, Oszillogramme und Wurzelortskurven sowie Differenzialgleichungen (DGL) bzw. deren Laplace-Transformierte (LPT) verwendet.

Für die Beschreibung von allgemeinen Systemmodellen unter Einschluss technischer Systeme wurden Petrinetze und das darauf aufbauende formalisierte Prozessmodell entwickelt.

Für die Darstellungen von Sachverhalten nach dem Paradigma der Objektorientierung wurden die ursprünglichen vielfältigen Diagrammarten in der Unified Modelling Language (UML) s. o. konsolidiert.

Tabelle 2.1 zeigt die in den einzelnen Kapiteln genutzten und in dem folgenden Abschnitt 2.3 beschriebenen Modellkonzepte und dazu gehörende Beschreibungsmittel sowie ihre Standards.

Tabelle 2.1. Modellkonzepte und zugehörige Beschreibungsmittel in den Buchkapiteln

Modellkonzept/ Paradigma	Beschreibungsmittel	Standards (VDI 3681)
Begriff	Text, Symbole	DIN 2342 ISO 11 179
Objektorientierung	Diagramme der UML (Klassendiagramme, Anwendungsfalldiagramme (Use Case))	UML Standards der Object Management Group (OMG)
System	Text, Symbole Klassendiagramm	s. o.
Regelkreis	Regelungstechnisches Blockschaltbild Oszillogramm, Trajektorie Wurzelortskurve Frequenzgangsortskurve DGL, LPT	DIN 19229
Petrinetz	Petrinetzsymbolik Erreichbarkeitsgraph	IEC15909 VDI 4008
Formalisiertes Prozessmodell	UML (Klassendiagramme) Petrinetze	VDI 3682

Zum einfachen Verständnis der nicht als bekannt vorausgesetzten Beschreibungsmittel, wie Klassen- bzw. Anwendungsfalldiagramme, regelungstechnische Symbole und Petrinetze, enthalten die folgenden Abschnitte einige klärende Veranschaulichungen dieser Beschreibungsmittel aus Tabelle 2.1.

2.3 Paradigmen und Modellkonzepte

2.3.1 Paradigma der Objektorientierung

Die Kategorienlehre als traditionelles von Aristoteles begründetes wissenschaftstheoretisches und in jüngerer Zeit wieder entdecktes Konzept findet als Paradigma „Objektorientierung" wegen der elementaren konzeptionellen sowie natürlichen Leistungsfähigkeit immer größere Beachtung. Dieses Paradigma kennzeichnen folgende Begriffe: Objekt, Klasse, Instanz, Nachrichtenaustausch, Methode, Vererbung und Polymorphismus, die weiter unten erläutert werden.

Rückhalt findet die Objektorientierung, weil entsprechende Modellierungs- und Programmiersprachen, also Realisierungsmittel, diesen Rahmen unter- stützen. So existieren mit der Unified Modelling Language (UML) weit ver- breitete Diagrammarten, z. B. Klassendiagramme, Anwendungsfalldiagramme (Use Cases), Sequenzdiagramme (Message Sequence Charts), Aktivitätsdia- gramme usw. Abstrakte formale Konzepte, die der Objektorientierung auch konzeptionell entsprechen, sind dagegen mathematische Kategorien und Pe- trinetze [1]. Eine graphische Strukturierung der Diagrammarten innerhalb der UML 2.0 zeigt Abbildung 2.1.

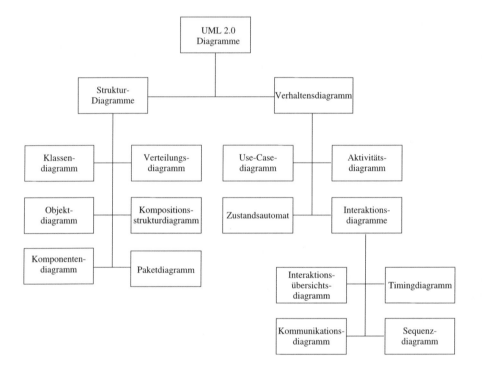

Abb. 2.1. Diagrammtypen der UML 2.0

Das Paradigma der Objektorientierung fügt sich ideal in die Systemaxioma- tik ein (vgl. Abschnitt 2.3.2). Wesentliche Begriffe der objektorientierten Be- schreibungsform von Systemen sind im Folgenden zusammengefasst. Eine de- taillierte Einführung kann (BALZERT 1995, RUMPE und HESSE 2004) ent- nommen werden.

---

[1] Anm: In der UML 2.0 Notation folgen die Aktivitätsdiagramme erstmals der Petrinetz-Semantik.

- *Objekte* als konkrete oder abstrakte Bestandteile eines Systems, die als solche zu identifizieren sind, werden durch eine Menge von Attributen, d. h. Eigenschaften mit entsprechender Wertbelegung, beschrieben.

- *Klassen* (Typen) von Objekten: Im Typ wird das Wesen einer Klasse von Objekten erfasst, während unter einer Instanz ein konkretes Objekt mit definierten Werten verstanden wird.

- Eine *Instanz* stellt die Ausprägung oder Zugehörigkeit eines Objektes innerhalb einer Klasse dar, sofern das Objekt die durch die Klasse formulierten strukturellen Gegebenheiten (Attribute und Beziehungen) einhält.

- *Vererbung*: Jeder Mechanismus, der einem Objekt erlaubt, einen Teil der Definition eines anderen Objekts als Teil seiner eigenen Definition einzuschließen. Vererbungsrelationen verbinden die Objektklassen durch Beziehungen in netzartiger Weise. Dabei werden zwei Arten unterschieden. Die Aggregationsnetze verbinden Objekte bzw. Klassen über die Relation „besteht aus“, die Abstraktionsnetze (Taxonomien) verbinden Objektklassen über die Relation „ist ein“. Sie sind daher Abstraktionen von Eigenschaftsprofilen und werden zur Bildung von Objektklassen verwendet.

- *Methoden* werden an eine Objektklasse gebunden, sie sind Prozeduren oder Funktionen, mit denen die Elemente eines Objekts verändert werden können.

- *Nachrichtenaustausch* (Kommunikation) dient zur Interaktion der Objekte durch interne Anwendung einer Methode im Objekt.

- *Abstraktion*: Jeder Mechanismus, der die Abbildung eines komplexen realen Zusammenhangs in einer vereinfachten bzw. auf das Wesentliche beschränkten Form ermöglicht.

- *Kapselung*: Jeder Mechanismus, der das „Verstecken“ des inneren Aufbaus eines Objekts ermöglicht, und der Operationen auf den Daten eines Objekts nur mit wohldefinierten, vom Objekt bereitgestellten „Diensten“ (Funktionen, Methoden) gestattet.

Klassendiagramme

Die Modellierung einer Begriffsstruktur, d. h. von Begriffen und ihren statischen Beziehungen kann sehr gut mit dem Klassendiagramm der UML-Notation dargestellt werden. Insbesondere der Aufbau von Partonomien durch die Ganzes-Relation („ist-Teil-von-Relation“) sowie die Gattungsrelation („ist-ein-Relation“) kann durch Assoziationen und Vererbungen in Klassendiagrammen dargestellt werden. Die Begriffe selbst werden dabei als *Klasse* (Menge von Objekten mit identischen Eigenschaften) definiert und namentlich bezeichnet. Sie werden sowohl in ihren statischen Eigenschaften und Beziehungen durch typische Merkmale, die ein Element einer Klasse genauer beschreiben (*Attribute*), spezifiziert als auch in ihren dynamischen Verhaltensweisen (*Operationen* bzw. *Methoden*) beschrieben. Klassen, Beziehungen, Merkmale und Verhaltensweisen sind jeweils wieder Begriffe. Die Anzahl der in einer assoziativen Beziehung stehenden Klassen wird durch die so genannte Kardinalität fest- oder variabel festgelegt. Bei der Spezialisierung bzw. Generalisierung von Klassen erhalten die individuellen (Unterklassen) die Eigenschaften (Attribute, Operationen, Methoden) der übergeordneten (Oberklassen) im Sinne der Vererbung.

Eine *Assoziation*, die eine Teile-Ganzes-Beziehung beschreibt, wird als *Aggregation* bezeichnet, sofern die Teile unabhängig vom Ganzen existieren können. Teil-Ganzes-Beziehungen dagegen, bei denen die Existenz der Teile abhängig vom Ganzen ist, werden als Komposition bezeichnet (ein Raum als Teil eines Gebäudes existiert nicht ohne dieses).

Abbildung 2.2 zeigt die Darstellung eines Klassendiagramms für ein spezielles Verkehrsmittel mit den wichtigsten Notationselementen.

Anwendungsfall (Use Case-) Diagramme

Für die Diskussion der Zusammenhänge von Handlungsträgern bzw. Rollen der sogenannten Akteure und speziellen Funktionen, den sogenannten Anwendungsfällen, stellt die UML die Anwendungsfalldiagramme (Use Case Diagram) mit einer speziellen grafischen Notation bereit (Abbildung 2.3).

Anwendungsfall-Diagramme werden häufig in den ersten Projektphasen zur Abstimmung zwischen Auftraggeber und -nehmer, insbesondere zur Klärung der Systemgrenzen und Benutzer-Schnittstellen sowie zur Definition der erwarteten Systemfunktionen sowie weiterhin für die Planung interner Zusammenhänge eingesetzt.

Das Anwendungsfalldiagramm zeigt dabei das äußerlich erkennbare Systemverhalten aus der Sicht eines Anwenders (Akteurs). Die Akteure repräsentieren dabei die externen Kommunikationspartner des Anwendungsfalls (Use Case). Dabei werden insbesondere die Beziehungen zwischen den Anwendern (Akteuren) und den Anwendungsfällen (Use Cases) symbolisiert und beschrieben. Detailauflösungen von Use Cases können durch so genannte Erweiterungen (extends) dargestellt werden. Abbildung 2.3 zeigt die Beschreibung einer Transportdurchführung mit Hilfe von Anwendungsfalldiagrammen.

Beispiel   **UML Klassendiagramm Notation**

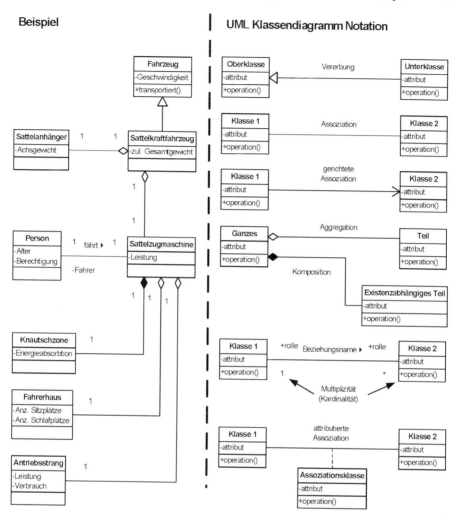

Abb. 2.2. Notation der UML Klassendiagramme anhand eines Beispiels

2.3.2 System als Begriffs- und Modellkonzept

Ein wichtiger Begriff ist das System. Um hier als Basis eine einheitliche Konnotation zu schaffen, wird ein System als Verstandsbegriff sehr allgemein aufgefasst und unter Bezug auf bewährte Begriffe nachfolgend dargestellt.

Vier Axiome können dabei die „Systemphilosophie" begründen (SCHNIEDER 1999).

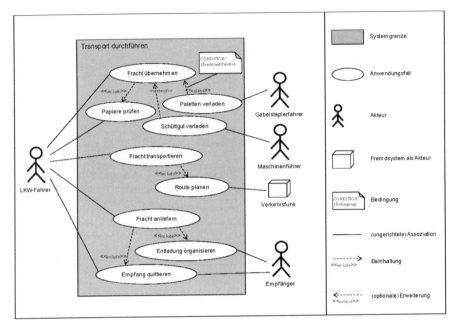

Abb. 2.3. Anwendungsfalldiagramm am Beispiel einer Transportdurchführung

- Das *Strukturprinzip* (Axiom 1) Das System besteht aus einer Menge von Teilen, die untereinander und mit der (System-)Umgebung in wechselseitiger Beziehung stehen. Die Beziehungen der Teile bilden die *Systemstruktur*. Die Teile des Systems werden durch Eigenschaften, diese durch Merkmale und diese wiederum durch Größen beschrieben. Die Werte der Größen eines Systems kennzeichnen seinen *Zustand*. Um das System gegenüber der Umgebung abzugrenzen, ist eine gewisse Eigenständigkeit des Systems erforderlich. Eine Widerstandsfähigkeit gegenüber Umgebungseinflüssen ist bezeichnend.

- Das *Dekompositionsprinzip* (Axiom 2) Das System besteht aus einer Menge von Teilen, die ihrerseits wieder in eine Anzahl in wechselseitiger Beziehung stehender Unterteile zerlegt werden können. Im Detail betrachtet, weisen die Unterteile wiederum eine gewisse Komplexität, d. h. allgemeine Systemmerkmale auf.

Je nach Ansatz der Zerlegung kann die Dekomposition weiter verfeinert werden a) nach Gesichtspunkten der Unterteilung von Ober- und Untermengen, d. h. der Abstraktion, b) nach Unterscheidung der zerlegten Teile innerhalb einer Abstraktionsebene, d. h. der Differenzierung, c) nach Art der individuellen Merkmale innerhalb der Differenzierung, d. h. Instanzierung, d) nach Art der Weisungsbefugnis von Teilen auf andere, d. h. Hierarchien.

- Das *Kausalprinzip* (Axiom 3) Ein System besteht aus einer Menge von Teilen, deren Beziehungen untereinander und deren Veränderungen selbst eindeutig determiniert sind. Im Sinne eines kausalen Wirkungszusammenhangs können spätere Zustände nur von ihren vorangegangenen abhängig sein. Kausalität wird als Logik von Abläufen verstanden. Die Beziehungen zwischen den Zuständen bilden die *Systemfunktion*.

- Das *Temporalprinzip* (Axiom 4) Das System besteht aus einer Menge von Teilen, deren Struktur oder Zustand mehr oder weniger zeitlichen Veränderungen unterliegt. Temporalität ist die zeitliche Folge von Abläufen und Veränderungen, welche das Systemverhalten kennzeichnen.

Für diese axiomatische Formulierung des Systemkonzepts wurde eine weiter formalisierte Darstellung entwickelt, welche den Systembegriff hinsichtlich des Umfangs zuerst in den vier grundlegenden Eigenschaften Zustand, Struktur, Funktion und Verhalten kategorisiert, die ihrerseits wieder abstrakte Begriffe sind (SCHNIEDER 2001b), wie Abbildung 2.4 zeigt. Die einzelnen Eigenschaften selbst können daher wieder konsekutiv präzisiert werden, z. B. nach Eigenschaft, Merkmal, Größe und Einheit, d. h. physikalische Dimension sowie Ausprägung in Werte entsprechender Skalierung.

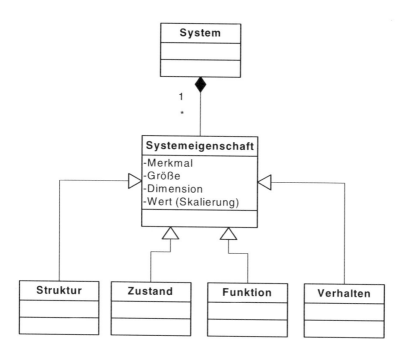

Abb. 2.4. Elementare Eigenschaften des System-Modellkonzepts in Klassendiagramm-Darstellung

Verkehrsleitsysteme als gestalterische Ausprägung technischer Systeme sollen Verkehrsprozesse zielgerichtet ablaufen lassen, d. h. durch ihr Verhalten andere Verhaltensweisen steuern. Zwischen ihren Strukturen, ihren Funktionen und ihrem Verhalten müssen demnach Wechselwirkungen bestehe.

2.3.3 Regelkreis-Funktionsstrukturen

Ein spezielles System-Modellkonzept ist der Regelkreis, welcher primär eine spezielle Funktionsstruktur beschreibt (Abbildung 2.5). Regelungssysteme sind prinzipiell kausale Funktionsstrukturen, die durch Struktur und Funktion der Teilelemente das Systemverhalten bestimmen. Zur Realisierung der Funktion des Regelsystems sind geeignete Funktionsträger erforderlich, die als Ressourcen technischer oder menschlicher Natur den realen Aufbau bestimmen (vgl. Abschnitt 2.3.5).

Die grundsätzliche Funktionsstruktur des Regelkreises besteht dabei aus den (rückwirkungsfreien) Teilfunktionen Regelstrecke, dem Stellglied zur leistungsmäßigen Beeinflussung des Verhaltens der Regelstrecke gemäß deren interner Funktion und der zuständigen Stellsignale bzw. Stellenergien oder -leistungen, dann dem Messglied zur Erfassung der Auswirkungen, um die Reaktion der Regelstrecke zu beobachten sowie dem eigentlichen Regler, welcher nach Kenntnis des Regelstreckenzustands und externer Zielvorgaben aus deren Differenz aufgrund der speziellen Reglerfunktionen Stellsignale ermittelt und an das Stellglied abgibt.

Da komplexe Regelstrecken gemäß dem Dekompositionsaxiom aus vielen Teilfunktionen bestehen, haben sich bei Regelungssystemen verschiedene vermaschte Funktionsstrukturen herausgebildet. Sollen mehrere individuelle Regelgrößen zielgerichtet beeinflusst werden, sind so genannte Mehrgrößenregelungen vorteilhaft, welche die internen Kopplungen der Regelstrecke kompensieren bzw. entkoppeln können.

Sind in Regelstrecken mehrere Teilfunktionen wirkungsmäßig konsekutiv verhaftet, kann für diese Funktionsstruktur das Regelungssystem ebenfalls aus hintereinander geschalteten Reglern aufgebaut werden, so dass sich insgesamt sukzessiv überlagerte Regelkreise ergeben, was als hierarchische Kaskadenregelung bezeichnet wird.

2.3.4 Petrinetze als Modellkonzept und Beschreibungsmittel

Für natürliche Systeme sowie für technische Systeme kann ein allgemeines Funktions- und Strukturprinzip formuliert werden: Der funktionalen Realisierung dieser Systeme in stofflich materieller, energetischer sowie informationeller Hinsicht liegen netzartige Strukturen zugrunde. Historisch gewachsene

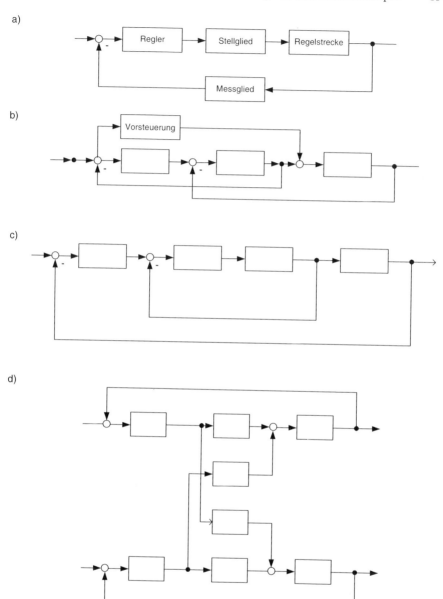

Abb. 2.5. Grundsätzliche Regelkreisstrukturen a) einschleifiger Regelkreis b) mehrschleifiger vermaschter Regelkreis c) zweischleifige Kaskadenregelung d) zweischleifige gekoppelte Mehrgrößenregelung (Auf eine detaillierte Beschriftung wurde verzichtet, um die Struktur hervorzuheben.)

technische Strukturen spiegeln die Prinzipien natürlicher Funktionssysteme wider: Verkehrsverbindungen ermöglichen durch netzartige differenzierte hierarchische Strukturen die parallele Erschließung weiträumiger Bereiche. In den vielen einzelnen Knoten werden die aktiven Funktionen vor Ort konzentriert (z. B. Bahnhöfe), die ökonomisch verdichteten Verbindungen zwischen ihnen (z. B. Autobahnen) ermöglichen eine parallele Wechselwirkung (Transport) im Sinne einer System-Gesamtfunktion (Logistik). Diese Knoten-Netz-Struktur verwirklicht sich evolutionär mit minimalem stofflich-räumlich-energetischen Aufwand.

Können damit netzartige Strukturen als optimale Basis technischer Systeme angesehen werden, ist für die Modellierung eine weitere formale Handhabung möglich. Als theoretische Basis bietet sich die von dem deutschem Mathematiker Carl Adam Petri begründete Netztheorie an (PETRI 1961, PETRI 1996). Mathematisch gesprochen sind Petrinetze bipartite Graphen. Zwischen ihren Objekten, den Stellen, Transitionen, Kanten und Marken bestehen Multirelationen. Petrinetze stellen mathematisch eine Kategorie dar, welche die leistungsfähigsten Ansätze der modernen Mathematik enthält. Für die bildhafte Darstellung hat Petri für die später nach ihm benannten Netze eine spezielle und anschauliche Symbolik entwickelt.

Plätze oder Stellen in Form von Kreisen modellieren diskrete einzelne Systemzustände, z. B. Stillstand, Anfahren, Fahren mit konstanter Geschwindigkeit, Bremsen. Die Änderung von Zuständen, z. B. der Übergang von „Stillstand" auf „anfahren", d. h. das diskrete Ereignis (Start), wird als Transition durch einen Balken oder Kasten symbolisiert. Diese Transition wird über Pfeile (so genannte Kanten) mit ihren zugehörigen Vor- und Nachzuständen verbunden. Die tatsächliche Existenz von (Vor-)Systemzuständen führt zu einem Ereignis, d. h. dem Schalten einer Transition, und zu neuen aktuellen (Nach-)Systemzuständen. Ein Ereignis „Kreuzung überfahren" wird z. B. ausgelöst, wenn die Zustände „Fahrzeug vor Kreuzung" und „Lichtsignal grün" und der Zustand „Kreuzung frei" als Bedingungen gültig sind. So wird im Sinne von Ursache-Wirkung-Beziehungen das System in einer Netzstruktur aus Stellen, Transitionen und Verbindungen modelliert.

Der Zusammenhang mit dem Systembegriff kann z. B. gemäß Abbildung 2.6 mit der Netztheorie formalisiert werden.

Man kann auf diesem Netz leicht das Systemverhalten nachvollziehen oder simulieren, indem die aktuellen Zustände markiert, d. h. Stellen von sogenannten Marken belegt werden. Nur wenige Regeln, die etwa einem Mühle- oder Mensch-ärgere-dich-nicht-Spiel entsprechen, sind für diese Modellierung von statischen Systemeigenschaften (Struktur und Zustand) sowie der dynamisches Systemeigenschaften (Funktion und Verhalten) notwendig (vgl. Abbildung 2.6).

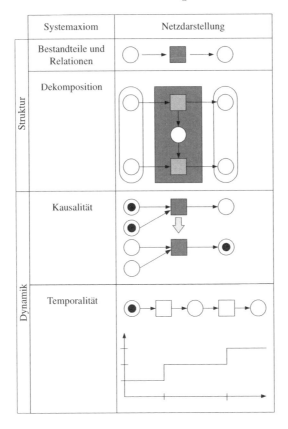

Systemaxiom	Netzdarstellung

Abb. 2.6. Systemmodellierung mit Petrinetzen

Netze ohne stärkere Formalisierung und ohne Marken, wie sie zur Veranschaulichung der Dynamik verwendet werden, bezeichnet man als Kanal-Instanzen-Netze.

Diese Betrachtungsweise kann an einem einfachen Beispiel veranschaulicht werden (Abbildung 2.7). Das Beispiel zeigt die Signalfolge GRÜN - GELB - ROT - ROT und GELB für den Kraftfahrzeugverkehr.

Das bereits erwähnte Strukturprinzip legt bei der Modellierung die Grenzen des Systems fest. Für das gegebene Beispiel wird der Ablauf der Signalfolge unabhängig vom Einsatz im Verkehr und der damit verbundenen Dynamik betrachtet. Ein erstes sehr kompaktes und allgemeines Netzmodell der Signalisierung enthält die wesentlichen Zustände, sowie deren kausalen Zusammenhänge (Abbildung 2.8).

Die Zustände der einzelnen Signale innerhalb der Lichtsignalanlage werden durch die Stellmenge $\{p\_rot,\ p\_gelb,\ p\_grün\}$ dargestellt (vgl. Abbildung

Signalfolge nach (RiLSA)   **Erreichbarkeitsgraph**

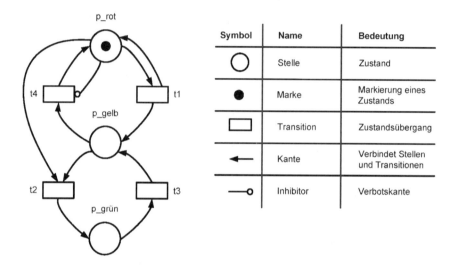

Abb. 2.7. Verhalten einer Lichtsignalanlage als Beispiel

Symbol	Name	Bedeutung
◯	Stelle	Zustand
●	Marke	Markierung eines Zustands
▭	Transition	Zustandsübergang
←	Kante	Verbindet Stellen und Transitionen
—o	Inhibitor	Verbotskante

Schaltbedingungen für die Transitionen (t):

	p_rot	p_gelb	p_grün
t1	markiert		
t2	markiert	markiert	
t3			markiert
t4	nicht markiert	markiert	

Abb. 2.8. Funktionseinheiten der LSA-Steuerung in Petrinetz-Darstellung

2.7). Eine einzelne Markierung der jeweiligen Stelle beschreibt das aktive Leuchten der jeweiligen Lampe innerhalb der Lichtsignalanlage. Die Transitionen *t1* bis *t4* stellen die Zustandsübergänge zwischen den einzelnen globalen Signalbildern dar. Beispielsweise wird der Wechsel von Rot-Gelb- nach

Grünzustand über die Transition *t2* durch die Deaktivierung der lokalen Lampenzustände *p_rot* und *p_gelb*, sowie der Zustandsaktivierung des lokalen Lampenzustandes *p_grün* herbeigeführt.

Neben der gezeigten Modellierung des Verhaltens technischer Systeme können Funktionsweise und dynamisches Verhalten auch von Betriebskonzepten mit Petrinetzen dargestellt werden. Ein Beispiel dafür liefert der in Abbildung 2.9 gezeigte und stark vereinfachte Ausschnitt einer Modellierung des Blocksicherungsverfahrens im Schienenverkehr.

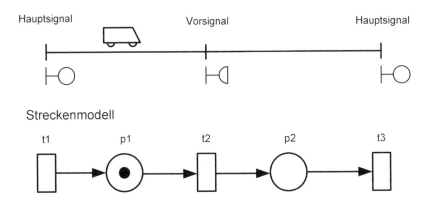

Abb. 2.9. Modellierung des Blocksicherungsverfahren als Beispiel

2.3.5 Formalisiertes Prozessmodell

Bei der Entwicklung von Leitsystemen hat sich die begriffliche Trennung von Funktion und Ressource als sinnvoll und effektiv erwiesen (GMA 2003). Die Trennung ermöglicht einerseits die Abgrenzung beim Zusammenspiel zwischen Auftraggeber und Hersteller, andererseits die Migration, d. h. die technische Weiterentwicklung, wenn Ressourcen, d. h. technische Funktionsträger durch modernere ersetzt werden können. Darüber hinaus kann sowohl zuerst eine rein funktionale Betrachtung durchgeführt und danach die Funktion auf die jeweiligen Ressourcen aufgeteilt werden – die so genannte Partitionierung, bzw. umgekehrt die Funktionalität von Ressourcen zur Funktionsausführung ermöglicht werden – die sogenannte Allokation.

Kern der Betrachtung ist ein Prozess, z. B. ein Transportprozess oder eine Leitfunktion, der sowohl dem Verkehrsbetrieb als auch der Leittechnik, wo die operative Handlung ausgeführt wird, indem ein Operationsobjekt seinen Zustand von ex ante zu ex post verändert (Operation), zugeordnet werden kann. Insbesondere die Operation, als Elementarprozess oder Phase verstanden, hat einerseits die drei orthogonalen Charakteristika Speichern, Transportieren, Transformieren (Verändern); das Operationsobjekt, z. B. das Verkehrsobjekt, ist den Kategorien Material oder Energie oder der Leitzustand der Information zugeordnet. Die Beziehung zwischen verändernden Operationen und der Art ihrer Operationsobjekte kann nach physikalischen Prozessen, informationsbeschaffenden Prozessen (Messen), einwirkenden Prozessen (Stellen) und informationellen Prozessen (Leiten) unterschieden werden.

Der Träger der Operation ist das handelnde Operationssubjekt, d. h. die physikalische Ressource. Im Verkehrsprozess sind dies die Anlagen der Infrastruktur, die Verkehrsmittel und im Bereich der Verkehrsorganisation die technischen Einrichtungen der Verkehrsleittechnik mit ihren Sensoren, Stelleinrichtungen und Leitsystemen sowie das Personal und die organisatorischen Institutionen (vgl. Abb. 2.10).

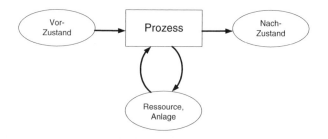

Abb. 2.10. Formalisiertes Prozessmodell in Petrinetz-Darstellung

Die begriffliche Präzisierung des formalen Prozessmodells besteht in einem so genannten Informationsmodell in der Terminologie der Objektorientierung und deren formaler Notation in Form eines UML-Klassendiagramms (Abbildung 2.11).

Für die Präzisierung der Ressource – als Mittel zur automatisierten Prozessdurchführung – stellt Tabelle 2.2 im Sinne einer abstrakteren Klassenbildung die Eigenschaften dar. Basis ist das so genannte Ressourcenmodell zur Charakterisierung technischer Einrichtungen (SCHNIEDER 1999). Den Eigenschaften sind Klassifizierungskriterien sowie zugehörige Anforderungen und Teilziele zugeordnet.

2.3.6 Spieltheoretischer Ansatz

In der Verbindung technischer, verkehrslogistischer und wirt(schaftswissen)-schaftlicher Fragestellungen in Zusammenhang mit der Verkehrsleittechnik erscheinen sich vermehrt spieltheoretische Modellkonzepte (DAVIS 1972) zur

Tabelle 2.2. Eigenschaften von Ressourcen

Eigenschaften	Klassifizierungskriterium	Anforderungen und Ziele
Funktionalität und Funktionsumgebung	Aufgabenart, -umfang und -profil Bedienungskomplexität Autonomie Bedienung, Kommunikation Einbettung	hohe Individualität Einzweckanwendung Systemfähigkeit begrenzte, feste Peripherie unterschiedlichste Einsatzumgebungen
Leistung und Qualität	Wirkungsgrad Automatisierungsgrad Leitungs- und Qualitätsmerkmale	Energie- bzw. Materialversorgung einmalig langer Einsatzzeitraum, i.d.R. Kurzzeitbetrieb
Verlässlichkeit (RAMS)	Zuverlässigkeit Sicherheit Verfügbarkeit Zustandshaltbarkeit	hohe Störfestigkeit hohe Zuverlässigkeit, Fehlertoleranz Diagnosemöglichkeit Betriebssicherheit Berührungsschutz
Technische Eigenschaften	Mobilität Volumen Technologie Masse Miniaturisierung	Geringe Versorgungsleistung einfache Schnittstellen kleine Abmessungen / Miniaturisierung einfache Hardware
Umweltspezifische Eigenschaften	Versorgung Phys. Umgebungsbedingungen Entsorgung Elektromagnet, Verträglichkeit	Unterschiedlichste Einsatzumgebungen EMV fest Kreislaufwirtschaft Schutzartbetrachtung
Gesetzliche Kriterien	Zulassung Haftung	Spezifische Branchengesetze Produzentenhaftung Entsorgung
Wirtschaftliche Aspekte	Anzahl identischer Einrichtungen / Geräte Investitions- und Betriebskosten sonstige Kosten	kostengünstige Produktion geringe Stückkosten Entwicklungs- und Optimierungsaufwand (geringerer Stellenwert)
Soziale Aspekte	Akzeptanz Nutzung Bedienbarkeit Ruf	Einfach(st)e Bedienbarkeit / Handhabung, Ergonomie gefälliges Design keine Spezialvoraussetzungen

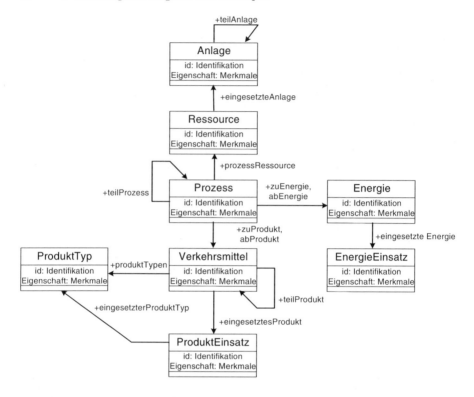

Abb. 2.11. Formalisiertes Prozessmodell in Klassendiagramm-Darstellung am Beispiel eines Verkehrsprozesses

Beschreibung und Erklärung als tragfähig zu etablieren bzw. als leittechnische Steuerungskonzepte Anwendung zu finden.

Leicht nachvollziehbar wird dieser Ansatz z. B. bei verschiedenen Verkehrsträgern, die um den Transport von Verkehrsobjekten konkurrieren. Bei dem intermodalen Verkehr, d. h. Modal Split Management mit geeigneten Anreizen in Form einer Kombination von Preisen und anderen Qualitätsmerkmalen, stellen sich für die Beförderung schließlich Gleichgewichte ein. Diese sind das Ergebnis politisch-gesellschaftlicher „Spiele", welche „nach Spielregeln" gemäß den verfassungsrechtlichen und gesetzlichen Grundlagen ausgetragen werden. Das spieltheoretische Modell um die Verteilung von Ressourcen bzw. um ihren Zugang konkurrierender Akteure ist jedoch auch auf anderen Abstraktionsebenen des Verkehrs gültig.

Beispielsweise kann auch innerhalb einer Verkehrsart (intramodal) um die beschränkte Ressource des Netzzugangs und Teilhabe erforderlicher Trassen für den Transportweg „gespielt" werden. So ist das Wechselspiel zwischen Fahrwegbedarf von Verkehrsmitteln und Angebote an Fahrwegressourcen durch

Netzmanager für Transporte spieltheoretisch sehr gut nachvollziehbar und beinhaltet gleichermaßen Lösungsansätze für die kooperative Optimierung der Aufgabe zu beiderseitigem Nutzen. Straßenmaut- und Trassenpreissysteme sind hierfür charakteristisch, haben jedoch noch erheblichen Optimierungsspielraum. Selbst innerhalb einer Verkehrsart ist die „Konkurrenz" von Bevorrechtigungen verschiedener Zuggattungen (ICE, IC, Regionalexpress usw.) oder von ÖPNV versus Individualverkehr oder von PKW und LKW spieltheoretisch treffend modellierbar. Ähnliches gilt für die Durchlässigkeit von Knoten in Verkehrsnetzen für verschiedene Laufwege, z. B. infolge der Phasensteuerung bei Lichtsignalanlagen. Auch die Wechselwirkung nacheinander fahrender oder überholender Fahrzeuge im Straßen- und Schienenverkehr ist spieltheoretisch erklärbar.

In letzter Feinheit kann sogar die Wechselwirkung von fahrzeugseitigen Antrieben zumeist rotierender Natur und ihre Fahrwegreaktion zur Erzeugung der Bewegung von Verkehrsmitteln spieltheoretisch gedeutet worden, wenn über die Reib-Schlupf-Charakteristik optimale Vortriebsbedingungen erzielt werden.

Vor allem in den letzteren Fällen drückt sich die spieltheoretische Wechselwirkung in ähnlichen dynamischen Modellstrukturen aus. Die verkehrsimmanente Bewegungsdynamik im Sinne einer doppelten Integration von der Antriebskraft bis zur Ortsveränderung ist sowohl im Rad-Fahrweg-Verhalten wie in der Abstandsdifferenz von Fahrzeugen, als auch in der Kapazität von Fahrwegabschnitten bis zu Modalnetzen prinzipiell ähnlich (vgl. Abschnitt 3.2 und 6.2).

2.4 Sichten der Verkehrsleittechnik

2.4.1 Konstituenten und Umfeld

Verkehr und damit auch die zu seiner Beherrschung genutzte Leittechnik kann unter den verschiedensten Sichten wahrgenommen werden. Zwar ist eine vollständige Erfassung dabei aussichtslos, dennoch kann eine Strukturierung der Sichten in einzelne Aspekte bereits einen ersten Ansatz zur Beherrschung in begrifflicher Hinsicht bieten. Verkehrsleittechnik fügt sich über das Verkehrssystem in die Aspekte Wirtschaft, Mensch, Gesellschaft, Technik, Umwelt und Wissenschaft ein (vgl. Abbildung 2.12).

Das Verkehrssystem selbst besteht axiomatisch aus den elementaren Konstituenten Verkehrsobjekt, Verkehrsmittel, Verkehrswegeinfrastruktur und Verkehrsorganisation (vgl. Abbildung 2.13), welche Bezüge zu den obigen Aspekten wie auch untereinander aufweisen.

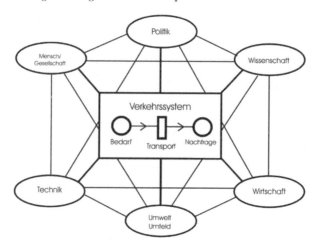

Abb. 2.12. Aspekte und Umfeld des Verkehrs

Verkehr ist in seiner realen Ausprägung ein soziotechnisches System aus verallgemeinerter Sicht und in spezieller, individualisierter Sicht ein „panthropotechnisches" System. Auf mehr oder weniger natürlichen (Pan) Verkehrswegen wie Luft- bzw. Wasserstraßen oder Landstraßen und Schienenwegen (technische Artefakte) verkehren die jeweiligen Verkehrsmittel wie Flugzeuge und Schiffe oder Straßen- und Schienenfahrzeuge in ihren jeweiligen Ausprägungen, d. h. wieder technische Artefakte. Die Verkehrsobjekte sind Personen oder Sachgüter, d. h. menschlicher (anthropos), natürlicher oder technischer Herkunft. Die Verkehrsorganisation wird – individuell und aktuell – von menschlichen Verkehrsmittelführern (Fahrer, Pilot) und Weisungspersonal (Polizei, Ordnungskräfte) oder von technischen Einrichtungen wie Autopilot, Fahrerassistenzsystemen, Lichtsignalanlagen oder Stellwerken wahrgenommen und ausgeführt.

Die jeweilige Implementierung der Verkehrsorganisation (Prozess) kann innerhalb der drei Klassen (Ressourcen) Verkehrswegeinfrastruktur, Verkehrsmittel oder Verkehrsobjekte durchgeführt werden (vgl. Abschnitt 2.3.5). Die klassische Verkehrsleittechnik als Implementierung der Verkehrsorganisation innerhalb der Verkehrswegeinfrastruktur nimmt neben der verkehrsobjektseitigen Implementierung der Verkehrsorganisation mittels der z. B. durch den Verkehrsmittelführer beachteten Gesetze und Regularien derzeit eine wichtigen Anteil am Verkehrsgeschehen ein. Eine weitere Möglichkeit der Implementierung der Verkehrsorganisation kann über die Verkehrsmittel erfolgen und existiert derzeit bereits im Straßenverkehr in Form von fahrzeugseitigen Navigationslösungen und im Schienenverkehr durch Konzepte fahrzeugautarker Ortung. Eine Verschiebung dieser Implementierungsallokation kann durch

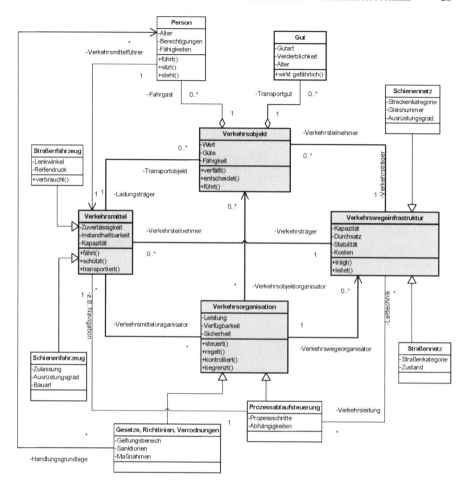

Abb. 2.13. Die Konstituenten des Verkehrs und einige Ausprägungen als Klassendiagramm

unterschiedliche Anforderungen aus dem Umfeld des Verkehrs (Wirtschaft, Gesellschaft, Technik, Umwelt und Wissenschaft) jederzeit begründet sein.

2.4.2 Ziele der Verkehrsleittechnik

Die Ziele der Verkehrsorganisation müssen im Einklang mit allgemeinen Werten und Gesetzen sowie den Zielen und Strategien des Verkehrssystems als Ganzem stehen, wenn keine Verwerfungen bzw. kontraproduktiven Effekte auftreten sollen. Dafür sind bereits bei der Verkehrsplanung die Wirkungsweisen der Verkehrsleittechnik mit zu berücksichtigen. Häufig sind jedoch wegen der weitgehend invarianten Verkehrswegeinfrastruktur gerade von der Verkehrsorganisation mittels kurzfristiger technischer Leistungsfähigkeit im Zusammenspiel mit den Verkehrsmitteln Kompensationen zu leisten, um die wachsende Verkehrsdichte zu bewältigen. Insofern ist die Verkehrsorganisation in der zunehmenden Verkehrsentwicklung gleichzeitig Ursache und Wirkung, da deren Leistungsfähigkeit eine höhere Verkehrsnachfrage ermöglicht, die ihrerseits wiederum eine leistungsfähigere Verkehrsorganisation und -leittechnik verlangt, wie sie z. B. von (KUTTER 2005) problematisiert wird.

Tabelle 2.3. Ziele der Verkehrsleittechnik in hierarchischer Gliederung

Globale Ziele (Strategie)
• Erhaltung und Förderung der Mobilität • Schonung der natürlichen Lebensgrundlagen • Erhaltung und Förderung der Wirtschaft
Gesamtverkehr (Planung)
• Verbesserung des Verkehrsablaufs • Erhöhung der Verkehrssicherheit • Verbesserung der Mobilitätsnutzung • Verbesserung des ökologischen Zustands • Optimierung der Wirtschaftlichkeit
Einzelverkehrsmoden (Taktisch)
• Verringerung der Reisezeiten • Erhöhung des Beförderungskomforts • Erhöhung der Zielerreichbarkeit • Verringern der Anzahl und Schwere von Unfällen • Verringern der Schadstoff- und Lärmemission • Verringern der Bodeneinwirkung • Verringerung der Trennwirkungen • Minimierung der Investitions- und Betriebskosten

Insgesamt orientieren sich die Ziele der Verkehrsleittechnik daher an den Zielen der Verkehrsentwicklung gemäß einer in den folgenden Abschnitten in Anlehnung an (MÜLLER 1998) ausgeführten Strukturierung nach Rollen, Sichten und hierarchischen Ebenen, die in der Tabelle 2.3 zusammengestellt sind. Nach (BOLTZE 1992) ist das oberste Ziel der Maßnahmen im Verkehr die Verbesserung der Lebensqualität, die sich aufschlüsseln lässt in die Verbesserung der Qualität des Wohnumfeldes und die Verbesserung der Standortqualität für die Wirtschaft. Boltze leitet hieraus weitere Unterziele ab und unterstreicht die Problematik, dass mit zunehmender Konkretisierung der Ziele und damit auch der zugehörigen Maßnahmen der allgemeine Dissens über die anzustrebenden Ziele anwächst.

Es erscheint sinnvoll, die Gliederung des Verkehrssystems in die unterschiedlichen Vernetzungs- bzw. Verknüpfungsebenen auch bei der hierarchischen Zieldefinition und der Maßnahmenplanung (vgl. Abschnitt 2.5) der Verkehrsleittechnik beizubehalten.

Als Kriterien zur Beurteilung der Qualität eines Verkehrssystems hat Voigt die Begriffe Verkehrswertigkeit und Affinität geprägt, deren Definition im Folgenden vorgestellt wird (VOIGT 1953). Die Verkehrswertigkeit erfasst die ökonomisch relevante Verkehrsleistung eines Verkehrsmittels und des Verkehrssystems. Dies ist notwendig, „da die heute bekannten Verkehrsmittel sich in vielerlei Hinsicht voneinander unterscheiden, beispielsweise hinsichtlich ihrer Fähigkeit zur Massenbeförderung, ihrer Schnelligkeit, ihrer Berechenbarkeit, ihrer Bequemlichkeit, ihrer Sicherheit, der Struktur und der Höhe ihrer Kosten, bezogen auf eine Transporteinheit." Hierbei werden Verkehrsmittel, die eine ideale Verkehrsleistung erbringen, mit der Verkehrswertigkeit eins und der entgegengesetzte Grenzfall, also Verkehrsmittel, die keine wirtschaftlich relevante Verkehrsleistung erbringen, mit der Verkehrswertigkeit null charakterisiert.

Voigt definiert verschiedene Kriterien, die die Verkehrswertigkeit beschreiben (zu den von Voigt definierten Kriterien wird aus heutiger Sicht noch die letzte Eigenschaft ergänzt):

- der Fähigkeit, beliebig *große* oder *kleine* Mengen zu befördern,

- dem Grad der *Schnelligkeit* der Beförderung eines Gutes vom Absender zum Empfänger,

- der Fähigkeit zur *Netzbildung*, d. h. der Möglichkeit, beliebige Plätze im Raum im direkten Verkehr ohne Umladen erreichen zu können,

- dem Ausmaß an *Bequemlichkeit* zur Erreichung und Verwendung des Verkehrsmittels und beim An- und Abtransport,

- dem Grad der *Berechenbarkeit* der Verkehrsleistung,

- dem Grad der *Sicherheit* der Verkehrsleistung und dem Ausmaß an Erschütterungen, sonstigen Impulsen und Stößen, die auf das zu befördernde Gut einwirken, und zwar sowohl bei dem eigentlichen Verkehrsvorgang wie beim Ein- und Auslagen sowie beim Umladen und

- der Höhe der erwachsenden *Kosten* bei Beförderung eines Gutes.

- Der *Ressourcenverbrauch* bzw. die Belastung der Umwelt.

Voigt nennt diese Kriterien der Verkehrswertigkeit. „Die Ebenen der Verkehrswertigkeit stehen zueinander in einem beschränkt substituierbaren Verhältnis. Die Schnelligkeit kann beispielsweise zu Lasten der Sicherheit, der Massenleistungsfähigkeit und unter Erhöhung der Kosten gesteigert werden. Die Kosten können gesenkt werden, wenn die Geschwindigkeit bis zu einem Optimum vermindert, die Sicherheit verringert, die gleichmäßige Bedienung des Raumes verschlechtert usw. werden." Der obige Begriff ‚Ebene' von Voigt kennzeichnet keine hierarchischen Beziehungen, weshalb im heutigen Sprachgebrauch der Ausdruck Aspekte treffender ist.

Aus physikalischen Gründen ist davon auszugehen, dass es kein Verkehrssystem mit der Verkehrswertigkeit eins, also ein ideales Verkehrssystem, gibt, das einen Transport in unendlich kurzer Zeit von jedem Ort zu jedem anderen Ort in beliebigen Mengen ohne Kosten durchführt. Die Leistungsfähigkeit aller heute und zukünftig bestehenden Verkehrsmittel ist somit unterschiedlich weit von den Bedingungen eines idealen Verkehrssystems entfernt.

Das Informations- und Kommunikationssystem kommt hierbei der Verkehrswertigkeit eins in einigen Punkten bereits sehr nahe. Daten als Verkehrsobjekt können Dank mobiler Kommunikationsgeräte und Satellitentechnik von nahezu jedem Punkt der Erde zu jedem anderen Punkt in einer Geschwindigkeit übertragen werden, die für den Maßstab unserer Erde an den Wert „unendlich" heranreicht. Für die Ebene der Fähigkeit der Netzbildung und der Transportgeschwindigkeit ist das theoretische Optimum hier also erreicht, allerdings ist kein stofflicherer Transport möglich. Informations- und Kommunikationssysteme bieten daher jedoch hervorragende Ressourcen für die Realisierung von Verkehrsleitsystemen (vgl. Kapitel 5).

2.4.3 Rollenverständnis und Beteiligte

Die Organisation des Verkehrs muss in Einklang mit dem politischen und daraus resultierenden rechtlichen Rahmen geschehen. In Europa vollzieht sich einerseits mit den vernetzten Zuständigkeiten und der politischen Willensbildung der Europäischen Union ein stetiger Wandel, der als Demokratisierung der Verkehrsleittechnik pointiert werden kann. Andererseits ergeben sich durch neuartige Technologien, z. B. Mobilfunk, Sensorik und Internet Informations- und Kommunikationsstrukturen, welche eine individuelle Ausübung bzw. Wahrnehmung in und von mobilen Verkehrsmitteln ermöglichen. Damit ist eine Verschiebung der bisher infrastrukturseitig lokalisierten zugunsten mobilseitiger Verkehrsorganisation möglich, welche ebenfalls die Ausübung zentralistischer staatlich getragener und vorgehaltener Infrastrukturen zu dezentral ausgeübter und privat/autonom verantworteter Teilhabe verschiebt. Der umfassende privatwirtschaftliche Betrieb einer für Verkehrsorganisationszwecke verwendeten Verkehrsinformations- und Kommunikationsinfrastruktur ist zwar erst in Anfängen erkennbar, birgt jedoch attraktive Geschäftsmodelle

und verschiebt dadurch die staatlich geforderte Verantwortung mit Minimal-
service auf eine privatwirtschaftlich angebotene und individuell nachgefragte
Organisationsinfrastruktur.

In diesem Zusammenspiel von Verkehrswegeinfrastruktur (Netzstruktur), Ver-
kehrsinformations- und -kommunikationsinfrastruktur, Verkehrsmitteln und
Verkehrsgütern agieren folgende Beteiligte in nahezu allen Verkehrsmoden:
Eigentümer und Finanzierer, Betreiber, Hersteller, (rechtliche) Aufsicht und
schließlich die Nutzer verkehrlicher Beförderung (vgl. Abbildung 2.13).

2.4.4 Wirtschaftliche Aspekte

Das Angebot von Verkehrsleistung verursacht Kosten, und ihre Nachfrage er-
bringt Erlöse. Für die effiziente Erbringung der Verkehrsleistung spielt die
Verkehrsorganisation und damit die Verkehrsleittechnik eine wichtige Rolle.
Umgekehrt verursacht die Verkehrsleittechnik Kosten, die in komplexen Hand-
lungsprozessen z. T. auf die Gesellschaft umgelegt werden.

Der wirtschaftliche Wettbewerb um Beförderungsleistung umfasst alle Verkehrsträger, alle Rollen und ihre Ressourcen. Hinsichtlich der Nachhaltigkeit-
saspekte Energie, Rohstoffe und Gesundheit muss über die aktuelle Beförderungsleistung und ihre Ressourcen hinaus auch die natürliche und gesellschaftliche Beanspruchung einbezogen werden, welche sich in Landverbrauch,
Kraftstoffverbrauch, Emissionen von Gasen und Lärm bis zu gesundheitlichen
Schäden durch Unfälle, physischer und psychischer Beanspruchung in vielerlei
Hinsicht ausdrückt. Finanziell aufzubringen sind die betriebs- und volkswirtschaftliche Kapitaldeckung mit Vorträgen auf die Zukunft, welche durch die
Verkehrsorganisation maßgeblich beeinflusst werden können.

Insofern wird der Hersteller von Einrichtungen der Verkehrsleittechnik sowie
ihr Betreiber, der auch menschliches Personal einsetzen muss, Investitionen
und Betriebskosten marktwirtschaftlich, d. h. nüchtern, bilanzieren. Die Wirksamkeit der Verkehrsleittechnik ist jedoch zeitlich nicht immer leicht wirtschaftlich zu erfassen, nachzuvollziehen bzw. zu prognostizieren, auch wenn
hierfür eingeführte Regularien und Prozeduren bestehen.

Insbesondere die lange Lebens- bzw. Nutzungsdauer von Einrichtungen der
Verkehrsleittechnik in der Infrastrukturtechnik (Lichtsignalanlagen, Stellwerke, Verkehrszeichen), aber auch ein Schienen- und ÖPNV-Fahrzeugpark, ent-
zieht wirtschaftlichen Kalkulationen über einen kürzeren Zeitraum eine be-
lastbare Basis.

Wegen der kürzeren Lebensdauer sind z. T. Einrichtungen insbesondere in In-
dividualverkehrsfahrzeugen, z. B. Fahrerassistenzsysteme (FAS), Navigationssysteme und Verkehrsradios (RDS) wirtschaftlich leichter kalkulierbar, auch
wenn diese begrifflich noch nicht als dezentrale Teile eines Verkehrsleitsys-

tems verstanden werden, jedoch als solche zukünftig zwar zunehmen, aber nur langsam Wirkung zeigen.

So kann beispielsweise durch die individuelle Fahrweise eines Verkehrsmittels der erforderliche Energiebedarf durchaus weiter optimiert werden bzw. über den Zeitbedarf bis zu Einsparungen beim Fuhrpark führen. Auch die Einhaltung von Qualitäten bei Fahr- und Ankunftszeit entscheidet über die Nachfrage durch Fahrzeugauslastung zu attraktiven Erlösen. Kosten durch Verkehrsstaus haben volkswirtschaftliche Dimension.

Die vielfältigen wirtschaftlichen Beziehungen zwischen den Konstituenten des Verkehrs sollen hier nicht behandelt werden und es wird daher z. B. auf (ABERLE und WOLL 1996) verwiesen. Eine schematische Darstellung der wirtschaftsrelevanten Beziehungen zwischen den wichtigsten Rollen im Verkehrssystem zeigt Abbildung 2.14.

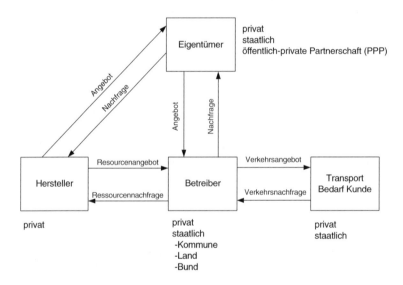

Abb. 2.14. Schematische Darstellung der wirtschaftlichen Beziehungen zwischen den wichtigsten Rollen im Verkehrssystem.

Interessant ist die Wirtschaftlichkeit der Verkehrsleittechnik auch im Hinblick auf das organisatorische Zusammenspiel

- von *staatlichen* Institutionen, z. B. im Sinne von Eigentümern der Verkehrswegnetze und -infrastrukturen der Verkehrsleittechnik bzw. des gesetzlichen Auftrages z. B. der Verkehrssicherungspflicht,

- von *privatwirtschaftlichen* Institutionen, z. B. im staatlichen Auftrag (z. B. TÜV), in eigenem Wirtschaftsinteresse wie Eisenbahnverkehrsunternehmen, Speditionsunternehmen, Taxen usw. sowie

- von *individuellen* Verkehrsteilnehmern, d. h. Privatpersonen ohne vordergründig wirtschaftliche Verkehrsteilhabe, jedoch mit durchaus wirtschaftlicher Sensibilität z. B. bei Gebührenvermeidung.

Im Sinne des europäischen liberalen Wirtschaftsverständnisses wird im Rahmen der Deregulierung der Wettbewerb auf dem Verkehrsmarkt einschließlich der Organisation, des Betriebs und der Herstellung der Verkehrsleittechnik gefördert (Artikel III der Römischen Verträge u. a.).

Aus ehemals monopolistischen Strukturen entwickeln sich immer mehr arbeitsteilige und bzw. oder konkurrierende Einheiten, die alle auf dem Markt um Transportdienstleistung ökonomisch erfolgreich beitragen und bestehen wollen (RAMMLER 2003).

Das Spannungsfeld umfasst dabei die Konkurrenz von Regionen und Kommunen um direkt oder indirekt zahlende Verkehrsteilnehmer, die Konkurrenz zwischen den Moden, die Konkurrenz um lang- und kurzfristige Beförderungsaufträge, die Konkurrenz der Verkehrswegenutzung (Maut, Trassenpreise), die Konkurrenz um Energiekosten und -steuern, die Konkurrenz um Ausrüstung von Wegen, Mitteln und Verkehrsinformations- und Kommunikationsinfrastrukturen und um Sicherheit und Versicherung.

Individuelle Beiträge der Verkehrsleittechnik zu Wirtschaftlichkeitsaspekten werden in den jeweiligen Kapiteln speziell angesprochen.

2.5 Strukturierung von Verkehrsleitsystemen

2.5.1 Hierarchische Strukturierung

Die Strukturierung der Verkehrsleittechnik und ihrer Systeme bedarf einerseits verschiedener Abstraktionsebenen, Verkehr begrifflich zu fassen, z. B. einer mikro-, meso- oder makroskopischen Modellierung. Eine weitere Möglichkeit ist die der geographischen Gliederung in Regionen, Bereiche, Wege und Knoten oder ähnlich topologisch mit Graphen aus Kanten und Knoten als Abstraktion der Verkehrswegenetze. Die Strukturierung des Verkehrssystems spiegelt sich in der Gliederung des Leitsystems wider. Diese Struktur entspricht prinzipiell der üblichen Struktur von Automatisierungssystemen in Form einer sogenannten hierarchischen Pyramide. Darin sind verschiedene Leitungsebenen hierarchischer Weisungsbefugnis und benachbarte Informationen technisch in Schichten organisiert. Jede der Leitsystemschichten korrespondiert mit einer Abstraktionsschicht im Verkehrssystem.

Abbildung 2.15 zeigt die Dekomposition des Verkehrssystems aus organisatorischer Sicht der Verkehrsleittechnik.

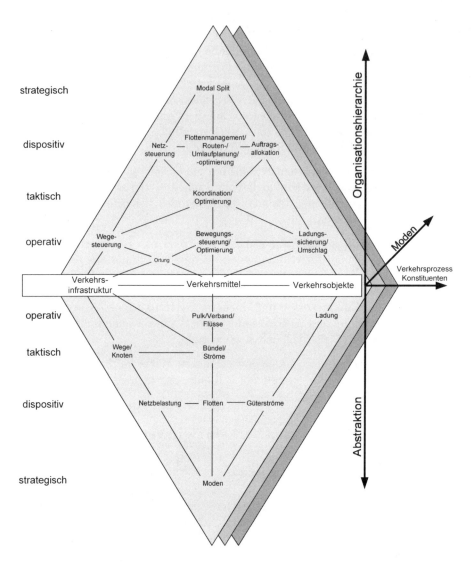

Abb. 2.15. Hierarchische Dekomposition des Verkehrssystems aus organisatorischer Sicht der Verkehrsleittechnik und der Abstraktionsebenen des Verkehrssystems

In dieser hierarchischen Struktur sind die Schichten nach räumlichen Zuständigkeiten, zeitlichem Reaktionsverhalten, zeitlichem Horizont und Informations- bzw. Kommunikationskenngrößen zweckmäßigerweise quantitativ monoton geordnet. Hinsichtlich der leittechnischen Wirkungsweise entsprechen die hierarchischen Schichten Regelkreiskaskaden mit immer weiter übergeordneten Regelkreisen bestehend aus den Reglern im Leitsystem und den Regelstrecken im Verkehrsprozess (vgl. Abschnitt 2.3.3).

2.5.2 Generische Referenzmodelle

Da der Einsatzbereich von Verkehrsleitsystemen immer umfangreicher wird, sind die Forderungen zu einer Vereinheitlichung und Integration der Systeme zugunsten akzeptabler Kosten infolge größerer Märkte immer dringlicher. Zur Vereinheitlichung der Systeme dienen standardisierte Funktionen und Kopplungen, die einerseits auf hohem Abstraktionsniveau international spezifiziert und modelliert werden und die andererseits auf konkreter Basis von so genannten Schnittstellen die physikalischen, funktionellen und informationellen Kopplungen, z. B. Austauschformate, beschrieben werden. Die Standardisierung wird meist von nationalen und internationalen, staatlichen und interessengetriebenen Betreiberorganisationen vorangetrieben.

Andererseits ist es auch von wissenschaftlichem Interesse, die essentiellen Funktionen von Verkehrsleitsystemen zu identifizieren, um die Basis für eine Vereinheitlichung der Verkehrsleitsysteme als Grundlage für eine flächendeckende Integration zu bereiten.

Tabelle 2.4. Referenzmodelle und -standards für die Verkehrsleittechnik im Landverkehr (Auswahl)

Gegenstand	Projekt/Normungsgremium
Europäisches Eisenbahnleitsystem (ERTMS, ETCS)	AEIF/ERA Interoperabilitätsrichtline Integrail
Europäisches Stellwerk	Euro-Interlocking, UIC
Mobilkommunikation im Schienenverkehr	GSM-R
Eisenbahninfrastruktur	Rail ML
Fahrplanmodelle für den ÖPNV	VDV, UITP
Generisches Modell für Eisenbahnleitsysteme	siehe (MEYER ZU HÖRSTE 2004)
Steuerung von Lichtsignalanlagen	Open Communication Interface Technology (OCIT)
Straßenverkehrstelematik	CEN/TC 278, ISO/TC 204 Global System for Telematics (GST) Cooperative Vehicle Infrastructure System (CIVIS) Car to Car Consortium (C2C)
Kommunikation im Straßenverkehr	DATEX RDS-TMC

Für die Eisenbahnleit- und Sicherungstechnik wurde z. B. in (MEYER ZU HÖRSTE 2004) ein umfangreiches formales und ausführbares Modell in Petri-

netzformalisierung entwickelt, welches in seiner Grundstruktur in Abbildung
2.16 dargestellt ist.

Die Tabelle 2.4 zeigt eine Auswahl von Referenzmodellen und Standards für
Verkehrsleitsysteme im Landverkehr.

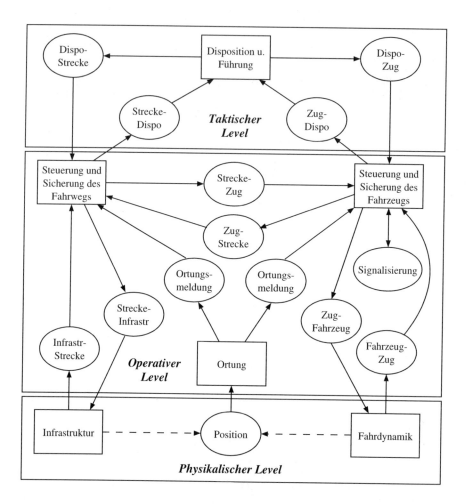

Abb. 2.16. Generisches Modell der Eisenbahnleit- und -sicherheitstechnik (MEYER
ZU HÖRSTE 2004)

3

Regelung der Längsbewegung eines Verkehrsmittels

3.1 Aufgabenstellung der Fahrdynamik

Verkehr dient der schnellen, sicheren und komfortablen Beförderung individueller Transportobjekte wie Personen oder Sachgütern mit eigens dafür vorgesehenen Verkehrsmitteln wie PKW, Bussen, LKW oder Personen- und Güterzügen auf den entsprechenden Fahrwegen der Infrastruktur des Straßen- oder Schienenverkehrs. Physikalisch ist die Beförderung von Verkehrsobjekt und Verkehrsmittel längs des Weges von der Quelle bis zum Ziel eine Massenbewegung.

Die Betonung der Längsrichtung, d. h. der Bewegung in Fahrtrichtung, kann die Aufgabenstellung weitgehend auf die eindimensionale Bewegung einschränken, welche als Fahrdynamik bezeichnet wird und primär für den Verkehr relevant ist. Weitere Bewegungsrichtungen hinsichtlich der Seiten- und Vertikal- sowie Rotationsbewegungen der Verkehrsmittel werden hier nicht weiter betrachtet, so dass hier auf die Literatur der Fahrzeugdynamik verwiesen wird z. B. (KIENCKE und NIELSEN 2005, MAYR 2001, MITSCHKE und WALLENTO-WITZ 2004, WENDE 2003, WILLUMEIT 1998).

Die einzelnen Anforderungen an eine schnelle, sichere und komfortable Längsbewegung können mittels der Bewegungsgrößen der Mechanik formuliert werden. Die Bewegungsgrößen sind die Zustandsgrößen Positionen des Verkehrsmittels, Geschwindigkeit, Beschleunigung und Antriebskraft, die zusammen den Zustandsvektor der Bewegung bilden. Alle möglichen Zustände bilden den Zustandsraum, der von den einzelnen Zustandskoordinaten aufgespannt wird.

Eine *schnelle Beförderung* ist gegeben, wenn die maximal zulässigen Werte des Bewegungszustandsvektors ausgeschöpft werden, d. h. die Erreichung der weitgehend exakten Zielposition, der wegeseitig maximal zulässige Geschwindigkeit, der maximal zulässigen Anfahrbeschleunigung und Bremsverzögerung bzw. ihre zugehörigen Kräfte sowie die Nutzung der maximalen Leistung des Antriebs- bzw. Bremssystem. Die Ausschöpfung der Grenzen der zulässigen Werte des Bewegungszustands, das sind die Grenzflächen eines physikalischen Zustandsraums, führt zu zeitoptimalen Bewegungsvorgängen, die z. B. als Zeit-Weg-Linien, als Oszillogramme der Bewegungszustände über der Zeit z. B. v-t-, a-t-Diagramme oder als Zustandstrajektorien, d. h. des Verlaufs des Zustandsvektors, im mehrdimensionalen Zustandsraum oder anschaulich in der Zustandsebene, dem sogenannten v-s-Diagramm dargestellt werden.

Nicht immer sind zeitoptimale Bewegungen erstrebenswert, z. B. wenn ein Halt zeigendes Signal oder ein rotes Lichtsignal vor einer Kreuzung zu früh erreicht wird, infolge dessen gebremst und danach wieder beschleunigt wird, wenn der Fahrweg freigegeben wird. In diesem Fall kann der zulässige Bewegungszustandsraum noch weiterhin Spielraum zugunsten energieoptimaler Fahrweisen bieten.

Die *Sicherheit* der Fahrzeugbewegung erfordert einerseits den Verbleib des Fahrzeugs auf dem Fahrweg dank Einhaltung zulässiger Querbeschleunigungen bei Kurvenfahrten infolge dort zulässiger Maximalgeschwindigkeiten und andererseits die Einhaltung von Sicherheitsabständen insbesondere zu vorausfahrenden Fahrzeugen bzw. zu kreuzenden Fahrwegen, auf denen sich andere Fahrzeuge befinden, so dass keine Kollisionen eintreten. Aufgrund der dynamischen Zustände der Fahrzeuge in der Umgebung wird der zulässige Bewegungszustandsraum verkehrssituationsabhängig weiter eingeschränkt.

Für die *komfortable Bewegung* insbesondere bei der Personenbeförderung, aber auch zur Gewährleistung fest mit dem Verkehrsmittel verbundener Ladung im Güterverkehr, ist vor allem die Beschleunigung und ihre zeitliche Änderung, der Ruck, auf zulässige, z. T. gesetzlich vorgeschriebene Werte zu begrenzen. Im Schienenpersonenverkehr erlaubt dies z. B. die Personenbeförderung ohne Sicherheitsgurte. Zur Erreichung eines hohen Fahrkomforts sollte die kumulierte Menge der Beschleunigungsänderungen minimal werden (HENZE 2004).

Tabelle 3.1 zeigt eine Zusammenstellung der Anforderungen für die Längsbewegung von Verkehrsmitteln für die einzelnen Zustandsgrößen.

3.2 Fahrdynamik der Längs- bzw. Translationsbewegung

Die Bewegung von Transportmitteln als räumlich-zeitliche Änderung mechanischer Zustandsgrößen wird in diesem Abschnitt behandelt. Dabei wird zuerst die fahrdynamische Bewegung allgemein erläutert und danach die verschiedenen Bewegungskräfte. Die regelungstechnische Modellierung und Darstellung der Bewegungsvorgänge im charakteristischen Diagramm beschließt den Abschnitt.

Tabelle 3.1. Leistungsmerkmale von exemplarischen Landfahrzeugen

	Länge	Masse	Leistung	vmax	amax	Brems-weg	Leistung/Masse
	[m]	[t]	[kW]	[km/h]	$[m/s^2]$	[m]	[kW/t]
PKW	2 ... 6	0,5 ...2,7	...400	... 250	... 25	... 360	... 150
LKW	10 ...18,75 (25,25)	40 (60)	...500	80	0,4	80	12,5 (8,3)
Tram	27	45	100	70	0,9	125	2,2
Metro	102	217	1.020	80	1,2	137	4,7
Triebwagen (RB)	52	82	400	120	0,662	555	4,88
ICE/TGV	410	870	9.600	350	0,455	3.500	11,03
GV Zug	...700	...2.800	~ 5.100 (je Tfz)	160	0,24	1.560	~ 3, 4 (je Tfz)

3.2.1 Fahrzeugbewegung

Als Einstieg in die Untersuchung der verschiedenen Aspekte der Verkehrs-leittechnik geht es in diesem Kapitel um die Grundlagen der Beschreibung der Fahrzeugbewegung „in Fahrtrichtung" (Geradeausfahrt oder das Verhalten längs einer Trajektorie bzw. Bahn). Die Bewegungen in Quer- und Vertikal-richtung müssen daher hier nicht näher beschrieben werden, also keine Hub-, Nick- und Wankbewegung. Im Folgenden wird es zunächst um die Bewegung in *x-Richtung* gehen, wobei die anderen Dimensionen lediglich in Form von Widerstandskräften auftreten und wirken.

Grundlage der Modellbildung der Fahrzeugbewegung ist die Einordnung der verschiedenen Aspekte der Massebewegung eines Fahrzeugs durch den Raum anhand eines orthogonalen Koordinatensystems, wie es in den Abb. 3.1 zu sehen ist.

Die wesentlichen Größen einer physikalischen Beschreibung der Dynamik der Längsbewegung sind die bewegte Masse m, die Geschwindigkeit v_x sowie die in x-Richtung wirkenden Beschleunigungs-, Brems- und Widerstandskräfte (zusammengefasst zu F_x). Für eine detaillierte Erfassung der Fahrdynamik ist ferner die Berücksichtigung der fahrzeuginternen rotatorischen Bewegun-gen (Räder, Getriebe, Antriebe usw.) nötig. Aus der in einfachster Form als punktförmig angenommenen Gesamtmasse m und der Erdbeschleunigung g ergibt sich die in z_o-Richtung wirkende Gewichtskraft F_g.

Ein weiterer Aspekt der Fahrdynamik in x-Richtung sind die Bewegungen, die sich aufgrund der Längselastizität des Fahrzeugs ergeben. Diese treten insbesondere bei Bahnen dadurch auf, dass Züge aus einer Menge durch Zug- und Stoßeinrichtungen gekuppelter, in sich starrer Waggons zusammengesetzt sind (Abb. 3.2). Dadurch kann es zu störenden Längsschwingungen kommen. Diese Problematik soll an dieser Stelle allerdings nicht weiter vertieft werden.

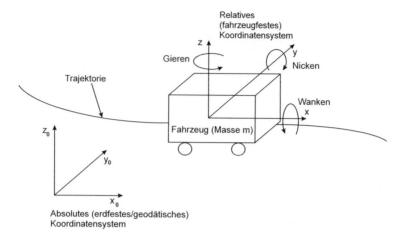

Abb. 3.1. Koordinatensysteme für die Fahrzeugbewegung im Raum

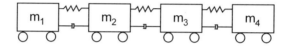

Abb. 3.2. Mechanisches Modell gekuppelter Einzelfahrzeuge (Eisenbahnzug)

Der fundamentale Zusammenhang der Fahrdynamik zwischen der Bewegungsänderung eines Körpers und der auf ihn einwirkenden Kräfte wird durch das 2. Newtonsche Axiom beschrieben:

$$F_x = \frac{dp}{dt} = m\frac{dv}{dt} = ma \tag{3.1}$$

Die Summe F_x der auf das Fahrzeug wirkenden Kräfte in x-Richtung ist demnach gleich der Ableitung des Impulses nach der Zeit. Beschreibt man nun F_x als die Differenz der Antriebs-/Bremskraft F und des Fahrwiderstands G, so erhält man die folgende Differentialgleichung der Fahrdynamik:

$$m\frac{dv}{dt} = F(v) - G(v) \tag{3.2}$$

Um den Einfluss der oben erwähnten Drehbewegungen auf die Fahrdynamik zu erfassen, ist es zweckmäßig, das Fahrzeug als kombiniertes Translations- und Rotationssystem zu beschreiben, bestehend aus den Teilmassen m_{trans} und m_{rot}. Die translatorische Masse ist dabei weiterhin die Gesamtmasse des

Fahrzeugs ($m_{trans} = m_{ges}$), wogegen mit m_{rot} die verschiedenen rotierenden Massen (Motor, Getriebe, Achsen, Räder) zusammengefasst werden, die
allerdings nicht leicht zu bestimmen sind, siehe auch (MITSCHKE und WAL-
LENTOWITZ 2004).

Die obige Form der Differentialgleichung der Fahrdynamik kann beibehalten werden, wenn man den Einfluss der Trägheit der rotierenden Massen in
eine zusätzliche translatorische Masse umrechnet. Das Verhältnis zwischen
der so ermittelten effektiven Masse m_{eff} und der realen translatorischen
(Gesamt-)Masse bezeichnet man als Massenfaktor ρ_m. Dieser Massenfaktor
gibt an, um wieviel sich die Beschleunigungskraft F_a und die kinetische Energie W_{kin} des Fahrzeugs gegenüber der reinen Translation durch den Einfluss
der rotierenden Massen erhöhen.

$$m_{eff} = m_{trans} + m_{rot} = \rho_m m_{trans} \tag{3.3}$$

$$F_a = m_{trans} a \rho_m \tag{3.4}$$

$$W_{kin} = \frac{m_{trans} v^2}{2} \rho_m \tag{3.5}$$

Rechnerisch erhält man den Massenzuschlag durch die Umrechnung der Rota-
tionsenergie in eine (zusätzliche) Translationsenergie: (Θ: Massenträgheit der
rotierenden Massen).

$$\frac{m_{rot}}{2} v^2 = \frac{\Theta}{2} \omega^2 \tag{3.6}$$

Auf der rechten Seite dieser Gleichung müssen dabei im konkreten Fall die
einzelnen rotierenden Teilmassen mit ihrem je nach Übersetzung unterschiedlichen Winkelgeschwindigkeit ω aufsummiert werden ((MITSCHKE und WAL-
LENTOWITZ 2004), Kap. 21).

Praktisch kann der Massenfaktor durch die Auswertung der Messergebnisse eines Ausrollversuchs bestimmt werden. Dazu wählt man eine Rampe mit
möglichst großer und konstanter Neigung, in deren Fußbereich eine Geschwin-
digkeitsmessstelle eingerichtet wird. Nun lässt man das Fahrzeug von unten
im freien Auslauf auf die Rampe rollen. Aus der relativen Höhe des Wen-
depunkts kann man auf die potentielle Energie schließen, die Umrechnung
in kinetische Energie unter Annahme der gemessenen Geschwindigkeit liefert
dann die effektive Masse des Fahrzeugs (WENDE 2003).

In (STASKA 1984) wurden für Personenkraftwagen Massenfaktoren zwischen
1.033 und 1.04 ermittelt, bei Lastkraftwagen Faktoren von 1.06 und 1.07,

jeweils bezogen auf das Fahrzeugleergewicht. In einem ähnlichen Bereich bewegen sich die Werte für antriebslose Eisenbahnwagen mit 1.02 bis 1.04 im beladenen Zustand und 1.05 bis 1.12 unbeladen (FILIPOVIC 1992). Höhere Massenfaktoren treten erwartungsgemäß bei Lokomotiven auf; sie liegen für elektrische Lokomotiven bei 1.15 bis 1.30. Für ganze Züge kann mit ρ_m zwischen 1.06 und 1.10 gerechnet werden. Die höchsten in (FILIPOVIC 1992) angeführten Werte erreichen elektrische Lokomotiven der Zahnradbahnen mit Massenfaktoren bis zu 3.5.

3.2.2 Fahrwiderstandskräfte

Die Bewegungsabläufe eines Fahrzeuges werden durch die Eigenschaften von Wind und Fahrbahnbeschaffenheiten beeinflusst (WENDE 2003, KAPITZKE 2001). Diese gegen die Fahrzeugrichtung und -geschwindigkeit wirkenden Größen sind Gegenkräfte, die als Fahrwiderstände bezeichnet werden. Die Einteilung der Fahrwiderstände beruht auf Kräften, die am Rad angreifen (Radwiderstände) und Kräften, die auf das gesamte Fahrzeug wirken (Luft-, Steigungs-, Beschleunigungs- und Kurvenwiderstand und ggf. Tunnel- oder Bewegungswiderstand). Dies sind alle diejenigen auf die Bewegung in x-Richtung wirkenden Kräfte, die nicht beeinflussbare Antriebs- oder Bremskräfte sind (Abb. 3.3). Sie bilden zusammen die Gegenkraft G, die für viele Anwendungsfälle mit folgendem nichtlinearen Ansatz als quadratische Funktion hinreichend genau beschrieben werden kann:

$$G(v) = A + Bv + Cv^2 \tag{3.7}$$

Die Koeffizienten A, B und C sind teils berechenbar, teils sind sie experimentell zu ermitteln. In den folgenden Abschnitten werden einige Bestandteile der Gegenkraft näher untersucht.

Neigungswiderstand

In Abhängigkeit der Richtung der Neigung (s. Abb. 3.4) für den Steigungswiderstand G_S gilt folgender einfacher Zusammenhang:

$$G_S = mg\sin\alpha \approx mg\tan\alpha = mg\frac{h}{s} \quad \text{gilt für kleine } \alpha \tag{3.8}$$

α : Steigung (üblich in ‰)
G_S : Steigungswiderstand

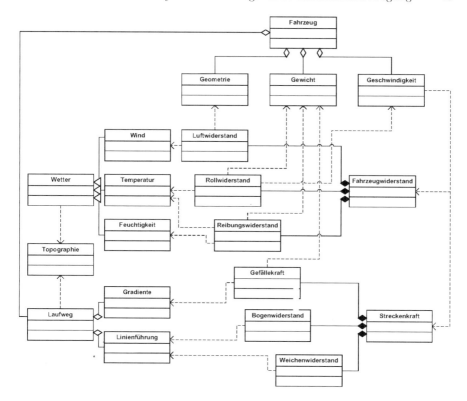

Abb. 3.3. Klassendiagramm Fahrzeuglängsbewegung

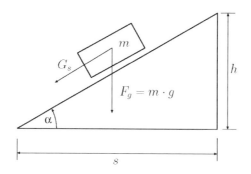

Abb. 3.4. Hangabtriebskraft

Dabei wird die Masse des Fahrzeugs im Sinne einfacherer Berechnung oft als punktförmig angenommen. Eine Ausnahme stellen lange Fahrzeuge dar, z. B. Güterzüge, wenn sie sich über einer im Verhältnis zur Fahrzeuglänge schnell wechselnden Steigung befinden (Abb. 3.5).

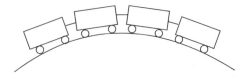

Abb. 3.5. Zugbewegung bei Steigung mit wechselndem Vorzeichen

Hier kann es nötig sein, die Abstraktion einer punktförmigen Masse über einer gemittelten Steigung aufzugeben, um die Längsverteilung der Masse über der Strecke zu berücksichtigen. Dazu muss der Höhenverlauf des Fahrweges allerdings hinreichend genau bekannt sein. Es gibt mehrere Möglichkeiten, diesen Höhenverlauf beispielsweise in einer Streckenkarte abzubilden: So können die absoluten Koordinaten gewisser Stützpunkte entlang der Strecke angegeben werden, zwischen denen eine lineare Verbindung (lineare Interpolation) angenommen wird. Alternativ können, von einem absoluten Startpunkt ausgehend, Folgen von Gradienten (Steigungen) oder deren Ableitungen zusammen mit den entsprechenden Distanzen als Darstellung des Höhenverlaufs gewählt werden. Eine andere Methode, mit der auch kontinuierliche Änderungen in der Steigung genau erfasst werden können, besteht darin, eine Fourieranalyse oder Interpolation des Höhenverlaufs einer Teilstrecke mit definiertem Anfang und Ende durchzuführen.

Bogenwiderstand

Der Bogenwiderstand gehört wie der Steigungswiderstand zu den streckenabhängigen Widerstandskräften. Als wesentlicher Einflussfaktor im Eisenbahnverkehr setzt er sich als Summe aus dem Längsgleitwiderstand, dem Drehgleitwiderstand sowie dem Spurkranzreibungswiderstand zusammen (Wende 2003). Die Bestimmung der Bogenwiderstandszahl selber ist durch die hohe Anzahl an Parametern sehr aufwändig, sodass für die der Praxis empirisch ermittelte Gleichungen Anwendung finden. Bei der Projektierung findet z. B. folgende Gleichung Anwendung für die Bogenwiderstandszahl: Darin ist R der Bogenhalbmesser, b der Laufkreisabstand und c der Achsabstand im Fahrzeug.

$$f_{b0} = \frac{0.153b + 0.1c}{R} \tag{3.9}$$

Luftwiderstand

Der Luftwiderstand G_L spielt bei höheren Geschwindigkeiten eine große Rolle, weil er vom Quadrat der Geschwindigkeit abhängt. Der Einfluss der Form des Fahrzeugs wird im experimentell zu ermittelnden c_w-Wert ausgedrückt.

$$G_L = \frac{1}{2}\rho_L c_w A v^2 \qquad (3.10)$$

$\rho_L = 1.25 \text{ kg/m}^3$: Dichte der Luft
c_w : Luftwiderstandsbeiwert
A : Querschnittsfläche

Diese Formel gibt den Luftwiderstand unter neutralen Bedingungen wieder. Zu den hier nicht berücksichtigten Faktoren gehört neben Gegen-, Seiten- oder Rückenwind auch der Einfluss der Strecke, wie zum Beispiel in Form eines erhöhten Luftwiderstands im Tunnel. Daneben ist auch zu berücksichtigen, ob es sich um ein einzelnes Fahrzeug oder um mehrere gekoppelte Fahrzeuge, wie z. B. ein Lastzug oder ein Eisenbahnzug handelt.

Insbesondere muss bei Hochgeschwindigkeitsfahrzeugen die genaue Bestimmung des Luftwiderstands hinsichtlich der Aufstandskrafterhöhung erfolgen (Formgebung, Spoiler, ...).

Laufwiderstand

Unter dem Begriff Laufwiderstand werden neben dem Luftwiderstand die übrigen Gegenkräfte zusammengefasst. Dazu gehören: Rollreibung, Lagerreibung, Getriebereibung, Anfahrwiderstand und Seitenführungskräfte infolge von Seitenwind.

Im Allgemeinen werden diese diversen Teilkräfte in empirisch ermittelten quadratischen Teil der Widerstandsformel (3.7) zusammengefasst.

3.2.3 Antriebs- und Bremskräfte

Um das Antriebs- und Bremsverhalten eines Fahrzeugs zu charakterisieren, genügt es nicht, lediglich einen konstanten Wert für die Antriebs- und Bremskraft anzunehmen, da die Antriebskraft zum Beispiel von der Motordrehzahl und der Übersetzung abhängt. Allgemein kann man festhalten, dass beide Kräfte geschwindigkeitsabhängig sind und mit steigender Geschwindigkeit abnehmen. Dies ist prinzipiell dadurch begründet, dass sowohl der Antrieb als auch die Bremsen nur eine begrenzte Leistung aufbringen beziehungsweise abführen können. Wegen $P = F \cdot v$ gilt daher für den Fall maximaler Leistung $F(v) = P_{\max}/v$. Das heißt, dass die Brems- und Antriebskräfte in Abhängigkeit von der Geschwindigkeit nach oben durch die Leistungshyperbel $P_{\max}/v$ (Abb. 3.6) begrenzt sind.

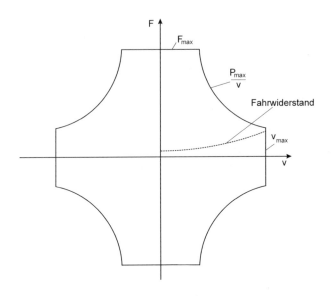

Abb. 3.6. Kraft-Geschwindigkeits-Diagramm (Zugkraftdiagramm)

Geht man andererseits von einer konstruktiv bedingten maximalen Grenzkraft $F_{\max}$ aus, so erhält man insgesamt einen Verlauf von $F(v)$ entlang des Minimums von $F_{\max}$ und $P_{\max}/v$, der hier für den Fall der Bremskraft in der F-v-Ebene dargestellt ist (Abb. 3.6):

$$F(v) = \begin{cases} -F_{\max} & \text{für} \quad v \leq v_p \\ -\frac{P_{\max}}{v} & \text{für} \quad v > v_p \end{cases} \tag{3.11}$$

Dabei ist v_p die Geschwindigkeit, bei der $F(v)$ von der maximalen Grenzkraft auf die Leistungshyperbel übergeht. Es gilt $v_p = P_{\max}/F_{\max}$. Die Definition von $F(v)$ kann noch leicht verallgemeinert werden, indem man im Bereich vor dem Erreichen der Leistungshyperbel anstatt der konstanten Kraft $F_{\max}$ eine mit steigender Geschwindigkeit linear abnehmende (Steigungsfaktor k) Antriebs- bzw. Bremskraft annimmt (hier dargestellt für die Antriebskraft):

$$F(v) = \begin{cases} F_{\max} - kv & \text{für} \quad v \leq v_p \ (k \geq 0) \\ \frac{P_{\max}}{v} & \text{für} \quad v > v_p \end{cases} \tag{3.12}$$

In diesem Fall reicht zur Beschreibung eines konkreten Verlaufs von $F(v)$ die Angabe der maximalen Kraft $F_{max} = F(0)$, der maximalen Leistung P_{max} und der Wechselgeschwindigkeit v_p. Damit erhält man eine durch wenige Parameter charakterisierte schematische Modellierung von $F(v)$, die für allgemeine Untersuchungen ausreichend genau ist.

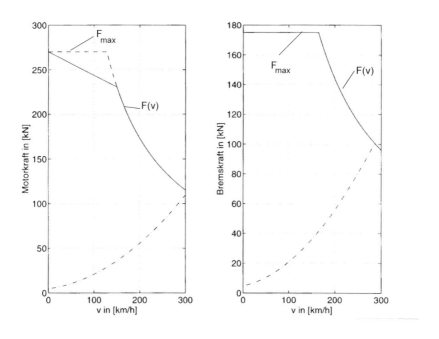

Abb. 3.7. Schematischer Verlauf der Antriebs- und Bremskraft

Abbildung 3.7 zeigt den schematischen Verlauf der Antriebs- und Bremskraft in Abhängigkeit von der Geschwindigkeit unter den genannten Annahmen. Man erkennt, dass hier für die Bremskraft ein konstanter Wert bis zum Erreichen der Leistungshyperbel vorliegt, wogegen die Antriebskraft für niedrige Geschwindigkeiten linear abnimmt. Zusätzlich ist hier als strichpunktierte Linie der Verlauf der Summe der in der Ebene wirkenden Gegenkräfte eingetragen, der hier wie erwähnt die Form einer Parabel mit einem geringen konstanten Anteil besitzt (vgl. Glch. 3.7). Vergleicht man die Gegenkraft mit der Antriebskraft, so wird deutlich, dass das beschriebene Fahrzeug in der Ebene eine Geschwindigkeit von mehr als 300 km/h erreichen kann. Der Bremskraftverlauf schneidet die Widerstandsparabel im Bereich von 280 km/h, was bedeutet, dass die maximale Bremskraft hier etwa so groß ist wie die ständig wirkende Gegenkraft.

Der Graph der Antriebskraft in Abhängigkeit von der Geschwindigkeit wird
für Triebfahrzeuge des Bahnverkehrs häufig als Z/v-Diagramm bezeichnet (Z:
Zugkraft).

Eine aufschlussreiche Form der Darstellung der fahrdynamischen Parameter
eines Fahrzeugs liefert die Untersuchung der Grenzgeschwindigkeiten, also derjenigen Geschwindigkeiten, bei denen sich die Antriebs- bzw. Bremskraft und
die Widerstandskräfte gegenseitig aufheben ($F(v) - G(v) = 0$). Im Folgenden
sollen die Verläufe dieser Geschwindigkeiten in Abhängigkeit von der Neigung
der Fahrbahn als wichtigem Parameter der Gegenkräfte dargestellt werden.

Dabei interessieren drei Fälle:

1. die Grenzgeschwindigkeit bei maximaler Zugkraft, also die Geschwindigkeit, die bei gegebener Steigung maximal gehalten werden kann,

2. die stationäre Geschwindigkeit beim Rollvorgang, also die Geschwindigkeit, die sich beim Rollen auf einem gegebenen Gefälle einstellt,

3. die Grenzgeschwindigkeit bei maximaler Bremskraft.

Abbildung 3.8 zeigt den Verlauf dieser drei Grenzgeschwindigkeiten (von links
nach rechts) für Werte des ICE 1.

Bei allen drei Grenzverläufen lässt sich der Einfluss des mit der Geschwindigkeit quadratisch zunehmenden (Luft-) Widerstands daran ablesen, dass sich
die wachsenden Grenzgeschwindigkeiten grundsätzlich in Richtung geringerer Neigungen bewegen. Der Knick im Verlauf der Grenzgeschwindigkeiten
für den Fall maximaler Antriebskraft (durchgezogene Linie) und maximaler
Bremskraft (strichpunktierte Linie) ergibt sich durch den Übergang vom konstanten bzw. linearen Bereich zur Leistungsparabel. So ist der Rückgang der
Kurve der maximalen Bremskraft oberhalb von etwa 170 km/h darauf zurückzuführen, dass hier die Bremskraft mit steigender Geschwindigkeit schneller
abnimmt als der Luftwiderstand zunimmt.

Am Verlauf der Grenzgeschwindigkeit für die maximale Zugkraft (Fall 1) erkennt man, dass ein ICE der ersten Generation (BR 401) mit der Leistung
von 4800 kW an Steigungen von mehr als 40‰ nicht anfahren kann. Andererseits sind Geschwindigkeiten von deutlich über 300 km/h offensichtlich nur auf
abschüssigen Strecken zu erzielen. Der Rollvorgang setzt schon bei geringem
Gefälle ein und führt bei einer Neigung von 10‰ (der ersten Generation –
BR 401) zu einer Endgeschwindigkeit von mehr als 200 km/h. Und schließlich
sind die Bremsen des ICE 1 nur bei einem Gefälle von weniger als 30‰ in
der Lage, die Geschwindigkeit des Zuges tatsächlich zu verringern.

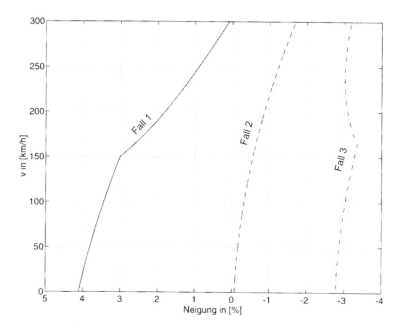

Abb. 3.8. Grenzgeschwindigkeiten als Funktion der Phase und der Neigung

3.2.4 Kraftübertragung Rad-Fahrbahn, Rad-Schiene

Die Summe der Kräfte F_x in x-Richtung teilt sich in die Antriebs- und Bremskräfte F einerseits und die Widerstandskräfte G andererseits auf. Ein wichtiger Aspekt der Betrachtung der Antriebs- und Bremskräfte ist die Kraftübertragung vom Fahrzeug auf die Fahrbahn bzw. auf die Schiene. Abbildung 3.9
zeigt die für diese Fragestellung wesentlichen Größen:

Die maximal übertragbare Kraft vom rotierenden Rad auf dem festen Grund
ergibt sich aus dem Produkt der Gewichtskraft F_g und dem Faktor μ, der
zudem vom Schlupf s (auch λ) abhängig ist. Der Schlupf s ist definiert als
die relative Differenz der Umfangsgeschwindigkeit u der Räder und der Geschwindigkeit v des Fahrzeugs gegenüber der Fahrbahn.

$$F_{\max} = mg\mu = (m_{trans} + m_{rot})c_{\max} + f_w \tag{3.13}$$

$$\mu = f(u,v) = f(s \, \text{bzw.} \, \lambda) \tag{3.14}$$

$$s = \lambda = \frac{v - u}{v} = 1 - \frac{u}{v} \tag{3.15}$$

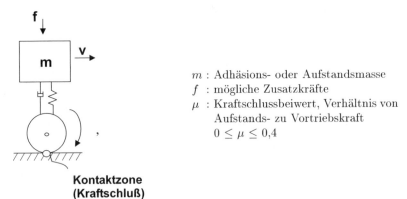

m : Adhäsions- oder Aufstandsmasse
f : mögliche Zusatzkräfte
μ : Kraftschlussbeiwert, Verhältnis von
    Aufstands- zu Vortriebskraft
    $0 \leq \mu \leq 0{,}4$

**Kontaktzone
(Kraftschluß)**

Abb. 3.9. Kraftübertragung mit rotierenden Rädern

Abbildung 3.10 skizziert den typischen Verlauf des Kraftschlussbeiwertes in Abhängigkeit vom Schlupf.

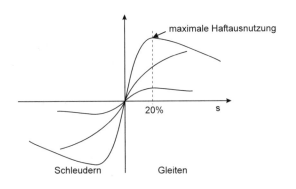

Abb. 3.10. μ als Funktion von s

Schlupf ist systeminhärent. Obwohl Schlupf zur Erbringung der Vortriebsleistung notwendig ist, verfälscht er die Weg- und Geschwindigkeitsmessung (Kap. 4 Sensorik).

Neben dem Faktor μ ist der Einfluss der Masse m auf die maximal übertragbare Kraft zu berücksichtigen. So besteht bei manchen Niederflur-Straßenbahnen ein konstruktives Problem darin, dass die angetriebenen Achsen nur noch einen beschränkten Teil der Gesamtmasse tragen, was das Verhältnis zwischen der Trägheit der Gesamtmasse und der maximal wirksamen Antriebskraft verschlechtert.

Eine Möglichkeit, bei gegebenem μ die übertragbare Kraft zu erhöhen, besteht in einer Anhebung der relativen Anzahl angetriebener Räder, wie das etwa bei Personenkraftwagen mit Allradantrieb der Fall ist. Im Bereich der Bahntechnik besitzt beispielsweise der deutsche ICE 1 nur vier Antriebsachsen je Triebkopf im Vergleich zu sechs Antriebsachsen des verhältnismäßig leichteren französischen Hochgeschwindigkeitszuges TGV (Train à Grande Vitesse). Bei beiden wird die erste Waggonachse nach dem Triebkopf mit angetrieben. Eine extreme Fortsetzung dieses Prinzips stellt der japanische Schnellzug Shinkansen dar, der ausschließlich angetriebene Achsen besitzt, mit einem relativ kleinen Fahrmotor an jedem einzelnen Drehgestell.

3.2.5 Modellierung der Regelstrecke in Blockschaltbildern

Fasst man die mathematischen Wechselwirkungen der bis hierher beschriebenen Aspekte der Massenbewegung, Wiederstands-, Antriebs- und Bremskräfte zusammen, so ergibt sich für die Fahrdynamik in Form eines regelungstechnischen Blockschaltbildes, nach Abb. 3.11.

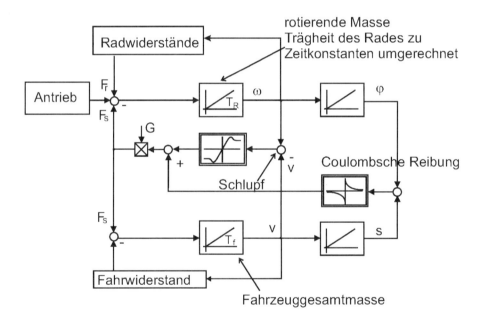

Abb. 3.11. Regelungstechnisches Blockschaltbild der Antriebs- und Bremswirkungen

Abbildung 3.12 zeigt ein vereinfachtes nichtlineares Blockschaltbild der Mehrgrößenregelstrecke zur Fahrzeuglängsdynamik eines Kraftfahrzeuges mit den Teilmodellen Motor, Antriebsstrang, Rad und Bremse sowie Fahrzeug. Eingangsgröße ist die Gaspedalstellung s_α (Fahrerwunsch Geschwindigkeit) sowie

s_B für Bremsaktionen und i_G für den entsprechenden Gang. Ausgangsgröße ist die Fahrzeuggeschwindigkeit.

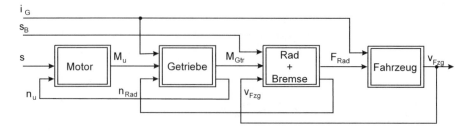

Abb. 3.12. Stark vereinfachtes Blockschaltbild der Mehrgrößenregelstrecke für die Fahrzeuglängsbewegung nach (GANZELMEIER 2004)

Noch weiter vereinfachen lässt sich dieses Modell dahingehend, wenn Motor und Getriebe bzw. Bremse zu einem verzögertem System 1. Ordnung zusammengefasst werden, weiterhin Rad, Antriebskraft und Fahrzeug zu einem Block mit integralem Verhalten für die Wirkung der Antriebs- bzw. Bremskraft auf die Geschwindigkeit und einen weiteren integrierender Block für die Übertragung der Geschwindigkeit auf die Fahrzeugposition in Längsrichtung (Abb. 3.13).

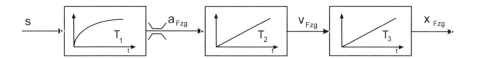

Abb. 3.13. Stark vereinfachtes Blockschaltbild der Längsbewegungs-Regelstrecken

Die Wirkung aller Fahrwiderstände auf die Fahrzeugbeschleunigung wird in einem nichtlinearen Block konzentriert (Abb.3.14, der u. a. die Geschwindigkeitsabhängigkeit berücksichtigt. Durch diese Rückkopplung ergibt sich von der Antriebs- bzw. Bremsbeschleunigung auf die resultierende Geschwindigkeit ein proportionales verzögertes Verhalten. Die Regelstrecke wird damit als mehrfach verzögerter Integrator interpretiert.

3.2.6 Fahrzeitberechnungen

Mit Hilfe der fahrdynamischen Ausgangsgleichungen lassen sich Fahrzeiten berechnen. Dazu kann die Differentialgleichung entweder abschnittsweise analytisch gelöst werden (KRAFT 1988, WEGELE 2005) oder durch nummerische

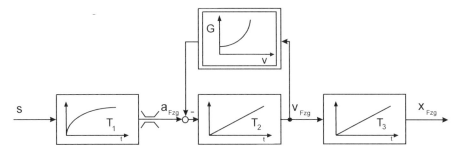

Abb. 3.14. Einfaches Blockschaltbild der Längsbewegung mit Berücksichtigung von Fahrwiderständen

Integrationsverfahren bestimmt werden wobei die nummerische Stabilität zu berücksichtigen ist (WEGELE 2005).

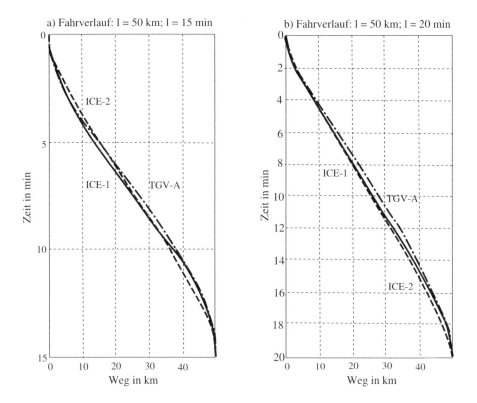

Abb. 3.15. Zeit-Weg-Diagramm für ICE und TGV-A (KIEFER und REISSNER 1995)

3.2.7 Darstellung der Bewegungsvorgänge

Mit diesem sehr einfachen Ansatz nach Abb. 3.13 lässt sich das dynamische Verhalten der Längsbewegung leicht beschreiben, da bei konstanten Beschleunigungen die Geschwindigkeit direkt proportional zur Zeit ist und der Weg proportional dem Quadrat der Zeit. Dadurch ist auch eine übersichtliche grafische Darstellung von Bewegungsabläufen möglich (vgl. Abb. 3.15).

Allgemein lässt sich die Bewegung durch

$$x = \begin{pmatrix} r \\ a \\ v \\ s \end{pmatrix} \tag{3.16}$$

mit dem Ruck r, der Beschleunigung a, der Geschwindigkeit v und dem Weg s darstellen. Für den Anfangszustand bzw. Endzustand der Bewegung gilt:

$$x_A = \begin{pmatrix} r = 0 \\ a = 0 \\ v = v_0 \\ s = s_0 \end{pmatrix} \quad \text{und} \quad x_E = \begin{pmatrix} r = 0 \\ a = 0 \\ v = 0 \\ s = s_{Ziel} \end{pmatrix} \tag{3.17}$$

Mit den Randbedingungen, dass die Beträge von $(r, a, v) < (r, a, v)_{max}$ sind.

Für die Annahme eines sehr schnell wirkenden Antriebs- und Bremssystems zeigt Abbildung 3.16 die Fahrdynamik in Form eines s/v/a-t-Diagramms (a) sowie einer v-s Trajektorie in der der v-s-Zustandsebene (b) und eines Zeit-Weg-Diagramms (c).

3.3 Regelungskonzepte für die Fahrzeugbewegung

3.3.1 Grundstruktur

Aufgabe der Bewegungsregelung eines Verkehrsmittels ist, seine Antriebs- und Bremskräfte so zu beeinflussen, dass die Bewegung einerseits im Rahmen des zulässigen Zustandsraums inklusive der dynamischen Sicherheitsbedingungen und ausreichendem Fahrkomfort durchgeführt wird und andererseits der – innerhalb des durch die Grenzen des zulässigen Zustandsraums gegebenen Spielraums – vorgebenden Bewegungstrajektorie mit akzeptabler Genauigkeit folgt. Für letztere Aufgabe wird eine Generierung der Solltrajektorie erforderlich z. B. für zeit- oder energieoptimale Bewegungen, für die erste Aufgabe ist die situationsabhängige Berechnung des zulässigen Zustandsraums bzw. aktueller Zustandsgrößen für die Sicherheitsgewährung erforderlich.

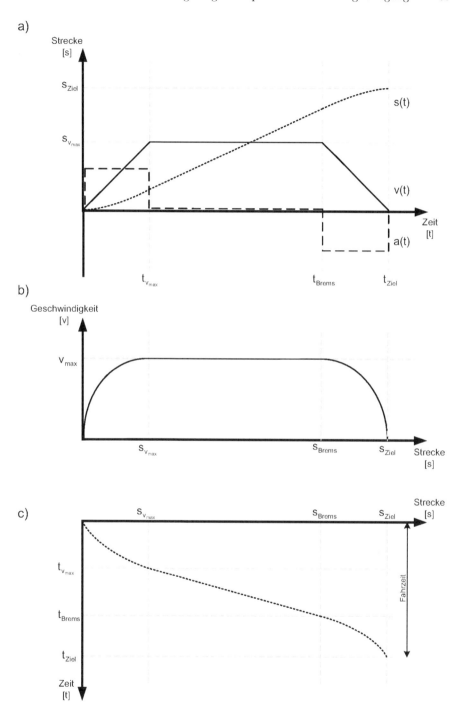

Abb. 3.16. Darstellung der Fahrdynamik in Start-Ziel-Bewegung als a) s/v/a-t-Diagramm b) v-s-Zustandsebene und c) Zeit-Weg-Diagramm

Aus diesem Ansatz resultiert ein leittechnisches Konzept mit fünf Funktionsblöcken: 1. Regelstrecke, d. h. Fahrzeugbewegung inklusive Antriebs- und Bremssystem, 2. Sollwert- bzw. Trajektoriengenerierung, 3. Ermittlung des zulässigen Zustandsraums, 4. Erfassung des momentanen Bewegungszustandes des Fahrzeuges und 5. die eigentliche Regelungsfunktion durch Berechnung und Vorgabe der Bewegungskraft nach Maßgabe der Sollvorgaben und des Bewegungszustandes, welche so vor allem Störungskräfte und Nichtlinearitäten kompensiert. Abbildung 3.17 zeigt die leittechnische Funktionsstruktur.

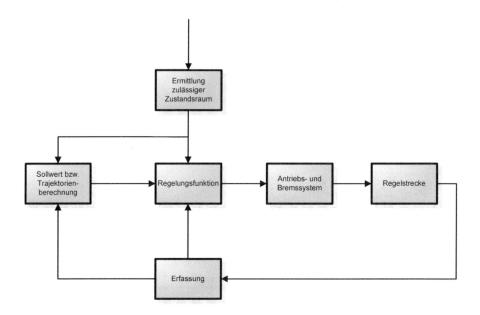

Abb. 3.17. Leittechnische Funktionsstruktur zur Regelung der Längsbewegung eines Fahrzeuges im zulässigen Zustandsraum

Zur Gewährleistung der Sicherheit wird der zulässige Zustandsraum auch von eigenen Sicherungsfunktionen separat ermittelt (vgl. Kapitel 7, 8 und 9).

3.3.2 Automatisierungsgrad

Im Straßenverkehr wird die Bewegungsregelung von Kraftfahrzeugen und ihre Bewegungserfassung weitgehend vom menschlichen Fahrzeugführer durchgeführt (vgl. Abschn. 6.2). Teilfunktionen zur Regelung und Messung, z. B. zur Einhaltung einzelner Zustandsgrößen, werden bei Kraftfahrzeugen vermehrt von sogenannten Assistenzfunktionen übernommen. Beispiele sind die maximale Kraftausübung beim Bremsen ohne Gleiten bzw. Blockieren mit dem sogenannten Antiblockiersystem oder Bremsassistenten, die Einhaltung einer konstanten Geschwindigkeit trotz Gegenwind, Steigungen oder Beladung mit dem sogenannten Tempomat oder die automatische Abstandshaltung zu vorausfahrenden Fahrzeugen mit einer adaptiven Geschwindigkeitsregelung (Adaptive Cruise Control ACC). Tabelle 3.2 zeigt eine Zusammenstellung von Fahrzeugassistenzfunktionen in Abhängigkeit von der Bewegungskoordinate (GANZELMEIER 2004).

Tabelle 3.2. Klassifizierung von Fahrerassistenzsystemen nach (GANZELMEIER 2004)

| Assistenzsystem | mensch-zentriert | | technologiezentriert | | | | | | | | |
| | Komfort | Sicherheit | Querdynamik | | | | | Einparken | Längsdynamik | | |
			Kurvenfahrt	Spurwechsel	Abbiegen	Ausweichen	Geradeausfahrt		Beschleunigen	Verzögern	Stationäre Fahrt
Abbiege-/Spurwechselassistent	o	+		X	X						
Anti-Blockiersystem ABS	-	+				X				X	
Adaptive Cruise Control ACC	o	+							X	X	X
Advanced Frontlighting System AFS	o	+	X		X	X					
Anti-Schlupf-Regelung ASR	o	+							X		X
Autom. Schaltgetriebe	-	+							X		
Bremsassistenz BAS	-	+								X	
Collision Avoidance	-	+	X	X	X	X	X		X	X	X
Collision Warning	-	+	X	X	X	X	X				
Cruise Control	+	-									X
Stabilisierung / ESP	o	+	X			X					
Navigation	+	o	X		X		X				
Park Assistenz	+	-						X			
Stop & GO	o	+							X	X	
Spurhaltung	-	+	X				X				

Im Schienenverkehr sind von der rein menschlichen Fahrzeugführung bis zur vollständig automatischen Betriebsführung alle Ausprägungen von Automatisierungsgraden anzutreffen. Wegen der fortschreitenden Automatisierung im Straßen- und Schienenverkehr werden daher die zugehörigen verschiedenen Konzepte ihrer Bewegungsregelung hier allgemeiner behandelt, während die menschliche Regelung im Straßenverkehr in Abschnitt 6.2 diskutiert wird.

Naturgemäß hängt die erzielbare Regelgenauigkeit nicht nur von den eigentlichen Regelungsfunktionen sondern auch besonders von der Zustandserfassung, von der Messunsicherheit der Sensorik (vgl. Kap. 4) und der Eigenschaft der Stellsysteme sowie von der Kommunikation des Zustandes der Regelstrecke an die Regelung ab (vgl. Kapitel 5).

3.3.3 Kaskadenregelung

Zur Einhaltung von Zustandsbegrenzungen eines Zustandsvektors, dessen Komponenten sich in einer kettenartigen Struktur der Regelstrecke ergeben, haben sich Kaskadenregelungen seit langem bewährt (LEONHARD 2001). Für den die Zustandsgrößen Kraft, Beschleunigung, Geschwindigkeit und Position umfassenden Bewegungsvektor ergibt sich demnach eine vierschleifige Kaskadenstruktur (Abb. 3.18) mit den von innen nach außen übergeordneten Regelkreisen Kraftregelung, Beschleunigungsregelung, Geschwindigkeitsregelung und Positionsregelung, wobei jeder Regler seine Ausgangswerte als Vorgabe für den nachfolgenden Regler bzw. im letzten Kreis das Stellglied begrenzt (GLATTFELDER 2001).

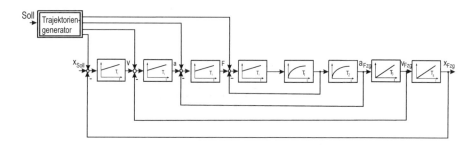

Abb. 3.18. Grundsätzliche Struktur einer vierschleifigen Kaskadenregelung für Bewegungsvorgänge und Vorsteuerung des Sollzustandsvektors

Insbesondere kann durch die Kraftbegrenzung und -regelung ein Gleiten (bzw. Blockieren) oder Schleudern (bzw. Durchdrehen) verhindert werden.

Eine hochgradige Verbesserung der Bewegungsdynamik kann erreicht werden, wenn die einzelnen Teilregler der Zustandsgrößen gemäß der gewünschten Bewegungstrajektorie individuell vorgesteuert werden (vgl. Abb. 3.18). Hierzu ist als eigenständiger Funktionsblock ein separater Funktions- oder Trajektoriengenerator erforderlich, der entweder situativ die Solltrajektorie zeitdiskret vorgibt oder nach Maßgabe der Position als letzte resultierende Zustandsgröße die restlichen Zustandssollwerte generiert.

3.3.4 Zeitoptimale Regelung

Bei der Erzielung zeitoptimaler Bewegung reduziert sich das im vorigen Abschnitt skizzierte Regelungskonzept auf eine einfachere Funktionsstruktur.

Für einen zeitoptimalen Bremsvorgang auf eine Zielposition ist die Soll-Bewegungstrajektorie in der v-s-Zustandsebene eine Parabel (vgl. Abb. 3.16). Nach diesem Zusammenhang kann die Sollgeschwindigkeit einer zeitoptimalen Bremsung aus der momentanen Zielentfernung ermittelt werden.

Eine nachfolgende Kaskadenregelungsstruktur der Zustandsgrößen v, x ermöglicht die Einhaltung der Geschwindigkeitsvorgabe, die sich wegeabhängig verändert und bei Zielerreichung zu Null wird.

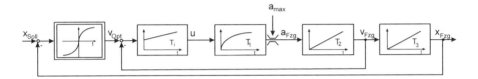

Abb. 3.19. Zeitoptimale Bewegungsregelung mit nichtlinearem Weg-Regler und linearer Kaskadenregelung

Hierfür sind lineare Regelungsansätze (P, PI, PID) mit dem vereinfachten BSB nach Abb. 3.14 üblich. Bei gesteigerten Anforderungen an die Bewegungsaufgabe, z. B. mit vorgegebenem Fahrkomfort, sind diese Ansätze nicht immer zielführend, sodass moderne Regelungsverfahren vermehrt Einzug hier halten (Fuzzy, Robuste Regelungen, Zustandsregelungen) (GANZELMEIER 2004, VOSS 1996, VOIT et al. 1994, SCHNIEDER und GÜCKEL 1986)).

Der Anfahrvorgang aus dem Stillstand, z. B. nach einem Kreuzungs- bzw. Stationshalt, wird durch Vorgabe einer neuen Zielposition initiiert, wodurch die Sollgeschwindigkeit auf den zugehörigen Wert springt bzw. auf den momentan zulässigen Wert begrenzt wird.

Mit diesem Regelungskonzept lassen sich auch einfach positionsabhängige Geschwindigkeitsprofile ausfahren. So wird ein zeitoptimales, d. h. so spät wie mögliches Abbremsen auf ein geringere Geschwindigkeit durch einen fiktiven Zielpunkt angestoßen, der aufgehoben wird, wenn die beabsichtigte Geschwindigkeit erreicht wird. Analog kann so auch wieder auf höhere Geschwindigkeiten beschleunigt werden. Den Verlauf der Zustandsgrößen einer Fahrt mit kontinuierlicher Regelung zeigt Abb. 3.29 in Abschnitt 3.4.3.

3.3.5 Zeitoptimale Regelung mit 3-Punkt-Regler

Dieser Ansatz der zeitoptimalen Regelung kann noch weiter vereinfacht werden, wenn für die Geschwindigkeitsänderung nur eine maximale Beschleunigung bzw. Bremsverzögerung genutzt wird, wie es bei einfachen Antriebs- bzw. Bremssystemen der Fall ist. In diesem Fall vereinfacht sich der Geschwindigkeits- und Beschleunigungsregler auf einen schaltenden Dreipunktregler, der nach dem Betrag der Differenz zwischen optimaler Sollgeschwindigkeit und der aktuellen Fahrzeuggeschwindigkeit entweder eine maximale Beschleunigung oder Verzögerung dem Antrieb vorgibt oder bei erreichter Geschwindigkeit ohne Beschleunigungsvorgabe in der Beharrungsfahrt verbleibt.

Abb. 3.20 zeigt die Struktur des Regelungskonzepts. Infolge des wegebezogenes Unempfindlichkeitsbereichs des 3-Punkt-Reglers kann der Zielort grundsätzlich nicht genau erreicht werden. Wenn dies gefordert ist, ist eine kontinuierliche Regelung erforderlich (SCHNIEDER und GÜCKEL 1986).

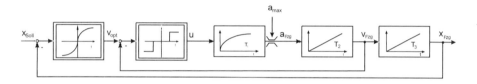

Abb. 3.20. Zeitoptimale Bewegungsregelung mit 3-Punkt Regler

3.3.6 Vorschuhung

So einfach das Konzept der Sollwerttrajektoriengenerierung durch die Bremsparabel scheint, ergibt sich bei der Erreichung des Zielbereichs jedoch eine Instabilität, die sich regelungstechnisch leicht erklären lässt. Die Geschwindigkeitsvorgabe ist eine Funktion die aus dem Zielabstand die Sollgeschwindigkeit berechnet; sie wirkt wie ein Proportionalregler, dessen Verstärkungsfaktor allerdings arbeitspunktabhängig ist und bei niedrigen Geschwindigkeiten bzw. geringen Zielabständen immer stärker wächst. Betrachtet man die Geschwindigkeitsregelstrecke in stark vereinfachter Form als verzögerter Integrator (vgl. 3.2.5) so wird die zugehörige Frequenzgangsortskurve infolge hoher Verstärkung im Zielbereich derart aufgebläht, dass sie den kritischen Punkt (-1,0) der komplexen Ebene umschließt, was auf Instabilität hindeutet. Insofern ist die Verstärkung auf einen maximal zulässigen Wert zu begrenzen, der ausreichenden Abstand vom kritischen Punkt gewährt und ein ausreichend gedämpftes Einschwingverhalten ermöglicht.

Das bedeutet, dass ab einer gewissen Geschwindigkeit die Bremsparabel durch eine Tangente in den Zielpunkt abgelöst wird, was eine Vorverschiebung der

Parabel um einen geringen Weg bedeutet und als Vorschuhung bezeichnet wird (SCHNIEDER und GÜCKEL 1986)

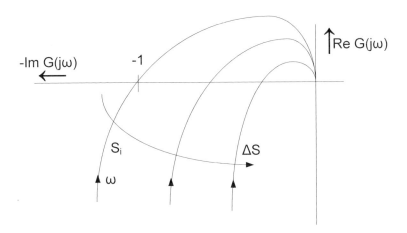

Abb. 3.21. Ortskurven der Zielbremsregelung

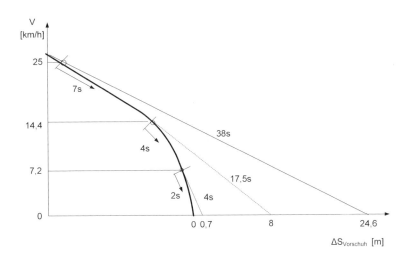

Abb. 3.22. Bremsparabel, Vorschuh und Bremszeiten in der Weg-Geschwindig-keitsebene

Abbildung 3.22 zeigt die resultierende Bremsparabel und ihren sogenannten Vorschuh der Tangente sowie Angaben der Zeiten und Wege für eine automatische Nahverkehrsbahn.

3.3.7 Weitere Regelungskonzepte

Die Regelung von Fahrzeugbewegungen insbesondere im Schienenverkehr ist ausführlich behandelt worden. Neuere Regelungskonzepte nutzen insbesondere die Möglichkeit, bei elektrischen Fahrzeugen die Bremsenergie gezielt generatorisch zurückzuspeisen (FILIPOVIC 1992).

Optimale Bewegungsregelung

Wenn der Zeitpunkt der Zielerreichung für eine zeitoptimale Bewegung zu früh bzw. zu schnell erreicht wird, z. B. wenn bei Bahnen infolge von Störungen oder Verzögerungen der Zielraum noch besetzt ist (vgl. 7.3.12 optimale Zugfolge) oder wenn im Stadtverkehr vor einer Kreuzung bei „Rot" noch kurz angehalten werden muss, kann der dadurch entstehende Zeitraum für andere Optimierungsziele genutzt werden.

Dazu gehören vorrangig energieoptimale Ziele, aber auch „betriebs"optimale, um einen flüssigen Betriebsablauf vor allem unter Berücksichtigung mehrerer Fahrzeuge im Verkehrsfluss zu erreichen. Die bisher entwickelten Strategien und zugehörigen Algorithmen wurden ausschließlich für den Bahnbetrieb entwickelt, haben jedoch durchaus allgemeinen Charakter. Dies beruht einmal darauf, dass Bahnen vermehrt mit elektrischen Antrieben ausgerüstet sind, wo ein großer Teil der Bewegungsenergie beim Bremsen in das Versorgungsnetz oder zum Antrieb weiterer Fahrzeuge in der Umgebung dank elektrischer Leistungsführung verwandt werden kann. Bei den herkömmlichen Antrieben von Kraftfahrzeugen entfällt diese Möglichkeit, zudem ist im Straßenverkehr auch die aktuelle Informationsbereitstellung über das Betriebsgeschehen, z. B. Halt vor Lichtsignalanlagen oder Stauende, nicht vorhanden. Unabhängig davon ist jedoch die Fahrweise für den Energieverbrauch maßgebend (EBERENZ 1990). Zum anderen sind bei Bahnen die Solltrajektorien der Fahrzeugbewegung, d. h. die Fahrpläne, als Referenz bekannt. Darüber hinaus stehen im Bahnbetrieb auch die Bewegungszustände immer genauer zur Verfügung, und die Qualität der Beförderung ist für Fahrgäste wie Transportunternehmen ein großer Wirtschaftlichkeitsfaktor.

Energieoptimale Fahrweisen

Unter energieoptimaler Fahrzeugbewegung für eine bestimmte Strecke wird die Trajektorie verstanden, bei der für eine fest vorgegebene Fahrzeit, d. h. Anfangszeit und Ankunftszeitpunkt sind definiert und bekannt, deren Energieaufwand minimal ist. Die Lösung dieser Optimierungsaufgabe nach der Theorie der optimalen Steuerungen mit dem Ansatz von Euler-Lagrange oder insbesondere des Maximumprinzips von Pontrjagin nach (CHANG 1961, HORN

1974, KRAFT und SCHNIEDER 1981) führt zu einem so genannten Fahrtregime mit den vier einzelnen Phasen

1. maximaler, betrieblich zulässiger Beschleunigung

2. konstanter Beharrungsfahrt mit maximaler, betrieblich zulässiger Geschwindigkeit

3. Auslauf ohne aktive Beschleunigung/Bremsung unter Wirkung der Widerstandskräfte (Rollphase)

4. maximale betrieblich zulässige Verzögerung ggf. bis zum Halt (KRAFT 1988)

Im Fall, dass die neue Ankunftszeit weit voraus liegt, kann die zweite Phase möglicherweise übersprungen werden, und die zulässige Höchstgeschwindigkeit wird nicht mehr erreicht.

Die Berechnung insbesondere des relevanten Umschaltzeitpunktes zum Übergang in die Rollphase wird z. B. in (KRAFT und SCHNIEDER 1981) ausführlich beschrieben. Einen neuartigen Ansatz beschreibt (ALBRECHT 2005), der nach dem Prinzip der Dynamischen Programmierung mit Hilfe Genetischer Algorithmen (vgl. Abschnitt 13.3) durch Simulationen unter Berücksichtigung aktueller Betriebsbedingungen inklusive der elektrischen Ausrüstung von Strecken und Fahrzeugen optimale Fahrweisen berechnet.

Die Implementierung der zugehörigen Algorithmen wurde bereits von verschiedenen Firmen in Lokomotivsteuerungen realisiert (BAIER und MILROY 2000, FRANKE et al. 2002).

Die erzielten Energieeinsparungen sind natürlich abhängig von den jeweiligen Unterschieden zwischen planmäßiger und betrieblich realisierbarer Ankunftszeit und damit vom Verspätungsniveau, z. T. auch infolge nicht ausreichender elektrischer Versorgung. Im tatsächlichen Betrieb ergaben sich jedoch beachtliche Einsparungen.

Die Berechnung der Trajektorien und insbesondere des Umschaltzeitpunktes in die Ausrollphase muss die tatsächlichen Gegebenheiten der voraussichtlichen optimalen Ankunftszeit während des Betriebes berücksichtigen, die derzeit häufig nur geschätzt werden können. Dies kann mit Hilfe genauerer Positionsbestimmung der Fahrzeuge einerseits und mit Hilfe von in Zeitraffer-Simulationen zur Fahrzeugprognose und insbesondere mit Hilfe von Echtzeit-Dispositionsverfahren (wie sie in Abschnitt 13.2 Disposition als Regelung) beschrieben werden. Andererseits eröffnen die energieoptimalen Fahrzeuge attraktive wirtschaftliche Potenziale.

Betriebs- und energieoptimale Regelung

Für einen flüssigen Verkehr im Zusammenhang mehrerer Fahrzeuge sind insbesondere Störungsauswirkungen zu vermeiden. Im Eisenbahnverkehr helfen Pufferzeiten, um welche die so genannte minimale Zugfolgezeit (vgl. Abschnitt 7.3.7 Zugfolgezeit) verlängert wird, den Fahrplan mit einer gewissen Robustheit gegen Störungen zu konstruieren (vgl. Abschnitt 13.2). Wird beim Betriebsablauf jedoch auch die Pufferzeit aufgezehrt, kann durch den regelnden Eingriff einer übergeordneten Disposition eine neue Ankunftszeit für einen Zug vorgegeben werden (vgl. 13.2 Disposition als Regelkreis), nach der dann lokal z. B. eine energieoptimale Bewegung ermittelt und eingehalten werden kann. Hier wirken zentrale Netzregelung und dezentrale Bewegungsoptimierung und –regelung zusammen.

Im Straßenverkehr kann dieses Konzept einer übergeordneten Regelung des Netzes oder Verkehrsflusses und einer fahrzeugbezogenen prinzipiell ebenfalls aufgewendet werden. Infolge der dort bislang nicht ausgeprägten Kommunikationsinfrastruktur ist eine Verwirklichung erst in Zukunft möglich, worauf in den Abschnitten 6.2 und 12.3 eingegangen wird. Ist diese jedoch verfügbar, können sogar übergeordnete Strategien zur Harmonisierung der Verkehrsflüsse lokal in den Fahrzeugen implementiert werden, was zur Energieeinsparung und Sicherheitserhöhung führt.

3.4 Anwendungsbeispiele

3.4.1 Kraftfahrzeugregelung

Die Regelung der Fahrzeuglängsdynamik von Kraftfahrzeugen durch ACC (Adaptive Cruise Control) ist Stand der Technik. Eine weitere Herausforderung ist die autonome Fahrt von Fahrzeugen für dynamische Fahrzeuguntersuchungen wobei das Fahrzeug selbstständig einer vorgegeben Trajektorie folgen sollte. Die Regelung soll den gesamten Arbeitsbereich vom Stillstand bis zur maximalen Geschwindigkeit abdecken. Abb. 3.23 und 3.24 zeigen die geregelten Fahrten eines Fahrzeugs im 1. Gang bzw. im 4. Gang. In diesem Fall ist ein nichtlinearer robuster Regler entworfen worden, damit mit einem einzigen Regler mehrere Fahrzeuge und Motorisierungen abgedeckt werden können.

3.4.2 Regelungsansätze für die Metro Mailand

Ein Beispiel für die verschiedene Reglungsansätze im spurgebundenen Verkehr sowie deren Vergleich war ein Projekt für die Metro Mailand. Hier wurde

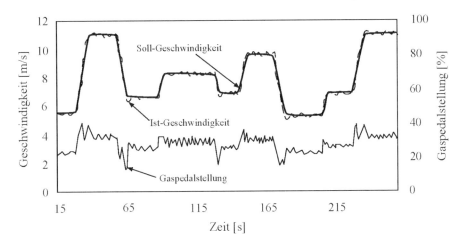

Abb. 3.23. Geregelte Fahrt im ersten Gang (Volkswagen Passat 1,9 l TDI)

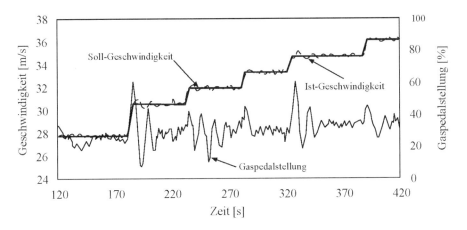

Abb. 3.24. Geregelte Fahrt im vierten Gang (Volkswagen Passat 1,9 l TDI)

für den automatischen Betrieb die Geschwindigkeit, die Beschleunigung sowie die Zielbremsung mit unterschiedlichen Regelungsverfahren untersucht (VOIT et al. 1994, VOSS 1996). Für den konventionellen Entwurf wurde eine Kaskadenregelung mit Beobachter gewählt, wobei in diesem Fall zur Vereinfachung davon ausgegangen wurde, dass die Zustandsgrößen Beschleunigung und Geschwindigkeit direkt messbar sind.

Als Alternative wurde ein Fuzzy-Regler entworfen. Bei dem Fuzzy-Regler wurde davon ausgegangen, dass das Verhalten eines guten Fahrers nachgebildet werden sollte. Eine ausführliche Beschreibung ist in (VOSS 1996) zu finden. Die Abb. 3.25–3.27 zeigen den Vergleich des Fahrverlaufs eines durch einen

Fahrer gesteuerten Fahrzeugs, sowie die automatische Fahrt mit konventionellem Regler und Fuzzy-Regler. Bei den automatischen Fahrten sind kaum Unterschiede zu erkennen und die Randbedingungen werden sehr gut eingehalten. Bei der Fahrt durch einen Fahrer sind sehr gut die Schwingungen der Beschleunigung infolge Nichteinhaltung der konstanten Geschwindigkeit zu sehen als auch die Probleme beim Bremsen, die ein nicht zeitoptimales Verhalten zeigen. Die Ergebnisse der Regelung des Bewegungsverlaufs der Fuzzy- und der Zustandsregelung sind in beiden Fällen sehr gut, jedoch erwies sich die Fuzzy-Regelung sowohl in den Grenzbereichen als auch hinsichtlich unterschiedlicher Beladung durch das Fahrgastaufkommen als robuster. Durch die Einhaltung der Grenzprofile bei der automatischen Fahrt ergibt sich eine kürzere Fahrzeit.

3.4.3 Magnetschnellbahn Transrapid

Für die Bewegungsregelung der deutschen Hochgeschwindigkeits-Magnetschwebebahn Transrapid wurde die bewährte Kaskadenregelung mit einem Zustandsregelungskonzept integriert, was zur sogenannten Zustands-Kaskadenregelung führte (SCHNIEDER 1981,SCHNIEDER 1983,SCHNIEDER und GÜCKEL 1986). Dadurch kann sowohl die exakte Ausnutzung des erlaubten Zustandsraumes erreicht werden aber darüber hinaus auch ohne aufwändige Vorsteuerung ein definiertes Übergangsverhalten, was dem Fahrkomfort zu Gute kommt. Die Vorschuhproblematik wird durch Umschaltung auf eine direkte Zielpunkt-Zustandsregelung gelöst, auf die unmittelbar vor dem Halt umgeschaltet und somit ein quasi-zeitoptimaler aber sanfter und stabiler Halt erzielt wird (vgl. Abs. 3.3.6) (SCHNIEDER und GÜCKEL 1986).

Abb. 3.28 zeigt den Fahrverlauf einer der ersten Geschwindigkeitsrekordfahrten am 11.12.1987 mit dem Magnetschnellbahnfahrzeug Transrapid 07 auf dem Testgelände von Lathen/Emsland.

Nach diesem Regelungskonzept werden auch die Bewegungen automatischer Nahverkehrsbahnen geregelt (SCHNIEDER und ROSENKRANZ 1987). Die zeitoptimale Regelung einer Fahrzeugbewegung zeigt Abbildung 3.29.

3.4.4 Rekordfahrt des Hochgeschwindigkeitszugs Train à Grande Vitesse (TGV) 2007

Die Erreichung von Höchstgeschwindigkeiten insbesondere zu Test- und Erprobungszwecken sind mit Rekordfahrten immer ein spektakuläres Ereignis. Für Fahrten mit diesen Geschwindigkeiten, die immer weit über den betrieblichen liegen, müssen zahlreiche Vorkehrungen getroffen werden. Dennoch werden sie von Regelungssystemen ausgeführt und Sicherungssystemen überwacht, die z. T. auch für den Regelbetrieb dienen.

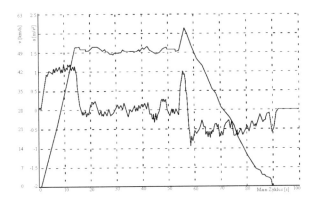

Abb. 3.25. Fahrverlauf mit fahrerseitiger Regelung

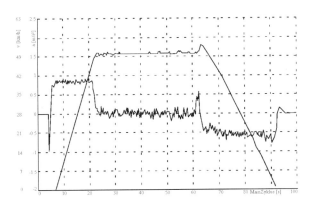

Abb. 3.26. Fahrverlauf mit konventioneller Regelung

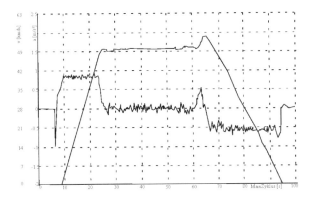

Abb. 3.27. Fahrverlauf mit Fuzzy-Regelung

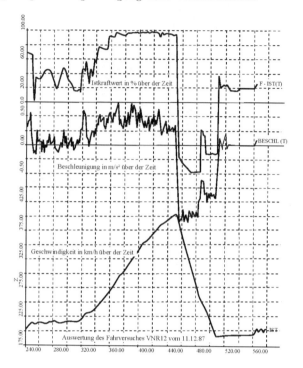

Abb. 3.28. Messschrieb für den Fahrtverlauf einer Hochgeschwindigkeitsfahrt des Transrapid

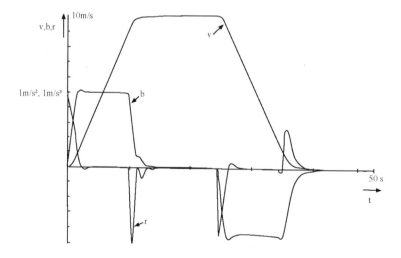

Abb. 3.29. Fahrverlauf eines Nahverkehrssystems mit zeitoptimaler Zustands-Kaskaden- und quasi-zeitoptimaler Zielpunktregelung

Am 3. April 2007 wurde von französischen Bahnbetreibern und Ausrüsterfirmen eine Rekordfahrt mit der Spitzengeschwindigkeit von 574,8 km/h erreicht, deren Verlauf Abb. 3.30 zeigt. Deutlich ist die Zunahme der Geschwindigkeit in Folge der stufenweisen Veränderung der Sollgeschwindigkeit zu erkennen.

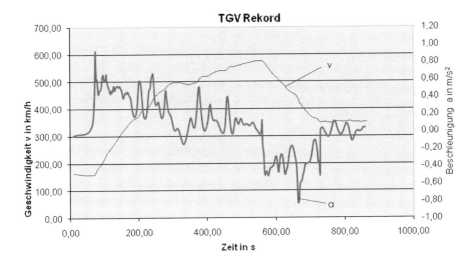

Abb. 3.30. Fahrtverlauf einer Geschwindigkeitsrekordfahrt mit dem Train à Grande Vitesse am 3. April 2007

4

Messsysteme und Sensorik

Die Grundlage für den Aufbau von Leit- und Beeinflussungssystemen mit hoher Effizienz bildet das Wissen (oder die Abschätzung) um den aktuellen Zustand in dem sich der Verkehr bzw. seine Objekte befindet bzw. befinden. Hierzu müssen in geeigneter Weise Informationen beschafft und ggf. zu einer verarbeitenden Stelle übertragen werden.

Bei der Informationsbeschaffung von Verkehrszuständen und -objekten mittels Sensoren können diese unterschiedlich lokalisiert sein. Diese Lokalisation kann sich am Fahrzeug/Verkehrsmittel oder im Fahrweg befinden. Es sind auch Lösungen oder Konzepte vorhanden, die Komponenten auf beiden Seiten erfordern.

Allgemein dienen Sensoren dazu, Größen (z. B. Geschwindigkeit eines Fahrzeugs), wie sie von der Umwelt präsentiert werden, zu erfassen und einer weiteren Verarbeitung bereitzustellen. Die Größen können hierbei sehr unterschiedliche Ausprägungen haben, wohingegen die Bereitstellung für eine Weiterverarbeitung üblicherweise über elektrische Signale geschieht.

Ganz allgemein kann ein Sensor als eine Funktion beschrieben werden, die eine (physikalische) Zustandsgröße X in eine (elektrische) Messgröße Y überführt:

$$Y = f(X) \qquad (4.1)$$

Auf einen Sensor können zusätzliche Fehlereffekte (E) einwirken, die ebenfalls in die Übertragungsfunktion eingehen:

$$Y = f(X, E) \qquad (4.2)$$

Aufbauend auf die einfache Wandlung/Umsetzung der interessierenden Zustandsgröße in ein elektrisches Signal (*elementarer Sensor*) kann eine nachfolgende Signalauswertung, die über zusätzliches Systemwissen verfügt, die für die jeweilige Fragestellung relevante Information aus dem elektrischen Signal ermitteln (Abbildung 4.1).

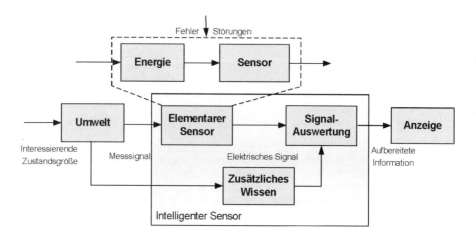

Abb. 4.1. Allgemeine Grundstruktur eines Sensorsystems inklusive Auswertung

Um beispielsweise die Geschwindigkeit eines Fahrzeugs zu ermitteln, kann ein Impulsgeber eingesetzt werden, der bei jeder Umdrehung der Achse eine gewisse Anzahl an Impulsen liefert. Dieses Signal kann einer weiteren Nutzung jedoch normalerweise nicht ohne weiteres zugeführt werden. Hierzu ist eine zusätzliche Auswertungseinheit notwendig, die aus der elektrischen Impulsfolge eine Geschwindigkeitsinformation erzeugt, die dann weiteren Einheiten (z. B. Tempomat/Geschwindigkeitsregler) zur Verfügung gestellt werden kann (DIN 19259).

Die Einheit aus dem elementaren Sensor und der nachfolgenden Signalauswertung wird *intelligenter Sensor* genannt.

4.1 Klassifikation von Sensoren

Eine allgemeine Klassifikation von Sensoren kann in vielerlei Hinsicht durchgeführt werden. Im Folgenden werden einige Ansätze vorgestellt, die bei der nachfolgenden Betrachtung einzelner Sensoren und Messsysteme jeweils Anwendung finden.

Die einzelnen Klassifikationen sind dabei jeweils unabhängig voneinander und gehen von verschiedenen Sichtweisen auf das Themenfeld aus. Einige Sichten sind hierbei speziell auf das Thema der Verkehrsleittechnik ausgerichtet, das auch den Schwerpunkt der betrachteten Sensoren bildet. Eine grundsätzliche, d. h., generische Strukturierung von Messsystemen kann nach folgenden Eigenschaften vorgenommen werden (Abbildung 4.2):

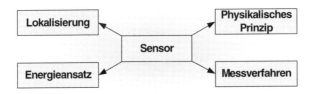

Abb. 4.2. Klassifikation von Sensoren

Die folgenden Abschnitte sind primär nach dem physikalischen Sensorprinzip geordnet und hinsichtlich ihrer elementaren Lokalisierung behandelt (DIN 19259).

4.1.1 Physikalische Ausprägung der Mess- und Sensorgrößen

Die Betrachtung der physikalischen Ausprägung der Messgrößen stellt einen sehr allgemeinen Ansatz zur Klassifikation von Sensoren dar. Hierbei werden die Sensoren nach dem physikalischen Prinzip das der zu messenden Größe (Messgröße) zugrunde liegt, unterschieden (Abbildung 4.4 und 4.5).

Ein Beispiel für eine verkehrlich interessierende Größe ist das Gewicht eines Fahrzeuges inklusive der Güter, die es transportiert. Anwendungen sind z. B. die Bestimmung der Ladungsmenge bei Schüttgütern durch Gewichtsmessung vor und nach der Ladung, aber auch die Gewichtskraft für die Belastung der Verkehrswege, z. B. bei Brücken oder Mautstellen, oder die Erfassung der Maße von Güterwagen in Rangierbahnhöfen, um die Laufwege zu berechnen.

Zur Erfassung dieser Größe eignen sich verschiedene Messverfahren und Sensoren. So kann die Masse eines Güterwagens z. B. aus der mechanischen Dehnung von Widerständen, sogenannter Dehnungsmessstreifen, ermittelt werden, die in einer Wheatstoneschen Brücke zusammengeschaltet sind und die Durchbiegung belasteter Schienen elektrisch sensieren. Das physikalische Prinzip ist hier die längenabhängige Änderung des elektrischen Widerstands. Für diese Aufgabe wären jedoch auch andere physikalische Effekte und entsprechende Sensoren, z. B. der Piezoeffekt anwendbar.

Im Eisenbahnverkehr muss gemäß den europäischen Interoperabilitätsrichtlinien (TSI) u. a. die Temperatur der rollenden Achsen eines Zuges erfasst werden, um bei ihrer Überhitzung weitere Schäden vorzubeugen. Dies kann

z. B. fahrzeugseitig durch Sensoren in den Achslagen geschehen, aber auch durch am Gleis punktuell angeordnete Heißläuferortungsanlagen.

Die grundsätzliche Aufgabe ist, in allen Fällen die verlangte Messgröße durch einen geeigneten physikalischen Effekt zu bestimmen, wofür eine extrem große Zahl an Sensorprinzipien, technischen Ausführungen und Messsystemen zur Verfügung steht (BOSCH 2001, JUCKENACK 1989).

Das Klassendiagramm in Abbildung 4.3 zeigt den allgemeinen Zusammenhang zwischen sensierter Größe, physikalischer Messgröße und Verkehrsgröße. Abbildungen 4.4 und 4.5 zeigen die physikalischen Ausprägungen im Einzelnen (HECHT und SCHASER 2006, RIECKENBERG 2004).

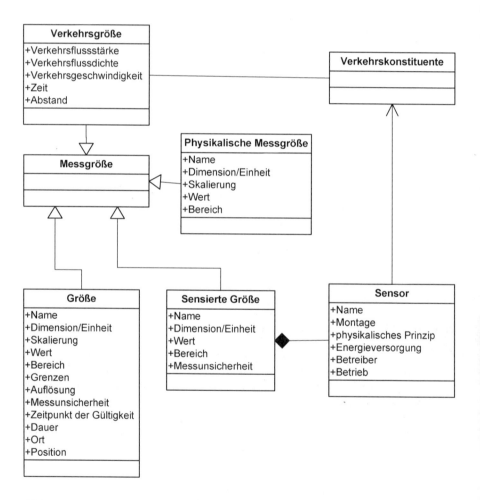

Abb. 4.3. Zusammenhänge zwischen Messgröße, Verkehrskonstituente und sensierten Größe

In dieser Einordnung muss auch berücksichtigt werden, dass Menschen im Verkehr viele Leitfunktionen ausführen und verkehrliche Zustände mit menschlichen Sinnesorganen, d. h. physiologisch, erfassen. Wegen der besonderen Bedeutung menschlichen Handelns im Verkehr und deren zunehmender Automatisierung wird dieser Sachverhalt eigens in Abschnitt 4.8 behandelt.

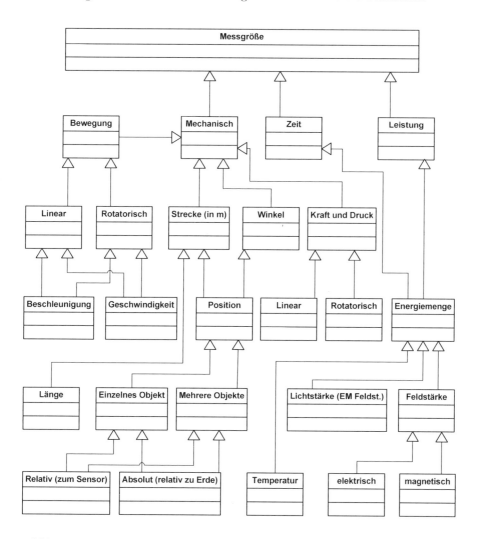

Abb. 4.4. Klassifikation nach physikalischer Ausprägung der Sensorgröße (1/2)

Es wird eine hierarchische Strukturierung aufgebaut, die von allgemeinen physikalischen Einteilungen ausgeht und diese gegebenenfalls weiter verfeinert. In den Abbildungen 4.4 und 4.5 ist ein Klassendiagramm dargestellt, in dem diese hierarchische Strukturierung modelliert wurde (BIKKER und SCHROEDER 2002, PUENTE 1959).

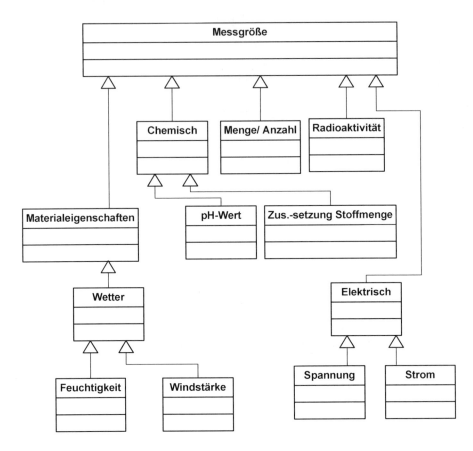

Abb. 4.5. Klassifikation nach physikalischer Ausprägung der Sensorgröße (2/2)

4.1.2 Lokalisierung des Sensors bzw. Messsystems

Bei Sensoren, die für die Erfassung von Daten im Verkehr eingesetzt werden, kann eine Einteilung bezüglich der Sensorposition gefunden werden. Hierbei kann ein Sensor nur *fahrzeugseitige* Komponenten beinhalten, ohne dass er streckenseitige Infrastruktur benötigt. Ein typisches Beispiel ist ein Radar (siehe Abschnitt 4.3.2). Auch möglich sind rein *infrastrukturseitig* konzipierte Sensoren, die fhr ihre Funktion keiner weiteren Ausrüstung der Verkehrsteilnehmer bedürfen. Hier ist eine Induktionsschleife (siehe Abschnitt 4.5.1) zu nennen. Als dritte Möglichkeit sind *kombinierte Lösungen* zu nennen, die

Komponenten am Fahrzeug sowie in der Strecke benötigen. Als exzellentes Beispiel ist ein kombiniertes satellietenbasiertes System (siehe Abschnitt 4.7) zu erwähnen. Ein entsprechendes Klassendiagramm ist in Abbildung 4.6 dargestellt.

Ein weiteres Beispiel für die unterschiedliche Lokalisierung von sogar gleichartigen Sensoren für die gleiche Aufgabe ist die sogenannte Gefahren- und Freiraummeldung bei Bahnübergängen (vgl. Kapitel 11). Diese Aufgabe kann mit Radarsensoren sowohl bei niedrigen Geschwindigkeiten zugseitig als auch ohne Geschwindigkeitsbegrenzung durch stationäre Einrichtungen an Bahnübergängen technisch realisiert werden. „Messungen" des Freiraums werden auch vom Betriebspersonal entweder von Fahrzeugführer oder Bahnwärtern und auch von Verkehrsteilnehmern des Straßenverkehrs erfasst, d. h. mit menschlichen Sinnesorganen wahrgenommen (vgl. Abschnitt 4.8).

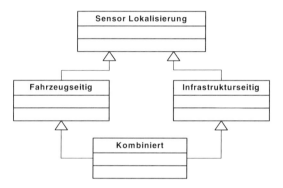

Abb. 4.6. Ortsverteilung der Sensoren in Form eines Klassendiagramms

4.1.3 Dynamisches Verhalten der Messgrößenerfassung

Eine Einteilung der Sensoren ist ebenfalls nach der Art, wann bzw. wie sie Informationen erzeugen, möglich. Hierbei gibt es eine Klasse von Sensoren, die bei bestimmten Ereignissen (ereignisdiskret) Informationen liefern (z. B. Induktionsschleifen in Straßen bei Überfahrt). Eine andere Klasse von Sensoren liefert hingegen zeitdiskret oder permanent Messwerte (Abbildung 4.7).

Jede dieser Klassen (Siehe Kapitel „Beschreibungsmittel") hat hierdurch spezielle Charakteristika bezüglich der weiteren Informationsaufbereitung die zu beachten sind (SCHNIEDER 2000). Gerade bei der Verwendung ereignisdiskreter Sensoren ist oft die Zeit zwischen den Ereignissen eine wichtige Information, sodass diese dann in die Informationsaufbereitung mit einbezogen werden muss.

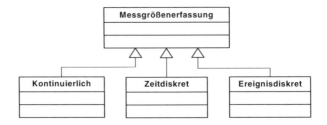

Abb. 4.7. Messprinzipien in Form eines Klassendiagramms

4.1.4 Prinzip der Auswertungsverfahren

Bei der Auswertung von Messwerten können mehrere Klassen von Verfahren unterschieden werden (vgl Abbildung 4.8). Eine Klasse verwendet die absoluten, vom Sensor unmittelbar gelieferten Messwerte, in einer zweiten Klasse werden die sensierten Größen kumuliert, um daraus (unter Verwendung von Umrechnungen) die entsprechenden Informationen zu gewinnen, z. B. von Wegimpulsen bei einer Fahrt auf den Weg, von integrierter Beschleunigung auf die Geschwindigkeit bzw. weiter auf den Weg. Ein typisches Beispiel hierfür ist ein Odometer. Die dritte Klasse vergleicht die Messwerte des Sensors mit Referenzsignalen (oder -signalverläufen) um Übereinstimmungen zu erkennen. Aus deren Übereinstimmungen (z. B. der zeitlichen Position solcher) wird daraufhin eine neue Information gewonnen. Diese Klasse wird als Korrelationsverfahren bezeichnet und in Abschnitt 4.2.4 kurz erläutert.

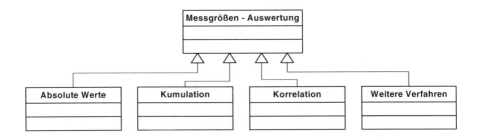

Abb. 4.8. Prinzip der Messwertgewinnung in Form eines Klassendiagramms

4.1.5 Energieeinsatz

Betrachtet man den Energieeinsatz von Messverfahren, so lassen sich zwei gegensätzliche Verfahren entdecken. Eines dieser Verfahren gibt seine Energie über den am Messverfahren beteiligten Sensor ab (z. B. Radarsensor) ein anderes Verfahren erfasst die vom Objekt ausgehende Energie mit einem Sensor (z. B. Transpondertechnik) zur Messwerterzeugung (Abbildung 4.9). Auf dieser Basis ist ebenfalls eine Einteilung der Sensoren möglich, welche in Abschnitt 4.6.2 transponderbasierte Systeme verdeutlicht wird.

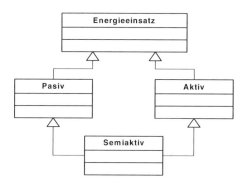

Abb. 4.9. Energieeinsatz zur Messung in Klassendiagrammdarstellungen

4.2 Wellenausbreitungssensorik und Auswertungsverfahren

Unter dem Begriff Wellenausbreitungssensorik werden Sensoren zusammengefasst, die sich die Wellenausbreitungseigenschaften bestimmter Signale zur Abstands- und/oder Geschwindigkeitsmessung zunutze machen. Die Signale können dabei sowohl akustischer (Ultraschall) als auch elektromagnetischer (Mikrowellen oder Licht) Natur sein. Die gängigen Auswerteverfahren dieser Sensorklasse sind z. B. die Laufzeitmessung, Phasenmessung, Ausnutzung des Dopplereffektes oder Triangulationsverfahren.

Es werden kurz die wesentlichen Eigenschaften der einzelnen Signal- bzw. Sensortypen vorgestellt. Einschränkend ist anzumerken, dass sich die Beschreibungen auf die im Automobilbereich und Eisenbahnbereich eingesetzten Verfahren beschränken.

Die Beschreibung des Bereichs der akustischen Sensoren beschränkt sich auf die Ultraschallsensoren als einzig gängige Vertreter dieser Kategorie. Der Abschnitt über elektromagnetische Wellenausbreitungssensoren unterteilt sich weiter in die Abschnitte über Radar-, Lidar-, Stereovision und Stereo-Kamerasysteme. Abgeschlossen wird dieses Unterkapitel durch einen Abschnitt über Laser-Scanner.

Da sämtliche Wellenausbreitungssensoren grundsätzlich auf einigen wenigen Messverfahren beruhen, werden diese im Folgenden kurz allgemein beschrieben.

4.2.1 Messung der Laufzeit

Die Messung der Laufzeit bietet ein relativ einfaches Verfahren zur Ermittlung der Entfernung zwischen dem Sensor und einem Objekt. Hierfür wird von einem Sender ein Wellenpaket, d. h. ein pulsförmiges Signal, ausgesendet und die Zeit zwischen Emission und Auftreffen eines reflektierten Signalechos gemessen. Aus der Kenntnis der Ausbreitungsgeschwindigkeit des verwendeten Signaltyps lässt sich daraus ein Distanzwert bestimmen. Das Verfahren basiert auf dem physikalischen Zusammenhang zwischen Geschwindigkeit, Zeit und zurückgelegter Strecke[1]:

$$v = \frac{\Delta s}{\Delta t} \tag{4.3}$$

Abbildung 4.10 skizziert den grundsätzlichen Aufbau einer solchen Laufzeitmessung. Ein vom Sender emittiertes Wellenpaket wird an einem Objekt im Abstand l reflektiert und schließlich vom Empfänger detektiert. Der vom Signal zurückgelegte Weg beträgt $2l = \Delta s$. Durch Messung der Laufzeit Δt lässt sich die Distanz l demzufolge berechnen zu $0,5 \cdot v \cdot \Delta t$.

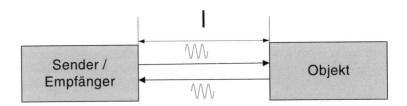

Abb. 4.10. Grundprinzip der Laufzeitmessungn

Das in Abbildung 4.10 vereinfacht vorgestellte Prinzip der Laufzeitmessung ermittelt radiale Abstände. Ist eine Darstellung in kartesischen Koordinaten (z. B. gemäß (DIN 70000)) gewünscht, ergibt sich die in Abbildung 4.11 dargestellte Anordnung.

---

[1] Es wird hierbei vereinfachend angenommen, dass innerhalb der vom Signal überbrückten Strecke kein Übergang zwischen unterschiedlichen Medien stattfindet. Diese Vereinfachung ist zulässig, da derartige Übergänge in der Praxis nahezu nicht auftreten; das Übertragungsmedium ist Luft. Des Weiteren wird angenommen, dass die Geschwindigkeit v in dem Zeitintervall Δt konstant ist.

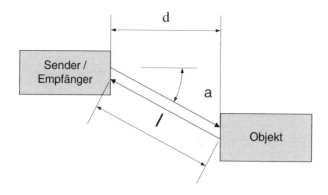

Abb. 4.11. Distanzmessung durch Laufzeitmessung in kartesischen Koordinaten

Durch einfache trigonometrische Beziehungen lassen sich aus dem Winkel des Signals α und der durch Laufzeitmessung ermittelten radialen Distanz l die entsprechenden kartesischen Koordinaten des Messpunktes ermitteln. Je nach Verfahren ist der Winkel α entweder durch die Geometrie des Aufbaus bekannt (Lidar), durch einen Encoder messbar (Laser-Scanner) oder durch Verwendung mehrerer Sender/Empfänger ermittelbar, z. B. unter Ausnutzung von Richtungscharakteristika von Antennen (Radar) oder z. B. Triangulation (z. B. Ultraschall).

4.2.2 Messung der Phasenverschiebung

Im Grunde genommen handelt es sich bei dem Verfahren der Entfernungsbestimmung um die Ausnutzung der Phasenverschiebung eines Signals. Diese ist Bestandteil der bereits beschriebenen Laufzeitmessung. Während bei der einfachen Laufzeitmessung die Zeit zwischen diskreten Ereignissen (Emission und Empfang eines Wellenpakets) bestimmt wird, wird bei der Phasenverschiebungsmessung kontinuierlich das empfangene Signal mit dem emittierten (im Allgemeinen ebenfalls kontinuierlich modulierten) Signal verglichen (Abbildung 4.12).

Durch Kenntnis der Frequenz f bzw. Wellenlänge λ des emittierten Signals lässt sich mit der Phasenverschiebung φ die Entfernung l berechnen:

$$l = \frac{\varphi \cdot \lambda}{4\pi} \tag{4.4}$$

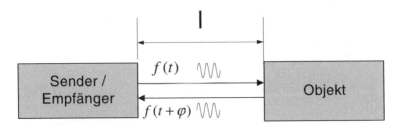

Abb. 4.12. Prinzip der Entfernungsmessung durch Phasenverschiebung

Dabei ist zu beachten, dass bei der Verwendung von periodischen Signalen aufgrund der Periodizität (Aliasing)-Fehler[2] auftreten können, wenn die Entfernung l die halbe Wellenlänge des verwendeten Signals überschreitet.

4.2.3 Messung der Frequenzverschiebung (Dopplereffekt)

Unter dem Begriff „Dopplereffekt" wird ein Phänomen beschrieben, dass eine Frequenzverschiebung zwischen einem emittierten und empfangenen Signal bewirkt, wenn sich Sender und/oder Empfänger bewegen. Der Effekt ist abhängig von den Beträgen und Richtungen der Geschwindigkeiten von Sender und Empfänger. Aus der Kenntnis der ursprünglich gesendeten Frequenz lässt sich so die Geschwindigkeit eines Objektes ermitteln.

Die Stärke des Dopplereffektes ist ebenfalls abhängig davon, ob das verwendete Signal zur Ausbreitung eines Mediums bedarf (Schall) oder nicht (elektromagnetische Wellen). Den letzteren dieser beiden Fälle bezeichnet man auch als optischen Dopplereffekt. Der optische Dopplereffekt resultiert aus einer Relativbewegung von Empfänger und Sender. Bei dem an ein Trägermedium gebundenen Dopplereffekt muss zwischen den Bewegungen bzw. Geschwindigkeiten von Sender und Empfänger differenziert werden, da beide unterschiedliche Phänomene unterschiedlicher Stärke bewirken. Beide Effekte können jedoch in einer einzigen Formel zusammengefasst werden. Exemplarisch sei hier die Formeln für ein sich aufeinander zu bewegendes Sender-Empfänger-Paar angegeben. Die Frequenzverschiebung für ein akustisches Signal ergibt sich zu:

---

[2] Unter Aliasing versteht man in der Elektrotechnik den Effekt, dass zwei oder mehrere unterschiedliche Messwerte auf denselben Wert abgebildet werden. Es ist in diesem Fall nicht möglich, zwischen den ursprünglichen Größen zu differenzieren. Dies geschieht z. B. bei der Abtastung von Signalen mit Frequenzanteilen, die oberhalb der halben Abtastfrequenz liegen. Diese hochfrequenten Signale werden in den Messbereich der Abtastfrequenz abgebildet und bei der Auswertung demzufolge für ein niederfrequentes Signal gehalten.

$$f' = f \cdot \left(\frac{c + v_E}{c - v_S} \right) \tag{4.5}$$

mit
c - Ausbreitungsgeschwindigkeit der verwendeten Signalquelle
v_E - Betrag der Geschwindigkeit des Empfängers
v_S - Betrag der Geschwindigkeit des Senders
f' - Vom Empfänger empfangene Frequenz
f - Vom Sender emittierte Frequenz

Für den optischen Dopplereffekt hingegen ergibt sich folgender Zusammenhang:

$$f' = f \cdot \sqrt{\frac{c + v_r}{c - v_r}} \tag{4.6}$$

mit
c - Lichtgeschwindigkeit
v_r - Betrag der Relativgeschwindigkeit

Bei der Auswertung von Dopplerverfahren in Fahrzeugsensoren ist zu beachten, dass ein doppelter Dopplereffekt auftritt. Sobald das vom Fahrzeugsensor mit der Frequenz f emittierte Wellenpaket auf einem Objekt auftrifft (Frequenz f'), wird dieses zum Sender des reflektierten Signals, das schließlich vom Fahrzeugsensor mit der Frequenz f'' empfangen wird (Abbildung 4.13).

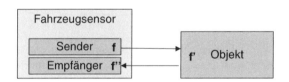

Abb. 4.13. Dopplereffekt bei Fahrzeugsensoren

Der Radarsensor liefert die Geschwindigkeit über Grund durch berührungslose Messungen, indem ein Mikrowellenbündel schräg auf den Boden abgestrahlt wird (Abbildung 4.14). Eine von den Bodenunebenheiten diffus reflektierte und am Ort des Senders wieder empfangene Welle ist aufgrund der Relativbewegung zwischen Fahrzeug und Boden nach dem Dopplereffekt in ihrer Frequenz verschoben (KLINGE 1998).

$$f_{\text{Differenzfrequenz}} = f_{\text{Sendefrequenz}} \cdot \frac{2 \cdot v_{\text{Fahrzeug}}}{c_0} \cdot \Theta \cos \Theta \tag{4.7}$$

Diese Frequenz hängt auch von Abstrahlwinkel Θ zur Horizontalen ab. Durch Nichtparallitäten im abgestrahlten Mikrowellenbündel ergib sich hieraus eine Aufweitung der Dopplerfrequenzen im Frequenzspektrum ($U(f)$) (KLINGE 1998).

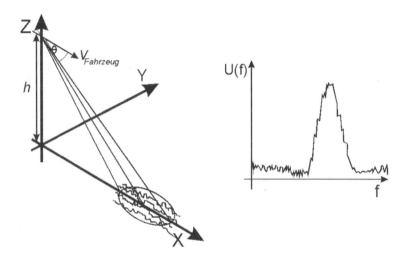

Abb. 4.14. Radarsensor nach dem Dopplerprinzip (Frequenzverschiebung) (KLINGE 1998)

4.2.4 Korrelation

Die Korrelationsverfahren sind in den Bereichen Messsystemen und Sensorik von großer Bedeutung. Angewendet auf eine beliebige Funktion (Messsignal) mit einer gewünschten zweiten Funktion (Messsignal), ist sie allgemein betrachtet stets ein Maß dafür, wie ähnlich sich die zu untersuchenden Funktionen (Messsignale) sind. Die Funktionen können grundsätzlich kontinuierlich oder zeitdiskret sein

Die Geschwindigkeitsmessung z. B. aus den Wirbelstrom-Sensorsignalen wird nach dem Prinzip der Laufzeitkorrelation durchgeführt. Die Signale der beiden im Abstand l montierten Sensoren werden zunächst kanalweise aufbereitet. Die demodulierten Sensorsignale sind, wie in Abbildung 4.15 dargestellt, im Idealfall identisch, lediglich um eine Laufzeit T gegeneinander verschoben; hierbei spielt die Art der Sensorsignale prinzipiell keine Rolle (GEISTLER 2005, ENGELBERG 2001).

Die Kreuzkorrelationsfunktion (KKF) der Signale, welche in Abbildung 4.16 skizziert ist, besitzt ein ausgeprägtes Maximum an der Stelle T, die Eingangssignale gerade sind also gerade um die Zeit T gegeneinander verschoben (ENGELBERG 2001).

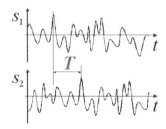

Abb. 4.15. Korrelierte Sensorsignale, (GEISTLER 2005)

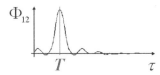

Abb. 4.16. Kreuzkorrelationsfunktion (KKF), (GEISTLER 2005)

Aus dieser Laufzeit T lässt sich mithilfe des Sensorabstands l die momentane Fahrzeuggeschwindigkeit berechnen, indem der Sensorabstand durch die Laufzeit dividiert wird.

$$v = \frac{l}{T} \tag{4.8}$$

Der so realisierte Aufbau kann z. B. Fahrzeuggeschwindigkeiten berührungslos und damit schlupffrei messen. Aufgrund der hohen Präzision der Messwerte ist die Drift gewonnener Wegmessung im Vergleich zu handelsüblichen Odometern sehr gering (GEISTLER 2005, ENGELBERG 2001).

4.3 Elektromagnetische und akustische Sensoren

Der Bereich der elektromagnetischen Sensoren umfasst ein breites Spektrum verschiedener Sensoren. Hierbei bestimmt die Wellenlänge des zu detektierenden Signals maßgeblich sowohl die Charakteristika des Sensors (wie z. B. Empfindlichkeit gegenüber Witterungseinflüssen) als auch die Art des Messverfahrens (z. B. aktiv oder passiv) und der Signalverarbeitung. In den folgenden Unterabschnitten wird jeweils ein Sensortyp beleuchtet, indem die zugrunde liegende Messprinzipien genannt, gängige und erfolgversprechende Auswerteverfahren präsentiert sowie weitere wichtige Aspekte und Spezifika diskutiert werden.

4.3.1 Akustische Sensoren (Ultraschall)

Der einzige gängige Vertreter der akustischen Sensoren im Bereich der Fahrzeugsensorik ist der Ultraschallsensor. Als Ultraschall bezeichnet man den Frequenzbereich oberhalb der Wahrnehmungsgrenze des menschlichen Gehörs von 20 kHz bis ca. 1 GHz (FRASCA et al. 2004, LUX 2006). Es existieren diverse Verfahren Ultraschall zu erzeugen und zu detektieren, z. B. über piezoelektrische Kristalle.

Die Mehrzahl der Ultraschall basierten Sensoren nutzen die Laufzeitmessung zur Entfernungsmessung. Problematisch bei der Verwendung von Ultraschall ist die Kenntnis der Schallgeschwindigkeit zur Entfernungsbestimmung. Der Betrag (der Schallgeschwindigkeit) hängt stark von dem Übertragungsmedium ab und ist daher teils auch lokal stärkeren Schwankungen unterworfen, die sich entsprechend in Messfehlern bei der Berechnung von Objektentfernungen widerspiegeln. Für die Bestimmung der Geschwindigkeit von Objekten kann der Dopplereffekt ausgenutzt werden. Wie eingangs erwähnt, sind die Zusammenhänge für den Dopplereffekt bei Schallwellen etwas komplexer, da zwischen den Bewegungen des eigenen Fahrzeugs und der der Objekte differenziert werden muss.

Oftmals werden mehrere Ultraschallsensoren zur Erfassung größerer Bereiche verwendet. Der Einsatz mehrerer Ultraschallsensoren ermöglicht zusätzlich eine Winkelauflösung bzw. Bestimmung der Objektposition in einem z. B. fahrzeugfesten Koordinatensystem (Abbildung 4.17). Um bei mehreren Sensoren unerwünschten Crosstalk, also Verfälschungen der Messergebnisse durch "Übersprechen„ zwischen unterschiedlichen Sensoren zu vermeiden, müssen etwas ausgefeiltere Verfahren als eine simple Laufzeitmessung verwendet werden. Beispiele in der Literatur sind vielfältig und reichen bis zu biometrischen nichtlinearen Verfahren, abgeleitet z. B. vom Ortungssinn der Fledermäuse (FRASCA et al. 2004)

Der große Vorteil von Ultraschallsensoren besteht in ihrem günstigen Preis. Dem gegenüber steht jedoch auch eine geringe Reichweite von nur wenigen Metern. Je nach Sensortyp werden hierfür Maximalreichweiten im Bereich von 1,5 bis 5 Meter angegeben (BOSCH 2001). Hierdurch ist ihr Anwendungsgebiet stark eingeschränkt. Sie erfreuen sich aber großer Beliebtheit im Bereich der Abstandswarnsysteme für Parkassistenten. Unter anderem nutzt Bosch Ultraschallsensoren beispielsweise auch zur Erkennung von bevorstehenden Kollisionen zur Pre-Crash-Konditionierung von Fahrzeugsicherheitssystemen (z. B. Straffung des Gurtsystems etc.).

Ein weiterer Nachteil der Ultraschallsensoren ist ihre relativ geringe Genauigkeit. Diese beruht größtenteils auf dem zugrunde liegenden Messprinzip bzw. dem verwendeten Signal, dem Schall. Da der Betrag der Schallgeschwindigkeit nicht genau bekannt sowie Schwankungen unterworfen ist, schlägt sich die

Abb. 4.17. Ultraschallsensor im Einsatz für Einparkhilfe (SIEMENS 2005c)

Differenz zwischen angenommener und tatsächlicher Schallgeschwindigkeit in Messfehlern bei der Berechnung der Objektentfernung nieder (LUX 2006).

4.3.2 Radar

Das Akronym *Radar* steht für <u>Ra</u>dio (frequency) <u>d</u>etection <u>a</u>nd <u>r</u>anging und vermittelt bereits einen ersten Eindruck über den verwendeten Frequenzbereich. Die Nutzung von elektromagnetischen Signalen in diesem Frequenzbereich unterliegt europaweit staatlichen Regulierungen; Frequenzbänder dürfen nur für bestimmte Anwendungen genutzt werden, um einen ungestörten Betrieb sämtlicher Nutzer zu gewährleisten. In Deutschland und Europa ist der Bereich von 76–77 Gigahertz für das so genannte Long Range Radar (LRR) reserviert, wie es derzeit in der Mehrzahl der verfügbaren ACC-Systeme (Adaptive cruise control, Geschwindigkeit und Abstandregelung) zum Einsatz kommt. Neben dem LRR-Frequenzband wurde 2005 für einen befristeten Zeitraum (bis einschließlich 2013) EU-weit ein zusätzliches Frequenzband bei 24 Gigahertz, das so genannte „Short Range Radar" (SRR), freigegeben. Zukünftige Radarsysteme sollen ab 2013 ein weiteres Frequenzband bei 79 Gigahertz nutzen (EU 2005).

Wie die Bezeichnungen bereits erkennen lassen, werden die jeweiligen Frequenzbänder für unterschiedliche Anwendungsbereiche genutzt. Während das Long Range Radar vorwiegend in ACC-Systemen zum Einsatz kommt, die eine große Reichweite des Sensors (größer 100 m) benötigen, wird das 24 GHz

Short Range Radar vornehmlich für Anwendungen im Nahbereich eingesetzt. Ein großer Vorteil des SRR gegenüber dem LRR sind die signifikant geringeren Herstellungskosten, die den Einsatz mehrerer Radarsensoren zur Abdeckung möglichst großer Winkelbereiche ökonomisch erst ermöglicht. Darüber hinaus weisen SRR-Systeme per se meist deutlich größere horizontale Öffnungswinkel auf als LRR-Varianten, die mit weniger als 10° eher für den Fernbereich optimiert wurden.

Radarsignale sind Mikrowellen im Zentimeterbereich oder darunter. In diesem Frequenzbereich wirken sowohl Fahrbahn als auch Fahrzeuge nahezu wie Spiegel für das Signal, sodass Radarsensoren durch Mehrfachreflexionen (zwischen den Unterböden vorherfahrender Fahrzeuge und der Straßenoberfläche) Fahrzeuge vor dem unmittelbaren Vordermann ohne direkten Sichtkontakt detektieren können. Des Weiteren besitzt Wasser keinen sehr hohen Reflexionskoeffizienten in diesem Wellenbereich, sodass Niederschlag nahezu unsichtbar für den Sensor ist und daher zu einer intrinsisch guten Schlechtwetterperformance des Sensors führt. Kunststoffabdeckungen für einen verdeckten Einbau im Fahrzeug oder Verschmutzungen des Sensors haben ebenfalls keinen signifikanten Einfluss auf die Messungen (TROPPMANN und HÖGER 2005a, TROPPMANN und HÖGER 2005b, BOSCH 2001).

Die einfachsten Systeme nutzen Laufzeitmessungen und den Dopplereffekt zur Abstands- und Geschwindigkeitsmessung von Objekten. Durch versetzt angeordnete Antennen, d. h. mehrere Radarkeulen, ist (durch Kenntnis der jeweiligen Antennendiagramme) eine Bestimmung des Horizontalwinkels von Messpunkten möglich.

Radarsensoren werden nahezu ausschließlich als intelligente Sensoren angeboten; in der Regel ist eine Signalverarbeitungseinheit direkt in dem Sensorgehäuse integriert.

Neben den Antennen und einer Recheneinheit besitzen Radarsensoren üblicher Weise einen Frequenzmischer, der eine Isolation der Zwischenfrequenz zur weiteren (digitalen) Signalverarbeitung ermöglicht. Unter Zwischenfrequenz versteht man im Wesentlichen die durch den Dopplereffekt entstandene Frequenzverschiebung des Radarsignals. Während das eigentliche Radarsignal sehr hochfrequent ist (Gigahertz-Bereich), bewegt sich die Zwischenfrequenz im Kilohertz-Bereich, was die nachgelagerte Digitalisierung und digitale Signalverarbeitung erheblich erleichtert.

Für mehrere Objekte im Erfassungsbereich des Radarsensors stellt die Differenzierung zwischen den einzelnen Objekten sowie zwischen realen Objekten und Phantomzielen, so genannten „ghosts", eine nicht triviale Aufgabe dar. Reine Laufzeitmessungen von Signalen sind dieser Aufgabe nicht gewachsen. In der Regel werden hierfür ausgeklügeltere Verfahren, in der Regel Frequenzmodulations- und Objektverfolgungsverfahren (Tracking), eingesetzt. Ein Beispiel für ein solches Verfahren ist das von der Firma Bosch entwickelte FMCW-(Frequency Modulated Continuous Wave)-Verfahren (Abbildung 4.18) (TROPPMANN und HÖGER 2005a, TROPPMANN und HÖGER 2005b, BOSCH 2001, LUX 2006).

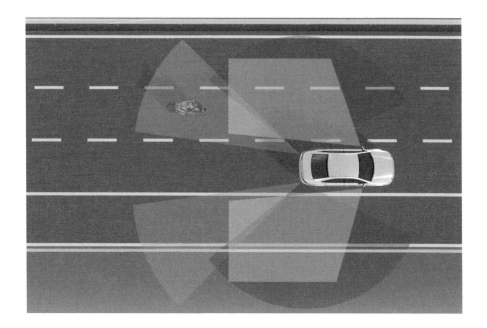

Abb. 4.18. Radar und Lidar Sensoren (SIEMENS 2005c)

4.3.3 Lidar/Ladar

Das Akronym Lidar, „light detection and ranging" (gelegentlich auch Ladar, „laser detection and ranging" lässt, da zumeist ein Laser als Lichtquelle verwendet wird) lässt bereits eine Artverwandtschaft zu den im Automobilbereich zurzeit noch verbreiteteren Radar-Sensoren erkennen. Als Signalquelle wird zumeist ein Laser im nahen Infrarotbereich (ca. 780 nm) verwendet. Die Mehrzahl der Messverfahren basiert dabei auf einer Laufzeitmessung des Signals (NATURE TODAY 2006, SIEMENS 2005c).

Physikalisch betrachtet unterscheiden sich Lidar und Radar zunächst nur in der Frequenz bzw. Wellenlänge ihres Trägersignals. Durch die unterschiedlichen Reflexions- bzw. Transmissions- und Absorptionseigenschaften der Umwelt bei unterschiedlichen Wellenlängen bedingt dieser Unterschied jedoch weitere Differenzen sowohl im Messverfahren als auch im Messverhalten. Hier ist insbesondere das Schlechtwetterverhalten zu nennen. Gegenüber Radarwellen wird Licht an Niederschlagsteilchen relativ stark gestreut. Ursprünglich bestand hierin der größte Nachteil der Lidarsysteme gegenüber dem Radar. In heute erhältlichen Systemen kann dieses Problem durch ausgeklügelte Auswertungsverfahren jedoch weitestgehend kompensiert werden. Beispielsweise werden bei der so genannten Mehrfachechoauswertung für jeden Laserpuls mehrere Signalechos registriert und durch intelligente Softwarealgorithmen klassifiziert. Hierdurch kann bereits ein Großteil der „Phantomechos", also Signalechos die durch Reflexion des Laser-Pulses an Niederschlagsteilchen erzeugt wurden, als Regenkontakte erkannt und aussortiert werden. Nach Herstellerangaben (SIEMENS 2006, BRUMM 2006) lässt sich durch diese Maßnahmen ebenfalls eine hohe Robustheit gegenüber widrigen Wetterbedingungen erreichen (TROPPMANN und HÖGER 2005a, TROPPMANN und HÖGER 2005b).

Des Weiteren sind Lidar-Sensoren in der Herstellung deutlich kostengünstiger als Radar-Sensoren. Aus diesem Grund werden daher teilweise die im ACC-Bereich etablierten Radar-Sensoren durch kostengünstigere Lidar-Sensoren ersetzt (z. B. bei Nissan und Siemens). Aufgrund der sehr geringen Divergenz des verwendeten Lasers werden bei Lidar-Sensoren zur Abdeckung größerer Winkelbereiche mehrere, versetzt angeordnete Laserstrahlen verwendet (Abbildung 4.19). Aktuelle Systeme können dabei Reichweiten von knapp über 200 Metern erzielen (SIEMENS 2005c, SCHMIDT et al. 2006, SIEMENS 2006).

Abb. 4.19. Lidar Sensoren in Einsatz (SIEMENS 2005c)

4.3.4 Laser-Scanner

Genau genommen stellen Laser-Scanner keine eigene Klasse von Sensoren dar. Es handelt sich vielmehr um eine spezielle Bauart von Lidar-Sensoren, deren „Sichtfeld" durch eine mechanische Komponente erweitert wurde. Laser-Puls und Echo werden nicht mehr direkt sondern über eine Ablenkeinheit emittiert bzw. empfangen. Durch Auslenkung dieser Ablenkeinheit kann der Raumwinkel der jeweiligen Messung variiert werden. Je nach Bauart der Ablenkeinheit können unterschiedliche Raumbereiche (2D oder 3D) vermessen werden. Im Automobilbereich wird üblicherweise eine rotierende Ablenkeinheit verwendet, mit der eine vollständige zweidimensionale Schnittebene des Fahrzeugumfeldes bestimmt werden kann. In Deutschland existiert zurzeit lediglich ein Anbieter für Automotive taugliche Laser-Scanner. Der schematische Aufbau eines Laser-Scanners vom Typ ALASCA wird in Abbildung 4.20 gezeigt werden (IBEO 2006, NITSCHE und SCHULZ 2004).

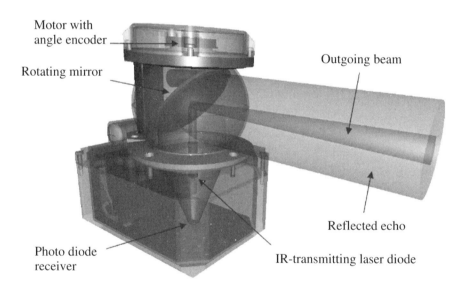

Motor with angle encoder
Rotating mirror
Outgoing beam
Reflected echo
Photo diode receiver
IR-transmitting laser diode

Abb. 4.20. Aufbau eines Laser-Scanners aus dem Automotive-Bereich (IBEO 2006)

Der Korpus des Laser-Scanners enthält die elektronischen Komponenten, sowohl der Sendeeinheit (eine Nahinfrarot-Laserdiode) als auch der Empfangseinheit (bestehend aus Photodioden). Im Sensorkopf befindet sich die Ablenkeinheit, bestehend aus einem drehbar gelagerten Spiegel und einem Servomotor mit Winkelencoder. Der Spiegel wird durch den Servomotor mit einer definierten Winkelgeschwindigkeit rotiert und lenkt das emittierte bzw. reflektierte Laserlicht aus dem Sensorinnenraum in den Beobachtungsbereich und umgekehrt.

Laser-Scanner messen Entfernungen auf Basis der Laufzeitmessung, Geschwindigkeiten werden über den Differenzenquotienten von Zeit und Entfernung bestimmt.

Zusätzlich liefert der Winkel-Encoder den Horizontalwinkel der jeweiligen Messung. Hierdurch lässt sich die absolute Position der detektierten Messpunkte ermitteln.

Aufgrund ihrer hohen Genauigkeit bei der Distanzmessung und ihres großen Sichtfeldes werden Laser-Scanner von einigen namenhaften Automobilherstellern als Referenzsensoren bei der Prototypentwicklung zukünftiger Fahrerassistenzsysteme eingesetzt. Darüber hinaus werden Laser-Scanner auch vermehrt in Versuchs- und Forschungsfahrzeugen für diverse Aufgabenbereiche eingesetzt - insbesondere bei der Erfassung komplexer Szenarien im urbanen Verkehr sind Laser-Scanner wertvolle Informationsquellen (IBEO 2006).

Die Spannweite der potenziellen Applikationen reicht dabei von Einparkhilfen, Überwachung des toten Winkels und Pre-Crash-Systemen, über Fußgängerschutz, Spurhalte- und Abbiegeassistenzfunktionen bis hin zu ACC-Systemen (inklusive Stop- & Go-Funktionalität) bishin zur Einleitung einer automatischen Notbremsung des Fahrzeuges.

4.3.5 (Stereo-)Kamerasysteme

Stereo-Kamerasysteme stellen einen Sonderfall der Wegausbreitungssensoren dar. Als einziger in diesem Kapitel vorgestellter Sensor handelt es sich um einen passiven Sensor, der im Allgemeinen keiner eigenen Signalquelle bedarf. Stattdessen wird im Bereich des sichtbaren Lichts die natürliche Ausleuchtung der Umwelt durch Tageslicht (oder z. B. Scheinwerferlicht bei Nacht) genutzt (RIEDEL et al. 2005, XU et al. 1998).

Im Wesentlichen beruht die Stereovision auf einer für jedes Pixel zweier Kameras durchgeführten Triangulation. Voraussetzung für eine hohe Genauigkeit bei diesem Verfahren ist, dass der räumliche Versatz der beiden Kameras exakt bekannt ist und während der Messungen konstant bleibt. Letzterer Punkt führt insbesondere zu einer Begrenzung des maximalen Abstands zwischen den beiden Kameras. Ein weiterer wichtiger Aspekt ist die Zuordnung von Pixeln eines Objektes einer Kamera zu den korrespondierenden Pixeln der anderen Kamera. Diese Problematik wird durch entsprechende Software-Algorithmen gelöst. Die Berechnung der Objektentfernung erfolgt dann über den relativen Versatz des jeweiligen Pixels auf dem entsprechenden Kamerachip sowie über die relative Lage der zweiten Kamera. Demzufolge ist die erreichbare (Distanz-) Auflösung eines Stereo-Kamerasystems direkt abhängig von der Auflösung der verwendeten Kameras. Dies wird zusätzlich noch durch die aufgrund der Genauigkeit des Systems geforderte räumliche Nähe der Kameras verschärft, da hierdurch per se der relative Versatz zwischen den jeweiligen Pixeln tendenziell geringer ausfällt.

Kameras besitzen typischerweise einen Öffnungswinkel von ca. 30° sowohl horizontal als auch vertikal. Hierdurch erfassen bereits einzelne Kameras (insbesondere in der Elevation) einen relativ großen Bereich. In Verbindung mit ihrer hohen Auflösung liefern Kamerasysteme damit potenziell den höchsten Informationsgehalt, gerade was Zusatzinformationen zu einzelnen Objekten betrifft (RIEDEL et al. 2005, XU et al. 1998).

Das Potenzial solcher Systeme lässt sich an dem biologischen Vorbild, dem menschlichen Auge – genauer gesagt unserem Augenpaar – sowie der Verarbeitung dieser Bilddaten durch das menschliche Gehirn, erahnen. Von derartigen Leistungen sind aktuelle Stereo-Kamerasysteme jedoch noch weit entfernt.

Im Bereich der Fahrspurdetektion, z. B. für den Einsatz in LDW (Lane Departure Warning)- oder LKS (Lane Keeping Support)-Systemen, stellen Kamerasysteme (nicht zwangsläufig Stereo-Kamerasysteme) derzeit jedoch den gebräuchlichsten und ausgereiftesten Sensortyp dar, da die Fahrspur relativ einfach aus den Videobildern extrahiert werden kann (RIEDEL et al. 2005, XU et al. 1998).

4.4 Fahrzeugseitige Sensoren

Der Bereich der Fahrzeugsensorik umspannt ein sehr weites Feld sowohl von Sensoren als auch von Messgrößen und -verfahren. Sensoren sind die „Wahrnehmungsorgane" des Fahrzeugs, sie wandeln physikalische Größen in elektrische Signale um, die von der Bordelektronik ausgewertet werden können. Für derzeitige und zukünftige Fahrerassistenzsysteme stellen Sensoren und die zur Umsetzung benötigte Rechenleistung neben den rechtlichen Aspekten zur Einführung eine der wichtigsten Voraussetzungen – und damit auch eine (technologische) Beschränkung des zurzeit Möglichen – dar (WALD 1998, LUX 2006).

4.4.1 Tachometer

Eine der ältesten Fahrerinformationen ist die der Geschwindigkeit. Im Jahr 1902 wurde hierfür von Otto Schulze ein Patent eingereicht. Der Name des Tachometers (kurz Tacho genannt) leitet sich vom griechischen Wort tachis (ταχυς), das schnell bedeutet, ab. Es ist allerdings darauf hinzuweisen, dass es sich beim Tachometer nicht um einen Sensor, sondern um ein Anzeigein-strument für Sensordaten handelt (Abbildung 4.21).

Das älteste Sensor-Prinzip der Geschwindigkeitserfassung für den Tachome-ter, wie sie bereits von Otto Schulze patentiert wurde, funktioniert nach dem Prinzip des Wirbelstroms. Hierbei wird ein Magnet über eine Welle, deren Drehzahl mit der Fahrzeuggeschwindigkeit in Beziehung steht, gedreht. Über dem Magneten befindet sich eine Metallscheibe, an der dieser Magnet vor-beidreht. Durch die Induktion von Wirbelströmen in dieser Platte entsteht eine Kraft, die die Platte dem Magneten folgen lässt. Durch eine Feder ist die Platte jedoch fixiert, sodass sie sich nicht vollständig drehen kann. Die Kraft, die hierbei von der Platte ausgeübt wird, ist direkt abhängig von der Geschwindigkeit des Fahrzeugs und lässt sich über einen Zeiger, der an der Platte angebracht ist, anzeigen.

Abb. 4.21. Mechanischer Tachometer (BLUME und WESNER 2002)

Die Tachometer in aktuellen Automobilen funktionieren allerdings elektro-nisch. Hierbei wird über Sensoren die Drehzahl der Achse erfasst, hieraus die Geschwindigkeit berechnet und diese über eine elektronisch angesteuerte Tachonadel (oder ein Display) angezeigt.

4.4.2 Beschleunigungssensoren

Beschleunigungssensoren werden dazu genutzt, die Beschleunigung in einer festgelegten Koordinatenrichtung (translatorisch) oder Drehrichtung (rotatorisch) zu bestimmen. Aus den ermittelten Beschleunigungswerten können mithilfe der Integration und unter Angabe der Anfangsbedingungen Geschwindigkeit und Weg bzw. Winkelgeschwindigkeit und Winkel bestimmt werden. Die Beschleunigung wird dabei direkt oder indirekt über das 1. Newtonsche Axiom als Kraft, die auf eine beschleunigte Masse wirkt, zugänglich. Das 1. Newtonsche Axiom besagt, dass *ein Körper in seinem Zustand der Ruhe oder der gleichförmigen, geradlinigen Bewegung verharrt, solange die Summe aller auf ihn einwirkenden Kräfte Null sind.*

Die Kraft bzw. das Moment lenkt entweder eine Feder aus, deren Auslenkung z. B. kapazitiv oder optisch gemessen wird, oder wird bei kompensatorisch arbeitenden Verfahren mit einer messtechnisch gut zugänglichen Gegenkraft bzw. Gegenmoment ausgeregelt.

Beschleunigungssensoren werden in der Bahntechnik nach wie vor z. B. in der Linienzugbeeinflussung LZB 80 (MURR 1990) zur Stützung der Wegmessung von Radimpulsgebern bei starkem Schlupf der angetriebenen und gebremsten Räder verwendet. Die Messunsicherheiten können auf diese Weise wesentlich verringert werden.

Transversal- und Drehbeschleunigungen außerhalb des zulässigen Messbereichs führen zum Verkippen. Dadurch kann es zu Verspannungen kommen, die Fehler durch ein geändertes Frequenzverhalten bewirken.

Um durch unbekannte Beschleunigungen, z. B. Erdbeschleunigung, Zentrifugalbeschleunigung, auf Messungen rückwirkende Fehler zu eliminieren, sollte der Beschleunigungsaufnehmer immer eine definierte Lage gegenüber einem erdfesten Koordinatensystem beibehalten. Das gelingt meistens nur durch die Lagerung auf einer Kreiselplattform, die eine elegante und gleichzeitig aber auch teure Möglichkeit darstellt, um den Einfluss der Erdbeschleunigung ohne Kenntnis der Geometrie des Streckenverlaufs zu eliminieren. Mit der Zerlegung in ein Koordinatensystem geben die Richtungen senkrecht zum Lot die Beschleunigungen in Längs- und Querrichtung an, während die Messung in Lotrichtung die Beschleunigung in vertikaler Richtung liefert.

Neben dem Preis haben Kreiselplattformen zudem den entscheidenden Nachteil, dass man die Montageorte der Einzelsensoren nicht frei wählen kann, sondern einen zentralen und geschützten Standort vorgeben muss (KLINGE 1998).

Optische Kreisel entsprechen in der Leistungsfähigkeit fast mechanischen Kreiseln, sind aber bei weitem nicht so teuer. Beim optischen Kreisel wird der Sagnac-Effekt ausgenutzt, um die Drehung des Systems um die eigene Achse festzustellen vgl. (Physikevolution 2007). Dabei wird ein linear polarisiertes Licht zuerst in zwei Strahlen aufgeteilt und anschließend durch Spiegel umgelenkt oder in einer Glasfaserschleife in die entgegengesetzte Richtung auf eine Kreisbahn geschickt. Anschließend werden die Strahlen wieder am Ausgangsort zusammengeführt und detektiert. Da die beiden Strahlen den gleichen Weg zurückgelegt haben, werden sie auch gleichzeitig am Ausgangsort eintreffen, sofern das System nicht rotatorisch bewegt wurde. Sollte aber das System mit einer Rotationsgeschwindigkeit ω gedreht werden, so kommt das Licht eines der beiden Drehsinne früher zum Detektor. Damit ist es möglich die Drehrichtung und damit auch die Fahrtrichtung des Fahrzeugs zu erkennen.

Beschleunigungssensoren besitzen eine hohe Verfügbarkeit und weisen durch ihre meist geschützte Lage kaum Fehler durch Umgebungsbedingungen auf. Ihre Leistungsfähigkeit definiert sich aus der Drift, dem Rauschen, der Auflösung und den Maximalwerten der mechanischen Belastbarkeit.

Die bei geringen Kosten starke Drift der Beschleunigungssensoren ermöglicht nur die kurzzeitige Nutzung zur Geschwindigkeits- oder Wegermittlung. Insofern werden sie zumeist nur zur Überbrückung von Ausfällen anderer Sensoren genutzt, deren abgeschätzte Messabweichungen dadurch stark reduziert werden können.

4.4.3 Odometer

Durch den Odometer wird die gefahrene Strecke gemessen. Dieses kann durch die Integration der Momentangeschwindigkeit oder das Aufsummieren der gefahrenen Wegeinheiten erfolgen, welche direkt aus Wegmarken (Wirbelstromsenor) oder indirekt über mechanische Kontaktierung (Radimpulsgeber) oder Reibkraftübertragung ermitteln werden können (Abbildung 4.22).

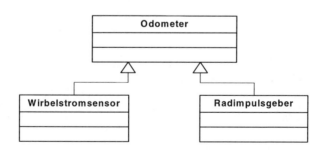

Abb. 4.22. Beispiel für direkte und indirekte Odometer

Radimpulsgeber

Die einfachste Ausführung eines Odometers ist der Radumdrehungszähler. Es werden die Umdrehungen eines Rades gezählt. Durch die Multiplikation der Umdrehungen mit dem mittleren Umfang des Rades erhält man so die gefahrene Strecke.

$$x = \pi \cdot d \cdot n \qquad (4.9)$$

Der Radimpulsgeber ist an der Achse des Triebfahrzeuges montiert. Er registriert Drehzahländerungen und die Drehrichtung und sendet bei jeder Drehung der Achse Wegimpulse. Anhand dieser Wegimpulse wird unter Berücksichtigung des Raddurchmessers die gefahrene Wegstrecke, die Fahrtrichtung, die aktuelle Geschwindigkeit und Beschleunigung berechnet. (Subset2 2002)

Einerseits zählen zu den Vorteilen die einfache und preisgünstige Realisierung, anderseits sind einige Nachteile zu nennen: z. B. sind wegen Schlupf am Rad Abweichungen nicht zu vermeiden zudem die Abhängigkeit von Veränderung des Raddurchmessers.

Wirbelstromsensor

Der Wirbelstromsensor ist in der Lage, metallische Inhomogenitäten im Gleisbereich zu detektieren. Ermöglicht wird dies durch einen magnetischen Sensor, welcher aus einer Erregerspule E und zwei Empfängerspulen P1 und P2 besteht. Die Erregerspule erzeugt ein Wechselmagnetfeld. Dieses führt in metallischen Bauteilen zur Ausbildung von Wirbelströmen. Die Wirbelströme erzeugen ihrerseits wiederum ein Magnetfeld, welches sich mit dem Erregermagnetfeld überlagert. Das resultierende Magnetfeld beeinflusst die in Differenz geschalteten Empfängerspulen. Der prinzipielle Aufbau des Sensors ist in Abbildung 4.23 zu sehen (GEISTLER 2005, ENGELBERG 2001).

Die Geschwindigkeitsmessung aus den Wirbelstrom-Sensorsignalen wird nach dem Prinzip der Laufzeitkorrelation durchgeführt. Die Signale der beiden im Abstand l montierten Wirbelstrom-Sensoren werden zunächst kanalweise aufbereitet und für die Auswertung werden Korrelationsverfahren verwendet (vgl. Absch. 4.2.4) (GEISTLER 2005, ENGELBERG 2001).

Der Wirbelstrom-Sensor erfüllt zugleich zwei Aufgaben. Zum einen wird eine berührungslose Geschwindigkeits- und Wegmessung realisiert, welche schlupffrei arbeitet und dadurch mit wesentlich geringerer Drift behaftet ist als z. B. standardmäßig eingesetzte Radumdrehungszähler. Zum anderen ist der Sensor in der Lage im Fahrweg befindliche Weichen und Weichenbauteile zur erkennen, sodass eine absolute Positionsbestimmung möglich ist. Zusätzliche

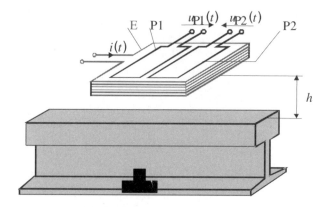

Abb. 4.23. Prinzip des Wirbelstromsensors (GEISTLER 2005)

Installationen an der Strecke, wie z. B. Balisen, sind nicht erforderlich, da der Sensor zur Geschwindigkeitsmessung und zur Klassifikation die bereits vorhandenen Bauteile am Gleis verwenden kann (GEISTLER 2005, ENGELBERG 2001).

4.4.4 Induktive Sensoren

Bei einem Radsensor mit einer induktiven Drehzahlerfassung rotiert ein Zahnrad, welches aus einem ferromagnetischen Material besteht, an einer Spule, die um einen Permanentmagneten gewickelt ist. Abhängig davon ob ein Zahn oder eine Lücke des Zahnrades gegenüber dem Spulenkern steht, verändert sich der magnetische Fluss durch die Spule (JUCKENACK 1989).

Die Änderung des magnetischen Flusses induziert ihrerseits eine Spannung, die proportional zur Änderungsgeschwindigkeit des magnetischen Flusses ist. Für diese Art der Messung benötigt man keine Stromversorgung, es sind somit passive Sensoren, die dadurch auch einfach, robust und auch kostengünstig sind. Einer der großen Nachteile dieser Sensoren ist ihre frequenzabhängige Signalamplitude. Sie liefern somit bei kleinen Geschwindigkeiten keine ausreichend guten Ergebnisse. Außerdem müssen diese Sensoren gut befestigt und genau ausgerichtet werden (JUCKENACK 1989).

4.4.5 Hallsensoren

Hallsensoren sind aktive Sensoren und benötigen daher eine externe Stromquelle. Diese statischen Magnetfeldsensoren sind gegenüber dem induktiven Übersprechen unempfindlich und liefern ein frequenzunabhängiges Signal vgl.

(CZOMMER 2000). Sie werden in der Automobilindustrie unter anderem auch als ABS-Sensoren eingesetzt und eignen sich für kleine Geschwindigkeiten, da sie bis zu einer Frequenz 0 messen können. Eine Gefahr besteht durch andere starke magnetische Quellen die in der Nähe der Sensoren sind, welche die Messunsicherheit beeinflussen können (JUCKENACK 1989).

Wie bei den anderen magnetischen Sensoren bedarf es bei der Installation der Hallsensoren einer sorgfältigen Ausrichtung und Montage.

4.5 Infrastrukturseitige Sensoren

Der Bereich der infrastrukturseitige Sensorik umspannt ein sehr weites Feld sowohl von Messsensoren als auch -verfahren. In folgenden Abschnitten werden nur einige Sensorensysteme vorgestellt und deren Messprinzipien erläutert (WALD 1998).

4.5.1 Induktionsschleifen in der Straße

Induktionsschleifen werden im Straßenverkehr zur Detektion von Straßenfahrzeugen (PKW, LKW, Motorräder, . . .) verwendet. Es handelt sich dabei um Leiterschleifen (Spulen), die im Fahrbahnbelag unterhalb der Fahrbahnoberfläche verlegt sind und die Induktivität eines Schwingkreises bilden (Abbildung 4.24). Viele der folgenden Ausführungen sind (Induktionsschleifen 2007) und (LEHNHOFF 2004) entnommen.

Abb. 4.24. Einfacher Schwingkreis

Die Resonanzfrequenz beträgt

$$f_0 = \frac{1}{2\pi\sqrt{LC}} \tag{4.10}$$

Die Induktivität L der Spule ist von der Windungszahl n und der Geometrie A der Spule sowie der Materialkonstante μ_r der Spule abhängig.

$$L = \mu_r \mu_0 A \frac{n^2}{l} \tag{4.11}$$

Die Materialkonstante wiederum wird durch die Umgebungsbedingungen der Spule beeinflusst. Abbildung 4.25 zeigt eine Induktionsschleife mit ihrem Magnetfeld im ungestörten Zustand.

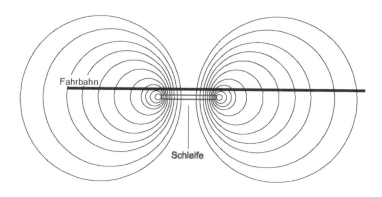

Abb. 4.25. Induktionsschleife im ungestörten Zustand

Überfährt nun ein Fahrzeug die Induktionsschleife, so ändert sich die Materialkonstante μ_r und damit die Resonanzfrequenz der Spule (Abbildung 4.26). Diese Verstimmung wird durch eine entsprechende Elektronik erkannt und als Signal weitergeleitet.

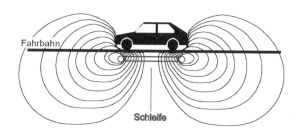

Abb. 4.26. Fahrzeug auf Induktionsschleife (gestörter Zustand)

Die Verstimmung des Schwingkreises (Abbildung 4.27) ist während des Überfahrens nicht konstant, sondern bildet für jede Klasse von Fahrzeugen (PKW, LKW, Busse, ...) eine charakteristische Form, anhand derer sich die Art des Fahrzeugs bestimmen lässt.

Werden zwei Induktionsschleifen in kurzem Abstand hintereinander in der Fahrbahn angebracht, so kann aus dem zeitlichen Versatz zwischen den bei-

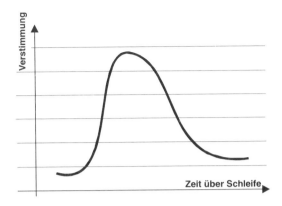

Abb. 4.27. Verstimmung einer Induktionsschleife bei Überfahrt (Induktionsschleifen 2007)

den Signalen neben der Fahrzeugart auch die die Fahrzeuggeschwindigkeit bestimmt werden.

4.5.2 Induktionsschleifen im Schienenverkehr

Auch im Schienenverkehr werden Induktionsschleifen als Sensoren benutzt. Ähnlich wie im Straßenverkehr werden im Gleisbett räumlich lange Schleifen verlegt, die in festen Abständen ihre Seiten an definierten Stellen kreuzen. Sie dienen gleichzeitig streckenseitig durch Induktionsveränderungen zur Positionserfassung und fahrzeugseitig durch Detektion der Kreuzungsstellen der Wegmessung dienen. Einzelheiten sind in den Abschnitten 4.6.3 sowie 7.4 zu finden.

4.5.3 Achszähler

Das Prinzip, durch Induktivitätsveränderung die Gleisabschnittsbesetzung zu detektieren, wird beim so genannten Achszähler ebenfalls verwendet. Die Annäherung und Überfahrt eines metallischen Rades auf der Achse eines Schienenfahrzeuges wirkt auf unmittelbar am Gleis montierte Induktionsspulen derart, dass ein damit verbundener Schwingkreis verstimmt wird. Dessen Sensierung liefert Impulse, die zur Zählung aufeinanderfolgender Radachsen genutzt werden. Ein gleichartiger Sensor in einigem Abstand detektiert die Folge der ausfahrenden Achsen. Diese Anordnung wird ebenfalls zur so genannten Besetzt- bzw. Freimeldung verwendet und kann zur wichtigen Zugvollständigkeitsprüfung verwendet werden. Ein Sensor enthält dicht nebeneinander zwei Spulen zur Erkennung der Fahrtrichtung.

4.5.4 Gleisstromkreis

Ein Gleisstromkreis ist ein Sensor im Bereich des spurgeführten Verkehrs zur Erkennung, ob ein Gleisabschnitt von einem Zug (mit mindestens einer Achse) belegt ist (PACHL 1999).

Es werden beide Schienen des Gleises gegeneinander elektrisch isoliert. An einer Seite (Speiseseite) wird eine Spannungsquelle mit integrierter Strombegrenzung angeschlossen; am anderen Ende (Relaisseite) wird von der angelegten Spannung ein Relais angesteuert. Befährt nun ein Zug den Gleisstromkreis, so schließen die Achsen die Spannungsquelle kurz. Durch die vorhandene Strombegrenzung fällt die Spannung zwischen den beiden Schienen ab, sodass das Relais abfällt und das Vorhandensein eines Zuges signalisiert. Wenn alle Achsen des Zuges den Gleisstromkreis verlassen haben, ist der Kurzschluss entfernt und das Relais zieht wieder an. Hiermit wird das Gleis wieder als frei erkannt.

4.5.5 Lichtschranke

Bei einer Lichtschranke wird mit Hilfe eines Lichtstrahls ein Steuerungsimpuls ausgelöst. Man unterscheidet zwischen zwei Arten der Lichtschranke: einer Reflexions- und einer Einweglichtschranke.

Bei den Reflexionslichtschranken wird das Licht von einer Reflexionsfolie, einem Spiegel oder einem Reflektor an das Gerät zurückgeworfen. Es wird also nur ein elektronisches Bauteil benötigt. Das bedeutet, dass sowohl der Sender als auch der Empfänger in einem Gerät vereinigt sind

Alle Reflexionslichtschranken erfassen nur die Objekte, die das Licht auch zurückreflektieren können. Durch die verschiedenen Reflexionshintergründe wie auch unterschiedliche Anordnung der Reflektoren ist es möglich eine begrenzte Information zu übertragen.

Die Einweglichtschranke besteht aus zwei separaten Teilen: dem Lichtsender und dem Lichtempfänger. Diese Art der Lichtschranke muss infrastrukturseitig eingebaut werden und erfasst hierdurch all jene Objekte auf der Strecke, die den Lichtstrahl unterbrechen,

4.5.6 Personen-/Fahrgast-Zählung

Für den Betrieb von (öffentlichen) Verkehrssystemen ist es für die Wirtschaftlichkeits- und Auslastungsbetrachtungen oftmals sinnvoll oder sogar notwendig, Informationen über die Anzahlen an Fahrgästen zu gewinnen, die bestimmte Verkehrsmittel oder Linien benutzen. Hierzu werden entsprechende Zählsysteme eingesetzt (Abbildung 4.28).

Abb. 4.28. Fahrgastzählung mit IR-Sensoren (DILAX 2007)

Diese Zähleinrichtungen (sie stellen ebenfalls Sensoren dar) sind baulich oftmals so gestaltet, dass nicht mehrere oder zu viele Personen gleichzeitig den Zählabschnitt passieren können. Dies kann in Form von Drehkreuzen oder, wie in Abbildung 4.28 dargestellt, als Tore erfolgen.

4.6 Kombinierte Sensorsysteme zur Ortung

Kombinierte Sensorsysteme werden zur Ermittlung verkehrlicher Messgrößen benötigt, die von einem Sensor allein prinzipiell nicht oder nur in unzureichender Auflösung oder Unsicherheit (statisch, dynamisch) oder unzureichender Verlässlichkeit (Zuverlässigkeit, Instandhaltbarkeit, Verfügbarkeit und Sicherheit) geliefert werden können.

Eine besonders wichtige Messgröße, für die obige Angaben zutreffen, ist der Bewegungszustand und die Identifikation der Verkehrsmittel in bezug auf eine absolute Referenz im Raum. Die Erfassung dieser komplexen Messgröße wird als Ortung bezeichnet.

Den grundsätzlichen Aufbau einer Ortung zeigt das Klassendiagramm in Abbildung 4.29.

4.6.1 Punktförmige Zugbeeinflussung (PZB)

Bei der Punktförmigen Zugbeeinflussung (siehe auch Abschnitt 7.4) handelt es sich um eine Familie von Systemen, denen gemeinsam ist, dass sie im Bereich der Schienenfahrzeuge an diskreten Punkten des Gleises Informationen (normalerweise über den Zustand von Signalen, Halt oder Fahren) auf das Fahrzeug übertragen können (PACHL 1999).

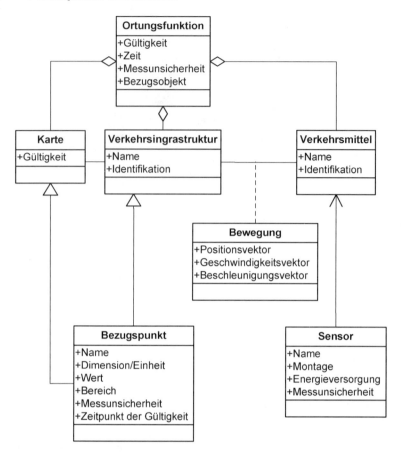

Abb. 4.29. Prinzip der Ortungsfunktion in Form eines Klassendiagramms

Beim sogenannten *Krokodil*, das vornehmlich bei der Französischen Eisenbahn (SNCF) eingesetzt wird, verfügen die Fahrzeuge über Schleifkontakte,
mit denen entsprechende Kontaktflächen auf dem Gleis abgetastet werden.
Diese Kontaktflächen werden von der Stellung der Signale beeinflusst und so
die von ihnen angezeigte Information in elektrischer Form dem Fahrzeug bereitgestellt. Hierbei kommt es zum einen zu einer galvanischen Kopplung von
Signal und Fahrzeug, zum anderen besteht bei diesen offen liegenden Kontak-
ten immer die Gefahr der Verschmutzung und Abnutzung.

Eine berührungslose Form der punktförmigen Zugbeeinflussung bietet die *Induktive Zugsicherung* (kurz *Indusi*). Hierbei verfügt das Fahrzeug über einen
aktiv gespeisten elektrischen Schwingkreis, der auf eine bestimmte Frequenz
abgestimmt ist. An der Strecke befindet sich ein passiver Schwingkreis, der
in Abhängigkeit von der Signalstellung kurzgeschlossen werden kann. Kommt

nun der aktive Schwingkreis des Fahrzeugs in die Nähe des streckenseitigen Schwingkreises (in nicht kurzgeschlossenem Zustand), so gerät dieser in Resonanz. Dieser Resonanzeffekt kann an einer Änderung des Stroms auf der Fahrzeugseite erkannt werden.

Bei den in Benutzung befindlichen Indusi-Systemen werden üblicherweise mehrere fahrzeugseitige Schwingkreise, abgestimmt auf verschiedene Frequenzen, verwendet. Diese Schwingkreise sind in einem einzigen Gerät, dem so genannten *Fahrzeugmagneten*, zusammengefasst. Der streckenseitige Schwingkreis wird auch als *Gleismagnet* bezeichnet (HEINRICH 1998, KLAUS 1999).

4.6.2 Transponderbasierte Systeme

Dieser Abschnitt befasst sich mit RFID (Radio Frequency Identification) Transpondern. Es wird auf die unterschiedlichen Systeme, deren Einsatzgebiet und deren Eigenschaften eingegangen. Ein Transponder ist ein – meist drahtloses – Kommunikations-, Anzeige- oder Kontrollgerät, welcher eingehende Signale aufnimmt und automatisch beantwortet.

RFID System

Es sind momentan unzählige RFID Systeme von ebenso vielen Herstellern auf dem Markt verfügbar. Ihre technischen Parameter sind für unterschiedlichste Anwendungsgebiete optimiert sind. Aus diesem Grund wird in diesem Kapitel eine generische Struktur von einem RFID basierten System vorgestellt. Ein RFID System besteht grundsätzlich aus zwei Komponenten (Abbildung 4.30):

- einem RFID Datenträger (Transponder), der die relevanten Daten beinhaltet und

- der RFID Kommunikationseinheit, die je nach Ausführung als Lese- oder Schreib/Leseeinheit dient.

Der Transponder, der den eigentlichen Datenträger des RFID Systems darstellt, ist außerhalb des räumlichen Ansprechbereichs eines Lesegerätes meistens vollkommen passiv. Erst innerhalb des Empfangsbereiches eines Lesegerätes wird der Transponder aktiv und kann erst dann seine Daten senden. Nur in diesem Bereich ist es überhaupt möglich, eine Kommunikation zwischen dem Lesegerät und dem Datenträger zu gewährleisten. Die Übertragung der Daten wird vom Datenträger zur Leseeinheit vollkommen kontaktlos übertragen (FINKENZELLER 2005). Die für die Übertragung notwendige Energie liefert eine im Transponder integrierte Stromquelle (Batterie).

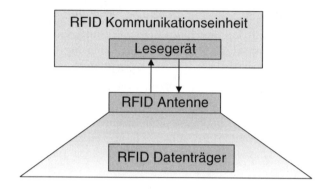

Abb. 4.30. Darstellung eines allgemeinen RFID Systems

Das Lesegerät besteht in der Regel aus einem Hochfrequenzmodul (Sender und Empfänger), einer Kontrolleinheit und einem Koppelelement zum Transponder. Darüber hinaus besitzen die meisten Lesegeräte zusätzliche Schnittstellen wie die RS 232 oder RS 485, um die erhaltenen Daten an ein anderes System wie z. B. einen Rechner, weiterzuleiten (FINKENZELLER 2005).

Ein sehr wichtiges Merkmal von RFID Systemen ist die Energieversorgung der Datenträger. Man unterscheidet zwischen passiven, aktiven und semiaktiven Transpondern. Während die passiven Transponder keinerlei eigene Energieversorgung besitzen und daher ihre ganze, für den Betrieb benötigte, Energie aus dem elektrisch/magnetischen Feld des Lesegerätes entnehmen, enthalten die aktiven Datenträger eine Batterie, die den Transponder entweder ganz oder nur teilweise mit der Energie versorgt. Semi-aktive Transponder sind eine Sonderklasse von Transpondern und ordnen sich bezüglich ihrer Funktionalität zwischen den aktiven und passiven Transpondern ein.

Die Reichweite der unterschiedlichen RFID Systeme ist auch ein wichtiges Merkmal, um die RFID Systeme zu unterscheiden. Man unterscheidet zwischen *close-coupling* ($<$ 1 cm), *remote-coupling* (bis 1 m) und *long-range* ($>$ 1 m) Systemen (FINKENZELLER 2005).

Die Sendefrequenz der RFID-Systeme teilt man generell in drei Bereiche: LF (Low Frequency) mit 30 bis 300 kHz, HF (High Frequency) bzw. RF (Radio Frequency) mit 3 bis 30 MHz UHF (Ultra High Frequency) bzw. Mikrowelle mit über 3 GHz

Eurobalise

Um unterschiedliche europäische Zugsicherungssysteme zu vereinigen und damit auch den grenzübergreifenden Zugverkehr zu erleichtern, wurde von der Europäischen Union die Schaffung eines einheitlichen europäischen Zugsicherungs- und Zugsteuerungssystem ETCS beschlossen. Einer der Bestandteile von ETCS ist die Eurobalise, welche zur punktförmigen Übertragung von Daten dient. Je nach Ausführung werden mit der Eurobalise ortungsabhängige Daten (Ortsmarken, Neigungs- und Geschwindigkeitsprofile usw.) oder signalunabhängige Daten von der Strecke auf den Zug übertragen. Es handelt sich dabei um ein induktiv gekoppeltes RFID-System mit unharmonischer Rückfrequenz. Die Eurobalise (Abbildung 4.31) gehört durch ihre Reichweite und den Sendebereich zu den Remote-coupling-RFID-Systemen. Die Energieversorgung geschieht wie bei allen anderen RFID-Systemen kontaktlos während der Überfahrt des Zuges durch das Lesegerät welches am Zug angebracht ist, mittels induktiver Kopplung. Die Energieversorgung erfolgt auf einer Frequenz von 27,115 MHz, während die eigentliche Datenübertragung von der Balise zum Zug auf einer Frequenz von 4,24 MHz stattfindet. Dabei ist die Kommunikation so ausgelegt, dass die Datentelegramme auch bei einer Geschwindigkeit von bis zu 500 km/h noch sicher ausgelesen werden können (SIEMENS 2005b).

Bei Siemens wurden bisher vier verschiedene Eurobalisentypen entwickelt.

- Typ 1 sendet nur ein fest programmiertes Telegramm.

- Typ 2 kann programmierte Telegramme (z. B. Neigungs- oder Geschwindigkeitsprofile) versenden, die durch eine kontaktlose Schnittstelle von einem Anwender geschrieben werden können.

- Typ 3 kann ein durch eine Streckeneinrichtung generiertes Telegramm versenden. So genannte „Transparente Balise".

- Typ 4 bietet die Möglichkeit die Daten während der Überfahrt vom Zug zu übernehmen.

Abb. 4.31. Eurobalise Typ 1 (SIEMENS 2005a)

Mit diesen Balisen ist es möglich, berührungsfrei und damit auch verschleißfrei Informationen zu übertragen.

4.6.3 Linienförmige Zugbeeinflussung (LZB)

Ein ortskontinuierlicher Datentransfer in das Fahrzeug ist im Schienenverkehr mit der linienförmigen Zugbeeinflussung (kurz LZB, siehe hierzu auch Abschnitt 7.4) möglich (PACHL 1999). Hierbei ist ein linienförmiger Leiter (oder eine linenförmige Antenne) entlang der Strecke verlegt. Diese Antenne besteht aus zwei elektrischen Leitern, die entweder die vorhandene Schiene benutzen oder (was häufiger der Fall ist) in Form von zwei Kabeln zwischen den Schienen realisiert ist. Eines der Kabel ist in der Mitte zwischen den Schienen verlegt, das andere direkt neben einer Schiene. An bestimmten Punkten werden die beiden Leiter gekreuzt, sodass derjenige, der vorher an der Schiene lag, danach in der Mitte liegt und der andere entsprechend außen. Diese Überkreuzung kann ebenfalls vom Fahrzeug erkannt und als Ortungsinformation umgesetzt werden (Abbildung 4.32).

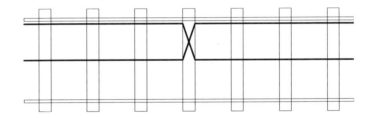

Abb. 4.32. Leitungsführung bei LZB

Der Vorteil der linienförmigen Zugbeeinflussung liegt darin, dass das Fahrzeug in die Lage versetzt wird Informationen nicht nur punktuell (vgl. Abschnitt 4.6.1) sondern kontinuierlich aufzunehmen. Dies führt dazu, dass der Datenstrom von wenigen Bit bei punktueller Informationsaufnahme wesentlich gesteigert werden kann (KIRICZI 1996, HEINRICH 1998, KLAUS 1999).

4.7 Kombinierte satellitenbasierte Systeme

Eine Position im Raum lässt sich durch drei unabhängige Variablen, bezüglich einer Referenzposition, genau festlegen, d. h. mit drei linear unabhängigen Gleichungen in den drei Unbekannten einer 3-D-Position kann die Position exakt bestimmt werden. Um die Gleichungen aufstellen zu können, werden drei geometrische Angaben über die zu ermittelnde Position benötigt. Diese können entweder in kartesischen Koordinaten x, y, z oder Kugelkoordinaten φ, λ, r angegeben werden (MANSFELD 1998).

Eine mögliche Lösung stellt die Entfernungsmessung zu drei sichtbaren Referenzpunkten im Raum dar. Das Kriterium „Sichtbarkeit" führt zur Idee, im Orbit auf definierten Bahnen stationierte Satelliten als Referenzpunkte zu verwenden, da Satelliten aufgrund ihrer Flughöhe vom Boden aus großflächig sichtbar sind (Abbildung 4.33). Entfernungen werden über die Laufzeit eines vom Satelliten zum Empfänger abgestrahlten Signals ermittelt, da sich der zurückgelegte Weg aus der Laufzeit und der Kenntnis der Ausbreitungsgeschwindigkeit des zurückgelegten Signals ermitteln lässt. Dieser berechnete Abstand wird Pseudoabstand genannt, da dieser noch mit zahlreichen Fehlern behaftet ist (KLINGE 1998, MANSFELD 1998).

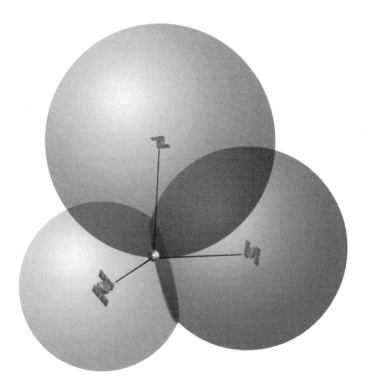

Abb. 4.33. Signal-Laufzeiten von drei Satelliten zur Positionsbestimmung im Raum (EVERS und KASTIES 1998)

Um die Laufzeit der Signale zu ermitteln, wird im Sender und Empfänger zum gleichen Zeitpunkt das sogenannte Pseudo-Random-Noise-Code-(PRN-Code)-Signal erzeugt. Dazu werden alle vom Satelliten abgestrahlten Signale im Empfänger in einem Referenzspeicher abgelegt. Im Empfänger wird das

Signal dann so lange auf der Zeitachse verschoben (Δt, Abbildung 4.34), bis es mit dem vom Satelliten empfangenen Signal übereinstimmt. Die zeitliche Verschiebung entspricht der Laufzeit Δt und ist im Maximum der Kreuzkorrelationsfunktion des empfangenen Signals mit dem im Empfänger erzeugten Signal zu finden (KLINGE 1998, MANSFELD 1998).

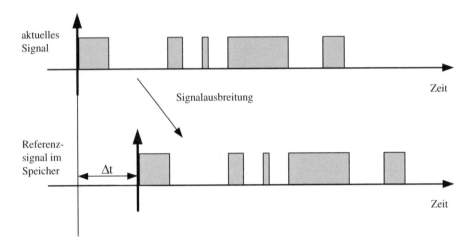

Abb. 4.34. Prinzip der Abstandmessung mit PRN-Code, nach (KLINGE 1998)

Um diese im ns-Bereich liegende Zeit messen zu können, muss in Sender und Empfänger ein Zeitnormal installiert sein, damit die Signale zunächst auf Nanosekunden genau zeitgleich erzeugt werden. Das würde aber bedeuten, dass jeder Empfänger eine hochgenaue Uhr besitzen müsste. Neben dem Gefahrenpotenzial durch Radioaktivität wären solche Empfänger außerdem vergleichsweise groß und teuer. Deshalb wird die Zeit neben den drei Unbekannten der Position als vierte Unbekannte eingeführt. Für eine Positionsbestimmung werden somit mindestens vier Satelliten benötigt. Um festzustellen, ob ein Satellit ein fehlerhaftes Signal liefert, wird ein fünfter Satellit benötigt; um einen fehlerhaften Satelliten zu erkennen und damit aus der Rechnung eliminieren zu können, ist ein sechster Satellit erforderlich. Diese Zusammenhänge ähneln denen in der Datenübertragung, wo Prüfbits verwendet werden, um fehlerhafte Bits zu erkennen und gegebenenfalls zu korrigieren (vgl. Abschnitt 5.2.2) (KLINGE 1998, MANSFELD 1998).

Die PRN-Codesignale werden auf hochfrequente Trägerfrequenzen im GHz-Bereich aufmoduliert, die durch Vergleich mit einer im Empfänger erzeugten Referenzträgerfrequenz gleicher Frequenz eine weit präzisere Beobachtungsgröße als die mit dem Codesignal ermittelten Pseudoabstände bietet. Die im Empfänger erzeugte Phase hat eine durch einen hochgenauen Oszillator garantierte, nominell konstante Frequenz, während die vom Satelliten empfangene

Trägerfrequenz aufgrund der Relativbewegung zwischen Satellit und Empfänger einen Doppler-Frequenzhub aufweist. Die Überlagerung beider Schwingungen ergibt eine Schwingung, die mit der Wellenlänge der Trägerfrequenz multipliziert die Relativgeschwindigkeit zwischen bewegtem Satellit und bewegtem Empfänger angibt und zur Geschwindigkeitsbestimmung von Fahrzeugen verwendet werden kann.

Die Ausbreitungsgeschwindigkeit des Satellitensignals in der Ionosphäre und Troposphäre ist geringer als im Weltraum. Dieser Effekt ist bei Satelliten niedriger Elevation über dem Horizont aufgrund der längeren Wege durch diese drei Schichten stärker als bei Satelliten großer Elevation. Signale unterschiedlicher Frequenz haben in der Ionosphäre verschiedene Ausbreitungsgeschwindigkeiten. Deshalb lässt sich durch die unterschiedlichen Ankunftszeitpunkte der auf die Trägerfrequenzen aufmodulierten PRN-Codes dieser Fehler ermitteln und herausrechnen.

Die erreichbare Messunsicherheit ist für genauere Anwendungen jedoch zu groß, egal ob ein Schiff in einen Hafen manövriert, ein Flugzeug eine Landbahn ansteuert, ein Navigationssystem entscheiden soll, auf welcher Straßenseite sich ein Auto befindet. Letzteres lässt sich auf die Gleisselektivität im spurgebundenen Verkehr übertragen. Um trotzdem die elementaren Vorteile von GNSS in der weltweiten Verfügbarkeit und gute Langzeitstabilität für die Ortung nutzen zu können, hat man eine Vielzahl von Ansätzen zu Fehlereliminierung gefunden (KLINGE 1998, MANSFELD 1998).

4.7.1 GNSS-Systeme

Zurzeit stehen als Satellitenortungssysteme das unter Kontrolle des amerikanischen Verteidigungsministeriums Stehende Global Positioning System GPS sowie das unter Kontrolle des russischen Militärs stehende GLONASS zur Verfügung. Beide Systeme ergänzen sich durch ihren unterschiedlichen mikroskopischen wie makroskopischen Aufbau hinsichtlich ihrer technischen und geographischen Verfügbarkeit derart, dass an eine gemeinsame Nutzung im Rahmen europäischer Projekte denkbar ist (KLINGE 1998).

4.7.2 GPS

GPS ist ein vom amerikanischen Verteidigungsministerium primär für militärische Zwecke errichtetes System. Es hat den vollständigen Ausbauzustand mit 24 Satelliten bereits heute erreicht.

Die Atomuhren der Satelliten liefern ein hochgenaues Frequenznormal mit $f_{SAT} = 10{,}23\,\mathrm{MHz}$. Alle weiteren Frequenzen werden durch eine ganzzahlige Frequenzvervielfachung erzeugt. Der P-PRN-Code (P-Precision) ist nur der militärischen Nutzung zugänglich. Da er in der Testphase des Systems veröffentlicht wurde und deshalb als bekannt gilt, wird er im sogenannten AS-Mode (Anti-Spoofing) bei Bedarf durch den streng geheimen Y-Code ersetzt. Der C/A-PRN-Code steht auch der zivilen Nutzung offen. Die beiden Codes werden den Trägerfrequenzen ebenso aufmoduliert wie ein Datensignal, das u. a. die Bahngeometrie (Ephemeriedaten) des Satelliten mit 50 bps liefert (KLINGE 1998).

Es fällt auf, dass der zivile C/A-Code nur auf die Trägerfrequenz L1 aufmoduliert wird, währen der militärisch genutzte P(Y)-Code auf beiden Trägerfrequenzen L1 und L2 zu finden ist. Das hat Auswirkungen auf die erreichbare maximale Messunsicherheit des Empfängers (KLINGE 1998).

Zusätzlich wird das C/A-Code Signal durch die sog. Selective Availability (S/A) künstlich verschlechtert, so dass die Messunsicherheit ziviler C/A-Code Empfänger nur bei etwa 20 m liegt, wobei eine Aussagewahrscheinlichkeit von 95% garantiert wird. Diese Art von GPS-Empfängern können nur in zivilen Verkehrssystemen zum Einsatz kommen.

4.7.3 GLONASS

Aus ziviler Sicht ist GLONASS die russische Alternative zu GPS. Die grundsätzlichen Mechanismen sind in etwa gleich. Unterschiede liegen in den verwendeten Frequenzen, dem Fehlen des S/A-Effektes im C/A-Code, der Referenzzeit in den Empfängeruhren und der Bahngeometrie der Satelliten (FSA 2004).

Wie bereits erwähnt, ergänzen sich GPS und GLONASS durch ihren unterschiedlichen mikroskopischen und makroskopischen Aufbau hinsichtlich ihrer technischen und geographischen Verfügbarkeit gut. Zurzeit wird GLONASS noch nicht durch einen Massenmarkt gestützt, während bereits mehrere Millionen GPS-Empfänger bei Kunden installiert sind. Insofern können GPS-Empfänger als technisch ausgereifter angesehen und zumindest zurzeit preiswerter angeboten werden. Außerdem berücksichtigen alle Planungen von überlagerten Systemen zur Verbesserung der Verlässlichkeit bzw. neue Satellitenortungssysteme die Kompatibilität zu GPS, nicht zu GLONASS (KLINGE 1998, FSA 2004).

4.7.4 Zukünftige GNSS-Systeme

Ohne verbriefte Rechtsgarantie über die Verfügbarkeit sind globale politische Konstellationen denkbar, in denen die beiden genannten Systeme ihren zivilen Nutzungskreis gleichzeitig einschränken oder ausschließen. Aus diesen Gründen wird der Ruf nach einem unter internationaler, ziviler Kontrolle stehenden Satellitenortungssystem immer lauter (ROSSBACH 2002, KLINGE 1998).

Das europäische Satellitenortungssystem GALILEO wird fünf unterschiedliche Dienste mit unterschiedlicher Leistung und unterschiedlichen Eigenschaften liefern, die für verschiedene Bandbreiten an Anwendungen geeignet sind. Diese Dienste werden als

- Open Services,

- Commercial Services,

- Public Regulated Service,

- Safety of Life Services (SOL) und

- Search and Rescue Service

bezeichnet.

Der Safety of Life Service ist der Schlüsseldienst für die meisten sicherheitsbezogenen Anwendungen, da er die Eigenschaften der Integrität, der Verfügbarkeit und der Genauigkeit garantiert. Für die Nutzung in Anwendungen, die sich mit der Sicherheit von Systemen befassen, werden Zertifizierungen notwendig und sogar vorgeschrieben sein. Die angestrebte Zertifizierung zielt auf die Leistung der Bauteile, der Anwendungen oder der Dienste in ihrer Gesamtheit ab, im Gegensatz zur alleinigen Zertifizierung der Parameter des Funksignals (Signal in Space) oder von der Zuverlässigkeit des Nachrichtentransfers über die HF-Kanäle.

In letzter Zeit sind mehrere nationalen und internationalen Initiativen für die Entwicklung verschiedener satellitenbasierter Ortungssysteme zu beobachten. Einige weitere leistungsfähige Systeme sind zu erwähnen:

- MTSAT (Multifunction Transport Satellite System) – Japanisches System

- Beidou – Chinesisches System

- IRNS (Indian Regional Navigation System) – Indischens System

4.7.5 GNSS-Erweiterungssysteme

SBAS (Satellite Based Augmentation Systems, satellitengestützte Erweiterungssysteme) steht als Sammelbegriff für die Erweiterungssysteme:

- WAAS (Wide Area Augmentation Service) USA;

- CWAAS (Canada Wide Area Augmentation Service) Canada;

- EGNOS (European Geostationary Navigation Overlay Service) Europe;

- MSAS (Multi-Functional Satellite Augmentation System) Japan;

- SNAS (Satellite Navigation Augmentation System) China;

- GAGAN (GPS-Aided Geo Augmented Navigation) Indien;

- QZSS (Quasi Zenith Satellite System) Japan.

4.7.6 Leistungsfähigkeit der Satellitenortung

Die Leistung, die von einem System oder einer Komponente erbracht wird, ist sein Verhalten, wie es von seinem Benutzer beobachtet wird (LAPRIS 1992). Da GNSS hier als eine Ortungskomponente angesehen wird, ist der Benutzer in diesem Falle ein übergeordnetes System, das die Komponente einbindet. Das Leistungskriterium der Ortungskomponente GNSS ist die absolute Messunsicherheit der Positionsangabe unter definierter Verlässlichkeit (GREWAL et al. 2001, LEINHOS 1996).

GNSS-Systeme zeichnen sich prinzipiell durch bisher für Ortung nie da gewesene Leistungsmerkmale aus. Sie ermöglichen eine vergleichsweise preiswerte Ortung mit einer gegenüber der annährend weltweiten Abdeckung geringen Messunsicherheit. Die Satellitenortung zeichnet sich durch eine enorme Langzeit- und Langstreckenstabilität aus: auch nach 1000 km zurückgelegter Strecke oder mehreren Stunden Langsamfahrt ist die absolute Messunsicherheit (20 m) dieses Systems unter Nominalbedingungnen noch die gleiche (KLIMMEK 1985, LEINHOS 1996).

Die konkrete Leistung der Satellitenortungssysteme werden bestimmt durch Anzahl und geometrische Konstellation der zur Verfügung stehenden bzw. verwendeten Satelliten sowie den aktuellen Signaleigenschaften jedes einzelnen Satelliten (GREWAL et al. 2001, MANSFELD 1998)

Die GNSS basierte Applikationen finden immer häufiger Anwendung im Straßen- und Schienenbereich, wie z. B. in Navigationssystemen, Unterstütztensystemen für Flottenmanagement (siehe Abschnitt 14.5.1) oder im Rahmen der Zugvollständigkeit- und Stillstandserkennung (siehe Kapitel 7) im Eisenbahnbereich.

4.8 Menschliche Sinnesorgane als Sensorsysteme

Der Mensch ist ebenso wie die vermehrt in die Kraftfahrzeuge Einzug haltenden Sensoren ebenfalls ein komplexes sensorisches System, auch wenn die heutige Generation von Sensoren versucht, den Menschen nach und nach vom Fahren zu entbinden oder zumindest das Fahren durch sensorbasierte Assistenzsysteme so angenehm wie möglich zu gestalten. Zwar ist es bereits möglich mit der heutigen Technologie autonom von A nach B zu fahren (Grand

Dessert Challenge). Würde man aber den Menschen komplett vom Fahren entbinden wollen, wäre eine Fülle von Sensoren und Rechenleistung notwendig. Der Mensch zeichnet sich vor allem durch sein intuitives Handeln aus, was von Sensoren und Algorithmen heute noch nicht ausreichend genau nachgebildet werden kann (Spurhalten, Spurwechsel und Überholen). Diese Fähigkeit bringt den Menschen noch entscheidend in Vorteil gegenüber der Technik. Im Bereich der optischen Wahrnehmung ist der Mensch aufgrund seiner Physiologie der Technik schon weit unterlegen (Nachtsicht). Alles in allem kann festgehalten werden, dass der Mensch als Sensor allein zwar Einschränkungen unterliegt die durch andere Sensoren kompensiert werden können, allerdings überwiegen insgesamt seine intuitiven intellektuellen Leistungen, die heute noch nicht durch geeignete Algorithmen nachgebildet werden können.

Als Urheber und Nutzer von Verkehrssystemen sind Menschen in vielfältiger Art und Weise darin eingebunden.

Sie fungieren als Fahrzeugführer von Kraftfahrzeugen oder Schienenfahrzeugen und Lokomotiven, als Disponent für Fahrzeugflotten in Taxiunternehmen oder lassen sich als Fahrgäste transportieren. Dabei üben sie an verschiedensten Orten wichtige Funktionen aus: Sie nehmen verschiedene Informationen wahr, die aus dem Verkehr verfügbar sind, verknüpfen diese und treffen auf deren Grundlage Entscheidungen. Schließlich werden daraus Handlungen abgeleitet, die zum Einwirken in das verkehrliche Geschehen und damit an der Teilhabe an selbigem führen.

Für die sensorische Wahrnehmung durch Menschen ist entscheidend, wie sich die Verkehrssituation darbietet. Dies hängt von der jeweiligen Rolle bzw. Aufgabe ab, z. B. Fahrzeugführung im Verkehrsprozess oder Verkehrsüberwachung in einer Leitzentrale. Die Darbietung der Verkehrssituation erfolgt neben der unmittelbaren Erfassung der Verkehrsmittel und -objekte auf der Verkehrswegeinfrastruktur mittels fester oder veränderlicher Zeichen und Signale oder mittels akustischer oder visueller Informationen in den Verkehrsmitteln bzw. Leitzentralen. Diese Informationsvermittlung von technischen Artefakten auf Menschen bzw. umgekehrt wird u. U. als Bedienen und Beobachten oder Mensch-Maschine-Interaktion (Human-Machine-Interface) bezeichnet. Begrifflich wird sie als Kommunikation eingeordnet und daher in Abschnitt 5.3.5 separat behandelt.

4.9 Zusammenfassung

Sensoren im Bereich der Fahrzeuge und Verkehrswege finden immer weitere Anwendungsgebiete, um den Verkehrsfluss, die Verkehrsauslastung und Verkehrs- bzw. Fahrzeugzustände besser zu erkennen und zu lenken und Fahrerassistenzsysteme zu nutzen. Hierfür stehen viele Arten von Sensoren zur

Verfügung die sowohl fahrzeugseitig als auch steckenseitig einsetzbar sind. Man unterscheidet Wellenausbreitungssensoren, elektromagnetische Sensoren die sowohl fahrzeugseitig als auch streckenseitig zur Anwendung kommen aber auch rein fahrwegsseitige Sensoren. Bei der Auswahl der fahrzeugseitigen als auch der streckenseitigen Sensoren ist darauf zu achten, dass ein Sensor die von der Umwelt zur Verfügung gestellten Daten abbilden kann (z. B. Verkehrs-flussmessung mit Induktionsschleifen; Geschwindigkeitsmessung mit Doppler Radar).

Um Sensoren richtig einzusetzen, ist es im Vorfeld wichtig, die Anforderungen der zu erfassenden Größen zu ermitteln d. h. welche Umweltanforderungen werden gestellt, welches Verkehrsmittel soll ausgestattet werden, welche ver-kehrsseitige Infrastruktur ist vorhanden und welche Messungenauigkeit, d. h. Messunsicherheit wird gefordert.

Für diese so unterschiedlichen Anforderungen gibt es individuelle Lösungen, wie z. B. im Bereich der Bahn mit der linienförmigen Beeinflussung und den transponderbasierten Systemen zu sehen ist.

Es wurde verdeutlicht, dass ein Sensor unterschiedliche Eigenschaften erfüllen muss, um seiner ganz speziellen Aufgabe gerecht zu werden. Hierfür werden gängige Prinzipien der Physik bemüht (z. B. Dopplereffekt, Laufzeitmessung). Einige Sensoren haben inzwischen Einzug in die zivile Anwendung gefunden (Radarsensor im ACC (Adaptive cruise control)-System; Gierratensensor im ESP (Elektronisches Stabilitätsprogramm)), sodass die Vielfalt, Anzahl und vor allem die Messgenauigkeit/Qualität der Sensoren im Bereich der zivilen Nutzung zunehmen wird.

Zu bemerken ist noch, dass Ziel dieses Kapitels ist, eine Klassifikation von Sensoren sowie die Messprinzipien zu beschreiben, um dem Leser ein grund-sätzliches Gefühl zu vermitteln, wie man sich in diese Plejade der Sensoren und Messprinzipien und -verfahren orientieren kann, und nicht eine vollstän-dige Auflistung aller Sensoren und deren Messverfahren.

5

Kommunikation für die Verkehrsleittechnik

Für die Organisation des Verkehrs kommt es auf ein abgestimmtes Zusammenwirken der Verkehrsmittel auf den Verkehrswegen an. Dafür muss die verkehrsbeschreibende und -beeinflussende Information möglichst an den relevanten und veränderlichen Orten des Verkehrsgeschehens fehlerfrei, vollständig und unverzögert vorhanden sein. Die Aufgaben der Kommunikation für die Verkehrsleittechnik werden in Abschnitt 5.1 beschrieben.

Im Hinblick auf die beiden wichtigen physikalischen Bestandteile des Verkehrs, d. h. Verkehrsmittel und Verkehrswege, besteht daher die Notwendigkeit, die sensorisch gewonnene Verkehrsinformation vor allem zwischen Fahrzeugen untereinander, zwischen Fahrzeugen und Infrastruktureinrichtungen und zwischen diesen Infrastruktureinrichtungen untereinander zu übertragen. Damit ist eine Kommunikation zur Information und Einflussnahme der den Verkehrsablauf organisierenden Personen oder technischen Einrichtungen mittels aktueller Daten über den Zustand von Verkehrsobjekten, Verkehrsmitteln sowie der Verkehrswegeinfrastruktur von den Informationsquellen zu den räumlich weit verteilten Informationssenken, meist über größere Entfernungen, ohne Verzögerung notwendig. Die Eigenschaften der Kommunikationssysteme behandelt die Klassifizierung in Abschnitt 5.2 Hinsichtlich der Verkehrsleittechnik werden in diesem Kapitel allerdings primär technisch realisierte und repräsentative Übertragungssysteme[1] für Informationen zur Verkehrssteuerung behandelt (Abschnitte 5.3 und 5.4).

In der Regel wird die verkehrsbeschreibende Information durch technische Einrichtungen, d. h. die Sensor- und Messsysteme gewonnen (siehe Kapitel 4). Grundsätzlich sind jedoch auch Menschen, z. B. als Staumelder oder Fahrzeugführer, Quelle von Informationen über Verkehrszustände, wobei die Information an geeigneter Stelle in technische Übertragungssysteme eingespeist

---

[1] Eine Übersicht der verwendeten Abkürzungen ist im Abkürzungsverzeichnis auf Seite 495 zu finden.

werden kann. Auch in unmittelbarem Sichtkontakt, z. B. zwischen Fahrern von Automobilen oder zu Fahrzeug(licht-)Signalen oder zu Verkehrszeichen, bestehen unmittelbare Informationsbeziehungen.

Wenn in umgekehrter Richtung die Informationsquellen Führungsentscheidungen zur Verkehrssteuerung einschließlich -sicherung generieren, bestehen ebenfalls die oben genannten Informationsbeziehungen, allerdings zu Führungszwecken, d. h. für Kommandos. Diese müssen im Bodenverkehr häufig von den Fahrzeugführern bzw. Verkehrsteilnehmern noch selbst mit ihren Sinnesorganen wahrgenommen werden, z. B. bei Lichtzeichen (Ampeln) an Kreuzungen oder Bahnübergängen.

Diese Informationsübertragung mittels lichtoptischer und akustischer Träger und technischer Einrichtungen wird auch mit dem Begriff Signalisierung assoziiert. Diese Übertragungskette bedarf an sich einer detaillierten Betrachtung der in Abschnitt 5.3.5 behandelt wird.

5.1 Aufgabe der Kommunikation

5.1.1 Zielsetzung

Da Informationen den verschiedensten Zwecken an unterschiedlichen Orten dienen, ist für die Kommunikation, d. h. die Datenübertragung, vor allem die örtliche Verteilung der Konstituenten des Verkehrs, d. h. der Verkehrsobjekte, -mittel, -wegeinfrastruktur und der die Funktion der Verkehrsorganisation ausübenden Ressourcen maßgeblich. Grundsätzlich sind dabei mobile und ortsfeste Installationen zu unterscheiden, die sich fahrzeugseitig und verkehrswegeseitig aufteilen und natürliche oder technisch hergestellte Medien nutzen.

Fahrzeugseitig ist, beispielsweise im Güterverkehr, die Information über den Zustand des Verkehrsgutes (z. B. Temperatur von Kühlgütern) im Verkehrsmittel für den Fahrzeugführer anzuzeigen oder die Informationen vom Verkehrsgut direkt oder indirekt über das Verkehrsmittel zu einer Logistikzentrale zu übertragen. In umgekehrter Richtung sind aus dispositiven Entscheidungen in der Logistikzentrale herrührende Steuerungsinformationen an die dezentralen Fahrzeuge bzw. an die von ihnen transportierten Gütern (Verkehrsobjekte) zu übertragen.

Für einen sicheren Verkehrsfluss ist einerseits die Wahrnehmung von Fahrzeugen in der Umgebung eines Verkehrsmittels notwendig. Diese im Individualverkehr fast ausschließlich menschlich wahrgenommene Aufgabe kann auch als optische Kommunikation interpretiert werden, sie wird daneben im Schienenverkehr sowohl menschlich, z. B. bei der Straßenbahn, als auch technisch ausgeführt, wobei sehr komplexe Übertragungswege verwendet werden. So kann z. B. die fahrzeugseitig detektierte Position eines Zuges an eine dezentral an der Infrastruktureinrichtung montierte Empfangseinrichtung übertragen werden oder von dieser direkt an eine weitere an der Fahrweginfrastruktur lokalisierte Einrichtung oder sogar in eine Verkehrsleitzentrale.

Andererseits ist (in umgekehrter Richtung) für die sichere und gegebenenfalls effektive Personen- oder Transportgutbeförderung und Fahrzeugbewegung eine Kommunikation von Ziel- oder Ankunftsinformationen und Stellzustandsinformation sinnvoll bzw. erforderlich. So kann beispielsweise die Aussendung von Lichtzeichen durch die Signalanlagen des Straßen- und Schienenverkehrs als optische Kommunikation aufgefasst werden. Diese optisch wirkenden Stellglieder empfangen ihre Stellinformation von übergeordneten Einrichtungen, wofür geeignete Nachrichtenverbindungen erforderlich sind. Attraktiv sind Nachrichtenverbindungen von den infrastrukturseitigen, festen Leiteinrichtungen, welche Informationen unmittelbar auf die mobilen Verkehrsmittel übertragen, ggf. nur an festen Punkten während einer Vorbeifahrt oder sogar kontinuierlich während des ganzen Fahrtverlaufes.

5.1.2 Örtliche Verteilung und Abdeckungsgrad

Insgesamt besteht die Aufgabe der Kommunikation in der Verkehrsleittechnik darin, Informationen von und zu den räumlich verteilten, zum Teil sogar bewegten, leittechnischen Ressourcen aller Konstituenten eines Verkehrssystems in notwendigem Umfang bzw. Aktualität und zeitlicher sowie örtlicher Verfügbarkeit zu übermitteln.

Aus dieser globalen Aufgabenstellung zur Erfüllung einer Vielzahl leittechnischer Funktionen resultieren sowohl eine Reihe von funktionalen und physikalischen Randbedingungen einerseits wie eine gewisse Anzahl von Freiheitsgraden andererseits. Diese hängen davon ab, wo die verschiedenen Leitfunktionen der Verkehrsorganisation allokiert sind, d. h. ob sie auf den Verkehrsmitteln oder entlang der Verkehrswege oder unabhängig davon sowohl räumlich verteilt als auch konzentriert angesiedelt sind.

Aus der Zuteilung der essenziellen Leitfunktionen auf die Konstituenten, die sogenannte Partitionierung, bzw. umgekehrt aus der Eignung von technischen Ressourcen für Funktionen, die sogenannte Allokation, ergeben sich Optimierungsspielräume, um z. B. das Kommunikationsvolumen und die Kommunikationsstrukturen räumlich oder übertragungstechnisch und auch wirtschaftlich zu optimieren (vgl. (ARMS 1994, KIEFER 1996, MIRCESCU 1997)).

5.1.3 Anforderungen

Aus der verkehrlichen Aufgabenstellung resultieren Anforderungen an die Kommunikation, z. B. hinsichtlich der Übertragungskapazität mit Datenvolumen und Übertragungsrate und ihrer Zuverlässigkeit und vor allem ihrer Kosten für die Errichtung, Überlassung oder insbesondere den Betrieb. Andererseits hat die gewählte Leistung der Kommunikation auch Auswirkungen auf die speziellen Leitsystemeigenschaften und ihre Ausprägungen und damit auf die Betriebsqualität. So ruft z. B. eine mangelnde örtliche oder zeitliche Verfügbarkeit eines Mobilfunknetzes nur mäßige Performance hervor.

5.2 Klassifizierung

Eine Klassifizierung der Kommunikationssysteme ist grundsätzlich sehr schwierig. Sie kann nach verschiedensten Sichten, Eigenschaften und Verfahren erfolgen, die jedoch nicht unabhängig sind, sondern zum Teil in komplexer Beziehung stehen.

Aus dem Verkehrszweck, d. h. der Beförderung von Verkehrsobjekten im Raum mittels Bewegung von Verkehrsmitteln wird hier eine erste Kategorisierung angegeben, welche von der Lokalisierung der Verkehrskonstituenten ausgeht. Daraus und aus der Wertung für leittechnische Funktionen und deren Qualität der für den Verkehrsbetrieb resultierenden Eigenschaften, werden die einzelnen Aspekte der Kommunikationssysteme beschrieben. Die technische Gestaltung des Kommunikationssystems wird schließlich mit den Kategorien der nachrichtentechnischen Medien und Übertragungsverfahren klassifiziert. Das Einsatzspektrum nachrichtentechnischer Systeme beschließt die Klassifizierung, die in Abbildung 5.1 als Übersicht dargestellt ist.

5.2.1 Lokalisierung von Sendern, Empfängern und Übertragungskanälen

Eine erste räumliche Einordnung der Kommunikationssysteme ist, ihrer Dekomposition in Sender (Quelle), Übertragungskanal und Empfänger (Senke) entsprechend, gemäß ihrer Allokation auf die Konstituenten des Verkehrs möglich, wo sie als Bestandteil der leittechnischen Verwirklichung der Verkehrsorganisation angesiedelt sein müssen (Tabelle 5.1 und Abbildung 5-2). Hierbei werden grundsätzlich mobile und feste Einrichtungen unterschieden, welche geeignete Kommunikationstechniken erfordern.

Weiterhin kann in diesem Zuge nach räumlich konzentrierten und ausgedehnten Systemen klassifiziert werden. So bilden z. B. auf Fahrzeugen notwendige Komponenten zwischen Verkehrgut (VG) und Verkehrsmittel (VM) konzentrierte und ggf. fest installierte Einrichtungen, z. B. Fahrgastinformation bzw. Fahrkartenautomaten. Dies gilt auch für die Informationsverteilung innerhalb ortsfester Leitsystemkomponenten, z. B. in Stellwerken, Dispositions- und Leitzentralen. Die Verbindungen zwischen weiter entfernten Einrichtungen an

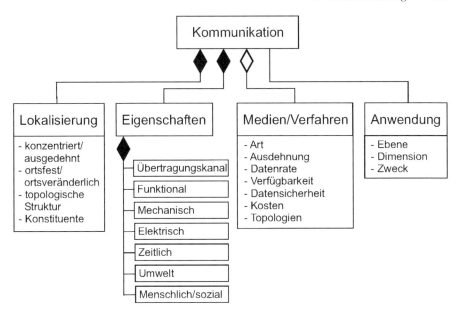

Abb. 5.1. Klassifizierung von Kommunikationssystemen

Tabelle 5.1. Lokalisierung der Kommunikationsobjekte der Nachrichtenübertragung für die Verkehrsleittechnik

	Verkehrsgut	Verkehrsmittel	Verkehrsinfrastruktur lokal fest
Verkehrsgut	fest	fest	---
Verkehrsmittel	fest	mobil	mobil
Verkehrsinfrastruktur	---	mobil	fest

den Fahrwegen zu einer Leitzentrale oder von Verkehrsleitzentralen zu Lichtsignalanlagen bilden stationäre Verbindungswege (Verkehrswegeinfrastruktur, VWI). Die Topologie dieser Verbindungen ist eine m-zu-n Verteilungsstruktur, die von 1-zu-1 über 1-zu-n und m-zu-n bis n-zu-n reicht. Die Verkehrsorganisation (VOorg) nimmt dabei administrative Aufgaben wahr (siehe Abbildung 5.2). Sämtliche topologische Varianten verteilter Strukturen, d. h. Nachrichtenverbünde aus konzentrierten, autonomen Verarbeitungselementen und linienförmigen Übertragungswegen, bisweilen über große Entfernungen, lassen sich durch die drei Grundtypen einer Stern-, Ring- und Busstruktur charakterisieren. Dabei orientiert sich diese Taxonomie vor allem an der topologischen Ausprägung, funktional müssen andere Eigenschaften zugeordnet werden. Alle weiteren Strukturen, z. B. Baum oder Netz, können durch Kombination dieser Grundtypen abgeleitet werden.

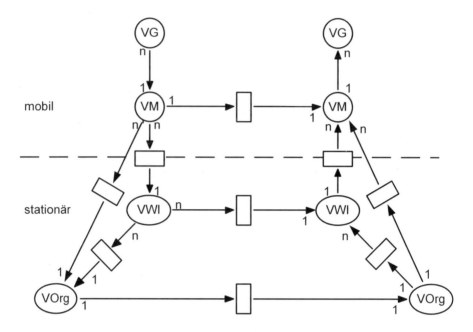

Abb. 5.2. Topologie der Verbindungen in Verkehrssystemen

Wegen der sich ständig verändernden Position der Verkehrsmittel und Zustände der Verkehrswege (Infrastruktur) muss noch zwischen ortsfesten und -veränderlichen bzw. beweglichen Kommunikationsobjekten, d. h. Sendern und Empfängern, unterschieden werden. Dies wirkt sich auf die Klassifikation der Übertragungskanäle und den Zugang zu ihnen aus, der im besten Fall kontinuierlich an jedem Ort des Fahrweges wünschenswert ist, jedoch aus wirtschaftlicher Restriktion häufig nur an diskreten Orten, d. h. punktförmig realisiert wird.

Allgemein kann die Kommunikation (unter dem Blickwinkel der Verkehrsleittechnik) in einem Fahrzeug oder in einer Infrastrukturkomponente seinen Ausgang nehmen oder sein Ziel finden (siehe Tabelle 5.2).

Handelt es sich sowohl bei der Quelle der Kommunikation als auch beim Ziel um ein Fahrzeug, so wird dies im allgemeinen als Fahrzeug-Fahrzeug-Kommunikation (oder auch *Car-to-Car-Communication*, oder *C2C-Communication*) bezeichnet. Üblicherweise werden bei der Fahrzeug-Fahrzeug-Kommunikation nur solche Technologien für die Umsetzung verwendet, die keine oder wenig infrastrukturseitige Einrichtungen erfordern.

Im Gegensatz zur Fahrzeug-Fahrzeug-Kommunikation besteht weiterhin die Möglichkeit, dass entweder Ziel oder Quelle der Kommunikation eine Infrastrukturkomponente ist. Dies wird dann als Fahrzeug-Infrastruktur-Kommunikation (oder Infrastruktur-Fahrzeug-Kommunikation, wenn die Richtung explizit verdeutlicht werden soll, im Englischen auch als *Car-to-Infrastructure-Communication* oder *C2I-Communication*) bezeichnet.

Diese beiden Arten der Verortung der Kommunikation werden in der Literatur zum Teil unter dem Begriff *C2X-Communication* zusammengefasst, wobei das X sowohl ein anderes Fahrzeug (C) als auch eine Infrastrukturkomponente (I) sein kann.

Weiterhin kann bei der Einteilung nach der Lokalisierung auch die Kommunikation zwischen zwei Infrastrukturkomponenten angeführt werden. Hierbei gibt es auch, im Gegensatz zu den beiden erstgenannten, die Option, dass hier eine rein kabelgebundene Kommunikation eingesetzt werden kann.

Als letzte (und etwas aus der Art fallende) Kategorie ist die Kommunikation *innerhalb* eines Fahrzeugs möglich. Diese ist meistens kabelgebunden ausgeführt (z. B. als CAN-Bus, siehe Abschnitt 5.3.3).

Tabelle 5.2. Kommunikationsbeziehungen nach Relationen von Quelle und Ziel

Quelle \ Ziel	Eigenes Fahrzeug	Fremdes Fahrzeug	Lokale Infrastruktur-komponente	Zentrale Infrastruktur
Eigenes Fahrzeug	Kommunikation innerhalb eines Fahrzeuges (CAN-Mediun, CAN-Protokoll)	car-to-car (C2C)	car-to-infrastructure (C2I)	C2X
Fremdes Fahrzeug	car-to-car (C2C)	car-to-car (C2C)	car-to-infrastructure (C2I)	
Lokale Infrastruktur-komponente	infrastructure-to-car (I2C)	infrastructure-to-car (I2C)	Kommunikation zwischen Infrastruktur-komponenten (Kabel-Medium)	Kommunikation zwischen Leitsystem und Infrastruktur-komponenten (über Telekom-munikationsnetze)
Zentrale Infrastruktur	X2C	X2C	Kommunikation zwischen Leitsystem und Infrastruktur-komponenten (über Telekom-munikationsnetze)	

5.2.2 Eigenschaften

Die Eigenschaften eines Kommunikationssystems drücken sich in der Art und Weise aus, wie Informationen übertragen werden. Neben den anwendungsbezogenen äußeren Vorgaben wie Datenvolumen (Informationsmenge pro Zeit), maximale Gesamtübertragungszeit sowie räumlicher/zeitlicher Abdeckung spielen dabei auch interne Eigenschaften des Systems eine entscheidende Rolle, z. B. die Art der physikalischen Energie als Träger der Information.

Der Grundzweck der Nachrichtentechnik ist es entweder, n Datenpakete des Datenvolumens V [Bit] innerhalb der Zeit t von Ort A nach Ort B zu transportieren oder alternativ eine kontinuierliche Übertragung eines Nachrichtenstromes (Stream) [Bit/s] sicher zu stellen. Dazu steht ein Datenkanal der *Kapazität C* [Bit/s] zur Verfügung, dessen Durchsatz durch Störungen verringert wird, beispielsweise durch Rauschen (Analogtechnik), welches mit dem *Signal/Rauschverhältnis* (S/R=SNR) beschrieben wird oder sporadisch auftretende Fehler mit einer *Bitfehlerrate* (BFR) [Anzahl fehlerhafter Bit / Gesamtbitanzahl]. Daher werden Verfahren zur Fehlervermeidung, Fehlersicherung und Fehlerkorrektur eingesetzt, die sowohl auf der analogen Ebene als auch auf der digitalen Bitebene ansetzen, sowie Sicherung durch Checksummen und Bestätigungsprozeduren für vollständige Datenpakte.

Im Bereich des (analogen) Übertragungskanals werden zur *Fehlervermeidung* daher beispielsweise höherwertige Modulationsverfahren mit Trellis-Codierung (Vorwärtskorrektur mit Redundanzhinzufügung) eingesetzt bei gleichzeitiger Nutzung eines Viterbi-Dekoders im Empfänger (Ermittlung des wahrscheinlichsten Empfangsbitmusters) (REIMERS 1997). Somit kann eine ingenieursmäßige Anpassung an die Eigenschaften der zu Grunde liegenden Übertragungskanäle vorgenommen werden.

Die *Fehlerkorrektur* setzt eine Erkennung von Fehlern in Datenpaketen beim Empfang voraus. Daher werden üblicher Weise zusätzliche Felder für einen Cyclic Redundancy Check (CRC) generiert und bei der Übertragung angehängt, die je nach Bitlänge des verwendeten Generatorpolynoms eine zuverlässige Erkennung von Einzelbit-, Mehrbit- und Burstfehlern ermöglichen. Bei Erkennung eines Fehlers wird das komplette Datenpaket verworfen. Es sind auch Verfahren zur nachträglichen Rekonstruktion/Korrektur fehlerhafter Daten im Einsatz, die sich auf vom Sender zusätzlich hinzugefügte, redundante Daten stützen, sogenannte selbstkorrigierende Codes mit Forward Error Correction (FEC) (DANKMEIER 2006).

Die Fehlersicherung geschieht auf der Ebene der Datenpakete oder Gruppen von Datenpaketen. Als fehlerhaft erkannte oder ausbleibende Pakete werden erneut angefordert, entweder durch eine negative Bestätigung (NACK), oder durch das Ausbleiben einer positiven Bestätigung. Dies kann sowohl für

Einzelpakete erfolgen, als auch für Gruppen von Paketen (Empfangsfenster, siehe High-Level Data Link Control (HDLC)-Protokoll (LAGENDÖRFER und SCHNOR 1994), wobei eine Einzelpaketbestätigung den Durchsatz des Kanals drastisch senken kann, da die Laufzeiten von Bestätigung und Antwort zu berücksichtigen sind.

Werden lediglich Punkt-zu-Punkt Verbindungen unter Nutzung eines exklusiven Mediums aufgebaut, so ist keine Vermittlungstechnik erforderlich. Im anderen Fall entstehen durch Verarbeitungs- und Bedienvorgänge Wartezeiten beziehungsweise Verluste, die sich in nicht bedienten Anforderungen (*Durchschaltvermittlung*, siehe Abschnitt 5.2.3) oder Paketverlusten (siehe Paketvermittlung) äußern. Somit ergibt sich ein gewisser Durchsatz von Bedienanforderungen/Pakten pro Zeiteinheit. In der Summe ergibt sich für das Gesamtsystem eine *Ausnutzung* des Datenkanals, die als Verhältnis von Nutzdatenrate zu Bruttodaten angegeben wird.

Weiterhin ist festzulegen, wann und mit welcher Häufigkeit Daten übertragen oder aktualisiert werden. Dazu sind entweder die auslösenden Ereignisse oder bei zyklischen Übertragungen die Periodendauer (Update-Zeit) zu spezifizieren.

Mobilkommunikation ist dabei eine Kommunikation mit örtlich veränderlichen, bewegten Teilnehmern. Bei diesen mobilen (Funk-)Systemen kommt das Problem der Abdeckung hinzu, d. h. wie weit bestimmte Landflächen funktechnisch ausgeleuchtet werden (globale Ausleuchtung), und in wie weit eine störungsfreie Übertragung während der Bewegung der Teilnehmer trotz schwankender Empfangsqualität aufrecht erhalten werden kann (lokale Ausleuchtung).

Auch *Umwelteinflüsse* sowie elektrische Kenndaten der Hardware des Systems nehmen Einfluss auf die Gesamtfunktion und sind daher zu berücksichtigen. Jedoch ist es meist unüblich, diese zusätzlichen Einflüsse in die oben genannten Rechenfaktoren einzubeziehen. In (KUPKE 2006) findet sich dazu eine passende Klassifizierung von Gesamtsystemen, siehe Abbildung 5.3.

5.2.3 Übertragungsmedien und Technologien/Verfahren

Übertragungsrate, Bandbreite, Übertragungssicherheit und technische Ausführungsform werden durch das Übertragungsmedium bestimmt. Als Medium zur leitungsgebundenen Informationsübertragung kommen verdrillte Kupferkabel, Koaxialkabel oder Lichtwellenleiter zur Anwendung. Daneben wird auch die Ausbreitung elektromagnetischer Wellen im freien Raum genutzt, beispielsweise bei Radio und Mobilfunk. Eine lokale, im wesentlichen induktive Kopplung wird bei Radio Frequency Identification (RFID) und anderen Transpondersystemen eingesetzt, ebenso bei Sicherungseinrichtungen wie induktiver Zugbeeinflussung (INDUSI) und Linien-Zugbeeinflussung (LZB).

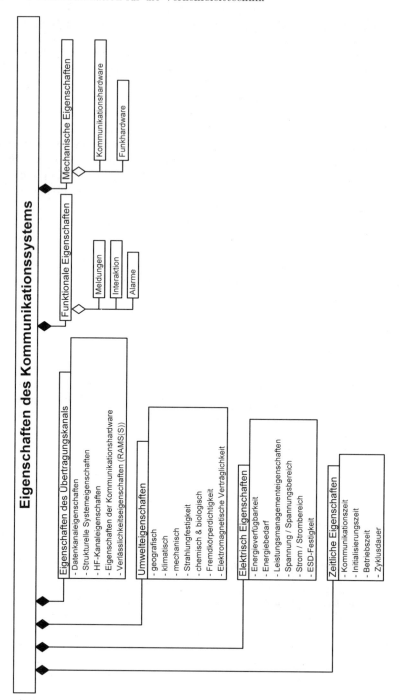

Abb. 5.3. Klassendiagramm von Kommunikationssystemen nach (KUPKE 2006)

Daneben sind auch rein optische Träger wie Infrarotlicht möglich, ebenso wie rein akustische oder visuelle Systeme.

Das *verdrillte Kupferkabel* (twisted pair, TP) stellt die preiswerteste Verkabelungsart für die Datenübertragung dar (leichte Installierbarkeit bei der einfachen Ausführung, minimaler Aufwand der Geräteankopplung). Störungen durch elektromagnetische Felder sind bei diesem Kabel möglich. Es kann bis zu einer Übertragungskapazität von etwa 100 KBit/s problemlos eingesetzt werden, die Fehlerrate liegt dann bei 10^{-5}. Bei höherer Übertragungskapazität steigen Geräteaufwand und Störanfälligkeit erheblich an, da Hochfrequenzmodulation oder mehrfach-Paare zum Einsatz kommen und leistungsfähige Fehlerkorrekturmechanismen eingesetzt werden müssen (TPHF und Digital Subscriber Line, DSL).

Das *Koaxialkabel* bietet neben einer größeren Bandbreite die Möglichkeit, hohe Datenraten bei großer Übertragungssicherheit zu übermitteln. Dieses Kabel verursacht relativ niedrige Kosten im Vergleich zur Glasfaser. Die durchschnittliche Fehlerrate ist etwa um den Faktor 1000 geringer als bei verdrilltem Kupferkabel.

Der *Lichtwellenleiter* (LWL) stellt die modernste Technologie bei der Datenübertragung dar. Das Übertragungsverfahren der Signale beruht auf dem Prinzip der Totalreflexion von Lichtwellen in einer Glasfaser. Das Licht wird entweder von Light Emitting Dioden (LED) oder von Laserdioden erzeugt. Ein LWL-Netz bietet eine sehr hohe Störsicherheit und Leistungsfähigkeit. LWL ermöglichen Datenratenvon 100 GBit/s und mehr und erlauben die Überbrückung von Strecken von mehreren 100 km ohne Verstärkung.

Bei der *Funkübertragung* bestehen große Freiheitsgrade bezüglich Topologie und Reichweite, wobei teils massive Einschränkungen bezüglich der Zuverlässigkeit, Vorhersagbarkeit der örtlichen Verfügbarkeit sowie der Fehlerrate hingenommen werden müssen. Meist werden lediglich Punkt-zu-Punkt Verbindungen aufgebaut oder mit Punkt-zu-Multipunkt Verbindungen (Broadcast) Informationen verteilt, andere Topologien können emuliert und dynamisch angepasst werden. Die Reichweite hängt von Sendeleistung, genutztem Frequenzbereich, Qualität der Antennen und deren Platzierung sowie der aktuellen (zufälligen) Wellenausbreitungscharakteristik ab (Geländetopologie, Vegetation, Anordnung von Gebäuden oder Einrichtungsgegenständen, benachbarte Funksysteme, Wetter, Sonnenflecken, ...). Für das eigentliche Medium entstehen keine Kosten (sofern lizenzfreie Frequenzbereiche genutzt werden), die der Gerätetechnik können jedoch erheblich sein. Aufgrund sehr hoher Fehlerraten und der Nichtvorhersagbarkeit der Empfangsbedingungen sind (aufwändige) Verfahren zur Fehlersicherung und Korrektur unabdingbar.

Die *induktive Kopplung* ist eine Funkübertragung im Nahfeld, bei der aufgrund von vorhersagbaren Ausbreitungsbedingungen geringe Fehlerraten bei guter (zeitlicher) Verfügbarkeit zu erwarten sind. Jedoch sind aufgrund der geringen Reichweite lediglich ortsdiskrete Punkt-zu-Punkt Verbindungen möglich (siehe Abschnitte 5.3.4, 4.6.1 und 7.4.1), sofern nicht mit sehr ausgedehnten Leiterschleifen gearbeitet wird (siehe LZB in Abschnitten 5.3.3, 4.6.3 und 7.4.3). Allerdings ist dann die weitere Anbindung dieser Leiterschleifen mit einzubeziehen.

Die *optische Übertragung* per Infrarot (IR) nutzt als elektromagnetische „Trägerwelle" Licht mit einer Frequenz von etwa 300 THz, Ausbreitungsmedium ist dabei der *freie* Raum (die meist vorhandene Luft ist dabei nicht von Bedeutung). Die Ansteuerung der Sendeelemente erfolgt dann im Basisband oder mit geringer Modulationsfrequenz (z. B. 36 kHz). Aufgrund der geringen Öffnungswinkel der Sende- und Empfangselemente ist eine exakte Ausrichtung notwendig, sonst sinkt die Reichweite um eine Größenordnung (von 10 m auf 1 m). Die eigentliche Übertragung arbeitet recht zuverlässig und kann nicht durch elektrische (Funk-) Systeme gestört werden, jedoch kommt es aufgrund von Fehlausrichtung oder Störungen durch Schmutz, Schnee und Sonnenlicht schnell zu stark gestörten Verbindungen.

Weiterhin kann die Ausbreitung elektromagnetischer Wellen im sichtbaren Spektrum genutzt werden, Ausbreitungsmedium ist auch hier der freie Raum. *Diese visuellen Informationen* nutzen als „Trägerwelle" Licht im Frequenzbereich von 390 bis 790 THz, Empfänger sind meist menschliche Sinnesorgane.

Ein weiteres Medium ist die *Luft* zur Schallübertragung, bei der über longitudinale Schwingungen im Bereich von 30 Hz bis 15 kHz akustische Informationen transportiert werden können, beispielsweise durch eine Hupe oder Lautsprecheransagen.

In Tabelle 5.3 werden wichtige Merkmale und Eigenschaften der technischen Übertragungsmedien gegenübergestellt, in Tabelle 5.4 ist dies für natürliche Übertragungsmedien dargestellt.

In Abbildung 5.4 ist der Zusammenhang zwischen Ausdehnung und maximaler Übertragungsrate für die oben genannten Medien bei logarithmischer Skalierung dargestellt. Es ist deutlich erkennbar, dass die Medien unterschiedliche Anforderungsbereiche abdecken. Da die maximalen Werte aufgetragen sind, kann der Bereich unterhalb sowie links der Eintragungen ebenfalls von dem jeweiligen Medium bedient werden.

Für jede Art von Nachrichtenübertragung muss die geeignete Vermittlungstechnik bestimmt werden. Bei der *Durchschaltvermittlung* (Circuit-Switching) wird eine physikalische oder exklusive logische Verbindung zwischen Sender und Empfänger aufgebaut, die während der gesamten Übertragungsdauer bestehen bleibt. Die Informationen laufen ohne Verzögerung oder Bearbeitung durch die aufgebaute Verbindung. Diese Arte der Nachrichtenübermittlung wird häufig bei Bus- und Sterntopologie verwendet. Bei der *Paketvermittlung* (Packet-Switching) wird die Nachricht in Pakete aufgeteilt, wobei jedes

Tabelle 5.3. Technische Übertragungsmedien im Vergleich

Medium	Verdrillte Kabel einfach	Verdrillte Kabel mehrfach, HF (Ethernet)	Koaxialkabel	Lichtwellenleiter (LWL)	Funk (elektromagnetische Welle)	Induktiv (magnetisches Feld / Welle im Nahfeld)	Optisch (Infrarot)
übliche Topologie	Stern, Ring, Bus, Baum, Punkt zu Punkt	Stern	Bus, Ring, Baum	Ring, Stern	Punkt-zu-Punkt Broadcast	Punkt-zu-Punkt	Punkt-zu-Punkt
Kosten	gering	mittel	mittel	hoch	gering bis hoch	gering bis mittel	gering
Datensicherheit	gering	gering	gut	sehr gut	sehr gering	gut	gering
Max. Übertragungsrate	100 KBit/s	1 GBit/s	10 GBit/s	100 GBit/s	10 KBit/s .. 1 GBit/s	100 KBit/s	10 KBit/s
Örtliche Verfügbarkeit	sehr gut	sehr gut	sehr gut	sehr gut	mittel	begrenzt	stark begrenzt
Zeitliche Verfügbarkeit	sehr gut	sehr gut	sehr gut	sehr gut	begrenzt	gut	mittel
Ausdehnung	10 km	100 m	1-50 km	praktisch unbegrenzt	10 m bis weltweit	0,01-2 m	10 m
Für Ortung nutzbar	-	-	Leck-Kabel (Löcherkabel)	-	Zellenwechsel (Handover) Antennenortung	fester Ortsbezug Schleifenzählung	fester Ortsbezug
wesentliche Vorteile	niedrige Kosten	Standard	hohe Datenrate	sehr hohe Datenrate Schutz gegen Abhören hohe Reichweite geringes Gewicht geringer Raumbedarf	Mobileinsatz möglich große Ausdehnung möglich Ad Hoc	Mobileinsatz möglich gute Datensicherheit	Mobileinsatz möglich preiswert keine Funkstörungen
wesentliche Nachteile	hohe Störanfälligkeit geringe Datenrate mittlere Reichweite	hohe Störanfälligkeit geringe Reichweite nur Sterntopologie	mittlere Reichweite	hohe Kosten aufwändige Anschlusstechnik meist nur Sterntopologie	starke, teils schwer vorhersagbare Schwankungen der Verfügbarkeit Datensicherheit nur durch aufwändige Verfahren hohe Kosten bei großer Reichweite	lokal durch geringe Reichweite	exakte Ausrichtung Störungen durch Schnee Störungen durch Schmutz Störungen durch Sonnenlicht geringe Datenrate geringe Reichweite

Tabelle 5.4. Natürliche Übertragungsmedien im Vergleich

Medium	Luft (Schall)	passive Zeichen	aktive Lichtsignale	Bildschirm
Topologie	Stern	Punkt	Stern/Linie	Linie
Kosten	gering	gering	hoch	mittel
Datensicherheit	gering	gut	mittel bis gut	gut
Übertragungsrate /Informationsgehalt	1 Bit/s (Hupe) 50 Bit/s (Sprache)	50 Bit alle 10 Sek.	5 Bit (Signal) 50 Bit (Wechsel- zeichen) alle 10 Sek.	1 KBit/s
Örtliche Verfügbarkeit	sehr gut	gut	gut	mittel
Zeitliche Verfügbarkeit	sehr gut	gut	gut	mittel
Reichweite (Ausdehnung)	< 100 m	100 m	< 1km	< 1..10 m
Für Ortung nutzbar	Richtungs- bestimmung der Quelle	fester Ortsbezug	fester Ortsbezug	-
wesentliche Vorteile	punktuelle Installation Broadcast keine Infrastruk- tur	preiswert keine Infra- struktur	punktuelle Installation gut unter scheidbar	hoher Infor- mationsgehalt
wesentliche Nachteile	Verständlichkeit Störanfälligkeit Geräusche begrenzte Reichweite	Wahrnehmbar- keit bei hoher Geschwindig- keit	Kosten Wahrnehmbar- keit bei hoher Geschwindig- keit	Auflösung Informations- gehalt

Paket mit einem Adress- und Steuerteil versehen wird. Die Pakete werden unabhängig voneinander zur Empfangsstations gesendet, welche die Pakete sammelt und wieder zu einer kompletten Nachricht zusammensetzt. Beim Packet-Switching wird die Netzkapazität besser als beim Circuit-Switching genutzt, denn ein (Teil-)Kanal wird nicht durch eine einzige Verbindung blockiert (HARTMANN 1982).

Bei der *Basisbandübertragung* wird das Signal auf der gesamten Bandbreite des Mediums gesendet. Jedem Teilnehmer wird nacheinander ein kurzes Zeitintervall zugewiesen, in dem er seine Nachricht oder seine Nachrichtenpakete nacheinander in den Nachrichtenkanal und anschließend über einen Demultiplexer wieder an den entsprechenden Teilnehmer senden darf. Dabei können digitale oder analoge Signale übertragen werden. Die Basisbandtechnologie ist relativ preisgünstig bei Installation und Wartung.

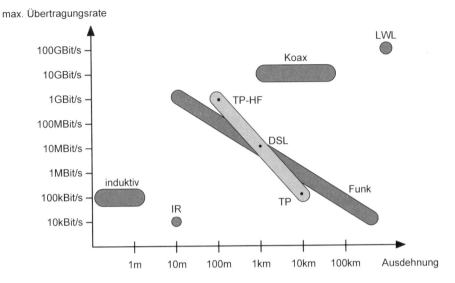

Abb. 5.4. Maximale Übertragungsrate in Abhängigkeit der Ausdehnung für unterschiedliche Medien

Die *Trägerfrequenzübertragung* teilt den Frequenzbereich in einzelne (schmalbandige) Unterkanäle auf. Jeder dieser Kanäle ist in der Lage, völlig unabhängig von den anderen Signale zu übertragen.

Da Kommunikation die orts- und zeitgerechte Verteilung und Übertragung von Informationen im Raum ist, kann der Analogie zum physikalischen Verkehr/Transport als orts- und zeitgerechte Verteilung und Übertragung von Verkehrsobjekten und -gütern im Raum (siehe Tabelle 5.5) entsprochen werden. Kommunikationssysteme werden mit dem sogenannten ISO/OSI-Modell in 7 Schichten strukturiert, so dass sich hier eine verständliche Aufteilung ergibt.

5.2.4 Anwendungsbereiche

Es ist klar ersichtlich, dass im Verkehr sehr viel Kommunikation notwendig ist und auch heutzutage schon durchgeführt wird. Diese Kommunikation hat hierbei zwei verschiedene Zielstellungen (siehe Abbildung 5.5).

Die erste dient dem Austausch von Informationen während des Betriebs des Verkehrs und wird zwischen (meist räumlich *nicht weit* entfernten) Verkehrsteilnehmern oder zwischen Verkehrsteilnehmer und Fahrweg (der Infrastruktur) abgehandelt. Letzteres wird auch *Signalisierung* genannt. Die heutzutage übliche Umsetzung kann in gewisser Weise als „natürliche Kommunikation" bezeichnet werden, sie wird durch Betrachten der Fahrzeugumgebung durch den

Tabelle 5.5. Analogie der Strukturierung von Verkehrs- und Kommunikationssystemen

Physikalischer Verkehr	Informationeller Verkehr	ISO-Schicht
Verkehrswege-Infrastruktur (VWI)	- Leitung - Sicherung/Medienzugriff	1 Physical Layer 2 Data-Link Layer
Verkehrsmittel (VM)	- Pakettransport	3 Network Layer
Verkehrsorganisation Spedition (VOrg): Disposition	- Paketierung - Sitzung	4 Transport Layer 5 Session Layer

Objektzustand   - Ladungszustand
                       - Aufenthaltsort
                       - Zeitpunkt
	- Darstellung der Daten	6 Presentation Layer

Verkehrsobjekt (VO)	- Daten	7 Applikation Layer

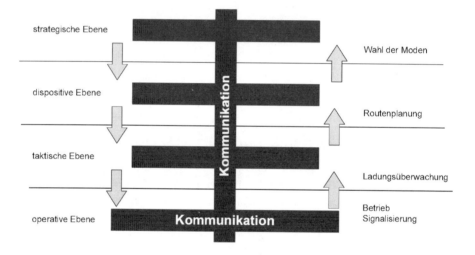

Abb. 5.5. Horizontale und vertikale Dimensionen der kommunikationstechnischen Vernetzung leittechnischer Schichten im Verkehr

Fahrer oder durch Blickkontakt zwischen zwei Verkehrsteilnehmern erreicht. Hierbei ist grundsätzlich ein Mensch der direkte Empfänger der Information. Es ist jedoch durchaus nicht vermessen anzunehmen, dass für zukünftige Assistenzfunktionen ein Informationsaustausch auch am Fahrzeugführer vorbei erfolgen kann. Dies ist heutzutage zum Beispiel schon bei der Übertragung von Informationen zum Verkehrszustand auf Autobahnen mittels Induktionsschleifen (BOSCH 1999) der Fall oder bei der Erfassung belegter Gleisblöcke im Schienenverkehr durch Achszähler (PACHL 1999), siehe auch Abschnitt 4.5 Diese Art der Kommunikation betrifft also vollständig die Ebene des konkreten Betriebs des Verkehrs und dient dem *Zweck der Verkehrssicherung*. Diese Kommunikation läuft lediglich auf der operativen Ebene ab (SCHNIEDER

1999), man kann sie hier daher als *horizontale Kommunikation* bezeichnen. In ähnlicher Art werden Nachrichten auch innerhalb der übergeordneten Ebenen des Leitsystems ausgetauscht.

Die zweite Anwendung der Kommunikation im Verkehr kann im Gegensatz dazu als *vertikale Kommunikation* bezeichnet werden, sie dient dem Austausch von Informationen zwischen den verschiedenen hierarchischen Ebenen (vgl. Abschnitt 2.5). Hierbei werden Informationen, die auf einer Ebene vorliegen, an die verarbeitende Instanz einer anderen Ebene übertragen. Hier kann zum Beispiel der Austausch der Information bezüglich einer Routenwahl von der dispositiven oder taktischen an die operative Ebene genannt werden, um diese umzusetzen. Umgekehrt werden Informationen über den aktuellen Zustand des Verkehrs von der operativen an die taktische Ebene übertragen, um auf dieser Grundlage zu entscheiden.

Die klassische „natürliche" Kommunikation geschieht meistens unbewusst, da die Funktionen der verschiedenen Ebenen zumeist gleichzeitig vom Fahrer wahrgenommen werden. Auch hier kann in Zukunft eine Umsetzung der verschiedenen Ebenen in Assistenzsystemen eine explizite und technische Kommunikation erfordern. Hier sei als Beispiel nur die genauere Verkehrslenkung durch eine Verkehrsmanagementzentrale genannt, die auf die Routenwahl der verschiedenen Teilnehmer Einfluss nimmt, oder die von den Verkehrsteilnehmern zusätzliche Informationen (z. B. die geplante Fahrtroute) mitgeteilt bekommt, um die Verkehrslenkung besser zu optimieren.

Die heutzutage von den Fahrern direkt untereinander oder mittels Blick auf die Infrastruktur (z. B. auf eine Ampel um deren Zustand zu erfassen) abgewickelte, oben als „natürlich" bezeichnete Kommunikation, soll im weiteren dieses Kapitels nicht betrachtet werden. Es wird vielmehr die *technische Kommunikation* als solche direkt von technischen Komponenten der Verkehrsteilnehmer (Assistenzfunktionen) mit solchen anderer Verkehrsteilnehmer oder der Infrastruktur unter Umgehung des Fahrers Gegensand der Betrachtung sein. Das Wahrnehmungsverhalten von Menschen ist vielmehr Gegenstand der Kognitionspsychologie (SPITZER 2002).

5.3 Repräsentative Kommunikationssysteme für die Verkehrsleittechnik

5.3.1 Rundfunksysteme

Die älteste Form der drahtlosen Kommunikation stellen Rundfunksysteme dar, die ursprünglich zur Verbreitung von Radio- und Fernsehprogrammen konzipiert waren und daher sogenannte Broadcast systeme sind, also Punkt-zu-

Multipunkt Übertragungen ohne Rückkanal, bei denen ein (zentraler) Sender Informationen verteilt.

Diese zunächst analogen Systeme arbeiten heute im Frequenzbereich 87,5 bis 108 MHz (UKW Radio) beziehungsweise bis 470 MHz (Fernsehen) mit Frequenzmodulation und wurden im Radiobereich um Verkehrsinformationen erweitert. Die einfachste Form stellt dabei die Übertragung von Signaltönen dar, die als eine Art Sprach-Frequenzmodulation aufgefasst werden können, beispielsweise bei der Autofahrer-Rundfunk-Information (ARI). Später wurden Unterträger in die Radioaussendungen integriert, so dass digitale Zusatzinformationen geringer Bitrate übertragen werden können (RDS/TMC). Der *Traffic Message Channel* (TMC) des *Radio Data System* (RDS) stellt Verkehrsinformationen für fahrzeugseitige Navigationssysteme bereit (siehe auch Abschnitt 12.5.1).

Da diese Systeme unidirektional arbeiten und somit keine Quittierung des Empfängers möglich ist, werden die Informationen laufend wiederholt und mit Fehlererkennungs- beziehungsweise Fehlerkorrekturmechanismen ausgestattet, wobei redundante Informationen für die *Forward Error Correction* (FEC) hinzugefügt werden können.

Beim RDS werden jeweils 16 Nutzdatenbit und 10 CRC-Fehlererkennungsbit zu einem Block zusammengefasst. Jeweils 4 Blöcke, mit A bis D bezeichnet, bilden eine RDS-Gruppe, die eine Übertragungszeit von 87,5 ms benötigt. Block A enthält die Sender-ID und Block B den Programmtyp, einen Indikator für Verkehrsfunk und die RDS-Gruppennummer. Es sind unterschiedliche Gruppen bzw. Dienste definiert, wobei TMC einen davon darstellt und die Blöcke C und D die zugehörige 32-Bit Information enthalten. Es werden zwei TMC-Blöcke pro Sekunde übertragen (Nutzdatenrate somit ca. 60 Bit/s), wobei etwa 360 Bit für eine Verkehrsmeldung benötigt werden, so dass 10 Meldungen pro Minute möglich sind.

Eine TMC-Meldung besteht aus einem Ereigniscode, einem Lagecode und einer Verfallszeit für den Fall, dass die Aufhebung einer Meldung nicht korrekt empfangen werden kann. Die ca. 1460 Ereigniscodes sind im sogenannten Altert-C-Standard definiert, der Lagecode wird in einer Tabelle national gepflegt und bezeichnet einzelne Straßenabschnitte.

Neuere Systeme wie Digital Audio Broadcast (DAB) im Radio- und Digital Video Broadcast (DVB-T) im Fernsehbereich arbeiten voll digital und nutzen moderne Sendernetztechniken (REIMERS 2005). Es werden sogenannte Gleichwellennetze (SFN) aufgebaut, bei denen alle zusammengehörigen Sender, die räumlich über große Gebiete verteilt lokalisiert sein können, synchronisiert auf der gleichen Frequenz abstrahlen. Das Auftreten von destruktiven Interferenzen wird dabei in Kauf genommen und durch die Nutzung von Coded Orthogonal Frequency Division Multiplexing (COFDM) sowie einer großen Anzahl von Trägern (1705 oder 6817) kompensiert.

Dadurch bieten sie hohe Datenraten bei sehr guter Fehlerkorrektur und ermöglichen so auch unter ungünstigen Empfangsbedingungen die zuverlässige
Übertragung großer Datenmengen. Dies prädestiniert sie für eine Nutzung
im Verkehrsbereich, natürlich weiterhin als unidirektionale Übertragung im
Broadcast, beispielsweise zur Verbreitung präziser und umfassender aktueller
Stau-, Verspätungs- und Verkehrsaufkommensdaten für Fahrzeugnavigations-
systeme oder persönliche Reiseassistenten für Nutzer öffentlicher Verkehre.

5.3.2 Mobilfunksysteme

Zentrale Strukturen

Aktuelle Mobilfunksysteme basieren auf zentralen stationären Infrastrukturen, wobei die funkversorgte Fläche in Zellen aufgeteilt wird, deren Mittelpunkt jeweils eine fest installierte Basisstation (Base Transceiver Station,
BTS) nebst Vermittlungstechnik (Base Station Controller, BSC) darstellt, daher auch die Bezeichnung zelluläre Netze. Abbildung 5.6 zeigt idealisiert die
daraus resultierende Wabenstruktur der Funkzellen sowie exemplarisch einen
Mobilfunkteilnehmer innerhalb einer der Funkzellen. Die Kommunikation ist
bidirektional ausgelegt und wird als Punkt-zu-Punkt Verbindung zwischen
Mobilgerät und Basisstation aufgebaut.

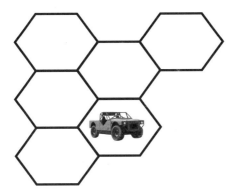

Abb. 5.6. Zellaufteilung bei Mobilfunksystemen

Es werden heute ausschließlich digitale Übertragungsverfahren eingesetzt, zunehmend auch höherwertige Modulationsverfahren wie 64-Quadratur Ampli-
tude Modulation (64QAM) und Orthogonal Frequency Devision Multiplexing
(OFDM), die dafür genutzten Frequenzbereiche liegen für das Global System
for Mobile Communication (GSM) um 850/900 MHz und 1800/1900 MHz, für

das Universal Mobile Telecommunication System (UMTS) zwischen 1900 und 2200 MHz. Die Zellengröße variiert stark mit der Dichte der zu erwartenden Teilnehmer, von einigen hundert Metern Durchmesser in Großstädten bis zu 30 km Durchmesser in ländlichen Gebieten. Sich bewegende Teilnehmer verlassen dabei unter Umständen die Funkreichweite beziehungsweise Funkzelle der aktuellen Basisstation und werden per

Handover an die nächste Basisstation weiter gereicht. Dies geschieht nahtlos ohne Verbindungsabbruch, wozu die Basisstationen untereinander und mit den Zentralen (Mobile Service Switching Center, MSC) aufwändige Prozesse abwickeln. Im Mobilfunknetz liegen bei eingeschaltetem Mobilgerät daher immer Informationen über den aktuellen Aufenthaltsort des Teilnehmers vor, mindestens die Funkzelle, meist jedoch auch die genaue Position innerhalb der Funkzelle mit einer Ortsauflösung bis zu 100 m, da diese Information zum gerichteten Ausstrahlen der Funkwellen durch die Antennen der Basisstation verwendet werden kann. Die Basisstationen sind untereinander mittels Kabel oder stationären Richtfunkstrecken vernetzt. Wenn Teilnehmer sich zur Erweiterung des Funkabdeckungsgebietes in fremde Netze anderer Netzanbieter einbuchen können, also in Gebieten in denen der eigene Netzanbieter keine Funkzellen betreibt, so spricht man von *Roaming*.

Für eine schnelle, zuverlässige, flächendeckende einschließlich verkehrswege-überstreichende Mobilkommunikation mit hoher Übertragungskapazität sind zahlreiche Eigenschaften mit entsprechenden Merkmalen charakteristisch, die in Tabelle 5.6 zusammengestellt sind. Die Systeme sind entsprechend der Kategorisierung laut (KUPKE 2006) nach Systemeigenschaften geordnet. Mit Hilfe dieser Ordnung lassen sich die Systeme in grundlegende Gruppen einteilen, die im folgenden näher erläutert werden.

Ein essenzielles Merkmal stellt dabei die (zukünftige) Verfügbarkeit dar, die aufgrund der langen Lebenszyklen von Verkehrssystemen eine überragende Bedeutung besitzt (siehe Gruppe 5). Für die taktische Ebene der Verkehrsführung sind kurze Verbindungsaufbauzeiten unabdingbar, ebenso wie ein Rückkanal zur Empfangsquittierung, so dass Systeme ohne diese beiden Merkmale in Gruppe 4 ausgesondert werden. Das nächste bedeutsame Unterscheidungsmerkmal betrifft die Lokalität beziehungsweise eingeschränkte Reichweite, die jedoch gleichzeitig den Vorteil einer nicht notwendigen zentralen Infrastruktur und somit geringer Kosten bietet. Diese lokal wirksamen Systeme finden sich in Gruppe 3. Die nach dieser Sortierung verbleibenden Systeme bieten eine zukunftssichere und flächendecke Verfügbarkeit unter Nutzung zentraler Strukturen, es erfolgt lediglich noch eine Aufteilung entsprechend der verfügbaren Datenrate in die Gruppen 1 und 2.

Gruppe 1 – Hohe Bandbreite

Diese Gruppe enthält lediglich das Universal Mobile Telecommunication System (UMTS), da dies das einzige System mit hohen Datenraten bis zu 2 MBit/s darstellt und gleichzeitig die zukünftige Verfügbarkeit gesichert ist. Weiterhin sind geringe Verbindungsaufbauzeiten kleiner 15 Sekunden sowie bidirektionale Kommunikation und flächendeckende Funkausleuchtung gewährleistet.

Gruppe 2 – Standardsysteme

Diese Gruppe enthält die Systeme Global System for Mobile Communication (GSM) und Terrestrial Trunked Radio (TETRA), deren wesentlicher Unterschied gegenüber Gruppe 1 in einer geringeren Datenrate von lediglich 9,6 kBit/s liegt, was für viele Anwendungen jedoch ausreichend sein dürfte.

Gruppe 3 – Lokale Systeme

Diese Gruppe enthält mit Digital Enhanced Cordless Telecommunications (DECT) und Wireless Local Area Netzwork (WLAN) die einzigen beiden Systeme, welche lokal und ohne Infrastruktur (Netzbetreiber) arbeiten können. Dies ermöglicht eine direkte Kommunikation von mobilen Einheiten untereinander (in diese Kategorie würden auch Bluetooth, Ultra Wide Band (UWB) und Dedicated Short Range Communication (DSRC) fallen).

Gruppe 4 – Unidirektionale Systeme

Diese Gruppe nimmt alle unidirektionalen Systeme auf (Pager Systeme), die sich, neben dem fehlenden Rückkanal, alle durch hohe Verbindungsaufbauzeiten von bis zu 15 Minuten auszeichnen.

Gruppe 5 – Obsolete Systeme

Dies ist abschließend der Pool der Systeme, deren aktuelle und vor allem zukünftige Verfügbarkeit fraglich erscheint. Somit sind diese Systeme nicht für Neuentwicklungen geeignet.

Tabelle 5.6. Eigenschaften und Merkmale von Funksystemen nach (BOCK 2001), Kategorisierung laut Systemdarstellung des Übertragungskanals von (KUPKE 2006)

Gruppe	Größe	Kommunikations-HW: Netto Kanalkapazität (Datenrate)	Kommunikations-HW: Initialisierung (Verbindungsaufbauzeit)	HF-Kanal: Funkreichweite (Reichweite/Radius)	HF-Kanal: Verschlüsselung (ja/nein)	Datenkanal: Paketorientierung (ja/nein)	Datenkanal: Datenflussrichtung / Bidirektionalität (ja/nein)	Topologie: Lokalität (ja/nein)	strukturell: Migration Verfügbarkeit heute (Bewertung)	strukturell: Migration Verfügbarkeit zukünftig (Bewertung)	Organisation: Roaming Möglichkeit (ja/nein)
1	UMTS	bis 2 Mbit/s	k.A.	k.A.	k.A.	ja	ja	nein	nein	/ gut	ja
2	GSM	9,6 kBit/s	< 15 Sek.	flächendeckend	ja	nein	ja	nein	europaweit / gut		ja
2	TETRA	bis 9,6 kBit/s	< 0,5 Sek.	bis 35 km	ja	ja	ja	nein	regional / gut		ja
3	DECT	bis 32 kBit/s	k.A.	bis 300 m	ja	nein	ja	ja	europaweit / gut		-
3	WLAN	bis 54 MBit/s	k.A.	bis 100 m	ja	ja	ja	ja	europaweit / gut		-
4/5	Cityruf	k.A.	< 15 Min.	bis 70 km	k.A.	k.A.	nein	nein	überregional/k.A.		ja
4/5	ERMES	bis 64 kBit/s	< 15 Min	k.A.	ja	k.A.	nein	nein	europaweit /k.A.		ja
4/5	Euromesssage	k.A.	< 15 Min	k.A.	k.A.	k.A.	nein	nein	europaweit /k.A.		nein
5	Betriebsfunk	k.A.	k.A.	bis 15 km	nein	nein	ja	nein	regional / schlecht		nein
5	Bündelfunk analog	2,4 kBit/s	< 1 Sek.	bis 25 km	ja	nein	ja	nein	regional / schlecht		nein
5	DCS1800	k.A.	k.A.	bis 10 km	k.A.	nein	ja	nein	überregional/k.A.		k.A.
5	GPRS	115 kBit/s	k.A.	k.A.	k.A.	ja	ja	nein	überregional/k.A.		ja
5	HSCSD	76,8kBit/s	k.A.	k.A.	k.A.	k.A.	ja	nein	überregional/k.A.		ja
5	Inmarsat	24 kBit/s	k.A.	flächendeckend	k.A.	k.A.	ja	nein	global /k.A.		k.A.
5	Iriduim	2,4 kBit/s	k.A.	flächendeckend	k.A.	k.A.	ja	nein	global /k.A.		k.A.
5	Modacom	9,6 kBit/s	k.A.	bis 15 km	ja	ja	ja	nein	überregional/nein		ja

Eine spezialisierte Ausführung der Mobilfunksysteme, welche die Belange des spurgeführten Verkehrs besonders berücksichtigen, sind Global System for Mobile Communication - Rail (GSM-R) Netze. Zu den Besonderheiten gehören eine einwandfreie Nutzung bis zu Geschwindigkeiten von 500 km/h sowie kurze Verbindungsaufbauzeiten und Priorisierung von signaltechnisch relevanten Nachrichten (HUSE 2001).

Neben Sprach-Mobilfunksystemen können auch im Computerbereich übliche Systeme wie WLAN eingesetzt werden. WLAN kann jedoch lediglich in Form von *Hot-Spots* bereit gestellt werden, dass heißt an markanten Punkten werden Kleinstnetze mit 10 bis 50 m Radius errichtet. Eine flächen- oder streckenüberstreichende Funkausleuchtung ist nicht vorgesehen, ein Handover existiert nicht und der Verbindungsaufbau ist nicht für automatisches und schnelles Einbuchen konzipiert, da WLAN für die lokale Vernetzung von Notebooks beziehungsweise Anbindung ans Internet entwickelt wurde. Der WLAN-Standard 802.11g definiert eine Datenrate bis zu 54 MBit/s (im praktischen Betrieb meist etwa 15 MBit/s), die mit den anderen Nutzern des gleichen Netzes geteilt werden muss und starken, umgebungsbedingten Schwankungen unterworfen ist (Reflexion und Absorption durch Einrichtungsgegenstände, Gebäude, Fahrzeuge). Die Frequenz liegt in Europa bei 2,4 GHz und muss mit anderen anmelde- und lizenzfreien Anwendungen wie Videoübertragung und industriellen Geräten geteilt werden, so dass ein störungsfreier Betrieb nicht garantiert werden kann.

Ad-Hoc Netze

Zur Überbrückung kurzer Distanzen, beispielsweise zwischen zwei hintereinander fahrenden Fahrzeugen oder Wagen eines Zuges, kann auf zentrale Strukturen verzichtet werden. Die Teilnehmer bauen statt dessen vorübergehend und dynamisch „Ad-Hoc" lokale Verbindungen und Netze auf (BECHLER et al. 2005).

Das älteste System dieser Art stellt der analoge „Jedermann-" oder Citizens' Band-Funk (CB-Funk) dar, der im 27 MHz-Bereich, meist mit Frequenzmodulation, Sprechverbindungen im Bereich von einigen Dutzend Kilometern zwischen zufälligen Teilnehmern ermöglicht. Dies wird häufig von LKW-Fahrern zur gegenseitigen Information über Stau- und Straßenverhältnisse genutzt.

Auch mit Wireless Local Area Netzwork (WLAN, siehe oben) können Ad-Hoc Netze aufgebaut werden, wobei die Entwicklung auf diesem Gebiet noch andauert, so dass eine Reihe von Ansätzen und Lösungsvorschlägen existiert (OLSR, MIT RoofNet, B.A.T.M.A.N, 802.11s, Cisco Adaptive Wireless Path Protocol).

Bluetooth ist speziell für Ad-Hoc Vernetzungen entworfen worden, jedoch ist die Reichweite auf einige Meter beschränkt (bei stark erhöhter Sendeleistung auch einige Dutzend Meter) und die Applikations-Protokolle sind meist auf eine Punkt-zu-Punkt Kommunikation wie Headset zu Handy oder Tastatur zu PC ausgelegt.

Ultra Wide Band (UWB) ist ein neues System für lokale Vernetzung im Innenbereich bis etwa 10 m Distanz. Dieses Verfahren nutzt bewusst ein Breitbandspektrum im Bereich 3 bis 10 GHz bei geringer Sendeleistung, so dass andere Funksysteme in diesem Bereich nur gering gestört werden sollten. Die Datenrate kann bis zu 2 GBit/s betragen und es wird trägerlos als Pulsfunk gearbeitet (quasi eine Basisband-Funkübertragung; alternativ wird Orthogonal Frequency Devision Multiplexing (OFDM) genutzt).

Speziell für Anwendungen im Straßenverkehr wurde Dedicated Short Range Communication (DSRC) entwickelt (C2C, C2I, etc.). Das System ist technisch an WLAN angelehnt und arbeitet in Europa bei 5,8 GHz mit Datenraten bis zu 27 MBit/s (laut IEEE 802.11p). Die Reichweite soll bis zu 1000 m betragen und somit den Bereich einer Straßenkreuzung mit zuführenden Fahrspuren abdecken.

Besonders geeignet für Ad-Hoc Netze erscheint auch der Digital Enhanced Cordless Telecommunications (DECT)-Standard, der für mikrozellulare, digitale Sprechfunknetze hoher Teilnehmerdichte in Gebäuden entworfen wurde. In Gebäuden werden Entfernungen bis zu 50 m überbrückt, im Freien sind auch 300 m erreichbar. Es sind jedoch lediglich Punkt-zu-Multipunkt Verbindungen vorgesehen, genauer gesagt eine „Basisstation" (FP) zu maximal 4 Mobilteilen (PP), wobei auch die Basisstation mobil sein kann. Bei ausschließlicher Nutzung von Punkt-zu-Punkt Verbindungen lassen sich somit relativ einfach Funkketten aufbauen (siehe (BOCK 2001)).

DECT arbeitet bei 1900 MHz im Zeit- (TDMA) und Frequenzmultiplex (FDMA), gegebenenfalls unterstützt durch räumliche Fokussierung (Richtantennen), so dass Kollisionen auch bei ständig veränderlichen Umgebungsbedingungen und Netzkonstellationen zuverlässig vermieden beziehungsweise aufgelöst werden können. Als Modulation wird eine einfache Frequenzumtastung (Frequency Shift Keying, FSK) verwendet, erweitert um Gaußfilter (GFSK bzw. GMSK).

5.3.3 Leitungsgebundene Systeme

Leitungsgebundene Systeme in Regionen

Leitungsgebundene Systeme können beträchtliche räumliche Ausdehnungen erreichen. Abgesehen von den reinen Datenübertragungsnetzen, also den Basisnetzen (sogenannte Backbones) für Telefonie und Internet, existiert eine Reihe spezieller, anwendungsbezogener Systeme.

Der Individualverkehr wird auf Strecken mit erhöhtem Verkehrsaufkommen durch Lichtsignalanlagen (LSA) geregelt. In größeren Städten werden die Einzelanlagen vernetzt und meist zentral gesteuert, um eine Abstimmung und Verkehrsflussanpassung zu erreichen. Unterstützt werden die LSA häufig durch Verkehrsflusssensoren wie Induktionsschleifen in der Fahrbahn, welche Fahrzeuge über eine Veränderung ihrer Resonanzfrequenz detektieren, so dass Informationen wie Fahrzeugdichte, Geschwindigkeit und absolute Anzahl lokal ermittelt werden können (siehe Abschnitt 4.5.1).

Analog dazu werden bei der Schieneninfrastruktur entlang der Strecken Signale, Bahnübergänge, Weichen und Achszähler (siehe Abschnitt 4.5.3) durch (zentrale) Stellwerke bedient (siehe Abschnitt 9.5).

Die eingesetzten Übertragungstechniken reichen sowohl im Straßen- wie im Schienenverkehr von sternförmig verlegten Signalkabeln (Relaisansteuerung) über Datenleitungen (meist RS485 Punkt-zu-Punkt Verbindungen) bis zu Computernetzwerken (Ethernet über Glasfaser) oder der Telefonie entlehnten Kommunikationsanlagen (Integrated Services Digital Network, ISDN). Entsprechend dem Alter der Einrichtungen wurden dabei früher einfache Relais-Signalkabel installiert, später beispielsweise Achszähler mit RS485-Verbindungen ausgestattet und in neusten Installationen erhält jede Weiche und jedes Signal einen ISDN-Hauptanschluss, der im Modus der „virtuellen Standleitung" betrieben wird.

Leitungsgebundene Übertragung entlang von Eisenbahnstrecken

Im Schienenverkehr kommen noch zusätzliche Übertragungseinrichtungen hinzu wie Gleisstromkreise und Linienleiter, die in bestimmten Abständen vom nächsten Gleisabschnitt mechanisch oder schaltungstechnisch isoliert sind (siehe Abschnitt 7.4) (KLAUS 1999). Gleisstromkreise stellen dabei die traditionelle Art der Gleisfreimeldung dar (siehe Abschnitt 4.5.4). Zwischen den beiden Schienensträngen des Gleises, die mechanisch oder elektrisch von einem nachfolgenden Schienenpaar isoliert sind, wird eine Gleich- oder Wechselspannung (einige kHz) angelegt, die durch die Achsen des Zuges kurzgeschlossen wird. Dadurch wird aufgrund der Existenz des Zuges eine entsprechende Meldung von der Streckeneinrichtung alle 100 bis 1600 Meter generiert. Auf Hochgeschwindigkeitsstrecken (ICE) kommt dagegen eine sogenannte Linienzugbeeinflussung zum Einsatz (LZB 80). Dabei wird ein Kabelpaar im Gleis verlegt, das eine Leiterschleife öffnet, die alle 100 m eine Kreuzung aufweist (siehe Abschnitt 4.6.3). Durch induktive Kopplung mit einer zugseitigen Antenne ist ein Zug auf diese Weise in der Lage, eine kontinuierliche, bidirektionale Datenübertragung mit der Strecke aufzubauen. Die Befehls-Datenübertragung von der Strecke zum Zug erfolgt mit Frequenzmodulation bei einer Trägerfrequenz von 36 kHz (Frequenzhub 1,2 kHz) und einer Datenrate von 1200 Bit/s (83,5 Bit/Telegramm), die Antwort in Gegenrichtung bei einer Trägerfrequenz von 56 kHz (Frequenzhub 0,4 kHz) und einer Datenrate von 600 Bit/s (41 Bit/Telegramm). Die zeitliche Länge eines Telegramms beträgt knapp 70 ms, ein Gesamtzyklus aus Befehl, Verarbeitung und Antwort 210 ms (RÖVER 1995). So können jederzeit zusätzliche Informationen wie Identitätskennung der Leiterschleife und Geschwindigkeitsbeschränkungen vorgegeben werden. Der Zug ermittelt auch anhand der Anzahl der detektierten Kabelkreuzungen, die anhand der Umkehrung der Polarität bzw. Phasenlage des magnetischen Feldes erkannt werden, sowie anhand der Kennung der Leiterschleife seine Position.

Dies kann zur effektiven Fahrzeugsteuerung und -führung verwendet werden (vergleiche Kapitel 7). Wenn das System in Funktion ist, werden die streckenseitigen Lichtsignale dunkel geschaltet und die Signalisierung erfolgt statt dessen direkt im Führerstand des Zuges. Auf diese Weise sind keine festen Blockabschnitte mehr durch die streckenseitigen Signale vorgegeben.

Leitungsgebundene Systeme in konzentrierten Einheiten

Räumlich begrenzte leitungsgebundene Systeme finden sich innerhalb von Fahrzeugen und bei konzentrierten Infrastruktureinrichtungen. Dabei kommen meist Feldbussysteme zum Einsatz, die diesen lokalen Anwendungen durch geringe Kosten, einfache Topologie, einfache Erweiterbarkeit, hohe Verfügbarkeit und kurze Antwortzeigen angepasst sind (KIEFER 1996, SCHROM 2003). Eine alternative Nutzung von (sternförmigen) direkten Signalleitungen würde einen hohen Verkabelungsaufwand bedeuten, der Einsatz von weitverkehrstauglichen Kommunikationseinrichtungen einen hohen Geräteaufwand.

Konzentrierten Einheiten: Zentrale Systeme

Innerhalb eines räumlich begrenzten Umfeldes wie Stellwerken oder großen Straßenkreuzungen ist eine große Anzahl von Sensor- und Stell- beziehungsweise Signalinformationen zu handhaben. Eingehende sensorische Daten werden zu konzentrierten Verarbeitungseinheiten transportiert, beispielsweise Verkehrsflussrechnern, und die daraus generierten Signalisierungsinformationen zurück an die Signale, Lichtzeichen (LSA) und Weichen geleitet.

Konzentrierten Einheiten: Schienenfahrzeuge

Mit dem standardisierten Train Communication Network (TCN) wurde ein einheitliches Zugkommunikationsnetzwerk geschaffen (IEC 61375, ergänzend UIC Merkblätter Nr. 556 und Nr. 557). Dies besteht aus einem fahrzeugübergreifenden Wire Train Bus (WTB), der alle Fahrzeuge (Wagen) eines Zuges miteinander verbindet. Über ein Gateway wird dieser in jedem Wagen an den

Multi function Vehicle Bus (*MVB*) gekoppelt, wobei das Gateway lediglich die für den jeweiligen Wagen relevanten Informationen selektiv transferiert. Der MVB verbindet alle Geräte innerhalb eines Wagens miteinander, also Antrieb, Bremsen, Zugsicherung, Ortung und Reisendeninformationssystem (IBIS). Alternativ kann das Gateway auch direkte I/O (Relais) Ein- und Ausgänge bereitstellen (RÖVER 1995, HANS et al. 1994).

MVB und WTB nutzen das gleiche Datenübertragungsprotokoll, das im wesentlichen dem Process Field Bus (PROFIBUS) entspricht, somit kommt als Zeichencodierung ein UART-Rahmen mit 11 Bit zum Einsatz. Als Medienzugriffsverfahren für zyklische Prozessdaten wird Polling durch einen zentralen Busmaster ausgeführt, somit ergibt sich ein deterministisches Verhalten des Systems bei Update-/Zykluszeiten von 100 ms. Die Länge des Nutzdatenblocks ist variabel und liegt im Bereich von 20 bis 140 Zeichen. Sporadische Nachrichten und Diagnosedaten werden segmentiert und anschließend deterministisch und quittungsgesichert im Client-Server-Modell übertragen. Auf diese Weise werden die sporadisch auftretenden Daten in das deterministische Protokoll integriert.

Beim WTB erfolgt die elektrische Übertragung im Basisband nach RS485 Norm und erfolgt somit differentiell mit 5V über eine verdrillte Zweidrahtleitung (TP) in Linientopologie (2 Signaldrähte, Potentialausgleichsleiter, Abschirmung). Die Datenrate liegt bei 1 MBit/s, die maximale Leitungslänge bei 850 m und es sind maximal 32 Teilnehmer (entsprechend der maximalen Anzahl der Wagen) möglich. Zusätzlich bietet der WTB eine Selbstkonfiguration, die bei der „Zugtaufe" zum Einsatz kommt und alle Fahrzeuge mit Anzahl, Reihenfolge, Wagenklasse, Orientierung und Zugende erfasst.

Beim MVB erfolgt die Übertragung wahlweise per Lichtewellenleiter (LWL) oder per verdrillter Zweidrahtleitung (TP) wie beim WTB, die Datenrate liegt bei 1,5 MBit/s.

Abweichend von der obigen Beschreibung wird im ICE-1 als Medium für den WTB ebenfalls LWL eingesetzt, wobei ein Ringbus mit speziellem Zeitmultiplexrahmen genutzt wird, der Zykluszeiten von 1 ms bietet.

Konzentrierten Einheiten: Straßenfahrzeuge

Im Automobilbereich hat sich das Feldbussystem Controller Area Network (CAN) durchgesetzt (ETSCHBERGER 1994, REISSENWEBER 1998). Die elektrische Übertragung im Basisband ist an die Norm RS485 angelehnt und erfolgt differentiell mit 5V über eine verdrillte Zweidrahtleitung in Linientopologie, wobei die binäre Datenübertragung lediglich einen aktiven Signalpegel nutzt und der zweite Signalpegel den Bus „passiv" schaltet. Dadurch entstehen ein dominanter und ein rezessiver Pegel, was für das Zugriffsverfahren der bitweisen Arbitrierung notwendig ist. Die Zeichen besitzen eine variable Länge, meist jedoch 8 Bit, wobei die Bitsynchronisation durch Bit-Stuffing gewährleistet wird (nach 5 Bit wird ein Bit zum Signalwechsel eingefügt, falls mehr als 5 Bit gleichen Wertes hintereinander übertragen werden). Die Datenrate liegt zwischen 10 KBit/s und 1 MBit/s, die maximale Leitungslänge aufgrund der bitweisen Arbitrierung (siehe unten) bei 1000 m bis 40 m.

Die Daten werden vom Sender lediglich bei Veränderungen gegenüber dem vorhergehenden Wert übertragen und besitzen eine Adresslänge von 11 oder 29 Bit. Jedem Versandwert ist genau eine Adresse zugeordnet (Objektdatenmodell), so dass sich leicht ein Prozessabbild erstellen lässt.

Als Medienzugriffsverfahren wird Carrier Sense Multiple Access/ Collision Avoidance (CSMA/CA) eingesetzt: Während der Adressierungsphase wird gleichzeitig eine Priorisierung entsprechend der Adresse durchgeführt. Bei dieser bitweisen Arbitrierung beginnen alle sendewilligen Busteilnehmer gleichzeitig mit dem Versand ihrer Adresse. Da einer der beiden Signalpegel dominant und der anderer rezessiv ist, werden Adressen geringer Priorität „überschrieben", was die entsprechenden Teilnehmer detektieren und daraufhin den Versand abbrechen. Durch dieses Verfahren werden Kollisionen vermieden und hochpriore Meldungen können mit geringer Latenzzeit abgesetzt werden, was durch die geringe Länge des Nutzdatenblocks von maximal 8 Zeichen unterstützt wird. Es sind standardmäßig bis zu 32 Teilnehmer pro Bussegment möglich.

Dadurch ergibt sich ein stochastisches Verhalten des Systems, wobei die Latenz- und Updatezeiten von den aktuell anfallenden Daten, der Wahl der Adressen und der Datenübertragungsrate, also von der Gesamtanwendung, abhängen.

Für die feinverästelte Unterverteilung der Informationen wurde das Local Interconnect Network (LIN) eingeführt (ZIMMERMANN und SCHMIDGALL 2007). Dieses stellt eine stark vereinfachte aber kostengünstige Struktur bereit. Die elektrische Übertragung im Basisband ist ein digitaler Pegel entsprechend der Versorgungsspannung (12 bis 24V) und erfolgt absolut über eine Einzelader, Bezugspotential ist dabei das Chassis des Fahrzeugs. Die Topologie ist frei, aufgrund der maximalen Leitungslänge von 40 m und der geringen Datenrate von 20 KBit/s wird lediglich mit geringen elektrischen Reflektionen auf den Leitungen gerechnet, sicherheitshalber werden jedoch einige (Abschluss-)Widerstände mit hohen Werten eingesetzt (zwei Größenordnungen über dem Wellenwiderstand). Als Zeichencodierung kommt ein UART-Rahmen zum Einsatz.

Als Medienzugriffsverfahren wird Polling angewandt, der von einem (Mono-) Master durchgeführt wird. Die Länge der Nutzdaten ist variabel und kann bis zu 8 Zeichen erreichen, es sind maximal 8 (bzw. 16) Teilnehmer pro Bussegment möglich, der Adressraum beträgt 4 (bzw. 6) Bit.

Beim Media Oriented Systems Transport (MOST) wird gegenüber dem LIN die entgegen gesetzte Zielrichtung verfolgt und die Übertragung von Multimedia-Informationen (Unterhaltungselektronik) innerhalb des Fahrzeuges ermöglicht (ZIMMERMANN und SCHMIDGALL 2007).

5.3.4 Ortsdiskrete Kommunikationssysteme

Im Gegensatz zu den oben aufgeführten, räumlich ausgedehnten Systemen existieren auch punktförmige Übertragungseinrichtungen, insbesondere zur Signalisierung (siehe Abschnitt 7.4.1).

Optische Systeme

Die grundlegendste Art der Signalisierung erfolgt durch optische Signale, die von den Sinnesorganen des Fahrzeugführers wahrgenommen werden. Neben Lichtsignalanlagen im Straßenverkehr (Ampeln) sind dies Form- und Lichtsignale im Schienenverkehr.

INDUSI

Die induktive Zugbeeinflussung nutzt unmittelbar neben dem Gleis montierte Schwingkreise zur Übertragung von bis zu 3 Signalzuständen: Halt am Hauptsignal (2000 Hz), Vorsignal mit Ankündigung eines Halt zeigenden Hauptsignals (1000 Hz), Maximalgeschwindigkeit 40 km/h (500 Hz). Diese streckenseitigen Schwingkreise können aktiv oder inaktiv geschaltet werden, je nach gewünschtem Signalzustand (siehe Abschnitt 4.6.1).

Hier erfolgt eine unidirektional Übertragung von bis zu 3 Signalzuständen (3 Bit), wobei der Transfer durch die räumliche Annäherung ausgelöst wird. Je nach Typ des Signals, findet der Transfer immer statt (500 Hz), oder kann durch lokale Informationen ein oder ausgeschaltet werden (1000 Hz, 2000 Hz; ausgeschaltet entspricht nicht vorhanden). Die notwendige Energie wird dabei vom Fahrzeug bereit gestellt.

(Euro-)Balisen

Balisen sind lokal angeordnete Sende- und Empfangseinrichtungen (vgl. Abschnitt 4.6.2 und Abschnitt 7.4.1). Durch äußere Einspeisung elektromagnetischer Wellen, z. B. bei Überfahrt eines Fahrzeuges über fest im Gleis installierten Balisen, wird die von Fahrzeug abgestrahlte Energie aufgenommen und zur Rücksendung von Nachrichten an die räumlich unmittelbar benachbarte Fahrzeugeinrichtung verwendet. Die Energie- und Datenübertragung erfolgen dabei induktiv im Nahfeld (siehe RFID). Die umfangreichen Nachrichtenpakete enthalten Informationen, die entweder fest mit der individuellen Balise verknüpft sind oder verändert werden können.

Bei ihrer Verwendung für die punktförmige Zugbeeinflussung erfolgt die Energieübertragung bei 27 MHz, die bidirektionale Datenübertragung bei 4,24 MHz (HF-RFID) und wird durch Fehlersicherung und bedarfsweise Neuanforderung gegen Verfälschung geschützt. Die Datenrate ist mit 0,5 MBit/s dabei so hoch, dass während der Überfahrt eines Hochgeschwindigkeitszuges in voller Fahrt ein Datenblock mit bis zu 1023 Bit mehrfach übertragen werden kann. Durch diese Überdimensionierung wird eine hohe Redundanz gewährleistet. Obwohl die meisten Balisen lediglich fest eincodierte Informationen zur Strecke und ihrer eigenen örtlichen Lage enthalten, findet eine bidirektionale Kommunikation statt. Es sind auch Balisen möglich, denen Informationen eingeschrieben werden können. Balisen können ebenfalls durch äußere Informationen umgeschaltet werden (schaltbare Balise), so dass die INDUSI direkt ersetzt werden kann.

Radio Frequency Identification: RFID/Transponder

Durch Funk im Nahfeld (im wesentlichen induktive Kopplung) werden Informationen bei räumlicher Annäherung ausgetauscht (siehe Abschnitt 4.6.2). Im Gegensatz zu Balisen erfolgt die Montage nicht im Gleis, so dass geringere mechanische Anforderungen zu erfüllen sind, und es werden keine hohen Anforderungen an die Realativgeschwindigkeit zwischen Lese- und Empfangseinrichtung beziehungsweise die Gesamtübertragungszeit gestellt, was sich jeweils mildernd auf die Kosten auswirkt. Die bidirektionale Kommunikation erfolgt mit Hilfe von Frequenzmodulation. Die Nutzdaten werden mit CRC-Fehlersicherung geschützt, im Fehlerfalle erfolgt eine erneute Anforderung der Daten (befehlsorientierte Client-Server Architektur). Die Datenrate liegt bei etwa 10 kBit/s (130 kHz-Systeme) bis 100 kBit/s (13,56 MHz-Systeme).

Meist werden fest eincodierte Informationen ausgelesen, z. B. Ort, Identitätsnummer und Nachbarschaftsbeziehungen. Je nach Datenträger sind auch Schreibvorgänge möglich. Die Länge des Nutzdatenblocks variiert von einigen Byte bis zu einigen Kilobyte. Bei geringem Abstand (< 30 cm) wird die Energie vom Lesegerät (Kommunikationseinheit) bereit gestellt, die quasi eine Art „Suchfeld" generiert. Bei größeren Abständen (>1 m) ist eine aktive Versorgung der Datenträger notwendig (z. B. Batterie oder Solarzellen) (ACATECH 2006b).

Euroloop

Die Kommunikation erfolgt durch induktive Kopplung mit einer Leiterschleife, ähnlich wie bei LZB, jedoch bei deutlich kürzeren Abmessungen und nicht entlang der gesamten Strecke, sondern an ausgewählten Bereichen. Die übertragenen Informationen entsprechen jedoch eher denen einer schaltbaren Balise und beziehen sich auf den diskreten Ort, der hier jedoch eine gewisse Ausdehnung erfährt und vom Vorsignal bis zum zugeordneten Hauptsignal reicht. Somit kann der Signalzustand des Hauptsignals innerhalb des Bremsweges fortlaufend übermittelt und verändert werden.

5.3.5 Menschliche Kommunikation in der Verkehrsleittechnik

Neben der rein technischen Kommunikation, d. h. der Nachrichtentechnik zum Zwecke der Steuerung von Verkehrsmitteln bzw. Verkehrsobjekten, spielt auch die menschliche Kommunikation im Verkehr eine sehr große Rolle.

Kommunikation im weiteren Sinne bedeutet den Austausch von Informationen im weiten Bereich zwischen Daten und Wissen. Der Umfang dieses Begriffs enthält einerseits die menschlichen Sinne zur Informationsaufnahme (vgl. Tabelle 5.7) als auch zur Informationsübermittlung mittels natürlicher Medien (Schall mit Luft, Sichtbares durch Licht beziehungsweise elektromagnetische Wellen) und nachfolgenden sensorischen Erfassung, andererseits auch die Kommunikationsrichtung ausgehend vom Menschen. Auch psychologische und soziale Aspekte betreffen die menschliche Kommunikation, die hier jedoch nicht berücksichtigt werden (ISENHARDT und HEES 2005).

Die menschliche Kommunikation im Verkehr dient zur Informationsübertragung bzw. -vermittlung zwischen verschiedenen *Medien*, d. h. technischen und natürlichen (z. B. Bildschirm und Auge), zwischen verschiedenen Konstituenten bei der Fahrzeugsteuerung bzw. zu oder von Einrichtungen der Verkehrsorganisation und der Disposition in Verkehrszentralen. Diese werden deutlich durch die *Rollen* bzw. Aufgaben des Menschen im Verkehr, z. B. aus Sicht des Verkehrsmittelführers oder Stellwerksbedieners einerseits oder aus Sicht eines Mitfahrers im Kraftfahrzeug oder Reisebus bzw. Fahrgastes in einem Schienenfahrzeug oder Bahnhof andererseits.

Wegen des begrenzten örtlichen Handlungs- und Wahrnehmungsraumes agiert der Mensch im Bereich der Nahkommunikation. Seine Sinne prädestinieren ihn für die passive Bild- und Lautwahrnehmung und für die aktive Lautbildung und mechanische Ausübung, was allgemein unter Bedienen und Beobachten subsummiert wird. Hier ist insbesondere die ergonomische Gestaltung seiner Umgebung zu beachten.

Je nach örtlichem Einsatz und Ausführung der Funktionen eines Verkehrsleitsystems haben sich für Funktion, Aufbau und Anwenderbedienung, Präsenta-

Tabelle 5.7. Leistungsfähigkeit menschlicher Sinnesorgane

Sinn	visuell	taktil	akustisch	thermisch	Geruch	Geschmack
Organ	Auge	Haut	Ohr	Haut	Nasenhöhle	Zunge
Anzahl der Rezeptoren	10^8	$5*10^5$	$1..3*10^4$	10^5	10^7	10^7
Informations-kapazität Bit/s	$3*10^6$	$2*10^5$	$2..5*10^4$	$2*10^3$	$10..100$	10
Eingabegerät (Beispiel)	-	Tastatur Rollkugel Joystick Maus Lichtgriffel	Mikrofon Sprachanalyse	-	-	-
Ausgabegerät (Beispiel)	Lampe/ Lichtzeichen Bildschirm Drucker Plotter	Vibrator	Lautsprecher Sprachsynthese Hupe	-	-	-

tion usw. sowie der Technologie unterschiedliche Kommunikationsgeräte bzw. -einrichtungen entwickelt, die nach und nach migriert, d. h. dem Stand der Technik angepasst werden.

Für *Fahrzeugführer* in Personen- bzw. Lastkraftwagen werden heute hochgradig komplexe Aufenthalts- bzw. Arbeitsumgebungen entwickelt, wobei die Bedien- und Anzeigeinstrumente und ihre Prozesse mittlerweile eine erhebliche Komplexität aufweisen, welche z. T. die Qualität der Leitaufgabe beeinträchtigt. In diesem Zusammenhang sind auch die Kommunikationsfähigkeit der Fahrerassistenzsysteme zum Menschen als auch untereinander bzw. ihre Integrations- und Migrationsfähigkeit zu nennen (GLÄSER et al. 2007). Die Gestaltung dieser Kommunikationsumgebungen ist eine sehr anspruchsvolle Aufgabe. Für Fahrzeugführer von Schienenfahrzeugen gilt dies ebenfalls. Die Aufgabe der sogenannten Führerstandsgestaltung ist vor allem für den internationalen Verkehr von Bedeutung.

Seitens der Verkehrswegeinfrastruktur werden dem Fahrzeugführer weitgehend entlang des Fahrweges an bestimmten Stellen Informationen zur Fahrzeugsteuerung übertragen, z. B. zur Höchstgeschwindigkeitseinhaltung mit festen oder Wechsel-Verkehrszeichen. Dazu gehört insbesondere die „Lichtoptische Übertragung" der konstanten oder statuswechselnden Informationsgehalte von Verkehrszeichen oder Lichtsignalanlagen im Straßenverkehr – oder von Signaltafeln bzw. mechanischen oder optischen Signaleinrichtungen mit entsprechenden -begriffen im Schienenverkehr. Die geometrischen Eigenschaften der Strecken, die Fahrzeuggeschwindigkeit und die Witterungsbedingungen sowie die Signaleinrichtungen beschränken die maximale Übertragungsweite auf einige hundert Meter.

Für *Fahrgäste* im öffentlichen Verkehr, vor allem bei Eisenbahnen, ist die Kommunikation in Verkehrsmitteln, z. B. zur Reiseinformation über den Linienverlauf und zukünftige Halte, aber auch zur Gewährleistung der Sicherheit und Absendung von Notrufen erforderlich. Im Bereich von Haltestellen und Bahnhöfen ist die dynamische Fahrgastinformation und Fahrgastführung sehr wichtig (OGINO 2004). Mit der Entwicklung von Gestaltungskonzepten für Leitsysteme bis hin zur Visualisierung in eingängigen Piktogrammen werden hier beispielhafte Lösungen geschaffen (ERKE 1978).

Arbeitsplätze von Personal in *Leitzentralen* des Straßen- und Schienenverkehrs zur Disposition von Verkehrsmitteln, -objekten und z. T. -wegeinfrastrukturen bilden den Gegenpol, da hier Menschen als Beobachter und Bediener in einer festen Arbeitsumgebung tätig sind und örtlich konzentrierte Aufgaben ausüben. Neben der ergonomischen Arbeitsplatz- und Gerätegestaltung der technischen Einrichtungen müssen auch die sozialen und psychologischen Aspekte der Kommunikation berücksichtigt werden (MÜLLER 1996, JOHANNSEN 1993, JOHANNSEN 2000).

Tabelle 5.8 stellt analog zu Tabelle 5.2 die Relationen bei der menschlichen Kommunikation dar.

5.4 Verkehrstelematik

Die Integration von Kommunikations- und Informationstechnik wird als Telematik bezeichnet. In der Verkehrsleittechnik existieren zahlreiche Telematiksysteme, welche die vielfältigsten Aufgaben lösen, so dass hier zum einen nicht im Einzelnen darauf eingegangen werden kann und sich zum anderen für diesen zwar attraktiven Sammelbegriff jedoch keine systematische Strukturierung anbietet.

Daher sind die verkehrstelematischen Systeme hinsichtlich ihrer leittechnischen Funktion, bezogen auf die hierarchischen Ebenen des Leitsystems, konzentriert zu sehen, wobei insbesondere die Standardisierung (vgl. Abschnitt 12.5.1) eine wesentliche Voraussetzung für die langfristige Nutzung darstellt. Wegen des erheblichen Fortschritts würde eine technologiebezogene Darstellung, wie sie dem Telematikbegriff eher entspricht, zu schnell veralten.

Es verwundert daher auch nicht, dass darüber kaum Monografien zur Verkehrstelematik existieren, sondern in zahlreichen Konferenzen berichtet wird, so z. B. international auf dem jährlichen Kongress „Intelligent Transportation Systems (ITS)" und z. B. national auf der „Informationssysteme für Mobile Anwendungen (IMA)", siehe auch (BUBB 2006). Die Studie von Zackor (ZACKOR et al. 1999) fasst die Ergebnisse jüngster europäischer Telematikprojekte zusammen. Nach Anwendungsbereichen strukturiert ist die Sammlung von Telematiksystemen von (EVERS und KASTIES 1998) und (BASt 1999).

Tabelle 5.8. Einrichtungen und Standorte zur menschlichen Kommunikation im Verkehr

Konstituent	Rolle des Menschen	Anzeigegerät	Bediengerät	Ort
Verkehrsobjekt (VO)	Logistiker	Ansagen		Verkehrsmittel / Verkehrsinfrastruktur
		Zeichen Anzeigen		Verkehrsgut
		Mobiltelefon Handheld Terminal		Verkehrsmittel
	Fahrgast	Anzeigen Ansagen Telefon Bildschirm Terminal	Fahrkartenautomat Notrufeinrichtung	Fahrgast (im Verkehrsmittel)
Verkehrsmittel (VM)	Fahrzeugführer	visuell: - Instrument - Displays akustisch: - Lautsprecher - Ansagen (Sprache) - Töne	Bedienhebel Schalter Tastatur Pedale Mikrofon	Verkehrsmittel
		Navigationsgeräte Mensch-Maschine-Interface		
		Vorwarnzeichen Lichtsignale Akustische Signale	- Taster Notrufsäulen	Verkehrsweg (Straße)
		Signale: Form- Licht- akustische (Pfeife)	Hebel (Weichen) Taster (Schlüssel-)Schalter Terminal	Verkehrsweg (Schiene)
Verkehrswege-infrastrukur (VWI)	Instandhaltungs-personal	Warnwesten Blinkzeichen	Signalhorn	Verkehrsweg
		Hand-Held Terminal		
	Stellwerksbediener (Fahrdienstleiter)	Signale Sichtfenster Stellpult Töne Bildschirme Papier	Hebel Schalter Taster Maus Tastatur Lichtgriffel Schreibgerät	Stellwerk Dispositionszentrale
		Telefon		
	Fahrgast (ÖPNV)	Ansagen Anzeigen Terminal Aushänge	Terminal Fahrkartenautomat	Haltestelle Bahnhof
		(Mobil-)Telefon		
Verkehrs-organisation (VOrg)	Disponent (Logistiker) Verkehrsplaner	Leitstand		Leit- bzw. Dispositionsarbeitsplatz (Zentrale)
		Panoramatafel Bildschirm Papier	Maus Tastatur Lichtgriffel Schreibgerät	
		Telefon		

Einen sehr guten Überblick über die vom deutschen Bundesministerium für
Bildung und Forschung geförderten Telematikprojekte gibt (BMVBW 2004),
für den ÖPNV Bereich (VDV 2006). Eine Erhebung der in Städten eingesetzten Systeme wurde vom (ADAC 2002) veröffentlicht. Stellvertretend für viele
regionale Konferenzen sei die (FA 007) erwähnt. Einen interessanten Vergleich
von Telematiksystemen in Deutschland und Japan gibt (SCHMIDT-CLAUSEN
2004), der in Abschnitt 12.4 unter wirtschaftlicher Implikation behandelt wird.

6

Flusssteuerung im Straßenverkehr

Mobilität und Verkehr bilden einen wichtigen Eckpfeiler unserer Gesellschaft. Die zunehmende örtliche Differenzierung der sozialen Funktionen Wohnen, Arbeit, Freizeit und Reisen haben zu einer starken Zunahme des Individualverkehrs geführt. Deutschland ist aufgrund seiner zentralen Lage in Europa ein bedeutender Verkehrsknotenpunkt. Die Osterweiterung der EU, die Globalisierung und eine zunehmend arbeitsteilige Wirtschaft werden auch in Zukunft zu einem verstärkten Anwachsen von Personen- und Güterverkehr führen. Abbildung 6.1 gibt einen Überblick über die Straßenbelastung auf den Autobahnen in Deutschland. Die Abbildung zeigt die Jahresfahrleistung in Milliarden km in Deutschland für den Zeitraum von 1975 bis 2004. Die jährliche Fahrleistung ist durch einen fortschreitenden starken Zuwachs geprägt, der sich tendenziell weiter fortsetzt. Im genannten Zeitraum hat sich die Jahresfahrleistung ungefähr vervierfacht. Die durchschnittliche tägliche Verkehrsstärke (DTV), welche die durchschnittliche Anzahl an Fahrzeugen angibt, die in 24 Stunden einen Autobahnabschnitt befahren, hat sich in den etwa 30 betrachteten Jahren zwischen 1975 und 2004 von ca. 25.000 KFZ/24h auf ca. 50.000 KFZ/24h verdoppelt.

Ein der gestiegenen Jahresfahrleistung entsprechender Ausbau des Straßennetzes ist aus ökologischen und finanziellen Gründen aber nur eingeschränkt möglich. Der Ausbau des Autobahnnetzes von ca. 6000 km im Jahr 1975 auf ca. 12000 km im Jahr 2004 ist ebenfalls in Abbildung 6.1 dargestellt.

Einhergehend mit der oben aufgezeigten Entwicklung entstehen immer häufiger kilometerlange Staus auf Autobahnen, woraus sich die Notwendigkeit einer Verbesserung des Verkehrsablaufs ergibt.

Mit Hilfe von Verkehrsmodellen lassen sich Auswirkungen von Verkehrsbeeinflussungsmaßnahmen und Fahrerassistenzsystemen in der Simulation darstellen. Des Weiteren lassen sich auf Basis dieser Verkehrsmodelle Vorhersagen und Vergleiche für unterschiedliche Varianten von Infrastrukturerweierun-

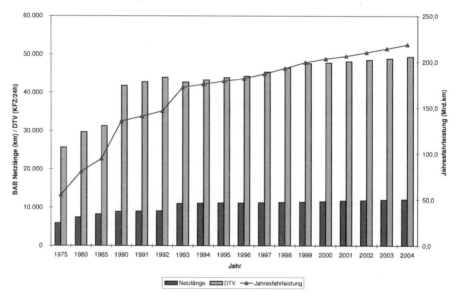

Abb. 6.1. Straßenbelastung - Kraftfahrzeugverkehr auf Autobahnen (DTV = durchschnittliche tägliche Verkehrsstärke in KFZ je 24h; bis 1992 alte Bundesländer) Quelle: (VerkehrInZahlen 2006)

gen und -veränderungen ableiten. Allgemein erlauben Verkehrsmodelle eine Beurteilung der Qualität, der Leistungsfähigkeit und der Sicherheit des Verkehrsablaufs. Für die Optimierung des Verkehrsablaufs ergibt sich somit ein Bedarf an verlässlichen Verkehrsmodellen.

Dieses Kapitel gibt eine Einführung in Konzepte zur Verkehrsflusssteuerung. Hierzu wird in Abschnitt 6.1 die allgemeine Zielsetzung der Regelungs- und Steuerungsaufgabe des Fahrers, die gegebenenfalls von Assistenzsystemen übernommen werden kann, beschrieben. Der anschließende Abschnitt 6.2 behandelt die mikroskopische Modellbildung des Verkehrsflusses mit der menschlichen und technisch unterstützen Regelung. Im Gegensatz zur Einzelfahrzeugbetrachtung der mikroskopischen Modelle werden in Abschnitt 6.3 Fahrzeugkollektive in makroskopischen Verkehrsmodellen betrachtet. Hier werden auch die wichtigsten Größen zur Beschreibung des Verkehrsflusses eingeführt. Abschließend werden in Abschnitt 6.4 aktuelle Konzepte zur Verkehrsflusssteuerung vorgestellt.

6.1 Zielsetzung der Regelungs- und Steuerungsaufgabe

Die Ziele der Verkehrsleittechnik wurden bereits allgemein in Abschnitt 2.4.2 beschrieben. Als Zielsetzung der Flusssteuerung des Straßenverkehrs ist ein sicherer und effektiver fließender Verkehr zu formulieren. Als mögliche Güte-kriterien lassen sich der Durchsatz der Fahrzeuge, der Komfort der Passagiere oder auch der Kraftstoffverbrauch bzw. die damit verbundenen Emissionen identifizieren. Die sich daraus ergebenden Optimierungsprobleme müssen ge-trennt für die individuelle Fahrzeugregelung und für die kollektive Fahrzeug-bewegung betrachtet werden. Die relevanten Optimierungskriterien sind in Tabelle 6.1 dargestellt (SCHNIEDER 2004).

Tabelle 6.1. Optimierungskriterien für die individuelle und kollektive Fahrzeugbe-wegung

Gütekriterium	Individualbetrachtung	Kollektivbetrachtung
Reisezeit	$\int_{s_0}^{s_{Ziel}} dt \rightarrow \min$	Verkehrsverfügbarkeit
Komfort	$\int_{s_0}^{s_{Ziel}} a^2 dt \rightarrow \min$	Gleichmäßigkeit
Verbrauch (Emission)	$\int_{s_0}^{s_{Ziel}} P dt \rightarrow \min$	Kraftstoffverbrauch der Flotte

Verkehr ermöglicht den Transport, also die Änderung des Aufenthaltsortes, von Menschen und Gütern. Für den Kraftfahrzeugverkehr ergibt sich für den Fahrzeugführer eine Fahrzeugführungsaufgabe, die traditionell in drei hierar-chischen Ebenen aufgeteilt werden kann. Die Regelungsaufgabe teilt sich dabei in die Navigationsebene, die Bahnführungsebene und die Stabilisierungsebe-ne (WILTSCHKO 2004, WITTE 1996, RISSE 1991). Diese funktionale Struktu-rierung ist in Abbildung 6.2 dargestellt.

- *Navigationsebene:* Aufgrund des Wunsches von einem Ort s_0 zu einem Ort s_{Ziel} im Straßenverkehrsnetz zu gelangen, findet meist vor Fahrtantritt ei-ne Routenwahl in der Navigationsebene statt. Das Straßennetz und der Verkehrszustand sind in diesem Fall beeinflussende Umgebungen. Bei wie-derkehrenden Fahrten findet diese explizite Auswahl meistens nicht (mehr) statt. Aufgrund von Unfällen oder Baustellen kann es jedoch notwendig sein, dass während der Fahrt eine neue Routenwahl notwendig ist. Die Aus-wahl findet aufgrund vorhandenen Wissens des Fahrers statt. Unterstützt wird der Fahrer hierbei durch die bereits verbreiteten Navigationssysteme (vgl. Abschnitt 12.3.5).

- *Bahnführungsebene:* Die nächste Ebene beschreibt die Bahnführung, d. h. die Quer- und Längsführung des Fahrzeuges. Aufgrund von Verkehrsre-geln, des lokalen Verkehrszustandes und des Straßenverlaufs steuert der Fahrer basierend auf seiner Wahrnehmung und vorhandener Erfahrungs-werte sein Fahrzeug. Dieses Verhalten kann als regelbasiert bezeichnet wer-den. Ein weit verbreitetes Assistenzsystem, welches den Fahrer auf dieser

Ebene unterstützt, ist das Adaptive Cruise Control (ACC), welches unter Berücksichtigung des Abstandes zu einem vorausfahrenden Fahrzeug eine vorgegebene Wunschgeschwindigkeit innerhalb systembedingter Grenzen einhält. Viele Assistenzsysteme dieser Ebene sind Komfortsysteme, die dem Fahrer die Fahrt erleichtern (vgl. Abschnitt 3.3.2).

• *Stabilisierungsebene:* Aufgrund des aktuellen Fahrzeugzustandes ist ein stabilisierender Eingriff des Fahrzeugführers notwendig, um die Fahrbewegung sicher und komfortabel durchzuführen. Die Stabilisierungsebene wird vom Fahrer durch fertigkeitsbasiertes, reflexartiges Handeln beherrscht. Als Stellglieder stehen ihm hierzu Gaspedal, Bremse, Gangwahl und Lenkrad zur Verfügung. In diesem Bereich in Serie befindliche Fahrerassistenzsysteme sind sicherheitsrelevante Systeme, wie z. B. das Antiblockiersystem (ABS), die Antischlupfregelung (ASR) oder das elektronische Stabilitätsprogramm (ESP). Diesen ist es teilweise vorbehalten, Stellglieder auf eine Art und Weise zu beeinflussen, die dem Fahrer nicht möglich ist. So gibt es z. B. Fahrerassistenzsysteme, die die Bremse für jedes Rad einzeln beeinflussen können.

Eine detailliertere Einordnung und der Einfluss des Einsatzes von Fahrerassistenzsystemen auf den Verkehrsfluss werden in Abschnitt 6.2.5 betrachtet.

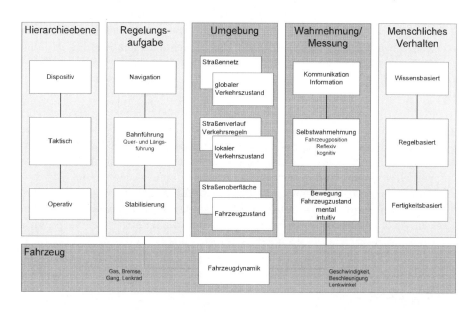

Abb. 6.2. Ebenen der Fahraufgabe, nach (WITTE 1996)

6.2 Mikroskopische Verkehrsmodelle

Bei der Modellierung des Verkehrsablaufs lassen sich im Wesentlichen die zwei Kategorien mikroskopische und makroskopische Modelle unterscheiden. Während bei der mikroskopischen Modellierung das Verhalten einzelner Fahrzeuge und Fahrzeugführer modelliert wird, werden bei den makroskopischen Modellen ausschließlich aggregierte Kenngrößen wie Verkehrsdichte oder mittlere Geschwindigkeit modelliert.

In diesem Abschnitt werden ausschließlich die mikroskopischen Modelle behandelt, welche sich aufgrund der Einzelfahrzeugbetrachtung bevorzugt für die Untersuchung der Auswirkungen von Fahrerassistenzsystemen eignen.

Im Abschnitt 6.3 wird dann auf die makroskopischen Verkehrsmodelle eingegangen. Diese Modelle eignen sich ebenso wie die mikroskopischen Modelle zur Untersuchung von Verkehrsbeeinflussungssystemen.

Zusätzlich zu den zwei genannten und hier behandelten Modellarten gibt es noch Mischformen, die mesoskopischen Modelle, oder Verfeinerungen der mikroskopischen Modelle, die nanoskopischen Modelle.

6.2.1 Grundlagen der mikroskopischen Modellbildung

Betrachtet man den Fahrzustand mikroskopisch gehören dazu mindestens die Position des Fahrzeugs auf der Straße, der Geschwindigkeitsvektor, sowie der Beschleunigungsvektor und deren zeitlicher Verlauf. In der Realität wird dieser Fahrzustand vom Menschen geregelt. Einflussparameter sind abhängig u. a. vom Fahrer selbst, vom Fahrzeugtyp, von den Fahrzuständen der anderen Verkehrsteilnehmer sowie von den Randbedingungen der Infrastruktur, wie z. B. Straßenart, Geschwindigkeitsbeschränkung oder Beschaffenheit der Straßenoberfläche. Besondere Bedeutung kommt der Reaktion des Fahrzeugführers auf das Fahrverhalten der anderen Fahrzeuge zu, insbesondere des vorausfahrenden Fahrzeugs. Zur Modellierung des menschlichen Fahrerverhaltens hat sich eine Vielzahl z. T. unterschiedlicher Modelle etabliert (RISSE 1991, CHEN 1992).

6.2.2 Fahrzeugfolgemodelle

Ein sehr einfaches mikroskopisches Modell ist die menschliche Regelung der Geschwindigkeit als Funktion der Fahrzeugabstände zwischen zwei Fahrzeugen i und i-1. Die Fahrzeugeigenschaften, wie z. B. eine Begrenzung von Beschleunigung und Verzögerung, werden in diesem Beispiel (Gleichung 6.1) nicht berücksichtigt. Die Beschreibung dieser Interaktion zwischen Fahrzeugen findet sich in der Literatur auch unter den Begriffen „Fahrzeugfolgetheorie" oder „car-following-theory".

$$v_i(t) = F(s_{i-1}(t) - s_i(t)) = F(\Delta s_{i-1,i}(t)) \qquad (6.1)$$

Aus (6.1) folgt durch Differenzieren:

$$\dot{v}_i(t) = F'(s_{i-1}(t) - s_i(t)) \cdot (v_{i-1}(t) - v_i(t)) = F'(\Delta s_{i-1,i}(t)) \cdot \Delta v_{i-1,i}(t) \quad (6.2)$$

Setzt man die Funktion $F'(\Delta s_{i-1,i}(t))$ als konstant zu λ mit der Dimension s^{-1} an, erhält man:

$$\dot{v}_i(t) = \lambda \cdot (v_{i-1}(t) - v_i(t)) = \lambda \cdot \Delta v_{i-1,i}(t) \qquad (6.3)$$

Dabei beschreibt λ die Sensitivität des Fahrers auf Geschwindigkeitsdifferenzen zu reagieren. Damit ergibt sich die Regelung der Beschleunigung bzw. Verzögerung des Folgefahrzeuges als Funktion der Differenzgeschwindigkeit zwischen Führungsfahrzeug und Folgefahrzeug. Diese Art der Abstandshaltung wird auch als Fahren im relativen Bremswegabstand bezeichnet und in Abschnitt 7.3.3 im Vergleich zu Abstandshalteverfahren des Schienenverkehrs diskutiert. Die Gleichung (6.3) wurde bereits Anfang der 50er Jahre von Reuschel (REUSCHEL 1950) und Pipes (PIPES 1953) veröffentlicht und von Chandler, Herman und Montroll (CHANDLER et al. 1958) erweitert. Die Erweiterung bezieht sich hierbei auf die Hinzunahme einer zeitlichen Verzögerung durch die Reaktionszeit τ des Fahrers. Damit wird (6.3) zu:

$$\dot{v}_i(t) = \lambda \cdot (v_{i-1}(t - \tau) - v_i(t - \tau)) = \lambda \cdot \Delta v_{i-1,i}(t - \tau) \qquad (6.4)$$

Es ergibt sich eine Aktion des Fahrers, die von der Sensitivität und dem Stimulus, im vorliegenden Fall der Geschwindigkeitsdifferenz, abhängig ist. In allgemeiner Form kann damit das Verhalten eines Fahrers mit Hilfe der Gleichung

$$\text{Aktion} = \text{Sensitivität} \cdot \text{Stimulus}$$

beschrieben werden (GABARD 1991).

Erste Stabilitätsuntersuchungen der menschlichen Abstandsregelung wurden bereits Ende der 50er Jahre durchgeführt (HERMAN et al. 1959). Abbildung 6.3 zeigt das zuvor beschriebene Modell für die menschliche Abstandsregelung zweier Fahrzeuge hinter einem Führungsfahrzeug. Die zugehörige Übertragungsfunktion für den offenen Kreis für ein Fahrzeug i bzw. einen Fahrzeugführer i lautet:

$$G_{oi}(s) = \lambda_i \cdot e^{-\tau_i s} \cdot \frac{1}{s} \qquad (6.5)$$

Mit Hilfe der komplexen Übertragungsfunktion (6.5) des offenen Regelkreises kann anhand des Nyquist Kriteriums (LEONHARD 1992, LUTZ und WENDT

2003) leicht die Stabilität beurteilt werden. Für den Frequenzgang nach (6.5) erhält man

$$G_{oi}(jw) = \lambda_i \cdot e^{-jw\tau_i} \cdot \frac{1}{jw} = \frac{\lambda_i}{w} \cdot e^{-j(w\tau_i + \frac{\pi}{2})} \qquad (6.6)$$

mit der Ortskurve in Abbildung 6.4 in der komplexen Ebene. Instabilität ergibt sich, wenn die infolge des Laufzeitverhaltens spiralförmige Ortskurve die negativ reelle Achse bei oder unterhalb von -1 schneidet, d. h.

$$|G_{oi}(jw)| = \frac{\lambda_i}{w} \leq -1 \qquad (6.7)$$

$$arg(G_{oi}(jw)) = -(w\tau_i + \frac{\pi}{2}) = -\pi \rightarrow w\tau_i = \frac{\pi}{2} \qquad (6.8)$$

Daraus ergibt sich die Stabilitätsbedingung

$$k_i = \lambda_i \cdot \tau_i \leq \frac{\pi}{2} \qquad (6.9)$$

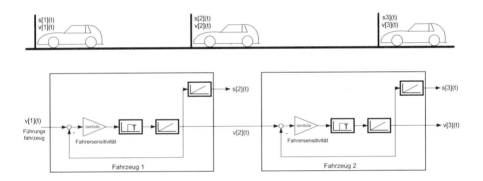

Abb. 6.3. Menschliche Regelung der Fahrzeugabstände

Die Stabilitätsbedingung (Gleichung 6.9) gilt nur für eine Folgefahrt mit einem nachfolgendem Fahrzeug. In einer Fahrzeugkolonne mit mehr als zwei Fahrzeugen kann dieses Verhalten aber langfristig auch zur Instabilität führen. Kolonnenstabil heißt ein Folgevorgang, wenn die Verstärkung von Fahrzeug zu Fahrzeug in der Kolonne stets jeweils gleich oder kleiner als 1 ist (KÖHLER 1974). Hierzu wird die Übertragungsfunktion von der Geschwindigkeit des Folgefahrzeuges zur Geschwindigkeit des Führungsfahrzeuges für den geschlossenen Regelkreis untersucht (mit $\lambda_i = const$, $\tau_i = const$):

$$|G(jw)| = \left| \frac{G_0(jw)}{1 + G_0(jw)} \right| \leq 1 \qquad (6.10)$$

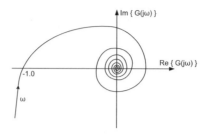

Abb. 6.4. Ortskurve der Frequenzgangsfunktion für den offenen Regelkreis mit Integral-Regler

Die Stabilität hierfür ist gegeben durch (STROBEL 2001)

$$k = \lambda \cdot \tau \le \frac{1}{2} \tag{6.11}$$

Empirisch gewonnene Werte für die menschliche Regelung liegen gerundet bei

$$1,00\,s \le \tau \le 2,20s; \quad 0.17s^{-1} \le \lambda \le 0.74s^{-1}; \quad 0.18 \le k \le 1.04$$

und damit unter anderem auch im instabilen Bereich. Mögliche Auswirkungen sind anhand eines Beispiels im Folgenden beschrieben.

In Abbildung 6.5 und Abbildung 6.6 sind die Fahrzeugpositionen und -abstände sowie die Fahrzeuggeschwindigkeiten und -differenzgeschwindigkeiten für eine Fahrzeugkolonne, die einem Führungsfahrzeug folgen für unterschiedliche Reaktionszeiten τ dargestellt. Das Führungsfahrzeug und alle Folgefahrzeuge fahren mit einer Geschwindigkeit von 72 km/h. Die Abstände der Fahrzeuge untereinander zum Anfangszeitpunkt $t = 0s$ wurden vorgegeben und variieren zwischen 30 m und 40 m. Dies entspricht in etwa der Vorgabe „Abstand gleich halber Tacho". Das Führungsfahrzeug leitet z. B. infolge eines vor ihm einscherenden Fahrzeuges nach zehn Sekunden ein Bremsmanöver ein und verzögert mit 2 m/s^2. Abbildung 6.5 stellt den Fall dar, dass die Reaktionszeit aller Fahrer 1 s und die Sensitivität 0.4 s^{-1} beträgt. Die Abstände zwischen den Fahrzeugen verringern sich zwar während des Bremsmanövers; zur Kollision kommt es aber nicht. Die neue Führungsgeschwindigkeit von 40 km/h wird von den Folgefahrzeugen nach kurzer Zeit mit vernachlässigbaren in der Abbildung nicht zu erkennenden Über- bzw. Unterschwingen erreicht.

Anders stellt sich die Situation dar, wenn sich die Reaktionszeit aller Fahrer von 1 s auf 1,5 s erhöht. Für diesen Fall ist $k > 0.5$. Abbildung 6.6 zeigt, dass es zur Kollision zwischen Fahrzeug 4 und 5 kommt, die bereits vor dem Bremsmanöver in sehr geringem Abstand hintereinander herfuhren.

Die Weiterentwicklung der Gleichung (6.4) durch Gazis, Herman und Rothery führte zur nachstehenden Gleichung (GAZIS et al. 1961).

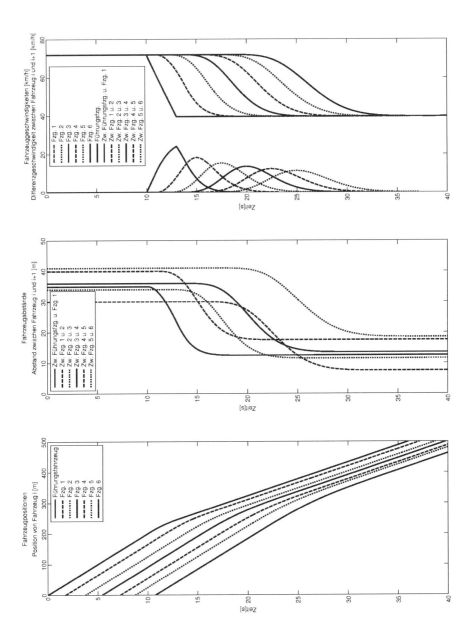

Abb. 6.5. Fahrzeugpositionen, -abstände, -geschwindigkeiten und -differenzgeschwindigkeiten für eine Reaktionszeit von 1 Sekunde

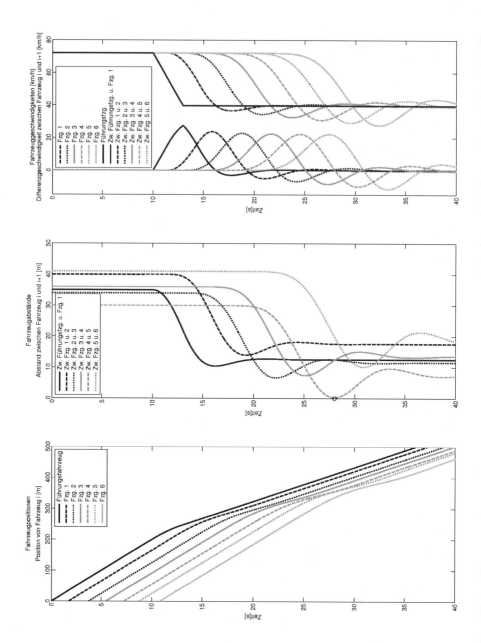

Abb. 6.6. Fahrzeugpositionen, -abstände, -geschwindigkeiten und -differenz-geschwindigkeiten für eine Reaktionszeit von 1,5 Sekunden

$$\dot{v}_i(t) = \frac{\lambda_0 [v_i(t)]^m}{[\Delta s_{i-1,i}(t-\tau)]^l} \cdot \Delta v_{i-1,i}(t-\tau) \qquad (6.12)$$

m und l sind dabei empirisch durch Verkehrsbeobachtung zu bestimmende
Parameter. Hierbei wird die Geschwindigkeitsänderung nicht nur von der Differenzgeschwindigkeit und der Sensitivität des Fahrers sondern zusätzlich vom
Abstand zum Führungsfahrzeug und von der eigenen Geschwindigkeit bestimmt. Werden m und l zu Null gesetzt, ergibt sich die zuvor betrachtete
Gleichung 6.3.

6.2.3 Verfeinerung der mikroskopischen Modellierung

Bei den im vorherigen Abschnitt beschriebenen Modellen bleiben viele Aspekte des realen Verkehrs unberücksichtigt. Überholvorgänge, sowie durch das
Fahrzeug maximal realisierbare Beschleunigungen und Verzögerungen sind
nicht dargestellt.

Des Weiteren wurde bisher davon ausgegangen, dass ein Fahrer zum einen
auch sehr kleine Geschwindigkeitsdifferenzen zum vorausfahrenden Fahrzeug
wahrnimmt und darauf reagiert und zum anderen dies auch bei sehr großen
Abständen zum Vordermann gilt. Untersuchungen haben aber gezeigt, dass
Fahrer nur begrenzt auf externe Stimuli reagieren. Diese die Fahrzeugführung beeinflussende *Wahrnehmungsschwelle* des Fahrers ist in Abbildung 6.7
dargestellt. Im Fall von sehr großen Fahrzeugabständen Δs wird der Fahrer
durch Geschwindigkeitsunterschiede Δv zum vorausfahrenden Fahrzeug nicht
beeinflusst. Dieser Bereich ist in der Abbildung als „Bereich ohne Reaktion"
gekennzeichnet. Mit Verringerung des Abstandes wird der Fahrer sensibler für
Geschwindigkeitsunterschiede. Die „Bereiche mit Reaktion" sind ebenfalls in
der Abbildung dargestellt. Das Verhalten ist in der Abbildung anhand einer
Beispieltrajektorie visualisiert. Im Beispiel fährt das Folgefahrzeug um Δv
schneller als das Führungsfahrzeug, sodass sich der Abstand Δs verringert.
Der Fahrer erkennt unterhalb der Wahrnehmungsschwelle den Geschwindigkeitsunterschied, sodass er seine Geschwindigkeit verringert und Δv wiederum
kleiner wird und der Abstand etwa konstant bleibt. Da es dem Fahrer nicht
gelingt $\Delta v = 0$ einzuhalten, vergrößert sich für $\Delta v < 0$ der Abstand wieder,
was zur Folge hat, dass der Fahrer wieder beschleunigt.

Die Wahrnehmungsschwelle des Fahrers kann nicht als fester Wert angenommen werden. Es muss vielmehr ein Übergangsbereich berücksichtigt werden,
durch welchen es zu Oszillationen bei der Abstands- und Geschwindigkeitsanpassung kommen kann. Eine regelungstechnische Deutung ist mit Hystereseeffekten möglich, die zu Grenzzyklen führt. Dieses ist in Abbildung 6.8 in der
sich ergebenen typischen „close following spiral" dargestellt, die mit einem Versuchsfahrzeug im realen Verkehrsgeschehen bei einer Folgefahrt aufgezeichnet
wurde.

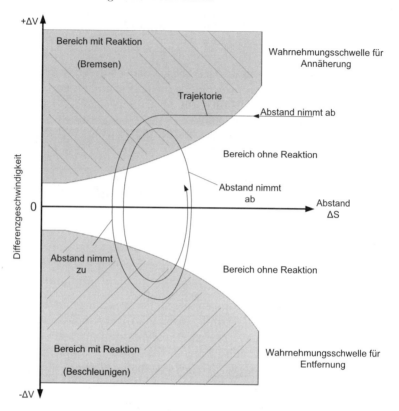

Abb. 6.7. Wahrnehmungsschwelle des Fahrers, nach (HELBING 1997, LEUTZBACH 1988)

Insgesamt gibt es eine Vielzahl von Einflussfaktoren, welche im Rahmen der Modellierung berücksichtigt werden können, an dieser Stelle aber nicht ausführlich behandelt werden sollen. Der Vollständigkeit halber, sollen hier einige Faktoren – die auch zum größten Teil noch untersucht werden und nicht vollständig modelliert werden können – beschrieben werden. Einen guten Überblick hierzu bietet (KOPPA 2001).

In Abschnitt 6.2.2 wurde eine Reaktionszeit für den Fall eines Bremsvorganges des vorausfahrenden Fahrzeuges beschrieben. Zur realistischen Beschreibung einer Reaktionszeit muss diese situationsabhängig betrachtet werden und grundsätzlich eine Verteilungsfunktion zur Beschreibung des Verhaltens unterschiedlicher Fahrer verwendet werden. Zusätzlich zur Reaktionszeit ist zu betrachten, wie lange der Fahrer für die Durchführung der Reaktion benötigt, also z. B. das Entlasten des Gaspedals und das Betätigen der Bremse oder das schnelle Bewegen des Lenkrads, um ein Ausweichmanöver durchzuführen.

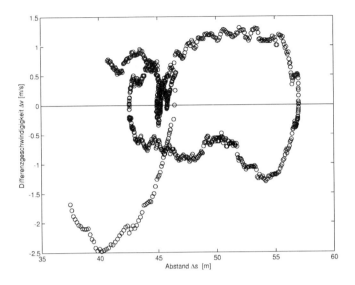

Abb. 6.8. Typische „close following spiral"

Hierbei wurde z. B. beobachtet, dass die Zeit zur Betätigung der Bremse nur gering bis gar nicht mit der zuvor benötigen Reaktionszeit korreliert.

Ein weiteres Forschungsgebiet ist die Untersuchung der Reaktion des Fahrers auf Verkehrszeichen. Um die Information eines Verkehrszeichens verwerten zu können, können drei Zwischenschritte unterschieden werden: Erkennen des Verkehrszeichen, Lesen des Verkehrszeichen und Interpretation der Information (vgl. Abschnitt 5.3.5).

- Das *Erkennen* des Verkehrszeichens wird zum einen durch die Größe, die Form, die Farbe und die Umgebung des Verkehrszeichens beeinflusst, zum anderen durch den Fahrer selbst, z. B. durch seine Aufmerksamkeit.

- Das *Lesen* des Verkehrszeichens ist sowohl abhängig von der Ausleuchtung des Verkehrszeichens, der Helligkeit und dem Kontrast als auch der verwendeten Zeichen und Symbole. Weitere Einflussgrößen sind Dauer der Sichtbarkeit des Verkehrszeichens und die Menge der dargestellten Information.

- Für die *Interpretation* des Verkehrszeichens ist es notwendig, dass die Bedeutung von Form, Farbe und Symbolen festgelegt sind und dem Fahrer bekannt sind.

Für die Konzepte zur Verkehrsflusssteuerung in Abschnitt 6.4 sowie die Verkehrslenkung und individuelle Fahrzeugnavigation in Abschnitt 12.3.5 sind ergonomische Untersuchungen zum Fahrerverhalten dieser drei Zwischenschritte von Bedeutung, um sicherzustellen, dass die gewünschte Information den Fahrer möglichst ohne Beeinflussung seiner normalen Fahraufgabe erreicht.

Das Fahrerverhalten auf seine Umgebung im Fall eines vorausfahrenden Fahrzeuges wurde im vorherigen Abschnitt behandelt. Speziell untersucht werden kann auch das Verhalten des Fahrers bei vorhandenen Hindernissen auf seinem Fahrweg. Hierzu gehören das (visuelle) Erkennen eines Hindernisses und anschließend die Bewertung, ob es ein für den Fahrer relevantes ggf. gefährliches Hindernis ist und eine entsprechende Handlung (Ausweichen, Bremsen).

Ein weitreichendes Forschungsfeld ergibt sich aus den individuellen Eigenschaften der Fahrer. Die Unfallstatistiken zeigen, dass PKW-Fahrerinnen seltener als PKW-Fahrer die Hauptschuld an Verkehrsunfällen tragen. Insbesondere sind die Unfälle von PKW-Fahrerinnen meist weniger folgenschwer als die von PKW-Fahrern (DeStatis 2006). Für die Modellierung des Verkehrsablaufs werden Einflüsse durch Unterschiede zwischen den Geschlechtern in der Regel jedoch als minimal angesehen und nicht berücksichtigt (Koppa 2001). Das Alter des Fahrzeugführers ist eine weitere Einflussgröße. Zum einen kann der Fahrer im Alter auf viele Erfahrungswerte zurückgreifen, zum anderen verschlechtern sich in der Regel aber die visuellen Aufnahmefähigkeiten sowie die effektive Filterung von Informationen aus der Umgebung.

Erweitert man den Betrachtungsgegenstand auf Fahrsituationen kann z. B. das Verhalten bei Überholvorgängen oder auch die so genannte gap-acceptance (wann nutzt der Fahrer eine Fahrzeuglücke z. B. des Gegenverkehrs beim Links-Abbiegen oder des kreuzenden Verkehrsstroms beim Überqueren einer Kreuzung) untersucht werden.

Insgesamt ergibt sich damit eine Vielzahl von Einflüssen auf den Ablauf von Verkehrsströmen, die bei weitem noch nicht vollständig beschrieben sind.

6.2.4 Verkehrsmodellierung mit Zellularautomaten

Von Nagel und Schreckenberg wurde 1992 ein Verkehrsmodell basierend auf Zellularautomaten vorgestellt [Nagel 1992]. Für das Modell wird der betrachtete Straßenabschnitt in gleich lange Teile diskretisiert; ebenso werden die Geschwindigkeit und die Zeit diskretisiert. In den ersten Veröffentlichungen wurde ein Fahrstreifen einer Straße in Abschnitte konstanter Länge von $\Delta s = 7.5\,m$ eingeteilt. In jedem dieser Abschnitte kann sich genau ein oder kein Auto befinden. Jedes sich auf einem dieser Abschnitte befindliche Auto besitzt eine weitere Variable, seine diskretisierte Geschwindigkeit v. Eine entsprechende Darstellung eines Straßenabschnitts zeigt Abbildung 6.9. Mit Hilfe von vier Regeln, die für jedes Fahrzeug nacheinander ausgeführt werden, wird die Verkehrssituation simuliert. Diese sequenzielle Abarbeitung der vier Regeln wird in der Simulation gleichzeitig für alle Fahrzeuge durchgeführt. Die Regeln lauten (SCHRECKENBERG et al. 1996):

- *Regel 1*: Beschleunigen: Alle Fahrzeuge mit einer normierten Geschwindigkeit v, die kleiner als die Maximalgeschwindigkeit v_{max} ist, beschleunigen um eine Geschwindigkeitseinheit $[v \to v + 1]$. Damit realisiert diese Regel den Fahrerwunsch, so schnell wie möglich bzw. wie erlaubt zu fahren.

- *Regel 2*: Abbremsen: Ist der Abstand Δs eines Fahrzeuges zum vorausfahrenden Fahrzeug (d. h. die Anzahl der freien Zellen vor dem Fahrzeug) nicht größer als seine momentane Geschwindigkeit v, so wird es auf die neue Geschwindigkeit $[v \to \Delta s - 1]$ abgebremst. Somit wird die Wechselwirkung der Fahrzeuge zueinander hergestellt und sichergestellt, dass keine Unfälle passieren.

- *Regel 3*: Trödeln: Mit einer vorgegebenen Wahrscheinlichkeit p wird die Fahrzeuggeschwindigkeit eines fahrendes Fahrzeuges, das eine Geschwindigkeit größer als Null hat, um den Wert 1 verringert $[v \to v - 1]$. Würde diese Regel nicht verwendet, läge ein deterministisches Modell vor, das nach Vorgabe einer Startbedingung stets dieselben Folgezustände erreicht. Hierdurch werden Schwankungen der Wunschgeschwindigkeit, Überreaktionen beim Bremsen oder Schwankungen beim Bremsen und Beschleunigen abgebildet (vgl. auch Abschnitt 6.2.3).

- *Regel 4*: Fahren: Jedes Fahrzeug wird um v Plätze weiterbewegt. Somit wird letztendlich die eigentliche Bewegung der Fahrzeuge realisiert.

Wird die Aktualisierung aller Regeln im Zeitschritt eines Ein-Sekundenrasters durchgeführt, entspricht dies bei der häufig verwendeten normierten Maximalgeschwindigkeit $v_{max} = 5$ einer physikalischen Maximalgeschwindigkeit von 135 km/h.

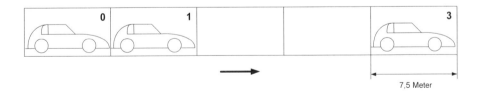

Abb. 6.9. Zellularautomaten-Darstellung eines Straßenabschnitts

Aufgrund der einfachen Struktur des Modells können auch sehr große Straßenabschnitte in mehrfacher Echtzeitgeschwindigkeit berechnet werden. Trotz seiner Vereinfachungen kann das Modell verschiedene Verkehrsphänomene darstellen. Hierzu gehören z. B. Stop-and-Go-Wellen, d. h. Phasen von alternierendem Beschleunigen und Abbremsen, die oberhalb einer kritischen Dichte entstehen. Gründe hierfür sind die Randomisierung und die um eine Zeitspanne Δt verzögerte Anpassung an Geschwindigkeitsänderungen des vorausfahrenden Fahrzeugs (HELBING 1997).

Seit seiner ersten Veröffentlichung wurde das Modell mehrfach erweitert und verbessert. Unter anderem wurde eine begrenzte Beschleunigung und ein begrenztes Bremsvermögen der Fahrzeuge bei zusätzlich von der Verkehrssituation abhängigem Fahrerverhalten (optimistisch, defensiv) mit aufgenommen. Statt der ursprünglichen Zellgröße von 7,5 m wird neuerdings mit einer Zellgröße von 1,5 m gerechnet, sodass ein Fahrzeug nun zwei bis fünf aufeinander folgende Zellen belegt. Zum anderen wurde die oben eingeführte Wahrscheinlichkeit p durch eine von der Geschwindigkeit abhängige Wahrscheinlichkeitsfunktion ersetzt. Des Weiteren besteht in neueren Modellen die Möglichkeit mehrspurige Straßen mit Spurwechsel und Überholmanöver zu simulieren (LEE et al. 2004, MAZUR et al. 2005).

In Nordrhein-Westfalen wird dieses Modell zur Simulation und Vorhersage des Autobahnverkehrs innerhalb des Bundeslandes genutzt. Mit Hilfe von ca. 4000 Zählschleifen auf 2250 km wird das Verkehrsmodell im Minutentakt mit Informationen über den aktuellen Verkehrszustand versorgt (MAZUR et al. 2005). Im Internet sind der aktuelle Verkehrszustand sowie Prognosen für die Straßenauslastung in 30 und 60 Minuten verfügbar (AutobahnNRW 2007).

6.2.5 Einfluss von Assistenzsystemen auf den Verkehrsfluss

In Abschnitt 6.2.2 wurde die Auswirkung längerer Reaktionszeiten, welche z. B. aufgrund von Unaufmerksamkeiten des Fahrers entstehen können, auf die Stabilität des Kolonnenverkehrs dargestellt. Mit zunehmender Reaktionszeit wurde das Kolonnenverhalten instabil. Moderne Fahrerassistenzsysteme, wie z. B. das ACC, welches wie oben beschrieben die Geschwindigkeit eines Fahrzeuges in Abhängigkeit einer Wunschgeschwindigkeit, der Relativgeschwindigkeit und dem Abstand zu einem vorausfahrenden Fahrzeuges regelt, können durch geeignete Regelungsstrategien zu einem homogeneren und damit sichereren Verkehrsfluss beitragen. In Simulationen konnte gezeigt werden, dass sich ein oder mehrere durch ACC unterstützte Fahrzeuge im Kolonnenverkehr stabilisierend auswirken (WITTE 1996).

Eine Weiterentwicklung der Fahrerassistenzsysteme von der assistierten Einzelfahrzeugregelung zur einer kooperativen, dezentralen und dem Einzelfahrzeug übergeordneten Regelung verspricht weiteres Potenzial zur Erhöhung des Verkehrsflusses und der Sicherheit.

Vor der detaillierteren Betrachtung der kooperativen Regelung soll zunächst eine Klassifizierung von Fahrerassistenzsystemen erfolgen. Eine Einteilung ist hinsichtlich Assistenzstrategie, Assistenzebene und Assistenzkonzept möglich (WILTSCHKO 2004, ZAMBOU 2005).

- In der Kategorie *Assistenzstrategie* sind informierende, warnende, intervenierende und agierende Assistenzsysteme zu unterscheiden.

- Die *Assistenzebenen* lassen sich in die drei in Abschnitt 6.1 dargestellten Ebenen dispositiv, taktisch und operativ unterteilen.

- Das *Assistenzkonzept* lässt sich in die drei Bereiche fahrzeugautonom, infrastrukturgestützt und kooperativ einteilen.

Aktuell auf dem Markt erhältliche Fahrerassistenzsysteme decken alle Assistenzstrategien ab. Innerhalb der Assistenzebene herrschen die navigierenden und stabilisierenden vor. Außerdem arbeiten die meisten Systeme ausschließlich fahrzeugautonom. Durch neue in der Forschung befindliche Systeme können auch infrastrukturgestützt und kooperativ arbeitende Assistenzsysteme in Zukunft den Verkehr beeinflussen. Viele davon sind der Bahnführungsebene zuzuordnen.

Auf diesem Gebiet zählt zu den bedeutenden Forschungsprogrammen der letzten Jahre unter anderem das, von der Daimler-Benz AG 1996 ins Leben gerufene, Programm PROMOTE CHAUFFEUR mit dessen Fortsetzung PROMOTE CHAUFFEUR 2 in den Jahren 2000-2003. Ziel war der automatisierte Kolonnenverkehr von LKW, wodurch eine Erhöhung der Verkehrsdichte des Frachtverkehrs erreicht werden sollte. Die Fahrzeugführung geschieht dabei nach dem Vehicle-Follower-Prinzip. Dieses Prinzip beruht im Wesentlichen auf einer Fahrzeug-Fahrzeug Kommunikation und auf Bildverarbeitungssystemen, welche sowohl den Abstand als auch den lateralen Versatz zum Vordermann bestimmen. So können mehrere hintereinander fahrende LKW über eine sog. Elektronische Deichsel miteinander verbunden werden.

Ähnliche Themen wurden im Programm California PATH (Partners for Advanced Transit and Highways), welches aus einer Kooperation aus dem Jahr 1986 von Caltrans (California Department of Transportation) und der Berkeley Universität von Kalifornien hervorgeht, bearbeitet. Ein Forschungsschwerpunkt liegt hier auf der Entwicklung von Fahrerassistenz- und Sicherheitssystemen sowie der Erforschung von Unfallvermeidungssystemen. Dabei werden insbesondere die in den USA einfach strukturierten Fernverbindungen, die Highways (Bundesstraßen) und Freeways (Autobahnen), betrachtet. Im Gegensatz zum Programm PROMOTE CHAUFFEUR, deren Assistenzsysteme ohne spezielle Infrastruktur auskommen, untersucht PATH auch die automatische Konvoiführung auf gesonderten Fahrstreifen, welche zum Teil mit speziellen Automatisierungseinrichtungen entlang der Strecke ausgerüstet sind.

Die Arbeit im Rahmen des Programms California PATH wird aktuell in unterschiedlichen neuen Projekten fortgesetzt.

Im 6. Rahmenprogramm der Europäischen Kommission wurde das Forschungs-projekt PReVENT bearbeitet. Dieses beinhaltet unter anderem das von 2004 bis 2007 laufende Teilprojekt INTERSAFE, welches sich mit der Verbesse-rung der Sicherheit an Kreuzungen beschäftigt. Im Rahmen dieses Projektes wird unter anderem verstärkt die Einbindung der Kommunikation zwischen Fahrzeugen und Infrastruktur, insbesondere zu Lichtsignalanlagen, untersucht (vgl. Abschnitt 8.5.3).

Tabelle 6.2 zeigt eine Zuordnung oben genannter Forschungsprogramme zur vorgestellten Klassifizierung von Fahrerassistenzsystemen in den Einteilungen Assistenzstrategie, -ebene und –konzept. Für das breitgefächerte Programm California PATH wurde beispielhaft das PATH's magnetic guidance system ausgewählt, bei dem Fahrzeuge eine durch Magnete vorgegebene Fahrspur einhalten.

Tabelle 6.2. Zuordnung aktueller Forschungsprojekte zu Assistenzstrategie, -ebene und -konzept

Projekt	Assistenzstrategie	Assistenzebene	Assistenzkonzept
Promote Chauffeur	agierend	taktisch operativ	kooperativ
California Path am Beispiel PATH's magnetic guidance system	agierend	taktisch operativ	infrastrukturgestützt
Intersafe	warnend	taktisch	infrastrukturgestützt

Für die Kommunikation zwischen den Fahrzeugen ist es notwendig, dass die Hersteller einheitliche Standards für die Kommunikation verwenden. Die not-wendige Zusammenarbeit der unterschiedlichen Beteiligten für die Kommu-nikation im Automobilbereich wurde erkannt, sodass initiiert von europäi-schen Automobilherstellern das Car2Car Communication Consortium gegrün-det wurde. Dieses steht Herstellern, Zulieferern und Forschungseinrichtun-gen offen und soll die Verbesserung der Verkehrssicherheit durch Fahrzeug-Fahrzeug Kommunikation vorantreiben (vgl. Abschnitt 5.2.1).

Die oben genannten Arbeiten binden alle die Infrastruktur und bzw. oder andere Fahrzeuge in die Regelung der eigenen Bewegung mit ein. Hierdurch wird die Möglichkeit gegeben, dass die weitestgehend autonom agierenden Verkehrsteilnehmer durch Informationen lokal kooperieren. Eine übergeord-nete Regelung in Abhängigkeit des Verkehrszustandes und weiterer Verkehrs-teilnehmer zur Realisierung einer neuen Verkehrsorganisation zwischen auto-nomer Fahrzeugführung und zentraler fahrwegseitiger Verkehrslenkung wird bislang noch nicht untersucht, bietet aber weiteres Potenzial zur Erhöhung von Verkehrsfluss bzw. Flüssigkeit und Verkehrssicherheit.

6.3 Makroskopische Verkehrsmodelle

In der Praxis der Verkehrssteuerung interessieren häufig nicht die Beschreibung der Dynamik der Einzelfahrzeuge, sondern die sich aus vielen Fahrzeugen ergebenden makroskopischen Größen wie Verkehrsfluss, Verkehrsdichte oder mittlere Geschwindigkeit. Daher werden makroskopische Verkehrsmodelle als vereinfachte Beschreibung von Verkehrsabläufen bei Verkehrsplanung und -steuerung eingesetzt. In der Regel werden die makroskopischen Daten aus empirisch ermittelten mikroskopischen Einzelfahrzeugdaten durch Aggregation gewonnen. Durch die Aggregation gehen allerdings zwangsläufig Details des Verkehrsablaufs verloren.

6.3.1 Kenngrößen des Verkehrsablaufs

Zum Verständnis der Betrachtungen in den folgenden Abschnitten ist zunächst die Einführung mehrerer den Verkehrsfluss beschreibenden Größen notwendig.

Die Größen sind im Einzelnen:

Verkehrsdichte: Anzahl der Fahrzeuge auf einem Straßenabschnitt Δs zu einem Zeitpunkt:

$$\rho = \frac{N_\rho}{\Delta s} \qquad (6.13)$$

mit

ρ Verkehrsdichte (KFZ/km)
N_ρ Anzahl der Fahrzeuge auf einem Straßenabschnitt
Δs Straßenabschnitt

Verkehrsstärke: Anzahl der Fahrzeuge an einem Straßenquerschnitt je Zeitabschnitt Δt:

$$q = \frac{N_q}{\Delta t} \qquad (6.14)$$

mit

q Verkehrsstärke (KFZ/h)
N_q Anzahl der Fahrzeuge
Δt Zeitabschnitt

Mit ρ und q kann die mittlere momentane Geschwindigkeit v ermittelt werden:

$$v = \frac{q}{\rho} \qquad (6.15)$$

mit v mittlere momentane Geschwindigkeit (km/h)

6.3.2 Bestimmung der Kenngrößen aus Messergebnissen

Die im vorherigen Abschnitt definierten Kenngrößen des Verkehrsablaufs können zum einen lokal an einem Ort innerhalb eines begrenzten Zeitabschnitts, zum anderen aber auch als eine Momentaufnahme innerhalb eines begrenzten Raumabschnitts ermittelt werden.

Abbildung 6.10 zeigt Trajektorien von Fahrzeugen, die sich auf einem Streckenabschnitt bewegen, sowie die Verkehrskenngrößen, die sich auf der Strecke ermitteln lassen. Die Unterscheidung nach lokaler und momentaner Messung ist ebenfalls in Abbildung 6.10 dargestellt.

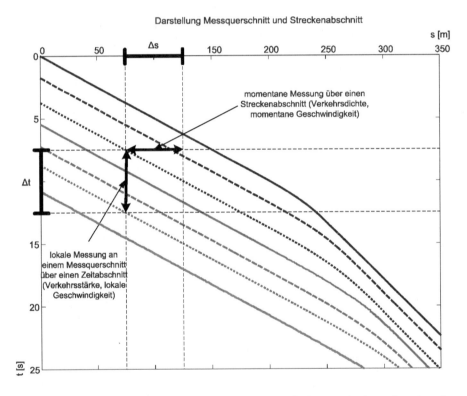

Abb. 6.10. Verkehrskenngrößen eines Messquerschnitts und eines Streckenabschnitts

Die Messung der *Verkehrsdichte* ist unmittelbar nur durch Momentaufnahme zu einem Zeitpunkt auf einem Straßenabschnitt Δs z. B. durch Luftbildauswertung möglich.

Die *Verkehrsstärke* kann lokal an einem Messquerschnitt innerhalb eines Zeitabschnittes Δt z. B. über Induktionsschleifen (vgl. Abschnitt 4.5.1) bestimmt werden.

Die mittlere Geschwindigkeit muss in Abhängigkeit der Art der Messung nach *mittlerer lokaler Geschwindigkeit* und *mittlerer momentaner Geschwindigkeit* unterschieden werden.

Beide Geschwindigkeiten können nicht direkt durch Messungen ermittelt werden, sodass quasi-lokale bzw. quasi-momentane Messungen durchgeführt werden müssen. Dabei wird zur Bestimmung der lokalen Geschwindigkeit eines Fahrzeuges die Überfahrzeit t_i über einen festen (möglichst kurzen (und damit quasi-lokal)) Straßenabschnitt $\Delta\sigma$ bestimmt (angewendet bei der Messung mit Induktionsschleifen) und aus dem Verhältnis von Abschnittslänge $\Delta\sigma$ zur Überfahrzeit t_i die Fahrzeuggeschwindigkeit bestimmt. Die *mittlere lokale Geschwindigkeit* $\bar{v}_l$ wird als arithmetisches Mittel der Einzelfahrzeuggeschwindigkeiten bestimmt (Gleichung 6.16).

$$\bar{v}_l = \frac{\Delta\sigma \cdot \sum\limits_{i}^{N_q} \frac{1}{t_i}}{N_q} \tag{6.16}$$

Für die Bestimmung der mittleren momentanen Geschwindigkeit werden für einen festen (möglichst kurzen (und damit quasi-momentanen)) Zeitabschnitt $\Delta\tau$ die zurückgelegten Wege s_i aller Fahrzeuge ermittelt (angewendet bei der Messung durch Luftbildauswertung). Das Verhältnis der Summe der Wegabschnitte s_i zur Zeitabschnittsdauer $\Delta\tau$ und Anzahl der beobachteten Fahrzeuge N_ρ ergibt die *mittlere momentane Geschwindigkeit* (Gleichung 6.17).

$$\bar{v}_m = \frac{\sum\limits_{i}^{N_\rho} s_i}{N_\rho \cdot \Delta\tau} \tag{6.17}$$

Dabei ist die mittlere momentane Geschwindigkeit stets kleiner als die mittlere lokale Geschwindigkeit. Nur für den Fall, dass alle betrachteten Fahrzeuge mit der gleichen Geschwindigkeit fahren, sind die beiden Werte gleich groß.

Da momentane Beobachtungen in der Praxis sehr aufwendig sind, werden meist lokale Geschwindigkeiten ermittelt und in momentane Geschwindigkeiten umgerechnet.

Es ist zu beachten, dass die Verkehrsstärke q an einem Ort gemessen wird, also eine lokale Größe ist. Die Verkehrsdichte ρ hingegen zu einem Zeitpunkt gemessen wird, also eine momentane Größe ist. Nur für den Fall stationären Verkehrsflusses können die beiden Größen über die mittlere momentane Geschwindigkeit verknüpft werden (Gleichung 6.15). Die mathematisch korrekte

Verknüpfung der Größen ist über eine zeitlich-räumliche Betrachtungsweise möglich (SCHNABEL und LOHSE 1997, HÖFLER 2006). Möglichkeiten zur Überprüfung der Stationarität von Verkehrsströmen sind in (HÖFLER 2006) beschrieben.

6.3.3 Stationäre makroskopische Verkehrsmodelle

Durch Beobachtung des Verkehrsgeschehens lässt sich der in Abbildung 6.11 und Gleichung (6.18) dargestellte, erstmals von Greenshields (GREENSHIELDS 1935) ermittelte, vereinfachte Zusammenhang zwischen mittlerer Geschwindigkeit v und Verkehrsdichte ρ ermitteln.

$$v(\rho) = v_f \cdot \left(1 - \frac{\rho}{\rho_{max}}\right) \tag{6.18}$$

Der Fahrzeugführer kann bei sehr geringer Verkehrsdichte seine Geschwindigkeit frei wählen. Diese Geschwindigkeit wird als freie Geschwindigkeit v_f bezeichnet. Mit zunehmender Dichte beeinflussen sich die Fahrzeuge gegenseitig, sodass es zu einer Abnahme der mittleren Geschwindigkeit kommt. Die maximale Dichte auf der Straße wird erreicht, wenn die Fahrzeuge auf der Straße stehen. Somit ist die mittlere Geschwindigkeit bei maximaler Dichte Null.

Durch Einsetzen von Gleichung (6.18) in Gleichung (6.15) erhält man für die Verkehrsstärke q einen nicht-linearen, parabolischen Zusammenhang (Gleichung (6.19)). Dieser Zusammenhang ist grafisch in Abbildung 6.11 dargestellt. Diese Darstellung des Verhältnisses der Verkehrsstärke zur Verkehrsdichte ist die häufigste grafische Darstellung der Zusammenhänge der Gleichung (6.15) und wird als Fundamentaldiagramm bezeichnet.

$$q = v_f \cdot \rho \cdot \left(1 - \frac{\rho}{\rho_{max}}\right) \tag{6.19}$$

Folgende Zusammenhänge können im Diagramm erkannt werden:

- Wenn die Verkehrsdichte Null ist, ist auch der Verkehrsfluss Null, da keine Fahrzeuge auf der Straße sind.

- Mit Zunahme der Dichte nimmt auch der Verkehrsfluss zu, bis bei der so genannten kritischen Dichte ρ_{cr} der maximale Fluss q_{max} erreicht ist. Gleichzeitig nimmt dabei die mittlere Geschwindigkeit v_f, die durch die Sekantensteigung der Geraden durch den Koordinatenursprung und dem zugehörigen betrachteten Verkehrszustand im Fundamentaldiagramm gegeben ist, ab (vgl. auch Abbildung 6.15a).

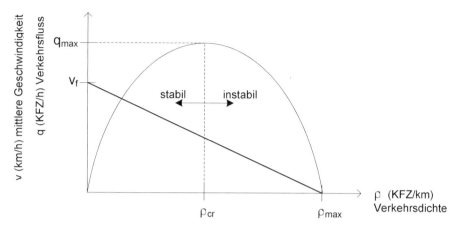

Abb. 6.11. v-ρ und v-q Diagramm (Fundamentaldiagramm) des Straßenverkehrs

- Bei weiterer Erhöhung der Dichte kommt es zu einer Abnahme des Verkehrsflusses und zu einer weiteren Verringerung der mittleren Geschwindigkeit bis zum Stillstand. In diesem Bereich oberhalb der kritischen Dichte sind die Abstände der Fahrzeuge bereits sehr gering, sodass es leicht durch Wechselwirkungen zwischen den Fahrzeugen zum Verkehrszusammenbruch kommen kann. Ein solches Szenario wird in der Umgangssprache auch als „Stau aus dem Nichts" bezeichnet. Für diese Art der Staus ist keine Ursache, wie z. B. ein Unfall oder eine Baustelle, feststellbar. Dieser Bereich wird instabiler Verkehr bezeichnet. Eine systemdynamische Analyse dieses Phänomens behandelt Abschnitt 6.3.5.

- Bei maximaler Dichte (Fahrzeuge stehen quasi Stoßstange an Stoßstange) erreicht der Fluss wieder Null, da die Geschwindigkeit der Fahrzeuge gegen Null geht.

In experimentell gewonnen Messdaten kann häufig bis zur kritischen Dichte eine sehr gute Übereinstimmung mit dem theoretischem Modell festgestellt werden. Oberhalb der kritischen Dichte im instabilen Bereich nimmt die Abweichung zwischen theoretischem Modell und gemessenen Daten hingegen zu (HELBING 1997, KERNER 2004, PAPAGEORGIOU 2004a, HÖFLER 2006).

6.3.4 Dynamische makroskopische Verkehrsmodelle

Die oben beschriebenen Gleichungen gelten für den stationären Verkehrsfluss. Lighthill und Whitham haben diese Gleichungen auch auf den nicht stationären Verkehrsfluss angewendet. Hierbei liegt die Idee zugrunde, die Grundsätze der Theorie der Hydrodynamik auf den Verkehrsstrom anzuwenden (CO-HEN 1991).

Dabei wird das Fahrzeuggeschehen als kontinuierliches Fließgeschehen in Analogie zu flüssigen oder gasförmigen Medien betrachtet (Helbing 1997, Kerner 2004).

Hierzu wurden als erste Voraussetzung die notwendigen Variablen in Abschnitt 6.3.1 bereits als kontinuierlich definiert und die Beziehung untereinander in Gleichung (6.15) beschrieben. Als weitere Voraussetzung gilt die Annahme der Erhaltung der Masse, die für den Verkehr aus Abbildung 6.12 mit dem Ansatz in Gleichung (6.20) hergeleitet werden kann.

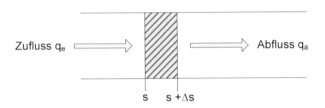

Abb. 6.12. Zufluss und Abfluss in einem Straßenabschnitt Δs

$$\rho(s, t + \Delta t)\Delta s = \rho(s,t)\Delta s + q(s,t)\Delta t - q(s + \Delta s, t)\Delta t \qquad (6.20)$$

Die Gleichung drückt aus, dass die Anzahl der Fahrzeuge in einem Abschnitt der Länge Δs zu einem Zeitpunkt $t + \Delta t$ gleich der Anzahl der Fahrzeuge zum Zeitpunkt t in diesem Abschnitt ist, ergänzt um die Fahrzeuge, die am Ort s während der Zeit Δt eingefahren sind, abzüglich der Fahrzeuge, die am Ort $s + \Delta s$ während der Zeit Δt herausgefahren sind.

Aus (6.20) ergibt sich folgender Differenzenquotient (6.21) und daraus folgender Differenzialquotient (6.22):

$$\frac{\rho(s, t + \Delta t) - \rho(s,t)}{\Delta t} = \frac{q(s,t) - q(s + \Delta s, t)}{\Delta s} \qquad (6.21)$$

$$\frac{\Delta\rho(s,t)}{\Delta t} + \frac{\Delta q(s,t)}{\Delta s} = 0 \qquad (6.22)$$

Unter der Annahme, dass die Grenzwerte $\lim_{t\to 0}\frac{\Delta\rho}{\Delta t}$ und $\lim_{s\to 0}\frac{\Delta q}{\Delta s}$ existieren, folgt die partielle Differenzialgleichung, wie sie aus der Theorie von Wellen bekannt ist:

$$\frac{\partial\rho(s,t)}{\partial t} + \frac{\partial q(s,t)}{\partial s} = 0 \qquad (6.23)$$

Im nächsten Schritt soll eine Lösung für die Differenzialgleichung (6.23) gesucht werden. Dieses führt zum „Kinematic wave model" nach (LIGHTHILL und WHITHAM 1955).

Unter der Annahme, dass die Verkehrsstärke nur von der Dichte abhängig ist, also mit $q = q(\rho)$ ist:

$$\frac{\partial q(\rho)}{\partial s} = \frac{\partial q(\rho)}{\partial \rho(s,t)} \frac{\partial \rho}{\partial s} \qquad (6.24)$$

Damit ergibt sich mit (6.23):

$$\frac{\partial \rho(s,t)}{\partial t} + \frac{\partial q(\rho)}{\partial \rho(s,t)} \frac{\partial \rho}{\partial s} = 0 \qquad (6.25)$$

$$\frac{\partial \rho(s,t)}{\partial t} + c \frac{\partial \rho(s,t)}{\partial s} = 0 \quad c = \frac{\partial q(\rho)}{\partial \rho} \qquad (6.26)$$

Eine graphische Darstellung des Zusammenhangs $c = \frac{\partial q(\rho)}{\partial \rho}$ zeigt Abbildung 6.13. Der Parameter c ist die Tangentensteigung im aktuellen Arbeitspunkt im Fundamentaldiagramm, der ebenfalls die Dimension einer Geschwindigkeit hat.

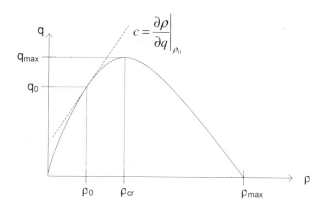

Abb. 6.13. Bestimmung der Geschwindigkeit c mit Hilfe des Fundamentaldiagramms

Als allgemeine Lösung erhält man für die Differenzialgleichung 6.26 eine Schar von Geraden:

$$\rho(s,t) = F(s - c \cdot t) \qquad (6.27)$$

Anschaulich kann man diese Lösung anhand der Darstellung in Abbildung 6.14 erklären: Sei die Verkehrsdichte zum Zeitpunkt $t_1 = 0$ an der Stelle

$s = s_1$ bekannt. Mit Gleichung 6.27 ergibt sich: $\rho(s_1, t) = F(s_1)$. Zum anderen betrachte man die Verkehrsdichte zum Zeitpunkt $t = t_2 > t_1$ und an der Stelle $s_2 = s_1 + ct_2$. Diese ist $\rho(s_2, t_2) = \rho(s_1 + ct_2, t_2) = F(s_1 + ct_2 - ct_2) = F(s_1)$. Zusammengefasst ergibt sich:

$$\rho(s_1, 0) = F(s_1) = \rho(s_1 + ct_2, t_2) \tag{6.28}$$

Hieraus folgt, dass die Verkehrsdichten zum Zeitpunkt $t_1 = 0$ an der Stelle $s = s_1$ und zum Zeitpunkt $t = t_2$ an der Stelle s_2 gleich groß sind.

Der Verlauf der konstanten Verkehrsdichte über die Zeit und den Ort in Abhängigkeit des Parameters c ist in Abbildung 6.14 dargestellt. Die gestrichelten Linien in der Abbildung kennzeichnen Bereiche, in denen in Abhängigkeit von c die Verkehrsdichte und damit auch der Verkehrsfluss und die mittlere Geschwindigkeit gleich bleiben. Damit können diese Linien als Wellenfronten angesehen werden, die sich mit der Geschwindigkeit c bewegen. In anderen Worten: Ein Beobachter aus der Luft, der sich stets mit der Geschwindigkeit c entlang einer Straße bewegt, würde keine Veränderung in der Verkehrsdichte auf der Straße wahrnehmen.

Es können folgende drei Unterscheidungen beschrieben werden:

$c \leq v$	$\forall \rho \in [0, \rho_{max}]$	Die Geschwindigkeit der kinematischen Welle ist stets langsamer als die mittlere Geschwindigkeit der Fahrzeuge, d. h. die Welle wandert relativ zum Fahrzeugstrom flussaufwärts.
$c \geq 0$	$\forall \rho \in [0, \rho_{cr}]$	Die Wellenfront bewegt sich relativ zu einer festen Position flussabwärts.
$c < 0$	$\forall \rho \in (\rho_{cr}, \rho_{max}]$	Die Wellenfront bewegt sich relativ zu einer festen Position flussaufwärts.

Die erste Aussage für $c \leq v$ bedeutet, dass ein Fahrer, der einen Stau auslöst, z. B. ein überholender, langsamer LKW von diesem Stau nicht betroffen ist.

Insgesamt werden durch die obigen Unterscheidungen vergleichbar mit Abschnitt 6.3.3 zwei Verkehrsbereiche, nämlich der des freien Flusses ($\rho < \rho_{cr}$) und der des gestauten Verkehrs ($\rho_{cr} < \rho < \rho_{max}$), identifiziert. In anderen Arbeiten werden weitere Phasen unterschieden, auf welche hier nicht näher eingegangen werden sollen, welche jedoch der Vollständigkeit halber genannt werden sollen. So betrachtet beispielsweise (KERNER 2004) die drei Phasen freier Verkehr, synchronisierter Verkehr im Bereich der kritischen Dichte und sich bewegender breiter Stau.

Werden aneinander grenzende Straßenabschnitte mit unterschiedlichen Verkehrsdichten ρ_1 und ρ_2 betrachtet, muss im vorliegenden Modell in einigen Fällen ein diskontinuierliche Dichtesprung berücksichtigt werden. Abbildung

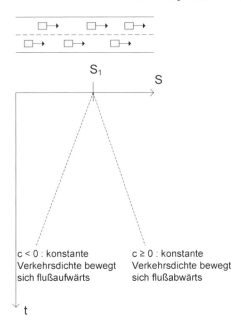

Abb. 6.14. Verkehrsdichteausbreitung über den Ort und die Zeit

6.15a zeigt einen Straßenabschnitt mit zwei unterschiedlichen Verkehrsdichten $\rho_1 > \rho_2$. Die Geschwindigkeit w sei die Angabe, mit welcher Geschwindigkeit sich die Stelle des Sprungs der beiden Verkehrsdichten fortbewegt.
Sie wird auch als Stoßwellengeschwindigkeit bezeichnet. Diese Situation bzw.
diese Welle wird als Stoßwelle (shock wave) bezeichnet.

Die Geschwindigkeit w kann über die Rate der ausfahrenden Fahrzeuge $q_1 -
w\rho_1$ und der Rate der einfahrenden Fahrzeuge $q_2 - w\rho_2$ jeweils an der Stelle
des Dichtesprungs bestimmt werden.

$$q_2 - w\rho_2 = q_1 - w\rho_1 \tag{6.29}$$

$$w = \frac{q_1 - q_2}{\rho_1 - \rho_2} \tag{6.30}$$

Die Steigung der Sekante der beiden Arbeitspunkte im Fundamentaldiagramm
entspricht diesem Quotienten w (vgl. Abbildung 6.15c).

Insgesamt können damit drei Geschwindigkeiten im Fundamentaldiagramm
identifiziert werden. Dieses sind die Fahrzeuggeschwindigkeit v sowie die Wellengeschwindigkeit c (Abbildung 6.15b) und die Stoßwellengeschwindigkeit w
(Abbildung 6.15c).

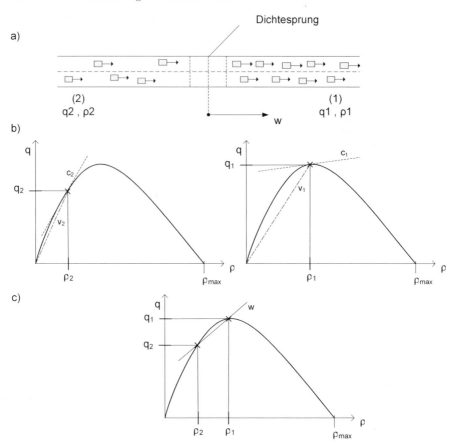

Abb. 6.15. Straßenabschnitt mit unterschiedlichen Verkehrsdichten- und stärken, a) Schematische Darstellung des Straßenabschnitts, b) Fundamentaldiagramm mit Fahrzeug- und Wellengeschwindigkeit, c) Fundamentaldiagramm mit resultierender Stoßwelle

Abbildung 6.16 zeigt eine Darstellung der sich aus zwei unterschiedlichen Verkehrsdichten zweier aneinander grenzender Straßenabschnitte ergebenden Wellengeschwindigkeiten c_1 und c_2 und den Dichtesprung (Stoßwelle) zwischen den beiden Zuständen. Zusätzlich wurde in der Abbildung die Geschwindigkeit eines Fahrzeuges dargestellt, welches sich flussaufwärts der Stoßwelle mit der Fahrzeuggeschwindigkeit v_2 fortbewegt, flussabwärts der Stoßwelle mit der Fahrzeuggeschwindigkeit v_1.

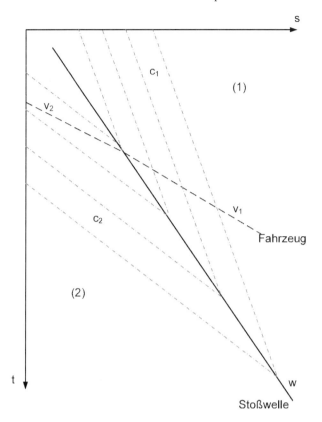

Abb. 6.16. Geschwindigkeiten von Fahrzeug, Welle und Stoßwelle im Weg-Zeit-Diagramm

6.3.5 Regelungstechnische Stabilitätsbetrachtung

Bereits bei der Herleitung des Fundamentaldiagramms in Abschnitt 6.3.3 klang das Phänomen an, dass oberhalb einer gewissen Verkehrsdichte der Verkehr manchmal zusammenbricht. Aus der Anschauung wird daher der rechte Teil im Fundamentaldiagramm zwar zutreffend als instabiler Bereich bezeichnet, eine theoretische Begründung für die Instabilität insbesondere aus systemdynamischer Sicht leistet diese Anschauung aufgrund ausschließlich stationärer Betrachtungsweise nicht. Eine umfassende Darstellung verschiedener Modellansätze für die Instabilität von Verkehrsströmen gibt (BOTMA 1995), wobei er betont, „knowledge about this phenomenon is rather scarce" und leider über keine überzeugende theoretische Analyse berichtet.

Die systemdynamische Erklärung der Instabilität ist noch nicht vollständig untersucht. Erste wissenschaftliche Ansätze hierzu sollen hier unter Nutzung der dynamischen Verkehrsmodellierung des vorangegangenen Abschnitts 6.3.4

genannt werden. Ausgangpunkt ist die räumlich diskretisierte Kontinuitäts-
betrachtung des makroskopischen Verkehrsflusses, welche darin besteht, dass
in einem Straßenabschnitt i der Länge Δs die Differenz zwischen hinein- und
hinausfahrendem Verkehrsstrom der zeitlichen Dichteänderung im betreffenden i-ten Abschnitt entspricht (Gl. 6.31).

$$q_{ei} - q_{ai} = \Delta s \frac{d\rho_i}{dt} \qquad (6.31)$$

Dabei ist die hinausfließende Verkehrsstärke des vorherigen Abschnitts $i - 1$
gleich der einfließenden Verkehrsstärke des Abschnitts i:

$$q_{ei} = q_{a(i-1)} \qquad (6.32)$$

Die Stärke des ausfließenden Verkehrsstroms q_{ai} sei von dem im Abschnitt i
und von dem im folgenden Abschnitt $i+1$ herrschenden Verhältnissen abhängig.

Dies sei im Folgenden durch Gleichung (6.33) formuliert:

$$q_{ai} = f_3(f_1(\rho_i), f_2(\rho_{i+1})) = f_3(q_D(\rho_i), q_S(\rho_{i+1})) \qquad (6.33)$$

Hier beschreibt die Funktion f_1 die Verkehrsstärke q_D, die aus dem Abschnitt
i abfließen möchte. Die Funktion f_2 beschreibt die Verkehrsstärke q_S, die von
Abschnitt $i+1$ aufgenommen werden kann. Abbildung 6.17 zeigt zwei mögliche
Realisierungen dieser Funktionen.

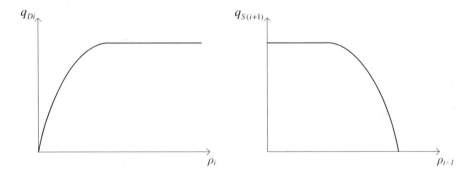

Abb. 6.17. Beispielhafter Verlauf der Verkehrsstärken q_D und q_S, nach (PAPAGE-
ORGIOU 2004a)

Die Funktion f_3 beschreibt den Zusammenhang der Verkehrsstärken q_D (angefordert) und q_S (max. aufnehmbar). Diese Funktion muss notwendigerweise
den Zusammenhang abbilden, dass aus dem i-ten Straßenabschnitt maximal

der Verkehrsstrom abfließen kann, der vom Folgeabschnitt $i+1$ aufgenommen werden kann.

Für zwei Streckenabschnitte ergibt sich das in Abbildung 6.18 dargestellte Blockschaltbild. Der dritte Straßenabschnitt $(i+2)$ ist hier nur über dessen Rückwirkung auf die Funktion $f_2(\rho_{i+2})$ angedeutet worden.

Für den ersten Straßenabschnitt sei der diesbezügliche einströmende Verkehrsfluss q_{ei} Stellgröße des Systems. In der Praxis kann man sich dies beispielsweise über eine Lichtsignalsteuerung realisiert denken.

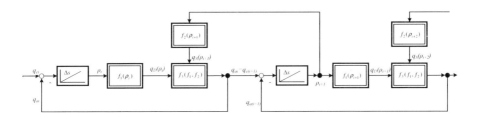

Abb. 6.18. Blockschaltbild für den Verkehrsfluss von zwei Streckenabschnitten

Um die Stabilität dieses laut 6.31 unendlichdimensionalen Systems beurteilen zu können, sei an dieser Stelle der Ansatz genannt, zunächst eine endliche Anzahl an Straßenabschnitten zu berücksichtigen und adäquate Randbedingungen für den letzten Straßenabschnitt einzuführen.

Des Weiteren muss bei der anschließenden Stabilitätsanalyse, deren Methoden aus der Regelungstechnik hinlänglich bekannt sind, eine maximale Verkehrsdichte berücksichtigt werden. Die Anwendung und Erweiterung dieser Methoden auf das System des Straßenverkehrs ist aktuelles Forschungsthema.

6.3.6 Zusammenhang zwischen mikro- und makroskopischen Verkehrsmodellen

In Abschnitt 6.3.3 wurde das Fundamentaldiagramm eingeführt, dass auf der Annahme beruht, dass eine Abhängigkeit der mittleren Geschwindigkeit von der Dichte auf dem Abschnitt besteht. Hierzu wurde in Gleichung 6.18 ein linearer Zusammenhang angenommen.

Die extreme Darstellung, Verkehrsflüsse und -dichten auf einzelne Fahrzeuge abzubilden, führt zu einer Überführung des makroskopischen Ansatzes auf den mikroskopischen. Hierzu wird das weite Spektrum des unterschiedlichen Fahrerverhaltens mit Hilfe von statistischen Verteilungen modelliert (vgl. (MARQUES und NEVES-SILVA 2006)).

Hierzu sei die Verkehrsdichte

$$\rho = \frac{1}{\Delta s + l} \qquad (6.34)$$

mit

Δs Fahrzeugabstand
l Fahrzeuglänge

Es sei weiterhin der Abstand abhängig von der Geschwindigkeit des Fahrzeuges

$$\Delta s = \Delta s_{\min} + \beta \cdot v \qquad (6.35)$$

mit

$\Delta s_{\min}$ Minimaler Fahrzeugabstand (bei maximaler Fahrzeugdichte)
β Sensitivtät für menschliche Abstandsregelung

Aus 6.34 und 6.35 folgt für die Geschwindigkeit v:

$$v(\rho) = \frac{1}{\beta}\left(\frac{1}{\rho} - \frac{1}{\rho_{\max}}\right) \qquad (6.36)$$

Durch die Vorgabe einer freien Geschwindigkeit v_f, die von der örtlichen Geschwindigkeitsbeschränkung und der Einhaltung dieser durch den Fahrer abhängig ist, kann ein ρ_f bestimmt werden (vgl. auch Abbildung 6.19).

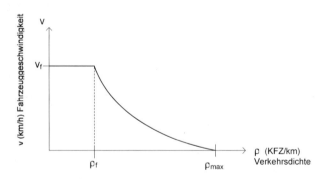

Abb. 6.19. v-ρ Diagramm für ein Fahrzeug

$$\rho_f = \frac{\rho_{\max}}{\beta v_f \rho_{\max} + 1} \qquad (6.37)$$

Damit ergibt sich folgender Zusammenhang für die Geschwindigkeit (Gleichung 6.38) und damit für die Verkehrsstärke (6.39).

$$v(\rho) = \begin{cases} v_f, \; \rho < \rho_f \\ \frac{1}{\beta}\left(\frac{1}{\rho} - \frac{1}{\rho_{\max}}\right), \; \rho \geq \rho_f \end{cases} \tag{6.38}$$

$$q(\rho) = \begin{cases} v_f \rho, \; \rho < \rho_f \\ \frac{\rho}{\beta}\left(\frac{1}{\rho} - \frac{1}{\rho_{\max}}\right), \; \rho \geq \rho_f \end{cases} \tag{6.39}$$

Da die Fahrer unterschiedliches Verhalten zeigen, müssen v_f und β mit Hilfe statistischer Verteilungen beschrieben werden. Abbildung 6.20 zeigt ein v-ρ und q-ρ Diagramm, die durch Simulation mit 75 Fahrzeugen, die mit einer freien Geschwindigkeit v_f von 90 km/h mit einer Standardabweichung von 18 km/h fahren, wobei die Sensitivität für die Abstandshaltung β zu 0.6 s mit einer Standardabweichung zu 0.15 s angesetzt wurde, gewonnen wurden.

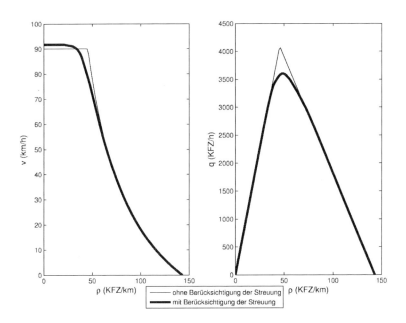

Abb. 6.20. v-ρ und q-ρ Diagramm (Mittelwerte) für 75 Fahrzeuge mit unterschiedlichem Fahrerverhalten

6.4 Konzepte zur Verkehrsflusssteuerung

In Abschnitt 6.3.2 wurde dargestellt, dass der Verkehrsfluss abhängig von der aktuellen Verkehrsdichte ist und ein maximaler Verkehrsfluss bei der sogenannten kritischen Dichte existiert. Durch Verkehrsstauungen sowohl im innerstädtischen Bereich als auch auf Autobahnen wird der maximale Verkehrsfluss aber häufig nicht erreicht und damit die mögliche Transportkapazität nicht genutzt. Sowohl in Innenstädten als auch Autobahnen gilt, dass die Straßen aus Raum- und Kostengründen nicht beliebig vergrößert werden können. Daher können sowohl einfache als auch sehr komplexe Kontrollstrategien angewendet werden, um die Effizienz des Verkehrs auf den vorhandenen Straßen zu steigern.

Um diese Effizienzsteigerung zu erreichen, können vier Bereiche für Maßnahmen unterschieden werden: Maßnahmen an der innerstädtischen Infrastruktur, an der Infrastruktur von Autobahnen, Verkehrslenkungs- und Fahrerinformationsmaßnahmen sowie durch den Einsatz von Fahrerassistenzsystemen. Der erste Bereich wird in Kapitel 8 zum Thema Kreuzungsmanagement ausführlich behandelt, der zweite Bereich in Abschnitt 6.4.2 dieses Kapitels, der dritte Bereich im Abschnitt 12.3.5 Verkehrslenkung und individuelle Fahrzeugnavigation sowie der letzte Bereich wurde in Abschnitt 6.2.5 beschrieben. In Abschnitt 6.4.1 wird die grundsätzliche Regelungsstruktur für Beeinflussungsmaßnahmen dargestellt.

6.4.1 Grundsätzliche Regelungsstruktur

Die grundsätzliche Regelungsstruktur zur Beeinflussung zeigt Abbildung 6.21. Auf der einen Seite liegt die reale Welt vor, welche durch das Verkehrsnetz bestimmt wird. Auf dieses Verkehrsnetz wirken Störungen, wie Nachfrage, Wetter, Unfälle und weitere. Daten über den Verkehrszustand können über Sensoren erfasst werden und in einem Rechensystem weiterverarbeitet werden. Das Verkehrsverhalten wird überwacht und unter Berücksichtigung der Zielvorgaben ggf. unter Einflussnahme eines Bedieners in Echtzeit geregelt. Mit den Ergebnissen werden die Stellglieder im Verkehrsnetz beeinflusst. Die Effizienz der Regelung hängt insbesondere von der Qualität der Sensorinformation und der verwendeten Regelungsstrategie ab.

6.4.2 Verkehrsbeeinflussung auf Autobahnen

Die auf Autobahnen verwendeten Maßnahmen lassen sich grob in drei Bereiche gliedern. Zum einen die Zuflusssteuerung, das sogenannte Ramp Metering, zum anderen die Beeinflussung durch Wechselverkehrzeichen. Diese Maßnahmen sind der Bahnführungsebene des in Abschnitt 6.1 vorgestellten Ebenenmodells zuzuordnen. Als weiterer Bereich ist die Verkehrslenkung und Fahrerinformation zu nennen, die in Abschnitt 12.3.5 behandelt wird. Diese Maßnahmen sind der Navigationsebene zuzuordnen.

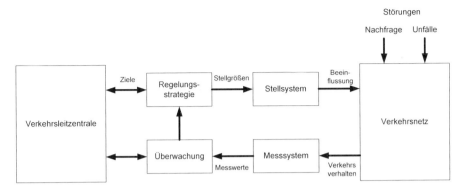

Abb. 6.21. Grundsätzliche Regelungsstruktur zur Verkehrsflusssteuerung für den Straßenverkehr

Zuflusssteuerung

Beim Ramp Metering wird durch Lichtzeichenanlagen auf Zufahrten von Autobahnen oder Autobahnkreuzen der Zufluss auf die Autobahn gesteuert. Abbildung 6.22 zeigt eine Schemadarstellung dieser Zuflussregelung.

Kommt es zum Stau auf der Autobahn sinkt der maximale Verkehrsfluss, der aus dem Stau herausfließenden Fahrzeuge. Dieses Phänomen wird in der Literatur als „capacity drop" bezeichnet. Durch eine geeignete Regelung der zufließenden Verkehre durch Lichtzeichenanlagen in den Auffahrten können Staus auf der Autobahn vermieden werden und somit kann ebenfalls der „capacity drop" vermieden werden.

Insgesamt können verschiedene positive Auswirkungen des Ramp Metering beobachtet werden:

- *Zunahme der Verkehrsstärke* auf der Autobahn aufgrund der Vermeidung oder Verringerung der Anzahl von Staus sowie

- *Zunahme der Verkehrssicherheit* durch sicheres Einfädeln.

- Es kann sogar von einer *Entlastung des Gesamtnetzes* ausgegangen werden. Da durch die Regelung letztendlich mehr Fahrzeuge über die Autobahn geführt werden können, werden mehr Fahrer von den Stadtstraßen auf die Autobahn wechseln, sodass der Stadtverkehr durch die effektivere Nutzung der Autobahnen sogar entlastet wird.

Innerhalb der Ramp Metering Strategien sind die Festzeitstrategien und die reaktiven Strategien zu unterscheiden (PAPAGEORGIOU und KOTSIALOS 2002).

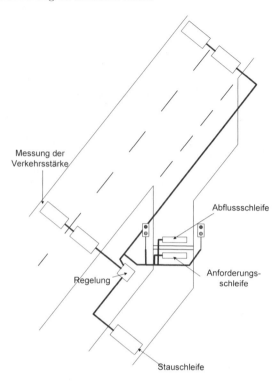

Messung der
Verkehrsstärke

Abflussschleife

Regelung

Anforderungs-
schleife

Stauschleife

Abb. 6.22. Schemadarstellung der Zuflussregelung durch Ramp Metering

Bei den *Festzeitstrategien* werden die Lichtzeichen, die den Verkehr auf die Autobahn zulassen oder unterbinden, mit einem zeitlich festen Signalprogramm betrieben. Die Zeitdauern für die unterschiedlichen Phasen werden dabei aus Verkehrsmessungen der Vergangenheit gewonnen. Diese sind in der Regel als Tagesganglinien für den Ablauf innerhalb eines Tages, in Wochengangslinien für den Ablauf innerhalb der Tage einer Woche und Jahresganglinien für den Ablauf innerhalb eines Jahres aufgezeichnet. Eine Berücksichtigung des unterschiedlichen Verkehrsaufkommens in Abhängigkeit der Tageszeit, des Wochentages oder besonderem Verkehrsaufkommen an bestimmten Tagen eines Jahres kann durch eine Zeitsteuerung erfolgen. Diese feste Vorgabe der Signalisierungszeiten kann nach unterschiedlichen Optimierungskriterien ausgelegt werden, hat aber unabhängig davon mehrere Nachteile, so sind z. B. die ermittelten Ganglinien Schwankungen unterworfen oder Unfälle oder Baustellen können den Verkehrsablauf in unerwarteter Weise stören.

Deutlich bessere Ergebnisse im Vergleich zur Steuerung erreichen die *reaktiven Strategien* zur Regelung des Zuflusses an den Auffahrten. Je nach Ausbau werden hierbei lokal oder über einen größeren Autobahnabschnitt verschiedene Messwerte und Kenndaten zur Berechnung der Schaltzeiten in Echtzeit berücksichtigt. Messwerte können der aktuelle Verkehrszustand auf der Autobahn bzw. auf dem Autobahnabschnitt, der aktuelle Verkehrszustand auf den Auffahrten oder Informationen über Unfälle sein. Mindestens notwendig sind dafür Messungen der Verkehrsstärke vor und hinter der Auffahrt. Zusätzlich ist die Messung von ankommenden und abfahrenden Fahrzeugen in der Auffahrt notwendig (vgl. Abbildung 6.22). Bei der Auswahl der Messgrößen ist auf Ihre Eignung zu achten. Wie im Fundamentaldiagramm (Abbildung 6.11) zu erkennen ist, kann z. B. ein gemessener Verkehrsfluss nicht eindeutig einer Verkehrsdichte, sondern muss zwei unterschiedlichen Verkehrsdichten zugeordnet werden.

Eine zusätzliche Messung am Anfang der Zufahrt ermöglicht es die Regelung so auszulegen, dass ein Rückstauen in die Zubringer- bzw. Stadtstraßen vermieden wird. Als Kenndaten können für die Regelung die begrenzte Aufnahmekapazität der Auffahrten und der Autobahn hinterlegt werden.

Beispiel für eine reaktive lokale ramp-metering Strategie ist die „demand-capacity-strategy", die folgendermaßen zeitdiskret beschrieben werden kann (vgl. Abbildung 6.23):

$$r(k) = \begin{cases} q_{cap} - q_{in}(k-1), \text{ if } o_{\text{out}}(k) \leq o_{\text{cr}} \\ r_{\min}, \text{ else} \end{cases} \qquad (6.40)$$

Vorgegeben wird für die Realisierung die Kapazität q_{cap} der Autobahn flussabwärts. Die Kapazität ist der maximale Verkehrsfluss, bevor es zu einem Zusammenbruch des fließenden Verkehrs kommt. In einfacher Annahme kann er zu $q_{\max}$ im Fundamentaldiagramm (vgl. Abbildung 6.11) angenommen werden. Eine Diskussion über den Zufallscharakter der Kapazität von Autobahnen beschreibt (BRILON et al. 2005), auf die hier nicht eingegangen wird. q_{in} ist der Verkehrsfluss, der vor der Auffahrt gemessen wird. Der Belegungsgrad (occupancy) o_{out} ist vergleichbar mit der Verkehrsdichte, ist allerdings eine prozentuale Angabe. Sowie es eine kritische Verkehrsdichte gibt (vgl. Abschnitt 6.3.3), gibt es dementsprechend einen kritischen Belegungsgrad o_{cr}. Die „demand-capacity-strategy" sieht vor, genau soviele Fahrzeuge einfließen zu lassen, sodass die flussabwärts vorhandene Kapazität q_{cap} erreicht wird. Ist diese Kapazität bereits überschritten, wird nur noch ein minimaler Zufluss $r_{\min}$ zugelassen.

Eine andere häufig in der Literatur genannte Strategie ist ALINEA (ZHANG et al. 2001, PAPAGEORGIOU und KOTSIALOS 2002). Diese kann folgendermaßen beschrieben werden (vgl. Abbildung 6.23):

$$r(k) = r(k-1) + K_r[\hat{o} - o_{out}(k)] \qquad (6.41)$$

K_r beschreibt dabei einen einzustellenden Reglerparameter. $\hat{o}$ wird typischerweise zu o_{cr} festgesetzt. Durch den integrierenden Anteil reagiert dieser Regler

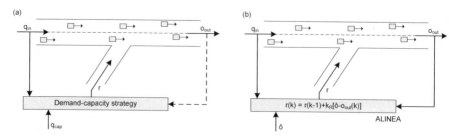

Abb. 6.23. Lokale Zuflussregelungsstrategien, a) Demand-capacity, b) ALINEA, nach (PAPAGEORGIOU und KOTSIALOS 2002)

sehr viel sanfter auf Regelabweichungen als die Umsetzung bei der demand-capacity-strategy mit einem schaltenden Regler. Aus den berechneten zulässigen Zuflüssen $r(k)$ müssen anschließend die Grünzeiten für die Signalisierung berechnet werden.

Als Erweiterung der vorstellten ALINEA Strategie kann METALINE angesehen werden, bei der auch die weiteren Zufahrten der Umgebung und die dort gemessenen Verkehrsdaten in die Regelung mit einbezogen werden.

Insgesamt kann der Erfassungsbereich soweit erweitert werden, sodass wir zu einer Netzregelung kommen. Hierbei können auch Werte von prognostizierten Fahrzeugströmen, und damit implizit über Verkehrsmodelle, die erwartete Verkehrssituation berücksichtigt werden. Großes Potential in der Regelung der Verkehrsströme ergibt sich durch eine Verbindung der Regelung des Autobahnnetzes mit der Netzregelung der Zubringer- und Stadtstraßen.

Wechselverkehrszeichensteuerung

Über Wechselverkehrszeichen können dynamisch Beschränkungen für einen Straßenabschnitt vorgegeben werden, z. B. Tempolimit oder gesperrte Fahrstreifen oder Informationen und Warnungen, z. B. Stauwarnungen oder Baustellenhinweise, an den Fahrer übermittelt werden.

In der Region Hannover betreibt z. B. die move Entwicklungs-, Infrastruktur und Servicegesellschaft mbH Wechselverkehrszeichen auf der A2. Durch Anzeige von Geschwindigkeitsbeschränkungen können die Geschwindigkeiten der Verkehrsteilnehmer angeglichen werden und damit ein einheitlicherer Verkehrsfluss erzeugt und damit Staus vermieden werden. Die Geschwindigkeitsbeschränkungen sollen dynamisch anhand des aktuellen Verkehrszustandes visualisiert werden bzw. situationsabhängig komplett entfallen. Grundsätzlich kommt es dabei zu dem Konflikt, zum einen die mittlere Geschwindigkeit der einzelnen Fahrzeuge möglichst zu maximieren, auf der anderen Seite aber den Verkehrsfluss im Interesse aller Autofahrer zu maximieren, indem homogene Verkehrsflüsse mit geringer Streuung der Fahrzeuggeschwindigkeiten angestrebt werden. Das Maximum des Verkehrsflusses liegt etwa bei einer Dichte von 30 Fahrzeugen pro Kilometer, was einer mittleren Geschwindigkeit von etwa 80 km/h entspricht. Der Verkehrsfluss fällt bei höherer Geschwindigkeit geringer aus, da – aufgrund des Sicherheitsabstandes – die Fahrzeugdichte geringer ist (HELBING 1997) (vgl. auch Abschnitt 6.3.3). Außerdem können mit Hilfe von Wechselverkehrszeichen frühzeitig Warnungen über Baustellen, Unfälle oder Glatteis an die Fahrer übermittelt werden (MOVE 2004). Die in Abbildung 6.24 dargestellten Messungen zeigen, dass eine Geschwindigkeitsbeschränkung von 120 km/h zu einem deutlich homogeneren Verkehrsfluss beiträgt. So fahren über 80% der Fahrzeuge bei geschalteten 120 km/h im Geschwindigkeitsbereich von 100-130 km/h. Insgesamt fahren dabei nur ca. 3% der Fahrzeuge mehr als 130 km/h. In der Abbildung ist zu erkennen, dass ohne eine Geschwindigkeitsbeschränkung eine deutlich inhomogenere Geschwindigkeitsverteilung vorliegt. Wie in Abbildung 6.25 zu erkennen ist, kann die Regelung des Verkehrsablaufs durch Wechselverkehrszeichen auf Autobahnen zu einer deutlichen Abnahme der Unfallzahlen und einer verringerten Anzahl von Verletzten führen.

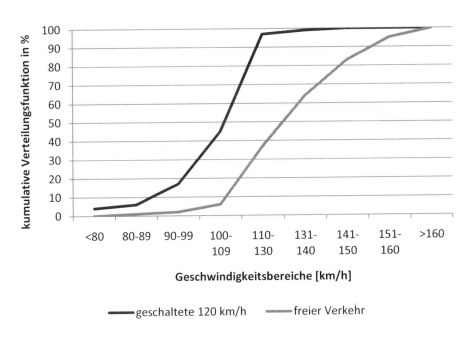

Abb. 6.24. Vergleich des Geschwindigkeitsverhaltens von Fahrzeugführern bei freiem Verkehr und geschaltetem 120 km/h (aufgenommen an einem Querschnitt einer Richtungsfahrbahn des Verkehrsleitsystems München Nord), nach (SCHNABEL und LOHSE 1997)

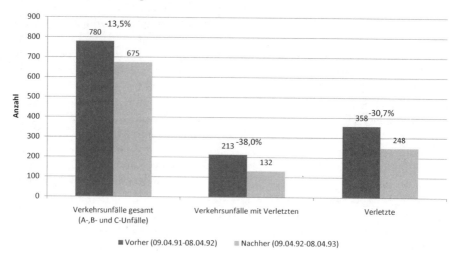

Abb. 6.25. Unfallentwicklung im Bereich einer Wechselverkehrszeichenanlage (A9 Nürnberg-München), nach (SCHNABEL und LOHSE 1997)

Sicherung und Steuerung von Zugbewegungen (Zugbeeinflussung)

Ausgehend von einer historischen Rückschau auf die Notwendigkeit und Entwicklung der Eisenbahnsicherungstechnik werden die regelungstechnischen Hintergründe der Abstandshaltung im Schienenverkehr erklärt. Darauf aufbauend wird die Notwendigkeit von Zugbeeinflussungssystemen konzeptionell erläutert. Neben der Formalisierung der Zusammenhänge werden Korrespondenzen zum Straßenverkehr hergestellt und reale Zugbeeinflussungssysteme beschrieben.

7.1 Einleitung und Übersicht

Bereits kurz nachdem die ersten Eisenbahnen in den frühen Jahren des 19. Jahrhunderts ihren Betrieb aufnahmen und die Anzahl der auf einer Strecke verkehrenden Züge zahlreicher wurde, mussten die Betreiber Lösungen zur Steuerung und Sicherung der Zugfahrten finden. Zunehmend wurden betriebliche Abläufe automatisiert und die Betriebsführungen konzentriert, wodurch menschliche Fehler reduziert und die Betriebssicherheit erhöht werden konnten. Bereits im Jahr 1856 wurde in England von John Saxby ein Zentralapparat mit mechanischer Abhängigkeit zur Steuerung von Weichen und Signalhebeln zum Patent angemeldet, welches die Grundlage der späteren Stellwerkstechniken bildete.

Seit mehr als 100 Jahren übernehmen in erster Linie Stellwerke die Sicherung des Schienenverkehrs bzw. deren technisch umgesetzte Logik (vgl. Kapitel 9). Mit Hilfe dieser Logik werden Fahrweg- und Zugfolgesicherungen umgesetzt, insbesondere stellen Stellwerke sicher, dass der zu einer Fahrstraße gehörende Fahrweg verschlossen und die jeweils richtige Signalinformation (Signalbegriff) übertragen wird. Ein Fahrweg ist eine Fahrmöglichkeit für ein Schienenfahrzeug, die sich aus der Lage der Weichen und der zugehörigen Gleise in der Topologie eines Gleisnetzes ergibt; von einer Fahrstraße spricht man, wenn der Fahrweg durch das Stellwerk sicherungstechnisch für eine Zug- oder Rangierfahrt freigegeben ist. Für jede Zug- oder Rangierfahrt wird entsprechend eine neue Fahrstraße eingestellt, sodass die Zugfolge technisch gesichert ablaufen kann.

Nicht zuletzt aufgrund der mäßigen Bremseigenschaften der Schienenfahrzeuge (vgl. Abschnitt 3.2) kam es durch menschliches Versagen – insbesondere der Triebfahrzeugpersonale – immer wieder zu Unfällen, sodass Ende des 19. Jahrhunderts verstärkt an der Verbesserung der Sicherheit geforscht wurde. Die durch Signale optisch an das Fahrpersonal übermittelten Informationen wurden schließlich zusätzlich auf mechanischem, optischem, elektrischem oder magnetischem Weg auf die Lokomotiven übertragen und sollten der Überwachung der Triebfahrzeugpersonale dienen (vgl. Kapitel 5). Bei Nichtbeachtung eines Signals oder falscher Reaktion war die Aufgabe des Systems, automatisiert eine Zwangsbremsung des Zuges zu bewirken und somit den Zug in einen sicheren Zustand zu überführen. In Deutschland konnte sich eine magnetisch-induktive Lösung eines Zugbeeinflussungssystems unter der Bezeichnung „INDUSI" (Induktive Zugsicherung) ab Beginn der 1930er Jahre durchsetzen (vgl. Abschnitt 4.6.1). In nennenswerter Zahl wurde das System jedoch erst ab den 1950er Jahren auf den Eisenbahnstrecken installiert (MÖLLERING und HIRZEL 1927, STELLWERKE 2007).

Zur Abgrenzung und Präzisierung der Begriffe wird der Ausdruck Zugbeeinflussung im Folgenden primär als Funktion zur fahrzeugseitigen Sicherung einer Zugfahrt verstanden (engl. protection). Die Regelungsfunktion der Zugfahrt kann mit dem Zugbeeinflussungs- und Sicherungssystem unterstützt werden. Der Eisenbahnfahrzeugführer bzw. Triebfahrzeugführer kann in die Funktionsausführung einbezogen werden. Die Terminologie dieses Bereichs ist derzeit noch unscharf.

7.2 Aufgabenstellung und Ziele der Zugbeeinflussung

Der Bremsweg von Schienenfahrzeugen ist aufgrund des geringen Haftreibungsbeiwertes (Stahl auf Stahl für das Rad/Schiene-System) sehr lang (vgl. Abschnitt 3.2). Unachtsamkeiten von Eisenbahnfahrzeugführern im Zusammenspiel mit langen Bremswegen können eine Vorbeifahrt an einem „Halt" zeigenden Signal zur Folge haben, was gravierende Auswirkungen nach sich ziehen könnte. Im Gegensatz zum Straßenverkehr (vgl. Kapitel 6) wurde aufgrund dessen im Zusammenhang mit der Signalstellung eine technische Zugbeeinflussung als Überwachung des Fahrzeugführers bei Fehlhandlungen in das Eisenbahnsystem integriert, um die vorhandene Sicherheitslücke zu schließen. In der Regel fährt der Eisenbahnfahrzeugführer einen Zug ohne Eingreifen des Zugbeeinflussungssystems.

Für einen optimalen Bahnbetrieb mit einer hohen Fahrzeuggeschwindigkeit ist auch eine maximale Fahrzeugdichte und maximale Streckenverkehrsleistung bei gleichbleibend hoher Sicherheit, realisiert durch Zugbeeinflussungssysteme, in Einklang zu bringen. Aus Sicht des Nutzers sollten auch Reisezeit, Komfort sowie geringer Ressourcen- und Energieverbrauch berücksichtigt werden.

7.3 Abstandshaltung

7.3.1 Kenngrößen der Abstandshaltung

Die wesentlichen Größen bei der Abstandshaltung zweier aufeinanderfolgender Züge sind diejenigen, welche die jeweilige Charakteristik der Fahrzeugbewegung, d. h. das dynamische Verhalten kennzeichnen. So muss die Geschwindigkeit v_i zu jedem Zeitpunkt kleiner oder gleich der örtlich zulässigen (Strecken-)Höchstgeschwindigkeit v_{zul} sein:

$$v_i(s,t) \leq v_{zul}(s,t) \tag{7.1}$$

Als fahrzeugbedingte Größen können Fahrzeuggeschwindigkeit und -beschleunigung genannt werden.

$$|v| \leq v_{Fahrzeug,max} \tag{7.2}$$

$$d \leq b_{Fahrzeug} \leq a \tag{7.3}$$

(d = Bremsverzögerung; a = Beschleunigung)

Für eine korrekte Definition der zulässigen Höchstgeschwindigkeit v_{zul} müssen neben den strecken- und fahrzeugbedingten auch die betrieblichen Randbedingungen berücksichtigt werden. Somit soll für die Geschwindigkeit v_i eines Zuges ganz allgemein gelten

$$v_i \leq v_{zul(Fahrzeug,Fahrweg,Betrieb)} \tag{7.4}$$

Ein weiterer Aspekt der Abstandshaltung von Zügen ist die Durchführung einer zeit- und energieoptimalen Fahrt, um einen effizienten und wirtschaftlichen Fahrbetrieb unter maximaler Ausnutzung der theoretisch verfügbaren Streckenkapazität bzw. -leistungsfähigkeit zu ermöglichen. Dies ergibt sich aus der topographischen Linienführung und berücksichtigt insbesondere Kurvenradien. Die regelungstechnischen Hintergründe sind in Kapitel 3 ausführlich dargestellt. Im Interesse eines attraktiven Verkehrsangebots sind eine hohe Reisegeschwindigkeit und eine hohe Betriebsfrequenz, d. h. hohe Zugfolge bzw. minimale Zugfolgezeit anzustreben (vgl. Kapitel 13, 14, 15).

7.3.2 Grundprinzip der Abstandshaltung

Voraussetzung für eine sichere Beförderung von Verkehrsobjekten ist die Einhaltung zulässiger Geschwindigkeiten und Abstände zu Hindernissen während der Bewegung. Ziel einer schnellen Beförderung ist hingegen die Erreichung möglichst hoher Geschwindigkeiten, sowie möglichst kurzer Zugfolgezeiten und -abstände und kurze Aufenthaltszeiten in Bahnhöfen bzw. Knoten für Reisende und Güter. Daraus resultiert die Forderung Fahrzeuge mit der maximalen örtlich zulässigen Geschwindigkeit zu bewegen.

Für den Fall dass andere Züge als Hindernisse dasselbe Gleis beanspruchen, muss ein ausreichender Abstand sichergestellt sein. Dazu sind die Bewegungszustände der benachbarten Züge zu erfassen und einer zwangsläufig räumlich entfernten Entscheidungsinstanz zu übertragen. Dort wird aus der Kenntnis des Systemzustandes der zulässige Zustandsraum berechnet, d. h. die maximale Geschwindigkeit und die minimale Ziel- bzw. Hindernisentfernung (Weiche, vorausfahrender Zug etc.); mit Hilfe der Daten wird entschieden, ob der momentane Bewegungszustand zulässig ist und ob ggf. ein neuer Sollwert vorgegeben werden muss.

Da in der Regel nur Informationen über vorausfahrende Züge auf demselben Gleis zur Abstandssicherung benötigt werden, ergibt sich eine konsekutiv verkettete Funktionsstruktur (Abbildung 7.1). Diese Struktur ähnelt prinzipiell der Fahrzeugfolgeregelung im Straßenverkehr (vgl. Abschnitt 6.2.2 und Abbildung 6.3).

Wegen der großen Abstände im Schienenverkehr aufgrund der langen Bremswege bei höheren Geschwindigkeiten ist ein Fahren auf Sicht nicht akzeptabel. Daher sind technische Einrichtungen zur Positionserkennung, Kommunikation und Zugvollständigkeitserkennung erforderlich. Je präziser und schneller die Information an der Quelle ermittelt und an der Senke bereitgestellt wird, desto geringer kann ein notwendiger Wegzuschlag auf den Bremsweg, der z. B. Ortungsungenauigkeiten und Übertragungslaufzeiten berücksichtigt, ausfallen. Die Leistungsfähigkeit der Mess- und Kommunikationssysteme bestimmt also direkt die räumliche bzw. zeitliche Zugfolge und damit die mögliche Beförderungsleistung und Qualität.

Andererseits ist die Leistungsfähigkeit der Mess- und Kommunikationssysteme im Bahnbereich ein entscheidender Kostenfaktor, so dass häufig Systeme mit geringerer Leistungsfähigkeit eingesetzt werden, was zu geringer Betriebsleistung und somit ggf. zu verminderten Erlösen führt. Infolge der langen Lebensdauer leittechnischer Einrichtungen über mehrere Jahrzehnte ist die

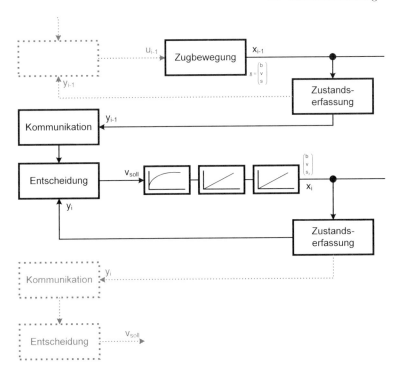

Abb. 7.1. Grundsätzliche Funktionsstruktur zur Abstandssicherung nachfolgender
Züge auf einer freien Strecke

Migration der Systeme eine schwierige wirtschaftliche Optimierungsaufgabe
bzw. verlangt die Amortisation durch lange Nutzungsdauern.

7.3.3 Konzepte der Abstandshaltung

Basierend auf den mäßigen Bremseigenschaften von Schienenfahrzeugen auf
Stahlschienen wurden die folgenden Abstandshalteverfahren entwickelt.

Fahren im Zeitabstand

Der Abstand zwischen zwei Zügen s_A wird durch einen zeitlich vorgeschrie-
benen Mindestabstand realisiert. Eine Überwachung, ob der vorausfahrende
tatsächlich die Strecke vollständig geräumt hat oder evtl. einen Unfall hatte
wird nicht durchgeführt. Dieses Verfahren ist aufgrund der Risiken sowie der
bedingten Kapazitätsauslastung der Strecken seit Ende des 19. Jahrhundert
in Europa nicht mehr gebräuchlich.

Zugfolge im festen Raumabstand

Der Abstand zwischen zwei Zügen von mindestens dem maximalen Bremsweg bei höchstzulässiger Geschwindigkeit des nachfolgenden Zuges wird als konstanter Raum bzw. Block entsprechend frei gehalten. In der Regel wird dieser Ansatz mit einer ortsfesten Signalisierung realisiert, wodurch der Raumabstand durch den Abstand zwischen zwei Hauptsignalen, sogenannten Blockabschnitten, bestimmt wird (PACHL 2004). Mit der Ausdehnung einer Blocklänge auf den max. Bremsweg ($s_{B,max} < s_{Block}$) ergibt sich quasi ein konstanter Raumabstand.

$$s_A = s_{B,max} + s_{Block} + S \leq 2s_{Block} + S \tag{7.5}$$

mit:

s_A Abstand zwischen Zug 1 und Zug 2
$s_{B,max}$ Maximaler Bremsweg
s_{Block} Länge des Blockabschnitts
S Sicherheitszuschlag

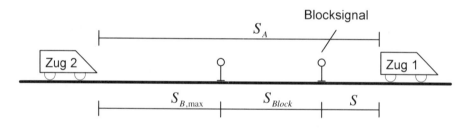

Abb. 7.2. Abstandshaltung mit festem Raumabstand

Zugfolge im absoluten Bremswegabstand

Der Abstand zwischen den Zügen ergibt sich aus dem Bremsweg des nachfolgenden Zuges und einem addierten Sicherheitszuschlag. Bei dieser Abstandshaltung stellt das Ende des vorausfahrenden Zuges (Zugschluss 1) einen sich bewegenden Gefahrenpunkt dar. Bei einem ortsfesten Gefahrenpunkt, z. B. einer umlaufenden Weiche, der durch den vorausfahrenden Zug überfahren wird, wechselt für den Zug 2 der sich bewegende Gefahrenpunkt in den ortsfesten über, sodass ein ausreichender Bremsweg zur Verfügung bestehen bleibt.

$$s_A = s_{B,Zug2} + S \tag{7.6}$$

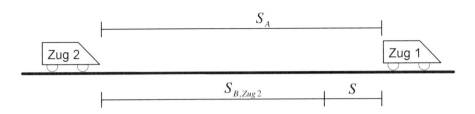

Abb. 7.3. Abstandshaltung durch absoluten Bremswegabstand

Ziel innovativer Systeme und Verfahren sollte es sein, bei gleichem Sicherheitsgrad die Verfügbarkeit und somit die Leistungsfähigkeit einer Strecke zu erhöhen. Unter der Voraussetzung, dass die Vollständigkeit eines Zuges gewährleistet werden kann, wäre es sinnvoll, die bisherigen streckenseitig bezogenen und diskreten, statischen Blöcke dynamisch auf das Fahrzeug zu verlagern und mit den Zügen „mitfahren" zu lassen, sowie in der Länge auf die Fahrzeuggeschwindigkeit anzupassen. Dieses Konzept findet in dem sogenannten „Moving Block" Verfahren Anwendung.

Zugfolge im relativen Bremswegabstand

Der Abstand ergibt sich aus der Bremswegdifferenz beider Züge und einem Sicherheitszuschlag

$$s_A = s_{B,Zug2} - s_{B,Zug1} + S \tag{7.7}$$

mit:

s_A Abstand zwischen Zug 1 und Zug 2
$s_{B,Zug1}$ Bremsweg Zug 1
$s_{B,Zug2}$ Bremsweg Zug 2
S Sicherheitszuschlag

Das für den Straßen- oder auch Straßenbahnverkehr gebräuchliche Abstandshalteverfahren (Fahren im Sichtabstand) ist im Schienenverkehr aufgrund der hohen Geschwindigkeit, des schlechten Bremsverhaltens sowie der Umstellzeiten von Weichen problematisch. Weichen stellen ortsfeste Gefahrenpunkte dar, vor denen ein Zug im Falle einer Weichenstörung seinen vollen Bremsweg benötigen würde. Dasselbe gilt auch bei Unfällen oder Zugtrennungen des vorausfahrenden Zuges. Die Fahrzeugfolge im relativen Bremswegabstand

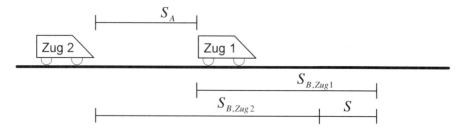

Abb. 7.4. Abstandssicherung mit relativem Bremswegabstand

wird im Eisenbahnbetrieb jedoch z. B. in Rangierbahnhöfen für einen hohen Durchsatz der entkuppelten Wagen genutzt (vgl. Kapitel 10).

In Abbildung 7.5 sind Simulationsergebnisse der verschieden Abstandshalteverfahren des Schienenverkehrs einander gegenüber gestellt (MEYER ZU HÖRSTE 2004). Ebenso sind für einen exemplarischen Streckenabschnitt die aus dem festen Raumabstand resultierenden Sperrzeitentreppen angedeutet. Das Fahren im relativen Bremswegabstand soll an dieser Stelle für den Eisenbahnverkehr unberücksichtigt bleiben. Das „Moving Block" Verfahren ist dargestellt und mit einem beaufschlagten Sicherheitsabstand mit dem Fahren im absoluten Bremswegabstand von der Güte identisch. Zum Vergleich ist die Kurve für eine Fahrt im Blockabstand in die Sperrzeitentreppe integriert. Die schlechtere Auslastung bzw. geringere Kapazität wird somit deutlich.

7.3.4 Formalisierung der Abstandshaltung

Ausgehend von verschiedenen Konzepten der Abstandshaltung sind zum genaueren Verständnis der Notwendigkeit eines Beeinflussungssystems im Schienenverkehr grundlegende Zusammenhänge des Verkehrsverhaltens bzw. der Fahrdynamik genauer zu betrachten.

Abbildung 7.6 stellt zwei Züge dar, die sich in einem definierten Abstand folgen. Sicherheitsabstand, Ortungsgenauigkeit, d. h. maximale Messunsicherheit der Positionserfassung, Brems- und Reaktionsweg stellen in Summe den Zugfolgeabstand (s_A) dar.

Im Weg-Zeit-Diagramm sind die unterschiedlichen Fahrzeugtrajektorien der Züge durch sogenannte Zeit-Weg-Linien qualitativ wiedergegeben, wobei die beiden parallelen Linien jeweils vorderes und hinteres Zugende darstellen. Unter Berücksichtigung von Reaktions- und Bremsweg sowie -zeit des zweiten Fahrzeuges (t_{r2}) kann die Bremskurve im Diagramm abgelesen werden.

Zur Gewährleistung einer Kollisionsvermeidung gilt, dass sich die Zugspitze des Folgezuges $s_2(t)$ immer im jeweiligen Bremswegabstand s_{b2} des zugehö-

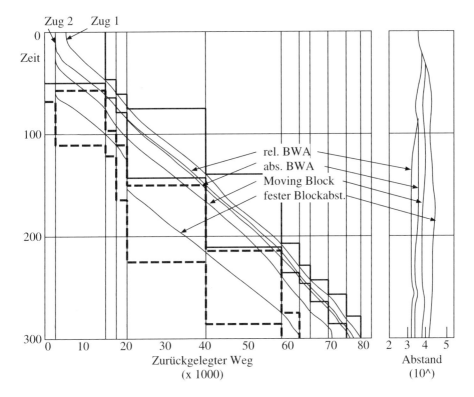

Abb. 7.5. Weg-Zeit-Diagramme verschiedener Abstandshalteverfahren im Vergleich (MEYER ZU HÖRSTE 2004)

rigen Verfahrens hinter dem Zugende des vorausfahrenden Zuges $s_1(t) - s_{f1}$ befinden muss, d. h.

$$\forall t : s_2(t) + s_{b2} \leq s_1(t) - s_{f1} \tag{7.8}$$

Für den gewählten Bremsweg des Folgezuges s_b2 gilt zum aktuellen Zeitpunkt t allgemein

$$s_{b2}(t) = s_{r2}(t) + s_{B2}(t) + s_{d2} + s_{o2} \tag{7.9}$$

und im Einzelnen für den Reaktions- und Bremsweg

$$s_{r2}(t) = v_2(t) \cdot t_r \tag{7.10}$$

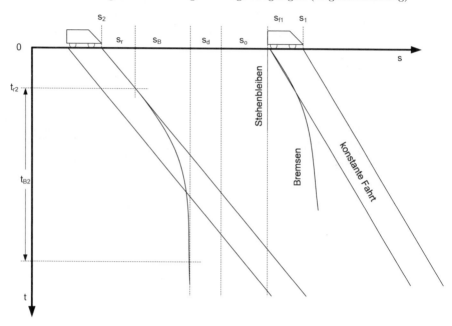

Abb. 7.6. Weg-Zeit-Diagramme zur Formalisierung der Abstandshaltung

s_f Fahrzeuglänge

s_d Durchrutschweg / Sicherheitsabstand

s_o max. Ortungssicherheit

s_B Bremsweg bei Betriebsbremsung

s_r Reaktionsweg

t_r Reaktionszeit

t_B Bremsdauer

$$s_B(t) = \frac{v_2^2(t)}{2b} \tag{7.11}$$

Je nach Abstandshaltevorschrift ergibt sich für den momentanen Gefahren-punkt $s_G(t)$ in Richtung des vorausfahrenden Zuges

- absoluter Halt

$$s_G(t) = s_1(t) = s_{10} \tag{7.12}$$

- sofortige Bremsung

$$s_G(t) = s_1(t) + \frac{v_1^2(t)}{2b} \tag{7.13}$$

- Bewegung des vorausfahrenden Zuges

$$s_G(t) = s_1(t) + \iint a(t)dtdt \tag{7.14}$$

so dass die Ungleichung (7.15) insgesamt alle Abstandshalteverfahren in einer Art Intervallabstufung berücksichtigt.

$$s_2 + s_{f1} + s_{b2} < s_1 < s_1 + \frac{v_1^2(t)}{2b} < s_1 + \frac{v_{max}^2}{2b} < s_1 + \frac{v_{max}^2}{2b} + s_d + s_o \quad (7.15)$$

s_d Durchrutschweg
s_o Ortungsgenauigkeit, Quantisierung

Das in Abbildung 7.7 vorgestellte Blockschaltbild zeigt die regelungstechnische Integration der Abstandshalteverfahren am Beispiel des absoluten Bremswegabstandes und diskreter Ortung, d.h. im Raumabstand.

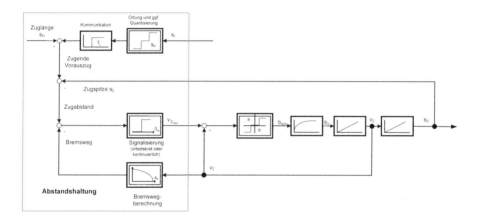

Abb. 7.7. Regelungstechnisches Blockschaltbild für die Abstandshaltung im absoluten Bremswegabstand

7.3.5 Kapazitätsbetrachtung

Für die Aufstellung von Fahrplänen unter Berücksichtigung der vorgenannten Optimierungen müssen die durch das jeweilig eingesetzte Leit- und Sicherungssystem vorgegeben „Sperrzeiten" als Kapazitätsverlustelemente berücksichtigt werden (vgl. 13.2).

Die Sperrzeit ist eine Zeitspanne, in der ein Fahrwegabschnitt (Blockabschnitt, Fahrstraße) durch eine Zugfahrt eisenbahnbetrieblich beansprucht wird und somit für andere Zug- oder Rangierfahrten gesperrt ist. Die Sperrzeit beginnt mit der Fahrstraßenbildung und endet, wenn nach dem Freifahren der Zugschlussstelle der Fahrwegabschnitt wieder für eine folgende Zugfahrt freigegeben werden kann (Abbildung 7.8).

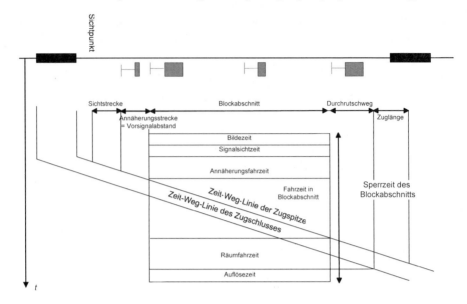

Abb. 7.8. Aufbau von Sperrzeiten nach (PACHL 2004)

Zu der Aneinanderreihung von Sperrzeiten für die in Blockabschnitte einge-
teilte und dadurch nach der Raumabstandshaltung gesicherten Zugfolge ergibt
sich im Weg-Zeit-Diagramm eine sogenannte Sperrzeitentreppe für die Belegung des Fahrweges bei einer Zugfahrt. Abbildung 7.9 zeigt eine Sperrzeitentreppe, d. h. die für eine Strecke nach dem Blocksicherungsverfahren maximal
mögliche Streckenkapazität zur Fahrplanerstellung, unter Berücksichtigung einer Zugfahrt mit vordefinierter Geschwindigkeit.

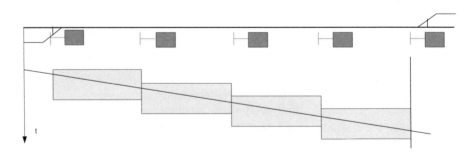

Abb. 7.9. Sperrzeitentreppe für Strecke im Blocksicherungsverfahren

Bedingt durch die in Abschnitt 7.3.4 erläuterten Abstandshaltekonzepte kann
eine Optimierung des Eisenbahnbetriebes nur durch innovative Lösungen er-

reicht werden. Entscheidend sind dabei insbesondere die Haltezeiten von Zügen in Bahnhöfen oder Geschwindigkeitsunterschiede verschiedener Züge auf der Strecke, welche jeweils zu erheblichen Kapazitätseinbußen führen können und die Leistungsfähigkeit von Strecken erheblich senken (SIX 1996, UEBEL 2000).

Unter Berücksichtigung der eingangs erwähnten Signaltechnik (Vor- und Hauptsignalisierung) mit traditioneller Zugbeeinflussung ergeben sich wie bereits erwähnt Sperrzeiten für die jeweiligen Blockabschnitte, in denen sich jeweils nur ein Zug befinden darf. Abbildung 7.10 zeigt ein Weg-Zeit-Diagramm für eine größten Teils eingleisige Beispielstrecke mit mehreren Blockabschnitten und den zugehörigen Sperrzeitentreppen. Gut erkennbar sind die Belegungszeiten der jeweiligen Blockabschnitte – grau hinterlegt – und Kreuzungsstellen (Knotenbahnhöfe) in denen sich die Zugfahrten begegnen bzw. kreuzen. Ebenfalls ersichtlich sind die „Zeitverluste", die durch die umgesetzte Sicherungstechnik hervorgerufen werden. Besonders deutlich wird dies in den Knotenbahnhöfen, in denen nach der Einfahrt eines Zuges erst eine gewisse Zeit aus technischen Gründen verstreichen muss, bevor der Gegenzug in den Blockabschnitt einfahren darf.

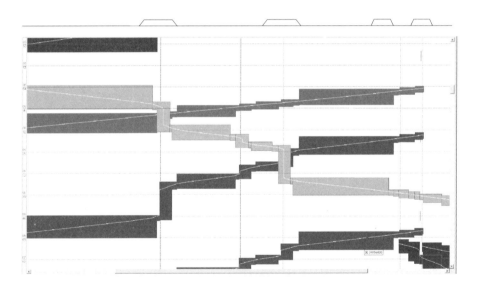

Abb. 7.10. Beispielstrecke (Zeit-Weg-Linien) mit Sperrzeitentreppen

Der Einfluss der Blocklänge auf den Streckendurchsatz kann auch mit folgender hypothetischen Überlegung veranschaulicht werden: Auf einer kreisförmigen Strecke fahren zwei Züge hintereinander. Für die Abstandshaltung sorgt eine Blocksicherung. Den Verlauf der beiden Zugbewegungen zeigt Abbildung 7.11. Nach einer anfänglichen Beschleunigung laufen beide Züge auf den vom jeweiligen vorausfahrenden Zug belegten Blockabschnitt auf und müssen abbremsen, um ihre Geschwindigkeit zu reduzieren. Nach ereignisdiskreter Freigabe durch Verlassen des Blockes in Fahrtrichtung kann wieder beschleunigt werden, bis die zulässige Geschwindigkeit wieder erreicht wird und ein Grenzzyklus eintritt. Das aus der Sperrzeitentreppe abzuleitende Geschwindigkeitsprofil wird betrieblich vermieden, indem die Zugbewegung auf Werte unterhalb der maximalen konstanten Geschwindigkeit fahrplantechnisch geregelt wird. Mit verringerter Blocklänge steigt diese Geschwindigkeit an, bis schließlich bei verschwindender Blocklänge, d. h. dem „Moving Block", die höchste Geschwindigkeit erreicht werden kann, welche in der Abbildung durch die Länge der kreisförmigen Strecke bzw. dem Bremsweg der Züge bestimmt wird.

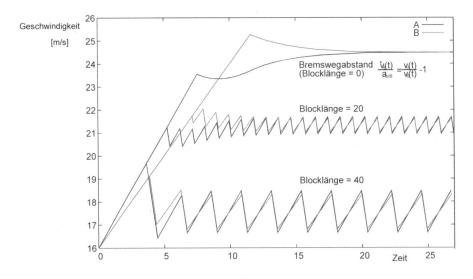

Abb. 7.11. Kreisförmige Strecke: Einfluss der Blocklänge (DECKNATEL 2001)

7.3.6 Korrespondenz zum Fundamentaldiagramm

Der Zusammenhang zwischen der Kapazität bzw. der Verkehrsstärke (Fahrzeuge je Stunde) und der Verkehrsdichte der Straßenfahrzeuge bzw. Eisenbahnzüge kann in einem Fundamentaldiagramm geeignet darstellt werden. Dem Fundamentaldiagramm liegt ein makroskopisches Verkehrsflussmodell (vgl. Abschnitt 6.3) zugrunde, was die Beziehung zwischen Verkehrsdichte, Geschwindigkeit und Verkehrsstärke beschreibt. Damit lassen sich Aussagen über das Durchlassvermögen eines Streckenabschnitts treffen; außerdem können Simulationen vorgenommen werden, wie sich der Verkehrsfluss bei Zuflussregulierung, Geschwindigkeitsbegrenzung oder anderen Maßnahmen verhält.

In Abbildung 7.12 lassen sich zwei unterschiedliche Fundamentaldiagramme erkennen, die aus Simulationen ermittelt wurden. Ausgehend von einer exemplarischen, 10 km langen Eisenbahnstrecke mit Blockabschnitten von jeweils 1 km Länge, wird durch die Kurven deutlich, welche theoretischen Kapazitätspotenziale die verglichenen Sicherungsverfahren fester Block und „Moving Block" aufweisen. Die Annahme einer größeren Dichte von mehr als einem Zug je km ist zwar unrealistisch, zeigt jedoch, dass beim „Moving Block" die Kapazität in diesem Bereich bei hoher Geschwindigkeit noch gesteigert werden kann, hingegen beim festen Block eine Verkehrsdichte von einem Zug je km nicht einmal erreichbar ist. Die Zuglänge wird hier exemplarisch mit maximal 250 m angenommen, wodurch sich beim „Moving Block" die maximale Zugdichte von 4 Zügen pro km ergibt.

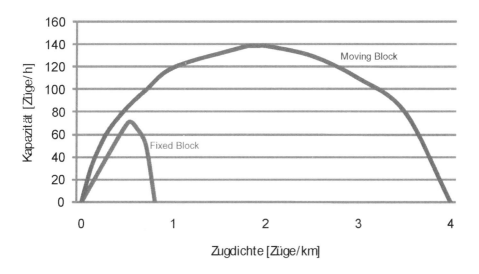

Abb. 7.12. Fundamentaldiagramme für verschiedene Abstandshalteverfahren des Schienenverkehrs einer exemplarischen Strecke (SLOVÁK 2006)

In Abbildung 7.13 wird für diese Strecke die Leistungsfähigkeit über der möglichen Fahrgeschwindigkeit dargestellt. Hierbei wird deutlich, dass bei einem starren Blocksicherungssystem der Streckendurchsatz mit steigender Geschwindigkeit vergrößert werden kann, beim „Moving Block" hingegen der maximale Durchsatz bei etwa 75 km/h erreicht ist. Insgesamt ist der Durchsatz mit einem dynamischen Abstandshalteverfahren größer als bei starren Systemen (SLOVÁK 2006).

Die Ergebnisse zeigen Potenziale des „Moving Block"-Verfahrens auf. So kann unter Berücksichtigung der in diesem Beispiel herangezogenen Eingangsparameter bei einer Geschwindigkeit von 71,6 km/h der größte Durchsatz erreicht werden. Vergleichbare Berechnungen und Untersuchungen wurden be-

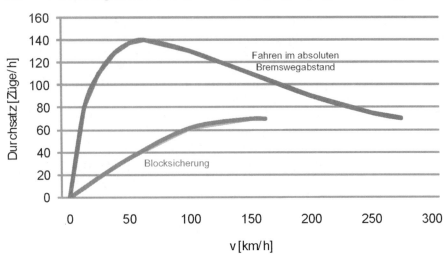

Abb. 7.13. Leistungsfähigkeit verschiedener Abstandshalteverfahren des simulierten Schienenverkehrs einer exemplarischen Strecke

reits in (SIX 1996) vorgestellt. Ursache für die maximale Geschwindigkeit beim Blocksicherungsverfahren mit fester Blockeinteilung ist ein Bremswegabstand von etwa 1.000 m bei 160 km/h sowie ungünstigen Witterungsbedingungen.

Unter der Voraussetzung, dass ein Hindernisausschluss vor einem Zug bzw. auch eine Vollständigkeit eines vorausfahrenden Zuges gewährleistet werden kann, wäre mit Hilfe der kontinuierlichen Zugüberwachung, Zugsteuerung und -sicherung ein automatisches Fahren möglich. Bei Vollbahnen ist der fahrerlose Betrieb derzeit (noch) nicht zugelassen, findet jedoch im Bereich von U-Bahnen und ähnlichen Nahverkehrssystemen mit eigenem autarken Streckennetz bereits Anwendung.

7.3.7 Zugfolge und Mindestzugfolgezeit

Für die betriebliche Leistungsfähigkeit einer freien Strecke ist die Art der Abstandshaltung maßgeblich. So ist intuitiv verständlich, dass die Blocksicherung geringere Durchsätze ermöglicht als das „Moving Block"-Verfahren, d. h. das Fahren im absoluten Bremsabstand, dem leistungsfähigsten im Eisenbahnverkehr. Noch kürzere Abstände können mit dem Fahren im relativen Bremswegabstand erreicht werden, was im Straßenverkehr praktiziert wird, jedoch nicht im Eisenbahnverkehr (BOCK 2001, KÖNIG 2005). Eine Leistungssteigerung mit diesem Verfahren müsste behördlich anerkannt sein, indem mit Sicherheitsnachweisen gezeigt wird, dass kein größeres Risiko entsteht als das bereits existierende (EBO 2007).

Diese Leistungsbetrachtung ist zwar schlüssig, aber nur unvollständig. Anders als im Straßenverkehr verkehren vor allem Personenzüge nicht zielrein, sondern unterbrechen den Fahrtverlauf, damit Fahrgäste beim Halt des Zuges ein- und aussteigen können. Dafür werden individuelle Haltezeiten für den Fahrgastwechsel vorgesehen (vgl. Kapitel 13). Ein haltender Zug wirkt auf einen nachfolgenden wie ein Blockabschnitt, der erst nach der Halte- und Ausfahrzeit freigegeben wird, um seinem Nachfolger die Einfahrt zu erlauben (vgl. Abbildung 7.14).

Entsprechend der Berechnungen von (KRAFT 1988) ergeben sich unter Berücksichtigung der Abbildung 7.14 minimale Zugfolgezeiten nach folgenden Ansätzen:

7.3.8 Absoluter Bremswegabstand / „Moving Block"

Das Schema zur Berechnung der Mindestzugfolgezeit lässt sich besonders einfach bei einer idealen Abstandssicherung demonstrieren, die durch Überwachung des absoluten Bremswegabstands gekennzeichnet ist. In Abbildung 7.14 a) ist ein Geschwindigkeits-Weg-Diagramm mit Stationshalt der Dauer t_H dargestellt, der für die betriebliche Mindestzugfolgezeit maßgeblich ist. In dieser Situation hat der vorausfahrende Zug 1 die Station geräumt und befindet sich im Abstand des Durchrutschweges s_d und der Zuglänge s_f vor dem Haltepunkt, der damit für den nachfolgenden Zug 2 freigegeben ist. Dieser fährt mit der Betriebsgeschwindigkeit v_B und befindet sich gerade im zulässigen Abstand vor dem Haltepunkt. Der zulässige Abstand setzt sich hier aus dem Bremsweg und dem während der Reaktionszeit t_r gefahrenen Weg zusammen. Zu diesem räumlichen Abstand gehört damit der zeitliche Abstand

$$t_{Z,min} = t_r + \frac{v_B}{b} + t_H + \sqrt{2\frac{s_d + s_f}{a}} \qquad (7.16)$$

mit Reaktionszeit, Bremszeit, Haltezeit und Anfahrzeit.

Der Parameter s_d gibt die Länge eines Sicherheitsweges (Durchrutschweg) an, der für den Fall einer eventuellen Fehlbremsung vorzusehen ist. Wird bei der Stationsausfahrt von Zug 1 die Betriebsgeschwindigkeit v_B vor der Freimeldung erreicht, ist in (7.16) die Wurzel für die Räumzeit durch den Ausdruck $\sqrt{v_B/(2a) + (s_d + s_f)/v_B}$ zu ersetzen. Dieser Fall tritt ein, wenn $2a(s_d + s_f) > v_B^2$ gilt. Nach (7.16) ist $t_{Z,min}$ als theoretisches Optimum anzusehen und bietet sich daher als Vergleichsgröße für andere Verfahren an (KRAFT 1988).

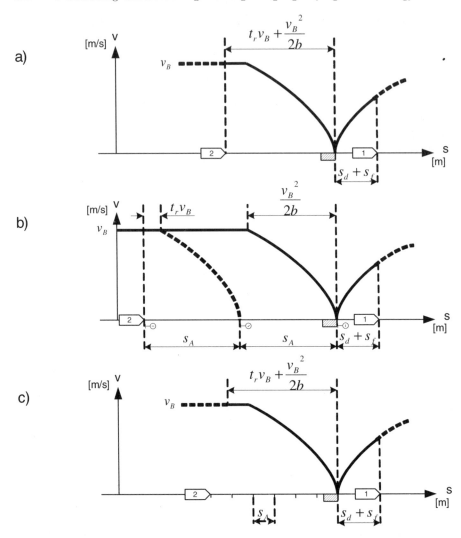

Abb. 7.14. Wirkungsweise von Abstandssicherungssystemen im v-s-Diagramm; Reaktionszeit t_r, Durchrutschweg s_d, Zuglänge s_f; a) Ideale Abstandssicherung („Moving Block"), b) Blocksicherung, c) Sicherung auf quantisierten Bremswegabstand (Abschnittslänge s_A)

7.3.9 Blocksicherung

Grundsätzlich darf sich bei einer herkömmlichen Blocksicherung mit optischen Signalen in einem Blockabschnitt immer nur ein Zug befinden. Das bedeutet für den Zeitpunkt der Freimeldung bei der Stationseinfahrt (vg. Abbildung 7.14 b)) entsprechend, dass Zug 2 gerade in den Blockabschnitt einfahren darf, der an den zum Haltepunkt gehörenden von Zug 1 freigegebenen Abschnitt grenzt. Während das Ausfahrsignal am Haltepunkt hinter dem beschleunigenden Zug 1 vom Fahrt- auf den Haltbegriff wechselt und somit den Zug 1 schützt, ändert das Signal bei Zug 2 seinen Begriff auf „Fahrt". Der Bremsweg von Zug 2 zuzüglich der Strecke $t_r v_B$ darf wegen der Bedingungen

$$s_A \geq t_r v_B + \frac{v_B^2}{2b} \tag{7.17}$$

$$v_B \leq v_{\max} \tag{7.18}$$

zu dem dargestellten Zeitpunkt höchstens bis zum nachfolgenden Signal reichen, welches anschließend den Signalbegriff von „Halt" auf „Halt erwarten" wechselt.

Die Addition der Teilfahrzeiten ergibt

$$t_{Z,min} = \frac{2s_A}{v_B} + \frac{v_B}{2b} + t_H + \sqrt{2\frac{s_d + s_f}{a}} \tag{7.19}$$

Wird die Blocklänge so gewählt, dass in (7.17 und 7.18) die Gleichheitszeichen gültig sind (Anpassung an die Betriebsgeschwindigkeit), erhält man

$$t_{Z,min} = \frac{3}{2}\frac{v_B}{b} + 2t_R + t_H + \sqrt{2\frac{s_d + s_f}{a}} \tag{7.20}$$

7.3.10 Sicherung auf quantisierten Bremswegabstand

In der Gesamtreaktionszeit t_r sind verschiedene Verzögerungszeiten zusammengefasst (Signalwechselzeit, Signalaufnahmezeit, Bremsenansprechzeit). Die Strecke s_d kann entweder die Bedeutung einer Schutzstrecke haben oder als Durchrutschweg definiert sein, der mit dem Bremsweg nach Auslösen einer Zwangsbremsung verbunden ist. Diese Maßnahme ist automatisch und gegebenenfalls abhängig von der Zuggeschwindigkeit an geeigneten Ortspunkten einzuleiten, wenn die Betriebsbremse oder der Eisenbahnfahrzeugführer versagt haben bzw. hat.

Bei dieser Variante, die sich besonders gut für eine Automatisierung eignet, werden die Freimeldeabschnitte im Hinblick auf geringe Zugfolgezeiten und gute Flexibilität im Störungsfall relativ klein gewählt. Der zulässige geschwindigkeitsabhängige Abstand wird durch eine ganze Zahl von Abschnitten der Länge s_A ausgedrückt, was in der Formel für die Mindestzugfolgezeit durch das Symbol INT deutlich wird.

$$t_{Z,min} = \frac{s_A}{v_B}\left[2 + INT\left(\frac{t_r v_B + \frac{v_B^2}{2b}}{s_A}\right)\right] + \frac{v_B}{2b} + t_H + \sqrt{2\frac{s_d + s_f}{a}} \qquad (7.21)$$

Diese Beziehung ist von übergeordneter Bedeutung, da sie die beiden vorher beschriebenen Fälle $s_A = 0$ und $s_A > t_r v_B + v_B^2/(2b)$ enthält, wie durch Grenzübergang gezeigt werden kann (KRAFT 1988).

Die in Abbildung 7.14 c) dargestellte Situation im v-s-Diagramm ist so zu verstehen, dass Zug 2 im nächsten Augenblick in den neuen Freimeldeabschnitt einfährt und diesen belegt. Der Abstand vom nächsten Abschnittsende bis zum Gefahrenpunkt, der hier dem Zielpunkt entspricht, ist die auf ganze Abschnitte aufgerundete Wegstrecke, bestehend aus dem Bremsweg und dem während der Reaktionszeit gefahrenen Weg. Zur weiteren Erläuterung zeigt Abbildung 7.15 den zeitlichen Ablauf bei der Stationseinfahrt im $s(t)$-Diagramm, in dem die Freimeldung der einzelnen Streckenabschnitte, bezogen auf den minimal zulässigen Abstand, deutlich wird.

7.3.11 Vergleich der Mindestzugfolgezeiten bei verschiedenen Abstandssicherungssystemen

Bei der Systemplanung ist die Frage zu klären, welche Zugfolgezeit mit einem bestimmten Abstandssicherungsverfahren zu erreichen ist. Davon wird die Erfassung, Übertragung und Verarbeitung von Prozess- und Steuerdaten wesentlich mitbestimmt, so dass der Auswahl dieses Verfahrens mit der Festlegung der Länge der Freimeldeabschnitte besondere Bedeutung zukommt.

Die Funktion $t_{Z,min} = f(v_B)$ ist in Abbildung 7.15 für die vorher diskutierten Varianten dargestellt worden. Dabei wurde die Anwendung für ein Nahverkehrssystem gewählt. Die „Moving Block"-Abstandssicherung mit der kleinstmöglichen Mindestzugfolgezeit dient als Vergleichsmaßstab.

Beim Blocksystem wurde eine Anpassung der Abschnittslänge an die jeweilige Betriebsgeschwindigkeit vorgenommen; bei der Sicherung auf den quantisierten Bremswegabstand wurden die beiden Abschnittslängen $s_A = 25\,\text{m}$ und $s_A = 100\,\text{m}$ berücksichtigt. Die sägezahnartigen Verläufe ergeben sich dabei aus der *INTEGER*-Bildung in (7.21); diese Quantisierungseffekte werden u. a.

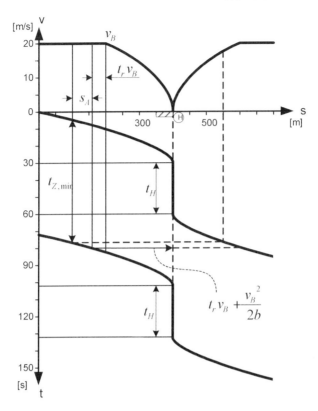

Abb. 7.15. Mindestzugfolgezeit bei der Stationseinfahrt, Sicherung auf quantisierten Bremswegabstand

in (WOJANOWSKI 1978) untersucht. Aus dem Diagramm lässt sich ablesen, unter welchen Bedingungen eine bestimmte Mindestzugfolgezeit erreicht werden kann bzw. um welchen Betrag ein vorgegebener Wert bei den einzelnen Systemen unterschritten wird (KRAFT 1988).

Haltezeit und auch über den Stationsabstand die Betriebsgeschwindigkeit, beeinflussen, besonders bei Metrosystemen, die Zugfolge und damit den Durchsatz. Dies gilt insbesondere für Stammstrecken, wo die Zubringerlinien die Zugfolge verdichten.

Geringe Verspätungen infolge von technischen Störungen, vor allem aber durch menschliche Faktoren beim Fahrgastwechsel, rufen Schwankungen der Zugfolge hervor, die sich synchron über die Linie verstärken, so dass es zu den bekannten und gefürchteten Aufschaukelungseffekten kommen kann (ZASTROW 2000). Ihre Dämpfung kann nur durch entsprechende Fahrplanreserven mit Pufferzeiten, Fahrgastinformation oder mit dem besten Erfolg durch au-

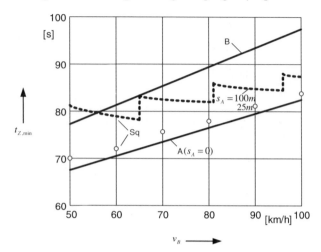

Abb. 7.16. Mindestzugfolgezeit $t_{Z,min}$ als Funktion der Betriebsgeschwindigkeit v_B bei Nahverkehrssystemen; Haltezeit $t_H = 30\,\mathrm{s}$, Betriebsbremsverzögerung $b = 1{,}0\ m/s^2$, Zuglänge $s_f = 100\,m$; B: Blocksicherung, Sq: Sicherung auf quantisierten Bremswegabstand, A: „Moving Block"

tomatisierten Fahrgastwechsel mit Bahnsteigtüren, meist bei automatischen Bahnen, erfolgen.

Die Blocklänge hat auf die Mindestzugfolgezeit zwar theoretisch großen Einfluss, relativiert sich jedoch in Bezug auf die Mindestzugfolgezeit, die im Bereich zwischen einer bis zwei Minuten schon sehr attraktiv ist, wie Abbildung 7.16 zeigt.

Hier bestimmen eher die betriebliche Höchstgeschwindigkeit und der Stationsabstand die Attraktivität. Abbildung 7.17 zeigt eine Zusammenstellung dieses Sachverhalts für ausgewählte Metrostädte.

Auch im Hochgeschwindigkeitsverkehr wird der Einfluss der Blocksicherung häufig überschätzt. Zwar wächst mit zunehmender Blocklänge auch die minimale Zugfolgezeit, die Unterschiede im Bereich bis zu 5 km differieren jedoch nur um etwa eine Minute bei einer Zugfolge von drei Minuten bei Geschwindigkeiten um 300 km/h. Unterhalb einer Betriebsgeschwindigkeit von 200 km/h ist der Einfluss der Blocklänge stärker (KRAFT 1988). Die Durchlassfähigkeit der Strecke für Güter- und Reisezüge, die in diesem Bereich verkehren, verringert sich entsprechend, was u. a. auch aus Abbildung 7.10 und Kapitel 13 ersichtlich ist.

Eine kürzere Blockteilung bis hin zum „Moving Block"-Betrieb würde hier Kapazitätsengpässe beseitigen. Dies gilt vor allem dann, wenn Strecken sowohl von schnellen Reise- als auch von langsameren Güterzügen gemeinsam

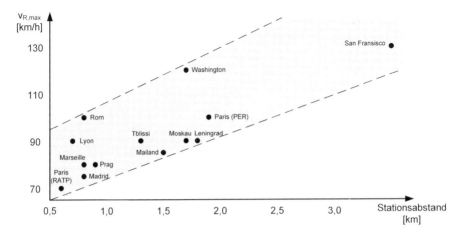

Abb. 7.17. Metrosysteme im Vergleich bezüglich Höchstgeschwindigkeit und Stationsabstand

befahren werden (vgl. Kapitel 13). Güterzüge fahren üblicherweise ohne Zwischenhalt, d. h. zielrein, was diese Problematik zwar verringert; nach ihrem Halt infolge besetzter Vorausabschnitte benötigen sie aufgrund geringer Beschleunigung infolge großer Massen jedoch erheblich mehr Zeit, um die Betriebsgeschwindigkeit wieder zu erreichen.

Das aktuelle Trassenpreissystem der DB Netz AG (vgl. Abschnitt 13.2.1) berücksichtigt die zeitliche Beanspruchung der Ressource Fahrweginfrastruktur aktuell noch nicht, da nur infrastrukturelle statische Kriterien den Trassenpreis bestimmen. Eine Berücksichtigung der Fahrzeuggeschwindigkeit soll aber zukünftig in das Preissystem integriert werden.

7.3.12 Optimale Fahrweise

Der Betrieb von Zügen dient wirtschaftlichen und sozialen Zwecken. Im Idealfall sollen aus Fahrgastsicht die Züge sicher und komfortabel mit hoher Reisegeschwindigkeit häufig fahren und die gewünschten Halte bedienen, aus Betreibersicht hohe Erlöse erzielen, wozu auch der wirtschaftliche Einsatz der Betriebsmittel Fahrzeug und Fahrweg sowie Personal und Energiebedarf und Emissionsvolumen zählt. Aus diesen Rand- und Nebenbedingungen resultieren zeitle Fahrweisen der Fahrpläne (vgl. 3.3 und 13.2). Im Fall von Störungen, deren Ursache hier keine Rolle spielt (vgl. Kapitel 13) oder vorhersehbarer Fahrplanänderungen, gewinnt man jedoch Freiheitsgrade für die Zugbewegung, die zur Optimierung genutzt werden können.

Neben der zeitoptimalen gesellen sich die energieoptimale, abstandsoptimale und betriebsoptimale Fahrweise, die entsprechend dem aktuellen Betriebsgeschehen von der Steuerung berechnet und den Zügen vorgegeben werden müssen. Diese werden in Abschnitt 3.3 ausführlich diskutiert.

7.4 Realisierung der Zugbeeinflussung

Im Laufe der Zeit wurden verschiedene Zugsicherungs- bzw. Zugbeeinflussungssysteme entwickelt. Als Instrument der Zugbeeinflussung wurden sie stets den Erfordernissen des Betriebs der jeweiligen Bahnverwaltungen sowie dem jeweiligen Stand der Technik angepasst. In Deutschland finden zwei bzw. drei Arten von Zugbeeinflussungssystemen Anwendung. Hierbei wird unterschieden zwischen

- punktförmig bzw. ortsfest wirkenden Zugbeeinflussungssystemen (PZB),

- linienförmig bzw. kontinuierlich wirkenden Zugbeeinflussungssystemen (LZB) und

- kombinierten Systemen mit punkt- und linienförmigen Komponenten, welche jedoch nur selten Anwendung finden.

Durch Zugbeeinflussungssysteme wird der Eisenbahnfahrzeugführer mit einer Vielzahl von automatischen Funktionen unterstützt, die er im Regelfall nicht wahrnimmt. Die Einrichtungen im Triebfahrzeug überwachen kontinuierlich und signaltechnisch sicher alle Bewegungen des Fahrzeugs und greifen nur dann in den Betrieb ein, wenn sich durch eine Fehlbedienung des Fahrzeugführers der Zug in einem gefährlichen Zustand befindet. Weiterführende Erläuterungen für die im Folgenden dargestellten Systemarten sind in Kapitel 4 dargestellt.

Ein zeitlicher Überblick über die technische Entwicklung der Zugbeeinflussungssysteme wird in Abbildung 7.18 gegeben.

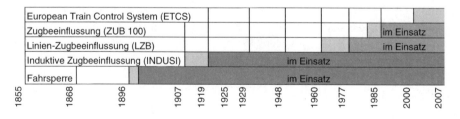

Abb. 7.18. Historische Entwicklung der Zugbeeinflussungssysteme in Deutschland

7.4.1 Diskret wirkende Zugbeeinflussungssysteme

Die sogenannte punktförmige Zugbeeinflussung (PZB) besteht aus an diskreten Orten fahrwegseitig angeordneten Mess- und Kommunikationseinrichtungen und ihrem fahrzeugseitigen Pendant, sowie einer ebenfalls fahrzeugseitigen Entscheidungslogik und nachfolgendem Stelleingriff für eine eigenständige Bremseinrichtung, z. B. die sogenannte Zwangsbremse.

Bei der PZB werden nur an ausgewählten Streckenpunkten (insbesondere an Signalstandorten und vor besonderen Gefahrenpunkten) Informationen auf das Triebfahrzeug übertragen. Die PZB ist meist als eine Ergänzung zum ortsfesten Signalsystem ausgeführt und soll überwachen, dass der Eisenbahnfahrzeugführer die Signalinformationen in seiner Fahrweise richtig umsetzt. Schwerpunkt ist dabei das Verhindern des Überfahrens „Halt" zeigender Signale.

Die punktförmig wirkenden Zugbeeinflussungssysteme wurden und sind nach zwischenzeitlicher Weiterentwicklung (zur Zeit: PZB 90) dafür konzipiert, bei „Halt" zeigendem Signal einen Zug noch rechtzeitig vor einer definierten Gefahrenstelle hinter dem zugehörigen Signal zum Halten zu bringen. Dies ist notwendig wenn z. B. der Fahrzeugführer an einem Vorsignal in Warnstellung (mit entsprechender punktueller Information) nicht reagiert oder aber, obwohl er die Vorsignalwarnstellung wahrgenommen und bestätigt hat, anschließend trotz weiterhin „Halt" zeigendem Hauptsignal nicht rechtzeitig und ausreichend bremst, weiterfährt oder nach einem Fahrzeughalt (am Bahnsteig) anfährt.

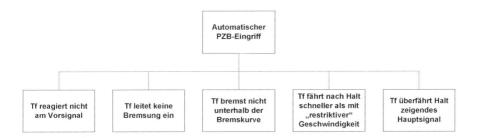

Abb. 7.19. Vereinfachter Ereignisbaum für automatisierten PZB-Eingriff (Tf = Triebfahrzeugführer bzw. Eisenbahnfahrzeugführer)

Durch den Eingriff der PZB im detektierten Gefahrenfall wird jeweils eine Zwangsbremsung des Zuges ausgelöst. Die Informationsübertragung erfolgt bei der deutschen PZB durch induktive Kopplung vom sogenannten Gleismagneten zu dem jeweils in Fahrtrichtung rechten Fahrzeugmagneten und somit nur einseitig wirkend.

Punktuell erfolgt diese elektromagnetische Informationsübertragung z. B. in Deutschland mit den Frequenzen 1.000 Hz (am Standort eines Vorsignals), 500 Hz (in definierten Anwendungsfällen vor Hauptsignalen) sowie 2.000 Hz (am Standort eines Hauptsignals). Fahrzeugseitig wird bei der Überfahrt eines Gleismagneten mit der Beeinflussung eine zeit- und wegabhängige Geschwindigkeitsüberwachungsfunktion ausgelöst. Darüber hinaus werden die Gleismagnete, einzeln verlegt oder auch als Wirkmagnete innerhalb von Geschwindigkeitsüberwachungseinrichtungen (Geschwindigkeitsprüfabschnitten), zur Überwachung an Bahnübergängen und Langsamfahrstellen eingesetzt.

Für eine selbsttätige Führung des Triebfahrzeugs ist die PZB nicht geeignet, da bei Annäherung an ein „Halt" zeigendes Hauptsignal der Wechsel des Signals in die Fahrtstellung nicht auf das Triebfahrzeug übertragen werden kann, sondern kognitiv durch den Eisenbahnfahrzeugführer aufgenommen werden muss. Hinsichtlich des erreichbaren Sicherheitsniveaus hat die PZB den Nachteil, dass sie grundsätzlich nur einen bedingten Schutz gegen das unzulässige Anfahren eines Zuges gegen ein „Halt" zeigendes Signal bietet. Durch neuere Betriebsprogramme und rechnergestützte Lösungen ist allerdings ein teilweiser Ausgleich dieses Mangels gelungen.

Die PZB beeinflusst das Leistungsverhalten negativ, da der nach dem Passieren eines „Halt" ankündenden Signals eingeleitete Bremsvorgang auch bei unmittelbar folgender nachträglicher Fahrtstellung des folgenden Hauptsignals bis zu einer bestimmten Überwachungsgeschwindigkeit weitergeführt werden muss. Die Anwendung von Führerstandssignalen ist bei der PZB umstritten. Da Informationen zum Wechsel des Führerstandssignals nur an diskreten Punkten übertragen werden können, kann es zu Abweichungen der Anzeige des Führerstandssignals von den Signalbegriffen der ortsfesten Signale kommen. Obwohl diese Abweichungen immer auf der sicheren Seite liegen, da das Führerstandssignal niemals einen höheren Fahrtbegriff als das ortsfeste Signal zeigt, lehnen viele Bahnen (u. a. die Deutsche Bahn AG) eine derartige Anzeige mit Rücksicht auf die Eindeutigkeit der Signalisierung ab.

7.4.2 Kombinierte Systeme

Bei einigen Europäischen Eisenbahnen werden auch Kombinationen aus punkt- und linienförmigen Einrichtungen eingesetzt. Die linienförmige Informationsübertragung beschränkt sich dabei auf die Bereiche vor Signalstandorten, um die nachträgliche Aufwertung von Signalbegriffen zeitgerecht auf das Triebfahrzeug übertragen zu können. Dieses Verfahren findet beispielsweise bei den Schweizerischen Bundesbahnen (SBB) Anwendung. Außerhalb dieser Bereiche ist eine punktförmige Informationsübertragung ausreichend. Auch mit solchen Einrichtungen ist eine Führung des Eisenbahnfahrzeugs bzw. ein automatischer Fahrbetrieb möglich.

7.4.3 Kontinuierlich wirkende Zugbeeinflussungssysteme

Das Merkmal der sogenannten linienförmigen Zugbeeinflussung ist eine kontinuierliche Informationsübertragung von fahrweg- zu fahrzeugseitigen Einrichtungen. Als Kommunikationsmedien kommen Funk, im Gleis verlegte Antennenkabel sowie die Schienen im Gleis selbst, zum Einsatz (vgl. Abschnitt 4.6.3).

Bei dem deutschen System der linienförmigen Zugbeeinflussung (LZB) tauschen mittels im Gleis verlegter Linienleiter und der Fahrzeugantenne der LZB-Streckenrechner und das LZB-Fahrzeuggerät kontinuierlich alle für die sichere Zugfahrt erforderlichen Daten aus. Das LZB-Fahrzeuggerät wertet die vom LZB-Streckenrechner empfangenen Daten aus und setzt sie in die Führungsgrößen um. Dadurch ist es möglich, das Eisenbahnfahrzeug nur nach den Vorgaben der LZB zu führen, ortsfeste Signale sind nicht mehr erforderlich. LZB-Systeme arbeiten generell mit Führerstandssignalisierung, wobei an Stelle der Lichtpunktdarstellung der ortsfesten Signale digitale und analoge Anzeigeelemente verwendet werden.

Die fortlaufend von der Strecke an das Fahrzeug übertragenen Signale werden in Führungsgrößen wie Sollgeschwindigkeit, Zielentfernung und Zielgeschwindigkeit umgewandelt und im Führerraum dem Fahrzeugführer angezeigt. Zusätzlich werden Informationen bezüglich Ist-Geschwindigkeit, Betriebszustände der LZB sowie sonstige Aufträge zur Durchführung der Zugfahrt dargestellt. Mittels der Informationen kann der Fahrzeugführer den Zug manuell führen. Bei automatischer Fahr- und Bremssteuerung (AFB) wirken die Fahraufträge direkt auf die Fahrzeugsteuerung.

Die LZB kann somit die Geschwindigkeitssicherung im Prinzip ohne streckenseitige Signale erfüllen. Auch ein automatisches Führen des Triebfahrzeugs ist möglich. Die Unabhängigkeit von den ortsfesten Vorsignalabständen erlaubt Geschwindigkeiten, bei denen der dem ortsfesten Signalsystem zu Grunde liegende Bremsweg nicht ausreicht. Im Bereich niedriger Geschwindigkeiten führt die LZB zu einem gegenüber dem ortsfesten Signalsystem verbesserten Leistungsverhalten, da nur der tatsächlich erforderliche absolute Bremsweg und nicht pauschal der gesamte Vorsignalabstand als Annäherungsfahrzeit in die Sperrzeit einfließt.

Durch den Verzicht auf streckenseitige Signale ist es möglich, unterbremsweglange Zugfolgeabschnitte zu installieren oder mit dem Verzicht auf feste Zugfolgeabschnitte vom „Fahren im festen Bremswegabstand" zum „Fahren im beweglichen Raumabstand" („Moving Block") überzugehen, der ein „Fahren im Bremswegabstand", unter Berücksichtigung einer Zugvollständigkeitsgewährleistung, ermöglicht.

7.5 Harmonisierung der europäischen Zugsteuerungs- und Zugsicherungssysteme (ERTMS, ETCS)

Tabelle 7.1 gibt einen Überblick über die verschiedenen ortsfesten und kontinuierlichen Zugbeeinflussungssysteme in Europa. Aufgrund der Vielzahl der Sicherungssysteme entstehen durch die erforderlichen Triebfahrzeugwechsel an den Systemgrenzen unnötige Aufenthaltszeiten. Auch ein freizügiger Einsatz von Triebfahrzeugen und Eisenbahnfahrzeugführern wird somit verhindert. Für eine zukünftige Kostenreduktion in Verbindung mit der Stärkung der Wettbewerbsfähigkeit im Einklang mit einer Vereinheitlichung der betrieblichen Regularien ist ein einheitliches Zugsicherungssystem unumgänglich welches von der Europäischen Union maßgeblich gefördert wird. Ziel ist ein Europäisches Eisenbahnmanagementsystem ERTMS (European Rail Traffic Management System).

Tabelle 7.1. Zugbeeinflussungssysteme in Europa

Zugbeeinflussung

Staat	Punktförmig																		Kontinuierlich				
System	PZB 90/Indusi	Crocodile/Memor	Integra-Signum	ZUB 121	ZUB 123	TBL 1/2	TWPS	KVB	AWS	ASFA	EBICAB 2 / ATC	L 10.000	Mirel	EMV 120	SHP	RS4 Codici/ SCMT	LS 90	ETCS bis Level 1	LZB	TVM 300, TVM 430	ATB	ACC 1, BACC 2	ETCS Level 2/3
Belgien	x					x	x												x				
Dänemark					x																		
Deutschland	x																		x				
Europa																		x					x
Finnland																							
Frankreich		x						x												x			
Großbritannien							x		x														
Italien																x						x	
Luxemburg		x						x															
Niederlande																					x		
Norwegen											x												
Österreich	x																		x				
Osteuropa													x										
Polen															x								
Portugal																							
Schweden											x	x											
Schweiz			x	x																			
Spanien										x									x				
Tschechien																	x						
Ungarn														x									

ERTMS ist eine Spezifikation, die zwei Komponenten definiert:

- ETCS (European Train Control System) ist das neue Zugbeeinflussungssystem und

• GSM-R (Global System for Mobile Communications - Railways) ist ein Radiosystem für Daten- und Sprachkommunikation im Eisenbahnbereich (vgl. Abschnitt 5.3.2).

Das European Train Control System soll die Vielzahl der in den europäischen Ländern eingesetzten Zugsicherungssysteme ablösen und so eine dichte, schnelle und grenzüberschreitende Zugführung in ganz Europa ermöglichen. Es soll mittelfristig im Hochgeschwindigkeitsverkehr Verwendung finden und langfristig im gesamten europäischen Schienenverkehr eingesetzt werden. Seit dem Jahr 2000 wird der Betrieb auf Europäischen Teststrecken erprobt. Die Einführung des ETCS soll nicht nur die Zugsteuerung und -sicherung zusammenfassen und flexibler gestalten, sondern auch Kosten für Instandhaltung und Betrieb von ortsfesten Anlagen (z. B. Signalen) einsparen, die Vielzahl nationaler Zugsicherungssysteme im Hochgeschwindigkeitsverkehr ablösen, und dadurch zur Interoperabilität der Europäischen Hochgeschwindigkeitsstreckennetze führen sowie die Streckenkapazität und die Streckengeschwindigkeit steigern.

ETCS übernimmt mehrere Funktionen. Es fasst die Sicherung (Signale) und Steuerung (Stellwerke) von Zügen zusammen, indem es die örtliche Höchstgeschwindigkeit, die Höchstgeschwindigkeit des Zuges, die korrekte Fahrtstrecke des Zuges, die Fahrtrichtung, die Eignung des Zuges für die Strecke und die Einhaltung besonderer Betriebsvorschriften überwacht und ggf. auf Fehler aufmerksam macht oder regelnd eingreift.

Aufgrund der Vielzahl von Zugsicherungssystemen bei den verschiedenen Eisenbahngesellschaften wird zunehmend zur Leistungssteigerung ein einheitliches Sicherungssystem für alle Bahnen zum Einsatz kommen.

Das zukünftige Europäische Zugsicherungssystem ETCS wird in drei sogenannten „Application Levels" eingeteilt. Dabei ist der Level 1 als ortsfest wirkendes Zugbeeinflussungssystem ausgeführt, der Level 2 entspricht in etwa den kontinuierlich wirkenden Zugbeeinflussungssystemen, wie LZB, wohingegen beim Level 3 ein „Fahren im absoluten Bremswegabstand" nach dem „Moving Block"-Verfahren angestrebt wird (KRÜGER 2003).

In Tabelle 7.2 sind die erforderlichen funktionalen Systemkomponenten dem jeweiligen ETCS-Level zugeordnet.

Die Planungen für die Einführung eines flächendeckenden Einsatzes eines einheitlichen Zugsicherungssystems in Europa greift bereits mehr als ein Jahrzehnt zurück. Nicht zuletzt aufgrund gewachsener Strukturen und dem erforderlichen Einsatz erheblicher finanzieller Mittel ist die reale Umsetzung eher mäßig. Im Jahr 2007 ist in Deutschland eine Strecke als Referenzstrecke unter ETCS – Level 2 – in Betrieb, in der Schweiz sind die Verhältnisse vergleichbar und weitere Europäsche Länder folgen. Mit Projekten wie den Schienenverkehrs-Alpentransversalen in der Schweiz wird richtungweisend

ETCS als Europäisches zukunftsfähiges Eisenbahnsicherungs- und -leitsystem integriert.

Tabelle 7.2. Vergleichende Gegenüberstellung der ETCS Application Level nach (MEYER ZU HÖRSTE 2004)

ETCS-Level	0	1	2	3
Technische Interoperabilität	Bedingt	Ja	Ja	Ja
Betriebliche Interoperabilität	Nein	Bedingt	Bedingt | ja	Ja
Signalisierung	Strecke	Strecke	Strecke | DMI	DMI
Infill	Nein	nein | Ja	Nein	Nein
Technologien zur Daten-übertragung	(Balise)	Balise | Balise, Loop, Funk	Radio, GSM-R	Radio, GSM-R
RBC (Streckenzentrale)	Nein	Nein	Ja	Ja
Zugvollst.-überw.	Nein	Nein	Nein	Ja
Hochleistungsblock	Nein	Nein	Ja	Ja
Moving Block	Nein	Nein	Nein	Ja
Ortung	(Balise)	Balise	Balise	Balise
Gleisfreimeldung	Strecke	Strecke	Strecke	Fahrzeug

Kreuzungsmanagement im Straßenverkehr

In diesem Kapitel werden ausgehend von der Aufgabenstellung des Kreuzungsmanagements und der Verkehrsqualität an Knotenpunkten (Abschnitt 8.1) zuerst Knotenpunkte ohne Lichtsignalanlagen (LSA) (Abschnitt 8.2) betrachtet. Anschließend werden die Konzepte zur Verkehrsflusssteuerung an Knotenpunkten mit Lichtsignalanlagen (Abschnitt 8.3) und darauf aufbauend die Auslegung von Steuerungen (Abschnitt 8.4) behandelt. Abschließend werden Beispiele für Standards und Steuerungssysteme vorgestellt (Abschnitt 8.5).

Von besonderer Bedeutung für dieses Kapitel sind die „Richtlinien für Lichtsignalanlagen" (RiLSA 1998, RiLSA 2003) und das „Handbuch für die Bemessung von Straßenverkehrsanlagen" (HBS 2001). Letzteres ist an das bereits seit einigen Jahren existierende „Highway Capacity Manual" der USA angelehnt, wurde aber an die deutschen Verhältnisse angepasst. Insgesamt kann in diesem Kapitel nur ein Einblick in dieses umfangreiche und spannende Thema gegeben werden; für die konkrete Auslegung eines Straßenknotens oder Verkehrsnetzes ist die Kenntnis der Inhalte der oben genannten Quellen unumgänglich.

8.1 Aufgabenstellung und Verkehrsqualität

In einem Verkehrswegenetz kommt es zwischen den einzelnen Verkehrswegen zu Überschneidungen, die als Knotenpunkte bezeichnet werden. An diesen gilt es Regeln und Maßnahmen aufzustellen, um den reibungslosen Ablauf der sich schneidenden Verkehrsströme zu garantieren, die unter besonderer Beachtung der Sicherheit eine hohe Durchlassfähigkeit des Verkehrsnetzes gewährleisten.

Zu unterscheiden sind niveaufreie Straßenknoten, wie z. B. Über- oder Unterführungen, und niveaugleiche Straßenknoten. Letztere können unterteilt werden in Kreuzung ohne Beschilderung, Kreuzung mit Beschilderung, Kreuzung mit Signalanlage sowie Kreisverkehr.

Um die Qualität des Verkehrsablaufs an Knotenpunkten des Straßennetzes zu bewerten, stehen sehr viele unterschiedliche Kriterien zur Auswahl, z. B. Dauer eines Wartevorgangs (Wartezeit), Anzahl der Fahrzeuge im Stau, Anzahl der Haltevorgänge oder der Durchfahrten, oder Anteil überlasteter Umläufe. Für lichtsignalgesteuerte Knotenpunkte ist als wichtiges Kriterium zur Bewertung des Verkehrsablaufs nach (HBS 2001) die Wartezeit anzusehen. Da je nach Eintreffzeit und Zeitpunkt der Abfertigung an der Lichtsignalanlage die Dauer der Wartezeit für die einzelnen Verkehrsteilnehmer unterschiedlich lang ist, wird meist nur mit dem Mittelwert der Wartezeit gearbeitet.

Die folgende Einteilung und Beschreibung der Qualitätsstufen und die Hinweise sind (HBS 2001) entnommen. „Zur Einteilung der Qualitätsstufen des Verkehrsablaufs (QSV) A bis F gelten für die einzelnen Verkehrsarten und Verkehrsmittel die Grenzwerte der mittleren Wartezeit nach" Tabelle 8.1. Für den Kraftfahrzeugverkehr wird zwischen koordinierten und nicht koordinierten Zufahrten unterschieden. Die Qualität des Verkehrsablaufs in nicht koordinierten Zufahrten wird nach der Größe der mittleren Wartezeit beurteilt. In koordinierten Zufahrten (z. B. bei der „Grünen Welle" (vgl. Abschnitt 8.3.4)) sollte die Qualität nach dem Prozentsatz der erreichten Durchfahrten oder nach der Anzahl der Halte bewertet werden, was letztlich der Zielsetzung der Koordinierung entspricht.

Tabelle 8.1. Grenzwerte der Qualitätsstufen an Lichtsignalanlagen, nach (HBS 2001)

QSV	Zulässige mittlere Wartezeit w [s]				Prozentsatz der Durchfahrten ohne Halt [%]
	Straßen-gebundener ÖPNV	Fahrrad-verkehr	Fußgänger-verkehr **	KfZ-Verkehr (nicht koordinierte Zufahrten)	KfZ-Verkehr (koordinierte Zufahrten)
A	= 5	= 15	= 15	= 20	= 95
B	= 15	= 25	= 20	= 35	= 85
C	= 25	= 35	= 25	= 50	= 75
D	= 40	= 45	= 30	= 70	= 65
E	= 60	= 60	= 35	= 100	= 50*
F	> 60	> 60	> 35	> 100	< 50*
* Koordinierung unwirksam					
** Zuschlag von 5s bei Überquerung von mehreren Furten					

Die Qualitätsstufe A beschreibt den besten Verkehrsablauf, Stufe F dabei den schlechtesten Verkehrsablauf. Im Detail heißt das, dass Stufe A einen Verkehrsablauf beschreibt, bei dem die Mehrzahl der Verkehrsteilnehmer ungehindert den Knotenpunkt passieren kann und die Wartezeit sehr kurz ist.

Stufe F beschreibt einen Verkehrsablauf, bei dem die Nachfrage größer als die Kapazität ist und die Fahrzeuge bis zur Überfahrt des Knotenpunktes mehrfach vorrücken müssen. Die Anlage ist in diesem Fall überlastet.

8.2 Straßenknoten ohne Lichtsignalsteuerung

Auf Straßenknoten mit geringen Verkehrsstärken kommt es in Deutschland zum Einsatz der Regel „rechts vor links", die in der Straßenverkehrsordnung (StVO §8(1)) festgelegt ist. Diese Regelung wird auf stärker ausgelasteten Straßenknoten oft durch die Verkehrszeichen 205 („Vorfahrt gewähren"), 206 („Halt! Vorfahrt gewähren"), 301 („Vorfahrt") und 306 („Vorfahrtsstraße") aufgehoben, wobei die letzten beiden Verkehrszeichen die Vorfahrtsstraße kennzeichnen, die ersten beiden Verkehrszeichen den wartepflichtigen Nebenstrom.

Bei einer genaueren Betrachtung der wartepflichtigen Verkehrsströme können diese weiter untergliedert werden. In der in Abbildung 8.1 dargestellten Vorfahrtstraße mit einer Einmündung (des wartepflichtigen Nebenstroms) dürfen die Fahrzeugströme B_{1g}, B_{2g} und B_{1r} der Vorfahrtsstraße ungehindert durchfahren. In diesem Fall spricht man von Fahrzeugströmen 1. Ordnung, da sie keiner Wartepflicht unterliegen und ihnen Vorfahrt zu gewähren ist. Die Fahrzeugenströme B_{2l} und W_r müssen den Fahrzeugströmen 1. Ordnung Vorfahrt gewähren. Sie werden daher als Verkehrsstrom 2. Ordnung bezeichnet. Eine zweifache Wartepflicht liegt für den Fahrzeugstrom W_l vor. Fahrzeuge, die aus der Einmündung links auf die Hauptstraße abbiegen wollen, müssen Fahrzeugen aus den Verkehrsströmen 1. und 2. Ordnung Vorrang gewähren. Dieser Verkehrsstrom wird daher der 3. Ordnung zugeordnet. In der dargestellten Situation können maximal Verkehrsströme 3. Ordnung auftreten. Auf einer vierarmigen Kreuzung können Verkehrsströme 4. Ordnung hinzukommen. Diese unterliegen einer dreifachen Wartepflicht.

Eine besondere Gestaltung eines Straßenknotens ist der Kreisplatz. Da der sich einfädelnde Verkehr nur den Verkehr in der Kreisfahrbahn zu beachten hat, entfällt die mehrstufige Ordnung. Der ankommende Verkehr unterliegt nur einer einfachen Wartepflicht und entspricht damit einem Verkehrsstrom zweiter Ordnung. Zusätzlich zur Vereinfachung der Wartepflichten wird die Geschwindigkeit aller Verkehrsströme durch den Kreisplatz herabgesetzt, sodass es zu einer Erhöhung der Verkehrssicherheit kommt. Aufgrund der umliegenden Bebauung ist es aber innerhalb von Städten oft nicht möglich Straßenknoten nachträglich in Kreisplätze umzubauen. Starke Verkehrsströme können zu Rückstauungen an Kreisplätzen führen, sodass deren Einsatz dadurch ebenfalls eingeschränkt wird. An stark befahrenen Kreisplätzen leidet weiterhin die Verkehrssicherheit von Fußgängern und Radfahrern, da diese nicht die Möglichkeit haben im Schutz einer Lichtsignalanlage die Kreuzung zu überqueren.

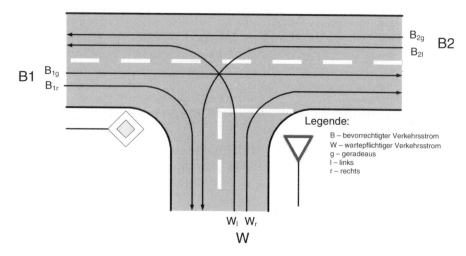

Abb. 8.1. Verkehrsströme an einer Einmündung

8.3 Konzepte zur Verkehrsflusssteuerung an Straßenknoten mit Lichtsignalen

Dieser Abschnitt beginnt mit einer Beschreibung der Motivation zum Einsatz von Lichtsignalanlagen in Abschnitt 8.3.1. In dem darauf folgenden Abschnitt 8.3.2 werden die Eingriffsmöglichkeiten und Stellvariablen beschrieben. Die unterschiedlichen Steuerungsverfahren werden in Abschnitt 8.3.3 vorgestellt. Bei der Verkehrsplanung sollten Knotenpunkte nie isoliert betrachtet werden, sondern stets als Teil eines Gesamtnetzes (vgl. Kapitel 12). Aus dieser Sicht wird die Behandlung der Konzepte zur Verkehrsflusssteuerung mit Lichtsignalanlagen mit der Betrachtung der „Grünen Welle" in Abschnitt 8.3.4 abgeschlossen.

Die Auslegung von Lichtsignalanlagensteuerungen wird im darauf folgenden Abschnitt 8.4 behandelt.

8.3.1 Motivation zum Einsatz von Lichtsignalanlagen

LSA sind wesentlich für die Abwicklung der Verkehrsströme in den Innenstädten verantwortlich. Sie ermöglichen einen reibungslosen und sicheren Ablauf der sich kreuzenden Verkehrsströme. Eine Lichtsignalanlage kann den Verkehrsablauf verbessern, wenn Verkehrsströme nicht ohne erheblichen Zeitaufwand Knotenpunkte passieren können (z. B. große Staubildung in mindestens einer wartepflichtigen Zufahrt, lange Wartezeiten über eine bestimmte Geduldschwelle hinaus für Fußgänger und Radfahrer) oder wenn öffentliche

Verkehrsmittel an Knotenpunkten behindert werden. Lichtsignalanlagen sind zur Erhöhung der Verkehrssicherheit bei Knotenpunkten einzusetzen, wenn es zu einer Häufung von Vorfahrtunfällen (z. B. aufgrund zu hoher Verkehrsstärke oder zu hoher Geschwindigkeit auf der übergeordneten Straße sowie infolge unzureichender Sichtverhältnisse), Unfällen zwischen Linksabbiegern und Gegenverkehr oder Unfällen zwischen Kraftfahrzeugen und überquerenden Radfahrern und Fußgängern kommt (RiLSA 1998).

Die Motivation zum Einsatz von Lichtsignalanlagen kann auch aus den Vorschlägen für Kriterien, die die (RiLSA 1998) für den Entwurf einer Lichtsignalanlage zur Bewertung angibt, abgeleitet werden. Die dort genannten Kriterien, die die teilweise zueinander im Widerspruch stehende Forderungen der einzelnen Verkehrsteilnehmer widerspiegeln, sind u. a. die Unfallanzahl und Unfallschwere, die Sichtverhältnisse in den Knotenpunktzufahrten, das Schutzbedürfnis der Fußgänger und Radfahrer, die Verkehrsstärken des Kraftfahrzeugverkehrs in Haupt- und Nebenrichtung, die Verkehrsabwicklung für öffentliche Verkehrsmittel, der Schutz von Straßennetzteilen vor Überlastungen sowie die Umweltbeeinträchtigung.

8.3.2 Eingriffsmöglichkeiten und Stellvariablen

Die innerörtliche Verkehrsabwicklung in Ballungsräumen wird maßgeblich mit Lichtsignalanlagen bewältigt. Die richtige Auslegung und Steuerung dieser Anlagen entscheidet maßgeblich über die Qualität des Verkehrsflusses und seine Sicherheit. Durch eine sinnvoll gewählte Koordination wird auch der Verkehrsfluss an den mit Vorfahrtszeichen geregelten Knotenpunkten verbessert.

Bei der Auslegung der Anlagen können verschiedene örtliche Wirkungsbereiche unterschieden werden:

• Punktsteuerung: isolierter Knotenpunkt mit Lichtsignalanlage

• Liniensteuerung: „Grüne Welle"

• Netzsteuerung: die Netzkoordinierung von Lichtsignalanlagen (vgl. Kap. 12)

Bei der Einrichtung von LSA sind die Bauformen der Knotenpunkte des Straßenverkehrsnetzes und die an ihnen durchzuführenden baulichen und betrieblichen Maßnahmen zur Verbesserung des Verkehrsablaufes zu betrachten. Der Entwurf einer LSA umfasst die Berechnung des Signalprogramms sowie den straßenverkehrstechnischen Entwurf des Knotenpunktes oder auch eines Straßenzuges oder eines Straßennetzteiles einschließlich der zugehörigen verkehrslenkenden Maßnahmen. Letztere können z. B. Ein-Richtungsstraßen-Systeme sein oder Einschränkungen beim Abbiegen. Bau und Betrieb von Verkehrsanlagen sind im Hinblick auf die Lichtsignalsteuerung als eine Einheit zu betrachten.

Eine Signalsteuerung kann mit einem einzelnen Signalprogramm betrieben werden, in der Regel werden aber mehrere Programme eingesetzt, um die Steuerung der Verkehrsflüsse dem Verkehrsaufkommen anzupassen. Im Allgemeinen sind an einem Knotenpunkt vier verschiedene Signalprogramme entsprechend dem Verkehrsaufkommen erforderlich: Hauptverkehrszeit morgens, Normalverkehrszeit, Hauptverkehrszeit nachmittags und Schwachverkehrszeit (z. B. nachts) (vgl. auch Abschnitt 8.4.2 Analyse des Verkehrsverhaltens).

8.3.3 Steuerungsverfahren

Grundsätzlich lassen sich alle Steuerungsverfahren für lichtsignalgesteuerte Knotenpunkte in die *makroskopische* und die *mikroskopische* Steuerungsebene einteilen (vgl. Abbildung 8.2 und Tabelle 8.2).

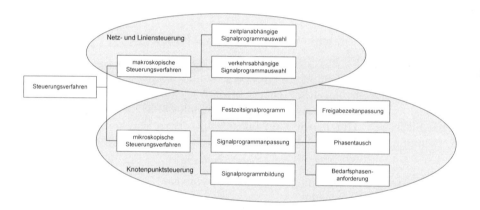

Abb. 8.2. Überblick der Steuerungsverfahren mit Bezug zur Infrastruktur

Die makroskopische Steuerungsebene dient der Abwicklung des Verkehrs im Netz oder Netzteilen, in denen vornehmlich nur längerfristige Belastungsänderungen auftreten. Aus einer vorgehaltenen Anzahl von Programmen wird für einen länger dauernden Zeitabschnitt ein Signalprogramm ausgewählt.

Diese Auswahl kann zeitplanabhängig oder verkehrsabhängig vorgenommen werden. Erstes Auswahlverfahren wird vorwiegend bei prinzipiell wiederholenden und damit vorhersagbaren Verkehrsaufkommen eingesetzt. Die Auswahl erfolgt hierbei nach Wochentag und aktueller Uhrzeit.

Bei der verkehrsabhängigen Steuerung werden zur Bestimmung der Verkehrssituation die Kriterien gezählte Verkehrsstärken, Verhältnisse der Verkehrs-

Tabelle 8.2. Übersicht der Steuerungsverfahren, nach (HBS 2001)

Steuerungsebene	Ordnungszahl	Aktivierung		veränderbare Elemente des Signalprogramms								Bezeichnung des Steuerungsverfahrens	
		zeitplanabhängig	verkehrsabhängig	Umlaufzeit festgelegt		Phasenfolge festgelegt		Phasenanzahl festgelegt		Freigabezeiten festgelegt		Hauptmerkmal der Veränderbarkeit des Signalprogramms	Oberbegriff
				ja	nein	ja	nein	ja	nein	ja	nein		
A: Makroskopische Steuerungsverfahren	A1	X		veränderbare Elemente des Signalprogramms gemäß Steuerungsverfahren Gruppe B								zeitplanabhängige Signalprogrammauswahl	Signalprogramm-auswahl
	A2		X									verkehrsabhängige Signalprogrammauswahl	
B: Mikroskopische Steuerungsverfahren	B1	Aktivierung gemäß Steuerungsverfahren Gruppe A		X		X		X		X		keine Veränderbarkeit	Festzeit-signalprogramm
	B2			X		X		X			X	Freigabezeitanpassung	Signalprogramm-anpassung
	B3			X			X	X		X		Phasentausch	
	B4			X		X			X		X	Bedarfsphasenanforderung	
	B5				X		X		X		X	freie Veränderbarkeit	Signalprogramm-bildung

stärken, Belegungsgrade und gemessene mittlere Geschwindigkeiten herangezogen (HBS 2001).

Die verkehrsabhängige Steuerung erfordert im Vergleich zur zeitplanabhängigen Steuerung einen Mehraufwand an technischer Installation, insbesondere der Sensorik, um die für die Auswahlkriterien notwendigen Messwerte direkt oder indirekt zu bestimmen.

Von der makroskopischen Ebene werden in der Regel die Signalprogramme der mikroskopischen Ebene aktiviert. Zu unterscheiden sind in der mikroskopischen Ebene:

- Festzeitsignalprogramm
- Signalprogrammanpassung
  - Freigabezeitanpassung
  - Phasentausch
  - Bedarfsphasenanforderung
- Signalprogrammbildung

Bei Festzeitsignalprogrammen liegen feste Vorgaben zu Umlaufzeit, Phasenfolge, Phasenanzahl und Freigabezeiten (vgl. Abschnitt 8.4.3 und 8.4.4) vor. Diese Programmart ist insbesondere bei der Linien- und Netzkoordinierung von Bedeutung, z. B. bei der Einrichtung einer „Grünen Welle" (vgl. Abschnitt

8.3.4). Meistens ist das Festzeitsignalprogramm auch Basis für die verkehrsabhängige Steuerung.

Verkehrsabhängige Steuerungsverfahren sind die Signalprogrammanpassung und Signalprogrammbildung. Diese reagieren kurzfristig aufgrund der aktuellen Verkehrssituation am einzelnen Knotenpunkt und zum Teil unter Berücksichtigung weiterer Knotenpunkte des Netzes (z. B. Schutz vor Überlastung des nächstfolgenden Knotenpunktes). Die einzelnen Verfahren und die veränderbaren Elemente sind in der Übersichtstabelle der Steuerungsverfahren (Tabelle 8.2) dargestellt. Eine sehr ausführliche Beschreibung der Vorzüge und Nachteile der einzelnen Steuerungsverfahren ist in (RiLSA 1998) gegeben. Die Besonderheiten, die beim Entwurf zu berücksichtigen sind, werden dort ebenfalls genannt.

8.3.4 Grüne Welle

Soll die Lichtsignalsteuerung für mehr als einen Straßenknoten ausgelegt werden, ist die Grüne Welle von besonderer Bedeutung. Sowohl bei der Auslegung eines Straßenzuges, als auch bei der Auslegung eines Verkehrsnetzes ist diese Koordinierungsmaßnahme wichtig. Bei der Grünen Welle werden die Signalprogramme benachbarter Signalanlagen aufeinander abgestimmt. Wenn ein Fahrzeug die erste Lichtsignalanlage bei Grün passiert hat, soll es auch bei allen folgenden Lichtsignalanlagen möglichst bei Grün ankommen und ohne Halt passieren können. Für die Auslegung der Signalprogramme ist die maximale Umlaufzeit (vgl. Abschnitt 8.4.5) der betrachteten Straßenknoten zu bestimmen und für alle Straßenknoten anzuwenden. Somit ist sichergestellt, dass an allen Straßenknoten der ankommende Fahrzeugstrom abgefertigt werden kann. Des Weiteren ist eine so genannte Progressionsgeschwindigkeit festzulegen – das ist die Geschwindigkeit, mit der die Fahrzeuge die Kreuzungen ohne Halt passieren können. Die Grüne Welle kann anschaulich in einem Zeit-Weg-Diagramm dargestellt werden (vgl. Abbildung 8.3). In der Abbildung ist der Signalzeitplan für mehrere Knotenpunkte eines Straßenabschnitts dargestellt. Die sich bewegenden Kraftfahrzeugströme sind im Signalzeitplan in Form von so genannten Grünbändern dargestellt.

Der Vorteil einer Grünen Welle liegt darin, dass Fahrzeuge an Lichtsignalanlagen nicht halten und wieder anfahren müssen. Dadurch können sowohl Emissionen als auch Lärmbelästigung verringert werden. Da die Progressionsgeschwindigkeit maximal die zulässige Geschwindigkeit betragen darf, müssen zu schnelle Fahrer öfters anhalten, sodass Fahrer die Möglichkeit der Grünen Welle erkennen und damit eher geneigt sind, sich an die vorgebende Geschwindigkeit zu halten.

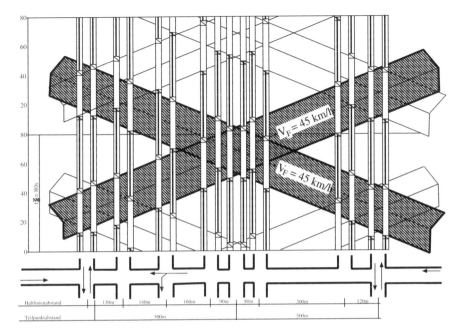

Abb. 8.3. Beispiel für die grafische Darstellung zur Planung einer Grünen Welle, vereinfachte Darstellung nach (RiLSA 1998)

8.4 Auslegung von Steuerungen

8.4.1 Vorgehensweise

Für die Bemessung einer Lichtsignalanlage sind mehrere Arbeitsschritte durchzuführen, die an dieser Stelle nur auszugsweise dargestellt werden sollen. Eine vollständige Auflistung gibt z. B. (FRIEDRICH 2004).

Zu Beginn der Bemessung sind Voruntersuchungen, z. B. in Form einer Analyse des Verkehrsaufkommens, notwendig, die in Abschnitt 8.4.2 beschrieben sind. Der folgende Abschnitt 8.4.3 beschreibt ausgehend von bereits festgelegten Fahrstreifen der Zufahrten die Identifikation von bedingt verträglichen Strömen und die daraus resultierende Phaseneinteilung. In Abschnitt 8.4.4 werden die einzelnen Signalisierungszeichen und -zeiten beschrieben. Abschließend in diesem Abschnitt kann damit die Zwischenzeitenmatrix erstellt werden. Schließlich werden in Abschnitt 8.4.5 unter Berücksichtigung des Abflussgesetzes und der Durchlassfähigkeit die erforderliche Umlaufzeit und die notwendigen Freigabezeiten für die Auslegung eines Einzelknotenpunktes behandelt.

Die Vorgehensweise zur Auslegung von Steuerungen von Lichtsignalanlagen ist grafisch in Abbildung 8.4 dargestellt. Um eine dynamische Anpassung an den

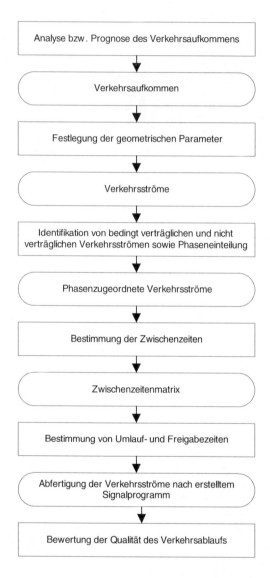

Abb. 8.4. Vorgehensweise zur Auslegung von Steuerungen von Lichtsignalanlagen

Verkehrsablauf vornehmen zu können (vgl. Abschnitt 8.3.3) können Elemente des Signalprogramms angepasst werden. Abbildung 8.5 zeigt die veränderlichen und unveränderlichen Anteile eines Signalprogramms. Die Größen der unveränderbaren Elemente ergeben sich u. a. aus der Topologie der Kreuzung oder der zulässigen Geschwindigkeit der Knotenpunktzufahrt und können in der Regel dynamisch nicht angepasst werden. Die dynamische Anpassung kann durch die veränderbaren Elemente geschehen. Die Auslegung der einzelnen Elemente ist in den folgenden Abschnitten beschrieben.

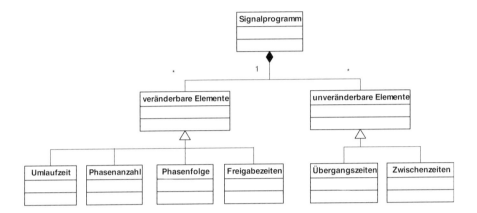

Abb. 8.5. Elemente eines Signalprogramms

8.4.2 Analyse des Verkehrsverhaltens

Zu Beginn der Signalprogrammbestimmung ist zur optimalen Auslegung einer Signalsteuerung die Analyse und Prognose des Verkehrsaufkommens des Knotenpunktes notwendig.

Der erste Schritt zur Auslegung des Verkehrsknotens ist die Zählung oder Abschätzung des abzuwickelnden Verkehrsaufkommens. Nach (HBS 2001) sind hierzu für die maßgebenden Zeitbereiche mehrere Zählungen über den Tag verteilt in 15 Minuten- sowie in Stundenintervallen erforderlich. Darüber hinaus sollten Ganglinien über einen längeren Zeitraum z. B. von 16h für einzelne Knotenpunktzufahrten erfasst werden. Die tageszeitliche Verteilung von Wegen, die mit den Tagesganglinien des Verkehrsaufkommens korreliert, zeigt Abbildung 8.6.

Bei der Zählung oder Prognose ist nach Fahrzeugarten zu unterscheiden, sodass der Anteil der Schwerverkehrsfahrzeuge (LKW, Busse, ...) an der Gesamtverkehrsstärke als Schwerverkehr(SV)-Anteil angegeben werden kann. Radfahrer sind bei der Erhebung gesondert zu erfassen.

Aus den Erhebungsdaten kann sich ergeben, dass für bestimmte Verkehrszeiten weitere Signalprogramme notwendig sind. Insbesondere für Wochenenden oder z. B. Veranstaltungen können weitere Programme erforderlich sein.

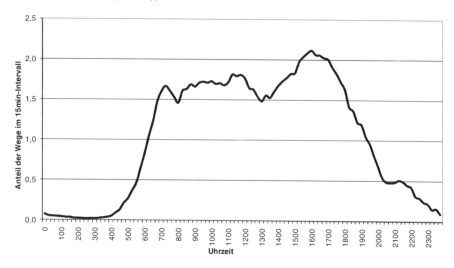

Abb. 8.6. Tageszeitliche Verteilung von Wegen, nach (SCHEINER 2006) (für das Jahr 2002, nur Werktage, ohne Geschäfts- und Dienstwege, geglättet)

Ist der Verkehrsknoten Teil einer größeren Umbaumaßnahme oder Teil eines neuen Verkehrskonzeptes, muss das zu erwartende Verkehrsaufkommen prognostiziert werden.

Sowohl bei der Prognose als auch bei der Zählung sind zu erwartende Ungenauigkeiten zu beachten.

Neben der Kenntnis über das erwartete Verkehrsaufkommen ist für die Planung ein Übersichtsplan notwendig, aus dem die Lage des Knotenpunktes im Straßennetz und die Lage benachbarter LSA hervorgeht. Es ist ein weiterer Lageplan für die Einschätzung örtlicher Gegebenheiten wie Fahrbahnbegrenzungen, Bebauung, Ein- und Ausfahrten, Bäume, etc. notwendig. Auch die Ergebnisse von Unfalluntersuchungen und Unfallursachen gehen in die Programmauslegung mit ein. Häuft sich ein bestimmtes Unfallszenario, ist dieses ein Hinweis auf einen systematischen Fehler in der Verkehrsabwicklung, welcher im Programmentwurf Berücksichtigung finden muss. Letzten Endes ist eine Vor-Ort-Begehung des Knotenpunktes erforderlich, um einen realistischen Eindruck über die Situation zu bekommen.

8.4.3 Phasensysteme

„Unter einer Phase versteht man denjenigen Teil eines Signalprogramms, während dessen ein bestimmter Grundzustand der Signalisierung unverändert bleibt. Hierbei brauchen die Freigabezeiten für die freigegebenen Ströme nicht zu denselben Zeitpunkten zu beginnen oder zu enden (RiLSA 1998)."

Phasenanzahl und Phaseneinteilung

„Bei der Phaseneinteilung sind verträgliche, bedingt verträgliche und nichtverträgliche Verkehrsströme zu unterscheiden (HBS 2001)." Überfahren verschiedene Fahrzeugströme dieselben Flächen eines Straßenknotens spricht man von Konfliktflächen. „Verträgliche Verkehrsströme haben - im Gegensatz zu bedingt verträglichen und nichtverträglichen Verkehrsströmen - keine gemeinsamen Konfliktflächen. Bei bedingt verträglichen Strömen handelt es sich um nicht gesondert signalisierte Abbiegeströme, die gleichzeitig mit Strömen der entgegenkommenden oder der gleichen Richtung geführt werden und für die die üblichen Vorrangregeln nach § 9 Abs. 3 und 4 der StVO gelten (HBS 2001)." Nicht verträgliche Verkehrsströme müssen getrennt signalisiert werden.

Bei der Phaseneinteilung ist eine besondere Berücksichtigung der Links- und Rechtsabbieger notwendig. Linksabbieger bereiten beim Verkehrsablauf besondere Schwierigkeiten. An LSA sind hierfür drei Möglichkeiten zur Behandlung möglich:

- Gesichert geführte Linksabbieger durch Sperrung aller zu den Linksabbiegern nichtverträglichen Verkehrsströme (z. B. bei schnellem Gegenverkehr oder schlechter Sicht)

- Zeitweilig gesichert geführte Linksabbieger, die durch Zugabezeiten oder Vorgabezeiten nach Grünende oder vor Grünbeginn der jeweiligen Gegenrichtung ungehindert abbiegen können

- Nicht gesichert geführte Linksabbieger (nur bei geringer Stärke der Verkehrsströme, um ein Abbiegen zu ermöglichen und Rückstauungen zu vermeiden)

In der Regel bedarf es keiner eigenen Richtungssignale für Rechtsabbieger. Aufgrund unterschiedlicher Rahmenbedingungen liegen aber auch hier unterschiedliche Möglichkeiten vor:

- Gesichert geführte Rechtsabbieger sind notwendig da z. B. zweistreifig gefahren wird, ein hoher Fußgänger- und Radfahrerverkehr vorkommt oder zügig abgebogen wird und der Schutz von Fußgängern und Radfahrern sonst nicht gewährleistet ist

- Bei eigener Rechtsabbiegerspur kann beim Signalprogrammentwurf die Möglichkeit bestehen, eine zusätzliche Freigabezeit für Rechtsabbieger einzuräumen (Grünpfeil) (Zeitweilig gesichert geführte Rechtsabbieger)

- Nicht gesichert geführte Rechtsabbieger

- Nicht signalisierte Rechtsabbieger

Zwangsbedingungen hinsichtlich der Anzahl und Folge der Phasen ergeben sich unter anderem aus der Anzahl der Fahrstreifen, der Anzahl der Verkehrsströme, der Freigabe vorheriger Verkehrsströme oder den Randbedingungen zur Schaffung einer Grünen Welle (vgl. Abschnitt 8.3.4).

Für die Steuerung des Verkehrs an einem Knotenpunkt sind stets mindestens zwei Phasen notwendig. Abbildung 8.7 zeigt ein Beispiel für eine Zweiphasensteuerung an einem Knotenpunkt. In der Abbildung sind die Kraftfahrzeugströme durch „K" gekennzeichnet, die Fußgängerströme durch „F". Des Weiteren sind die Signalgeber fortlaufend durchnummeriert, wobei Signalgeber für dieselbe Verkehrsteilnehmergruppe zusammengefasst werden. Der erste Signalgeber einer Signalgebergruppe wird zusätzlich mit dem Buchstaben a gekennzeichnet, alle anderen fortlaufend mit b,c usw.. Bei dem abgebildeten Zweiphasensystem treten bedingt verträgliche Verkehrsströme auf. Sollen alle Verkehrsströme durch die Signalsteuerung vollkommen gesichert werden, dürfen keine bedingt verträglichen Verkehrsströme auftreten. Dies wird bei Einmündungen in der Regel durch mindestens Drei-Phasensysteme, bei Kreuzungen durch mindestens Vier-Phasensysteme erreicht.

Das Zweiphasensystem ist einem Mehrphasensystem an Kreuzungen vorzuziehen, wenn der Verkehrsablauf nicht durch gestaute Abbieger gestört wird. Wird eine eigene Phase für Linksabbieger vorgesehen, ermöglicht dies zwar einen zügigen Abfluss dieser Gruppe, jedoch wird dieser Effekt durch die zwischen den Phasen notwendigen zusätzlichen Zwischenzeiten (Zeitdauer zwischen dem Ende der Freigabezeit eines Verkehrsstroms und Beginn der Freigabezeit des anschließenden Verkehrsstroms) teilweise kompensiert.

Grundsätzlich sollten nach Möglichkeit verträgliche Ströme mit annähernd gleichem Freigabezeitbedarf, d. h. der notwendigen Grünzeit (vgl. Abschnitt 8.4.4), die sich aus dem ankommenden Verkehrsstrom in der Zufahrt ergibt (vgl. Abschnitt 8.4.5), zu jeweils einer Phase zusammengefasst werden.

Sind Anzahl der Phasen auf Grund der Verkehrsbedingungen festgelegt, wird für eine Festzeitsteuerung als Nächstes die optimale Phasenfolge ermittelt.

Phasenfolge

Als Phasenfolgen z werden die Möglichkeiten bezeichnet, nach denen die einzelnen Phasen p hintereinander geschaltet werden können. Ihre Anzahl wächst nach der Gesetzmäßigkeit.

$$z = (p - 1)! \tag{8.1}$$

Als Phasenwechsel w wird das Aufeinanderfolgen zweier Phasen bezeichnet. Die Anzahl der Phasenwechsel wächst nach der Gesetzmäßigkeit:

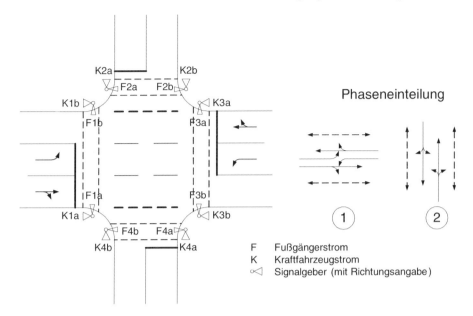

Abb. 8.7. Beispiel für eine Zweiphasensteuerung, nach (RiLSA 1998)

$$w = p(p - 1) \tag{8.2}$$

Zur Ermittlung der optimalen Phasenfolge wird eine Zwischenzeitenmatrix angelegt. Die Erstellung der Zwischenzeitenmatrix wird im nächsten Abschnitt beschrieben. In diesem Abschnitt ist auch ein Beispiel für eine Zwischenzeitenmatrix angegeben (Abbildung 8.11). Für den Wechsel von einem Phasenbild auf das nächste enthält die Matrix die notwendigen Zwischenzeiten. Die Anzahl w von Phasenwechsel entspricht dabei der Menge von Zeiten, die für die Zwischenzeitmatrix berechnet werden muss.

8.4.4 Signalisierungszeichen und -zeiten

Allgemein haben ortsfeste Signallichtzeichen im Straßenverkehr die Aufgabe, den Verkehrsteilnehmern Informationen für bestimmte Verhaltensweisen zu geben. Signallichter im Straßenverkehr übermitteln solche Informationen optisch durch vereinbarte Lichtzeichen, denen eine bestimmte Bedeutung zugeordnet ist:

Merkmale von Lichtzeichen sind:

- Farbe des Lichts (Rot, Grün, Gelb)

- Form der leuchtenden Farbe (Rund, Symbol, Text)

- Dauer der Darstellung

- Kontinuität der Darstellung (stetiges Leuchten, Blinken)

- Kombinationen (Rot/Gelb)

Lichtsignale gibt es speziell für Fußgänger, Radfahrer, Kraftfahrzeuge und auch für den ÖPNV.

Bei Änderungen des Signalbildes reagiert der Straßenverkehrsfluss träge auf diese Veränderung. Daher sind beim Wechsel des Signalbildes Übergangszeiten vorzusehen, die gewisse puffernde Wirkung haben. Ausgehend vom Signalzyklus einer LSA werden diese Übergangszeiten im Folgenden beschrieben.

In Abbildung 8.8 ist der Signalzyklus einer LSA dargestellt. Die Umlaufzeit umfasst dabei die vollständige Abfolge von Signalbildern für den einmaligen Ablauf eines Signalprogramms, d. h. vom ersten Aufruf eines Signalbilds bis zum Wiederaufruf (bei einer Festzeitsteuerung). Innerhalb eines Signalzyklus können folgende vier Signalbilder unterschieden werden:

1. Rot: Fahrzeuge müssen halten (reine Rotzeit)

2. Rot+Gelb: Fahrzeuge müssen halten, bereiten sich auf Anfahren vor (Rot-Gelb-Zeit)

3. Grün: Freigabezeit (Grünzeit)

4. Gelb: Übergang zur Rotzeit (Gelbzeit)

Übergangszeiten

Es wird zwischen zwei Übergangszeiten mit folgender Signalisierung unterschieden:

- Rot+Gelb: Übergang zur Freigabezeit

- Gelb: Übergang zur Rotzeit

Der Übergang der Freigabe- zur Sperrzeit wird durch die Signalfolge Gelb vor Rot angezeigt. Die Dauer der Gelbzeit richtet sich dabei in der Regel nach der zulässigen Geschwindigkeit der Knotenpunktzufahrt und soll dabei sicherstellen, dass die Fahrzeuge, die einen ausreichenden Abstand zur Haltelinie haben, anhalten und dass die Fahrzeuge, deren Anhalteweg über die Haltelinie hinausginge, noch vor Sperrzeitbeginn die Haltelinie überfahren.

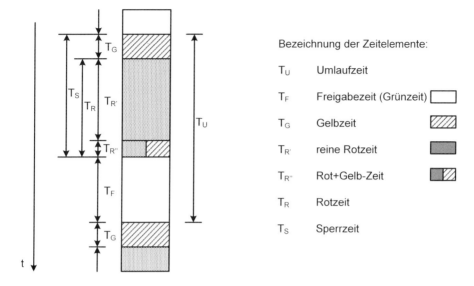

Abb. 8.8. Signalzyklus eines Kfz-Signalgebers, nach (Schnabel und Lohse 1997)

Für PKW gelten folgende Gelbzeiten t_G in Abhängigkeit der zulässigen Geschwindigkeit Vzul der Knotenpunktzufahrt (RiLSA 1998): Bei $V_{zul} = 50\,\mathrm{km/h}$ ist $t_G = 3\,\mathrm{s}$, bei $V_{zul} = 60\,\mathrm{km/h}$ ist $t_G = 4\,\mathrm{s}$ und bei $V_{zul} = 70\,\mathrm{km/h}$ ist $t_G = 5\,\mathrm{s}$.

Für gesondert signalisierte Straßenbahnen und Linienbusse gelten andere Übergangszeiten, um diese Fahrzeuge nicht so stark verzögern zu lassen (RiLSA 1998).

Der Übergang der Sperr- zur Freigabezeit wird durch Rot und Gelb gleichzeitig signalisiert. Hierdurch kann sich der Fahrer auf die Freigabezeit vorbereiten und es werden Anfahrtszeitverluste verringert. Diese Übergangszeit soll für Kraftfahrzeuge eine Sekunde dauern.

Zwischenzeiten

Bei einem Phasenwechsel muss gewährleistet sein, dass alle Fahrzeuge, die am Ende einer ablaufenden Phase in den Knotenpunkt eingefahren sind, den Knotenpunkt verlassen können, ohne mit den Fahrzeugen, die nach Begin der Folgephase einfahren, zusammen zu treffen. Daher sind zwischen zwei Phasen Zwischenzeiten vorzusehen. „Die Zwischenzeit ist die Zeitdauer zwischen Ende der Freigabe eines Verkehrsstroms und Beginn der Freigabe eines anschließend kreuzenden oder einmündenden Verkehrsstroms (RiLSA 1998)." Diese muss so bemessen sein, dass die abfahrenden Fahrzeuge die Konfliktfläche rechtzeitig verlassen können. Diese Zwischenzeiten müssen für alle Kombinationen nichtverträglicher Verkehrsströme unter Berücksichtigung der unterschiedlichen Verkehrsteilnehmergruppen ermittelt werden.

Die Berechnung der Zwischenzeit t_z aus den drei Zeiten Überfahrzeit $t_{\ddot{u}}$, Einfahrzeit t_e und Räumzeit t_r ist in Formel 8.3 angegeben.

$$t_z = t_{\ddot{u}} + t_r - t_e \qquad (8.3)$$

Abbildung 8.9 zeigt eine grafische Darstellung des obigen Zusammenhangs anhand einer Signalbildfolge zweier Signalgeber. Die Berechnung der einzelnen Zeiten ist nachfolgend beschrieben.

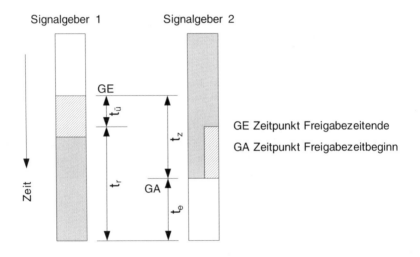

Abb. 8.9. Darstellung der Zwischenzeit anhand der Signalbildfolge zweier Signalgeber, nach (SCHNABEL und LOHSE 1997)

Überfahrzeit, Einfahrzeit und Räumzeit

Nach Beginn der Sperrzeit müssen die eingefahrenen Fahrzeuge noch die Kreuzung überqueren. Die Fläche, die auch die anschließend einfahrenden Fahrzeuge nutzen werden, wird als Konfliktfläche bezeichnet. Bei der Bemessung einer LSA ist sicherzustellen, dass die ausfahrenden und einfahrenden Verkehrsströme die Konfliktfläche nicht gleichzeitig befahren. Hierzu ist zunächst die Festlegung der Räum- und Einfahrwege notwendig.

Für die Ermittlung des Räumweges wird der Grundräumweg s_0 und eine fiktive Fahrzeuglänge l_{FZ} addiert. „Der Grundräumweg ist bei Fahrzeugen der

Weg zwischen der Haltelinie und dem Schnittpunkt mit dem Einfahrweg des beginnenden Verkehrsstroms (Konfliktpunkt) (RiLSA 1998)" (vgl. Abbildung 8.10).

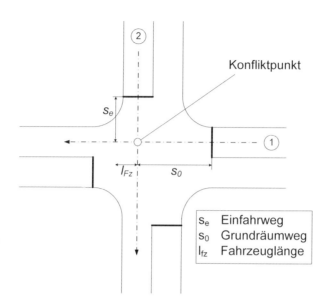

Abb. 8.10. Konfliktpunkt einer vier Wegekreuzung, nach (RiLSA 1998)

Davon ausgehend, dass besonders große Fahrzeuge beim Räumen vom einfahrenden Verkehr beachtet werden, werden für Fahrräder 0 m, für Kraftfahrzeuge (inkl. LKW und Busse) 6 m und für Straßenbahnen 15 m als fiktive Fahrzeuglängen angesetzt (RiLSA 1998).

Mit dem ermittelten Räumweg $s_r = s_0 + l_{Fz}$ und der Angabe einer Räumgeschwindigkeit lässt sich die Räumzeit t_r bestimmen:

$$t_r = \frac{s_0 + l_{Fz}}{v_r} = \frac{s_r}{v_r} \tag{8.4}$$

mit
s_0 Grundräumweg
l_{Fz} Fahrzeuglänge
v_r Räumgeschwindigkeit

In den (RiLSA 1998) werden sechs Unterscheidungsfälle beim Überfahren und Räumen vorgenommen. Hierbei wird der Räumvorgang von geradeausfahrenden und abbiegenden Kraftfahrzeugen, Straßenbahnen und Linienbussen sowie Radfahrern und Fußgängern entsprechend betrachtet.

Für den ersten in den (RiLSA 1998) beschriebenen Fall „Geradeausfahrende Kraftfahrzeuge räumen" ist die Vorgehensweise nachfolgend beschrieben. Die entsprechende Situation ist in Abbildung 8.10 dargestellt. Die Vorgehensweisen für die weiteren Fälle sind in (RiLSA 1998) beschrieben und werden hier nicht vorgestellt.

Als *Überfahrzeit* wird unabhängig von der zulässigen Höchstgeschwindigkeit für geradeausfahrende Kraftfahrzeuge mit $t_{\ddot{u}} = 3\,\mathrm{s}$ gerechnet. Dabei ist die Überfahrzeit $t_{\ddot{u}}$ die Zeitspanne zwischen Ende der Freigabezeit und Beginn der Räumzeit. Für die Räumgeschwindigkeit sind $v_r = 10\,\mathrm{m/s}$ anzusetzen. Für die Fahrzeuglänge ist mit 6 m zu rechnen. Daraus ergibt sich eine Überfahr- und Räumzeit von $t_{\ddot{u}} + t_r = 3 + \frac{s_0 + 6}{10}$.

Der Einfahrweg s_e ist für Fahrzeuge der Weg zwischen Haltelinie und Konfliktpunkt. Für die Bestimmung der *Einfahrzeit* t_e, die zum Zurücklegen des Einfahrweges s_e benötigt wird, muss zwischen stehendem und fliegendem Start unterschieden werden.

Für den fliegenden Start, also aus der Bewegung gilt:

$$t_e = \frac{s_e}{v_e} \tag{8.5}$$

Mit
s_e Einfahrweg
v_e Einfahrgeschwindigkeit

Die Richtlinie für Lichtsignalanlagen (RiLSA 1998) empfiehlt mit einer Einfahrgeschwindigkeit v_e von 40 km/h für Kraftfahrzeuge unabhängig von der zulässigen Höchstgeschwindigkeit und der Fahrtrichtung zu rechnen. Bei öffentlichen Verkehrsmitteln wird mit einer Geschwindigkeit von 20 km/h und anschließender Beschleunigung gerechnet.

Fahren Straßenbahnen oder Busse stets von einer Haltestelle in den Knotenpunkt ein, wird ein Start aus dem Stand angenommen. Für den Start aus dem Stand gilt das Beschleunigungsgesetz:

$$t_e = \sqrt{2\frac{s_e}{a}} \tag{8.6}$$

Für die Ermittlung der Zwischenzeiten kann auch ein Diagramm verwendet werden, wie es beispielsweise in den (RiLSA 1998) abgebildet ist.

Matrix der Zwischenzeiten

Aus der Zwischenzeitenmatrix kann entnommen werden, welche Phasenfolge die geringste Summe von Zwischenzeiten mit sich zieht. Diese bringt die geringste Verlustzeit mit sich und ist in der Regel als die optimale Phasenfolge zu wählen.

Hierzu werden in der Zwischenzeitenmatrix in der ersten Zeile die beginnenden Signalgruppen, in der ersten Spalte die endenden Signalgruppen notiert (vgl. Abbildung 8.11). In der sich ergebenden Matrix werden die Zwischenzeiten für unverträgliche Verkehrsströme eingetragen. Die Fahrten aus gleicher Richtung sowie verträgliche Fahrten sind dabei nicht von Interesse.

		beginnende Signalgruppen							
		K 1	K 2	K 3	K 4	F 1	F 2	F 3	F 4
endende Signalgruppen	K 1		4		4	4		7	
	K 2	5		4			4		7
	K 3		4		4	7		4	
	K 4	4		5			7		4
	F 1	10		8					
	F 2		9		6				
	F 3	8		10					
	F 4		6		9				

Abb. 8.11. Beispiel für eine Zwischenzeitenmatrix für eine Kreuzung nach Abbildung 8.7

Bei Programmen mit festen Signalzeiten kann die festgelegte Phasenfolge direkt im Signalzeitenplan abgelesen werden, bei verkehrsabhängigen Steuerungen sind Übergangsbedingungen zwischen den einzelnen Phasen zu definieren.

8.4.5 Auslegung eines Einzelknotenpunktes

Aus den in Abschnitt 8.4.2 beschriebenen Untersuchungen sind die Ganglinien der Verkehrsstärken der unterschiedlichen Zufahrten eines Knotenpunktes und damit der Zufluss zum Knoten bekannt. Diese Angaben sind nötig, um die notwendigen Freigabe- und Umlaufzeiten (dies ist die Zeit für einen einmaligen vollständigen Ablauf des Signalprogramms und entspricht der Summe der Zwischenzeiten t_z und Freigabezeiten t_F) zu ermitteln. In diesem Abschnitt wird zuerst das Abflussverhalten der Fahrzeuge an einem Knotenpunkt beschrieben, anschließend die Umlaufzeit ermittelt und daraus die Freigabezeiten bestimmt.

Abflussgesetz

Mit dem Abflussgesetz lassen sich die Anzahl der Fahrzeuge n bestimmen, die während der Freigabezeit aus einer Zufahrtsspur abfließen können.

$$n = \frac{t_F - t_a}{t_c} \qquad (8.7)$$

mit
t_F Freigabezeit [s]
t_a Anfahrzeitverlust [s]
t_c kürzeste Zeitlücke zwischen zwei aufeinander folgenden Fahrzeugen [s]
(Folgezeitlücke)

Der Anfahrzeitverlust t_a berücksichtigt dabei die Zeitverluste gegenüber behinderungsfreier Durchfahrt ohne Verzögerung.

Vereinfacht kann mit

$$n = \frac{t_F}{t_c} \qquad (8.8)$$

gerechnet werden

Die Zeitlücke wird als der zeitliche Abstand zwischen dem Eintreffen von zwei Fahrzeugen am selben Ort festgelegt. Sie ist damit abhängig vom Abstand der Fahrzeuge zueinander, als auch von der Geschwindigkeit des Folgefahrzeuges.

$$t_c = \frac{s_{Rl}}{v_2} \qquad (8.9)$$

s_{Rl} Raumlücke [m]
v_2 Geschwindigkeit des Folgefahrzeuges [m/s]

Die Sättigungsverkehrsstärke ist die maximal zulässige Verkehrsstärke, die sich in einer Zufahrtsspur bei einer Stunde Dauergrün einstellen würde. Sie ergibt sich zu:

$$q_S = \frac{3600}{t_c} \qquad (8.10)$$

mit q_S - Sättigungsverkehrsstärke [KFZ/h].

Für reinen PKW Betrieb liegt die Sättigungsverkehrsstärke unter günstigen Verkehrsbedingungen bei 1800 bis 2100 Pkw/h.

In (SCHNABEL und LOHSE 1997) ist tabellarisch angegeben, mit welchen Abminderungsfaktoren eine Anpassung an die örtlichen Verhältnisse, die z.B. durch Spurbreite, LKW-Anteil, Steigungen oder Gefälle gegeben sind, vorgenommen werden kann. In jedem Fall sollte dabei der Faktor für die Verkehrsmischung berücksichtigt werden. Hinzu sollte nur ein weiterer Faktor betrachtet werden, da ansonsten die Verkehrsstärke zu stark verringert wird, da die ersten beiden Faktoren meist den dominierenden Einfluss auf die Verkehrsabwicklung haben.

Erforderliche Umlaufzeit

Die Umlaufzeit ist die Zeit, die für eine Abfolge aller Phasen und Phasenübergänge benötigt wird. Die mindestens erforderliche Umlaufzeit $t_{U,erf}$ ist damit die Summe von Freigabezeiten t_F und Zwischenzeiten t_z der jeweiligen Phasen eines Signalprogramms.

$$t_{U,erf} = \sum_{i=1}^{p} t_{F,maßg,i} + \sum_{i=1}^{p} t_{z,erf,i} \tag{8.11}$$

Nun soll die Umlaufzeit so berechnet werden, dass sich in Abhängigkeit vom einströmenden Verkehrsfluss ein idealer Abfluss des Verkehrs einstellt. Dabei muss die Freigabezeit so lang gewählt werden, dass der Verkehr, der über die Zeitdauer eines Umlaufzyklus aufläuft, in der Freigabezeit abgefertigt werden kann. Die mit der maßgebenden Verkehrsstärke $q_{maßg}$ über der Zyklusdauer t_U ankommenden Fahrzeuge müssen in der Freigabezeit, in der der Verkehr mit q_S vorankommt, abfließen, damit es keinen Rückstau gibt (Gleichung 8.13). Hierzu wird zuvor die oben beschriebene Sättigungsverkehrsstärke q_S, mit einem Auslastungsgrad α der kleiner als 1 anzusetzen ist, zur zulässigen Verkehrsstärke q_{Zul} vermindert.

$$q_S \cdot \alpha = q_{Zul} \tag{8.12}$$

In (RiLSA 1998) ist angegeben, dass auch vereinfachend mit einer 1,2 fachen maßgeblichen Verkehrsstärke gerechnet werden kann. Dieses entspricht einem Auslastungsgrad von $\alpha = 0,83$.

$$q_{maßg,i} \cdot t_{U,erf} = q_{Zul,i} \cdot t_{F,maßg,i} \tag{8.13}$$

$$\Rightarrow t_{F,maßg,i} = \frac{q_{maßg,i}}{q_{Zul,i}} \cdot t_{U,erf} \tag{8.14}$$

Wird Gleichung 8.14 in Gleichung 8.11 eingesetzt, erhält man für die Mindestumlaufzeit

$$\Rightarrow t_{F,maßg,i} = \frac{\sum\limits_{i=1}^{p} t_{z,erf,i}}{1 - \sum\limits_{i=1}^{p} \frac{q_{maßg,i}}{q_{Zul,i}}} \qquad (8.15)$$

Der Nennerterm enthält das Verhältnis von einströmender Verkehrsstärke zu Sättigungsverkehrsstärke an allen Zufahrten, welches erneut zusammengefasst werden könnte. Hier ist zu erkennen, dass die Verkehrsstärke der abfahrenden Fahrzeuge deutlich größer als die Verkehrsstärke der ankommen Fahrzeuge sein muss. Wäre dies nicht der Fall, strebt das Verhältnis der Verkehrsstärken in Gleichung 8.15 gegen 1 und damit der Nenner gegen 0. Damit ergäbe sich eine unendliche Umlaufzeit, da auch eine unendliche Grünzeit für die Abfertigung der ankommenden Fahrzeuge notwendig ist.

Diese Angaben beruhen auf (RiLSA 1998). In der Teilfortschreibung 2003 (RiLSA 2003) wird an dieser Stelle auf die (HBS 2001) verwiesen. Demnach sollten oben genannte Formeln zur Ermittlung der Umlaufzeit nur für die Auslegung bei der „Grünen Welle" verwendet werden. Als Richtwert für die Umlaufzeitbemessung wird in (HBS 2001) die wartezeitoptimale Umlaufzeit aufgeführt. Diese bestimmt sich zu:

$$\Rightarrow t_{U,opt} = \frac{1.5 \cdot \sum\limits_{i=1}^{p} t_{z,i} + 5}{1 - \sum\limits_{i=1}^{p} \frac{q_{maßg,i}}{q_{S,i}}} \qquad (8.16)$$

Somit lässt sich mit den zuvor bestimmten notwendigen Zwischenzeiten und den ermittelten maßgebenden Verkehrsstärken mit Gleichung 8.15 oder 8.16 eine Umlaufzeit ermitteln. Diese Umlaufzeit muss nicht der optimalen Umlaufzeit entsprechen. Bei begrenzten Stauraumlängen der Zufahrten lässt sich auf ähnliche Weise eine Obergrenze für die Umlaufzeit berechnen. Bei der Notwendigkeit Mindestfreigabezeiten zu berücksichtigen, muss auch die Umlaufzeit entsprechend neu berechnet werden. Als Richtwerte für die Umlaufzeit gelten als Minimalwert 30 s und Maximalwert 120 s.

Freigabezeiten

Die von der Umlaufzeit abhängigen Freigabezeiten können bei Berücksichtigung des Auslastungsgrades anhand folgender Gleichung berechnet werden (RiLSA 1998):

$$t_{F,erf,i} = \frac{q_{maßg,i}}{q_{Zul,i}} \cdot t_{U,erf} \qquad (8.17)$$

Wurde eine Umlaufzeit gewählt $t_{u,gew} \geq t_{u,erf}$ berechnet sich die Freigabezeit zu:

$$t_{F,i} = \frac{t_{u,gew} - \sum\limits_{i=1}^{p} t_{Z,erf}}{\sum\limits_{i=1}^{p} \frac{q_{maßg,i}}{q_{Zul,i}}} \cdot \frac{q_{maßg,i}}{q_{Zul,i}} \qquad (8.18)$$

Nach (HBS 2001) ergibt sich eine neue Berechnungsvorschrift ohne Berücksichtigung des Auslastungsgrades beruhend auf der Berechnung der wartezeitoptimalen Umlaufzeit (Gleichung 8.16). Dabei sind die erforderlichen Freigabezeiten für den Kraftfahrzeugverkehr nach den maßgebenden Verkehrsflussverhältnissen festzulegen:

$$t_{F,1} : t_{F,2} : t_{F,3} : \cdots = \frac{q_{maßg,1}}{q_{S,1}} : \frac{q_{maßg,2}}{q_{S,2}} : \frac{q_{maßg,3}}{q_{S,3}} : \cdots \qquad (8.19)$$

Damit bestimmt sich die erforderliche Freigabezeit:

$$t_{F,i} = \frac{t_{U,opt} - \sum\limits_{i=1}^{p} t_{Z,erf}}{\sum\limits_{i=1}^{p} \frac{q_{maßg,i}}{q_{S,i}}} \cdot \frac{q_{maßg,i}}{q_{S,i}} \qquad (8.20)$$

Diese Gleichung muss entsprechend angepasst werden, wenn von der Umlaufzeit unabhängige Freigabezeiten (z. B. Mindestfreigabezeiten für den Kraftfahrzeugverkehr in der Regel von 10 s, auf der Hauptverkehrsrichtung in der Regel von 15 s) berücksichtigt werden müssen.

8.5 Beispiele für Standards und Steuerungssysteme

In diesem Abschnitt werden zuerst Standardisierungsbemühungen vorgestellt. Die bisher oft zitierten Richtlinien für Lichtsignalanlagen und das Handbuch für die Bemessung von Straßenverkehrsanlagen werden an dieser Stelle nicht gesondert behandelt. Anschließend werden zwei Beispiele von Systemen zur Steuerung von Lichtsignalen vorgestellt. Abschließend werden aktuelle Forschungsarbeiten zur sicheren Führung von Verkehrsströmen an Knotenpunkten genannt.

8.5.1 Standardisierung

Im Jahr 1999 gründeten die Firmen Dambach Werke GmbH, Stoye GmbH, Siemens AG I&S IST, Signalbau Huber AG sowie die Stührenberg GmbH die OCIT (Open Communication Interface for Road Traffic Control Systems) Developer Group (ODG) (OCIT 2007). Um zukünftige Verkehrsmanagementaufgaben lösen zu können, ist eine Vernetzung der Verkehrstechnikkomponenten notwendig. Die Arbeitsgemeinschaft der oben genannten Signalbaufirmen hat daher das Ziel, die wichtigsten Schnittstellen von Verkehrssteuerungssystemen unter der Marke OCIT® (OCIT® ist eine registrierte Marke der Firmen Dambach, Siemens, Signalbau Huber, STOYE und Stührenberg) zu standardisieren. OCIT-Schnittstellen stellen damit eine zukunftssichere Basis für offene Systeme dar. Die Standardisierung liegt damit im Interesse der Hersteller derartiger Systeme und Komponenten (vgl. Abschnitt 12.5.1).

8.5.2 Steuerungssysteme im Einsatz

Beispielhaft für viele Systeme zur Steuerung von Lichtsignalanlagen werden an dieser Stelle die Systeme SCOOT und UTOPIA-SPOT vorgestellt (NI-ITTYMAKI et al. 2002, SCOOT 2007, UTOPIA-SPOT 2007).

SCOOT wurde in Großbritannien unter anderem von TRL Limited entwickelt. Die Abkürzung SCOOT steht für Split Cycle Offset Optimization Technique. Das Tool wird zur Kontrolle von Lichtsignalanlagen in Stadtgebieten eingesetzt. Zum optimalen Einsatz benötigt das System Informationen über die aktuelle Verkehrslage. Hierzu werden hauptsächlich Induktionsschleifen eingesetzt, die, soweit möglich, in jeder Zufahrt eines jeden Knotenpunkts vorhanden sein sollten. Die aktuellen Verkehrsdaten werden an eine zentrale Datenbasis und ein zentrales Rechensystem weitergeleitet. In der Datenbasis sind auch die Informationen über den Aufbau des Straßennetzes hinterlegt. Mit diesem Wissen werden mit Hilfe eines Verkehrsmodells, das auch eine Prognose des fortschreitenden Verkehrs zulässt, die optimalen Signalisierungszeiten ermittelt. Natürlich können dabei Vorgaben z. B. für die Bevorrechtigung von öffentlichem Nahverkehr gemacht werden. Das System wird bereits in mehr als 200 Städten in mehr als 14 Ländern erfolgreich eingesetzt.

Einen anderen Ansatz verfolgt das in Italien von Mizar Automazione entwickelte UTOPIA-SPOT. UTOPIA-SPOT ist dafür vorgesehen, ein Netzwerk von Kreuzungen zu optimieren. Im Gegensatz zu einer Optimierung durch ein zentrales Rechensystem wird eine verteilte kooperative Optimierung angestrebt. Das System basiert auf einer verteilten Hardwarearchitektur und einer kreuzungsspezifischen Optimierung (SPOT optimisation process). Die Optimierung basiert dabei auf Messungen des aktuellen Verkehrszustandes und einer Kostenfunktion. Wie SCOOT benötigt auch UTOPIA-SPOT zur optimalen Funktion aktuelle Verkehrsdaten. Faktoren der Kostenfunktionen sind u. a. Zeitverluste, Anzahl der anhaltenden Fahrzeuge oder Wartezeiten für den öffentlichen Nahverkehr. Zusätzlich findet eine Interaktion mit den benachbarten Kreuzungen und mit der UTOPIA Zentralstation statt. Die Zentrale ist in der Lage zur Optimierung des Gesamtnetzes sowohl die lokalen Optimierungskriterien zu verändern, als auch eine, ähnlich wie in SCOOT, Gebietsoptimierung hinzuzufügen. Durch die Simulation der Steuerungsverfahren in den bewährten mikroskopischen Simulationstools VISSIM und AIMSUN kann der Einfluss auf das reale Verkehrsgeschehen im Vorfeld untersucht werden.

Ein viel diskutiertes Thema ist die Umweltbelastung durch Straßenverkehr. Ein Optimierungskriterium in UTOPIA-SPOT ist z. B. die Verringerung der Stops der Fahrzeuge, sodass, ergänzt um weitere Optimierungen, die Emissionen durch einen flüssigeren Verkehr gezielt verringert werden können. Aktuelle Forschungsarbeiten beschäftigen sich mit den Potentialen zur Ressourcenschonung durch geeignete Gestaltung von Straßenknoten und fortgeschrittene Steuerungsverfahren für lichtsignalgesteuerte Straßenknoten (NIITTYMAKI und SIHVOLA 2003).

8.5.3 Fahrerassistenzsysteme für die Verkehrsabwicklung an Knotenpunkten

Die Europäischen Unfallstatistiken des Verkehrs zeigen, dass ca. ein Drittel aller tödlichen oder schweren Unfälle an Kreuzungen passieren. Im Jahr 2001 hat die Europäische Kommission das „White Paper on European Transport Policy for 2010" angenommen. Es sieht unter anderem verschiedene Programme vor, um die Anzahl der Unfalltoten im Straßenverkehr in der EU bis zum Jahr 2010 zu halbieren. Anfang 2004 wurde in dessen Rahmen das vierjährige EU-Forschungsprojekt PReVENT (PReVENTive and Active Safety Applications Integrated Project) gestartet. Im Projekt INTERSAFE (INTERsection SAFEty), das ein Teilprojekt des groß angelegten Projektes PReVENT ist, wird ein vernetztes System zwischen Fahrzeugen und Infrastruktur entwickelt und getestet, um die Anzahl von Unfällen an Kreuzungen mit Hilfe von innovativer Sensorik am Fahrzeug und neuartigen Methoden zur Kommunikation von Fahrzeugen mit der Infrastruktur signifikant zu verringern. Konkret werden dabei zwei Vorgehensweisen verfolgt. Zum einen buttom-up mit aktueller verfügbarer Technologie, basierend auf zwei Laserscanner, einer Kamera, einer digitalen Karte und einer Fahrzeug zu Infrastruktur Kommunikation, wird eine Testkreuzung und ein Testfahrzeug ausgestattet. Zum anderen findet eine top-down Entwicklung mit Hilfe einer Simulation statt, in der ohne die Einschränkungen aktueller Technologien insbesondere auch gefährliche Situationen untersucht werden können (FÜRSTENBERG 2005).

Ein anderer Ansatz wird in dem Programm „Intersection Decision Support (IDS)", welches Bestandteil des California PATH Programms ist, in den USA untersucht. Während für oben beschriebene Assistenzsysteme sowohl Fahrzeuge als auch Infrastruktur mit einer umfangreichen Ausstattung ausgerüstet werden müssen, soll im Projekt IDS dieses vermieden werden. Präsentiert wurde z. B. eine Entwicklung basierend auf Induktionsschleifen, die links abbiegenden Verkehr durch zusätzliche dynamische Hinweisschilder vor entgegenkommenden Fahrzeugen warnt (GOODCHILD et al. 2003). Aufgrund der deutlich kostengünstigeren Lösung ist es aber z. B. nicht möglich alle Verkehrsteilnehmer zu erfassen, sodass nur entgegenkommender Kraftfahrzeugverkehr erkannt wird und vor diesem gewarnt wird. Radfahrer und Fußgänger werden hierbei nicht beachtet. Die Berücksichtigung dieser Verkehrsteilnehmer findet im zuvor genannten INTERSAFE Projekt mit Hilfe der umfangreicheren Sensorik statt.

Wie in Abschnitt 6.2.5 beschrieben können Fahrerassistenzsysteme nach Assistenzstrategie, -ebene und -konzept eingeteilt werden. Die beiden beschriebenden Forschungsprojekte INTERSAFE und „Intersection Decision Support" sind warnende, infrastrukturgestützte Systeme, die der taktischen Ebene zuzuordnen sind.

Systeme, die den Fahrer an Knotenpunkten unterstützen, greifen direkt oder indirekt in den Fahrprozess ein, sodass hohe Anforderungen an die Sicherheit und Zuverlässigkeit zu stellen sind. Um eine Verkehrssituation an Knotenpunkten adäquat interpretieren zu können ist eine geeignete Erfassung des Verkehrsgeschehens notwendig. (WILTSCHKO 2004) beschreibt ein Verfahren zur Bewertung der Qualität von Informationen, welches für unterschiedliche Systemansätze für einen Ampel- und Vorfahrterkenners durchgeführt wird. Die Ergebnisse zeigen auf, dass ein infrastrukturgestütztes System ergänzt durch eine fahrzeugautonome Bildverarbeitung die erforderliche Informationsqualität erreichen kann. Das Potential zur Vermeidung von Unfällen an Knotenpunkten durch die Unterstützung des Fahrers zur Erkennung der Vorfahrt wird dabei auf bis zu 20% abgeschätzt.

Knotenmanagement im Schienenverkehr

9.1 Struktur und Funktion des Schienenverkehrsnetzes

Der Verkehr zielt auf die Ortsveränderung von Personen und Gütern. Das Verkehrsmanagement dient aus Sicht des Betreibers eines Verkehrssystems der Optimierung betrieblichen Prozessabläufe, hinsichtlich der mit dem Betrieb eines Verkehrssystems verbundenen Zielgrößen der Sicherheit, Wirtschaftlichkeit und Beförderungsqualität. Primäres Ziel der Verkehrsplanung ist es, hierfür ein optimiertes Verkehrsangebot zur Verfügung zu stellen (KIRCHHOFF 2002). Eine Optimierung auf der Ebene des Gesamtsystems ergibt sich jedoch nur aus einem aufeinander abgestimmten Zusammenwirken der Systemkonstituenten Verkehrsobjekte (Verkehrsmittel), Verkehrswegeinfrastruktur und Verkehrsorganisation. Jede dieser Konstituenten kann für sich nur vor dem Hintergrund ihres wechselseitigen Zusammenwirkens im systemischen Zusammenhang gestaltet werden.

Im vorliegenden Kapitel werden spezielle Aspekte der Steuerung und Sicherung der Verkehrswegeinfrastruktur des Schienenverkehrs betrachtet. Die Gesamtheit aller Anlagen, auf denen sich die räumliche Fortbewegung von Personen und Gütern vollzieht, wird als Schienen(verkehrs-)netz bezeichnet. Dieses Netz besteht aus verkehrstopologischer Sicht aus Kanten und Knotenpunkten. Dabei sind die Knotenpunkte im Netz durch Kanten verbunden, die die Verkehrsströme aufnehmen. Den Knoten kommt die Aufgabe zu, die Verkehrsströme richtungsabhängig zu verteilen.

Die Einführung im Rahmen dieses Kapitels bezieht sich im Wesentlichen auf die deutsch geprägte Sicherungstechnik der Eisenbahnen des Bundes. Aufgrund des einführenden Charakters dieses Kapitels kann nicht auf alle Betriebsverfahren (z. B. Zugleitbetrieb) eingegangen werden. Im Rahmen des vorliegenden Kapitels wird die technische Sicherung des Zugmeldeverfahrens beschrieben. Im Ausland liegen in der Regel andere Betriebsordnungen vor,

die im Einzelfall erheblich von den Regelungen der deutschen Eisenbahn-Bau
und -Betriebsordung (EBO 1967) abweichen.

9.2 Das Netzmodell und das Knoten-Kanten-Modell

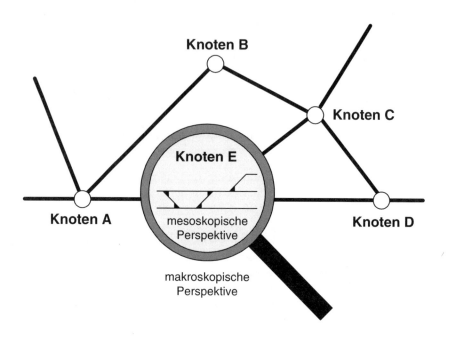

Abb. 9.1. Verkehrsknoten als Teil des Verkehrsnetzes

Das Verkehrsnetz lässt sich aus drei unterschiedlichen Perspektiven betrachten:

- Makroskopisch
- Mesoskopisch
- Mikroskopisch

Die *makroskopische Perspektive* teilt das Netz in Kanten und Knoten auf.
Zugunsten sinnvoller Betrachtungseinheiten wird darauf verzichtet, das Verhalten des gesamten Systems aus dem Verhalten seiner kleinsten Bestandteile
abzuleiten. Bahnanlagen (nach EBO 1967 alle Anlagen, die zur Abwicklung

und Sicherung des Verkehrs auf der Schiene erforderlich sind) werden unterteilt in Bahnhöfe (d. h. Knoten im Sinne einer graphentheoretischen Betrachtung) und freie Strecke (d. h. Kanten im Sinne einer graphentheoretischen Betrachtung). Als Bahnhof bezeichnet werden Bahnanlagen mit mindestens einer Weiche, wo Züge beginnen, enden, ausweichen oder wenden dürfen (EBO 1967). Als Grenze zwischen Bahnhöfen und freier Strecke gelten im Allgemeinen die Einfahrsignale.

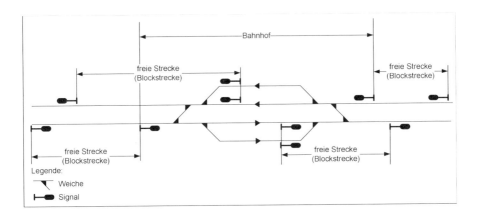

Abb. 9.2. Definition der Begriffe „Bahnhof" und „freie Strecke"

Bahnhöfe übernehmen sowohl verkehrliche Aufgaben (z. B. als Personen- oder Güterbahnhöfe) als auch betriebliche Aufgaben des Eisenbahnverkehrsunternehmens (z. B. als Abstellbahnhof) oder des Eisenbahninfrastrukturunternehmens (z. B. als Kreuzungsbahnhof). Auf makroskopischer Betrachtungsebene ist es unerheblich, ob eine Strecke zwischen zwei Knoten aus einem oder mehreren Gleisen besteht.

Die *mesoskopische Perspektive* nimmt eine weitere Unterteilung der Bahnanlagen der freien Strecke vor und macht diese zum Gegenstand näherer Betrachtungen. Aus diesem Blickwinkel heraus wird die Infrastruktur wesentlich detaillierter beschrieben. Strecken (Kanten) werden nun durch einzelne Gleise beschrieben. Für die Sicherung der Zugfolge werden diese Streckengleise in Abschnitte eingeteilt, in den ein Zug nur einfahren darf, wenn er frei von Fahrzeugen ist (so genannte Blockstrecken). Die Streckengleise sind von Bahnanlagen begrenzt, die durch Hauptsignale die Einfahrt in diese Strecken regeln (so genannte Blockstellen). In der mesoskopischen Perspektive stellen diese Betriebsstellen die Knoten dar. Diese Knoten können hinsichtlich ihrer Topologie und den damit verbundenen betrieblichen Funktionen folgendermaßen unterschieden werden (PACHL 1999):

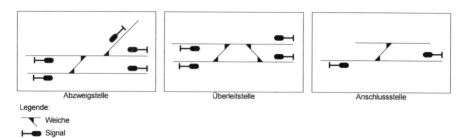

Abb. 9.3. Typische Knotentopologien

- *Abzweigstelle*: Blockstelle (d. h. Bahnanlage der freien Strecke), die den Übergang eines Zuges von einer Strecke auf eine andere Strecke ermöglicht. Der Bereich einer Anschlussstelle wird durch die entgegengesetzt gerichteten Blocksignale begrenzt (NAUMANN und PACHL 2004).

- *Überleitstelle*: Blockstelle (d. h. Bahnanlage der freien Strecke), wo Züge auf ein anderes Gleis derselben Strecke übergehen können. Der Bereich der Überleitstelle wird durch die entgegengesetzt gerichteten Blocksignale begrenzt (NAUMANN und PACHL 2004).

- *Anschlussstelle*: Blockstelle (d. h. Bahnanlage der freien Strecke), wo Züge ein angeschlossenes Gleis als Rangierfahrt befahren können. Anschlussstellen fungieren als Einbruchstellen einer Zug- bzw. Rangierfahrt in das Netz bzw. Ausbruchstellen aus dem Netz und sind deshalb besonders zu sichern. Hierfür sind zwei Fälle zu unterscheiden:

  – Die Blockstrecke kann bis zur Rückkehr der Bedienungsfahrt nicht für einen anderen Zug freigegeben werden.

  – Die Blockstrecke kann nach Einfahrt der Bedienungsfahrt für eine andere Zugfahrt freigeben werden, was jedoch das Herstellen zusätzlicher sicherungstechnischer Abhängigkeiten erfordert. Die Einrichtung solcher als *Ausweichanschlussstelle* bezeichneten Blockstellen hat zum Ziel, die Zeit der Streckensperrung zu beschränken auf die Fahrzeit zur Anschlussstelle und von dieser zurück zum Bahnhof und damit das Streckengleis zwischenzeitlich wieder für Zugfahrten zu nutzen.

Die *mikroskopische Ebene* betrachtet die kleinsten Elemente der Schienennetzinfrastruktur. Topologisch gesehen kann der gesamte Fahrweg verstanden werden als eine Verknüpfung einzelner Teilelemente, die in Nachbarschaftsbeziehungen zueinander stehen. Auf dieser Ebene können verschiedene Elementtypen hinsichtlich des mit ihnen assoziierten Umfangs an Steuerungs- und Überwachungsaufgaben differenziert werden. Der Fahrweg eines Zuges besteht u. a. aus verzweigungsfreien Gleisabschnitten (Kanten), die auf ihr Freisein überwacht werden müssen, bevor sie durch eine Zugfahrt betrieblich beansprucht werden dürfen. Der verzweigungsfreie Gleisabschnitt hat zwei Nachbarelemente, nämlich Weichen und Kreuzungsweichen. Sie stellen Knoten im Sinne einer mikroskopischen Betrachtung dar. Zusätzlich zur Überwachung der verzweigungsfreien Gleisabschnitte auf ihr Freisein sind die beweglichen Teile der Fahrwegelemente (z. B. Zungenspitzen, bzw. Herzstückspitzen der Weiche) in die richtige Lage zu bringen und in dieser zu verschließen. Vor Zulassung einer Zugfahrt ist zu prüfen, ob logische Abhängigkeiten zwischen den einzelnen Elementen herzustellen sind (vergl. Abschnitt 9.5). Weichen haben drei Nachbarelemente, während Kreuzungsweichen über vier Nachbarelemente verfügen.

Die unterschiedlichen Betrachtungsebenen der betrieblichen Infrastruktur sind in Abb. 9.4 dargestellt.

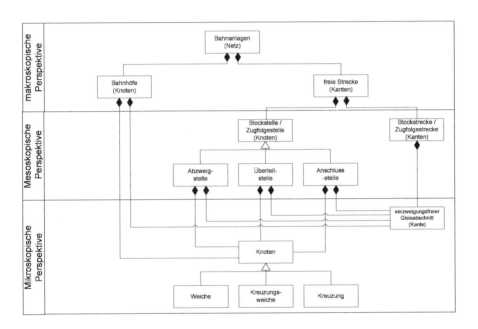

Abb. 9.4. Strukturierung der Komponenten des Schienenverkehrsnetzes

Für Zugbewegungen auf der freien Strecke (Kanten) ist die Verträglichkeit zweier Zugfahrten durch den Grundsatz des Fahrens im festen Raumabstand festgelegt: In einzelnen Blockabschnitten darf sich jeweils nur ein Zug befinden. In den Knotenbereichen ist die zeitlich und räumlich verträgliche Abwicklung von Zugfahrten komplex. Für die Steuerung der Fahrten in Knotenbereichen haben sich im Laufe der Entwicklung der Eisenbahn technologieunabhängige Sicherungsfunktionen herausgebildet. Diese Sicherungsfunktionen werden im

Folgenden dargestellt und vor dem geschichtlichen Hintergrund der technischen Entwicklung der Funktionsträger erörtert.

9.3 Der Begriff des (Netz-)Managements

Die langfristige Planung der Infrastruktur muss die Belange einer optimalen Betriebsabwicklung berücksichtigen. Absehbare Konflikte der zeitlichen und räumlichen Inanspruchnahme der Infrastruktur durch Zugfahrten müssen bereits bei der Planung vermieden werden. Die Kapazität und Leistungsfähigkeit des Verkehrsflusses wird auf den Strecken bestimmt von der Geschwindigkeit und der Bewegungsrichtung der Fahrzeuge. Zu lösen sind dabei folgende Konflikte:

- *Unterschiedliche Bewegungsrichtung*: Zwei Züge wollen in entgegengesetzter Richtung dasselbe Streckengleis benutzen.

- *Unterschiedliche Geschwindigkeit bei gleicher Bewegungsrichtung*: Ein vorausfahrender langsamerer Zug schränkt die Fahrgeschwindigkeit eines folgenden schnelleren Zuges ein (als „Stutzen" bezeichnetes ständiges Abbremsen des schnelleren Folgezuges, vgl. Abschnitt 7.3.5).

Die vorliegenden Konflikte können auf den Blockstrecken nicht gelöst werden. Ihre Lösung verlagert sich in die Knotenbereiche:

- *Kreuzen*, d. h. das Ermöglichen der Vorbeifahrt zweier einander entgegenkommender Züge. Bei eingleisigen Strecken erfolgt die Lösung des aus der unterschiedlichen Bewegungsrichtung der Züge entstehenden Konflikts bereits vor Abfahrt der Züge durch die Schaffung technischer Abhängigkeiten zwischen den Betriebsstellen. Bei diesem Erlaubnisverfahren wird zu gegebener Zeit nur eine der beiden Verkehrsrichtungen zugelassen und somit die andere verboten. Alternativ können bereits im Planungsstadium einer Infrastruktur bauliche Einrichtungen vorgesehen werden (Kreuzungsgleise bei eingleisigen Strecken oder ein durch Überleitstellen begrenzter zweigleisiger Abschnitt).

- *Überholen*, d. h. das Vorbeifahren des schnelleren Zugs an einem langsamer vorausfahrenden Zug. Der durch die unterschiedliche Geschwindigkeit von Zügen entstehende Konflikt wird gelöst durch die Vorbeifahrt des Folgezuges auf Überholungsgleisen oder das Warten des vorausfahrenden Zuges im Bahnhof.

- Durch *Wechseln auf ein anderes Gleis* derselben Strecke bzw. den *Übergang auf eine andere Strecke* können die oben genannten Konflikte ebenfalls gelöst werden.

Um die Zugfolge im Gesamtnetz zu optimieren, muss das Leistungsverhalten von Strecken und Knoten aufeinander abgestimmt und harmonisiert werden. Nur so ist ein hoher Durchsatz an Zugfahrten bezogen auf die Zeit möglich. Wechselwirkungen zwischen Knoten und Strecken ergeben sich vor allem durch die Dichte der Knoten im Netz, die Ausweich- und Überholungsvorgänge gestatten, und durch die Länge der Blockabschnitte auf den Strecken. Die Länge der Blockabschnitte bestimmt den möglichen Zu- und Abfluss von Zugfahrten in und aus Richtung des Knotens. Da eine dichte Blockteilung eine hohe Zugdichte im Zulauf auf den Knoten ermöglicht, ist es dann ein Problem des Knotens, die Zugfahrten auf die Strecken bzw. Bahnhofsgleisgruppen zu verteilen. Umgekehrt kann die Verteilungsfunktion des Knotens besser ausgenutzt werden, wenn eine hohe Blockdichte im Abfluss eines Knotens die schnelle Folge der Fahrten ermöglicht (BENDFELDT 2006).

Dem Netzmanagement liegt eine hierarchische Struktur zugrunde. Die verschiedenen Aufgaben haben hierbei einen unterschiedlichen zeitlichen Bezug und weisen einen unterschiedlichen Gestaltungsspielraum auf. Tabelle 9.1 stellt die Tätigkeiten des Netzmanagements übersichtlich dar. Sie gliedern sich in die planerische Aufgaben der strategischen, dispositiven und taktischen Ebene sowie die operative Aufgabe der Steuerung des Fahrtablaufs.

9.3.1 Planerische Aufgaben des Netzmanagements aus Sicht der Verkehrsleittechnik

Der Entwurf des Verkehrsangebots stellt eine strategische Entscheidung dar, deren Zeithorizont bedingt durch den Planungsvorlauf (z. B. Planfeststellungsverfahren) entsprechend lang ist. Gegenstand der Planung ist der *Fahrweg*. Die Gestaltung des Fahrwegs lässt sich in drei Teilaufgaben gliedern:

- Entwurf des Liniennetzes

- Räumliche Gestaltung des Fahrwegs

- Sicherungstechnische Gestaltung des Fahrwegs

Der *Entwurf des Liniennetzes* ist eine strategische Entscheidung. Unter Berücksichtigung des Verkehrsbedarfs bzw. der geschätzten Verkehrsnachfrage wird das Verkehrsangebot des Verkehrsträgers dimensioniert. Geplant werden hierbei die Laufwege der Züge im Fernverkehr und die Linienwege der Fahrzeuge im Nahverkehr. Laufweg und Linienweg zeigen die Abfolge von Unterwegsbahnhöfen zwischen Start- und Zielbahnhof und können als Folge von Knoten und Kanten beschrieben werden.

Die *räumliche Gestaltung des Fahrwegs* beinhaltet das Festlegen einer als Trasse bezeichneten Raumkurve. Hierbei gilt es, eine geeignete Linienführung in

Tabelle 9.1. Aufgaben des Netzmanagements im Schienenverkehr

Zeitlicher Bezug	Hierarchische Ebene	Tätigkeiten des Netzmanagements	Beschreibung	Gestaltungsgegenstand
Langfristig (Jahre)	Strategische Ebene	Entwurf des Verkehrsangebots	Das Verkehrswegenetz wird optimiert durch: - Einfügen oder Verändern von Netzelementen, - Entwerfen von Netzen von Grund auf.	Fahrweg - räumliche Gestaltung - konstruktive Gestaltung - sicherungstechnische Gestaltung Verkehrsangebot / Produktionskonzepte
	Dispositive Ebene	Entwurf des Liniennetzes	Auf dem Verkehrswegenetz werden Linien gebildet und Haltestellen festgelegt.	Laufweg (als räumlicher Kantenzug)
	Taktische Ebene	Entwurf des Fahrplans	Gewünschte Zeitlagen der Zugangebote der einzelnen Eisenbahnverkehrsunternehmen werden koordiniert - auf einer gegebenen Infrastruktur und bei gegebenem Liniennetz unter Berücksichtigung von Umsteigeverbindungen.	Koordination der räumlichen und zeitlichen Inanspruchnahme der Infrastruktur - Sperrzeitentreppe (Kanten) - Bahnhofsfahrordnung (Knoten)
Kurzfristig (Sekunden)	Operative Ebene	Sicherung der Zugfahrt	Es wird gewährleistet, dass eine Fahrzeugbewegung zwischen Start- und Zielpunkt erst dann zugelassen wird, wenn dies ohne Gefährdungen möglich ist.	Disposition Fahrwegsteuerung (Fahrstraße) Fahrzeugsteuerung (Fahrbefehl / Movement Authority)

Grundriss, Aufriss und Querschnitt zu entwickeln. Sie muss die Anforderungen erfüllen an die Sicherheit des Bahnbetriebs, die fahrdynamische Ausgewogenheit der Trassierungsparameter, den Fahrkomfort und die Wirtschaftlichkeit (SCHIEMANN 2002, MATTHEWS 2003, WEIGEND 2004).

Die *sicherungstechnische Gestaltung* des Fahrwegs umfasst im Sinne einer systemischen Betrachtung der gesamten Sicherungsfunktionen die Frage der Zuordnung von Sicherungsfunktionen zu den Systemkonstituenten Fahrzeug und Fahrweg. Betrachtet man die streckenseitig angeordneten Sicherungsfunktionen, so umfasst die sicherungstechnische Gestaltung die räumliche Anordnung der technischen Ressourcen als Träger der Sicherungsfunktionen entlang der Strecke. Im Rahmen der so genannten Qualifizierten Aufgabenstellung (QuAst) wird die Gleistopologie mit den Signalstandorten makroskopisch geplant. Ausgangspunkt sind übergeordnete Fragestellungen, wie der Betrieb auf der betrachteten Strecke abgewickelt werden soll (z. B. Einrichtung eines ein- oder zweiseitigen Gleiswechselbetriebs auf einer zweigleisigen Strecke). Die Ergebnisse dieser makroskopischen Planung fließen ein in die als „Planteil 1" (PT1) bezeichnete Ausführungsplanung, die eine mikroskopische Planung der Signalstandorte (auf den Meter genau) umfasst. Die PT1-Planung ist Grundlage der technischen Implementierung (vergl. Abschnitt 9.6), die im „Planteil 2" (PT2) dokumentiert wird. Im Sinne der Fahrwegsicherung ist der wichtigste Gegenstand der Planung hierbei die Fahrstraße, d. h. der technisch gesicherte Fahrweg für Zug- oder Rangierfahrten. Die technische Sicherung des Fahrwegs umfasst hierbei den Ausschluss aller sicherungstechnisch beeinflussbaren Gefährdungsmöglichkeiten. Werden in diesem Stadium der Planung ungünstige Entscheidungen getroffen, bestimmen diese, bedingt durch den langen zeitlichen Planungsvorlauf, über einen langen Zeitraum die mögliche Leistungsfähigkeit eines Verkehrssystems. Ergebnisse der sicherungstechnischen Gestaltung sind folgende Planungsdokumente (LORENZ 2003):

- *Topographieähnliche Pläne*: Auf Grundlage von topographischen Plänen werden generalisierte Übersichtsdarstellungen der Eisenbahnanlagen erarbeitet. Dies sind beispielsweise sicherungstechnische Übersichtspläne, Signallagepläne mit den maßstäblich verzeichneten Standorten der Signalmasten oder auch Kabellagepläne, die den Verlauf der Kabeltrassen zur Energieversorgung bzw. Informationsübertragung darstellen.

- *Sicherungstechnische Tabellen*: Zusätzlich zu den topographieähnlichen Plänen sind weitere Tabellen notwendig. Dazu gehören Signaltabellen, Freimeldetabellen, Fahrstraßentabellen, Weichentabellen, Flankenschutztabellen und Zwieschutzweichentabellen. Bei älteren Stellwerksbauformen, die auf Grundlage der so genannten Fahrstraßenlogik realisiert sind, ist der Verschlussplan (vergl. Abschnitt 9.5.1) ein wesentliches Planungsdokument. Er enthält in der Regel sämtliche in einem Bahnhofsbereich zu realisierenden sicherungstechnischen Abhängigkeiten.

Der *Entwurf des Fahrplans* ist ein zyklisch ablaufender Prozess, der auf die Bereitstellung eines Fahrplans als Grundlage für die Betriebsabwicklung zielt (vgl. Kapitel 13). Der Fahrplan als zeitliche Einordnung der Laufwege stellt eine Beschreibung des Soll-Betriebsablaufs für die Betriebsdurchführung dar. Gegenstand der Planung sind in Kantenbereichen die *Fahrplantrassen* und in Knotenbereichen die Bahnhofsfahrordnung. Der Fahrplan beschreibt die zeitliche Abfolge des Zuglaufs auf einem Fahrweg. Gestaltungsgegenstand ist hierbei die Fahrplantrasse als im Fahrplan vorgesehene zeitliche und räumliche Inanspruchnahme der Infrastruktur durch eine Zugfahrt. Eine Fahrplantrasse wird durch die zugehörige Sperrzeitentreppe charakterisiert (vgl. Abschnitt 7.3.5). Beim Einlegen von Fahrplantrassen in einen Fahrweg dürfen sich die Sperrzeitentreppen nicht gegenseitig überschneiden.

9.3.2 Operative Aufgaben des Netzmanagements

Ziel des Betriebs eines spurgeführten Verkehrssystems – und damit des Netzmanagements auf operativer Ebene – ist es, den Schienenverkehr fahrplangemäß und sicher durchzuführen (DIN EN 50126). Die Sicherheit wird als Eigenschaft des Transportprozesses verstanden und als Freiheit desselbigen von unvertretbaren Risiken definiert. Das Risiko wird mathematisch formuliert als Produkt aus der Eintrittswahrscheinlichkeit eines Schadensereignisses und dem damit verbundenen Schadensausmaß. Komplexe technische Systeme können aus objektiven technischen Gesichtspunkten nicht absolut fehler- oder ausfallfrei ausgeführt werden (es gibt keine „idealen" Bauteile). Zudem ist der zunehmende finanzielle Aufwand oft eine Grenze für ein weiteres Erhöhen der Sicherheit. Ein gewisses Restrisiko muss daher gesellschaftlich akzeptiert werden. Dieses tolerierbare Risiko muss nach Betrachtung aller wirksamen Sicherungsfunktionen unterschritten werden (BRABAND 2005).

Sicherungsaufgaben sind Mittel zur Zielerreichung, d.h. zur Gewährleistung der Sicherheit. Unter Berücksichtigung der beiden Systemeigenschaften der Spurführung und der langen Bremswege (bedingt durch die geringe Haftreibung zwischen Radaufstandsfläche und Schiene) lassen sich zwei abstrakt formulierte Aufgaben zur Sicherung der Fahrten von Schienenverkehrsfahrzeugen ableiten.

Die erste Aufgabe ist die *Entgleisungsvermeidung*. Die Entgleisung bezeichnet zum einen den Verlust der Spurführung an stetigen Stellen im Fahrweg, d.h. der nicht unterbrochenen Schiene. Der Verlust der Spurführung kann beispielsweise bei unzulässig hoher Geschwindigkeit im Gleisbogen oder bei Spurverengungen entstehen (MATTHEWS 2003). Zum anderen bezeichnet die Entgleisung den zweispurigen Lauf eines Eisenbahnfahrzeugs. Dieses Problem kann im Bereich von Verzweigungen des Fahrwegs (Kreuzungen, Weichen) auftreten, wenn die Zunge einer Weiche nicht formschlüssig gegen die Backenschiene verschlossen ist und somit zulässt, dass die Drehgestelle eines Zuges in unterschiedliche Richtungen gelenkt werden (NAUMANN und PACHL 2004).

Die zweite Aufgabe ist die *Kollisionsvermeidung*. Bedingt durch die langen Bremswege ist ein Fahren auf Sicht nur eingeschränkt möglich. Im Bereich der DB AG ist für Fahren auf Sicht nur $v_{max} = 40\,km/h$ zulässig (KoRil 408). Ein Aufeinandertreffen eines Schienenfahrzeugs mit systemeigenen Fahrzeugen oder systemfremden Verkehrsteilnehmern (an einem Bahnübergang) muss wirksam ausgeschlossen werden. Auf Wunsch des jeweiligen Eisenbahninfrastrukturunternehmens können zusätzliche Sicherungsfunktionen in die technische Sicherung integriert werden. Diese Funktionen schließen Gefährdungen von Objekten aus, die aus der übrigen Umwelt einwirken (z. B. Überflutung, Lawinen/Erdrutsch, Hindernisse).

Die genannten Sicherungsaufgaben dienen der Sicherung der Zugfahrten. Sie können verschiedenartig gelöst werden und somit auf unterschiedliche Weise zur Erreichung des übergeordneten Ziels der Sicherheit bzw. Risikovermeidung beitragen.

Die *Sicherungsfunktionen* stellen inhaltliche Lösungen der Sicherungsaufgabe dar. Die Aufgabe der *Entgleisungsvermeidung* wird durch folgende Sicherungsfunktionen gewährleistet:

- Geschwindigkeitsüberwachung: Im planerischen Entwurf der Trassierungslinie des Fahrwegs wird durch die Wahl der Trassierungsparameter (Radien, Überhöhung) eine zulässige Streckenhöchstgeschwindigkeit festgelegt. Diese beschränkt die auf das Fahrzeug wirkenden Horizontalkräfte und gewährleistet somit einen Schutz vor Entgleisung. Der Eisenbahnfahrzeugführer muss die Einhaltung der zulässigen Fahrzeug- bzw. Streckenhöchstgeschwindigkeit überwachen und bei Abweichungen angemessen reagieren. Zur Erhöhung der Sicherheit kann der Eisenbahnfahrzeugführer selbst wiederum durch so genannte Zugbeeinflussungssysteme (vergl. Kap. 7) überwacht werden, so dass entsprechende Schutzreaktionen (Betriebs- bzw. Zwangsbremse) automatisch ausgelöst werden (MASCHEK 2007).

- Sicherung beweglicher Fahrwegelemente: An den Zungenspitzen einer Weiche wird der Zug in seine neue Fahrtrichtung gelenkt. Sie stellen einen wesentlichen Gefahrenpunkt dar. Liegt die Zunge einer Weiche nicht vollständig an, besteht Entgleisungsgefahr für die Fahrzeuge, die die Weiche gegen die Spitze befahren.

Die Aufgabe der *Kollisionsvermeidung* wird durch folgende Schutzfunktionen gewährleistet:

- Flanken-, Folge- und Gegenfahrschutz: Bei Konflikten mit Schienenfahrzeugen kann es zu verschiedenen Arten des Zusammentreffens kommen.

Es muss verhindert werden, dass ein von der Seite kommendes Fahrzeug (Flankenfahrt), ein folgendes Fahrzeug (Folgefahrt) oder ein frontal entgegenkommendes Fahrzeug (Gegenfahrt) in den freigegebenen Lichtraum eines Schienenfahrzeugs gelangen kann.

- Schutz an niveaugleichen Kreuzungen: Konflikte mit systemfremden Verkehrsteilnehmern können an Stellen auftreten, wo der Verkehrsraum zur gleichen Zeit von verschiedenen Verkehrsträgern benutzt werden darf (Bahnübergänge). Hierbei wird einem Verkehrsträger (in der Regel dem Schienenverkehr) Vorrang eingeräumt. Der Lichtraum des Schienenfahrzeugs wird gesichert durch optische oder akustische und ggf. durch zusätzliche mechanische Absperrungen (Schranken).

Zur Realisierung der abstrakten Sicherungsfunktionen stehen verschiedene Möglichkeiten zur Verfügung, die von ihren Funktionsträgern abhängig sind. Bei der Gestaltung dieser als Ressourcen bezeichneten Funktionsträger muss durch geeignete Maßnahmen gewährleistet sein, dass diese technisch zuverlässig wirken (SCHNIEDER 1999).

Die Steuerung und Sicherung des Bahnbetriebs kann als Regelkreis dargestellt werden (Abb. 9.6). Hierbei wird deutlich, dass die Sicherung des Bahnbetriebs aus den Teilbereichen Fahrzeugsteuerung und Fahrwegsteuerung besteht.

Im Gegensatz zum Straßenverkehr sind Schienenfahrzeuge aufgrund der Spurführung in der Wahl der Fahrtrichtung nicht autonom. Ein Fahrzeugübergang auf ein anderes Gleis ist nur an speziellen Fahrwegelementen, den Weichen, möglich. Die Steuerung und Sicherung dieser zustandsvariablen Fahrwegelemente ist Gegenstand der *Fahrwegsteuerung*.

Bei einem Prozess, der auf die räumliche Fortbewegung von Personen und Gütern abzielt, umfasst die Sicherungsaufgabe die Beherrschung der für die Ortsveränderung notwendigen kinetischen Energie. Dies ist Gegenstand der *Fahrzeugsteuerung*. Ihre Aufgabe besteht darin, eine bestimmte zulässige Fahrgeschwindigkeit nicht zu überschreiten (Entgleisungsvermeidung). Die auf einer Strecke zulässige Geschwindigkeit kann als Trajektorie dargestellt werden, die jeder Ortskoordinate eine zulässige Geschwindigkeit zuordnet. Diese Geschwindigkeit ist im Transportprozess, das heißt, in der *Regelstrecke*, einzuhalten. Die tatsächlich gefahrene Geschwindigkeit (v_{ist}) wird dabei von der Geschwindigkeitsvorgabe (v_{soll}) abweichen, da störende Einflüsse aus Reibung, Neigung und Aerodynamik als der Fahrtrichtung entgegengerichtete Widerstandskräfte wirken.

Originäre Aufgabe des Eisenbahnfahrzeugführers ist es, das Triebfahrzeug innerhalb der zulässigen Grenzen (die im Fahrzeitenheft des Buchfahrplans enthaltene zulässige Streckenhöchstgeschwindigkeit bzw. Vorgaben der Signalgebung) zu bewegen. Zu diesem Zweck beobachtet er kontinuierlich den aktuellen Prozesszustand (Geschwindigkeitsangabe des Tachos und Position ge-

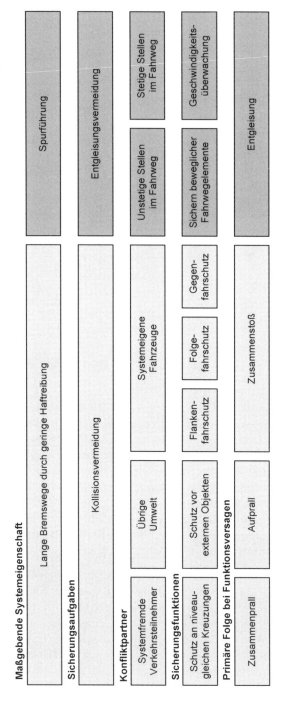

Abb. 9.5. Maßgebende Systemeigenschaften und daraus resultierende Sicherungs-funktionen nach (MASCHEK 2007)

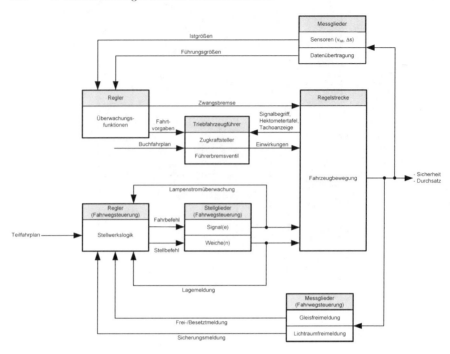

Abb. 9.6. Steuerung und Sicherung des Bahnbetriebs als Regelkreise

mäß Hektometertafeln). Er vergleicht den aktuellen Prozesszustand mit den
Sollvorgaben, bewertet etwaige Differenzen hinsichtlich ihrer Relevanz und ermittelt aus dem Unterschied der beiden Größen (der Regeldifferenz Δv) eine
Stellgröße. Der Triebfahrzeugführer fungiert somit sowohl als *Messglied* als
auch als *Regelglied*. Mit den Stellgrößen regelt er nun die Fahrbewegung des
Fahrzeugs. Er erzeugt für die vorhandenen Stellglieder einen Stellwert, mit
dem die vorhandene Regeldifferenz (Δv) ausgeglichen werden soll. Die mittels
Zug- und Bremskrafteinstellung geregelte Fahrbewegung vollzieht sich in den
drei Grundvarianten Fahrt mit Zugkraft, Fahrt mit Bremskraft, Fahrt ohne
Zug- und Bremskraft (WENDE 2003).

Die *Stellglieder* empfangen informationstragende Energien und wandeln diese
in Prozessenergie um. Das Führerbremsventil dient der Steuerung der Bremskraft. Es regelt in Abhängigkeit von seiner Stellung, ob die Hauptluftleitung
einer Druckluftbremse entlüftet und somit eine Bremsung eingeleitet oder
gehalten wird oder ob die Bremsleitung mit einem Drucklufterzeuger und
Druckluftvorratsbehälter verbunden ist und somit die Bremse gelöst wird oder
bleibt. Der Zugkraftsteller dient der Steuerung der Umdrehungszahl elektrischer Antriebe und somit der Regelung der Zugkraft. Ziel ist es, die Zugkraft,
die Beschleunigung oder die Fahrgeschwindigkeit den vom Triebfahrzeugführer vorgegebenen Stellwerten anzupassen.

Die Stellglieder beeinflussen direkt den Prozess, dessen Zustandseigenschaften durch die Messglieder erfasst und durch den Regler bewertet werden. Es entsteht somit eine im Kreis verlaufende Kausalität, bei der das Ausgangssignal des Prozesses (Rückführgröße des Messglieds) das Eingangssignal des Prozesses (Stellgröße des Reglers) beeinflusst. Durch die entstehende Rückkopplung liegt ein Regelkreis als geschlossene Wirkungskette vor.

Die Teilaufgaben der *Fahrzeugsteuerung* und der *Fahrwegsteuerung* überlappen sich in der Regelstrecke. Um die Sicherheit der Zugförderung entlang des Laufwegs zu gewährleisten, verkehren Eisenbahnfahrzeuge auf technisch gesicherten Fahrwegen, den Fahrstraßen. Das Ziel der Fahrwegsicherung ist es, eine Fahrzeugbewegung zwischen einem Start- und Zielpunkt erst dann zuzulassen, wenn dies ohne Gefährdungen möglich ist. Es sind also alle für die betrachtete Fahrzeugbewegung relevanten und sicherungstechnisch beeinflussbaren Gefährdungsmöglichkeiten auszuschließen. Gegenstand der Fahrwegsicherung ist in Knotenbereichen das Sicherungskonzept der Fahrstraße, in Streckenbereichen das Sicherungskonzept der Blockstrecke.

Im Wesentlichen muss ein Zusammenstoß, das heißt das Auffahren eines Eisenbahnfahrzeugs auf ein anderes Eisenbahnfahrzeug, verhindert werden. Daraus folgt, dass ein Zug nur in einen unbesetzten Gleisabschnitt einfahren darf. *Die Messglieder* sind dezentral im Gleisfeld angeordnet. Diese als Gleisfreimeldeanlagen bezeichneten Sensoren liefern Aussagen über das Freisein der einzelnen Abschnitte eines Gleises und erlauben somit, die Veränderung des Zugstandortes zu verfolgen. Da im Eisenbahnbetrieb zusätzlich Gefährdungen durch Straßenverkehrsteilnehmer vorliegen, muss das Freisein des Lichtraums im Bereich niveaugleicher Kreuzungen gewährleistet sein. Aus diesem Grund können Zustandsinformationen von Bahnübergangssicherungsanlagen in die Regelung mit einbezogen werden. Eine Zugfahrt findet somit nur dann statt, wenn der Bahnübergang erfolgreich gesichert wurde (Einbeziehen der Bahnübergangssicherung in die Signalabhängigkeit, „hauptsignalüberwachter" Bahnübergang (Hp), vergl. Kap. 11).

Der *Regler* bestimmt, welche Weichen zu einer Fahrstraße gehören und welche Weichenlage für den Betriebsablauf erforderlich ist. Aus dem topologischen Übersichtsbild eines Bahnhofs wird deutlich, dass Fahrtmöglichkeiten räumlich und zeitlich unverträglich zueinander sein können. Sie müssen daher durch die Sicherungslogik des Reglers wirksam ausgeschlossen werden. Bei Kreuzungen, Einfädelungen und Ausfädelungen schließen sich ebenfalls Fahrten gleichzeitig aus. In der so genannten Fahrstraßenausschlusstafel sind sämtliche sinnvollen Fahrtkombinationen dargestellt. Sie stellt die logischen Zusammenhänge zwischen einzelnen Zugfahrten und somit die betrieblich möglichen Zustände in einer Gleistopologie grafisch dar. In die Felder der entstehenden Matrix werden alle Ausschlüsse eingetragen (POTTHOFF 1962). Diese Ausschlüsse müssen vor Zulassung einer Zugfahrt auf ihre Einhaltung überprüft werden.

Aus dem Teilfahrplan ergeben sich der einzustellende Fahrweg und damit die Soll-Zustände der Weichenzungen. An der Spitze der Weiche ist die Stellvorrichtung angebracht, mit der die Weichenzungen bewegt und in der Endlage festgehalten werden. Der aktuelle Zustand der Stellvorrichtung (*Stellglied*) wird fortlaufend überwacht. Dazu wird überprüft, ob die von der Stellvorrichtung gemeldete Ist-Lage der Weichenzungen mit der Soll-Lage übereinstimmt. Diese Weichenüberwachung gewährleistet die sicherungstechnische Abhängigkeit zwischen Signalen und zugehörigen Weichen (Signalabhängigkeit). Weist die Weichenüberwachung die erforderliche Übereinstimmung zwischen Soll- und Ist-Lage für eines der benötigten Fahrwegelemente nicht aus, ist die zugehörige Fahrstraße nicht einstellbar und das Signal zeigt keinen Fahrtbegriff an. Das Signal lässt eine Fahrt erst dann zu, wenn alle sicherungstechnischen Bedingungen erfüllt sind.

Die unterschiedlichen Signalbegriffe signalisieren die Zugfolge (Halt bzw. Fahrt) und zeigen zusätzliche Geschwindigkeitsinformationen an. Jeder Lichtpunkt eines Signals wird über einen Lampenstromkreis angesteuert und von seinem *Regler* überwacht. Der im Ergebnis einer Lampenüberwachung stets durchgeführte Soll-Ist-Vergleich gibt Auskunft darüber, ob der ermittelte Zustand der Lampe (leuchtet oder leuchtet nicht) mit dem angesteuerten übereinstimmt. Besteht eine Diskrepanz, so wird ein geringerwertiger (d. h. fahrteinschränkender) Signalbegriff als Ersatz angezeigt. Im Falle eines dunklen Signals ist der Triebfahrzeugführer gehalten anzuhalten, da das Signal einen Halt-Begriff hätte ausdrücken können.

Durch Fahrzeugmitwirkung (d. h. Spurkränze bewegen sich durch den Detektionsbereich eines gleisseitigen Sensors) wird der aktuelle Prozesszustand an diskreten Punkten durch die *Messglieder* detektiert, um wiederum Informationen für den *Regler* zur Verfügung zu stellen. Im Teilbereich der Fahrwegsteuerung liegt wiederum ein Regelkreis als geschlossene Wirkungskette vor.

9.4 Konzepte und Funktionen der Fahrwegsicherung

9.4.1 Konzepte der Fahrwegsicherung

Das Anliegen der Fahrwegsicherung ist es, eine Fahrzeugbewegung zwischen einem Start- und einem Zielpunkt erst dann zuzulassen, wenn dies ohne Gefährdungen möglich ist. Konkret müssen alle für die Fahrzeugbewegung relevanten und sicherungstechnisch beeinflussbaren Gefährdungsmöglichkeiten ausgeschlossen sein und ausgeschlossen bleiben, bis das Fahrzeug seinen Zielpunkt erreicht hat. Hinsichtlich des implementierten Funktionsumfangs können unterschiedliche Konzepte der Fahrwegsicherung unterschieden werden.

Auf Streckengleisen, d. h. in Bereichen ohne Fahrtverzweigungen, reduzieren sich die Gefährdungsmöglichkeiten. Da keine Weichen vorhanden sind, entfällt die Sicherung beweglicher Fahrwegelemente und die Notwendigkeit, Flankenfahrten auszuschließen. Somit sind lediglich Folge- und Gegenfahrschutz zu gewährleisten. Auf Streckengleisen werden diese Gefährdungsausschlüsse durch *Blockinformationen* realisiert. Um sicherzustellen, dass sich in einem definierten und örtlich festliegenden Fahrwegabschnitt (so genannter Blockabschnitt) jeweils nur ein Zug befindet (Folgefahrschutz), werden Informationen zwischen den benachbarten Blocksignalen ausgetauscht. Die Einfahrt in einen Blockabschnitt ist nur möglich, wenn der Zug das folgende Blocksignal passiert hat und dieses Halt zeigt. Um den Zug vor auf gleichem Gleis entgegenkommenden Zügen zu schützen (Gegenfahrschutz), müssen auf zwei benachbarten Zugschlussmeldestellen sicherungstechnische Abhängigkeiten geschaffen werden. Es ist stets zu gewährleisten, dass zu gegebener Zeit nur aus einer Richtung auf die Strecke gefahren werden kann. Die Bedienung der Signale muss also auf einer Betriebsstelle freigegeben, auf der anderen jedoch gesperrt sein (Erlaubnisabhängigkeit).

In Knotenbereichen liegen Fahrwegverzweigungen vor, die die genannten zusätzlichen Gefährdungen mit sich bringen.

9.4.2 Topologische Bestandteile einer Fahrstraße

Als Fahrstraßen werden sicherungstechnisch behandelte Fahrwege bezeichnet, für die sämtliche relevanten und sicherungstechnisch beeinflussbaren Gefährdungsmöglichkeiten durch das Wirken technischer Abhängigkeiten ausgeschlossen werden.

Die Fahrstraße besteht aus drei topologischen Bestandteilen, die nachfolgend erläutert werden sollen.

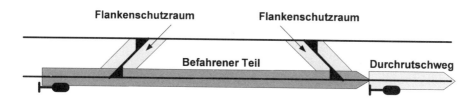

Abb. 9.7. Topologische Bestandteile einer Fahrstraße

- *Befahrener Teil*: Zu diesem topologischen Bestandteil gehören alle Elemente, die eine Zug- oder Rangierfahrt auf ihrem Weg vom Start zum Ziel befährt.

- *Flankenschutzraum*: Die Flankenschutzeinrichtung selbst schützt nur vor Fahrzeugbewegungen, die vor dem Flankenschutz bietenden Element (z. B. Flankenschutzweiche) beginnen. Deshalb muss das Gleis zwischen dem Flankenschutz suchenden und dem Flankenschutz bietenden Element frei sein. Dieser Raum wird Flankenschutzraum genannt.

- *Durchrutschweg*: Da beim Durchrutschen eines Zugs („Verbremsen") über das Zielsignal hinaus eine Gefährdung eintreten kann, wird hinter dem Zielsignal ein Gleisabschnitt freigehalten, der im Allgemeinen als Durchrutschweg bezeichnet wird. Folgende Bedingungen müssen für die Sicherung dieses topologischen Bestandteils einer Fahrstraße erfüllt sein:

  - Es muss sichergestellt sein, dass eine im Durchrutschweg liegende Weiche ihre erforderliche Endlage erreicht hat. Hierbei müssen ggf. logische Abhängigkeiten zu benachbarten Fahrstraßen berücksichtigt werden.

  - Es muss ausgeschlossen sein, dass sich Fahrzeuge im Durchrutschweg aufhalten und somit eine Gefährdung durch frontales oder rückwärtiges Auffahren entstehen kann. Dies wird unter anderem dadurch verhindert, dass der Durchrutschweg auf Freisein geprüft wird.

  - Es muss ausgeschlossen sein, dass andere Fahrzeuge in den Durchrutschweg eines Fahrzeugs gelangen. Dies kann dadurch geschehen, dass benachbarte Weichen dem Durchrutschweg Flankenschutz bieten, Haupt- oder Sperrsignale entsprechend gestellt sind oder eine Rangierhalttafel potenziell gefährliche Fahrzeugbewegungen verhindert.

Bereits im Planungsstadium einer Bahnhofsinfrastruktur ist zu gewährleisten, dass für das potenzielle Durchrutschen der Fahrzeuge über das Zielsignal hinaus entsprechende Gleislängen zur Verfügung stehen (in Deutschland in der Regel 200 m). Ist dies nicht der Fall, ist die zulässige Einfahrgeschwindigkeit in einen Bahnhof zu begrenzen.

9.4.3 Die Fahrstraße als Gegenstand des Sicherungskonzepts

Tabelle 9.2 stellt dar, durch welche Maßnahmen die im Bahnbetrieb entstehenden Gefährdungen im Rahmen der Fahrstraßensicherung vermieden werden.

Um die falsche Lage beweglicher Fahrwegelemente auszuschließen, werden Stellinformationen logisch auf Zulässigkeit geprüft und alle zu einer eingestellten Fahrstraße gehörenden beweglichen Fahrwegelemente in ihrer erforderlichen Stellung so lange festgehalten, wie die Fahrstraße für die sichere Durchführung der Zugfahrt benötigt wird (*Fahrstraßenverschluss*). Signale dürfen nur dann in Fahrtstellung gebracht werden, wenn die Weichen für den Fahrweg richtig liegen und verschlossen sind und diesen Zustand so lange

Tabelle 9.2. Maßnahmen zur Gefährdungsvermeidung

Gefährdungsursachen	Maßnahme zur Gefährdungsvermeidung
Falsche Lage beweglicher Fahrwegelemente	Prüfung von: - Weichenverschluss - Fahrstraßenverschluss (Signalabhängigkeit) - Fahrstraßenfestlegung
Flankenfahrten - einer Zugfahrt - einer Rangierfahrt - einer unbeabsichtigten Fahrzeugbewegung	Einfacher Fahrstraßenausschluss Unmittelbarer Flankenschutz durch Flankenschutzeinrichtungen Mittelbarer Flankenschutz durch betriebliche Anordnungen (Rangier- oder Abstellverbote)
Gegenfahrten	Besonderer Fahrstraßenausschluss
Folgefahrten	Haltfall-Kriterium
Zusammenprall mit systemfremden Verkehrsteilnehmern	Einbindung von Bahnübergangssicherungsanlagen in das Stellwerk nach dem Prinzip der Signalabhängigkeit
Überhöhte Geschwindigkeit	Geschwindigkeitsvorgabe (Geschwindigkeitssignalisierung) Triebfahrzeugführer überwacht Einhaltung der Geschwindigkeitsvorgaben (Ggf. Überwachung des Eisenbahnfahrzeugführers durch ein Zugsicherungssystem)

aufrechterhalten, wie ein Signal auf Fahrt steht (*Signalabhängigkeit*) (EBO 1967).

Der Verschluss der zu einer Fahrstraße gehörenden Weichen beinhaltet das Verhindern der unzulässigen Bedienung von Weichen im Stellwerk und die mechanische Fixierung der Weichenzungen gegen unzulässige Bewegung. Der durch die Signalabhängigkeit gewährleistete Verschluss der zustandsvariablen Fahrwegelemente wirkt nur während der Fahrtstellung des Startsignals der Fahrstraße (PACHL 1999). Das Signal wird in der Regel unmittelbar nach Vorbeifahren der Zugspitze selbsttätig auf Halt gestellt. Zu diesem Zeitpunkt hat der Zug den Weichenbereich noch nicht vollständig verlassen. Da die Weichen nach Haltstellung des Startsignals der Fahrstraße nicht mehr durch die Signalabhängigkeit verschlossen sind, verschließt vom Zeitpunkt des Haltfalls des Signals die so genannte *Fahrstraßenfestlegung* alle zur Fahrstraße gehörenden Weichen. Die Fahrstraßenfestlegung wird erst aufgehoben, wenn alle Fahrwegelemente bis zum Zielsignal und der Durchrutschweg einer Zugfahrstraße ordnungsgemäß aufgelöst wurden. Die Auflösung erfolgt hierbei abschnittsweise. Bei Zügen mit Bahnhofshalt kann eine zeitverzögerte Auflösung des Durchrutschweges projektiert werden. Im Falle eines durchfahrenden Zuges kann die Folgefahrstraße eingestellt werden. Die Fahrstraßenfestlegung der vorhergehenden Fahrstraße wird zurückgenommen (die Fahrstraße wird „aufgelöst"), sobald alle Elemente zwischen Start- und Zielsignal ordnungsgemäß aufgelöst wurden.

Der schützende bzw. sichernde Flankenschutz gegen feindliche Zugfahrten wird durch den einfachen *Fahrstraßenaussschluss* bewirkt. Zwei Zugfahrten dürfen nur dann gleichzeitig zugelassen werden, wenn ihre Fahrwege vollständig getrennt voneinander verlaufen. Zwei feindliche Zugstraßen schließen sich bereits durch das Wirken des einfachen Fahrstraßenausschlusses aus, d. h. durch die unterschiedliche Beanspruchung der für beide Fahrstraßen benötigten Weichen oder Flankenschutzeinrichtungen. Neben feindlichen Zugfahrten können Rangierfahrten und unbeabsichtigte Fahrzeugbewegungen (z. B. abgestellte Wagen) seitlich in den für eine Zugfahrt freigegebenen Fahrweg gelangen und die Zugfahrt gefährden.

Die Fahrstraße muss zusätzlich gegen feindliche Rangierfahrten und unbeabsichtigte Fahrzeugbewegungen (z. B. abgestellte Fahrzeuge) gesichert werden. Dies kann zum einen unmittelbar durch die Flankenschutzeinrichtungen geschehen (Halt zeigende Signale, in abweisender Lage verschlossener Weichen, aufliegende Gleissperren). Zum anderen können Flankenfahrten mittelbar verhindert werden durch betriebliche Anordnungen wie Abstell- oder Rangierverbote, die jedoch von der Beachtung durch das Betriebspersonal abhängen (NAUMANN und PACHL 2004).

Gefährdungen eines Fahrzeugs durch ein auf dem Gleis entgegenkommendes Fahrzeug müssen verhindert werden. Der Gegenfahrschutz erfolgt stets dadurch, dass bei mehreren möglichen Verkehrsrichtungen nur eine gestattet ist und alle anderen wirksam ausgeschlossen werden. Im Interesse der Sicherheit wird die verbotene Verkehrsrichtung auf technische Weise ausgeschlossen. Im Rahmen der Fahrwegsicherung durch Fahrstraßen wird der Gegenfahrschutz durch eigens zu diesem Zweck realisierte *besondere Fahrstraßenausschlüsse* gewährleistet. Sie verhindern das gleichzeitige Einstellen zweier Fahrstraßen entgegengesetzter Verkehrsrichtung in das gleiche Bahnhofsgleis durch gegenseitiges „Verriegeln".

Die *Haltstellung* eines Signals erfolgt bei modernen Stellwerken fahrzeugbewirkt. Mit der Zugbewegung wird durch Belegen eines definierten Gleisfreimeldeabschnitts des Fahrwegs das Signal auf Halt gestellt. Somit wird gewährleistet, dass ein nachfolgender Zug noch vor dem Signal zum Halten kommt und auch bei ungünstigen betrieblichen Verhältnissen nicht auf den voraus fahrenden Zug auffahren kann.

Im Verkehrsnetz gibt es Stellen, an denen unterschiedliche Verkehrswege aufeinandertreffen. Die aus der gleichzeitigen Beanspruchung des Verkehrsraums durch unterschiedliche Verkehrsmittel entstehende Gefahr eines Zusammenpralls mit Straßenverkehrsteilnehmern muss nach Möglichkeit technisch ausgeschlossen werden. Die möglichen Konflikte werden durch Vorrangregelungen gelöst. Bedingt durch die technischen Besonderheiten des Eisenbahnbetriebs (Bewegung großer Massen, lange Bremswege, Spurgebundenheit) wird den Eisenbahnfahrzeugen durch das dem Straßenverkehr zugewandte Andreaskreuz Vorrang eingeräumt. Sind Bahnübergangssicherungsanlagen hauptsignalabhängig in die Stellwerkslogik eingebunden, kann ihr Sicherungszustand als letztes Kriterium vor der Fahrtstellung eines Signals überwacht werden. Nach erfolgter Fahrtstellung des Signals der Fahrstraße wird der ordnungsgemäße Zustand aller Fahrwegelemente (einschließlich des Bahnübergangs) regelmäßig überwacht. Sobald eine der Voraussetzungen für die Fahrtstellung des Signals verletzt ist, kommt das Signal automatisch in die Haltstellung.

9.5 Varianten der Steuerungs- und Sicherungslogik

Die Fahrstraßenlogik umfasst alle Aufgaben und Funktionen eines Stellwerks, die für das Sichern der Fahrwege durch Fahrstraßen erforderlich sind. Die Fahrstraßenlogik ist zunächst technologieunabhängig. Es ist gleichgültig, ob die Funktionen informationstechnisch (Software, wie in elektronischen Stellwerken üblich) oder gerätetechnisch (Hardware, wie in Altbauformen üblich) ausgeführt sind. Hinsichtlich der inhaltlichen Gestaltung der Fahrstraßenlogik werden zwei Varianten unterschieden. Sie unterscheiden sich konzeptionell im Wesentlichen durch die Art des Bestimmens der zu einer Fahrstraße gehörigen Prozesselemente (wie Weichen, Gleisabschnitte und Flankenschutzeinrichtungen) sowie der damit verbundenen Art und Weise, wie diese Elemente für die Fahrwegsicherung genutzt werden (NAUMANN und PACHL 2004). Für die unterschiedlichen Konzepte der Fahrstraßenlogik gibt es verschiedene Beschreibungsmittel, mittels derer die sicherungstechnischen Abhängigkeiten zusammengefasst werden. Nachfolgend werden zwei Ausprägungen der Fahrstraßenlogik mit ihren charakteristischen Beschreibungsmitteln vorgestellt:

- Tabellarische Fahrstraßenlogik (Beschreibungsmittel: Verschlusstabelle bzw. -plan)

- Geografische Fahrstraßenlogik (Beschreibungsmittel: Verbindungsplan)

9.5.1 Tabellarische Fahrstraßenlogik (Verschlussplanprinzip)

Beim Verschlussplanprinzip werden die bei der Einstellung von Fahrstraßen zu beachtenden logischen Abhängigkeiten matrixartig zusammenfasst. Zu diesem Zweck werden alle an der jeweiligen Fahrstraße beteiligten Prozesselemente mit ihrer erforderlichen Stellung in eine Tabelle eingetragen. Bereits vor Inbetriebnahme des Stellwerks werden alle als Fahrstraßen zu sichernden Fahrwege einschließlich der jeweils zu sichernden Prozesselemente in der so genannten Verschlusstabelle zusammengefasst (siehe Abb. 9.8).

In der Verschlusstabelle wird für jede im Bahnhof vorkommende Fahrstraße je eine Zeile und Spalte angelegt. Die hierbei entstehende Matrix stellt den Ausschluss feindlicher Fahrstraßen durch folgende Einträge sicher:

- Unterscheiden sich zwei gleichzeitig angeforderte Fahrstraßen in der Stellung eines signalabhängigen Fahrwegelements, schließen sich diese bereits durch das Wirken der Signalabhängigkeit aus. So lange ein Signal auf Fahrt steht sind alle Weichen in der richtigen Lage verschlossen. Da sich diese Ausschlüsse zwangsläufig ergeben, werden sie auch als einfache Ausschlüsse bezeichnet (NAUMANN und PACHL 2004).

- Für feindliche Fahrstraßen, bei denen kein solcher einfacher Ausschluss vorliegt (z. B. bei Gegenfahrten in dasselbe Bahnhofsgleis), müssen besondere Ausschlüsse vorgesehen werden. Diese Fahrten unterscheiden sich nicht durch die Stellung eines signalabhängigen Fahrwegelements. Diese besonderen Fahrstraßenausschlüsse werden ebenfalls in diesen Teil der Fahrstraßentabelle eingetragen, um sie bei der technischen Umsetzung der Sicherungslogik zu implementieren.

In einem zweiten Teil der Tabelle wird für die Zeilen jeder Fahrstraße jedem Element der Außenanlage (Weichen) eine eigene Tabellenspalte zugewiesen. Dort wird eingetragen, ob und wie die technischen Einrichtungen bei den einzelnen Fahrstraßen genutzt und gesichert werden. Es werden die erforderlichen Stellungen von Fahrweg- und Flankenschutzelementen (Weichen, Gleissperren) eingetragen.

Nicht in allen Lageplanfällen kann der Flankenschutz durch die abweisende Lage einer benachbarten Flankenschutzweiche gewährleistet werden. Es können Lageplanfälle vorliegen, in denen eine Weiche zwei ansonsten unabhängig voneinander verlaufende Fahrstraßen in unterschiedlicher Stellung zugleich als Schutzweiche beansprucht wird (*Echte Zwieschutzweiche*). Müsste eine Weiche für dieselbe Fahrstraße zugleich in unterschiedlicher Lage Flankenschutz bieten (z. B. Weiche W1 für die Fahrstraße von Signal A in Gleis 2 in Abb. 9.8), wird sie als *Eigenzwieschutzweiche* bezeichnet. Die aus Zwieschutzweichen entstehenden Konflikte müssen bereits im Planungsstadium eines Stellwerks gelöst werden, z. B. durch einen ersatzweisen Flankenschutz durch ein weiter entferntes Fahrwegelement (so genannte Fernschutz). Haupt- und Rangiersignale können ebenfalls durch Anzeige eines Halt-Begriffs Flankenschutz realisieren. Für diese Fälle wird in einem dritten Teil der Tabelle für die Zeilen jeder Fahrstraße jedem Signal eine Tabellenspalte zugewiesen. Dort wird eingetragen, ob und wie die Anzeige des Halt-Begriffs des Signals als notwendige Voraussetzung für die Fahrtstellung des Einfahrsignals betrachtet wird.

Für ein einfaches Lagebeispiel ist in Abbildung 9.8 die Verschlusstabelle exemplarisch dargestellt.

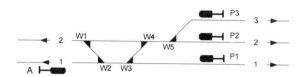

Verschlusstafel:

	Fahrstraßenausschlüsse									Weichen					Signale			
	A/1	A/2	A/3	P1/1	P1/2	P2/1	P2/2	P3/1	P3/2	W1	W2	W3	W4	W5	A	P1	P2	P3
A/1	-	I	I	II	I	I		I		l+	l	r	r+		x			
A/2	I	-	I	I	I	II	I	I	I	++l 1)	l	l	l	r	x+		x	x+
A/3	I	I	-	I	I	I	I	II	I	++l 1)	l	l	l	l	x+		x+	x
P1/1	II	I	I	-	I	I		I		l+	l	r	r+		x			
P1/2	I	I	I	I	-	I	I	I	I	r	r	r	++r 2)		x		x+	x+
P2/1	I	II	I	I	I	-	I	I	I	++r 1)	l	l	l	r	x	x+		x+
P2/2		I	I		I	I	-	I	I	l	l+	r+	r	r				x+
P3/1	I	I	II	I	I	I	I	-	I	++r 1)	l	l	l	l	x	x+	x+	
P3/2		I	I		I	I	I	I	-	l	l+	r+	r	l			x+	

Legende:

I = Fahrstraßenausschluss durch unterschiedlich beanspruchtes Fahrwegelement
II = besonderer Fahrstraßenausschluss notwendig
l = links   r = rechts   x = überwacht
+ = für Flankenschutz
++ = Eigenzwieschutzweiche mit projektierter Vorzugslage

Anmerkung: 1) Flankenschutzanforderung durch Fernschutz zu erfüllen
2) Eigenzwieschutzweiche, Flankenschutzanforderung über Weiche
W5 (Transportschutzweiche) an Signal P2 und P3 weitergeleitet

Abb. 9.8. Prinzip einer Verschlusstabelle (in Anlehnung an (PACHL 1999))

Das Prinzip der tabellarischen Fahrstraßenlogik wird in allen in Abschnitt 9.6 beschriebenen Stellwerksbauformen angewendet.

9.5.2 Geographische Fahrstraßenlogik (Spurplanprinzip)

Während beim Verschlussplanprinzip die logischen Abhängigkeiten tabellarisch zusammengefasst werden, wird für das Spurplanprinzip ein anderes Beschreibungsmittel gewählt. Im Gruppenverbindungsplan (Relaisstellwerke) und im Elementverbindungsplan (elektronische Stellwerke) sind die Fahrwegelemente als logische Objekte entsprechend der Topologie der zu steuernden Gleisanlage (d. h. der Struktur des Gesamtsystems Infrastruktur) miteinander verbunden. Das entstehende Abbild des Lageplans wird technologisch so umgesetzt, dass die einzelnen Elemente über ihre Nachbarschaftsbeziehungen miteinander Zustandsinformationen austauschen.

In der geographischen Fahrstraßenlogik werden die einzelnen Fahrwegelemente als logische Objekte aufgefasst: Jedes dieser logischen Objekte kann beschrieben werden durch seinen *Zustand*, seine *Funktion*, sein *Verhalten* und seine *Struktur*. Im Rahmen der betrieblichen Beanspruchung durch eine Fahrstraße kann das Objekt „Weiche" verschiedene *Zustände* annehmen, die durch die unterschiedliche Ausprägung verschiedener Zustandsgrößen gekennzeichnet sind (z. B. Soll- und Ist-Lage eines Elements, Beanspruchung des Elements durch eine Fahrstraße). Darüber hinaus übernehmen die logischen Objekte vollständig die *Funktionen* der Ansteuerung eines realen Elements im Gleis (z. B. Weichenantrieb) und überwachen die sichere und korrekte Funktion. Fehlerhafte Stellvorgänge (z. B. Nichtumlaufen einer Weiche) müssen sicher erkannt werden. Die Funktionen der Ansteuerung und Überwachung sind abhängig vom entsprechenden Element im Gleis. Darüber hinaus kann jedes Element spezifische Statusinformationen zur Verfügung stellen, die beispielsweise dazu dienen, dem Bediener ein aktuelles Abbild des Prozesszustands anzuzeigen (vgl. Abbildung 9.9 für das Beispiel einer Weiche).

Die logischen Elemente tauschen im Rahmen der Fahrwegsicherung Zustandsinformationen mit Nachbarelementen aus. Daher müssen sie die benachbarten Gleiselemente kennen, mit denen kommuniziert werden kann. Dies hängt direkt mit der *Struktur* des Einzelelements zusammen. Die Struktur des einzelnen Elements kann jedoch nur vor dem Hintergrund seiner Verknüpfung im Gesamtzusammenhang verstanden werden. In einem zusammenhängenden Gleisplan ist die Struktur des Elements gekennzeichnet durch die Anzahl an Nachbarschaftsbeziehungen (eine einfache Weiche hat drei Nachbarelemente) und die Anzahl der möglichen Fahrtrichtungen (eine Weiche kann durch vier verschiedene Fahrten betrieblich beansprucht werden).

Im Spurplanprinzip kann das Bilden von Fahrstraßen als Zustandsänderung der einzelnen logischen Objekte beschrieben werden. Das Verhalten der einzelnen Objekte kann während des Prozesses der Fahrstraßeneinstellung beobachtet werden. Durch Anfordern des Start- und Zielelements stößt der Stellwerksbediener das Bilden einer Zug- oder Rangierfahrstraße an. Die zwischen einem Start- und Zielpunkt liegenden Fahrwegelemente werden automatisch mit ei-

Fahrwegelement „Weiche"	
Struktur	- Verknüpfung dreier benachbarter topo- logischer Elemente
Zustände	- Soll-Lage (rechts / links) - Ist-Lage (rechts / links) - Aufgefahren (ja / nein) - Sperrung (ja / nein) - Freimeldung (vorhanden / nicht vorhanden) - In Zugfahrstraße beansprucht (ja / nein) - In Zugfahrstraße verschlossen (ja / nein) - In Rangierfahrstraße beansprucht (ja / nein) - In Rangierfahrstraße verschlossen (ja / nein) - Für Flankenschutz benachbarter Zugfahrstraße beansprucht (ja / nein) ⋮
Funktionen	- Steuern (Umstellen) - Überwachen - Senden von Statusinformationen - Informationsaustausch

Abb. 9.9. Beschreibung des logischen Objekts „Weiche"

nem speziellen Suchvorgang ermittelt und bei Verwendung in einer Fahrstraße
als verwendet markiert. Hierbei tauschen die logischen Objekte miteinander
Informationen aus. Das Spurplanprinzip wird bei Relaisstellwerken und elektronischen Stellwerken angewendet. Eine beispielhafte Anordnung von Funk-
tionsmodulen des Spurplanprinzips zeigt Abb. 9.10.

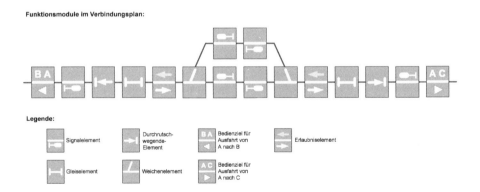

Abb. 9.10. Funktionsmodule des Spurplanprinzips

Bis zur Fahrtstellung des Signals werden nacheinander verschiedene Bearbeitungsschritte durchgeführt. Anhand des Beispiels eines im Geltungsbereich der Eisenbahn-Bau- und Betriebsordnung (EBO 1967) arbeitenden elektronischen Stellwerks sollen diese Schritte erläutert werden (ZOELLER 2002):

Fahrstraßenzulassungsprüfung (Abb. 9.11): Die Zulassungsprüfung folgt unmittelbar im Anschluss an eine Bedienereingabe zum Stellen einer Fahrstraße. Hat die Zulassungsprüfung ein positives Ergebnis, wird die Fahrstraße sofort eingestellt. Ist ihr Ergebnis negativ, wird der Einstellbefehl abgewiesen. Der Befehl kann alternativ im Fahrstraßenspeicher abgelegt und ausgeführt werden, sobald die Ausschlussbedingung nicht mehr vorliegt. Die Zulassungsprüfung hat die Aufgabe, die Verfügbarkeit sämtlicher für die Zugfahrstraße benötigten Elemente im Fahrweg und im Durchrutschweg festzustellen. Es wird also überprüft, ob die Zustandsgrößen der beteiligten Objekte der Ausführung eines Stellbefehls entgegenstehen (durch bestehende Fahrstraßen oder andere Bedingungen wie die Sperrung eines Gleisabschnitts oder eine die Fahrstraße betreffende Störung). Verläuft die Zulassungsprüfung positiv, nehmen alle logischen Objekte (Weichen, Gleisabschnitte) zwischen Fahrstraßenstart und Fahrstraßenziel den Zustand „in einer Fahrstraße verwendet" an und stehen ab diesem Zeitpunkt nicht mehr für eine andere Fahrstraße zur Verfügung.

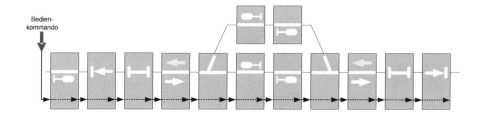

Abb. 9.11. Kommunikationsablauf bei der Fahrstraßenzulassungsprüfung

Fahrstraßeneinstellung (Abb. 9.12): Nach erfolgreicher Zulassungsprüfung beginnt die Fahrstraßeneinstellung. Sie hat die Aufgabe, sämtliche für die Zugfahrstraße benötigten Elemente für Fahrweg, Durchrutschweg und Flankenschutz umzustellen. Die Weichen einer Fahrstraße nehmen die Soll-Lage ein und sind in dieser überwacht. Der eingerastete Prüfer des Weichenantriebs bestätigt die ordnungsgemäße Endlage, die Weichenüberwachung liegt vor. Danach werden die Weichen einzeln verschlossen. Sie sind dann gegen ungewollte manuelle oder automatische ausgelöste Umstellung so lange geschützt, bis die Fahrstraße wieder aufgelöst ist.

Fahrstraßenüberwachung (Abb. 9.13): Sind alle Weichen der Fahrstraße in Soll-Lage verschlossen und überwacht, so läuft zwischen Fahrstraßenstart und Fahrstraßenziel die Fahrstraßenüberwachung an. Diese überwacht fortlaufend die Zustände der einzelnen logischen Objekte und die von der Außenanlage

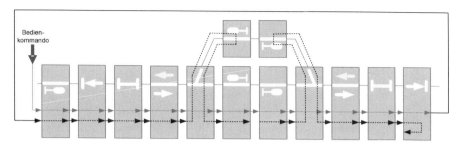

Abb. 9.12. Kommunikationsablauf bei der Fahrstraßeneinstellung

übertragenen Meldungen. In elektronischen Stellwerken wird diese Aufgabe durch zyklisch ablaufende Telegramme gewährleistet. Diese bilden das Ruhestromprinzip von in Reihe geschalteten Relais in Relaisstellwerken nach. Sind alle Bedingungen der Fahrstraßenüberwachung erfüllt, sind die Relais angezogen und geben die Bedienung des Einfahrsignals frei. Sobald eine der Überwachungsbedingungen gewollt oder ungewollt durch Unterbrechung der Spannungsversorgung verletzt ist, fällt ein Relais ab und es wird kein Strom am Ende des Strompfades empfangen. Dies ist das Kriterium für die Haltstellung des Einfahrsignals.

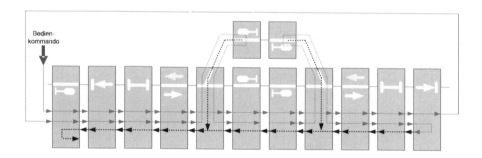

Abb. 9.13. Kommunikationsablauf bei der Fahrstraßenüberwachung

Fahrstraßenfestlegung (Abb. 9.14): Die Fahrstraßenfestlegung hat die Aufgabe zu verhindern, dass die Weichen und Flankenschutzeinrichtungen bereits vor Beendigung der Zugfahrt wieder stellbar und somit feindliche Zugfahrten möglich wären. Die Festlegung ist eine Grundvoraussetzung für die Fahrtstellung des Signals. Ihr Vorliegen muss vor Fahrtstellung des Signals überprüft werden. Mit eingetretener Festlegung der Fahrstraße ist diese im Regelfall nur durch Zugmitwirkung wieder aufzulösen (d. h. die sukzessive Belegung der beteiligten Gleisfreimeldeabschnitte). Möchte der Bediener eine bis zu diesem Stadium eingelaufene Zugstraße wieder auflösen, muss er eine registrierpflichtige Bedienhandlung vornehmen, mit der er unmittelbar die Sicherheitsverantwortung übernimmt.

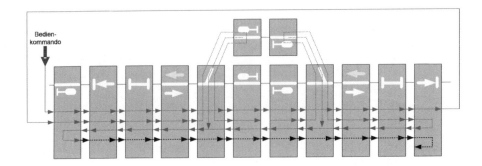

Abb. 9.14. Kommunikationsablauf bei der Fahrstraßenfestlegung

Signalwahl einer Fahrstraße (Abb. 9.15): Sobald die Fahrstraße vollständig gesichert ist, wird das Startsignal freigegeben. Alle technisch prüfbaren Gefährdungen für Fahrzeugbewegungen sind ausgeschlossen. Das Signal kann gestellt werden, der anzuzeigende Signalbegriff (Soll-Begriff laut Planungsdaten) wird angesteuert bzw. angeschaltet. Der Signalbegriff für die Fahrstraße

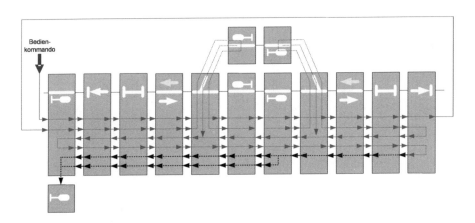

Abb. 9.15. Kommunikationsablauf bei der Signalwahl einer Fahrstraße

wird ausgegeben, sobald die Fahrstraßenüberwachung zum ersten Mal positiv ist. Die Wahl des Signalbegriffs berücksichtigt vorhandene Restriktionen. Dazu gehören die niedrigste Fahrgeschwindigkeit der am Fahrweg beteiligten Weichen und die vom Durchrutschweg bestimmte Fahrgeschwindigkeit entsprechend den Planungsregeln. Die restriktivste dieser Geschwindigkeiten wird ausgewählt und am Startsignal angezeigt. Sobald eine der Überwachungsbedingungen verletzt ist, d. h. die zyklische Fahrstraßenüberwachung ein negatives Ergebnis liefert, wird das Einfahrsignal auf Halt gestellt.

In Stellwerken, die nach dem Verschlussplanprinzip arbeiten, werden besondere Fahrstraßenausschlüsse explizit in die Fahrstraßentabelle aufgenommen. Bei Stellwerken, die nach dem Spurplanprinzip arbeiten, ergeben sich diese Ausschlüsse implizit durch die Logik. Der Ausschluss feindlicher Fahrstraßen wird über die Markierung der Fahrwegelemente realisiert. Wird durch den Bediener die Einstellung einer feindlichen Fahrstraße angestoßen, so werden schrittweise die zuvor skizzierten Schritte der Fahrstraßenanschaltung bearbeitet. Da beim Spurplanprinzip nicht nur die Zustände der Weichen überwacht werden, sondern auch die Gleisabschnitte bei erfolgter Auswahl für den angeforderten Fahrweg eine Richtungsmarkierung erhalten, werden feindliche Fahrstraßen abgewiesen.

Das zuvor skizzierte Beispiel der Kommunikationsabläufe der Fahrstraßeneinstellung basiert auf den Sicherungsgrundsätzen der deutsch geprägten Sicherungstechnik. Hiervon kann außerhalb des Geltungsbereichs der Eisenbahn-Bau- und Betriebsordnung teilweise erheblich abgewichen werden. Dies betrifft den Umfang der Fahrstraßensicherung, denn nicht alle Eisenbahnen schreiben eine technische Sicherung des Durchrutschwegs vor. Darüber hinaus kann auch die Reihenfolge der dargestellten Bearbeitungsschritte der Fahrstraßensicherung variieren. Während im Geltungsbereich der Eisenbahn-Bau- und Betriebsordnung die Fahrstraßenfestlegung Voraussetzung für die Fahrtstellung des Signals ist, kann außerhalb ihres Geltungsbereichs (z. B. im Ausland) die Fahrstraßenfestlegung auch nach Fahrtstellen des Signals vorgenommen werden. Dies bezeichnet man als Annäherungsverschluss (PACHL 2004).

9.6 Technische Realisierungskonzepte

Hinsichtlich ihrer technischen Ausführung lassen sich verschiedene Stellwerksbauformen unterscheiden:

- Mechanische Stellwerke

- Elektromechanische Stellwerke

- Relaisstellwerke

- Elektronische Stellwerke

Der Einsatz von elektronischen Stellwerken wird aufgrund der sich aus der Automatisierung und Zentralisierung ergebenden Rationalisierungseffekte allgemein angestrebt, jedoch vollzieht sich die Einführung neuer Stellwerke immer parallel zum Betrieb vorhandener Bauformen. Diese müssen oftmals in neue Stellwerke integriert werden. Ihre Kenntnis ist daher nicht nur für das Verständnis der sicherungstechnischen Abhängigkeiten notwendig. Im Jahre 2002 gab es im Netz der Deutschen Bahn AG ca. 245.000 Stelleinheiten (d. h. Weichen und Signale). Tabelle 9.3 zeigt die Aufteilung dieser Stelleinheiten auf die unterschiedlichen Stellwerksbauformen und deutet die Effizienzsteigerung bei fortschreitendem Einsatz elektronischer Stellwerke an (JAKOB 2004, BORMET 2007).

Tabelle 9.3. Stellwerksbauformen und Aufteilung der Stelleinheiten im Netz der DB AG (JAKOB 2004, BORMET 2007)

Stellwerksbauform	Angenommene Lebensdauer	Anzahl Stellwerke (Bestand 2006)	Stelleinheiten[1] (Bestand 2006)	Stelleinheiten[1] pro Stellwerk
Mechanische Stellwerke	80 Jahre	1.923 (41%)	27.590 (11%)	ca. 15
Elektromechanische Stellwerk	60 Jahre	680 (15%)	21.300 (9%)	ca. 30
Relais-stellwerke	50 Jahre	1.830 (39%)	141.230 (58%)	ca. 80
Elektronische Stellwerke	10% 10 Jahre[2] / 30% 25 Jahre / 60% 50 Jahre	232 (5%)	54.618 (22%)	ca. 230
		4.665 (100%)	244.738 (100%)	

[1] Der Begriff Stelleinheit umfasst die Komponenten Weiche, Gleissperre, Hauptsignal und Zusatzanzeiger.

[2] Grundlage der Differenzierung der Lebensdauer bei elektronischen Stellwerken ist die unterschiedliche Lebensdauer der Teilkomponenten. Es wird davon ausgegangen, dass leittechnische Bedieneinrichtungen früher abgängig werden als Stellteile. Die Angabe prozentualer Anteile beruht auf dem Wertanteil der betreffenden Komponenten an den Gesamtkosten eines Stellwerks.

9.6.1 Mechanische Stellwerke

In mechanischen Stellwerken werden die Fahrstraßenelemente durch den Menschen bedient. Alle stellbaren Elemente eines Stellbereichs (Weichen, Signale) lassen sich vom Stellwerk aus mit entsprechenden Bedienhebeln bewegen. Die *Weichen- und Signalhebel* sind auf einer Hebelbank zentral angeordnet. Für alle vorgesehenen Fahrtmöglichkeiten innerhalb eines Stellbereichs sind *Fahrstraßenhebel* vorhanden. Im Rahmen der Fahrstraßensicherung sind sicherungstechnische Abhängigkeiten notwendig (z. B. zur Gewährleistung des Gegenfahrschutzes bei Ausfahrt aus einem Bahnhof in eine eingleisige Strecke). Diese Abhängigkeiten werden mit *Blockfeldern* realisiert. Das Blockfeld ist ein elektromechanisches Schloss, mit dem eine Bedieneinrichtung (z. B. ein Signalhebel) verschlossen werden kann. Das Aufheben dieses Verschlusses ist meist nur von einer anderen Stelle aus möglich (korrespondierende Stelle). Mit Hilfe der sicherungstechnischen Abhängigkeiten können die Funktionen Folge- und Gegenfahrschutz realisiert werden – zwischen zwei Knoten und innerhalb eines größeren Knotens (Abhängigkeiten zwischen Befehls- und Wärterstell- werken).

Die Sicherungslogik im mechanischen Stellwerk folgt dem Verschlussplanprin- zip. Sie ist durch mechanische Abhängigkeiten im Verschlusskasten realisiert und spiegelt die matrixartige Verschlusstabelle wider (vgl. Abb. 9.8 und 9.16):

- Den Zeilen der Matrix entsprechen den *Fahrstraßenschubstangen*, die der Bediener durch Bewegen des Fahrstraßenhebels in ihrer Längsrichtung ver- schiebt.

- Den Spalten der Matrix entsprechen die *Verschlussbalken*, die quer unmit- telbar über der Fahrstraßenschubstange liegen. Sie werden vom Bediener durch Bewegen der Weichen- und Signalhebel in waagerechter Lage abge- senkt oder angehoben.

- Die Verschlusstafel enthält Einträge an den Stellen, an denen Abhängig- keiten zwischen einer Fahrtmöglichkeit und der Stellung der Fahrwegele- mente vorliegen (vergl. Abschnitt 9.5.1). Diese Einträge geben Auskunft über die Lage der Fahrwegelemente. In der mechanischen Stellwerkstechnik sind diese Abhängigkeiten durch *Verschlussstücke* (Weichen- und Signal- verschlussstücke) realisiert, die auf der Fahrstraßenschubstange befestigt sind. Dabei handelt es sich um sind kleine, mit der Fahrstraßenschubstan- ge verschraubte Stahlelemente. Sie verhindern bei ihrem Anstoßen an den Verschlussbalken eines Stellhebels das horizontale Verschieben der Fahr- straßenschubstange.

  - *Weichenverschlussstücke* stellen sicher, dass sich die Fahrstraßenschub- stange erst bewegen lässt, wenn die Weichen in der richtigen Lage sind. Zudem gewährleisten sie, dass die Weichen nicht bedient werden kön- nen, solange diese durch eine Fahrstraße betrieblich beansprucht wer- den. Die Weichenverschlussstücke verhindern in diesem Fall die verti- kale Bewegung der Verschlussbalken, da sie über den Verschlussbalken greifen bzw. sich darunter schieben.

  - *Signalverschlussstücke* sichern die Signalbedienung. In Grundstellung der Fahrstraßenschubstange ist die Signalbedienung geblockt. Erst wenn alle zur gewünschten Fahrstraße gehörenden Weichen in der rich- tigen Lage liegen, kann das Signal auf Fahrt gestellt werden. Die Ver- schlusstafel enthält neben den für eine Fahrstraße benötigten Fahrwe- gelementen die besonderen Fahrstraßenausschlüsse. In mechanischen Stellwerken ist auch der besondere Fahrstraßenausschluss durch me- chanische Abhängigkeiten realisiert (durch Wechselwirkung von auf der Fahrstraßenschubstange angebrachten Verschlussstücken und Verschlussbalken). Die Verschlussstücke werden wirksam, sobald man die Fahrstraßenschubstange aus ihrer Grundstellung in die eine oder andere Richtung schiebt. Die Fahrstraßenhebel sind als Umschalthebel ausgebildet, so dass die Fahrstraßenschubstange in ihrer Längsrichtung verschoben werden kann. Jede dieser Bewegungen entspricht einer anderen Fahrstraße und gibt einen von zwei Signalhebeln frei, während der Verschlussbalken des anderen Signalhebels verschlossen bleibt. Die Verwendung von einer solchen Fahrstraßenschubstange für zwei Fahrstraßen und von zwei Signalhebeln ist nur anwendbar für zwei Fahrstraßen und Signale, die einander feindlich sind, also niemals gleichzeitig benutzt werden.

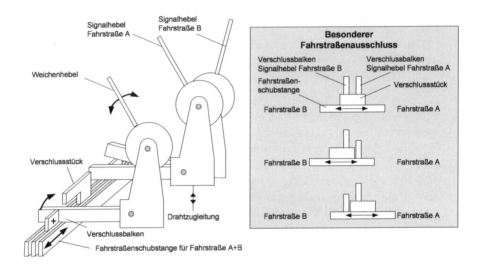

Abb. 9.16. Prinzipieller Aufbau eines mechanischen Stellwerks

Die Abläufe beim Sichern einer Fahrstraße werden im Folgenden exemplarisch anhand des Einstellens und Verschließens einer Fahrstraße erläutert. Sie zeigen anschaulich die Grundprinzipien der Fahrstraßensicherung beim mechanischen Stellwerk, die in nachfolgenden Stellwerksgenerationen nur mittels anderer Technologien umgesetzt wurden. Die verschiedenen Sicherungszustände innerhalb der Stellwerkslogik werden näher betrachtet, da diese sich unabhängig von der technologischen Umsetzung in anderen Stellwerksbauformen wieder finden lassen:

- Der *Weichenverschluss* bezeichnet das Festhalten (Verschließen) *einer* Weiche in der für die eingestellte Fahrstraße erforderlichen Stellung. Dabei sperrt die bei eingestellter Fahrstraße in Wirkstellung stehende Fahrstraßenstelleinrichtung sicher die Bedien- und Steuereinrichtung der Außenanlage. In mechanischen Stellwerken tritt der Weichenverschluss ein, sobald der Fahrstraßenhebel umgelegt wird. Er beruht auf dem Zusammenwirken des auf der betreffenden Fahrstraßenschubstange montierten Verschlussstücks und dem Verschlussbalken des *Weichenstellhebels* (NAUMANN und PACHL 2004).

- Der *Fahrstraßenverschluss* bezeichnet das Festhalten (Verschließen) *aller* zu einer eingestellten Fahrstraße gehörenden Weichen und Flankenschutzeinrichtungen in der erforderlichen Stellung im Rahmen der Signalabhängigkeit. Dabei sperrt die bei eingestellter Fahrstraße in Wirkstellung stehende Fahrstraßenstelleinrichtung sicher die Bedien- und Steuereinrichtungen der Außenanlage. In mechanischen Stellwerken tritt der Fahrstraßenverschluss ein, sobald der Signalhebel umgelegt wird. Er beruht auf dem Zusammenwirken des auf der betreffenden Fahrstraßenschubstange montierten Verschlussstücks und dem Verschlussbalken des *Signalhebels* (NAUMANN und PACHL 2004).

- Weichen- und Fahrstraßenverschluss gewährleisten, dass der Fahrstraßenhebel in gezogener Lage festgelegt ist. Dies wird so lange erfüllt, wie sich der Signalhebel des für die Zugfahrt in Fahrtstellung befindlichen Signals in der umgelegten Stellung befindet. Alle für die Zugfahrt in Betracht kommenden Weichen des Stellwerks sind in der für die Fahrt erforderlichen Lage gesichert. Wird nun aber, wie für die Gewährleistung des Folgefahrschutzes notwendig, bei Einfahrt des Zuges der Signalhebel in Grundstellung gebracht (Halt), so werden die Weichen unter dem fahrenden Zuge prinzipiell stellbar, da die Bewegung der Fahrstraßenschubstange nicht mehr durch den Verschlussbalken des Signalhebels verhindert wird. Das Umstellen von Weichen unter dem fahrenden Zuge ist durch die *Fahrstraßenfestlegung* zu verhindern. Das Umlegen des Signalhebels bei der Fahrstraßeneinstellung wird nur dann ermöglicht, wenn zuvor der Fahrstraßenhebel in gezogener Stellung durch eine besondere Sperre festgelegt ist, die auch dann weiter besteht, wenn der Signalhebel vorzeitig zurückgelegt wurde. Diese Sperre des Fahrstraßenhebels in gezogener Stellung kann auf zwei Arten aufgehoben werden. Zum einen kann der Zug selbst dies übernehmen, indem er einen Schienenstromschließer betätigt, sobald er den Weichenbereich verlassen hat. Zum anderen kann dies mittels eines Blockfeldpaares geschehen. Dabei wird unter Mitwirkung eines anderen Bedieners die Zugvollständigkeit an der Strecke überwacht (OTZEN 1922). Blockfelder sollen ausschließen, dass eine Fahrstraße aufgelöst wird (und somit ihre Weichen bedienbar werden), ohne dass der Zug die Fahrstraße verlassen hat und durch ein Halt zeigendes Signal gedeckt ist.

- Die *Fahrstraßenauflösung* wird durch Rücklegen des Fahrstraßenhebels nach der Betätigung des Blockfeldpaares bewerkstelligt.

9.6.2 Elektromechanische Stellwerke

Wie bei den mechanischen Stellwerken werden auch hier die für eine Fahrstraße relevanten Elemente eines Stellbereichs durch den Menschen ausgewählt und bedient. Um den Bediener jedoch von der schweren körperlichen Arbeit zu entbinden, die in mechanischen Stellwerken für das Stellen der Außenanlage notwendig war, wurden die erforderlichen Stellkräfte mit elektrischen Antrieben aufgebracht. Die Fahrstraßenlogik der elektromechanischen Stellwerke besteht somit aus einem mechanischen und einem elektrischen Teil.

Hinsichtlich ihres mechanischen Teils entspricht die Fahrstraßenlogik elektromechanischer Stellwerke derjenigen der mechanischen Stellwerke. Sie folgt ebenfalls dem Verschlussplanprinzip und die Verschlusstabelle ist ebenfalls matrixartig aufgebaut (vgl. Abb. 9.17).

- *Verschlussschieber* bilden die Zeilen der Matrix. Sie werden durch den Bediener in Längsrichtung verschoben. Da sie wesentlich kleiner sind als die Fahrstraßenschubstangen mechanischer Stellwerke, lässt sich die Fahrstraßenlogik im Verschlussregister kompakter zusammenfassen.

- *Profilachsen* ersetzen platzsparend die Verschlussbalken der Weichenhebel und stellen wie diese die Spalten der Matrix dar.

- *Verschlussklinken* geben Auskunft über die für eine Fahrstraße benötigte Lage der Fahrwegelemente. Im Zusammenwirken mit den drehbaren Profilachsen verschließen sie die beweglichen Fahrwegelemente in ihrer erforderlichen Lage.

Da die Elemente der Außenanlage mit elektrischen Antrieben gestellt werden, ist eine quasi starre Verbindung zwischen Weiche und Weichenhebel wie in mechanischen Stellwerken nicht mehr gegeben. Lagemeldungen und Zustandsüberwachungen werden somit nicht mehr mechanisch über Gestänge und Drahtzüge übertragen. Dazu sind zusätzliche elektrische Einrichtungen erforderlich. Diese ergänzen die innerhalb des Verschlussregisters aus mechanischen Abhängigkeiten gewonnenen Informationen um Aussagen über die Zustände der Außenanlage. Die Freigabe der Signalhebel zur Bedienung ist von diesen elektrisch prüfbaren Voraussetzungen abhängig.

9.6.3 Relaisstellwerke

Die Relaistechnik stellt einen weiteren Meilenstein in der Entwicklung der Stellwerkstechnik dar. Alle sicherungstechnischen Forderungen an ein Stellwerk, die zuvor durch mechanische Abhängigkeiten erfüllt wurden (Verschlusskasten beim mechanischen Stellwerk, Verschlussregister beim elektromechani-

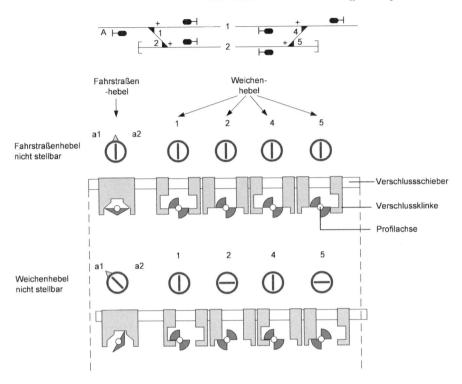

Abb. 9.17. Realisierung des mechanischen Teils der Fahrstraßenlogik im elektro-mechanischen Stellwerk (FENNER et al. 2003)

schen Stellwerk), sind nunmehr durch elektrische Stromkreise realisiert. Hierzu müssen die sicherungstechnischen Stromkreise und die darin verwendeten Bauelemente eine hohe Fehlersicherheit aufweisen.

Basis der technischen Realisierung ist das Signalrelais (vgl. Abb. 9.18), das sich durch wenige Ausfallarten und einfache Schaltungsprinzipien auszeichnet. Die Sicherheit wurde konstruktiv und funktional wie folgt realisiert:

- *Prüfkontakte* werden in nachfolgend wirkende Stromkreise einbezogen und blockieren bei einem Fehler (z. B. Verschweißen des Kontakts) den weiteren Schaltungsablauf.

- *Zwangsgeführte Relaiskontakte* stellen mechanisch sicher, dass Schließer und Öffner des Relais nie gleichzeitig geschlossen sind. Von der erkannten Stellung des Prüfkontaktes kann daher sicher auf die Stellung aller anderen Kontakte geschlossen werden.

- Bei der *schaltungstechnischen Nutzung des einzelnen Relais* wird dem sicheren Prozesszustand (Stillstand des Eisenbahnfahrzeugs) der stromlose

Zustand des Relais zugeordnet, d. h. die abgefallene Stellung des Relaisankers (Ruhestromprinzip).

- Durch die *Nutzung unverlierbarer physikalischer Eigenschaften* (z. B. der Schwerkraft) erreicht das Relais immer den definierten „sicheren" Zustand. Bei einer gewollten oder ungewollten Abschaltung des Relais muss dieses mit möglichst großer Wahrscheinlichkeit in die unerregte Stellung zurückkehren („abfallen"). Der Kontakt, der einen nachgelagerten Stromkreis schließt (der z. B. die Fahrtstellung eines Signals bewirkt), wird hierdurch wirksam unterbrochen.

- Durch die *schaltungstechnische Verknüpfung mehrerer Relais* (z. B. serielle Verknüpfung als logische „Und"-Funktion) werden komplexe Funktionen im Rahmen der Fahrstraßensicherung möglich.

Abb. 9.18. K-50 Signalrelais der Siemens AG

Das Steuern und Überwachen einzelner Fahrwegelemente wird ermöglicht mittels einer schaltungstechnischen Kombination der herstellerspezifisch standardisierten Relais zu Relaisgruppen. Diese können gemäß ihrer betrieblichen Funktion z. B. in Weichengruppen und Signalgruppen unterschieden werden. Kennzeichen der Relaisgruppen ist die durch die Funktion vorgegebene standardisierte Innenverdrahtung von Relais und sonstigen Schaltelementen (Transformatoren, Kondensatoren und Widerstände). Die Innenschaltung der Relaisgruppen wurde so entwickelt, dass sich alle bekannten Anwendungsfälle mit ihnen realisieren lassen. Beim Einsatz einer Relaisgruppe in einem bestimmten Stellwerk wird die Schaltung dem konkreten Betriebsfall durch Programmstecker angepasst. Sie verändern durch Leitungsbrücken gezielt die

Innenverdrahtung und passen somit die Funktion der Relaisgruppe den entsprechenden geographischen Gegebenheiten an.

Die übergeordnete Logik der Prozesssteuerung ist in der schaltungstechnischen Verknüpfung der Relaisgruppen (Verdrahtung) enthalten. Die Fahrstraßenlogik kann nach dem tabellarischen Prinzip abgebildet werden, wie dies bei den Relaisstellwerken der ersten Generation der Fall ist. Sie kann auch dem geographischen Prinzip folgen, wie dies bei neueren Relaisstellwerken anzutreffen ist. In diesem Fall sind die Schaltungsbausteine (Relaisgruppen) über Spurkabel zusammengeschaltet. Spurkabel sind mehradrige, zweiseitig steckbare Kabel, bei denen jede Ader mit einer festgelegten Funktion beschaltet ist. Die Funktion der einzelnen Spuradern ist in allen Stellen der Schaltung stets die gleiche (z. B. Fahrstraßenbildung, Fahrstraßenüberwachung, Fahrstraßenauflösung). Erst mit der Entwicklung des Spurkabels war es möglich, das Spurplanprinzip zu realisieren.

Mit dem Bau von Relaisstellwerken ergab sich erstmals die Möglichkeit, größere Stellbezirke durch vergrößerte Stellentfernungen in einem Stellwerk zusammenzufassen. Durch den Einsatz von Fernsteueranlagen können Relaisstellwerke eines größeren Knoten- oder Streckenbereichs oder eines einzelnen Bahnhofs von einer zentralen Stelle aus überwacht und bedient werden. Dies ermöglicht den Netzbetreibern eine zunehmende Zentralisierung der Betriebsführung.

9.6.4 Elektronische Stellwerke

Bei den bisher betrachteten Techniken schließt der Begriff „Stellwerk" die Bedien- und Meldeeinrichtungen wegen ihrer räumlichen Anordnung und systemadäquaten technischen Gestaltung stets mit ein. Durch Fernsteueranlagen war es bei Relaisstellwerken erstmals möglich, diesen räumlichen Zusammenhang aufzutrennen. Bei der elektronischen Stellwerkstechnik ermöglicht es die Datenfernübertragung, immer größere Bereiche von einer zentralen Stelle aus zu steuern und zu überwachen. Der räumliche Zusammenhang zwischen nunmehr rechnergestützten Bedienplätzen und der eigentlichen Sicherungsanlage ist hierdurch von Beginn an aufgehoben.

Durch die Entkopplung des räumlichen Zusammenhangs von Bedienung und eigentlicher Fahrwegsicherung umfasst der Begriff „Stellwerk" nunmehr nur noch folgende Einrichtungen:

• Einrichtungen zum signaltechnisch sicheren Verarbeiten der Informationen (Rechnerkerne)

• Einrichtungen zum gesicherten Übertragen der Informationen (Bussysteme, Schnittstellenrechner) und

- Einrichtungen zum Anpassen der Pegel und galvanischen Trennen von Innen- und Außenanlage (Stellteile)

Es ist allgemein üblich, elektronische Stellwerke hinsichtlich ihrer Funktionen in Ebenen zu gliedern. Tabelle 9.4 gibt einen Überblick über die Stellwerksebenen und verschiedene Realisierungen:

In Bahnanlagen führen technische Einrichtungen die Sicherungsfunktion zuverlässig aus, um die Sicherheit des Bahnbetriebs zu gewährleisten. Bei der Bewertung der Zuverlässigkeit eines technischen Systems muss zwischen dem zuverlässigen Wirken des gerätetechnischen Funktionsträgers (Ressource) und dem zuverlässigen Wirken der zumeist softwaretechnisch implementierten Funktion unterschieden werden. Dies vor allem vor dem Hintergrund, dass sich mit der Einführung der Mikrocomputer die Form grundlegend geändert hat, in der die logischen Abhängigkeiten der Fahrwegsicherung realisiert sind. War zuvor die Logik der Prozesssteuerung in der schaltungstechnischen Verknüpfung der Relaisgruppen enthalten, verlagerte sich die Lösung der technischen Probleme zum größten Teil auf die Ebene der Programmierung. Die Funktionen der Rechner werden durch Programme (Software) gesteuert, die in den Speichern der Rechner enthalten sind.

Gerätetechnische Grundlage der elektronischen Stellwerke sind frei programmierbare sichere Rechner, die so genannten Rechnerkerne. Diese Rechnerkerne sind zunächst anwendungsunabhängige Bausteine, die es gestatten, Eingangsinformationen in vorgegebener Weise sicher zu Ausgangsinformationen zu verarbeiten. Auf ihnen kann die Fahrstraßenlogik sowohl nach dem Fahrstraßenprinzip als auch nach dem Spurplanprinzip gestaltet werden. Die Maßnahmen zum Erreichen eines zuverlässigen Wirkens der Rechnerkerne beruhen in der Regel auf der mehrfachen Informationsverarbeitung mit anschließendem Vergleich. Die Zuverlässigkeit der Software wird wesentlich in der Phase des Systementwurfs und der Programmierung bestimmt.

Die firmenspezifischen Ausführungen der sicher arbeitenden Rechnerkerne unterscheiden sich strukturell teilweise deutlich voneinander:

- *Art der Informationsverarbeitung*: Hier sind alle Kombinationen von Hardware und Software möglich (SCHNIEDER 1993), beispielsweise:
  - Zeitliche Redundanz (mehrfache zeitlich versetzte Berechnung auf einem gerätetechnischen Funktionsträger)
  - Parallele Hardwareredundanz (zeitgleiche Verarbeitung auf mehreren gleichartigen gerätetechnischen Funktionsträgern)
  - Parallele hardware-diversitäre Redundanz (zeitgleiche Verarbeitung auf unterschiedlichen gerätetechnischen Funktionsträgern)
- *Vergleich der Ergebnisse*, beispielsweise:

Tabelle 9.4. Funktionsebenen und Beispielkonfigurationen elektronischer Stellwerke

Funktionsebene (nach VDV 1993)	Funktionsschwerpunkt	Stellwerk Simis® C Typ 2 (1991*) – Typ 8 (1997*)	Stellwerk Simis® C Typ 9 (2002*)	Stellwerk Simis® D (2005*)
Bedienebene	- Bedienung und Anzeige	- Bedienplatzsysteme BPS 900, bzw. BPS 901	- Bedienplatzsystem BPS 901	- Bedienplatzsystem BPS 901
Zentralebene	- Eingabeverarbeitung (Zulässigkeitsprüfung der Bedienkommandos) - Ausgabeverarbeitung (Statusmeldungen der Bereichsstellrechner)	- Bedien- und Anzeigerechner (BAR 16)		- Interlocking Interface Component (IIC) und Overhead Management Component (OMC)
	- Speicherung von Projektierungsdaten zum Aufrüsten der Bereichsstell- und Achszählrechner	- Eingabe-, Kontroll- und Interpretationsrechner (EKIR)	- Zentraler Schnittstellen- und Aufrüstrechner (ZeSAR)	
Verknüpfungsebene	- Ausüben der Funktionen der Fahrstraßeneinstellung, -überwachung und -auflösung	- Bereichsstellrechner (BSTR)	- Bereichsstellrechner (BSTR)	- Area Control Component (ACC) mit integrierten Stellteilen
Stellebene	- Feldelemente steuern und überwachen - Pegel umsetzen und Leistung schalten	- Stellteilschränke und Stellteilgestelle	- Stellteilschränke und Stellteilgestelle	
Feldebene	- Lageänderung der Weichenzungen - Detektion der Fahrzeugbewegung - Anzeige des Signalbegriffs	- Weichenantriebe - Gleisfreimeldeeinrichtung - Lichtsignale	- Weichenantriebe - Gleisfreimeldeeinrichtung - Lichtsignale	- Weichenantriebe - Gleisfreimeldeeinrichtung - Lichtsignale

*Die angegebenen Jahreszahlen beziehen sich auf die Erstinbetriebnahme des jeweiligen Stellwerkstyps.

- Interner Vergleich in Verarbeitungseinheiten

- Separate Vergleichseinheit

- Mehrere separate Vergleichseinheiten (Mehrheitsentscheider)

Die Software elektronischer Stellwerke ist modular gestaltet. Die unterschiedlichen Softwarebausteine können mit 9.19 anschaulich dargestellt werden:

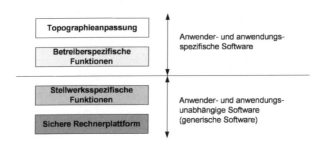

Abb. 9.19. Schichtenmodell der Stellwerkssoftware

Die Software sicherungstechnischer Systeme besteht aus der anwender- und anwendungsunabhängigen (so genannten „generischen") Software und der anwender- und anwendungsspezifischen Software. Letztere muss für ihre lokale Anwendung gemäß der vorliegenden Topologie und betrieblichen Infrastruktur des Knotens projektiert werden. Nach (DIN EN 50128) ist generische Software „Software, die für eine Anzahl von Installationen durch einfaches Bereitstellen von anwendungsspezifischen Daten benutzt werden kann". Ein charakteristisches Merkmal von Eisenbahnsteuerungssystemen ist die Notwendigkeit, jede Installation so zu entwerfen, dass sie die individuellen Anforderungen des Anwenders (Eisenbahninfrastrukturunternehmen) für die spezielle Anwendung (spezifischer Bahnhof) erfüllt. Ein anwendungsspezifisch konfigurierbares System gestattet es, typ-zugelassene generische Software zu verwenden und die individuellen Anforderungen für jede Installation als Daten festzulegen (anwendungsspezifische Daten).

Die *sichere Rechnerplattform* garantiert das signaltechnisch sichere Funktionieren der Rechnerkerne (beispielsweise durch Prüfprozeduren und Interruptsteuerung). Es ist unabhängig von der jeweiligen Anwendung (z. B. Stellwerkssystem oder Gleisfreimeldesystem).

Die *stellwerksspezifischen Funktionen* enthalten Sicherheitsfunktionen, die Ansteuerung der Feldelemente und Kommunikationsprotokolle. Diese sichere Betriebssystemsoftware mit Stell- und Überwachungsfunktionen für die Feldelemente ist ebenso wie die sichere Rechnerplattform anwenderneutral.

Die *betreiberspezifischen Funktionen* beinhalten die betrieblichen Anforderungen des Eisenbahninfrastrukturunternehmens und werden für dessen betriebliche und technische Anforderungen angepasst. Die Betriebsordnung der jeweiligen Bahnverwaltung umfasst alle sicherungstechnischen Regeln, nach denen die Stellwerksanlage zu gestalten ist, damit der Zug- und Rangierverkehr nach den geltenden betriebsdienstlichen Vorschriften gewährleistet ist. Sind Fahrweg- und Flankenschutz überall noch weitgehend identisch, so ergeben sich bei der Signalisierung kaum noch Gemeinsamkeiten (THEEG und MASCHEK 2005). Die daraus resultierende Stellwerkslogik wird für jede Bahnverwaltung ein Mal erstellt und als bahn- oder landesspezifische Software erfasst.

Nach dem Erfassen der Stellwerkslogik erfolgt die *Topographieanpassung*. Dabei wird ein Datenmodell der Streckentopologien der einzelnen Bahnhöfe projektiert. Die entstehenden Anlagendaten beschreiben die Struktur der Gleisinfrastruktur. In diesem Stadium der Projektrealisierung werden ebenfalls die betrieblichen Eigenschaften festgelegt (z.B. Festlegung der Verfahrensweise bei Zwieschutzweichen; vergl. Abschnitt 9.5). Grundlage der Projektierung sind konkrete Informationen über den jeweiligen Bahnhof, die das Eisenbahninfrastrukturunternehmen an den Hersteller liefert (der erste Teil der Ausführungsplanung, „Planteil 1").

Aufbauend auf der Betriebsordnung und dem Planteil I erfolgt die eigentliche Projektierung, der Planteil II. Er besteht aus der Projektierung der Anlagenkomponenten (Hardware-Projektierung) und der Anlagendaten (Softwareprojektierung). Bei der *Projektierung der Anlagendaten* (Softwareprojektierung) werden die Merkmale und Nachbarbeziehungen der einzelnen Komponenten festgelegt. Die *Projektierung der Anlagenkomponenten* (Hardware-Projektierung) umfasst alle Daten, die für Bestellung, Fertigung und Aufbau der Anlage erforderlich sind. Dazu gehören zum Beispiel beim Weichenantrieb Angaben zum Einbau am Gleis (rechts oder links), zur Verkabelung und weitere Daten. In der Innenanlage werden Art und Anzahl der Rechnerschränke einschließlich der Kabelverbindungen zwischen den einzelnen Rechnern und zwischen Rechner und Kabelabschlussgestell projektiert.

9.6.5 Varianten der streckenseitigen Allokation von Funktionen der Fahrwegsicherung

Betrachtet man das Stellwerk als Prototyp der vollständigen streckenseitigen Allokation von Sicherungsfunktionen, so umfasst die sicherungstechnische Gestaltung des Transportprozesses die *räumliche Anordnung* der technischen Ressourcen als Träger der Sicherungsfunktionen entlang der Strecke. Dabei kann unterschieden werden zwischen der zentralen streckenseitigen Allokation von Funktionen der Fahrwegsicherung und der dezentralen streckenseitigen Allokation. Beide Ansätze sollen nachfolgend beispielhaft diskutiert werden.

Zentrale Allokation

Konventionelle Stellwerke sind räumlich konzentriert angeordnet, in der Regel in einem Stellwerkscontainer. Verschiedene Aufgaben der Fahrstraßensicherung sind auf verschiedene Rechner verteilt (vgl. Abb. 9.20).

Bedienkommandos erreichen das Stellwerk über den Rechner der Zentralebene, der die Zulässigkeit der Bedienkommandos prüft. Die Rechner der Verknüpfungsebene realisieren durch ihren wechselseitigen Datenaustausch die sicherungstechnischen Funktionen. Eine Sterntopologie der Kommunikation ist charakteristisch für zentral ausgerichtete Systeme. Die Rechner der Zentral- und der Verknüpfungsebene stellen eigenständige Verarbeitungseinheiten dar. Diese eigenständigen funktionalen Einheiten sind mit jeweils einem eigenen Übertragungskanal mit einer zentralen Instanz (einer Buszentrale) verbunden. Die Buszentrale steuert den Kommunikationsablauf zwischen den Einheiten. Sie stellt bei größeren Systemen den funktions- und leistungsbedingten Engpass dar und muss gemäß des erwarteten Informationsaufkommens dimensioniert werden.

Die Rechner der Verknüpfungsebene sind mit den Elementen der Stellebene (den Stellteilen) über eine Sterntopologie verbunden. War die Verbindung zwischen den Rechnern der Verknüpfungsebene und den Stellteilen bei elektronischen Stellwerken der ersten Generation noch hart verdrahtet (z. B. Stellwerksgeneration Simis C der Siemens AG), so sind die Stellteile der nachfolgenden Stellwerksgeneration in die Rechner der Stellebene integriert. Die Kommunikation kann hier ebenfalls als Sterntopologie aufgefasst werden, auch wenn sie über den Rückwandbus des Baugruppenrahmens örtlich begrenzt ist.

Die Feldelemente (z. B. Weichenantrieb) sind die Bindeglieder zwischen steuerungstechnischen (Stellteil) und prozesstechnischen Einrichtungen (Weiche als Element des Fahrwegs). Auf der einen Seite wandeln Feldelemente als Sensoren Prozesszustände in Informationen um. Auf der anderen Seite setzen die Feldelemente als Aktoren Signale einer Regelung in mechanische Arbeit um (z. B. Umlaufen eines Weichenantriebs). In der Regel ist ein Feldelement einem Element der Stellebene zugeordnet. Zwischen Stellebene und Feldebene sind stets Leitungsverbindungen erforderlich, über die elektrische Außenanlagen (Antriebe, Gleisfreimeldeanlagen und Signale) gespeist werden und elektrische Energie zu übertragen ist. Sie sind daher als Kupferkabel auszuführen. Durch die Stellteile wird die Leistung an den Feldelementen geschaltet. Darüber hinaus stellen sie die Überwachung der zu stellenden Elemente sicher. Da die Leitungen zwischen Stellteilen und Feldelementen aus Kupferkabeln bestehen, ist die realisierbare Stellentfernung begrenzt. Elektrische Leitungsverluste bei großen Entfernungen führen zu einem großen Spannungsabfall. Ursachen hierfür sind die elektrischen Eigenschaften wie der ohmsche und kapazitive Widerstand, die bei zu großen Werten das sichere Überwachen der betreffenden Außenanlage nicht mehr gewährleisten.

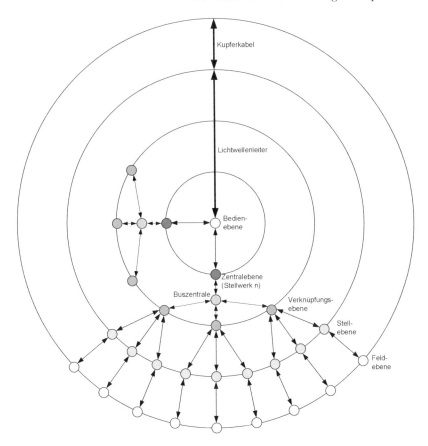

Abb. 9.20. Konventioneller zentraler Ansatz der Stellwerkstechnik

Dezentrale Allokation

Dem zentralen Ansatz steht eine Dezentralisierung der Funktionen der Sicherungsanlagen gegenüber (PASTERNOK 1991). Diese Dezentralisierung hat zum Ziel, einen größeren Funktionsumfang auf die unteren Funktionsebenen zu übertragen und die im Rahmen der Fahrwegsicherung ablaufenden Kommunikationsabläufe der Fahrstraßensicherung lokal dort anzusiedeln, wo die zu lösenden Probleme auftreten, insbesondere an den Weichen.

Beim dezentralen Ansatz sind Zentral-, Verknüpfungs- und Stellebene zusammengefasst. Die Funktionen sind als in sich abgeschlossene, eigenständige und selbstverwaltete Module realisiert, die sich direkt im Gleisfeld in unmittelbarer Nähe der ihnen zugeordneten Elemente befinden.

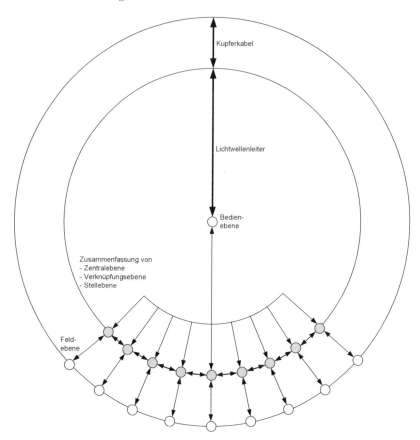

Abb. 9.21. Dezentraler Ansatz der Stellwerkstechnik

Jedes Modul steht gemäß seiner Lage im Gleisfeld mit seinen Nachbarelementen in Beziehung, so dass die im Rahmen der Fahrstraßenbehandlung zu bearbeitenden Prozesse dezentral durch die an der Fahrstraße beteiligten Module bearbeitet werden. Der Fahrweg wird dezentral mit Hilfe der lokalen Logik der einzelnen Module gesucht. Damit ist eine zentrale Verknüpfungsebene, in der ein logisches Abbild der Gleistopologie hinterlegt ist, nicht mehr notwendig.

Zusätzlich zu den oben geschilderten Funktionen obliegt jedem Modul das Steuern und Überwachen des zugeordneten Gleisfeldelements. Es enthält alle hierfür notwendigen Funktionen. Über eine Verbindung zur Bedienebene werden Statusinformationen und Kommandos übertragen. Da zwischen der Bedienebene und den dezentral angeordneten Modulen keine weitere Ebene vorhanden ist, kann keine übergeordnete Instanz die Kriterien in einer Fahrstraßentabelle überprüfen. Die Fahrstraßenbehandlung kann also nur nach dem Spurplanprinzip erfolgen.

10

Rangiertechnik

Für die zielreine Beförderung von Sachgütern im Schienenverkehr hat sich ein eigenes Produktionskonzept herausgebildet. Am Quellbahnhof werden Wagen für den Versand beladen und zu Wagengruppen zusammengestellt, die dann als Übergabezug zu einem Knotenbahnhof fahren. Dieser Zug wird dort zerlegt und über aufwändige Gleis-, Weichen und Bremssysteme für die jeweiligen Zielbestimmungen zu größeren Zugverbänden zusammengestellt werden. Mit diesem so genannten Nabe-Speiche-Prinzip ist es möglich, mit wenigen konzentrierten und hochautomatisierten Zugbildungsanlagen die Voraussetzungen einer flächendeckenden Verteilung von Sachgütern für den Transport auf Schienenwegen zu schaffen (vgl. Kapitel 14).

10.1 Aufgabenstellung für die Betriebs- und Leittechnik

Die Rangiertechnik ist ein wichtiges Teilgebiet des Güterverkehrs auf der Schiene. Sie umfasst den Betrieb und die Steuerung von Rangier- bzw. Knotenbahnhöfen. Aufgabe eines Rangierbahnhofes ist es, ankommende Güterzüge in eine Wagengruppe inklusive einzelner Wagen zu zerlegen und diese entsprechend ihrer Bestimmungsorte zu neuen Zügen zusammenzustellen.

Der Durchsatz dieser Anlagen hängt in großem Maße von einer hohen Wagengeschwindigkeit ab. Diese wird durch eine der Wagenbewegung angepasste schnelle und richtige Laufwegsteuerung durch die Weichen sowie durch geregelte Bremseinrichtungen verwirklicht, um auch die Zugbildung ohne Schaden an Wagen und Gütern zu gewährleisten. Dazu ist eine genaue Bewegungserfassung der ablaufenden Wagen erforderlich.

Die theoretische Kapazität einer Ablaufanlage wird in der mittleren Wagenzahl ausgedrückt, die pro Stunde behandelt werden kann. Dabei werden zunächst keinerlei Störungen im Betrieb berücksichtigt. Es ergibt sich

$$N_{tu} = \frac{v_0}{(N_{wt} \cdot \bar{l}_w) + (\bar{v}_0 \cdot t_i)} \tag{10.1}$$

$$N_{wu} = N_{tu} \cdot N_{wt} \tag{10.2}$$

mit

N_{tu} Mittlere Anzahl von Zügen pro Stunde
N_{wu} Mittlere Anzahl von Waggons pro Stunde
N_{wt} Mittlere Anzahl von Waggons pro Zug (ca. 31)
$\bar{l}_w$ Mittlere Waggonlänge (ca. 16,5 m)
$\bar{v}_0$ Mittlere Abdrückgeschwindigkeit [m/s]
t_i Zugwechselzeit (min. 25 s)

Die Anlagenleistungen bewegen sich zwischen 100 Wagen (kleine Anlage) und 300 Wagen (sehr große Anlage) pro Stunde. Die Grenze des derzeit Machbaren liegt bei 350 Wagen pro Stunde je Ablaufanlage.

Ein Rangierbahnhof (Abb. 10.1) besteht aus einer Einfahrgruppe zum Aufnehmen zulaufender Züge, einer Richtungsgruppe zum Sammeln ablaufender Wagen nach Zielrelationen, einer Ausfahrgruppe als Wartezone bis zur Abfahrt sowie meistens aus diversen Nebenanlagen (Triebfahrzeugbehandlung, Werkstätten usw.). Für das eigentliche Trennen und Zusammenstellen der Wagengruppen zu Zügen dient u. a. eine Zugbildungsanlage mit Ablaufeinrichtung. Sie besteht aus dem Ablaufberg, der Verteilzone und den sich anschließenden Richtungsgleisen. Der Zugbildungsprozess besteht aus folgenden sequenziellen Teilfunktionen:

Die Wagenreihung wird i.d.R. von einem benachbarten Rangierbahnhof vorgemeldet. Auf Basis dieser Information können das Betriebspersonal und die Infrastrukturnutzung des Rangierbahnhofs disponiert werden.

Ein zu zerlegender Zug wird in der Einfahrgruppe per Hand an den gewünschten Trennstellen zwischen den Wagengruppen zur Entkupplung und für den Zerlegeprozess vorbereitet, d. h. an den Trennungsstellen wird die Schraubenkupplung gelockert, die Hauptluftleitung getrennt und der Hilfsluftbehälter entlüftet, um die Bremsen zu lösen. Anschließend schiebt eine Rangierlok den Zug über den Ablaufberg. Die Wagen einer Gruppe sind fest miteinander gekuppelt. Die Wagen und Wagengruppen, auch Abläufe genannt, werden am Berggipfel manuell vom Verband gelöst und beschleunigen freilaufend mittels der Schwerkraft in der Steilrampe. Die Steilrampe geht über in die Zwischenrampe. Auf ihrem Weg werden die Abläufe über mehrere aufeinanderfolgende Weichenstaffeln in die Richtungsgleise verteilt, wo sie bis zum Stillstand auslaufen und dabei möglichst eine vorgeschriebene Laufweite erreichen sollen. Die unterschiedlichen Laufeigenschaften des Wagenmaterials erfordern den Ablaufbetrieb über Gleisbremsen zu steuern. Je nach Größe und Steuerverfahren des Bahnhofes existieren dazu zwei bis drei Bremsenstaffeln, durch die

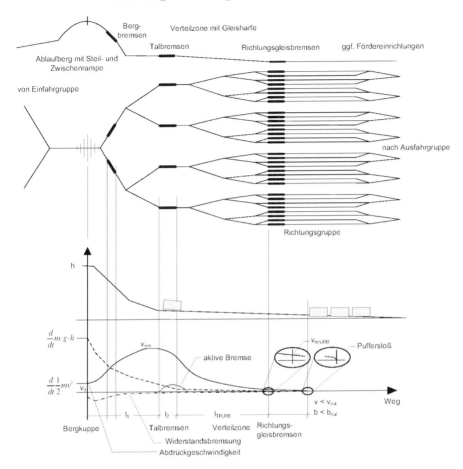

Abb. 10.1. Schematische Darstellung einer Ablaufanlage im Aufriss, Grundriss sowie der Ablaufdynamik

die Möglichkeit besteht, den Abläufen „überschüssige" Energie zu entziehen und so ihr Laufverhalten zu beeinflussen (vgl. Abb. 10.1).

Die Aufgabe von Gleisbremsen besteht darin, die unterschiedlichen Laufeigenschaften der im Rangierbetrieb auftretenden Abläufe auszugleichen. Der zeitliche Abstand zweier aufeinanderfolgender Abläufe muss stets so groß sein, dass bis zu der Weiche, an der die Abläufe getrennt werden, keine Einholung erfolgt. Der nachfolgende Ablauf darf die Trennweiche erst erreichen, wenn der vorauslaufende Ablauf diese freigeräumt hat und ausreichend Zeit verblieben ist, die Weiche umzustellen. Ebenfalls muss vermieden werden, dass die Abläufe sich während des Trennvorganges an der Weiche noch berühren (Eckstoß). Ein Eckstoß ist dann ausgeschlossen, wenn der vorauslaufende Ablauf mit seinem letzten Puffer das sogenannte Grenzzeichen der Trennweiche passiert. Die Belegung bzw. Räumung einer Weiche (einschl. Grenzzeichen) wird durch streckenseitige Radsensoren festgestellt.

Am Berggipfel ergibt sich der zeitliche Vorsprung des voraus rollenden Ablaufs gegenüber seinem Nachfolger durch die Abdrückgeschwindigkeit der Rangierlok. Je höher sie gewählt wird, desto kürzer werden die Zeitabstände zwischen den Wagengruppen bzw. Abläufen. Ob dieser zeitliche Abstand über den Laufweg aus- oder abgebaut wird, hängt entscheidend von den Laufwiderständen der beiden Abläufe ab. Der Rollwiderstand beeinflusst die resultierende Beschleunigung und damit den Geschwindigkeitsverlauf bzw. die Laufzeit eines Ablaufs. Eine hohe Rollwiderstandsdifferenz einer Ablauffolge ist gleichbedeutend mit einer hohen Laufzeitdifferenz. Für den ungünstigen Fall, dass ein Ablauf mit niedrigem Rollwiderstand (Gutläufer) einem Ablauf mit hohem Rollwiderstand (Schlechtläufer) folgt, ergibt sich demnach eine starke Einholung, die umso größer wird, je länger der gemeinsame Laufweg der beiden Abläufe ist. Durch die Anordnung einer Talbremsenstaffel auf ungefähr der Hälfte des Weges zwischen Berggipfel und Richtungsgleisbremse besteht jedoch die Möglichkeit, den einholenden Ablauf zu verzögern und dadurch den zeitlichen Abstand zu seinem Vorläufer konkret zu steuern. Das Maß der Verzögerung wird durch die Festsetzung einer Soll-Auslaufgeschwindigkeit an der Talbremse bestimmt. Die dazu entwickelten Steuerungsverfahren werden in Abschnitt 10.3 beschrieben, welche die im nächsten Abschnitt 10.2 beschriebene Ablaufdynamik berücksichtigen.

Ziel der Steuerung ist es, eine hohe Bahnhofsleistung zu realisieren und gleichzeitig einen sicheren Betrieb zu gewährleisten. Die angestrebte Leistung ist direkt an die Abdrückgeschwindigkeit gekoppelt, mit der die Abläufe über den Berggipfel geschoben werden. Die Abdrückgeschwindigkeit der Lok darf aber nur so hoch gewählt werden, dass ein Einholen zweier Abläufe innerhalb einer Weiche oder Bremseinrichtung vermieden wird. Auch ein Eckstoß beim Trennen der Abläufe an einer Weiche muss ausgeschlossen werden. Mit Einzug der Rechnertechnik in diesen Bereich war es in den 1980er Jahren gelungen, den Zerlegeprozess nahezu vollständig zu automatisieren.

Dadurch, dass einerseits zu Beginn eines Zerlegeprozesses nur sehr wenige Informationen über den zu behandelnden Zug vorliegen und andererseits die dynamischen Eigenschaften der Abläufe breit streuen, wird die Bremsensteuerung erheblich erschwert. Zu den charakteristischen Eigenschaften eines Ablaufes zählen sein Laufwiderstand, seine Länge, seine Achsfahrmasse und Anzahl der Achsen, der Achsabstand, die Schwerpunktlage, seine Form usw. Alle diese Größen beeinflussen das Laufverhalten. Anfänglich bekannt sind jedoch nur das Richtungsgleis und seine Zielposition, die der Ablauf dort erreichen soll, weiterhin die Anzahl der zu einem Ablauf gehörigen Wagen, die Zahl der Achsen der Wagen und die Länge des gesamten Ablaufs. Die Zahl und auch die Zuverlässigkeit der verfügbaren Ablaufdaten differiert je nach Bahnhof. Weitere für die Steuerung notwendige Daten können nur während des Ablaufbetriebes gemessen und ausgewertet werden. So werden z. B. die Achsfahrmassen, z. B. durch Kraftmessung mit Dehnungsmessstreifen und der Laufwiderstand eines Ablaufs vor dem Erreichen der ersten Bremsenstaffel ermittelt, z. B. durch Geschwindigkeitsmessung mit Radar (vgl. Abschnitt 4.3.2). Naturgemäß sind diese Messungen und auch die dispositiv vorliegenden Daten fehlerbehaftet. Diese Fehler müssen bei der Steuerung des Zerlegeprozesses einkalkuliert werden, um einen sicheren Betrieb der Anlage gewährleisten zu können.

10.2 Ablaufdynamik (Antriebs- und Widerstandskräfte)

Zur Untersuchung und Beurteilung der ablaufdynamischen Vorgänge in einer realen Ablaufanlage sind zunächst die Einflussgrößen, die sich auf das Laufverhalten der Abläufe auswirken, zu nennen und anschließend in ein physikalisches Modell zu übertragen. Das Modell ist dann die Grundlage eines Simulationssystems, mit dem die Beurteilung von Ablauffolgezeiten, Einholvorgängen und kritischen Ablauffolgen ermöglicht wird.

Jeder Ablauf wird durch den in Bewegungsrichtung wirkenden Anteil seiner Gewichtskraft, der sogenannten Neigungskraft, beschleunigt. Dem entgegen wirken in erster Linie Rollreibungskräfte zwischen den Radsätzen und der Schiene, Bogenwiderstandskräfte, Weichenwiderstandskräfte und die Luftwiderstandskraft. Die notwendigen fahrdynamischen Grundlagen sind in Kapitel 3 beschrieben.

10.2.1 Neigungskraft

Das Grundprinzip eines Gefällerangierbahnhofes ist die Ausnutzung der Schwerkraft zur Beschleunigung der Abläufe. Betrachtet man jeden Ablauf als eine in seinem Schwerpunkt reduzierte Masse, so vereinfacht sich seine Bewegung - ein konstantes Gefälle und ein gerades Gleis vorausgesetzt - zum gleichförmig beschleunigten Rollen auf einer schiefen Ebene. Das Maß für die auf den Ablauf wirkende Beschleunigung ist die Stärke der Neigung. Befinden sich die Achsen eines Ablaufs in unterschiedlichen Gefälleabschnitten werden sie unter Berücksichtigung ihrer Achsfahrmassen auch unterschiedlich beschleunigt. Aus den auf die einzelnen Achsen bzw. Achslasten wirkenden Kräften wird das Mittel gebildet und auf den Schwerpunkt des Ablaufs bezogen (Momentengleichgewicht).

10.2.2 Rollwiderstand

Der so genannte Rollwiderstand ist als dimensionsloser Widerstandswert gegen „Rollen im geraden, horizontalen Gleis ohne Luftwiderstand" definiert und wird in aus Schienenkontakten bestehenden Messstrecken während des Ablaufbetriebs ermittelt. Rollwiderstandsverteilungen sind bereits in zahlreichen Ablaufanlagen und mit unterschiedlichen Ergebnissen ermittelt worden. Die gefundenen Werte streuen in Abhängigkeit vom Zustand der Radsätze und Lager des Rollmaterials, des Oberbaus usw. Da die Rollreibung eine Verlustgröße darstellt, entspricht der Wert einer negativen Neigung, also einer Gegensteigung, die von ihm überwunden werden muss.

10.2.3 Bogenwiderstand

Die Radsätze von Güterwagen sind starr, d.h. die Radscheiben drehen sich alle mit der gleichen Winkelgeschwindigkeit. Die Laufflächen der Räder sind konisch gestaltet. Fährt der Ablauf durch einen Bogen, haben die Räder auf der Außenschiene einen längeren Weg zurückzulegen als die Räder auf der Innenschiene. Bei einer Spurbreite von 1,435 Metern und einer Vollkreisfahrt mit einem mittleren Radius von 200 Metern beträgt dieser Laufwegunterschied ca. 8,80 Meter. Um die Wegdifferenz zu kompensieren, müssen die äußeren Räder auf einem größeren Radumfang (durch die Konusform möglich) ablaufen, die inneren entsprechend auf einem kleineren. Der Ablauf bewegt sich also aus der Spurmitte heraus nach außen. Das gilt auch für die unendlich langsame Fahrt durch den Bogen. Beim Lauf durch den Bogen (geführte Kreisbewegung) mit der Geschwindigkeit v erfährt der Ablauf eine zusätzliche Beschleunigung in radialer Richtung senkrecht zur Laufrichtung (Zentripetalbeschleunigung), die ebenfalls eine Bewegung des Ablaufs in Richtung der außenliegenden Schiene zur Folge hat. Die Bewegungsfreiheit des Ablaufs in der Spur ist aber durch die Geometrie der Räder und durch die Spurbreite begrenzt. Wandert der Ablauf weiter als das Spurspiel nach außen, kommt es zu einer zusätzlichen Reibung des Spurkranzes an der Schiene, der Bogenwiderstandskraft. Diese wird auf das Ablaufgewicht bezogen.

10.2.4 Weitere Widerstände

Der Weichenwiderstand berücksichtigt zusätzliche Widerstände, die der Ablauf neben dem eigentlichen Bogenwiderstand der Weiche durch Weichenherzstücke, Radlenker usw. erfährt und wird auf den Bogenwiderstand einer Weiche aufgeschlagen.

Die Luftwiderstandskraft berechnet sich aus der vektoriellen Addition von Windgeschwindigkeit und Eigengeschwindigkeit des Ablaufs (PIRATH 1929, VOLLMER 1989).

Eine weitere Ergänzung bei der Betrachtung der Ablaufdynamik im Modell stellt die Berücksichtigung der Rotation von Radsatzachsen und Radscheiben dar. Dies wird in Form einer reduzierten Erdbeschleunigung berücksichtigt, die in die Bewegungsgleichung einfließt.

10.3 Rangiertechnische Verfahren

10.3.1 Talbremsenalgorithmen

Geschwindigkeitszielbremsung (GZB)

Ein Verfahren zur Steuerung der Talbremsen ist die Geschwindigkeitszielbremsung (GZB). Die Soll-Auslaufgeschwindigkeit eines Ablaufs aus der Talbremse (TB) wird dabei so gewählt, dass sich stets eine Einlaufgeschwindigkeit in die Richtungsgleisbremse (RB) von ca. $4\,\mathrm{m/s}$ einstellt (Abb. 10.2).

Sie basiert auf dem Energieerhaltungssatz

$$(v_{Aus,TB}^2 - v_{Ein,RB}^2) = 2g'(\Delta h_{TB,RB} - \Delta h_{TB,RB,Verlust}), \tag{10.3}$$

wobei in der Gleichung die auftretenden Verluste durch Rollreibung, Luftwiderstand sowie Bogen- und Weichenwiderstand in Form einer Verlusthöhe $\Delta h_{TB,RB,Verlust}$ über den Laufweg ausgedrückt und von der tatsächlichen Höhendifferenz $\Delta h_{TB,RB}$ zwischen Tal- und Richtungsgleichbremse subtrahiert werden.

Bei der Berechnung der Soll-Auslaufgeschwindigkeit aus der Talbremse muss dazu folgende Gleichung gelöst werden.

$$v_{Aus,TB} = \sqrt{v_{Ein,RB}^2 + 2g' l_{TB,RB} \frac{\sum w_i l_i}{\sum l_i}} \tag{10.4}$$

mit

$v_{Aus,TB}$ Auslaufgeschwindigkeit des Ablaufs aus der Talbremse [m/s]

$v_{Ein,RB}$ Einlaufgeschwindigkeit des Ablaufs in die Richtungsgleisbremse [m/s]

$l_{TB,RB}$ verbleibender Laufweg zwischen Tal- und Richtungsgleisbremse [m]

w_i Neigungswerte (positiv) und Einzelwiderstände (negativ) [‰]

l_i wirksame Längen der Neigungen und Einzelwiderstände [m].

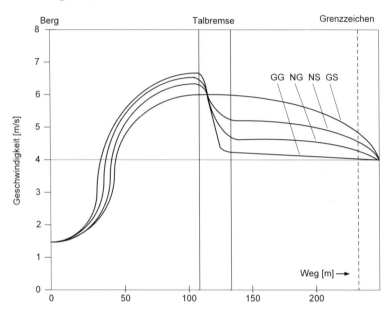

Abb. 10.2. Geschwindigkeits-Weg-Diagramm von Abläufen für die Geschwindigkeitszielbremsung. (GS: Grenz-Schlechtläufer, NS: Normal-Schlechtläufer, NG: Normal-Gutläufer, GG: Grenz-Gutläufer)

F*DELTV-Verfahren

Das F*DELTV-Verfahren, benannt nach der Geschwindigkeitsdifferenz Δv nach Gleichung (10.4), beruht auf der Überlegung, dass sich eine brauchbare Abstandshaltung ergibt, wenn die Zeit-Weg-Linien der Abläufe an der des Grenz-Schlechtläufers im Bereich der Gleisbremse „gebrochen" werden (Abb. 10.3 und 10.4). Das Verfahren verwendet als Maßstab der Laufeigenschaften die (unbeeinflusst) bei Einlauf in die Gleisbremse erreichte Geschwindigkeit. Die grundlegenden Gleichungen lauten (WOLFERT und HOLTZ 2006)

$$\Delta v = v_{Ein,TB} - v_{Ein,TB,GS} \tag{10.5}$$

$$v_{Aus,TB} = v_M - F\Delta v \tag{10.6}$$

Das Verfahren ist gegenüber der Geschwindigkeitszielbremsung im Vorteil, weil nur Geschwindigkeiten gemessen werden müssen und keine Beschleunigungen. In $v_{Ein,TB}$ kommen auch Bogen-, Weichen- sowie Luftwiderstand zum Ausdruck. Alle Konstanten ($v_{Ein,TB,GS}, v_M, F$) können als Funktion der Ablauflänge betrachtet werden und erlauben dann, Gruppen beliebiger Länge

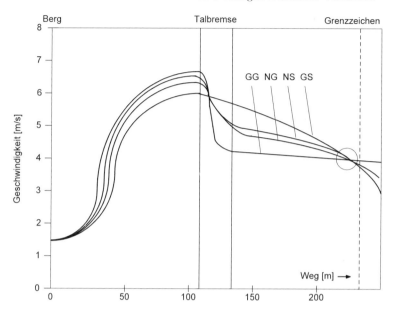

Abb. 10.3. Geschwindigkeits-Weg-Diagramm von Abläufen für das F*DELTV-Verfahren

„optimal" zu steuern, sofern deren Massenverteilung gleichmäßig oder doch annähernd gleichmäßig ist. Mit einem Messwert können mehrere Bremsenstaffeln gesteuert werden, z. B. Berg- und Talbremse. Bei richtiger Wahl von F ist die Abstandshaltung besser als bei der Geschwindigkeitszielbremsung (Abb. 10.5 und Abb. 10.6).

Abstandszielbremsung (AZB)

Das Prinzip der AZB (KIRSCH 1978, KIRSCH und BEYERSDORFF 1980) ist die Bestimmung einer Soll-Auslaufgeschwindigkeit eines Ablaufs aus der Talbremse unter Berücksichtigung des Laufverhaltens des direkten Vorläufers. Zum Zeitpunkt t_1 verlässt der Vorläufer (V) mit einer Geschwindigkeit $v_{Aus,TB}$ die Talbremse. Zum Zeitpunkt $t_2 > t_1$ läuft der zu bremsende Nachläufer (N) in die Talbremse ein. Die Einlaufgeschwindigkeit von N ist bekannt. Die Weiche, an der die beiden Abläufe getrennt werden sollen, und damit auch der Laufweg bis zum Einlauf und Auslauf der maßgebenden Wirkzone (definiert vom Einlauf- zum Auslaufkontakt der Trennweiche), sind ebenfalls bekannt. Innerhalb der Zeit $\Delta t_a = t_2 - t_1$ hat V inzwischen den Weg l_a zurückgelegt, es verbleibt der Weg l_b bis zum Auslauf der Wirkzone, für den V noch die Zeit $\Delta t_b(V)$ benötigt. Δt_a ist demnach die Ablauffolgezeit, die nach dem Verlassen der Talbremse von V vergeht, bis N die Bremse erreicht. Frühestens

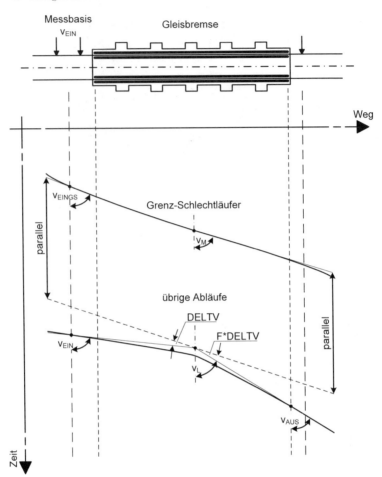

Abb. 10.4. Geschwindigkeits-Zeit-Diagramm von Abläufen für das F*ELTV-Verfahren

zum Zeitpunkt $t_3(N) \geq t_2 + \Delta t_b(V)$ (ohne Reserve) darf N den Beginn der Wirkzone erreichen, so dass die Trennung gerade noch vollzogen werden kann. Der Zeitraum $\Delta t_b(V)$ ist also das Minimum an Laufzeit, das N vom Beginn der Bremse bis zum Beginn der Wirkzone benötigen muss. Gelingt es, die zu den Laufwegen l_a und l_b gehörigen Laufzeiten Δt_a und Δt_b des V mit Hilfe einer Simulation vorauszusagen, sowie die Zeitpunkte t_1 (Auslauf Talbremse V) und t_2 (Einlauf Talbremse N) zu bestimmen, besteht die Möglichkeit, die Auslaufgeschwindigkeit von N so festzulegen, dass $t_3(V) \geq t_2 + \Delta t_b(V)$. Hierfür ist ebenfalls auch eine Vorhersage des Laufverhaltens von N notwendig, ohne die die Einhaltung der Bedingung nicht überprüft werden kann.

Im Gegensatz zum F*DELTV-Verfahren richtet sich die Abstandszielbremsung bei der Bestimmung der Soll-Auslaufgeschwindigkeit individuell nach der Verteilweiche, an der sich die Abläufe trennen. Dies bedeutet zwar einerseits, dass zwei für sich betrachtete Abläufe stets optimal getrennt werden, aber andererseits, dass durch ein zu starkes Abbremsen eines Ablaufs ein Rückstaueffekt für nachfolgende Abläufe entstehen kann. Um diesen Effekt zu vermeiden, muss bei jeder einzelnen Ablauftrennung ein zeitlicher Vor- und Nachschaubereich auf mögliche Konflikte mit anderen Abläufen geprüft werden. Das Verfahren benötigt für die Bestimmung der Soll-Auslaufgeschwindigkeiten sowohl die gemessenen Rollwiderstände, als auch die Ein- und Auslaufgeschwindigkeiten der Abläufe und ist damit im Vergleich aufwendiger.

Automatische Variation der Abdrückgeschwindigkeit

Die zeitliche Aufeinanderfolge der Abläufe wird durch die Abdrückgeschwindigkeit bestimmt, mit der sie von einem Triebfahrzeug über den Berggipfel geschoben werden. Je langsamer die Lok den zu behandelnden Zug schiebt, desto größer ist die entstehende zeitliche Lücke zwischen dem Loslösen von zwei Abläufen am Berggipfel. Aus Sicht der Betriebssicherheit muss die Abdrückgeschwindigkeit also ausreichend niedrig gewählt werden, um Einholungen und Eckstöße entlang des gesamten Laufweges sicher zu vermeiden; aus Sicht der Anlagenleistung ist man andererseits bemüht, hohe Abdrückgeschwindigkeiten zu fahren, um eine möglichst hohe Anzahl an Wagen pro Stunde zu behandeln (NEUHOF 1984). Heutige Anlagen werden mit Abdrückgeschwindigkeiten zwischen 0,5 m/s und 3,5 m/s betrieben. Die Durchschnittswerte liegen im Bereich von 1,0 m/s bis 1,5 m/s.

Um die Bedingungen zur Abstandshaltung zu erfüllen, sind die Abdrückgeschwindigkeiten und damit auch die Lösefolgezeiten der Abläufe derart festzulegen, dass die Belegzeitpunkte der Wirkzonen (Weichen, Grenzzeichen, Gleisbremsen und Räumanlagen) durch den aktuellen Ablauf später oder gleich den Räumzeitpunkten dieser Zonen durch den direkten Vorläufer werden. Da aus den zum Zeitpunkt der Bestimmung der Abdrückgeschwindigkeit verfügbaren Daten (lediglich Länge und Anzahl der Wagen pro Ablauf) der Lösepunkt sowie die Beleg- und Räumzeitpunkte der auf dem Weg ins Richtungsgleis zu durchlaufenden Zonen eines Ablaufs nicht ermittelt werden können, werden mit Hilfe von Simulationen Modellkonstanten für das Löse- und Laufverhalten typischer Abläufe ermittelt. Diese Werte werden zur Bestimmung der Abdrückgeschwindigkeit übernommen. Der früheste und späteste zu erwartende Lösepunkt, sowie die früheste zu erwartenden Belegzeitpunkte und späteste zu erwartenden Räumzeitpunkte werden für jeden Ablauf bestimmt. Jeder Ablauf wird dadurch bezogen auf seine direkten Vorläufer als Gutläufer und bezogen auf seine direkten Nachläufer als Schlechtläufer behandelt.

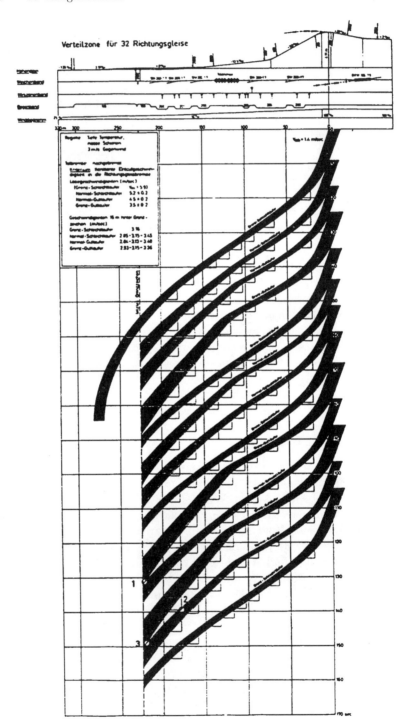

Abb. 10.5. Weg-Zeit-Diagramm für Abläufe mit Geschwindigkeitszielbremsung

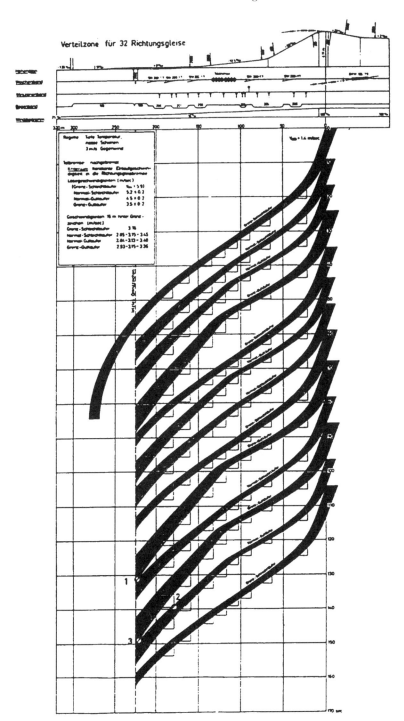

Abb. 10.6. Weg-Zeit-Diagramm für Abläufe nach dem F*DELTV-Verfahren

Um die für die Abläufe ermittelten, maximal zulässigen Abdrückgeschwindigkeiten für die Funkfernsteuerung der Abdrücklok verwenden zu können, müssen die ermittelten Abdrückgeschwindigkeiten entsprechend dem Geschwin-
digkeitsraster der Lok auf ansteuerbare Werte abgerundet und der ersten
Achse eines jeden Wagens zugeordnet werden. Da die Abdrücklok zudem keine
Geschwindigkeitssprünge realisieren kann, sind den ersten Achsen der Wagen,
die eine Verzögerung herbeiführen sollen, die von der Abdrücklok ansteuerba-
ren Abdrückgeschwindigkeiten zuzuordnen, von denen aus die niedrigeren Abdrückgeschwindigkeiten für die ersten Achsen der nachfolgenden Wagen eingestellt werden können. Durch dieses Vorgehen braucht das Beschleunigungs-
verhalten der Abdrücklok bzw. des Restzuges nicht explizit berücksichtigt zu
werden, da ausgehend von einem Geschwindigkeitssprung von einer niedrigeren auf eine höhere Geschwindigkeitsstufe und nachfolgender Ausgabe abneh-
mender Abdrückgeschwindigkeiten der Restzug solange weiter beschleunigt
wird, bis die Abdrücklok die anzusteuernde Abdrückgeschwindigkeit erreicht.
Das Verzögerungsverhalten des Restzuges muss geschätzt werden. Die von der
ersten Achse der Wagen aus anzusteuernden Abdrückgeschwindigkeiten führen im Hinblick auf die Abstandsbildung zu maximal zulässigen Abdrückgeschwindigkeiten. Niedrigere Abdrückgeschwindigkeiten verursachen stets größere Abstandsbildungen (ENNULAT und GOTTSCHALK 1992).

10.3.2 Dezentrale Regelung der Gleisbremsen

Balkengleisbremsen

Als Talbremsen dienen häufig Balkengleisbremsen. Sie verfügen über eine
nutzbare Bremsenlänge von ca. 15 m. Beiderseits der Fahrschienen sind jeweils
ein äußerer und ein innerer Bremsbalken angeordnet. Die Bremsbalken können durch ölhydraulisch angetriebene Hubkolben und Gestänge in ihrer Lage
zur Schiene verändert werden und durch Reibschluss mit den Achsen den Ablauf verzögern. Zur Öldruckerzeugung dient ein Doppel-Pumpenaggregat, mit
dem über Öldruckleitungen in der Regel bis zu vier Talbremsen verbunden
sind. Der Abstand zwischen den äußeren und inneren Bremsbalken wird als
Bremsrillenbreite bezeichnet und bestimmt das Maß der auf den Spurkranz des
Rades wirkenden Bremskraft (Normbreite der Radbandagen = 135 ± 1 mm,
Bremsrillenbreite = 120 bis 135 mm). Die eigentliche Bremskraft wird jedoch
nicht von der Ölhydraulik aufgebracht. Beim Einlauf in die Bremse schneiden
die Räder die vorher eingestellten Bremsrillen auf, d. h. sie verschieben die
äußeren Bremsbalken nach außen und bringen gleichzeitig die inneren Bremsbalken über Bügel zur Anlage an der Radinnenseite. Durch die Verschiebung
der äußeren Bremsbalken werden in den Bügeln liegende Gummifederpakete
zusammengedrückt, welche die gewünschte Bremskraft übertragen. Das Funk-
tionsprinzip der Bremse lässt sich anhand der drei möglichen Bremsstellun-
gen näher erläutern:

1. *Bremse in Grundstellung:*
   Die äußeren und inneren Bremsbalken liegen maximal 50 mm über der
   Schienenoberkante (SO), das Maß über die Bremsflächen der inneren
   Bremsbalken beträgt 1350 mm, die Bremsrillen sind etwa 190 mm geöffnet.
   (Die Bremse ist frei für Triebfahrzeugdurchfahrten).

2. *Bremse in Löse- und Bereitschaftsstellung (wird zu Beginn des Ablaufbetriebes eingenommen):*
   Die äußeren Bremsbalken sind auf 115 mm über SO und die inneren
   Bremsbalken auf 120 mm über SO angehoben, die Bremsrillenbreite wird
   auf etwa 150 mm eingestellt. (Wagen laufen ungebremst durch).

3. *Bremse in Bremsstellung:*
   Die Bremsrille wird auf das Maß der gewünschten Bremswirkung verklei-
   nert. (Kleinste Rille 120 mm - Maximalbremsung).

Messeinrichtungen für Abläufer

Zur Steuerung der Gleisbremse sind im Bereich vor und nach der Bremse
verschiedene Messeinrichtungen eingebaut (Abb. 10.7). Zur Ortung der Räder
(Achszählung) dienen streckenseitigen Radsensoren; sie sind zu Messstrecken
zusammengefasst, die außerdem zur Laufwiderstandsbestimmung der Abläufe,
zur Weichensteuerung und zur Falschläufererkennung (s. u.) genutzt werden.
Die Sensoren basieren auf dem Effekt der magnetischen Induktion und sind
in Abschnitt 4.5 beschrieben.

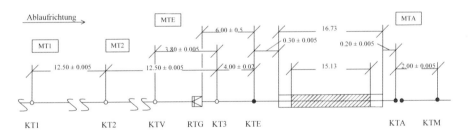

KT1 – Kontakt Messstrecke MT1   KT3 – Kontakt Messstrecke MT2 und MTE
KT2 – Kontakt Messstrecke MT1 und MT2   KTE – Einlaufkontakt Bremsenabschnitt
KTV – Vorkontakt (Messstrecke MTE)   KTA – Auslaufkontakt Bremsenabschnitt und Kontakt Messstrecke MTA
RTG – Radargerät   KTM – Kontakt Messstrecke MTA

Abb. 10.7. Messeinrichtungen an einer Gleisbremse

Die Erfassung der Ist-Geschwindigkeit eines Ablaufs erfolgt nach dem Doppler-
Radar-Prinzip (vgl. Abschnitte 4.2.3 und 4.3.2). Mit Befahren des Bremsen-
einlaufkontaktes (KTE) durch die erste Ablaufachse wird die Geschwindigkeit

des Ablaufs kontinuierlich per Radar gemessen (vgl. Abb. 10.7). Dazu ist in der Nähe des Vorkontaktes (KTV) eine Antenne zwischen den Fahrschienen eingebaut. Das Überhöhungen und auch Einbrüche enthaltende Doppler-Signal, das in 50 ms-Intervallen ausgewertet wird, wird zunächst nach verschiedenen Plausibilitätskriterien geprüft und ggf. geglättet. Per gleitender Mittelwertbildung über einen Zeitraum von mindestens 200 ms kann dann ein aktueller Geschwindigkeits-Istwert extrapoliert werden.

Steuerungsverfahren der Talbremse

Mit Befahrung des Vorkontaktes durch die erste Achse eines Ablaufs wird die Steuerung der Talbremse aktiviert (vgl. Abb. 10.1). Sie sorgt für die Einhaltung einer Soll-Auslaufgeschwindigkeit, die ihr vorher vom übergeordneten, zentralen Prozessrechner übermittelt wurde. Zusätzlich benötigt die Bremsensteuerung weitere Ablaufdaten, die ebenfalls von der Zentralsteuerung zur Verfügung gestellt werden. Diese Daten sind im Einzelnen die Achszahl, die Achsgewichte in ihrer Reihenfolge und das mittlere Achsgewicht des Ablaufs. Zur Erfassung bzw. Kontrolle dieser Größen sind folgende Messeinrichtungen am Berg eingebaut:

- Lichtschranke zur Verifizierung der Ablauftrennstellen

- Längenradar zur Bestimmung der Ablauflängen

- Achslastmesseinrichtung mit Gewichtsgeberquartett (d. h. in Brückenschaltung angeordnete Dehnungsmessstreifen) zur Gewichtsbestimmung jeder einzelnen Ablaufachse.

Diese Einrichtungen erfüllen zentrale Funktionen der gesamten Ablaufsteuerung und sind daher auch dem zentralen Prozessrechner unterstellt. Aus der geforderten Soll-Auslaufgeschwindigkeit, der ermittelten Einlaufgeschwindigkeit und aus den Ablaufdaten wird, unter Ausnutzung des zur Verfügung stehenden Bremsweges, die erforderliche Soll-Verzögerung berechnet und die entsprechende Bremskraft mittels einer der 15 Bremsstufen (120-134 mm Bremsrillenbreite) eingestellt. Nach dem sogenannten BKINA-Verfahren wird die Bremskraft bedarfsweise geregelt, d. h. je nach Abweichung der mit dem Radar gemessenen Ist-Geschwindigkeit von dem vorgegebenen Soll-Geschwindigkeitsverlauf wird die eingangs gewählte Bremsstufe nach oben oder unten korrigiert. Erreicht der Ablauf die Lösegeschwindigkeit, wird die Talbremse gelöst; bei Wiederbeschleunigung werden Nachbremsungen ausgeführt.

10.3.3 Weichensteuerung

Die Steuerung der Weichen in Ablaufanlagen erfordert möglichst kurze Umlaufzeiten, um die Weichen zwar rechtzeitig, aber erst so spät wie möglich umstellen zu können. Diese Anforderung stellt heute kein Problem mehr dar. Durch drehstrombetriebene Schnellläuferantriebe beträgt die Umlaufzeit einer Ablaufweiche einschließlich der Verschlusszeit der Weiche und Verzögerungen der elektromagnetischen Stellglieder (Relais) und Rechnersteuerungen weniger als 0,9 s. Eine derart kurze Umlaufzeit genügt auch einer Höchstleistungsanlage. Bei Verzicht auf Weichenverschlüsse lassen sich sogar noch erheblich kürzere Zeiten realisieren (WOLFERT und HOLTZ 2006).

Um die Weichen vor unzeitigem Umstellen zu schützen und damit eine Entgleisung eines Ablaufs zu vermeiden, werden mit Hilfe von Schienenkontakten bzw. Radsensoren sogenannte Wirkzonen (Achszählkreise) angeordnet. Überfährt die erste Achse eines Ablaufs einen Weicheneinlaufkontakt, wird die Weiche dem Steuerrechner als belegt gemeldet und dies solange, bis durch den dazugehörigen Weichenauslaufkontakt die letzte Achse des Ablaufs ausgezählt wurde. Die Anzahl der Achsen eines Ablaufs ist dabei bereits vor Befahren der ersten Verteilweiche bestimmt worden. Die Länge der Wirkzonen ist von der Umlaufzeit, der größtmöglichen Ablaufgeschwindigkeit an der Stelle, dem Abstand vom Weichenanfang bis zum Zungenanfang und der Radsatzgeometrie abhängig. Wünschenswert sind möglichst kurze Wirkzonen im Sinne kurzer Belegzeiten. Zum Schutz gegen Ausfall werden die Sensoren als Doppelkontakte ausgeführt. Gleichzeitig dienen sie zur Erkennung von Falschläufern durch Überprüfung des gewünschten und des gemeldeten Auslaufkontaktes einer Weiche (Abb. 10.7).

Technische Sicherung von Bahnübergängen

11.1 Aufgabenstellung

Bahnübergänge sind höhengleiche Kreuzungspunkte des Schienen- und Straßenverkehrs. Sie stellen im Netz beider Verkehrsträger besondere Unfallschwerpunkte dar. Dies belegen jedes Jahr die Unfallstatistiken, die zeigen, dass pro Jahr an europäischen Bahnübergängen etwa 330 Menschen in mehr als 1200 Unfällen sterben. In den europäischen Ländern stellen die an Bahnübergängen Getöteten zwischen 50-80% aller Opfer des Schienenverkehrs. Die Abbildung 11.1 zeigt als Beispiel die Situation in Deutschland im Jahre 2005.

Aufgrund des langen Bremsweges der Schienenfahrzeuge wird dem Schienenverkehr an Bahnübergängen der Vorrang vor dem Straßenverkehr eingeräumt. „Vorrang bedeutet unmissverständlich, dass nicht mehr in die Kreuzung gefahren werden darf, wenn eine Schienenbahn zu sehen ist, auch wenn vor ihr die Kreuzungsstelle hätte passiert werden können" (BMVBS 2005).

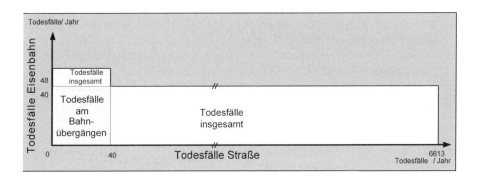

Abb. 11.1. Vergleich der Anzahl der Todesfälle im Schienen- und Straßenverkehr (BMVBS 2005)

Die Sicherung der Bahnübergänge erfolgt dementsprechend durch die für die Wegebenutzer rechtzeitige Ankündigung der Schienenfahrzeuge. Hierfür gibt es verschiedene technische und nicht technische Sicherungsarten, deren Einsatz in der Eisenbahn-Bau- und Betriebsordnung von der Bedeutung der Eisenbahnstrecke und der Stärke des Straßenverkehrs am betrachteten Bahnübergang abhängig gemacht wird (EBO 1967).

Nähert sich ein Wegebenutzer einem Bahnübergang, so sollte bei ihm ein Entscheidungsvorgang mit folgenden Stufen ablaufen: 1. Wahrnehmen der momentanen Situation, 2. Erkennen von Gefahren, 3. Treffen einer angemessenen Entscheidung und 4. Handeln.

Zunächst muss der Bahnübergang als Gefahrenpunkt wahrnehmbar sein. Die Wahrnehmung ist die Voraussetzung für das Erkennen, das eine Verarbeitung der dargebotenen optischen Information darstellt. Durch den Vergleich mit seinen bisherigen Erfahrungen erkennt der Wegebenutzer die potenzielle Gefahr. Dieses Erkennen führt zu einem Prozess, für den weitere Informationen notwendig sind (nämlich, ob die Annäherung von Schienenfahrzeugen angekündigt ist), und als dessen Ergebnis eine Entscheidung gefasst wird, die dann in eine entsprechende Handlung umgesetzt wird. Hat der Wegebenutzer also den Bahnübergang und seine Pflicht, den Vorrang der Bahn zu beachten, erkannt, so muss er entsprechend der jeweiligen Verkehrssituation eine Entscheidung über den weiteren Fahrtverlauf treffen und entsprechend handeln.

Grundsätzlich können Bahnübergänge in solche mit und solche ohne technische Sicherung unterschieden werden. Die Grundlage zur Entscheidung ob ein Bahnübergang technisch gesichert werden soll oder nicht bietet die Eisenbahn-Bau- und Betriebsordnung (EBO 1967), an welche sich die Vorgaben der Konzernrichtlinie 815 der DB AG (KoRil815) anlehnen. Die Empfehlungen dieser Richtlinie sind in Tabelle 11.1 enthalten. Für die Klassifizierung werden Bahnstrecken nach ihrer verkehrlichen Bedeutung in Haupt-, bzw. Nebenbahnen unterschieden:

- *Hauptbahn*: Strecke einer Eisenbahn des öffentlichen Verkehrs von hoher (in der Regel überregionaler) verkehrlicher Bedeutung. Für Hauptbahnen sind eine hohe Streckenbelastung sowie das Verkehren von Zügen mit hohen Zugmassen und Geschwindigkeiten charakteristisch (NAUMANN und PACHL 2004). Hieraus ergibt sich ein hohes Gefährdungspotenzial für beide Verkehrsteilnehmer, da erstens hohe Zugmassen und hohe Geschwindigkeiten zu langen Bremswegen des Schienenverkehrs führen, zweitens durch die hohen Geschwindigkeiten das Schienenverkehrsfahrzeug ohne technische Sicherung nicht rechtzeitig von Straßenteilnehmer wahrgenommen werden kann.

- *Nebenbahn*: Strecke von untergeordneter (in der Regel nur regionaler) verkehrlicher Bedeutung. Auf Nebenbahnen sind gegenüber Hauptbahnen

Vereinfachungen in der baulichen und signaltechnischen Ausstattung zulässig (NAUMANN und PACHL 2004).

Tabelle 11.1. Empfehlungen der Konzernrichtlinie 815 der DB AG zur Sicherung der Bahnübergänge (KoRil815)

Verkehrsstärke/Art des Straßenverkehrs	Hauptbahnen und Nebenbahnen > 80 km/h	Nebenbahnen < 80 km/h und Nebengleise mehrgleisig	Nebenbahnen < 80 km/h und Nebengleise 1-gleisig
starker Verkehr			
mäßiger Verkehr, ausgenommen Feld- und Waldwege		technische Sicherung	Übersicht und Pfeifsignale vom Zug
mäßiger Verkehr auf Feld- und Waldwegen			
schwacher Verkehr, ausgenommen Feld- und Waldwege		Übersicht	
schwacher Verkehr auf Feld- und Waldwegen			
Privatübergänge mit öffentlichem Verkehr in Hafen und Industriebahnen bei schwachem und mäßigem Verkehr	technische Sicherung	Übersicht oder Abschluss	
Privatübergänge ohne öffentlichen Verkehr	bei > 140 km/h technische Sicherung	Übersicht oder Pfeifsignale vom Zug oder Abschlüsse gegebenenfalls mit Sprechanlage	
Fuß- und Radwege	Übersicht und Umlaufsperre oder Umlaufsperre und Pfeifsignale vom Zug	Übersicht oder Pfeifsignale vom Zug	

11.2 Verkehrlicher Gegenstandsbereich

11.2.1 Geometrische Struktur von Bahnübergängen

Nähert sich ein Eisenbahnfahrzeug einem Bahnübergang, so muss es rechtzeitig durch den Straßenverkehrsteilnehmer wahrgenommen werden können. Bei nicht technisch gesicherten Bahnübergängen muss dies *unmittelbar* mit ausreichenden Sichtmöglichkeiten von der Straße auf die Strecke gewährleistet werden, indem sogenannte „Sichtdreiecke" von Bewuchs und Bebauung freigehalten werden. Bei Bahnübergängen mit technischer Sicherung geschieht dies *mittelbar*, d.h. durch Einschalten von Lichtzeichen für den Straßenverkehr. Die Einschaltung kann hierbei manuell durch einen Bediener, durch das automatische Stellen einer Fahrstraße, oder zugbewirkt erfolgen (vgl. Abschnitt 11.3.7). Vom Ankündigen des sich dem Bahnübergang nähernden Eisenbahnfahrzeugs bis zu dessen Eintreffen am Bahnübergang muss dem Straßenverkehrsteilnehmer ausreichend Zeit gegeben werden, um entweder noch sicher vor dem Andreaskreuz zum Halten zu kommen oder den Gefahrenraum des Bahnübergangs sicher zu befahren und zu räumen, bevor das Eisenbahnfahrzeug am Bahnübergang eintrifft. Die Lage dieses Entscheidungspunktes (so genannter Sehpunkt) und die sich ergebende Annäherungszeit des Eisenbahnfahrzeugs lassen sich mit den in Abbildung 11.2 gemachten Angaben berechnen.

Erst nach erfolgter Sicherung des Bahnüberganges darf dieser vom Eisenbahnfahrzeug befahren werden. Hat das Eisenbahnfahrzeug den Bahnübergang befahren und vollständig geräumt, kann dieser wieder für den Straßenverkehr
freigegeben werden.

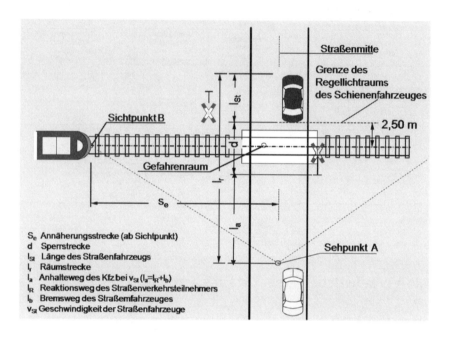

Abb. 11.2. Relevante Wegstücke auf dem Bahnübergang

11.2.2 Verhalten (Zeiten und Wege)

Jeder Bahnübergang ist insbesondere durch die unterschiedliche Anzahl der
Gleise, die Straßenbreite sowie den Kreuzungswinkel zwischen Straße und
Gleis anders gestaltet. Die straßenseitigen und eisenbahnseitigen Geschwindigkeiten variieren ebenso. Um die Sicherheit am Bahnübergang zu gewährleisten
und die Forderung nach möglichst kurzen Sperrzeiten der Straße einzuhalten,
sind bereits im Planungsstadium Berechnungen der Wegstrecken und der zu-
gehören Fahrzeiten erforderlich.

Die Zeit vom Einschalten der Bahnübergangssicherungsanlage bis zur Ankunft
des schnellsten Eisenbahnfahrzeuges am Bahnübergang muss mindestens der
Annäherungszeit t_a und daraus resultierend der Annäherungsstrecke s_e entsprechen. Bei technisch nicht gesicherten Bahnübergängen entspricht der Ein-
schaltort dem Sehpunkt auf der Straße. Die Annäherungszeit t_a ermöglicht

den Straßenverkehrsteilnehmern bis zur Ankunft des schnellsten Eisenbahn-fahrzeuges durch Wahrnehmung der Einschaltung der Lichtzeichen oder des Zuges am Sehpunkt, vor dem Bahnübergang anzuhalten oder wenn sie sich dem Bahnübergang bereits zu weit genähert haben, diesen gefahrlos zu räu-men. Die Annäherungszeit t_a ist so zu ermitteln, dass der langsamste Verkehrs-teilnehmer den Gefahrenraum (Sperrstrecke) d räumen kann. Die Räumzeit t_r eines Straßenverkehrsteilnehmers resultiert aus der Räumgeschwindigkeit (Straßenfahrzeug/Fußgänger) $v_{St/F}$ und der Sperrstrecke d. Generell gilt die Forderung:

$$t_a \geq t_r \tag{11.1}$$

Zur Bestimmung der Annäherungsstrecke s_e wird die Geschwindigkeit v_e des schnellsten Zuges der Strecke herangezogen:

$$s_e = v_e \cdot t_a \tag{11.2}$$

Die Annäherungszeit t_a kann bei technischer Sicherung des Bahnübergangs verlängert werden. Ihre genaue Berechnung wird in Abschnitten 11.3.5 und 11.3.6 in Detail behandelt.

11.2.3 Sicherheitsverhalten

Die Sicherheit durch Bahnübergang wird durch die folgenden drei Aspek-te beeinflusst: erstens die ausreichende Erkennbarkeit des Gefahrenpunktes, zweitens durch die für den Wegebenutzer rechtzeitige Ankündigung der Schie-nenfahrzeuge und drittens durch das der augenblicklichen Situation entspre-chende richtige Verhalten des Wegebenutzers.

Zur Gewährleistung der Sicherheit müssen auch die Verantwortungsbereiche der an der Bahnübergangssicherung Beteiligten d. h. Eisenbahninfrastruk-turunternehmen, Eisenbahnverkehrsunternehmen, Straßenbaulastträger und Straßenverkehrsteilnehmer genau geregelt und abgegrenzt sein.

- Die unmittelbare Kennzeichnung des Bahnübergangs obliegt dem Eisen-bahninfrastrukturunternehmen. Es ist ebenso für die Wahl einer geeigne-ten Sicherungsart und der Erhaltung der Bahnübergangssicherungsanlage in einem technisch einwandfreien Zustand verantwortlich (EBO 1967).

- Soweit die Erkennbarkeit eines Bahnübergangs im Annäherungsbereich der Straße durch eine entsprechende Ausstattung mit Schildern und Mar-kierungen verbessert wird, liegt die Anschaffung und Unterhaltung die-ser Hilfsmittel im Verantwortungsbereich des jeweiligen Straßenbaulast-trägers (EKrG 1971).

- Als letztes Glied in der Kette der Bahnübergangssicherung ist das Verhalten des Wegebenutzers von besonderer Bedeutung; denn wenn der Bahnübergang erkennbar ist und die Sicherungseinrichtungen ordnungsgemäß funktionieren, so liegt die Verantwortung für die Sicherung der Gefahrenstelle ausschließlich beim Straßenverkehrsteilnehmer (StVO 2006).

Die Verantwortungsbereiche für die Sicherheit an Bahnübergängen sind in der Tabelle 11.2 enthalten, Abbildung 11.3 erweitert diese Übersicht um die kausalen und temporalen Verhaltensaspekte.

Ist eine der beschriebenen Voraussetzungen nicht erfüllt, kommt es nicht zwangsläufig zu einem Unfall. Bis es zu einem Unfall kommt, müssen eine Reihe ungünstiger Umstände zusammentreffen.

Aus den bisherigen Ausführungen ergeben sich zwei wesentliche Punkte:

1. Der Grundsatz der Bahnübergangssicherung, dem Wegebenutzer das Nahen von Schienenfahrzeugen rechtzeitig anzukündigen, um ihm so die Gelegenheit zu geben, durch Beachtung des Vorrangs der Eisenbahn für seine Sicherheit zu sorgen, setzt voraus, dass der Bahnübergang für den Wegebenutzer als mögliche Gefahrenstelle ausreichend erkennbar ist, dass die Ankündigung der Schienenfahrzeuge zuverlässig funktioniert und dass sich der Wegebenutzer sicherheitsgerecht verhält.

2. Kennzeichnung und Sicherungseinrichtungen sind strengen Anforderungen und regelmäßig wiederkehrenden Kontrollen unterworfen, so dass diese ein hohes Maß an Zuverlässigkeit und Verfügbarkeit erreicht haben. Der Wegebenutzer trifft auf diese Gegebenheiten und es hängt danach allein von seinem Verhalten ab, ob und inwieweit er diese Hilfsmittel zu seiner Sicherung nutzt.

11.2.4 Modellierung des Bahnübergangs ohne technische Sicherung

Die Sicherheit an einem Bahnübergang ohne technische Sicherung hängt nur von dem individuellen Verhalten der Verkehrsteilnehmer ab. Damit der Verkehrsteilnehmer sein Verhalten auf den Schienenverkehr abstimmen kann, sind Sichtflächen im Kreuzungsbereich freizuhalten. Diese sind derart zu bemessen, dass das „schnelle" Straßenfahrzeug bei Annäherung eines Schienenfahrzeuges noch vor dem Gefahrenpunkt abgebremst (= längster Bremsweg) werden und das „langsame" Fahrzeug den freizuhalten Raum des Bahnüberganges noch räumen kann (= längste Räumzeit, vgl. auch Abbildung 11.2). Das Geschehen an einem Bahnübergang ohne technische Sicherung kann mittels eines Petrinetzes (für Definition s. Abschnitt 2.3.4) beschrieben werden (Abbildung 11.4)

Tabelle 11.2. Verantwortungsbereiche für die Sicherheit an Bahnübergängen

		Planung		Betrieb	
		Verantwortung	Einrichtung bzw. Funktion	Verantwortung	Einrichtung bzw. Funktion
Straße	Verkehrsweg	Straßen-baulastträger	Warnzeichen, Baken, Andreaskreuz, Fahrbahnmarkierungen, Geschwindigkeitsbeschränkung, Überholverbot, ...	(Bahn-) Polizei	Beobachten, Sichern
	Verkehrsmittel	Straßenverkehrsteilnehmer	Ausrüstung des Kraftfahrzeuges (StVZO)	Straßenverkehrsteilnehmer (StVO)	Besondere Aufmerksamkeit (Sehen, Hören, genaues Beachten der Verkehrsregeln), Langsamfahren (kurzer Bremsweg), unter Umständen Anhalten
Schiene	Verkehrsweg	Eisenbahninfrastrukturunternehmen	Lichtzeichen, Schranke, Posten, Überwachungssignal	Schrankenwärter, Fahrdienstleiter (EBO)	Sicherungseinrichtungen rechtzeitig bedienen, Sicherungseinrichtungen warten, Eisenbahnfahrzeugführer über Störungen informieren
	Verkehrsmittel	Eisenbahnverkehrsunternehmen	Hörbare Signale, Zugspitzensignale, Zugsicherung	Eisenbahnfahrzeugführer	Beachten der Betriebsvorschriften, Zugelassene Geschwindigkeit nicht überschreiten, Hörbare Signale vorschriftsmäßig geben

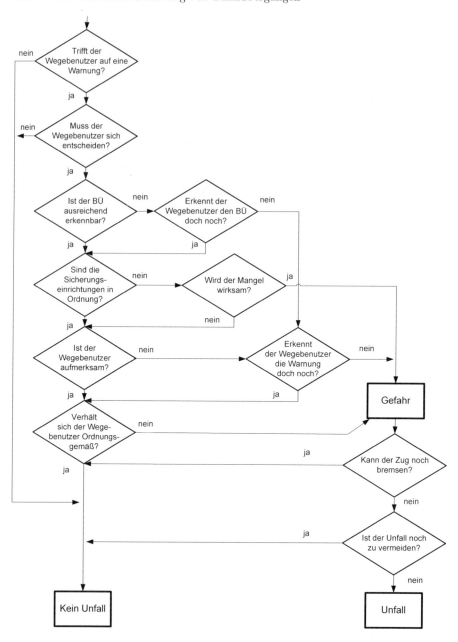

Abb. 11.3. Einflüsse und deren Zusammenwirken bei der Entstehung und der Vermeidung von Unfällen an Bahnübergängen (TOMICKI 2004)

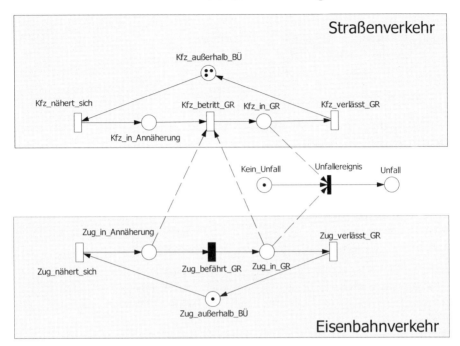

Abb. 11.4. Modellierung des Betriebsprozesses auf dem Bahnübergang nach (SLO-VÁK 2006) (GR – Gefahrenraum, BÜ – Bahnübergang)

In beiden Fällen wird die Bewegung der entsprechenden Fahrzeuge im jeweiligen Annäherungsbereich ($Kfz\_in\_Annäherung$, bzw. $Zug\_in\_Annäherung$), Gefahrenraum (Kfz_in_GR bzw. Zug_in_GR) und außerhalb des Bahnübergangsbereichs ($Kfz\_außer\_BÜ$ bzw. $Zug\_außer\_BÜ$) betrachtet. Die entsprechenden dazwischenstehenden Transitionen beschreiben die Dynamik der Bewegung der Fahrzeuge. Die Transitionen $Kfz\_nähert\_sich$ und $Zug\_nähert\_sich$ sind parametrisiert mit einer stochastischen Verteilung, die den Folgezeiten zwischen zwei Straßen- bzw. Eisenbahnfahrzeugen entspricht. Diese ergibt sich aus den entsprechenden Stärken der Verkehrsflüsse. Der Zeitparameter der deterministischen Transition, die die Verweilzeit des Zuges in dem Annäherungsbereich (ist bei nicht technisch gesicherten Bahnübergängen mit dem Sehbereich des Kfz-Fahrers identisch) beschreibt ($Zug\_befährt\_DZ$), entspricht der Annäherungszeit:

$$T_{Zug\_befährt\_GR} = t_a \tag{11.3}$$

Die Zeitparameter weiterer Transitionen (Kfz_in_GR und Zug_in_GR) entsprechen der mittleren Verweildauer der Fahrzeuge in ihren jeweiligen Bereichen, wobei diese ebenfalls mit einer stochastischen Verteilung angenähert wurden. Der Mittelwert der Verteilung der Transition $Kfz\_verlässt\_GR$ kann der Zeit entsprechen, die das langsamste Fahrzeug braucht um die Sperrstrecke zu überqueren:

$$T_{Kfz\_verlässt\_GR} = d/v_{St} \qquad (11.4)$$

Ebenso ergibt sich der stochastische Mittelwert der Verweilzeit des Zuges im Gefahrraum aus:

$$T_{Zug\_verlässt\_GR} = l_z/v_e \qquad (11.5)$$

wobei l_z der mittleren Länge der verkehrenden Züge entspricht. Die erhöhte Anzahl der Marken auf dem Platz $Kfz\_außerhalb\_BÜ$ sorgt für die Nachbildung eines quasi-kontinuierlichen Straßenverkehrsflusses.

Die Instanz $Kfz\_betritt\_GR$ beschreibt das mögliche Verhalten der KFZ-Fahrer bei der Einfahrt in den Gefahrenbereich des hier betrachteten ungesicherten Bahnübergangs. Diese Verfeinerung ist in Abbildung 11.5 dargestellt.

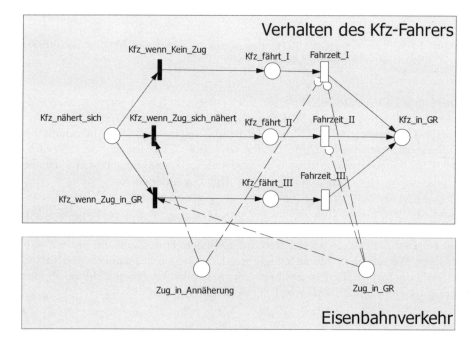

Abb. 11.5. Beschreibung menschlichen Verhaltens auf einem ungesicherten Bahnübergang nach (SLOVÁK 2006) (GR – Gefahrenraum)

Die Modellierung setzt voraus, dass es möglich ist, die Kfz-Fahrer nach ihrem Verhalten wie folgt zu unterscheiden:

- Kategorie I: die Fahrer, die den Bahnübergang nie überqueren solange sich ein Zug im Annäherungsbereich befindet

- Kategorie II: die Fahrer, die aus eigenem Willen, wegen ungünstiger Sichtverhältnisse oder fahrzeugbedingt in den Gefahrenraum des Bahnübergangs einfahren, obwohl sich ein Zug im Annäherungsbereich befindet.

- Kategorie III: die Fahrer, die wegen der ungünstiger Sichtverhältnisse oder fahrzeugbedingt in den Gefahrenraum des Bahnübergangs einfahren, obwohl gerade ein Zug durchfährt.

Die statistische Aufteilung dieser Fahrergruppen ist in der Modellierung durch Gewichtung der kausalen Transitionen *Kfz_ wenn_ kein_ Zug, Kfz_ wenn_ - Zug_ sich_ nähert, Kfz_ wenn_ Zug_ in_ GR* gegeben (W1, W2, W3). Die stochastische Transitionen *Fahrzeit_ I* bis *Fahrzeit_ III* modellieren die mittlere Zeit die sich das Kfz im Annäherungsbereich (Sehbereich des Kfz-Fahrers) befindet und kann als

$$T_{Fahrzeit\,I} = T_{Fahrzeit\,II} = T_{Fahrzeit\,III} = l_a/v_{St} \qquad (11.6)$$

berechnet werden.

Im Falle, dass ausreichende Daten vorhanden sind, könnte ein solches Modell zur Beschreibung des Geschehens zur Auswertung betrieblichen Risikos verwendet werden. Solange aber keine als tolerierbar anerkannten Werte für das Risiko (EU 2004) veröffentlicht sind, werden grundsätzlich Erfahrungswerte verwendet. Generell kann angenommen werden, dass, falls keine ausreichenden Sichtflächen vorhanden sind oder die Anzahl der querenden Kraftfahrzeuge im Durchschnitt über 100 Fzg/Tag liegt, eine technische Sicherung erforderlich ist. Die technische Aufsichtsbehörde kann die Art der Sicherung anordnen.

11.3 Leittechnisches Sicherungskonzept

11.3.1 Leittechnische Sicherungsfunktionen

Die leittechnischen Funktionen zur Sicherung von Bahnübergängen lassen sich in vier Typen klassifizieren: Erkennen, Informieren, Warnen und Sichern. Diese sind dann sowohl auf der Seite des Schienen- als auch des Straßenverkehrs zu realisieren (E1-E4 und S1-S4) – s. Abbildung 11.6.

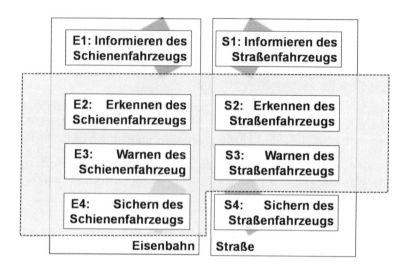

Abb. 11.6. Generische Funktionen einer Bahnübergangssicherung

Die Funktion „Informieren" (S1 und E2) zielt darauf, die Fahrer der Straßen-, bzw. Schienenfahrzeuge über die potentielle Gefahr des vorliegenden Bahnübergangs zu informieren. Es bleibt die Aufgabe der Fahrer, sich selbst davon zu überzeugen, ob eine Gefährdung vorliegt oder nicht. Diese Aufgabe wird durch die Technik übernommen. Im Falle der Funktion „Warnen" (S3 und E3) die in Zusammenwirkung mit der Funktion „Erkennen" (S2 und E2) die Fahrer nur auf die tatsächlich existierende Gefahr einer Kollision am Bahnübergang aufmerksam macht. Jedoch obliegt es dem Fahrer selbst, ob er diese Warnung wahrnimmt. Die Funktion „Sichern" wirkt dagegen aktiv auf das gefährdete Straßen- bzw. Schienenfahrzeug, um das erkannte Kollisionspotenzial zu vermeiden bzw. zu minimieren.

11.3.2 Bahnübergang mit technischer Sicherung

Bei Bahnübergängen mit technischer Sicherung ersetzen die technischen Hilfsmittel die unmittelbare Übersicht über den angrenzenden Bereich. Dazu ist technische Realisierung weiterer Funktionen (S2, E2, S3, E3, S4, E4) notwendig. Dem Verkehrsteilnehmer wird die Annäherung eines Schienenfahrzeugs mittelbar (z. B. durch Lichtzeichen) angezeigt. Dies muss rechtzeitig erfolgen, damit er sein Verhalten entsprechend abstimmen kann. Die Abbildung 11.7 zeigt als Beispiel das prinzipielle Geschehen an einem gesicherten Bahnübergang mit den technisch realisierten Funktionen E2 und S3 in Form eines Petrinetzes.

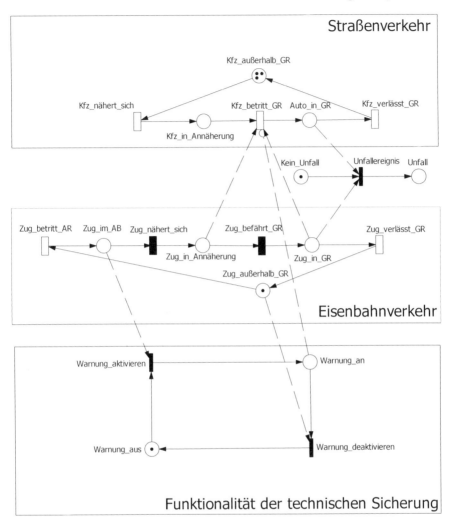

Abb. 11.7. Prozess- und Funktionsmodell eines technisch gesicherten Bahnübergangs (SLOVÁK 2006) (GR – Gefahrenraum, AB – Aktivierungsbereich, BÜ – Bahnübergang)

Die Dauer der Einleitung des Sicherungsvorgangs, die von der technischen
Ausstattung der Sicherungsanlage abhängt, fordert eine Erweiterung des Prozessmodells des Eisenbahnverkehrs um einen „Aktivierungsbereich" (AB), repräsentiert durch den Platz *Zug_in_AB*. Da die gesamte Annäherungszeit t_a
des Zuges jetzt durch zwei deterministische temporale Ereignisse gegeben ist
(*Zug_befährt_GR* und *Zug_nähert_sich*), entspricht der Zeitparameter der
Transition *Zug_nähert_sich* dem Wert

$$T_{Zug\_nähert\_sich} = t_a - l_a/v_{St}, \qquad (11.7)$$

wobei t_a der Annäherungszeit des modellierten Bahnübergangstypen entspricht. Die eigentliche Warnung der Sicherungsanlage ist durch den Platz *Warnung_ an* modelliert, der Einfluss seiner Markierung auf das Verhalten der KFZ-Fahrer ist durch einen Inhibitor dargestellt. Die Aktivierung der Warnung ist modelliert durch die deterministische Transition *Warnung_ aktivieren*, deren Zeitparameter der Einschaltzeit der Sicherungsanlage entspricht. Die Aktivierung erfolgt durch die Markierung des Platzes *Zug_ in_ AB* und wird durch die Markierung des Platzes *Zug_ außer_ BÜ* beendet. Der Zeitparameter der Transition *Warnung_ deaktivieren* entspricht der Auflösungszeit der Sicherungsanlage $t_ö$.

11.3.3 Straßenseitige Funktionen

Grundsätzlich können die technischen Sicherungsarten auf der Seite des Straßenverkehrs (Generische Funktion S3 und S4) folgendermaßen unterschieden werden:

1. Lichtzeichen (S3: Warnen des Straßenfahrzeugs)

2. Lichtzeichen, Akustik und Halbschranke (S3: Warnen des Straßenfahrzeugs)

3. Lichtzeichen, Akustik und Vollschranken (S3 und S4: Warnen und Sichern des Straßenfahrzeugs)

4. Akustik und Vollschranken (S3 und S4: Warnen und Sichern des Straßenfahrzeugs)

5. Anrufschranke (S4: Sichern des Straßenfahrzeugs)

Das Lichtzeichen wird entweder durch eine Signalanlage mit einem gelben und einem roten Licht oder durch ein rotes Blinklicht realisiert. Die Halbschranken gelten nicht als eigenständige Sicherung wie Vollschranken. Sie sind lediglich Zusatzeinrichtungen zu Lichtzeichen. Die Gelbzeit soll im Allgemeinen 3 s betragen, bei Straßen mit einer zugelassenen Geschwindigkeit am Bahnübergang von 60 km/h soll sie 4 s, bei 70 km/h 5 s betragen. Bei Lichtzeichen gilt mit Beginn der Rotphase der Bahnübergang für den Straßenverkehr als gesperrt.

Während die Sicherungsarten 1 bis 4 auf einer Erkennung des sich nähernden Schienenfahrzeuges basiert (E2 - automatisch oder durch menschliche Ermittlung) erfordert die Sicherungsart 5 eine aktive Handlung des Straßenverkehrsbenutzers (Anrufen des Fahrdienstleiters der verantwortlichen Betriebsstelle, der den in Grundstellung geschlossenen Bahnübergang kurzzeitig freigibt). Eine Ausrüstung mit Vollschranke (Sicherungsart 3) setzt die Realisierung der Funktion S2 (Erkennung des Straßenfahrzeuges) voraus um ein Einsperren von Straßenverkehrsteilnehmern auf dem Bahnübergang zu vermeiden. Diese Funktion kann durch einen örtlichen Bediener, bzw. eine technische Einrichtung (sogenannte Gefahrenraumfreimeldung, vergl. Kap. 4) wahrgenommen werden.

11.3.4 Schienenseitige Funktionen

Die wichtigste technische schienenseitige Funktion ist das Erkennen der sich dem Bahnübergang nähernden Schienenfahrzeuge (E1), um die straßenseitigen Funktionen S3 (Warnen) bzw. S4 (Sichern) zu realisieren.

Das Einschalten der Bahnübergangssicherung erfolgt durch einen lokalen Bediener, signalgesteuert (durch Einbeziehung der Bahnübergangssicherung in die Fahrstraßensicherung, vergl. Kap. 9), bzw. zugbewirkt (durch Befahren eines Einschaltkontaktes, vergl. Kap. 4).

Die signalgesteuerte Einschaltung wird dann realisiert, wenn die örtlichen Bedingungen nicht erlauben, die Fahrzeugsensoren in der notwendigen Entfernung vor dem Bahnübergang zu installieren. Dies kommt meistens in der Nähe von Betriebsstellen vor, in denen ein Halt der Züge vorgesehen ist. Die Aktivierung der Sicherungsanlage des Bahnübergangs erfolgt dann im Rahmen der Stellung einer Zugfahrstraße. Das zugehörige Signal zeigt dann den Fahrbegriff erst nach vollständigem Ablauf des Sicherungsvorganges des Bahnübergangs.

Bei zuggesteuerten Anlagen erfolgen Ein- und Ausschaltung durch Fahrzeugsensoren (z. B. Induktionsschleifen), welche die Eisenmasse des Eisenbahnfahrzeugs detektieren. Die Ausschaltung erfolgt, wenn je ein Fahrzeugsensor kurz vor und hinter dem Bahnübergang befahren und wieder verlassen wurde. Damit ist sichergestellt, dass sich kein Eisenbahnfahrzeug mehr in dem Bahnübergangsbereich befindet. In älteren Anlagen dienen zur Einschaltung meist redundante Schienenkontakte (Redundanz gegen Wirkversagen); nachdem der Zug den Bahnübergang passiert hat, wird die Ausschaltung in diesen Anlagen ebenfalls durch Schienenkontakte (hier aber Redundanz gegen vorzeitiges Wirken) in Kombination mit einer Zeitverzögerung bewirkt.

Daneben wird die Funktion des Warnens (E2) durch ein Signal (z. B. Überwachungssignal) implementiert, um den Führer des Schienenfahrzeuges über die korrekte Funktionsweise der Bahnübergangsicherungsanlage in Kenntnis zu setzen. Bei Ausrüstung mit einer Vollschranke muss auch der Raum zwischen den Schranken auf sein Freisein überprüft (S2) und das Ergebnis in die Bahnübergangssicherung mit einbezogen werden. Im Falle einer Anlagenstörung oder ausbleibender Freimeldung des Gefahrenraums kann der Eisenbahnfahrzeugführer durch eine entsprechende Signalisierung (Hauptsignal zeigt Haltbegriff, bzw. dunkles Überwachungssignal) zur Einleitung eines Bremsvorgangs aufgefordert werden, was ggf. durch eine Zugbeeinflussung (E4) überwacht werden kann (vgl. Kap. 7).

11.3.5 Bahnübergang mit Lichtzeichen

Die einfachste Version eines technisch gesicherten Bahnübergangs ist die Warnung der Straßenverkehrsteilnehmer durch ein Lichtzeichen (rotes Blinklicht oder ein rotes Ruhelicht nach einer Gelblichtphase - s. Abbildung 11.6). Die Zeit vom Einschalten der Bahnübergangssicherung, bei Lichtzeichen der Gelbphase, bis zur Ankunft des schnellsten Eisenbahnfahrzeugs am Bahnübergang muss mindestens der Annäherungszeit t_a entsprechen. Diese ermöglicht es dem Straßenverkehrsteilnehmer durch Wahrnehmung des Einschaltens der Lichtzeichen entweder noch vor dem Bahnübergang anzuhalten oder diesen noch ungefährdet zu räumen. Der korrekte Betrieb der Sicherungsanlage kann dem Führer des Schienenfahrzeuges beispielsweise durch ein Überwachungssignal angezeigt werden (weitere Überwachungsarten werden im Abschnitt 11.3.7 behandelt).

Bei einem Bahnübergang mit Lichtzeichen wird gefordert, dass die Annäherungszeit t_a mindestens 20 s sein muss (auf jeden Fall größer als die Räumfahrzeit, s. Abschnitt 11.2.2) und höchstens 90 s beträgt (KoRil815).

Die genaue Berechnung der Einschaltstrecke erfolgt dann entweder mit

$$s_e = t_a \cdot v_e \qquad (11.8)$$

oder mit

$$s_e = s_{br} + (t_{tf} + t_g) \cdot v_e \qquad (11.9)$$

Dadurch s_{br} der für die Strecke angenommene Bremsweg des Eisenbahnfahrzeugs mit maximaler Geschwindigkeit v_e und mit Zwangsbremsverzögerung a_e :

$$s_{br} = \frac{v_e^2}{2a_e} \qquad (11.10)$$

t_{tf} die konstante Sichtzeit des Triebfahrzeugführers auf das Überwachungssignal von ca. 7 s (in dieser Zeit muss er das Signal erkannt haben) und t_g die Gelbzeit.

Der größere Wert ist maßgebend. Die Entfernung zwischen Einschaltpunkt und Überwachungssignal ergibt sich aus: $(t_{tf} + t_g)v_e$.

Der Anstoß zur Sicherung des Bahnübergangs muss so frühzeitig erfolgen, dass das Eisenbahnfahrzeug vom Bahnübergang die Rückmeldung der ordnungsgemäßen Sicherung mit Beginn der Rotphase vor Erreichen des Bremseinsatzpunktes erhält.

11.3.6 Bahnübergang mit Lichtzeichen und Halbschranke

Die andere, sehr häufig genutzte Sicherungsart der Bahnübergänge ist die Ergänzung der Lichtzeichen mit zwei Halbschranken (s. Abbildung 11.8). Die Anbringung der Halbschranken ermöglicht es zwar einerseits den Straßenfahrzeugen den Gefahrraum zu verlassen, anderseits verbleibt ein Gefahrenpotenzial durch bewusstes Umfahren von Halbschranken durch Straßenverkehrsteilnehmer. Bei Lichtzeichen mit Halbschranken darf die Annäherungszeit höchstens 240 s betragen.

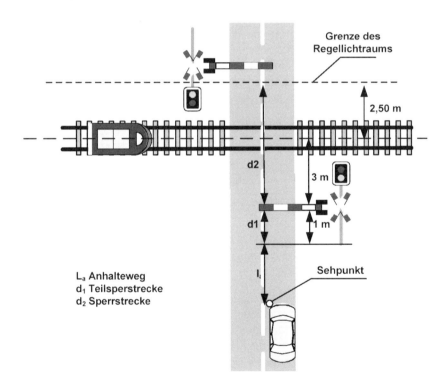

Abb. 11.8. Bahnübergang mit Lichtzeichen und Halbschranke

Bei Bahnübergangssicherungsanlagen mit Halbschranken verlängert sich die Einschaltzeit (s. Abbildung 11.6) um die Vorleuchtzeit t_l und die Schrankenschließzeit t_s.

Die Vorleuchtzeit t_l ist die Zeit vom Einschalten der Straßensignale bis zum Beginn des Schließens der Halbschranken. Sie besteht nicht nur aus der Gelb-Zeit, sondern aus der Zeit von Gelb und Rot bis zum Beginn des Schrankenschließens. Bei zug- und signalgesteuerten Lichtzeichenanlagen mit Halbschranken ist die Vorleuchtzeit im Einzelfall in Abhängigkeit von der Räumgeschwindigkeit für Straßenfahrzeuge zu ermitteln und soll mindestens 12 s betragen. Nach Abbildung 11.8 ergibt sich die Vorleuchtzeit aus

$$t_l = (l_a + d_1 + l_{St})/v_{St}, \tag{11.11}$$

wobei d_1 der Teilsperrstrecke (Andreaskreuz bis Halbschranke) entspricht.

Die Schrankenschließzeit t_s ist in Abhängigkeit von der Schrankenbaumlänge anzusetzen. Bei Schrankenbaumlängen von der Länge bis 6 m beträgt diese t_s = 6 s und bei größeren Längen t_s = 10 s.

Darüber hinaus muss, um sicherzustellen dass der Triebfahrzeugführer nicht noch kurz vor Annäherung an den Bahnübergang offene Schranken sieht, die so gennannte Restzeit berücksichtigt werden. Für die Halbschranken beträgt die Restzeit 8 s, d. h. vor dem rechnerischen Eintreffen des schnellsten Eisenbahnfahrzeugs am Bahnübergang müssen die Schranken bereits mindestens 8 s geschlossen sein.

Unabhängig von der gewählten Überwachungsart soll für die Annäherungszeit t_a gelten:

$$t_a \geq t_l + t_s + t_w \tag{11.12}$$

Abschließend muss noch einschränkend ergänzt werden, dass die Gleichung für die Einschaltstrecke

$$s_e = t_a \cdot v_e \tag{11.13}$$

nur bei eingleisigen Strecken mit zuggesteuerten Halbschranken und immer bei Blinklicht- bzw. Lichtzeichenanlagen gilt. Bei zwei- und mehrgleisigen Strecken kann sich nach Ausschaltung der Bahnübergangssicherungsanlage ein weiterer Zug dem Bahnübergang nähern und eine Einschaltung erzwingen. Erlöschen die Lichtzeichen bevor die Schrankenbäume ihre obere Endlage erreicht haben, passieren die Fahrzeuge bereits den Bahnübergang. Kommt nun ein zweiter Zug, müssen die Schranken erst vollständig geöffnet werden, bevor sie nach einer Verzögerung (1-10 s) wieder schließen. Erlöschen die Lichtzeichen erst wenn die Schrankenbäume ihre obere Endlage erreicht haben, können die Schranken auch während des Öffnens sofort wieder schließen (reversieren), da die Lichtzeichen noch immer „Halt" gebieten und kein Fahrzeug oder Fußgänger in den Gefahrenraum gelangt ist. Ist ein Reversieren nicht möglich, muss die Annäherungszeit zur Berechnung der Einschaltstrecke noch durch die sogenannte Vorlaufzeit t_v ergänzt werden. Die Vorlaufzeit setzt sich aus der Zeit für das Öffnen der Schrankenbäume (5-10 s) $t_ö$ und der genannten Zeitverzögerung (1-10 s) t_z zusammen. Unter der Berücksichtigung, dass Reversieren ausgeschlossen wird, setzt sich die Annäherungsstrecke einer mehrgleisigen Bahnübergangssicherungsanlage wie folgt zusammen:

$$s_a = v_e \cdot (t_a + t_ö + t_z) \tag{11.14}$$

Annäherungsstrecken und -zeiten dürfen jedoch auch nicht zu lang sein, um die Sperrzeiten kurz zu halten und die Geduld und das Vertrauen der Straßenverkehrsteilnehmer am Bahnübergang nicht zu überstrapazieren.

11.3.7 Konventionelle Überwachungsstrukturen der Bahnübergangssicherungsanlagen

Um die Wahrscheinlichkeit von Unfällen zwischen Straßen- und Schienenfahrzeugen durch Versagen der Bahnübergangssicherung zu minimieren, werden die Bahnübergänge „gedeckt". Neben einer Überwachung durch einen Bahnübergangsbediener bei manuell gesicherten Bahnübergängen werden technische Überwachungsstrukturen zur Fehleroffenbarung bei automatischen Anlagen eingesetzt. Die erforderlichen Prüfvorgänge laufen dabei automatisch ab und werden über eine Fernüberwachung, ein spezielles Überwachungssignal oder ein deckendes Hauptsignal offenbart. Daraufhin werden entsprechende Reaktionen des Eisenbahnfahrzeugführers (z. B. Zwangsbremsung) bzw. Fahrdienstleiters erzwungen und der Entstörungsdienst kann verständigt werden. Man muss unterscheiden zwischen Fehlern, bei welchen die Anlage im Allgemeinen durch redundante Bauteile ordnungsgemäß weiter betrieben werden kann und Störungen, bei welchen die Anlagen nur noch eingeschränkt oder gar nicht mehr zur Sicherung verfügbar ist (HAHN 2006).

Die Überwachung bzw. Deckung besteht bei verschiedenen Eisenbahnunternehmen aus folgenden Möglichkeiten und deren Kombination:

- ÜS (Überwachung durch Beachtung des Überwachungssignals) – Bahnübergangssicherungsanlagen, die ausschließlich mit der Überwachungsart ÜS arbeiten, haben keine Schnittstellen zum Stellwerk, d. h. sie sind dezentral im Netz angeordnet und arbeiten autark. Die Einschaltung der Bahnübergangssicherungsanlage erfolgt hierbei zugbewirkt durch Überfahren gleisseitiger Sensoren (sog. Einschaltpunkt). Hinter dem Einschaltpunkt, bzw. im Bremswegabstand vor dem Bahnübergang liegende Überwachungssignale zeigen dem Eisenbahnfahrzeugführer den aktuellen Sicherungszustand des Bahnübergangs an (vergl. Abbildung 11.9). Die Verant-

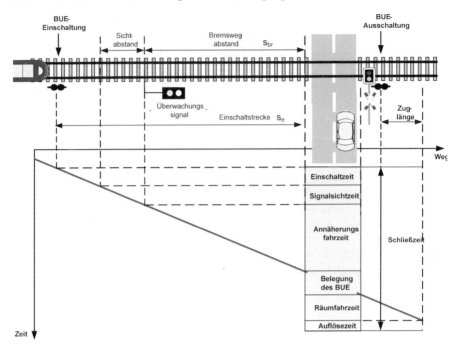

Abb. 11.9. Zeiten und Wege der Überwachungsart ÜS

wortung für das sichere Passieren des Bahnübergangs, d. h. das Wahrnehmen der eigentlichen Überwachungsfunktion, liegt in diesem Fall beim Eisenbahnfahrzeugführer. Offenbart sich diesem die Fehlfunktion der Bahnübergangssicherungsanlage, so kann er den Zug noch vor dem Bahnübergang zum Stehen bringen. Nachteil dieser Überwachungsart sind lange Vorlaufzeiten. Besonders deutlich werden die Nachteile dieser Art der Überwachung eines Bahnübergangs bei Strecken auf denen ein Mischbetrieb von langsam fahrenden Güterzügen und schneller verkehrenden Personenzügen stattfindet. Im Planungsstadium wird die Einschaltstrecke s_e für den schnellsten Zug ermittelt. Dies hat jedoch zur Folge, dass sich die Schließzeiten eines Bahnübergangs für die langsam fahrenden Güterzüge teilweise extrem erhöhen. Hier zeigt sich das Optimierungspotenzial alternativer Überwachungsarten, welches in Abschnitt 11.4.2 aufgezeigt wird.

• Hp (Überwachung durch Beachtung des Hauptsignals) – Das Einschalten des Bahnübergangs erfolgt durch das Stellwerk im Rahmen der Stellung einer Fahrstraße. Durch eine technische Abhängigkeit zur Stellwerksanlage wird sichergestellt, dass das entsprechende Hauptsignal nur dann eine Fahrtfreigabe erteilen kann, wenn der Bahnübergang störungsfrei gesichert, d. h. die Schranken geschlossen sind (sog. Signalabhängigkeit, vergl. Kap. 9). Sind die Anlagen mit einem Vollschrankenabschluss ausgestattet, ist die Freimeldung des zwischen den Schranken liegenden Gefahrenraums (z. B. realisiert durch direkte Einsicht eines Beobachters, Videobilder beim Fahrdienstleiter, bzw. radargestützte Überwachungssysteme) ein weiteres Kriterium, welches vor der Fahrtstellung des Signals erfüllt sein muss. Kann der Bahnübergang auf Grund einer Störung nicht gesichert werden, wird die Fahrtstellung des Signals durch das Wirken der technischen Abhängigkeit verhindert. Aufgrund dieser Signalabhängigkeit schließt diese Art von Bahnübergangssicherungsanlagen menschliches Versagen bei der Sicherung von Bahnübergängen weitgehend aus. Die Möglichkeiten, Fehler zu begehen, beschränken sich auf Abweichungen vom Regelbetrieb und Störungen. Die Verantwortung für das sichere Passieren des Bahnübergangs liegt beim Eisenbahnfahrzeugführer. Er erhält über das Vor- bzw. Hauptsignal (z. B. Ausfahrsignal eines Bahnhofs oder eines Blocksignals) die Information über den aktuellen Sicherungszustand des Bahnübergangs und muss die Vorgaben des Haupt-, bzw. Vorsignals beachten und entsprechend handeln. Durch punktförmig wirkende Zugbeeinflussungssysteme (vergl. Kap. 7) kann die Einhaltung der zulässigen Fahrweise durch den Eisenbahnfahrzeugführer überwacht und, falls notwendig, eine Zwangsbremsung ausgelöst werden. Um das Ziel eines reibungslosen Zugverkehrs zu gewährleisten, muss der Bahnübergang so rechtzeitig eingeschaltet werden, dass er den gesicherten Zustand erreicht, bevor der Zug den Sichtpunkt auf das Vorsignal passiert. Hieraus ist ersichtlich, dass diese Art der Bahnübergangsüberwachung aus Sicht des Straßenverkehrs problematisch ist, da dieses Überwachungsprinzip erhebliche Schließzeiten bedingt, welche zu einer teilweise erheblichen Staubildungen auf der Straße führen können.

Abbildung 11.10 zeigt mit der Ausfahrt aus einem Bahnhof einen beispielhaften Anwendungsfall.

• FÜ (Fernüberwachung) – Die Einschaltung des Bahnübergangs erfolgt in der Regel zugbewirkt. Anders als bei den zuvor genannten Überwachungsarten Hp und ÜS existieren bei dieser Sicherungsart keine Signale, über welche die erfolgreiche Sicherung des Bahnübergang dem Eisenbahnfahrzeugführer angezeigt und somit durch diesen überwacht werden kann. Im Störungsfall wird die ausbleibende Sicherung des Bahnübergangs dem Eisenbahnfahrzeugführer nicht offenbart, was eine entsprechend hohe Sicherheit gegen Funktionsversagen, d. h. eine signaltechnisch sichere Einschaltung, erfordert. Die Überwachung der ordnungsgemäßen Anlagenfunktion erfolgt durch den Fahrdienstleiter im nächstgelegenen Stellwerk (daher der Name Fernüberwachung). Im Gegensatz zur Überwachungsart Hp existiert jedoch keine technische Abhängigkeit zur Stellwerksanlage: Der Fahrdienstleiter muss sich vor der Signalstellung von der Störungsfreiheit der Bahnübergangssicherungsanlage überzeugen. Er darf eine Zugfahrt in einen Zugfolgeabschnitt nicht zulassen, wenn ihm bekannt ist, dass eine Bahnübergangssicherungsanlage mit Fernüberwachung, die sich in diesem

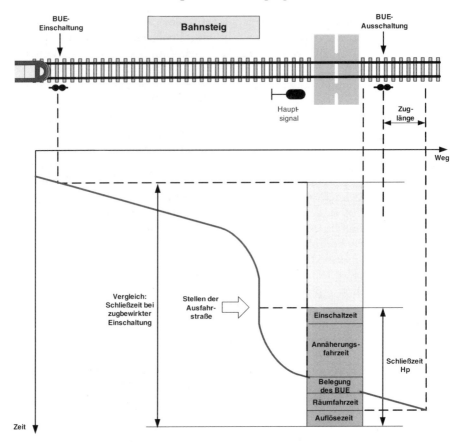

Abb. 11.10. Zeiten und Wege der Überwachungsart Hp

Zugfolgeabschnitt befindet, gestört ist. Sobald ihm der Ausfall einer fern-
überwachten Bahnübergangsicherungsanlage dem Fahrdienstleiter offen-
bar wird, muss dieser reagieren und die entsprechenden betrieblichen Maßnahmen ergreifen (d. h. den Eisenbahnfahrzeugführer über Zugfunk (vgl.
Kap. 3) informieren). Der Vorteil dieser Überwachungsart ist die Möglichkeit, die Schließzeit des Bahnübergangs zu optimieren. Da die Einschalt-
punkte relativ dicht am Bahnübergang liegen, verkürzt sich die Vorlaufzeit
wesentlich. Darüber hinaus können im Vergleich zur Überwachungsart ÜS
die Überwachungssignale entlang der Strecke entfallen.

Die Wahl der Überwachungsart wird von drei Faktoren geprägt: Sicherheit,
Flüssigkeit der Abwicklung des Verkehrs auf der Schiene und auf der Straße
sowie die Kosten für die Erstellung und den Unterhalt des Bahnübergangs.
Aus der Sicht der Sicherheit können alle Überwachungsarten als gleichrangig

bewertet werden (REICHE 2001). Bei einem Bahnübergang können die verschiedenen Überwachungsarten prinzipiell miteinander kombiniert werden. Ist der Bahnübergang beispielsweise in einer Fahrrichtung mit der Überwachungsart Hp eingerichtet, kann der er für die in Gegenrichtung verkehrenden Züge z. B. mit der Überwachungsart FÜ (Fernüberwachung) eingerichtet sein. Die Entscheidung hierfür ist abhängig von den jeweiligen örtlichen und betrieblichen Verhältnissen und kann für betreffende Bahnübergangssicherungsanlagen anwendungsspezifisch konfiguriert werden. Es ist hierbei jedoch zu beachten, dass eine Kombination verschiedener Überwachungsarten zu teilweise markant unterschiedlichen Sperrzeiten (je nach Fahrtrichtung auf der Schiene) führt. Dies ist unter Umständen Auslöser für verkehrswidriges Verhalten der Straßenverkehrsteilnehmer, so dass bei der Planung eines Bahnübergangs Wert auf eine fahrtrichtungsunabhängige Wartezeit für Straßenverkehrsteilnehmer geachtet werden sollte.

11.4 Entwicklung der Bahnübergangstechnik

11.4.1 Historische Entwicklung der technologischen Implementierung

Bereits frühzeitig hat man durch die Sicherung von Bahnübergängen versucht, den Straßen-, bzw. den Eisenbahnverkehr gegen Unfälle an Bahnübergängen zu schützen. Die verschiedenen Sicherungsfunktionen sind technologieinvariant und wurden im Verlaufe der historischen Entwicklung der Bahnübergangssicherungstechnik auf unterschiedliche Art und Weise technologisch implementiert, was im folgenden Abschnitt beispielhaft aufgezeigt wird.

Menschlich realisierte Bahnübergangssicherung

Die *Bedienung der Bahnübergangssicherungsanlagen* erfolgte zunächst unmittelbar am Gleis durch Betätigung von Handschranken (ausgeführt als Schiebe-, Dreh-, bzw. Rollschranken). Diese Art des Schrankenabschlusses stellte sich jedoch aus mehreren Gründen als nicht optimal heraus. Ihre Bedienung erforderte zum einen einen teilweise erheblichen Kraftaufwand durch den Bediener. Zum anderen waren die Arbeitsbedingungen des Schrankenpostens gekennzeichnet durch einen mangelnden Schutz vor widrigen Witterungsbedingungen, bzw. musste der Wärter zur Bedienung beider Schranken eines Bahnübergangs stets die Gleise überschreiten (andernfalls müsste auf der anderen Seite des Gleises ein zweiter Wärter vorhanden sein). Die Handschranken wurden daher bald durch miteinander gekuppelte Schlagbaumschranken abgelöst, so dass die Schrankenbedienung von einer Gleisseite aus möglich wurde. Das Problem des erhöhten Kraftaufwandes zur Bedienung einer gekuppelten Schlagbaumschranke wurde konstruktiv durch eine mit einem Zahnradvorgelege ausgerüsteten Windentrommel gelöst. Diese Art der Schlagbaumschranken wurde weiter entwickelt, so dass eine Fernbedienung möglich wurde. Durch Drahtseilzüge konnte die Bedienung in eine Wärterbude, bzw. ein benachbartes Stellwerksgebäude verlegt werden. Die Stellentfernung zur Übertragung der Antriebskraft zum Schließen und Öffnen der Schranken konnte auf diese Weise auf eine Entfernung von bis zu 100 m ausgedehnt werden. Eine weitere Ausdehnung der Entfernung war zum einen auf Grund der mechanischen Widerstände entlang der Drahtzugleitung begrenzt. Zum anderen konnte der Abstand zwischen Bedienungsstelle und Bahnübergang nicht beliebig ausgedehnt werden, da der Schrankenwärter nach wie vor den Bahnübergang übersehen musste, um ein Einschließen von Straßenverkehrsteilnehmern zwischen den Schrankenbäumen zu vermeiden (GERSTENBERG 1922).

Auf der freien Strecke stellte sich die Frage nach dem *Zeitpunkt des Schrankenschließens*. Der Schrankenwärter orientierte sich hinsichtlich des Zeitpunktes, zu dem er die Schranken schließen musste, zunächst ausschließlich am Streckenfahrplan. Die Nachteile dieses Verfahrens zeigen sich jedoch deutlich bei einer Abweichung vom fahrplangemäßen Betrieb. Es ergaben sich hieraus Bestrebungen, auf technischem Wege eine Verbindung zwischen Schrankenposten und den benachbarten Betriebsstellen herzustellen. Läutewerke stellten eine erste Möglichkeit dar, von einer Station Warnungssignale auf die Strecke zu geben. Über ein Läutewerk (Das Läutewerk wird von Gewichten angetrieben. Nach Erregung eines Elektromagneten durch Betätigung eines Läuteinduktors auf der benachbarten Betriebsstelle wird die mechanische Arretierung des Läutewerks aufgehoben und es ertönt eine vorbestimmte Anzahl von Glockenschlägen. Läutewerke konnten mindestens 25 mal auslösen, ehe sie wieder aufgezogen werden mussten) kündigte der jeweilige Fahrdienstleiter dem Schrankenwärter die Abfahrt der Züge an und forderte den Schrankenwärter auf, sich zum rechtzeitigen Bedienen der Schranken vorzubereiten. Damit den Schrankenwärtern die Fahrtrichtung des zu erwartenden Zuges erkennbar wird, wurden für eine der beiden Fahrtrichtungen die Läutewerke zweimal hintereinander ausgelöst, so dass dann zeimal die bestimmte Anzahl von Glockenschlägen ertönte. In den 1950er Jahren wurden die Läutesignale durch das Mithören der inzwischen fernmündlich über die Fernsprech-Streckenverbindung gegebenen Zugmeldungen ersetzt (GERSTENBERG 1922).

Relaisbasierte Bahnübergangssicherungstechnik

Die Relaistechnik verbesserte die technischen Möglichkeiten zur *Herstellung technischer Abhängigkeiten*. Mit Aufkommen der Relaisstellwerke, bzw. relaisbasierten Blockanlagen (vergl. Kap. 9) wurde die Einbeziehung der Bahnübergangssicherung in die Fahrstraßensicherung benachbarter Stellwerke oder der Fahrwegsicherung durch Blockanlagen möglich (Überwachungsart Hp, vergl. Abschnitt 11.3.7). Darüber hinaus war es durch eine Weiterentwicklung der Sensorik möglich, die Annäherung eines Zuges technisch festzustellen und die Bahnübergangssicherung selbsttätig zu veranlassen (Überwachungsart ÜS, vergl. Abschnitt 11.3.7). Es konnten auch Anlagen mit Fernüberwachung realisiert werden, deren aktuelle Zustandsinformationen auf dem Stelltisch des Fahrdienstleiters angezeigt und durch diesen vor Fahrtstellung eines Signals überwacht wurden.

Elektronische Bahnübergangssicherungstechnik

Durch Aufkommen der Rechnertechnik wurden die Funktionen der Bahnübergangssicherung auf Basis dieser neuen gerätetechnischen Funktionsträger realisiert. Wurde zunächst nur das bereits mit relaisbasierten Bahnübergangssicherungsanlagen realisierte Funktionsspektrum implementiert, so wurden in den letzten Jahren verstärkt Potenziale aufgezeigt, neue Zwecke umzusetzen, die durch die neuen technischen Mittel möglich sind.

Elektronische Bahnübergangssicherungsanlagen ermöglichen die Erreichung verbesserter Sicherheitsziele durch eine höhere Verfügbarkeit, bzw. die Realisierung bislang ungelöster Sicherungsaufgaben wie beispielsweise der Gefahrenraumfreimeldung. Darüber hinaus ermöglichen elektronische Bahnübergangssicherungsanlagen neue Überwachungsstrukturen, welche die Zentralisierung der Betriebsführung fördern, bzw. neue Sicherungskonzepte, welche eine wirtschaftliche Sicherung von Bahnübergängen auf bisher in dieser Hinsicht nicht gesicherten Nebenstrecken erlauben.

Diese Potenziale der zukünftigen Entwicklung der Bahnübergangssicherungsanlagen sollen im folgenden Abschnitt 11.4.2 vorgestellt werden.

11.4.2 Zukünftige Entwicklungen in der Bahnübergangssicherungstechnik

Fortschreitende Verbesserung der Sicherheit

Die wirkungsvollste Methode, die aus der Begegnung der unterschiedlichen Verkehrsträger Straße und Schiene resultierenden Gefahren zu vermeiden, besteht in der konsequenten Vermeidung höhengleicher Kreuzungen. §2 des Eisenbahnkreuzungsgesetzes (EKrG 1971) bestimmt hierzu:

„Neue Kreuzungen von Eisenbahnen und Straßen, die nach der Beschaffenheit ihrer Fahrbahn geeignet und dazu bestimmt sind, einen

allgemeinen Kraftfahrzeugverkehr aufzunehmen sind als Überführung herzustellen."

Bei bereits bestehenden Bahnübergängen sind die Beteiligten (z.B. Eisenbahninfrastrukturunternehmen, Straßenbaulastträger) gemäß §3 des Eisenbahnkreuzungsgesetzes dazu verpflichtet, die Sicherung von Bahnübergängen zu verbessern, wenn und soweit es die Sicherheit oder die Abwicklung des Verkehrs unter Berücksichtigung der übersehbaren Verkehrsentwicklung erfordert. Dies kann unter anderem durch die Schaffung höhenfreier Kreuzungen, eine bauliche Anpassungen der Verkehrswegeinfrastruktur (z.B. Anpassung des Straßenquerschnitts), bzw. die erstmalige technische Sicherung bislang nicht technisch gesicherten Bahnübergängen geschehen.

Um mit den zur Verfügung stehenden (in der Regel knappen) Investitionsmitteln einen möglichst großen Sicherheitsgewinn zu erreichen, wird in der Regel eine Kostenreduzierung bei der Investition in Bahnübergangssicherungsanlagen angestrebt. Dies ermöglicht es, mit gegebenem Investitionsvolumen weitere Bahnübergangssicherungsanlagen an bislang nicht technisch gesicherten Bahnübergängen zu installieren und somit die Zahl der Unfälle und Verletzten an Bahnübergängen zu verringern. Dies bedingt folgende Entwicklungstendenzen:

- Es wird eine *hohe Anpassungsfähigkeit* der technischen Systeme zur Bahnübergangssicherung gefordert, um den Aufwand zur anwender- und anwendungsspezifischen Konfiguration zu minimieren. Dies wird im Allgemeinen durch eine große Anzahl an Konfigurationsparametern begünstigt.

- Es wird verstärkt die *Nutzung von Industriestandards* gefordert. Durch die Nutzung von speicherprogrammierbaren Steuerungen, können die Aufwände für die Rechnerhardware reduziert, bzw. die Projektierung von Bahnübergangssicherungsanlagen wesentlich vereinfacht werden.

- *Neue Realisierungskonzepte* (z.B. Clusterbildung von Bahnübergangssicherungsanlagen) bieten aus Kostengesichtspunkten ein Optimierungspotenzial, da kostenintensive Komponenten (Stromversorgung, Sensorik, Signale) durch mehrere benachbarte Bahnübergangssicherungsanlagen gemeinsam genutzt werden können.

Zentralisierung der Betriebsführung – neue Überwachungsstrukturen

In der Vergangenheit war die Betriebsführung der Eisenbahn geprägt von einer dezentralen Struktur. Seit einiger Zeit kann bei den Betreibern ein tiefgreifender Umstrukturierungsprozess beobachtet werden, der durch Rationalisierungseffekte eine aus Kostengesichtspunkten effizientere Gestaltung des

Eisenbahnbetriebs zum Ziel hat. Dieser Prozess geht einher mit der Umstellung von einer dezentralen zu einer zentralen Betriebsführung (beispielhaft gekennzeichnet durch das Betriebszentralenkonzept der DB AG), wobei die dezentrale Anordnung der Sicherungstechnik in weiten Teilen erhalten bleibt. Diese Zentralisierung der Betriebsführung hat für die Bahnübergangssicherung folgende Konsequenzen:

- *Höhere Konzentration zu bedienender Elemente*: Aus der Zentralisierung der Betriebsführung ergeben sich speziell aus der bisher vom Fahrdienstleiter übernommenen Überwachungsfunktion von Bahnübergängen der Überwachungsart FÜ (Fernüberwachung) Probleme. Durch die Zentralisierung muss nun eine große Zahl von Bahnübergangssicherungsanlagen mangels technischer Abhängigkeiten in der Zentrale durch den Fahrdienstleiter überwacht werden. Diese zunehmende Konzentration von Elementen führt dazu, dass die kognitive Belastung des Fahrdienstleiters in der Betriebsabwicklung zunimmt. Es ist zu vermeiden, dass die Belastung des Bedienpersonals dessen psychische Leistungsfähigkeit übersteigt.

- *Größere Entfernung zum bedienten Element*: Durch die stark vorangetriebene Bedienungskonzentration ist der Fahrdienstleiter immer weiter vom Bahnübergang entfernt. Der Eingriff in die Betriebsführung bei nicht verfügbarer Bahnübergangssicherung ist aus der Ferne schwieriger und führt bei massiver Konzentration von Bahnübergangssicherungsanlagen innerhalb eines Überwachungsbereichs zu schwer lösbaren Situationen, die eine hohe Konzentration des Bedieners erfordern.

Die genannten Probleme machen deutlich, dass vor dem Hintergrund einer fortschreitenden Zentralisierung der Betriebsführung neue Konzepte der Bahnübergangssicherung gefragt sind, die auf eine Reduzierung der Anzahl der durch den Fahrdienstleiter überwachten Bahnübergangssicherungsanlagen zielt. Hierfür gäbe es auf Basis bestehender Konzepte folgende Realisierungmöglichkeiten:

- Verlagerung der Überwachung der Bahnübergangssicherungsanlagen auf den Eisenbahnfahrzeugführer durch Überführung fernüberwachter Bahnübergänge in die Überwachungsart Hp: Dies wäre bei einer Zentralisierung der Betriebsführung prinzipiell möglich, da die vorhandene technische Schnittstelle zum Stellwerk örtlich unabhängig davon funktioniert, ob das Stellwerk örtlich besetzt ist oder ferngesteuert wird. Aufgrund der Teilweise extrem langen Sperrzeiten sollten Hp-Anlagen jedoch nur dort zum Einsatz kommen, wo die Situation keine andere Lösung zulässt.

- Verlagerung der Überwachung der Bahnübergangssicherungsanlagen auf den Eisenbahnfahrzeugführer durch Umwandlung fernüberwachter Anlagen in Bahnübergangssicherungsanlagen der Überwachungsart ÜS. Diese prinzipielle Lösung ist jedoch aus zweierlei Hinsicht zu verwerfen. Zunächst würden sich die Sperrzeiten im Vergleich zur hinsichtlich der Sperrzeit optimalen FÜ-Anlage verlängern, da der Eisenbahnfahrzeugführer bereits im Sichtpunkt des Überwachungssignals die erfolgreiche Bahnübergangssicherung wahrnehmen muss. Des Weiteren würden sich die Überwachungssignale häufen, deren Wegfall bei der Einführung der FÜ-Technik als großer Vorteil galt.

Vor dem Hintergrund der zuvor skizzierten Problematik sind neue Konzepte in der Bahnübergangssicherung gefragt. Es wurden hierzu vom Forschungs- und Technologiezentrum der DB AG (FTZ) zwei Verfahren spezifiziert, welche die Vorteile der Fernüberwachung (kurze Sperrzeiten) mit den Vorteilen der Verfahren ÜS, bzw. Hp verbindet. Dies führte zu den Überwachungskonzepten ÜS$_{OE}$ (Überwachungssignal mit optimierter Einschaltung), bzw. HP$_{OE}$ (Hauptsignalabhängigkeit mit optimierter Einschaltung) welche die positiv zu bewertende technische Abhängigkeit heutiger Hp-Anlagen mit den extrem kurzen Sperrzeiten von FÜ-Anlagen kombiniert. Beide Verfahren bringen für den Schienen- und Straßenverkehr gleichermaßen deutliche Verbesserungen und lassen sich vor dem Hintergrund des Übergangs zu einer zunehmend zentralisierten Betriebsführung verwenden.

- ÜS$_{OE}$ (Überwachungsart mit optimierter Einschaltung) – Die Nachteile der Überwachungsart ÜS (im Vergleich zur Fernüberwachung längere Schließzeit) führten zur Spezifikation der Überwachungsart ÜS$_{OE}$. Der Einschaltpunkt des Bahnübergangs ist hierbei dichter vor den Bahnübergang verschoben worden, was direkt eine Verringerung der Schießzeit des Bahnübergangs zur Folge hat. Da sich in diesem Fall der Einschaltpunkt hinter dem Überwachungssignal befindet, kann dieses dem Eisenbahnfahrzeugführer keine Aussage über die erfolgreiche Sicherung geben, sondern bietet lediglich eine Aussage über die Verfügbarkeit der Bahnübergangssicherungsanlage. Um die Sicherheit am Bahnübergang trotzdem zu gewährleisten, setzt dies eine entsprechende Sicherheit gegen Funktionsversagen voraus.

- HP$_{OE}$ (Hauptsignalabhängigkeit mit optimierter Einschaltung) – Diese Überwachungsart stellt in gewisser Hinsicht eine Kombination der Vorteile der Fernüberwachung (optimale Lage des Einschaltzeitpunktes und damit minimierte Sperrzeit des Bahnübergangs) mit denen der Überwachungsart Hp (Überwachung des Ordnungszustandes der Bahnübergangssicherungsanlage in gleis- und fahrtrichtungsbezogen angeordneten Hauptsignalen und nicht durch einen Bediener) dar. Die Überwachung der Bahnübergangssicherungstechnik im elektronischen Stellwerk (und nicht durch den Fahrdienstleiter) ist für die Einrichtung von Betriebszentralen von Bedeutung, da bei zunehmender Konzentration von Bedienelementen in Betriebszentralen der Fahrdienstleiter entlastet und somit die Sicherheit

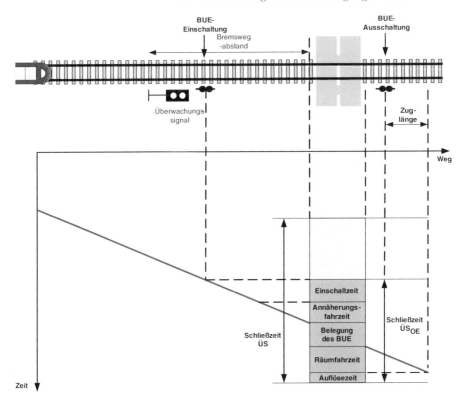

Abb. 11.11. Zeiten und Wege der Überwachungsart ÜS$_{\text{OE}}$

erhöht werden kann. Vor der Vorbeifahrt eines Zuges am letzten vor dem Bahnübergang liegenden Hauptsignal wird die technische Verfügbarkeit der Bahnübergangssicherungsanlage geprüft. Die Einschaltung der Bahnübergangssicherungsanlage erfolgt durch eine hinter dem Hauptsignal liegende Einschaltsensorik (POLZ und BERGLEHNER 2000) (HENNING und SCHÜRMANS 2000).

Betriebsführung auf Nebenstrecken – Clusteranordnung von Bahnübergangssicherungsanlagen

Die Hälfte der Bahnübergänge der DB AG sind technisch nicht gesichert. Diese Bahnübergänge befinden sich auf Nebenbahnen mit schwachem oder mäßigem Verkehr. Gerade auf diesen Strecken ist eine starke Konzentration von Bahnübergängen mit oftmals sehr geringen Abständen zwischen ihnen typisch. An vielen dieser nicht technisch gesicherten Bahnübergänge sind Langsamfahrstellen und Pfeiftafeln eingerichtet. Diese Bahnübergänge verringern die Reisegeschwindigkeit der Züge teilweise erheblich. Die Pfeifsignale stören die Umwelt.

Die Clusteranordnung von Bahnübergangssicherungsanlagen stellt ein wirtschaftlich attraktives Konzept für die Verbesserung der Sicherheit auf Nebenstrecken dar. Mehrere benachbarte Bahnübergangssicherungsanlagen werden hierbei in einer Gruppe (Cluster) zusammengefasst. Bezüglich Einschaltung und Überwachung wird diese Gruppe von außen als eine einzelne Bahnübergangssicherungsanlage behandelt.

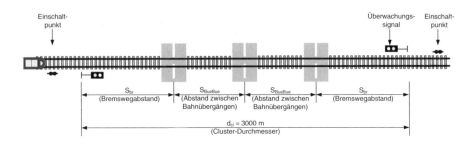

Abb. 11.12. Charakteristische Wege der Überwachungsart ÜS_{OE}

Der interne Cluster-Aufbau orientiert sich mehr oder weniger stark an dem Master-Slave-Modell. Dabei wird eine günstig gelegene oder vorhandene Bahnübergangssicherungsanlage als Master definiert, welche die Steuerung der anderen Bahnübergangssicherungsanlagen (Slaves) zentral übernimmt. Diese Slaves können technisch einfacher und kostengünstiger aufgebaut werden, da kostenintensive Komponenten wie Energieversorgung, Einschaltsensoren und Überwachungselemente in der Clusteranordnung gemeinsam genutzt werden können.

Die Cluster werden grundsätzlich pro Fahrtrichtung von nur einer Einschaltstelle aus angesteuert. Die einzelnen Bahnübergänge des Clusters können mit einer Einschaltverzögerung projektiert werden, so dass eine Verkürzung der Sperrzeit der einzelnen Bahnübergangssicherungsanlagen erreicht werden kann. Die Überwachung des Ordnungszustandes des gesamten Clusters erfolgt durch ein Überwachungssignal (ÜS) je Gleis und Fahrtrichtung. Sie kann zwecks weiterer Optimierung der Schließzeiten auch nach dem Überwachungsprinzip ÜS_{OE} (Überwachungssignal mit optimierter Einschaltung) eingerichtet sein (POLZ und BERGLEHNER 2000). Nach dem Befahren werden alle Bahnübergänge des Clusters durch eine eigene Sensorik ausgeschaltet (HENNING und SCHÜRMANS 2000).

Netzmanagement im Straßenverkehr

Das Management der Verkehrsströme in den Straßenverkehrsnetzen der Städte und Regionen ist vielen Zielen verpflichtet, die im Rahmen der existierenden Verkehrswegeinfrastrukturen und des aus der Siedlungsstruktur resultierenden Verkehrsaufkommens in Abwägung vieler z. T. gegenläufiger Interessen verfolgt werden. Daraus resultiert ein komplexes Geflecht von dynamischen Zusammenhängen der Zielverfolgung von Verkehrsteilnehmern sowie der Verantwortung für die Kapazitäten von Abschnitten und Knoten des Verkehrsnetzes. Die Verhaltensdynamik lässt sich mit physikalischen Analogien beschreiben und auf Grund von Erhebungen und Modellen simulieren sowie prognostizieren. Die nicht immer vorhersehbare Wirkung zwischen örtlicher, zeitlicher und zentraler Einflussnahme und dezentraler Reaktion sowie die Qualität der Verkehrslageerfassung und -übermittlung im Straßenverkehr bergen jedoch gewisse Unschärfen.

Die Steuerung von Verkehrsströmen ist umso wirksamer, je präziser die Verkehrsflüsse erfasst werden können und je gezielter sie nach darauf fußender Kenntnis der Verkehrsentwicklung beeinflusst werden können. Für die Steuerung mit Einrichtungen zum Verkehrsmanagement – unabhängig ob sie verkehrswegeseitig oder fahrzeugseitig installiert werden – sind Standardisierungsbestrebungen und wirtschaftliche Aspekte vor allem für Märkte in kontinentalen Maßstäben entscheidend.

In den folgenden Abschnitten wird zuerst eine – primär fahrwegbezogene – funktionale Strukturierung des Verkehrsmanagements im Straßenverkehr vorgestellt, indem insbesondere die Verhaltensdynamik des Personenindividualverkehrs als Hauptakteur berücksichtigt wird. Darin ist sowohl die Dynamik des öffentlichen Personenverkehrs mit Bussen und Taxen als auch des Güterverkehrs enthalten. Die individuellen Fahrzeugbewegungen im Öffentlichen Personennahverkehr selbst werden von eigenen Leitsystemen organisiert, gleiches gilt für den Güterverkehr. Dies wird im Kapitel Flottenmanagement separat behandelt (Kap. 14). Hier geht es insgesamt um das Management des aus der Summe der Fahrzeugbewegungen resultierenden Verkehrsaufkommens. Die Integration bzw. Kooperation bzw. Migration der verschiedenen Leitsysteme muss daher mit als Teilaufgabe des Netzmanagements einbezogen werden. Die Abstimmung des Managements modal unterschiedlicher Verkehrssysteme wird eigens im Kapitel Modal-Split-Management (Kap. 15) behandelt, berührt jedoch auch schon die Zielsetzung einer Kooperation der Verkehrsmoden.

12.1 Aufgabenstellung

Mobilität resultiert aus der Situation, dass der gegenwärtige Aufenthaltsort als Verkehrsquelle von Verkehrsobjekten, d. h. Personen und Gütern, nicht mit deren intendiertem Verkehrsziel im Sinne der gesellschaftlichen Mobilitätsbedürfnisse wie vorwiegend Wohnen, Arbeiten (Erwerbstätigkeit), Ausbildung und Beschaffung (Einkaufen) räumlich und zeitlich übereinstimmt. Dieser Bedürfnisausgleich wird durch Verkehr, d. h. organisiertem Transport von Verkehrsobjekten durch Bewegung von Verkehrsmitteln auf dem Verkehrswegenetz realisiert.

Die grundsätzliche Struktur eines Verkehrsnetzes besteht aus den Netzknoten zur räumlichen Verteilung der Verkehrsströme und den Netzkanten mit gewisser Kapazität zur Verbindung von Netzknoten sowie zur Speicherung der Verkehrsmittel im Sinne von Abstellanlagen, z. B. Parkhäusern oder auch Parkstreifen.

Das Wegenetz des Straßenverkehrs wird von räumlich verschiedenen und hinsichtlich der Wertigkeit unterschiedlichen Institutionen verwaltet, die z. T. auch die Verkehrsorganisation wahrnehmen, welche hier als Netzmanagement im Straßenverkehr bezeichnet wird (vgl. Tabelle 12.1).

Tabelle 12.1. Vereinfachte Gliederung der Straßenverkehrsnetze und zuständige Institutionen

Netzart	Straßenart	Verantwortlicher und zuständiger Baulastträger
Fernverkehrsnetz	Bundesautobahn Fernverkehrsstraßen	Bund
Regionalnetz	Fernverkehrsstraßen	Bund, Zweckverbände
Urbane Netze	inter- und intrastädtische Straßennetze	Länder und Kommunen

Aus der Mobilitätszielsetzung kommt dem Netzmanagement grundsätzlich die Aufgabe zu, die Qualität der Verkehrsmittelströme im Netz auf einem akzeptablen Niveau zu halten. Die Qualität selbst hat verschiedene Merkmale und Ausprägungen, die entsprechend der Rollenverteilung des Verkehrsmanagements, d. h. aus gesetzlichem Auftrag und jeweiliger Interessenlage mehr oder weniger stark kollidieren, z. B. aus individueller bzw. kollektiver Verantwortung, volks- oder betriebswirtschaftlicher Zielsetzung, oder Gewichtung unterschiedlicher Merkmale wie Verkehrssicherheit, Verkehrsflüssigkeit oder Reisezeit. Die einzelnen Zielkategorien verdeutlicht Tabelle 12.2.

Tabelle 12.2. Zielkategorien, Kriterien, Interessenten und Betroffene des Netzmanagements

Ziel	Kriterium	Verantwortlicher (Interessent)	Betroffener (Nachfrager)
Gewährleistung der Verkehrssicherheit	Verkehrssicherheit (Risiko)	Staat, Gesellschaft	Verkehrsobjekt, Verkehrsmittelnutzer, Infrastrukturbetreiber
Optimaler wirtschaftlicher Nutzen und minimale Reisezeit, Schnelligkeit	Optimale Wegekosten, Parkraumkosten, geringe Planungszeit, optimale, geringe Reisezeit, Stauverweildauer, (Verkehrsflüssigkeit), Parksuchverweildauer	Infrastrukturbetreiber, (Wege-, Parkraumbewirtschafter) Verkehrsmittelhersteller und -betreiber, Logistiker, Flottenmanager	Absatzmarkt für Endgeräte und Dienste, Verkehrsmittelnutzer, Verkehrsobjekt
Attraktivität und Zugänglichkeit von Örtlichkeiten sowie Kooperation, Integration und Migration	Netzteilung, Zielerreichbarkeit, Parksuchverkehrsanteil, Park&Ride, Umsteigebeziehung	Verkehrsmittelbetreiber Infrastrukturbetreiber, Logistiker, Wirtschaftsgutanbieter, Veranstalter (Messen, Großereignisse)	Kunde, Verkehrsmittelnutzer, Logistikobjekte, Logistiker, Gesellschaft
Auslastungsverteilung und Umweltschonung	Lastausgleich, Straßenschäden, Emissionen (Schadstoffe, Lärm, Staub)	Politik, Staat, Gesellschaft (Anrainer), Baulastträger, Verkehrsmittelhersteller und -organisatoren	Verkehrsmittelnutzer

Grundsätzlich kollidieren diametrale Zielsetzungen, nämlich soziale, ethische und kommerzielle. Zu den sozialen gehören die Vorhaltung einer Verkehrsinfrastruktur als Daseinsvorsorge und zu den ethischen die Einhaltung einer Mindestverkehrssicherheit – überspitzt formuliert wird Verkehr geduldet. Zum kommerziellen Interesse gehört die Maximierung des Kosten-Nutzen-Verhältnisses.

Dass diese beiden Interessenslagen über geeignete Geschäftsmodellkonzepte vereinbar sind, ist (noch) nicht Stand der Technik und ist je nach Kulturkreis bzw. Rollenverständnis verschieden entwickelt. Erst eine unternehmerische Interpretation der Verantwortung insbesondere staatlicher Institutionen kann hier Änderungen bewirken, was sich insbesondere im Verständnis des Netzmanagements auswirkt (vgl. Abschnitt 12.3.1 und 12.4). Das unterschiedliche Rollenverständnis ist auch Ursache für die heterogene Funktionsstrukturierung des Verkehrsmanagements und insbesondere der technischen Verortung auf Verkehrswegen oder in Verkehrsmitteln und ihrer organisatorischen Zuständigkeit, was stark von wirtschaftlichen Interessen geleitet wird, welche wiederum unterschiedliche Funktions- und damit Leistungsausprägungen bedingen.

12.2 Verhaltensdynamik auf Straßennetzen

12.2.1 Physikalische Analogien

Zum Verständnis des Verkehrsflussverhaltens in Netzen wurden in der Vergangenheit viele Modelle und Beschreibungen entwickelt. Dabei bediente man sich diverser Analogien zu anderen Netzsystemen, insbesondere physikalischer und technischer Natur. Topologisch nahe liegend sind Netzstrukturen elektrischer Systeme z. B. Widerstandsnetzwerke oder elektrische Energieversorgungsnetze sowie Transportsysteme strömender Medien z. B. Flüssigkeiten in hydraulischen Netzwerken oder Gastransportsysteme. Auch die Analogien zur Wellenausbreitung insbesondere elektromagnetischer Felder eignet sich gut zur Erklärung von Phänomenen des Straßenverkehrs (CREMER 1979).

Besondere Aufmerksamkeit fanden Modelle der statistischen Gasphysik, die in Folge der Laserphysik auf die Synergetik von (HAKEN 1987) aufsetzen und von (SCHRECKENBERG et al. 1996) und (HELBING 1997), (HELBING und NAGEL 2003) sowie (KERNER 2004) weiterentwickelt wurden. Zahlreiche Phänomene des Straßenverkehrs wurden mit diesen Ansätzen modelliert. Andere Modelle abstrakter Natur werden ebenfalls vorgeschlagen, z. B. Telekommunikations- und Rechnernetze oder Warteschlangennetze oder stochastische Petrinetze (GERMAN 2000).

Die physikalischen Analogien berücksichtigen jedoch nicht die Individualität der Transportobjekte, die infolge der dort nicht beachteten Entscheidungsfähigkeit der Verkehrsmittelführer nur unvollkommen modelliert werden kann.

12.2.2 Nichtlineare Systemdynamik

Das Verhalten auf den Netzen des Straßenverkehrs ergibt sich in der Art eines dynamischen Gleichgewichts in komplexer Weise. Einerseits resultiert es aus den lokalen Anteilen der Straßenverkehrsflüsse in den einzelnen Elementen der Netztopologie, d. h. den Knoten bzw. Kreuzungen und den Kanten bzw. Streckenabschnitten. Zum Beispiel bestimmt das Durchlassverhalten von Knoten bereits den Zu- und Abfluss der umgebenden Streckenabschnitte. Hierin offenbart sich das dynamische Prozessverhalten aus Sicht der Verkehrswegeinfrastruktur (vgl. Kap. 6 und Kap. 8). Die dort möglichen Steuerungseingriffe fungieren als lokale Stellglieder. Sie beeinflussen bereits das Netzverhalten in komplexer Weise in der Art einer mehrfach verkoppelten Mehrgrößenregelstrecke.

Je nach bautechnischer Gestaltung und Steuerungsverfahren der Verkehrswege haben die Kanten und Knoten im Verkehrswegenetz unterschiedliche Durchlassfähigkeiten, die auch als Verkehrswiderstände bezeichnet werden; ergänzt werden sie durch speichernde Kapazitätseigenschaften insbesondere für Wege und Knoten als Senken. Ihre Eigenschaften verändern sich nichtlinear mit den Verkehrsstärken (vgl. Abschnitt 6.3). Aktuelle und unvorhersehbare Einflüsse wie (Wander-)Baustellen, Unterhaltungsarbeiten und Unfälle verändern deren Durchlass, darüber hinaus im Sinne von deterministischen bzw. stochastischen Störungen (BRILON et al. 2005). Abbildung 12.1 zeigt in schematischer Weise das Wirkungsgefüge der Funktionen in der Zuordnung zu den Konstituenten des Straßenverkehrs.

Andererseits resultiert das Verhalten nach erfolgter Modalentscheidung im Netz des Straßenverkehrs aus der Intention des Transports eines Objektes. Die Einheit von Verkehrsgut und -mittel hat als Ziel die individuelle Erfüllung der Transportaufgabe in der geplanten Quelle-Ziel-Relation unter zeitlichen Restriktionen, z. B. absolute Abfahrts- oder Ankunftszeitpunkte oder relative Transportdauer. In der Summe ergibt sich daraus der originäre Verkehrsstrom.

Grundsätzlich bestehen in Netzstrukturen beliebige Mobilitätsquellen und Senken, die tageszeit-, wochentags- und jahresbezogen weitgehend konstante periodische Verhaltensmuster zeigen (vgl. Abb. 8.6), die jedoch von äußeren und inneren wie auch determinierten Anteilen und stochastischen Störungen überlagert werden, die z. B. von Fahrtzwecken, Baustellen, Großereignissen oder Unfällen verursacht werden. Diese dispositiven Ziele sind entweder determiniert mit kurz-, mittel- und langfristigen periodischen Anteilen (z. B. Pendlerverkehr) oder singulär geplant (Tourenplanung oder Großveranstal-

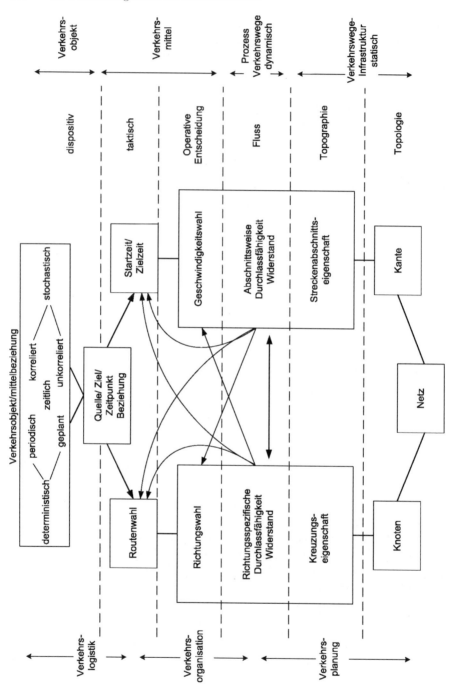

Abb. 12.1. Schematische Darstellung des Wirkungsgefüges im Netzmanagement des Straßenverkehrs

tungen) oder ereignen sich stochastisch mit in der Überlagerung korrelierten Anteilen (z. B. Wetter- oder Unfallbedingt) oder auch völlig unkorreliert (z. B. Unabhängigkeit verschiedener Ereignisse).

12.2.3 Kopplungsstrukturen zwischen Verkehrsmittel und Verkehrswegenetz

Aus den verkehrszeit- bzw. verkehrsmittel- und verkehrswegebezogenen Quelle-Ziel-Zeit-Relationen ergeben sich für die Verkehrsflüsse einerseits richtungsspezifische Alternativen und folglich Entscheidungen der Richtungsauswahl an Knoten und andererseits streckenspezifische Spielräume der Geschwindigkeitswahl. In beiden Fällen müssen die örtlichen Gegebenheiten der Verkehrswegeinfrastruktur sowie die dortigen Verkehrsverhältnisse berücksichtigt werden, woraus eine weitere wechselseitige Kopplung resultiert (vgl. Abb. 12.1).

Diese drei Kopplungen, erstens auf der physikalischen Ebene des lokalen Prozessverhaltens von Strecken und Kreuzungen, zweitens auf der operativen Entscheidungsebene der Richtungs- und Geschwindigkeitswahl sowie drittens auf der taktischen Entscheidungsebene von Routen und zeitlichen Randbedingungen führen zu einem hoch komplexen Systemverhalten mit teilweise chaotischer Dynamik, das nur schwer beschreibbar und modellierbar ist und in seinem detaillierten Verhalten noch nicht vollständig verstanden ist. Nach wie vor ist daher das Verhalten in Verkehrsnetzen Gegenstand der wissenschaftlichen Forschung und zahlreicher Forschungsprogramme und wird auf entsprechenden Konferenzen diskutiert. Für das Verständnis des komplexen Verkehrsverhaltens werden immer wieder bessere Ansätze gesucht, welche die aktuellen wissenschaftlichen Paradigmen nutzen, z. B. Selbstorganisation, Chaostheorie, Evolutionstheorie, Agentensysteme, Spieltheorie usw.

12.2.4 Simulationsmodelle des Netzverhaltens

Das Verkehrsnetzverhalten kann mathematisch formuliert werden, wenn die physikalischen Analogien bemüht werden und entsprechende Kenngrößen des Verkehrs gefunden werden (vgl. Kap. 6). Netzverhaltensmodelle sind grundsätzlich analytischer oder simulativer Natur. Wegen der beschriebenen Komplexität infolge zahlreicher Wechselwirkungen, insbesondere wegen der Selbstbestimmung in der Routen- und Geschwindigkeitswahl, haben sich analytische Modelle nur auf der Ebene von Abschnitts- und Kreuzungsverhalten bewährt. Sie bilden die elementare Basis für aus diesen Elementen aufgebaute Simulationsmodelle, welche entsprechend dem modellierten Realsystem, d. h. einem städtischen oder regionalen Verkehrssystem, konfiguriert und parametriert werden müssen. Eine höhere Aggregation zu analytischen Modellen ist infolge der regionalen Spezifika sowie der statistischen Effekte nicht mehr effektiv.

Abbildung 12.2 zeigt die zur Konfiguration einer Simulation notwendigen Informationen.

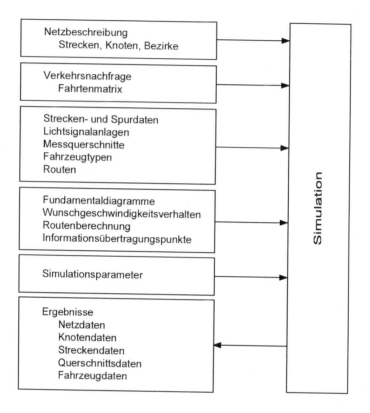

Abb. 12.2. Parameter für Ein- und Ausgabedateien für das Simulationssystem DYNEMO, nach (STAUSS 2001)

Die initialen Verhaltensinformationen werden entweder durch Erhebungen menschlicher Befragungen oder durch technische Messeinrichtungen gewonnen (vgl. Abschnitt 12.3.6). Insbesondere die Quelle-Ziel-Zeit-Relationen werden derzeit menschlich erfasst (WERMUTH und NEEF 2003), obwohl mit heutigen Einrichtungen der Maut-, Mobiltelefonie-, Mobilortungs-, Navigations- oder Flottenmanagementsysteme diese Informationen zentral und dezentral, historisch und aktuell verfügbar sind, jedoch aus datenschutzrechtlichen Gründen ihre weitere Nutzung nur unter strengen Auflagen ermöglicht ist.

Je mehr Informationen über das Verkehrsgeschehen vorliegen, desto genauer kann die Simulation werden. Leider ist die Qualität der Simulationsergebnisse trotz hochentwickelter Simulationstechniken noch nicht valide genug. Das liegt zum einen an der geschätzten Wahrscheinlichkeit der Richtungswahl im Zusammenhang mit dem Befolgungsgrad bei Routenempfehlungen und zum anderen an der nur bedingt zutreffenden Modellierung der Kapazität von Verkehrswegeinfrastrukturen, die erst in jüngerer Zeit um nichtlineare dynamische und stochastische Effekte bereichert wurde. So wurden beispielsweise allein bei der Simulation des Folgeverhaltens auf einer Einspurstrecke Abweichungen von zehn Prozent nicht unterschritten (BROCKFELD 2004) Erst eine flächendeckende Erhebung der momentanen Verkehrsflüsse durch Infrastruktureinrichtungen wie z. B. in den Niederlanden (vgl. 12.5.3) oder durch Floating-Car-Data-Systeme (HASPEL und NÖTH 2007) ermöglichen zeitnah begleitende Simulationen höherer Qualitäten, deren Präzision mit wachsendem Zeithorizont jedoch abnimmt.

Für die Verkehrsprognose werden Verkehrssimulationsmodelle verwendet, die z. T. unter Nutzung aktueller Verkehrsdaten die kurz- und mittelfristige Verkehrsentwicklung in kurzer Zeit berechnen können In Nordrhein-Westfalen wird z. B. das von (NAGEL und SCHRECKENBERG 1992) entwickelte Modell der Verkehrssimulation mit Zellularautomaten (vgl. Abschnitt 6.2.4) zur Vorhersage des Autobahnverkehrs innerhalb des Bundeslandes genutzt. Mit Hilfe von ca. 4000 Zählschleifen auf 2250 km wird das Verkehrsmodell im Minutentakt mit Informationen über den aktuellen Verkehrszustand versorgt (MAZUR et al. 2005). Im Internet sind der aktuelle Verkehrszustand sowie Prognosen für die Straßenauslastung in 30 und 60 Minuten verfügbar (AutobahnNRW 2007).

Abbildung 12.3 zeigt die Kombination von verschiedenen Informations- und Verhaltensmodellen in zeitlicher und räumlicher Einordnung.

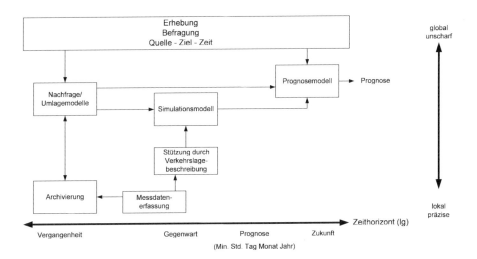

Abb. 12.3. Kombination von verschiedenen Informations- und Verhaltensmodellen in zeitlicher und räumlicher Einordnung zur Verkehrsprognose

12.2.5 Stationäre Dynamik

Der Verkehr entwickelt sich langjährig stetig und zeigt annähernd konstanten Zuwachs. Dies geht aus den verkehrlichen Kennzahlen, z. B. der Verkehrsleistung hervor (RADKE 2006/2007). Dieses an sich bekannte Phänomen kann als stationäre Dynamik gedeutet werden und wird im Folgenden erläutert. Dieser Begriff beinhaltet auch eine systemtheoretische Erklärung neben vielen anderen Erklärungsmustern. Gemessen an den vielen Versuchen, die Dynamik des Straßenverkehrs zugunsten anderer Verkehrsmoden zu schwächen (THOMAS 1996), ist die inhärente stationäre Dynamik des Straßenverkehrs nahezu invariant. Diese Thematik wird zwar im Kapitel 15 Modal-Split-Management weiter behandelt, soll aber bereits hier schon im Hinblick auf das intramodale Management angesprochen werden.

Die grundsätzliche Problematik zur Erklärung der stationären Verkehrsdynamik setzt bei dem Verständnis von Verkehr als dynamischem System an, dem eine Eigengesetzlichkeit innewohnt, die von äußeren Umfeldern, z. B. Rechtsrahmen, Politik, Wirtschaft, abhängt (vgl. Abschnitt 2.4.1). Der fundamentale Ansatz aus der Systemtheorie ist die Interpretation der Systemgrenze und der Wirkung der äußeren Umstände, nämlich ob es sich beim Verkehr um ein Regelsystem mit äußeren Sollwertvorgaben handelt oder ob es gar keine direkten Sollwerte gibt und sich infolge äußerer Umstände, d. h. konkret begrenzter Ressourcen und interner Systemeigenschaften bzw. -funktionen, z. B. Kosten- und Leistungsoptimierung, eine stationäre Balance einstellt (vgl. (MÜLLER 1998)).

Eine äußere Sollwertvorgabe für Verkehrsleistungen ist nicht erkennbar, da sich Verkehr im Umfeld von Wirtschaft und Gesellschaft nach Regeln von rechtsstaatlicher Demokratie und Marktwirtschaft entwickelt. Diese geben starre bzw. adaptive Grenzwerte vor, die bei dynamischen Systemen inhärenter Eigengesetzlichkeit wirtschaftlicher Optimierung immer vollständig ausgenutzt werden.

Die Erklärung für das herrschende Verkehrswachstum kann leicht aus der Definition der Transportleistung und ihrer Angabe in Fahrzeugkilometer pro Zeitraum hergeleitet werden. Sie ergibt sich als Produkt aus der Menge der vorhandenen Fahrzeuge N, der mittleren Geschwindigkeit je Fahrt $\bar{v}$ und dem relativen Mobilitätsbudget für Kraftfahrzeuge, d. h. der durchschnittlichen Fahrzeugnutzungsdauer pro Tag:

$$P = N \cdot \bar{v} \cdot \tau_{KFZ} \qquad (12.1)$$

Mit einem stetigen Wachstum der Fahrzeuganzahl N in Folge zunehmender Fahrzeugbesitzermenge sowie der mittleren Geschwindigkeit $\bar{v}$ steigt die Transportleistung, wie leicht aus den Statistiken nachvollziehbar ist (RADKE 2006/2007). Die mittlere Geschwindigkeit $\bar{v}$ steigt – hauptsächlich in Folge leistungsfähigerer Antriebe, besseren Verkehrsmanagements durch Flottenmanagement, Navigationssysteme, effizientere Verkehrswegenutzung, gestiegene Verkehrssicherheit usw. (BRAESS und SEIFFERT 2005). Die Verkehrsleistung stellt sich daraus nach wirtschaftlichen Aspekten im Sinne optimaler bzw. akzeptabler Kosten-Nutzen-Verhältnisse ein. Radikal gesprochen ist ein optimales Kosten-Nutzen-Verhältnis erst am Rande der kritischen Verkehrsdichte erreicht. Dies gilt soweit, wie mit wachsender Verkehrsleistung der Nutzen noch stärker steigt als die Kosten (BOBINGER 2006). Diese einfache Betrachtung bestätigt die bekannte Vermutung, dass ein leistungsfähigeres Verkehrsmanagement wie auch eine erhöhte Straßenkapazität und Verkehrssicherheit mehr Verkehr nach sich zieht (HEINZE 1979, GOODWIN 1995).

Eine Abkehr von der stationären Dynamik ist erst dann gegeben, wenn sich entweder direkt infolge der äußeren Randbedingungen die Zahl der Fahrzeuge, die mittlere Geschwindigkeit oder Nutzungsdauer verringert oder wenn diese indirekt verändert werden, weil regelnde Mechanismen eingreifen, um Leistungswerte unterhalb bestehender Grenzen im Sinne anderer Optimalitätskriterien anzustreben. Ein Beispiel der Bewegungsregelung, welche bei zeitoptimaler Fahrweise den erlaubten Bewegungsraum voll ausnutzt, hingegen bei energieoptimaler Fahrweise noch freien Spielraum lässt.

Hierfür ist es interessant, ob bzw. welche Regelungsmechanismen vorhanden sind und wie sie im Sinne übergeordneter Ziele – und nicht auf daraus reduktionistisch destillierte Grenzen – reagieren. Aus diesem Ansatz resultiert eine andere Art von Regelung, nämlich eine stabile Dynamik, welche vom Optimierungsziel und Optimierungsansatz, z. B. im Sinne eines optimalen Kosten-Nutzen-Verhältnisses ausgeht (vgl. Abschn. 12.4).

12.3 Steuerungs- und Regelungskonzepte

12.3.1 Paradigmen des Netzmanagements

Die klassische Netzsteuerung beruht auf der traditionellen rechtlichen Verantwortung für die Verkehrswege beim Staat und seinen nachgeordneten Institutionen und betont die gesetzlichen Auflagen und Aspekte der Verkehrssicherheit und Verkehrssicherung, insbesondere aus Sicht der staatlich vorgehaltenen Verkehrswegeinfrastruktur. Die organisatorische Ausgestaltung ermöglicht darüber hinaus auch das Netzmanagement, welches z. T. von eigens dafür geschaffenen Einrichtungen – auch juristischer Konstruktion – wahrgenommen wird. Organisatorisch komplexe Zuständigkeiten behindern jedoch noch vielfach den Ausbau und die Effizienz des Verkehrsmanagements mit Bezug zur Infrastruktur.

Vor allem werden die aktive Verkehrsteilhabe und überlagernd damit auch die Verkehrsflusssteuerung im Rahmen der örtlichen Spielräume von jedem Verkehrsmittelführer unmittelbar autonom und aktiv ausgeübt. Die Verkehrsmittel als Verursacher und partizipative Träger bzw. aktive Gestalter des Verkehrsflusses sind infolge moderner und mobiler Informations- und Kommunikationssysteme zunehmend in der Lage, hochgradig individuell sowohl örtlich als auch zeitlich unmittelbar die Verkehrssituation zu erfassen und eigenständig als Quelle und Senke von Verkehrsflussinformation zu fungieren (vgl. Kap. 4 Sensorik und Kap. 5 Kommunikation) und somit lokal nach globalen Zielen zu entscheiden.

Insofern verlagert sich der Schwerpunkt der Rollenverteilung des Netzmanagements von der infrastrukturseitigen Organisation zur fahrzeugseitigen Wahrnehmung und Ausführung. Die organisatorische Kooperation von Infrastruktur- und fahrzeugseitiger Leittechnik wird daher immer nötiger und möglicher. Die daraus erwachsenden Potenziale können sich hinsichtlich der wirtschaftlichen Effizienz und Effektivität des Verkehrsmanagements sowie der großen Marktvolumina bei Fahrzeugausrüstungen als volkswirtschaftlich attraktiv erweisen. Diese Aspekte werden in Abschnitt 12.4 daher besonders beleuchtet.

12.3.2 Regelungsstrategien

Das Netzmanagement muss hinsichtlich seiner Absichten die Ziele und Zwecke des Verkehrs in seiner Gesamtheit betrachten. Infolge der unterschiedlichen Interessenlagen der am Verkehr Beteiligten und vom Verkehr Betroffenen ist dies eine problematische und komplexe Mehrzieloptimierung, die aus psychologischen und sozialen Gründen nicht rein nach rationalen Kriterien erfolgt und auch erfolgen kann. Insbesondere die gesellschaftliche und daraus abgeleitete politische und schließlich teilweise gesetzlich fixierte Priorisierung der Ziele bestimmt letztendlich das kurz- und langfristige Verkehrsverhalten (vgl. Abschn. 12.2.5). Aus der tabellarischen Auflistung der Ziele des Netzmanagements in Tabelle 12.3 ergeben sich über die Kriterien zu erfassende Messgrößen, einzelne Regelungsstrategien sowie resultierende Maßnahmen zur Verkehrslenkung, -beeinflussung und -führung.

Aus dieser Zusammenstellung ergeben sich in kausaler Folge wenige globale Kriterien für das Verkehrsmanagement, nämlich die (Last-)Flussverteilung einerseits und die Geschwindigkeitsoptimierung andererseits, welche in letzter Konsequenz sowohl wegeseitig als auch fahrzeugseitig umgesetzt werden können. Die einzelnen Ausprägungen in einer dualen Regelung werden in den Abschnitten 12.3.3 und 12.3.4 für die infrastrukturseitige sowie in Abschnitt 12.3.5 für die verkehrsmittelseitige Regelung diskutiert.

In zusammenhängender Weise bietet sich für jeden einzelnen Verkehrsteilnehmer ein überaus großer Variationsraum, in dem abhängig von individuellen

Tabelle 12.3. Ziele und Regelstrategien des Netzmanagements für den Straßenverkehr

Ziel	Kriterien/ Messgröße	Strategie	Einflussmaßnahmen, Stellgröße
Sicherheit	(Beinahe)Unfälle, Dichte, Varianz der Geschwindigkeiten, Überlastung der Fahrbahnbeläge	Harmonisierung der Flusssteuerung, Dichtereduzierung, Harmonisierung u. Optimierung der Geschwindigkeit	Richtungsempfehlungen, Geschwindigkeitsempfehlungen, Regulierung
Wirtschaftlicher Nutzen	Nutzungsentgelte	Routenplanung, Zeit/Wegeminimierung	Routenvorgabe
Attraktivität	Verkehrsstärke, Parkraumauslastung	Stauvermeidung, Flussdrosselung, Verkehrslenkung, -information Routenplanung, -regelung (Park)Raummanagement und -bewirtschaftung, Ticketvorverkauf	Verkehrsinformationen (vor, während), Dichteregulierung, Routenvorgabe, Kosteninformation, Kostenstruktur
Schnelligkeit	Reisezeit, Reisegeschwindigkeit, Durchsatz	Harmonisierung des Verkehrsflusses, Routenplanung, -regelung, Verlustzeitenminimierung, Suchverkehrvermeidung, Ticketvorverkauf	Verkehrsinformation (während der Fahrt) Geschwindigkeitsvorgabe Routenvorgabe Kapazitätsanpassung (Spuranzahl)
Umweltschonung	Emission, Lärm, Gase, Staub, Verbrauch, Kraftstoff, Fläche, Verkehrsdichte	Dichtereduzierung, Drosselung, Ausgleich und Verteilung der Verkehrsströme Routenumlegung, harmonisierte Fahrweise	Geschwindigkeitsvorgabe, Routenvorgabe, Verkehrsinformation, Regulierung, Monetarisierung (z.B. Emissionen)

zweckbezogenen Gütefunktionen eine lokale Optimierung bis in den Fahrtverlauf hinein möglich ist (vgl. Abschnitt 14.3). Insbesondere die wirtschaftliche Ausprägung der Gütefunktion als so genanntes Kostenfunktional kann über die Optimierung den Variationsraum bis in die individuelle Situationsentscheidung ausschöpfen. Diese individuelle lokale Optimierung führt jedoch in der Überlagerung der Verhaltensweisen aller Verkehrsteilnehmer bekannterweise nicht immer zu einem globalen Optimum. Diese Problematik ist auch wissenschaftlicher Gegenstand der Spieltheorie, wo Gewinne und Verluste aus individueller und kollektiver Sicht mathematisch modelliert werden. Die Gewinnverteilung ist letztlich das Ergebnis der Spielregeln. Überträgt man den spieltheoretischen Modellansatz auf den Verkehr, können die Spielregeln zu einer Balance der Interessen z. B. im Sinne ökologisch-wirtschaftlicher Ausgeglichenheit führen.

Problematisch sind dabei folgende Punkte: Zum einen ist der zu verteilende Gewinn die Summe der Beiträge aller Beteiligten (Versicherungsprinzip). Zum anderen werden die Verluste nicht sofort geltend gemacht und verteilt, sondern offenbaren sich erst zukünftig mittel- bis langfristig. Diese Problematik wird unter dem Begriff der Internalisierung externer Effekte antagonistisch diskutiert (DOLL et al. 2002, ABERLE 2002).

Für die ökonomisch-ökologisch-soziale Zielsetzung der Nachhaltigkeit muss die Verkehrsteilhabe angemessen monetär bemessen werden. Mit anderen klaren Worten ist allein nur eine Maut ein angemessenes Instrument des Verkehrsmanagements, wie sie auch in maßgeblichen Studien empfohlen wird (INSTITUT FÜR MOBILITÄTSFORSCHUNG 2006, ACATECH 2006a). Die jeweiligen Mautmechanismen sind dabei der Schlüssel zur Balance individueller und allgemeiner Interessen. Grundsätzlich kann eine Maut nach verkehrswege-, zeit- oder geschwindigkeitsabhängiger Verkehrsteilhabe (oder in einer Kombination) monetär bemessen werden. Systemtheoretisch interessant ist dabei, wie sich die Varianten auf die lokalen Steuerungs- und Regelungskonzepte auswirken: einerseits auf das Individualverhalten und andererseits auf die infrastrukturseitige Netzsteuerung und daraus resultierend auf das Verkehrsverhalten im Netz insgesamt.

Zwei vereinfachte Überlegungen verdeutlichen die Auswirkungen qualitativ. Dabei werden die zwei Parteien Straßeninfrastrukturbetreiber und Verkehrsmittelnutzer spieltheoretisch gegenübergestellt. Bei einer wegeabhängigen Maut werden Kosten und Erlöse nur von der tatsächlich zurückgelegten Weglänge abhängig berechnet. Ein Halt, z. B. infolge von Staus, wird nicht bewertet, obwohl die Straßenverkehrsinfrastruktur beansprucht wird.

Eine Maut, die von der Straßenverweilzeit der Verkehrsmittel abhängig ist, berücksichtigt jedoch auch darüber hinaus ggf. den Verbleib im Stau und liegt damit grundsätzlich über der Wegemaut. Eine Verweilzeit-Maut, die aus Sicht der Infrastruktur die zeitliche Teilhabe des Verkehrsmittels der offenen Verkehrswegeinfrastruktur bemisst, berücksichtigt damit auch die Verkehrsflussdynamik. Kurze zeitliche Teilhabe hat entweder kurze Wege oder hohe Geschwindigkeit zur Folge, diese wiederum geringe Dichten und diese wiederum hohe Sicherheit und Umweltschonung. So wird ein Verbleib im Stau ganz anders bewertet als bei einer Wegemaut. Andererseits beeinflusst eine Zeitmaut auch das infrastrukturseitige Verkehrsmanagement und verlangt eine ganz andere Zielsetzung an die Verkehrsflüssigkeit. Die Nutzungsdauer ist weiterhin herrschendes wirtschaftliches Prinzip. Mit dieser Strategie einher geht auch über die reduzierten Dichten die Reduzierung von Belastungen sowie auch eine höhere Sicherheit, welche wieder eine höhere Verkehrsteilhabe zulässt (ähnlich werde heute bereits Parkräume bewirtschaftet). Erst durch eine derartige Strategie kann die marktwirtschaftliche Nutzung der Verkehrswege-Infrastruktur etabliert werden.

12.3.3 Hierarchische Funktionsstrukturierung der infrastrukturseitigen Netzregelung

Die infrastrukturseitige Netzregelung im Straßenverkehr ist prinzipiell als verteilte Kaskadenregelung strukturiert mit drei unterschiedlichen Abstraktionsebenen (Abb. 12.4).

Auf der prozessualen Ebene der Verkehrsströme im Straßennetz besteht die Möglichkeit zur individuellen Steuerung und Regelung der Durchlassfähigkeit in den jeweiligen einzelnen lokalen Netzelementen, d. h. den *Streckenabschnitten und den Knoten* sowie ihrer Aufnahmefähigkeit für den ruhenden Verkehr (Parkhäuser und Abstellanlagen).

Auf einer übergeordneten Ebene können zusammenhängende Kantenzüge, d. h. *Streckenabschnitte und Fahrzeugströme auf Kreuzungen* insgesamt beeinflusst werden, um neue richtungsspezifische Verkehrsströme gemäß lokaler Quellen-Senken-Beziehungen optimal zu steuern. Ein Schlagwort dieser Steuerungsart ist die sogenannte Grüne Welle (vgl. Kapitel 8).

Die nächste eigentliche Netzebene betrachtet die Verteilung bzw. die Umlegung der intramodalen Verkehrsflüsse auf der gesamten Netztopologie. Hier ist insbesondere global auf lokale Störungen im Netz zu reagieren.

12.3.4 Infrastrukturseitige Steuerungsmaßnahmen und strategien

Auf den lokalen Abschnitten und Kreuzungen kommen die in Kap. 6 und Kap. 8 beschriebenen ortsfest infrastrukturseitigen Verfahren zum Einsatz. Für die Knotensteuerung durch Lichtsignalanlagen gehören dazu die Umlaufzeit bzw. Periodendauer, die richtungsspezifischen Freigabe- und Zwischenzeiten sowie die Phasenanzahl. Auch die Zuflusssteuerung (Ramp Metering)

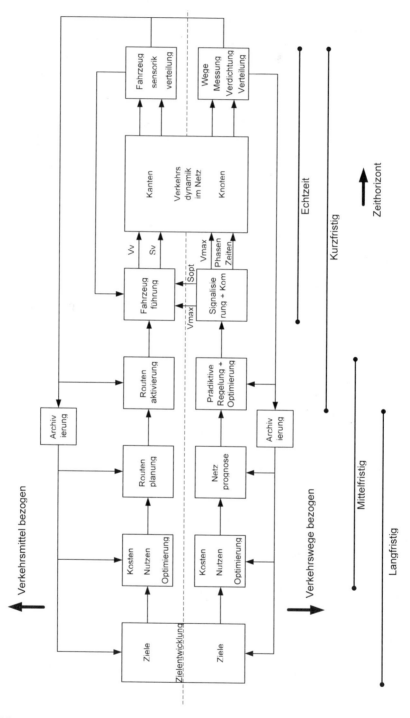

Abb. 12.4. Kaskadenregelungsstruktur des verkehrsmittel- und -infrastruktur-seitigen Managements im Straßenverkehr

zählt zu diesen Maßnahmen (vgl. Abschnitt 6.4.2). Für die Abschnittssteuerung gibt es die Einflussnahmen durch Geschwindigkeitsvorgaben. In der Regel sind hier ortsfest obere Begrenzungen in diskreten Stufen einstellbar.

Daneben gibt es hier zur Kapazitätssteigerung die Möglichkeiten, die Anzahl der Fahrstreifen verkehrsabhängig zu erhöhen, eine z. B. in den Niederlanden übliche Maßnahme, bis hin zur signalisierten Fahrtrichtungsumkehr der Gegenfahrstreifen, was bei Großereignissen praktiziert wird. Für diese Zwecke wird die Infrastruktur mit Wechselverkehrszeichen und dynamischen Informationstafeln auf Schilderbrücken ausgerüstet (vgl. Abschnitt 12.5.3).

Für die Verkehrsflusssteuerung auf zusammenhängenden Kantenzügen im Netz bei Verkehrsflüssen mit gleicher Quelle-Ziel-Beziehung müssen die lokalen Steuerungen verkehrsflussspezifisch koordiniert werden. Topologisch geschieht dies durch Bezug auf die Phasenstruktur und -folge, zeitlich durch den geschwindigkeitsabhängigen zeitlichen Versatz der Freigabezeiten innerhalb synchronisierter Umlaufzeiten, die so genannte „Grüne Welle" (BÖTTCHER 1969).

Mittlerweile haben sich eine Reihe von Steuerungsstrategien etabliert, die in (PAPAGEORGIOU 2004b, FRIEDRICH 2004) beschrieben wurden.

Für Festzeitsteuerungen, die in städtischen Verkehrsnetzen bei Verkehrsstärken unterhalb der Sättigungsgrenze , d. h. der kritischen Verkehrsdichte, eingesetzt werden können, sind die Strategien MAXBAND (LITTLE 1966) und (ROBERTSON 1969) geeignet. MAXBAND berücksichtigt einen zweibahnigen Straßenverlauf mit mehreren nachfolgenden Kreuzungen. Deren Lichtsignalanlagen werden derart korrespondierend gesteuert, um die Fahrzeugzahl einer grünen Welle zu maximieren. Dieser ursprüngliche Ansatz wurde vielfach erweitert, um eine Reihe neuer Aspekte zu berücksichtigen, z. B. verschiedene Bandbreiten für jede Verzweigung (MULTIBAND, s. (STAMATIADIS und GARTNER 1996). Die bekannteste und verbreitetste Strategie zur Lichtsignalsteuerung ist TRANSYT, die als Referenz bzw. Maßstab. gilt. Ihre Vorgehensweise hat iterativen Charakter: Für eine bestimmte Zahl von Steuerungsvariablen, z. b. Umlaufzeit, Grünzeit, Phasenzahl berechnet eine makroskopische Simulation einen Gütewert, z. B. die Zahl von Fahrzeughalten. Mit dem heuristischen Optimierungsalgorithmus „hill climbing" wird die Auswirkung kleiner Änderungen von Steuerungs- und Verkehrszuständen simulativ untersucht, um iterativ ein lokales Optimum zu finden.

Für eine bessere adaptive, d. h. verkehrsabhängige Strategie, die allerdings aufwändige leittechnische Einrichtungen erfordert, eignen sich die folgenden Strategien: Das Leitsystem SCOOT (Split, Cycle and Offset Optimization Technique) (HUNT 1981), dem ein TRANSYT-ähnlicher Ansatz zugrunde liegt, profitiert von Messungen der Verkehrsstärken und -dichte am Anfang einer Netzverbindung. Ziel der Optimierung ist die Minimierung der Wartezeiten und Haltezahl im Netz und damit die Dämpfung von Stauausbreitungen.

In letzter Zeit haben sich mehrere modellbasierte Verkehrsreaktionsstrategien entwickelt, welche nicht mehr einzelne Verzweigungen, Offsets oder Umlaufzeiten berücksichtigen. Auf Basis der Voreinstellungen berechnen sie in Echtzeit die optimalen Schaltzeiten für einige Perioden im Voraus nach dem Prinzip des wandernden Zeithorizonts (rolling horizon). Hier ist das Verfahren BALANCE (Behaviour Adaptive Network Control) zu nennen, welches eine hierarchische Architektur aufweist (FRIEDRICH 2000). Ein konkretes Beispiel für einen auf Messungen gestützten und nach dem Prinzip des vorausschauenden Zeithorizontes ist die adaptive Verkehrssteuerung SPOT (NIITTYMAKI et al. 2002). Hier wird ein Gütefunktional iterativ optimiert, das folgende Anteile, insbesondere beim Kreuzungsverhalten, aufweist, die noch individuell gewichtet werden: Fahrzeugverzugszeiten bei Ankunft, Haltezeiten von Fahrzeugen bei Ankunft, Länge der Warteschlange vor dem Halt, Verzugszeit beim Ausfahren, Verzugszeit, die durch Priorisierung des ÖPNV verursacht wurde, Abweichungen vom Referenzplan der Leitzentrale, Abweichung vom Signalprogramm der vorausgegangenen Iteration. Die zeitliche Vorausschau beträgt wenige Minuten und wird nach wenigen Sekunden aktualisiert. Die Ergebnisse einer Studie in Finnland zeigen zwar annehmbaren Erfolg, offenbaren jedoch auch die konfligierenden Ziele zwischen Individualverkehr und öffentlichem Busverkehr im innerstädtischen Bereich.

Sogenannte start-and-forward bezeichnete Modellierungen eröffnen den Einsatz hocheffizienter Optimierungsansätze und -methoden wie lineare, quadratische und nichtlineare Programmierung. Für die Signalisierung in gesättigten Stadtstraßennetzen hat sich auch eine Regelstrategie mit Fuzzy-Logik in einem Feldversuch bewährt (LANDENFELD 1998). Auch ein Mehrgrößenregelungsansatz kann als Strategie zur Signalsteuerung dienen um die Netzwerkbelastung durch parallele Algorithmen und Rechentechnik zu optimieren. Diese Systeme befinden sich z. T. bereits im langjährigen breiten Einsatz, z. T. noch in Erprobung in Pilotanwendungen oder noch in der Forschung (PAPAGEORGIOU 2004b).

Aktuelle Arbeiten behandeln die sektorale Flussoptimierung in globaler Koordination. Alternativ sind Ansätze sichtbar, den gemessenen Verkehrsfluss selbst als mobilen Träger der Information auf eine intelligente Signal-Infrastruktur lokal wirken zu lassen (WILTSCHKO 2004). Mit sogenannten agentenbasierten Ansätzen oder spieltheoretischen Verfahren können sich möglicherweise auch dezentral interessante Möglichkeiten ergeben.

12.3.5 Verkehrslenkung und individuelle Fahrzeugnavigation

Zur Steuerung der Verkehrsflüsse im Netz haben sich verschiedene Verfahren entwickelt. Dabei muss man zwischen globaler Verkehrsflusslenkung und individueller Routenführung mit Navigation und Zielführung unterscheiden, die unterschiedliche Dynamik von statischen bis zur aktuellen Informationsinhalten aufweisen.

Die Orts-Ziel-Beziehung zwischen festen Bezugspunkten im Straßenverkehrsnetz ist i.d.R. auf verschiedenen Routen erfüllbar. Kriterien sind z. B. kürzeste oder schnellste Strecke. Zu beachten sind bei der kürzesten Routenführung aktuelle Sperrungen z. B. infolge von Baustellen oder Unfällen, bei dem Zeitbedarf darüber hinaus noch der aktuelle Verkehrszustand im Netz, beide abhängig von der eigenen aktuellen Position im Netz.

Als Einrichtungen kollektiver Verkehrslenkung sind statische Wegweiser sowohl im Stadt- als auch im Fernverkehr an festen Orten ins Straßennetz integriert. Diese statischen Wegweiser zeigen für den Fall des ungestörten Verkehrsablaufs den schnellsten Weg zwischen zwei Orten an. Treten Verkehrsstörungen z. B. aufgrund von Unfällen oder Baustellen auf, können Alternativrouten attraktiver werden, da sie ggf. zu einer Fahrzeitverkürzung führen.

Individuelle Navigations- und Zielführungssysteme können entweder mobil in Fahrzeugen installiert oder bei ihren Insassen platziert werden. Sie gelten als attraktiver Markt mit dynamischer Entwicklung (in den Jahren 2005 wurden weltweit 7 Mio., 2006 13 Mio. Navigationsgeräte verkauft und für 2007 wird ein Absatz von 20 Mio. erwartet). Diese Funktionen werden auch von zentralstationären Dienstzentren oder in Leitzentralen wahrgenommen, z. B. für Logistikunternehmen wie Speditionen oder Taxen.

Die Routenplanung kann nun individuell für jede singuläre Quelle-Ziel-Beziehung vorgenommen werden (vgl. Flottenmanagement Kap. 14) oder unter dem Begriff Verkehrslenkung kollektiv für einen Verkehrsfluss mit gleichen Quelle-Ziel-Abschnitten. Dies geht einher mit der Verantwortlichkeit, Zuständigkeit oder Betroffenheit (vgl. Tabelle 12.2). Interessant wird diese Betrachtung unter unternehmerischen Aspekten eines Informationsdiensteanbieters für die Routenplanung, z. B. per Internet einerseits, die eines Kommunikationssystembetreibers andererseits und darüber hinaus auch eines Dienstes zur Beschaffung von Verkehrszustandsinformationen und ihrer Bereitstellung auf Grund ihres Zusammenspiels.

Vor Fahrtantritt (pre-trip) hat der Fahrer die Möglichkeit sich über Radio, Internet, Telefon und Handy über die aktuelle Verkehrssituation zu informieren und davon ausgehend das Verkehrsmittel und ins-besondere bei der Wahl des PKWs auch den Weg zu bestimmen. Unter Berücksichtigung der Verkehrslage wird der Fahrer auch die Abfahrtszeit wählen.

Während der Fahrt (on-trip) besteht für PKW Nutzer die Möglichkeit, sich z. B. über Radio oder Navigationssysteme fortlaufend über den aktuellen Verkehrszustand der geplanten Route zu informieren. Hierfür werden moderne Navigationssysteme mit Empfangseinheiten für den sog. Traffic Message Channel (TMC) ausgerüstet (vergl. Abschnitt 5.3.1 und 12.5.1). Neben den statisch hinterlegten Informationen der Kartendaten, vorhandenen Tankstellen und Hotels, ist es hiermit möglich auch dynamische Angaben in Form von Stau- und Baustelleninformationen ins Navigationssystem zu bringen. Darauf basierend kann gegebenenfalls automatisch während der Fahrt eine neue Route berechnet werden.

Als Informationsgrundlage für die Fahrerinformationen können unterschiedliche Datenquellen genutzt werden. Zum einen ist es möglich, nur die aktuellen Messdaten der Sensoren der Strecke zu nutzen. Es ist aber auch denkbar, zusätzlich historische Werte in die Berechnung mit einzubeziehen oder durch Verkehrsmodelle den zukünftigen Verkehrszustand zu berechnen. Stehen mehrere Routen zum Erreichen eines Ziels zu Verfügung, kann der Navigationsrechner die Auswirkungen unterschiedlicher Routenwahl im Voraus mit Hilfe von Verkehrsmodellen berechnen.

Zur Übermittlung der Fahrerinformationen an die Verkehrsteilnehmer kommen anstatt der statischen Wegweiser entlang der Strecke dynamische Wegweiser zum Einsatz. Dabei kommen unterschiedliche Strategien zum Tragen. So können dem Fahrer zum einen Routeninformationen gegeben werden, zum anderen eine Routenempfehlung ausgesprochen werden.

- Mittels der *Routeninformation* können Informationen wie aktuelle oder erwartete Fahrtzeit entlang der aktuellen Route und einer potenziellen Alternativroute angezeigt werden. Des Weiteren können Angaben über aktuelle verkehrliche Engpässe aufgrund von Unfällen oder Baustellen gemacht werden. Die Entscheidung, welche Route benutzt wird, wird dabei dem Fahrer überlassen.

- Andererseits besteht die Möglichkeit, dem Fahrer mit einer konkreten *Routenempfehlung* direkt die Nutzung einer bestimmten Strecke vorzuschlagen. Hierfür müssen dem Fahrer grundsätzlich keine Informationen über den aktuellen Verkehrszustand vorliegen. Denn Zweck dieser Vorgehensweise ist es eigentlich dem Fahrer die Entscheidung der Routenwahl abzunehmen. Wenn der Fahrer nicht erfährt, warum ihm diese oder die andere Route empfohlen wird, bleibt allerdings vermutlich immer ein Misstrauen übrig, ob die richtige Entscheidung getroffen wurde.

Aus oben genannten Punkten begründet sich ein ergonomisch-psychologisches Forschungsgebiet, welches sich damit auseinandersetzt, wie dem Fahrer welche Informationen zukommen zu lassen sind. Schwierigkeiten ergeben sich hier vor allem dadurch, dass meist nur wenige Informationen übermittelt werden können, die von Fahrern mit stark unterschiedlichen Kenntnissen des Verkehrsnetzes in häufig sehr kurzer Zeit ausgewertet werden müssen.

Das Ziel der Verkehrslenkung kann nach Systemoptimum und Nutzeroptimum unterschieden werden. Um das Systemoptimum zu erreichen, kann es nötig sein, einzelne Verkehrsteilnehmer zu benachteiligen, obwohl das Gesamtsys-

tem davon profitiert. Da jeder Verkehrsteilnehmer für sich das Nutzeroptimum
erreichen möchte und für ein optimiertes Gesamtsystem nicht bereit ist, auf
eigene Vorteile zu verzichten, wird in der Regel versucht, das Nutzeroptimum
des Einzelnen zu berücksichtigen, auch wenn das Gesamtnetz damit nur sub-
optimal genutzt wird.

Die Leistungsfähigkeit verkehrszustandsbezogener integrierender Zielführungssysteme wurde bereits vielfach simulativ untersucht, z. B. (STAUSS 2001). Unterschiedliche Szenarien vergleichen die Verkehrsflussdynamik inklusive um-
weltrelevanter Eigenschaften zuerst ohne Kenntnis der Verkehrslage, danach
mit Kenntnis der Verkehrslage vor Fahrtantritt und schließlich vor und während der Fahrt. Erwartungsgemäß werden die Ergebnisse immer besser infolge
aktueller Informationen vor Ort, wie Tabelle 12.4 zeigt.

Tabelle 12.4. Qualitative Ergebnisse der verkehrlichen Auswirkungen von Verkehrsinformationen nach (STAUSS 2001)

Informationen der Verkehrsteilnehmer	Verkehrliche Auswirkung
KEINE Information	zeitliche und örtliche Überlastung der Infrastruktur (Knoten, Strecken, Netz)
	kaum Reaktion auf zunehmende Verkehrsbelastung
VOR Fahrtantritt	bessere Ausnutzung der vorhandenen (freien) Kapazitäten
	Weniger Verkehrsstaus und damit prinzipiell:
	Reduktion der Belastung für Mensch (Sicherheit, Komfort, Reisezeit) und Umwelt (Schadstoffemissionen)
VOR Fahrtantritt und während der Fahrt	wie oben, sowie:
	Reagieren auf dynamische/zufällige Ereignisse, Abbau von kurzzeitigen Spitzenbelastungen

Die technischen Aspekte des Netzmanagements zur individuellen Verkehrsflusslenkung und zum Flottenmanagement werden durch den Begriff Verkehrstelematik erfasst, vgl. Abschnitt 12.5. Dort ist primär keine staatliche
Daseinsvorsorge verpflichtend und eröffnet daher marktwirtschaftliche Betä-
tigungsfelder.

12.3.6 Verkehrserfassung, -lagebilderstellung und -informationsverteilung

Für nahezu alle Aufgaben des Netzmanagements ist eine direkte Erfassung
des Verkehrszustandes unabdingbar. Dazu werden die unmittelbar prozessual
erfassbaren und verfügbaren Zustände des Verkehrs bzw. der Fahrzeugbewegungen genutzt und auf den unterschiedlichen Ebenen zu weiteren verkehrlichen Kenngrößen verdichtet, was jedoch z. T. gewisse Verzögerungen nach
sich zieht (vgl. Kapitel 4).

Technische Erfassungen werden unmittelbar von fahrwegseitigen Detektoren vorgenommen und geben das lokale Verhaltensprofil statistisch wider. Insbesondere das intendierte Richtungsverhalten ist nur schwer detektierbar, so dass häufig Abbiegewahrscheinlichkeiten geschätzt werden. Zum anderen kann wegen der nur ortsfesten Detektion die Verkehrsentwicklung entlang der Fahrstrecke nur mit steigender Unsicherheit propagiert werden. Ins-gesamt resultieren durch Überlagerung und Nutzung historischer und archivierter Informationen Umlagemodelle, welche die Prognosemodelle stützen. Umlagemodelle werden insbesondere zu langfristigen Planungszwecken verwendet (vgl. Abschnitt 12.2.4).

Aus den Zählschleifen auf Abschnitten bzw. vor Knoten und anderen lokalen installierten Sensorsystemen können örtliche Verkehrsstärken und -dichten gewonnen werden. Aus zeitlichen Folgen kann auch auf weitere nicht determinierbare Ereignisse, z. B. Störungen, Unfälle o. a., geschlossen werden. Abgeleitete Informationen sind z. B. Staulängen oder Fahrtzeiten bis zu wichtigen Zielen. Neben diesen vorwiegend infrastrukturseitig erfassten Verkehrszuständen haben sich dazu z. T. lokal weitere Infrastrukturen hierfür herausgebildet, welche z. T. ursprünglich anderen Zwecken dienten. Beispiele dafür sind die Mobilfunknetze, welche dank der Verfolgung mobiler Teilnehmer in deren Zellenstruktur Verkehrswanderungsbewegungen mit ausreichender Genauigkeit identifizieren (vgl. Abschnitt 5.3.2) (SOMMER 2002, EVERS und ALGER 2004). Andere Beispiele sind menschliche Staumelder, welche authentische Berichte an Rundfunkanstalten per Mobiltelefonie übermitteln, die dort nach Plausibilitätsprüfungen per Rundfunk verbreitet werden (RDS-TMC vgl. Abschnitt 5.3.1).

Aus diesen zentral gesammelten und verdichteten Informationen wird unter Verwendung von modellbasierten und erfahrungsgestützten Schätzverfahren ein aktuelles Verkehrslagebild und eine kurz- bis mittelfristige Vorausschau ermittelt (MEISSNER 1998, FRIEDRICH 2004). Die sektoral relevanten Informationen werden dann wieder zur Nutzung in den dezentraleren Einheiten des Netzmanagements oder zu benachbarten Systemen übermittelt.

12.4 Wirtschaftliche Aspekte

Zur wirtschaftlichen Bedeutung des Netzmanagements müssen gemäß den diesbezüglichen Aspekten (vgl. Abschn. 2.4.4) einige prinzipielle Ausführungen gemacht werden.

Verkehr ist ein zentrales Element jeder Gesellschaft und Volkswirtschaft. Sein effektives Management ist – je nach Interesse – mit vielen Vorteilen, aber durchaus auch Nachteilen verbunden. Beispiele dafür sind wirtschaftliche Prosperität urbaner Räume, jedoch auch volkswirtschaftliche Verluste

durch Staus, Unfälle und Emissionen in kurz- und langfristiger Wirkung, aber
auch durch Erschwernis räumlicher Zugänglichkeit im Fall ländlicher Räume
mit dem ÖPNV.

Im Vergleich globaler Volkswirtschaftsräumen wird Verkehrstelematik zwar
grob aber klar unterschieden (ITS HANNOVER 2005): hinsichtlich der Innovation von Systemen der

- USA: Volks- und betriebswirtschaftlicher Nutzen, Offene Zugänglichkeit
  zu Informationen

- Japan: Technische Machbarkeit und staatliche Innovationsprogramme (In-
  dustriepolitik)

- Europa: Technischer Fortschritt, partikularistische Forschungsförderungs-
  programme, kartell- und datenschutzrechtliche Skepsis

Die Wirkungspotenziale der Verkehrsleittechnik im Vergleich Deutschland und
Japan wurden auch von (SCHMIDT-CLAUSEN 2004) umfangreich untersucht.
Hinsichtlich ähnlicher Zielkategorien und Wirkungsadressaten zeigen seine Ergebnisse in der Abbildung 12.5 Wirkungspotenziale ausgewählter Systeme sowie die Wirkungen von Systemen der Verkehrstelematik in Deutschland und
Japan sowie die Ergebnisse einer gesamtwirtschaftlichen Analyse von Systemen in Japan.

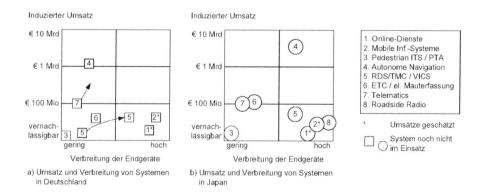

Abb. 12.5. Wirkungspotenzial ausgewählter Systeme der Verkehrstelematik in
Deutschland und Japan nach (SCHMIDT-CLAUSEN 2004)

Europäische Verkehrsnetzmanagementsysteme haben sich bislang nicht etabliert, obwohl seit Jahrzehnten zahlreiche Forschungsförderprogramme auf-
gelegt wurden. Im 6. Europäischen Forschungsrahmenprogramm wurde dazu das Global System for Telematics (GST) oder das Cooperative Vehicle-
Infrastructur System (CVIS) mit einer sehr großen Zahl von Partnern und

großen Finanzvolumen bearbeitet. Zahlreiche Ursachen werden für die bislang ausgebliebenen Innovationen verantwortlich gemacht, wovon zwei hier kurz beschrieben werden.

- *Verkehrsmanagement als globale Infrastruktur*
  Verkehrsmanagementsysteme sind wie Kommunikationsnetze, Energieversorgungsnetze und Verkehrswegenetze globale Infrastrukturen, die einerseits wenige Betreiber betreiben, z. T. in staatlicher Regie und Besitz. Sie wurden über lange Zeiträume entwickelt und betrieben und durch Standardisierung vereinheitlicht, integriert und migriert. Die Nutzer dieser Infrastrukturen sind andererseits so zahlreich, dass sich große und attraktive Märkte für die Herstellung der individuellen Endgeräte entwickelten – jedoch nur bei attraktiven globalen Diensten (BAYER 1994). Zwar sind im Zuge der Globalisierung und Liberalisierung der Märkte die langfristig aufgebauten Infrastrukturen hoher Kapitalbindung ebenfalls aus staatlicher Obhut entlassen, deren langfristige Entwicklung zur Etablierung von vereinheitlichten Standards hat jedoch von großen staatlichen Kartellen bzw. Monopolen profitiert. Eine private Entwicklung von derartigen Infrastruktursystemen ist aus vielen Gründen nur schwer denkbar.

- *Evolution auf Basis von Kooperation und Standards*
  Erst in jüngster Zeit haben sich – allerdings auf der Voraussetzung existierender globaler Telekommunikationsinfrastrukturen bzw. weltweit einheitlicher digitaler Informationsverarbeitungsarchitekturen (Prozessoren, Betriebssysteme und Kommunikationsprotokolle) – auf der Basis kooperativer Vertrauensbildung bzw. Kartelle gewisse Infrastrukturen und Standards evolutionär etabliert, z. B. das Internet; nachdem viele individuelle und separate Angebote im Markt scheiterten bzw. marktbeherrschende Angebote toleriert und akzeptiert werden, z. B. das Betriebssystem Windows. Die Eigengesetzlichkeit derartiger Systementwicklung gehorcht der Evolution der Kooperation (AXELROD 1984).

Ist jedoch schon die Grundlage für das kooperative Zusammenwirken vorhanden, kann sich in emergenter Weise eine neuartige Systemleistung fast exponentiell entwickeln. Für das Verkehrsnetzmanagement bedeutet dies z. B. folgende Voraussetzungen: Technologische Basis einer Telekommunikationsinfrastruktur mit Fest- und Mobilnetz mit

- *Technisch einheitlichen Standards*
  der netzinternen Infrastruktur und der Endgeräte und ihrer technisch-physikalischen Schnittstellen

- *funktional einheitliche Standards mobiler Endgeräte*
  mit Bedienung, Anzeige und Dienstleistungsstruktur z. B. Routen-/Zielführung; Reiseangebote, Reiseplanung, Mobilitätsberatung, Fahrgemein-

schaften, Fahrkartenverkauf, Abrechnung, Zugangserlaubnis, Positionserfassung, Kommunikation, Integration/Kooperation mit anderen Diensten, z. B. Maut usw.

- *informationelle Standards*
  der Austauschformate (z. B. Transaktion), Präsentationskonzepte (Kartenstrukturen) und zur Datensicherheit (Zugangsberechtigung).

Ansätze zu einer kooperativen Informations- und Kommunikationsinfrastruktur im Verkehr erscheinen zwar möglich, Beispiele dafür sind das deutsche Mautsystem für Lastkraftwagen auf Bundesautobahnen und die Entwicklung des Europäischen Satellitenortungssystems GALILEO . Allerdings sind diese Ansätze zentralstaatlich initiiert und werden häufig erst nach einer Anschubphase in den Wettbewerb entlassen.

Staatlich durch die Forschungsförderung initiierte, jedoch partikularistische Ansätze des Verkehrsmanagements (z. B. staufreies Hessen) sind vorwiegend technisch infrastrukturseitig verortet und setzen die optische Informationsübertragung zum menschlichen Fahrzeugführer voraus. Nach der Anschubphase wird bislang noch keine nennenswerte Anzahl von Netzmanagementsystemen weiterbetrieben. Daraus resultiert kein nennenswerter Markt für Infrastruktursysteme mobiler Endgeräte(-hersteller), die in Form von Mobiltelefonen bereits eine homogene technische Infrastruktur bieten.

Ansätze zu einer informationellen und technologischen Standardisierung seitens der deutschen Automobilindustrie, die darin eine gute Voraussetzung zur Aufrechterhaltung ihrer Marktposition sieht, werden jüngst unter Verweis auf eine möglicherweise wettbewerbsfeindliche Kartellbildung kritisch bewertet.

Aufgrund der Zurückhaltung, wenn nicht Kurzsichtigkeit staatlicher Verantwortung, wird die Notwendigkeit einer breiten und staatlich geförderten Informations- und Kommunikationsinfrastruktur als Voraussetzung für ein Netzmanagement, aber darüber hinaus als Informationsplattform für neue Dienste, Technologien und Geräte mit positiven volkswirtschaftlichen Effekten verdrängt (STOPKA und PÄLLMANN 2005).

Die Gestaltung der zukünftigen Verkehrsentwicklung erfordert nach mehrfacher fachkundiger Meinung (ACATECH 2006a, INSTITUT FÜR MOBILITÄTSFORSCHUNG 2006) auch die generelle restriktive Bewirtschaftung der Verkehrswegeinfrastruktur. Für deren Management ist die Verkehrsinformations- und Kommunikationsinfrastruktur (VIK) dann eine Notwendigkeit.

12.5 Beispiele für Standards und Anwendungen

Für das Netzmanagement im Straßenverkehr gibt es nahezu unübersehbar viele konkrete Beispiele und Projekte, die allerdings weitgehend nur einzelne Aspekte umfassen, so dass hier nicht annähernd darauf eingegangen werden kann. Über die einzelnen Projekte wird in vielen Projektveröffentlichungen auf speziellen Veranstaltungen und in Fachzeitschriften berichtet sowie im Internet aktualisiert.

Um dennoch einen gewissen Bezug zu konkreten Einsatzfällen herzustellen, werden in diesem Abschnitt die für ein übergreifendes und damit integrierendes Netzmanagement mit bedeutsamen Aspekten der informations- und kommunikationstechnischen Standards vorgestellt (ADAC 2002). Über die aus den in Deutschland an verschiedenen Orten eingerichteten Zentralen zum Verkehrsmanagement gewonnenen Erfahrungen wird anschließend berichtet. Eine Darstellung des fortgeschrittenen Stands der Verkehrsleittechnik für Ballungsräume aus den Niederlanden beschließt diesen Abschnitt.

12.5.1 Standards für Verkehrstelematik

Da Verkehrsregelung und -steuerung hoheitliche Aufgaben auf nationaler, regionaler und kommunaler Ebene sind, müssen im Rahmen der europäischen Integration Aufträge für diese Aufgaben ab einer gewissen Größenordnung europaweit ausgeschrieben werden. Infolge der damit verbundenen Modularisierung der Lose einerseits, aber auch zunehmenden Größen der Märkte und ihrer Internationalisierung andererseits, waren die Hersteller von Einrichtungen der Verkehrslenkung und -steuerung gezwungen, entweder ihre bislang internen Schnittstellen offen zu legen oder gleich zweckmäßigerweise neue zu standardisieren.

In diesem Rahmen wurde z. B. der de facto Standard OCIT (Open Communication Interface Technology) für die Steuerung von Lichtsignalanlagen entwickelt. OCIT erlaubt die Integration und Verbindung von Geräten eines Herstellers in Systeme eines anderen und umgekehrt. Der Vorteil liegt darin, dass kommunale Beschaffer jetzt Komponenten von unterschiedlichen Herstellern beziehen und ihre Systeme selbst zusammenstellen können. Sie sind also nicht mehr auf Vorzugslieferanten angewiesen. Im Gegenzug erhalten die Hersteller Zugang zu den Märkten und Kunden ihrer Wettbewerber. Erste Anlagen mit OCIT-konformen Schnittstellen sind bereits auf dem deutschen Markt und eine europäische Erweiterung wird angestrebt.

Wegen der Notwendigkeit, Warnungen (z. B. bei Stau) und Informationen (z. B. über Ausweichrouten) so früh wie möglich herauszugeben, müssen die Verkehrszentralen auch grenzüberschreitend miteinander verbunden werden, um Daten und Informationen europaweit für Maschinen und Menschen verständlich zu verbreiten. Um dieses sicherzustellen, hat man sich bei der europäischen Normungsorganisation CEN (Comité Européen de la Normalisation) auf europäische (Vor)normen für den Datenaustausch zwischen Zentralen (DATEX) und für die Verbreitung von Rundfunkinformationen über UKW (RDS/TMC) geeinigt. Für DATEX, von der je nach Erfahrungsstand bereits verschiedene Varianten existieren, sowie für RDS/TMC gibt es bereits etliche nationale und grenzüberschreitende Systeme.

Für Systeme der *Verkehrstelematik* wird es mit der Öffnung europäischer und weltweiter Märkte notwendig, eine internationale Normung von Datenbank-Schnittstellen sowie von meldungs- und Informationsinhalten einzuführen. In Europa hat die CEN im Komitee CEN/TC278 „Road Transport and Traffic telematics" Normen entwickelt. International war es die Organisation ISO (International Standardisation Organisation) im Komitee ISO/TC204 „Intelligent Transport Systems". Die genannten Komitees arbeiten unter deutscher Beteiligung. Dabei werden deutsche Vorlagen, Vorschläge und Positionen im deutschen Gemeinschaftskomitee DKE/FAKRA GK 717 (Straßenverkehrstelematik) abgestimmt, bevor sie in internationalen Komitees präsentiert werden.

Im Bereich *Verkehrsdatenerfassung und -verarbeitung* sind DATEX sowie Weiterentwicklungen für den Datenaustausch zwischen Zentralen zu beachten. Darüber hinaus gelten Empfehlungen der BASt für die Gestaltung von Erfassungssystemen und Schnittstellen. Im Bereich Geoinformationssysteme ist eine europäische (Vor-)Norm für die Beschreibung von Inhalten mit geographischem Ortsbezug zu beachten, die voraussichtlich durch eine Weiterentwicklung bei ISO/TC204 abgelöst wird.

Bislang gibt es im Bereich der *Verkehrsbeeinflussungssysteme* – abgesehen von DATEX – keine von CEN/TC278 oder ISO/TC204 verabschiedeten europäischen oder internationalen Normen. OCIT ist ein de facto Standard, der später in eine CEN- oder ISO-Norm überführt werden könnte. Normen für Piktogrammdarstellungen auf Wechselverkehrzeichen werden bei CEN/TC278 erarbeitet. Darüberhinaus hat die Bundesanstalt für Straßenwesen BASt für Deutschland Empfehlungen zu Gestaltung und Einsatz von Verkehrsbeeinflussungssystemen herausgegeben.

Auch im Bereich *Verkehrsinformationssysteme* gibt es sowohl auf europäischer als auch auf internationaler Ebene breit angelegte Normungsarbeiten. Für den digitalen Verkehrsfunk RDS/TMC wurden Vornormen für Meldungsinhalte sowie für die eindeutige Beschreibung von Orten und Ereignissen bereits verabschiedet, die bei der Einrichtung neuer Systeme zu berücksichtigen sind. Weitere Normen für die Übertragung von Verkehrsmeldungen über neue Kommunikationsmedien (GSM, GPRS, UMTS, DAB/DMB) sind in Arbeit.

Für *elektronische Zahlungssysteme* werden in den Bereich „Abwicklung der Bezahlfunktion", „Sicherheit", „Kommunikation" und „GPS-Anwendungen" zurzeit zahlreiche Normen auf europäischer und internationaler Ebene entwickelt. (Vor-)Normen gibt es bereits für diverse Bereiche, z. B. für die Kommunikationsschnittstelle Infrastruktur/Fahrzeug, für die Schnittstelle zwischen Betreibern, für die Verrechnung von Gebühreneinnahmen sowie für Sicherheitssysteme und Testverfahren. In den kommenden Jahren sind weitere Normen zu erwarten, die bei der Einrichtung von Systemen zur Gebührenerfassung zu beachten sind.

Für *ÖPNV-Telematikanwendungen* wird unter aktiver Beteiligung des Verbandes deutscher Verkehrsunternehmen (VDV) an der Erstellung von Normen gearbeitet. Beispielhaft zu nennen sind bereits fertiggestellte Vornormen für ortsfeste und mobile Fahrgastinformationssysteme, ÖPNV-Betriebsleitsysteme und Innenausstattungen von Fahrzeugen bis hin zur Gestaltung der Fahrer-Konsole.

Auch für die Verkehrssicherheit, die sowohl fahrzeugintern als auch infrastrukturseitig dank der informations- und kommunikationstechnischen Möglichkeiten immer weiter verbessert werden kann, hat sich im Rahmen der europäischen e-safety-Initiative die e-call-Architektur etabliert, die zu einer Standardisierung mobiler Kommunikation im Verkehr führt.

12.5.2 Regionale Verkehrsleit- und -managementzentralen

In einer Vielzahl deutscher, europäischer und transkontinentaler Städte wurden in den letzten Jahrzehnten Verkehrsleitzentralen für das Netzmanagement des Straßenverkehrs in Städten, urbanen Ballungsräumen und Regionen errichtet und betrieben (FGSV 1998, EVERS und KASTIES 1998, BASt 2000).

Eine detaillierte Bestandsaufnahme zur Verkehrstelematik in deutschen Städten und konkreten Empfehlungen wurde von (ADAC 2002) herausgegeben. Darin sind auch viele Angaben zu den vielen u. a. vom BMBF geförderten Projekten, u. a. Mobinet in München oder Intermobil in Dresden, zu finden (BMBF 2003). Aufgrund einer Vielzahl von Rückläufen einer Städteumfrage (ADAC 2002) wurde z. B. die Wirksamkeit von Telematikanwendungen im Verkehr aus Sicht der Nutzer sowie aus Sicht der öffentlichen und privaten Betriebe analysiert und verdichtet (Tabelle 12.5). Hinsichtlich der wichtigsten Kriterien Reisezeit und Verkehrssicherheit sowie der Akzeptanz und Benutzerfreundlichkeit einerseits wie andererseits der Investitions- und Betriebskosten sowie der Verkehrsoptimierung und Umweltverträglichkeit zeigen die einzelnen Maßnahmen Verkehrsbeeinflussungs- und -informationssysteme, die Parkleitsysteme sowie Telematik im ÖPNV besonders hohe Wirkungszusammenhänge auszumachen. Elektronische Zahlungssysteme scheinen dagegen nicht wirkungsvoll zu sein, was möglicherweise an einer noch geringeren Durchdringung liegt.

Tabelle 12.5. Bewertung von Verkehrsleitdiensten aus Nutzer- und Betreibersicht (+ hoher Wirkungszusammenhang, = bedingter Wirkungszusammenhang, - kein Wirkungszusammenhang), nach (ADAC 2002)

	Nutzersicht				Betreibersicht			
	Reisezeit	Reisekosten	Verkehrs-sicherheit	Nutzer-freundlichkeit	Investitions-kosten	Betriebs-kosten	Umwelt-verträglichkeit	Verkehrs-optimierung
Verkehrs-beeinflussungs-systeme	+	=	+	+	+	=	+	+
Verkehrs-informations-systeme	+	+	=	+	+	=	+	+
Dynamische Parkleitsysteme	+	=	=	+	+	=	=	=
Dynamische Park&Ride Systeme	=	=	=	+	=	-	+	=
Elektronische Zahlungs-systeme	-	-	-	+	=	-	-	-
ÖPNV-Tele-matikanwen-dungen	+	-	=	+	+	=	+	=
Flotten-management	=	=	=	-	+	=	+	+

Das Problem bei der Errichtung von Verkehrsleitzentralen ist die sehr große Anzahl von unterschiedlichsten Datenquellen verschiedenster Institutionen und ihre sinnhafte Integration und Aufbereitung zu verkehrsrelevanten Informationen. Abbildung 12.6 zeigt diesen Sachverhalt in schematischer Darstellung (ADAC 2002).

Aus dem repräsentativen Großprojekt Mobinet aus München konnten im Rahmen der abschließenden Evaluation folgende Bewertungen ermittelt werden: Demnach würde, wenn alle Maßnahmen in geringerem bzw. größerem Umfang verwirklicht würden, gegenüber dem unveränderten Referenzfall die jähr-

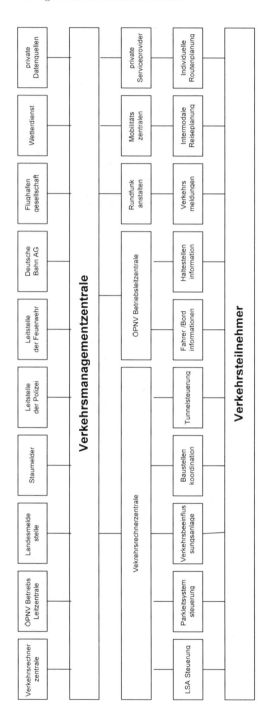

Abb. 12.6. Integration von Informationsquellen und Steuerungsaufgaben in Zentralen des Verkehrsmanagements und ihre Verteilung an den Verkehrsteilnehmer

liche Gesamtfahrleistung um 25 Mio. Fahrzeugkilometer (0,13 %) bzw. 70 Mio. Fahrzeugkilometer abnehmen, wobei die hochbelasteten und störanfälligen Streckenabschnitte gezielt entlastet werden. Etwa 17.000 Personen täglich wechseln zum ÖPNV. Die verkehrsbedingten CO_2-Emissionen reduzieren sich um jährlich ca. 12.000 Tonnen (0,3 %), und der verkehrswirtschaftliche Nutzen liegt bei ca. 30 bzw. 80 Mio. Euro/Jahr.

12.5.3 Nationales Verkehrsmanagement in den Niederlanden

In einer konzeptionell und finanziell langfristig angelegten Planung wird in den Niederlanden seit 1980 unter Federführung des Rijkswaterstaat, der zuständigen holländischen Behörde, ein ausgedehntes telematisches Netzwerk für den gesamten Straßenverkehr aufgebaut. Seither hat sich das Niederländische Straßenverkehrsleitsystem zu einem führenden technischen und systematischen Konzept entwickelt. So wird beispielsweise die Organisation des Straßenverkehrs in einem Katalog mit einer überschaubaren Menge von unter 100 Maßregeln systematisiert, die bis zu einer klaren Schnittstellen- und Leitdefinition inklusive systematischen Anwendungsregeln detailliert wurde.

Auch die Anzahl der mittlerweile installierten Systeme und vom Verkehrsmanagement erfassten Strecken ist beachtlich, wie Tabelle 12.6 zeigt. Mittlerweile sind in den Hauptverkehrsstraßen in Ballungsräumen alle 500 m Zählschleifen zur Verkehrserfassung installiert und auf Verbindungsstraßen alle 5 km. Diese liefern für eine effektive Verkehrsbeeinflussung Daten in Echtzeit, um daraus Verkehrsleistungsinformationen zu generieren.

Nach Angaben des Rijkswaterstaat ist es damit möglich, Verkehrsunregelmäßigkeiten detailliert zu erfassen und erforderliche Maßnahmen einzuleiten, z. B. die Anzahl der Fahrstreifen dem Verkehrsaufkommen anzupassen, z. B. Standspuren freizugeben. Die vorhandenen Spuren werden verschmälert und so eine Extraspur gewonnen. Die Geschwindigkeit wird auf 70 km/h gedrosselt. Diese Maßnahme sollte wegen der erhöhten Konzentration des Fahrers auf maximal 8 km begrenzt sein. Die Kapazitätssteigerung liegt bei 42 %. In der Folge wird der Verkehr homogenisiert und das Unfallrisiko reduziert. Auch die Abgasemissionen werden reduziert.

Anhand des langjährigen telematisch gestützten Betriebs in den Niederlanden konnten beeindruckende Ergebnisse in der Praxis ermittelt werden: 50 % aller Autobahnunfälle sind Folgeunfälle oder resultieren aus anderen Störungen. Die Wahrscheinlichkeit eines Folgeunfalles nimmt quadratisch über der Zeit ab. Nach 20 Minuten ist das Folgerisiko annähernd Null. Zur effektiven Vermeidung von Folgeunfällen muss die Detektion und Schaltung der Verkehrszeichen sehr schnell sein. Staus resultieren nur zu 20 % aus Unfällen. Sie konnten durch dynamische Verkehrszeichenadaption um 25 - 33 % reduziert werden. Weit vor dem Stau sollte eine Geschwindigkeit von 70 km/h gefahren

Tabelle 12.6. Entwicklung der verkehrsleittechnischen Einrichtungen in den Niederlanden

	Verkehrsmanagement	Adaptive Verkehrszeichen	Zufahrtsregulierung (TDI)	Dyn. Spurzahlplanung
Einheit	[km]	[Stk]	[Stk]	[km]
Bis 1993	239,4	4	3	0
1994	6,2	0	3	16,4
1995	63,1	0	0	0
1996	116	6	3	5,4
1997	190,8	27	4	7
1998	174,4	14	5	10,3
1999	167,8	4	4	13,9
2000	22,9	11	0	0
2001	0	24	1	0
2002	2	0	6	11,6
Total	982,6	80	39	64,6
Planung 2003-2007	86,5	49	38	504,8

werden. Vor dem Stauende und über dem Staubereich sollte eine Geschwindigkeit von 50 km/h angezeigt werden. Gezielte Geschwindigkeitsregulation erhöht den Durchfluss in Stauungen um 4 - 5 % (MIDDELHAM 2003).

13

Netzmanagement des Schienenverkehrs

13.1 Aufgaben des Netzmanagements

13.1.1 Rechtlicher Rahmen

Die historische Entwicklung der Eisenbahnen war durch enge Kopplung der Eisenbahnen mit dem Staat gekennzeichnet. Dies kann unter anderem mit den hohen und vor allem langfristigen Investitionen in die Eisenbahninfrastruktur und die Schienenfahrzeuge erklärt werden. Dieses führte in jedem Land zu einer betrieblich und technisch hochentwickelten und speziellen jedoch landesspezifischen Leit- und Sicherungssystemen (vgl. Abschnitt 7.5) die untereinander inkompatibel sind, und daher nur kleine Märkte bedingen (ABERLE 2002) und keinen über Landesgrenzen hinausgehenden Zugbetrieb und Management ermöglichen.

Zu dem stehen die Eisenbahnen in starker Konkurrenz mit anderen Verkehrsmoden. Damit der Eisenbahnverkehr leistungsfähig und im Vergleich zu den anderen Verkehrsträgern wettbewerbsfähig wird, müssen die Eisenbahnunternehmen den Status eines unabhängigen Betreibers erhalten und dementsprechend eigenwirtschaftlich nach Marktlage agieren. Aus diesem Grund wird in der EU-Richtlinie 2001/12/EG (früher 91/440/EG) vorgeschrieben, dass

- die Mitgliedstaaten die erforderlichen Maßnahmen treffen, um in der Rechnungsführung das Erbringen von Verkehrsleistungen von dem Betrieb der Eisenbahninfrastruktur zu trennen (Artikel 6).

- der Betreiber der Infrastruktur ein Entgelt für die Benutzung der von ihm betriebenen Infrastruktur erhebt, das von den Eisenbahnunternehmen, die diese Infrastruktur benutzen, zu entrichten ist (Artikel 8). Die Bemessung dieses Entgelts hat für alle Betreiber nach den gleichen Regeln gemäß des Grundsatzes der Diskriminierungsfreiheit zu erfolgen.

13.1.2 Rollen und Aufgaben

Bevor auf die Einzelheiten des Netzmanagements eingegangen wird, wird zunächst seine Grundstruktur vorgestellt. Die am Netzmanagement beteiligten Institutionen und die ablaufenden Prozesse sind in Abbildung 13.1 dargestellt.

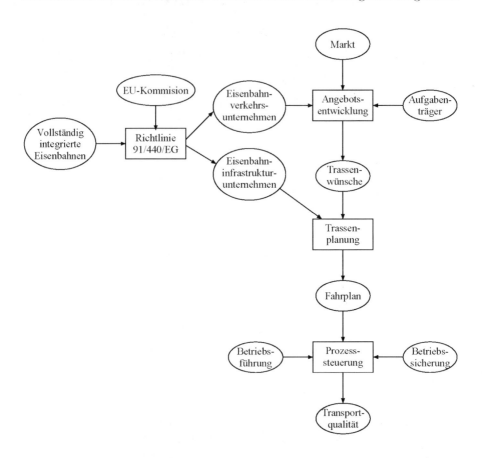

Abb. 13.1. Grundstruktur des Netzmanagements

Das Zusammenwirken lässt sich wie folgt beschreiben (in Klammern stehen die Nummern der Abschnitte dieses Kapitels):

- Durch die EU-Kommission wurde die Richtlinie 91/440/EG erlassen (13.1.1), welche die zuvor vollständig integrierten Eisenbahnen in Zugbetreiber, so genannte Eisenbahnverkehrsunternehmen (EVU), und Netzbetreiber so genannte Eisenbahninfrastrukturunternehmen (EIU) aufteilt (13.1.3).

- Aus eigenen Marktanalysen sowie den Ausschreibungen der öffentlichen Aufgabenträger generieren die Eisenbahnverkehrsunternehmen unter Berücksichtigung ihres verfügbaren Fahrzeug- und Personalbestands ihre Trassenwünsche (13.2).

- Der Netzbetreiber sammelt diese Trassenwünsche und erzeugt daraus einen Fahrplan (13.2.4). Die Eisenbahnverkehrsunternehmen kaufen ihre Trassen bei dem Netzbetreiber (13.2.1).

- Die Betriebsführung steuert zusammen mit der Betriebssicherung den Verkehrsprozess, so dass ein sicherer und möglichst pünktlicher (nach Fahrplan) Betriebsablauf gewährleistet wird (13.4).

Diese Grundstruktur wird in weiteren Abschnitten vertiefend vorgestellt.

13.1.3 Aufgaben des Netzbetreibers

Die wichtigsten Aufgaben des Netzmanagements sind in Abbildung 13.2 dargestellt.

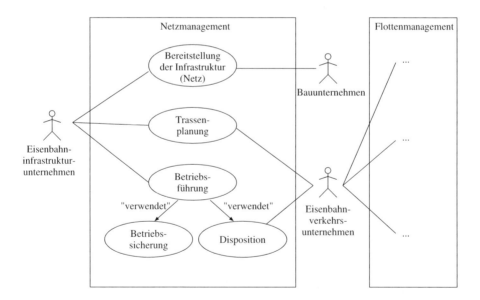

Abb. 13.2. Anwendungsfalldiagramm mit den Aufgaben des Netzmanagements

In weiteren Abschnitten wird auf die einzelnen Anwendungsfälle eingegangen.

Bereitstellung der Infrastruktur

Die langfristige Aufgabe des Netzmanagements besteht neben der Wartung der vorhandenen Infrastruktur vor allem in der Planung, Durchführung und Anpassung dieser (Neubau, Ausbau, Rückbau). Die Grundlage dafür bilden Leistungsuntersuchungen, z. B. mit Hilfe der Warteschlangentheorie, die sich meistens auf einen langen Zeithorizont von 10-20 Jahren beziehen und auf konstruierten Fahrplänen basieren. Es wird angenommen, dass die Zugtrassen über den Tag gleichverteilt sind, d. h. sie kommen an den Knoten gleichverteilt an. Mit Hilfe der Warteschlangentheorie können die mittleren Wartenzeiten bei einer gegebenen Infrastruktur und angenommener Fahrzeugdichte analytisch ermittelt werden (SCHWANHÄUSSER 1974, WAKOB 1985, WENDLER 1999).

Trassenplanung und Betriebsführung

Die zweite Aufgabe des Netzmanagements besteht in der Planung und Abwicklung des Transportprozesses.

Es gibt zwei grundlegend unterschiedliche Arten der Abläufe in Verkehrssystemen: den fahrplangesteuerten und den bedarfsgesteuerten Betrieb (vgl. Tabelle 13.1). Bei den schienengebundenen Transportsystemen überwiegt das fahrplangesteuerte Verfahren (mit Ausnahme von manchen Metrosystemen mit sehr kurzem Takt).

Beim fahrplangesteuerten Betriebsablauf spielt der Fahrplan eine wichtige Rolle. Er dient folgenden Aufgaben: Koordination der Trassenwünsche der Eisenbahnverkehrsunternehmen auf einer gegebenen Infrastruktur (Trassenmanagement), Beschreibung des Soll-Betriebsablaufes für die Betriebsführung und Informationsquelle für die Kunden der Eisenbahnverkehrsunternehmen.

Tabelle 13.1. Betriebsformen in Verkehrssystemen nach (JÄGER 1986)

Betriebsform	Bedienung der Haltestellen		Bedienungszeiten			Route	
	stetig	nach Bedarf	feste		variabel/ zufällig	fest	variabel
			Zeitpunkte	Zeitintervalle			
Fahrplan	+		+	+		+	
Linienbetrieb	+		+			+	
	+			+		+	
	+				+	+	
Richtungs-bandbetrieb	+	+		+			+
	+	+			+		
Bedarfsbetrieb		+			+		+

In Verkehrssystemen mit fahrplangesteuertem Betrieb sind sowohl die Routen durch das Netz als auch die Zeitpunkte der einzelnen Trassen festgelegt. Bei bedarfsgesteuertem Betrieb wird je nach frei wählbaren Alternativen weiter unterschieden in:

- Linienbetrieb – Routen sind konstant, Zeitpunkte variabel

- Richtungsbandbetrieb – es gibt Haltestellen, die immer angefahren werden und Haltestellen, die nur bei Bedarf bedient werden

- Bedarfsbetrieb – sowohl die Routen als auch Zeitpunkte sind frei wählbar.

Welche der genannten Betriebsarten eingesetzt wird, hängt von mehreren Faktoren ab:

- Wechselwirkung zwischen den Fahrten.
  Das Eisenbahnnetz beinhaltet nur eine sehr begrenzte Anzahl an parallelen Wege und folglich wenige Überholmöglichkeiten. Ein rein bedarfsgesteuerter Betrieb mit zufällig entstandenen Trassen würde unweigerlich zu Verklemmungen führen, die den Betrieb großräumig lahm legten.

- Kundenanforderungen.
  Falls zwischen Fahrten die Zeitabstände so kurz sind (2-10 Minuten), dass der Kunde zu warten bereit ist, kann bedarfsgesteuerter Linienbetrieb angewendet werden (z. B. in Metrosystemen vgl. 7.3.11 und 12.2.5).

- Kosten und Wirtschaftlichkeit.
  Eine starke Verdichtung bei der Bedienung der Halte kann nur bei großem und stetem Bedarf erfolgen. Hohe Dichte bei einem unregelmäßigen Bedarf ist meist nicht rentabel.

13.1.4 Qualitätskriterien von Schienenverkehrsleistungen

Kriterien zur Bewertung der Dienstleistungsqualität im öffentlichen Personenverkehr sind in der DIN EN 13816 definiert. Diese basiert auf dem so genannten Qualitätskreis (vgl. Abbildung 13.3). Der Qualitätskreis wird in folgenden Schritten angewendet: 1. Definition oder Einschätzung der expliziten und impliziten Kundenerwartungen (a), 2. Festlegung einer Leistung (b), die diese Erwartungen berücksichtigt, 3. Erbringung einer Dienstleistung (c) einschließlich 4. Messung der Leistung (d), 5. Messung der Kundenzufriedenheit (e) und 6. Analyse der Ergebnisse und Ergreifen geeigneter Korrekturmaßnahmen. Die Bewertung der Gesamtqualität des öffentlichen Personenverkehrs basiert auf mehreren Kriterien. In der Norm DIN EN 13816 sind diese in acht Kategorien eingeteilt:

- Verfügbarkeit: zeitliche (im Sinne von Fahrtenhäufigkeit) und räumliche (im Sinne der Haltestellendichte) Verfügbarkeit der Transportdienstleistung

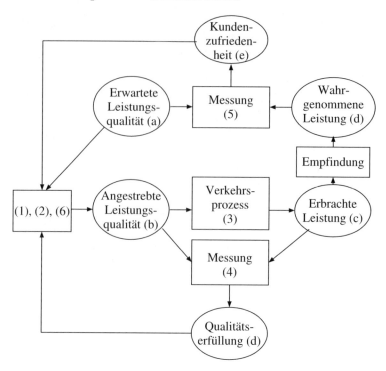

Abb. 13.3. Dienstleistungs-Qualitätskreis nach DIN EN 13816. Die Nummern in den Knoten entsprechen der Aufgabennummerierung im Text

- Zugänglichkeit: Qualität des Zu- bzw. Abgangsweges (z. B. Barrierefreiheit), Entfernung der Haltestelle von den Nutzungsschwerpunkten (Wohngebiete, Arbeitsstellen, Freizeiteinrichtungen), bzw. Qualität der zeitlichen und räumlichen Verknüpfung

- Information: Informationen über das ÖPV-System werden dem Fahrgast zur Planung seiner Reise übersichtlich bereitgestellt (z. B. Fahrplan- und Tarifangebote). Während der Durchführung der Reise erhält der Fahrgast stets aktuelle Informationen über den Betriebszustand

- Zeit: Für die Planung und Durchführung einer Reise spielt die Zeit (d. h. die Schnelligkeit der Reise) eine wesentliche Rolle. Bei der Definition eines Verkehrsangebots müssen somit die Beförderungsgeschwindigkeit, bzw. die Anmarsch- und Abmarschzeiten zu den Zugangspunkten Berücksichtigung finden

- Kundenbetreuung: Serviceelemente, die eingeführt werden, um die Dienstleistungen möglichst den Kundenanforderungen anzupassen

- Komfort: Serviceelemente, die eingeführt werden, um Fahrten mit dem ÖPV erholsam und angenehm zu machen

- Sicherheit: beinhaltet die getroffenen Sicherheitsvorkehrungen

- Umwelteinflüsse: Auswirkungen auf die Umwelt, die sich durch die Bereitstellung von ÖPV-Leistungen ergeben.

Insgesamt identifiziert die Norm über hundert Qualitätskriterien, für deren Beurteilung die Norm DIN EN 15140 Empfehlungen für die Messverfahren bietet. Im Weiteren wird beispielhaft auf die Pünktlichkeit eingegangen, welches als eines der wenigen quantitativ erfassbaren Qualitätsmerkmale der „Zeit-Anforderungsgruppe" zugeordnet wird. Es gibt mehrere Möglichkeiten Pünktlichkeit zu messen. Die DB Netz AG z. B. betrachtet einen Zug als pünktlich, falls er in der Endstation des Laufes eine Verspätung von weniger als drei Minuten aufweist. Weiterhin wird noch erfasst, ob der Zug zwischenzeitlich mehr als sechs Minuten Verspätung hatte. Die Pünktlichkeit ist demnach der prozentuale Anteil pünktlicher Züge. Im Jahr 2005 betrug die Pünktlichkeit z. B. bei der S-Bahn Stuttgart 98,7% mit Verspätungen unter sechs Minuten oder 93,8 unter drei Minuten (DB 2007).

Das Erreichen hoher Pünktlichkeit ist ressourcenaufwändig: angefangen mit der Installation von zuverlässigerer und deswegen kostenintensiver Infrastruktur bis zur kapazitätsverringernden Vorhaltung mit hohen Pufferzeiten und Fahrzeitreserven bei der Planung. Um einen optimalen Mitteleinsatz zu erreichen, ist es wichtig, die Pünktlichkeit auch monetär bewerten zu können. In (ACKERMANN 1998) sind mehrere Methoden der Pünktlichkeitsbewertung zusammengetragen. Die Verspätungen verursachen neben der längeren Beanspruchung der Produktionsmittel auch noch Unannehmlichkeiten bei den Kunden, was zur Verschiebung im Modal-Split führt (vgl. Kapitel 15) und zukünftig auch monetär kompensiert werden muss.

13.2 Trassenplanung und Fahrplankonstruktion

Eine Fahrplantrasse bezeichnet den zeitlichen und räumlichen Verlauf einer Zugfahrt. Mögliche Konflikte der gleichzeitigen räumlichen Inanspruchnahme der Infrastruktur zur Durchführung von Zugfahrten müssen frühzeitig in einem aufeinander abgestimmten Zusammenwirken von Eisenbahninfrastrukturunternehmen und Eisenbahnverkehrsunternehmen gelöst werden (NAUMANN und PACHL 2004).

13.2.1 Trassenpreissystem

Für die Bereitstellung der Infrastruktur- und Betriebsleistungen erhebt der Netzbetreiber eine Gebühr. Dafür gelten folgende gesetzliche Grundlagen:

- Entgelte für die Nutzung der Fahrwege der Eisenbahn sind an den Betreiber der Infrastruktur zu entrichten, dem sie zur Finanzierung seiner Unternehmenstätigkeit dienen (Richtlinie 2001/14/EG, §7.1).

- Das Nutzungsentgelt ist so festzulegen, dass jegliche Diskriminierung der Eisenbahnverkehrsunternehmen vermieden wird; es kann insbesondere die geleisteten Zugkilometer, die Zusammensetzung des Zuges sowie besondere Anforderungen, die auf Faktoren wie Geschwindigkeit, Achslast und Umfang oder Dauer der Benutzung der Infrastruktur zurückzuführen sind, berücksichtigen (Richtlinie 91/440/EG, §8).

Die Richtlinie der Europäischen Kommission wurde in Deutschland durch die Eisenbahninfrastrukturverordnung (EIBV 2005) umgesetzt. Die Trassenpreise richten sich an den nationalen Rechtsvorschriften aus. Das Trassenpreissystem der DB Netz AG bestimmt den Preis für die Infrastruktur z. B. nach der Formel:

$$P = (P_{\text{Strecke}} \cdot k_{\text{Trasse}} \cdot k_{\text{Auslastung}} \cdot k_{\text{Regio}} + P_{\text{Masse}}) \cdot L \qquad (13.1)$$

mit

P_{Strecke} : Grundpreis für die Strecke. Diese sind in 12 Gruppen nach der Höchstgeschwindigkeit aufgeteilt und liegen im Bereich von 7,9 bis 1,55 Euro/Trassenkilometer (Trkm).

k_{Trasse} : Trassenfaktor liegt im Bereich von 0,5 bis 1,8 und ist nach Gruppen Personen/Güterverkehr, Express/Takt/Economy aufgeteilt.

$k_{\text{Auslastung}}$: Für stark ausgelastete Streckenabschnitte, für die es Alternativwege gibt, wird der Grundpreis mit Faktor 1,2 multipliziert.

k_{Regio} : Für Regionen mit schwacher Besiedelung, die mittelfristig keine Kostendeckung erreichen werden, wird für Personennahverkehr ein Zuschlag in Form eines Faktors von 1,05 bis 1,91 erhoben. Dieser hängt unter anderem von den Landeszuschüssen für die jeweilige Netze ab.

P_{Masse} : Für Züge über 3000 Tonnen wird ein Zuschlag von 0,9 Euro/Trkm erhoben.

L : Länge der Strecke in km.

Ebenfalls im Trassenpreissystem ist ein Anreizsystem zur Verringerung von Störungen integriert. Dabei werden für jede Verspätungsminute vom Verursacher (DB Netz AG oder Eisenbahnverkehrsunternehmen) 10 Eurocent erhoben und der gestörten Seite übertragen (Stand 05/2007). Einmal im Monat werden die Beträge gegenseitig saldiert. DB Netz AG ist für die Ermittlung der Verspätungsursachen zuständig.

13.2.2 Trassenbestellung

Der Prozess der Trassenbestellung in Deutschland ist in Abbildung 13.4 dargestellt.

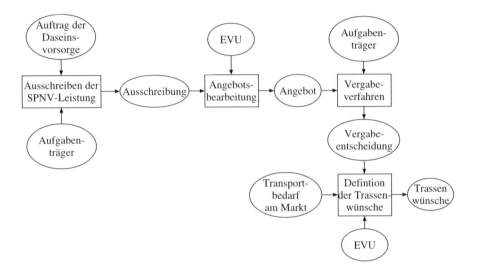

Abb. 13.4. Prozess der Angebotsentwicklung und Trassenbestellung in Deutschland

Es lassen sich folgende Teilprozesse identifizieren:

- Ausschreibung des Bedarfs an Leistungen des Schienenpersonennahverkehrs (SPNV) durch „Aufgabenträger". Dieses sind meist Tochtergesellschaften der Länder, die eine Transport-Grundsicherung zum Ziel haben. Sie schreiben bestimmte Transportvolumina aus, worauf die Eisenbahnverkehrsunternehmen ihre Transportleistungen anbieten. Die Grundlage für diesen Vorgang liefert in Deutschland das seit 1996 geltende Regionalisierungsgesetz (RegG). Dementsprechend bekommen die Länder Mittel aus dem Mineralölsteueraufkommen des Bundes (z. B. im Jahr 2007 - 6.709,9 Millionen Euro), womit der gewünschte Personenschienenverkehr finanziert wird.

- Basierend auf ihrem Fahrzeug- und Personalbestand erstellen die Eisenbahnverkehrsunternehmen ihre Angebote, aus denen die „Aufgabenträger" die besten auswählen.

- Der Transportbedarf setzt sich aus den gemeinwirtschaftlichen Verkehren (z. B. durch öffentliche Mittel gem. RegG gefördert SPNV-Leistungen) und eigenwirtschaftlichen Verkehren zusammen. Hierauf aufbauend definieren die Eisenbahnverkehrsunternehmen ihre Trassenwünsche und teilen Sie dem EIU fristgerecht vor der entsprechenden Fahrperiode mit.

- Der Infrastrukturbetreiber, z. B. DB Netz AG sammelt die Trassenwünsche und setzt sie in Absprache mit den Eisenbahnverkehrsunternehmen in einem Fahrplan um.

Trassentypen

Je nach dem Anmeldezeitpunkt werden die Trassen in „Trasse zum Netzfahrplan" und „Trasse zum Gelegenheitsverkehr" (so genannter ad hoc Verkehr) unterschieden. Der Netzfahrplan ist europaweit synchronisiert: er beginnt am zweiten Sonntag im Dezember und endet am zweiten im Dezember des Folgejahres. Früher wurde der Netzfahrplan auch „Jahresfahrplan" genannt, wobei die Begriffe wegen der Änderungen in der Eisenbahninfrastruktur-Benutzungsverordnung (EIBV) nicht mehr deckungsgleich sind. Die EIBV definiert einen gesetzlichen Termin für die Anmeldung der Trassenwünsche für den Netzfahrplan. Alle Trassen, die nach diesem Termin angemeldet werden, zählen zum Gelegenheitsverkehr. Typische Beispiele für Gelegenheitsverkehr sind Charterzüge zu Großereignissen wie z. B. die „Love-Parade" sowie Entlastungszüge an Wochenenden und Feiertagen. Den weitaus größeren Anteil am Gelegenheitsverkehr bilden die Güterzüge, bei denen „Just in time"-Anmeldung und -Konstruktion einen immer höheren Stellenwert einnehmen.

Die beiden Trassentypen werden unterschiedlich konstruiert:

- Trassen zum Netzfahrplan werden immer „konfliktfrei" konstruiert, d. h. sie behindern keine andere Trasse. Falls die Trassenwünsche sich nicht konfliktfrei konstruieren lassen, wird nach einer einvernehmlichen Lösung mit den beteiligten Eisenbahnverkehrsunternehmen gesucht. Sollte eine konfliktfreie Konstruktion der Trassen nicht möglich sein, regelt die EIBV die Beilegung der Konflikte. Eine Preis-Nachfrage-Verhandlung findet nicht statt, könnte aber auch ein interessantes Wettbewerbsmodell wie im Flugbetrieb üblich darstellen, welches wirtschaftliche Vorteile ermöglicht (KUHLA et al. 1999).

- Bei den Trassen zum Gelegenheitsverkehr wird nach freien Kapazitäten im bereits engen Fahrplangeflecht gesucht, was unter Umständen zu langen Reisezeiten führen kann.

13.2.3 Trassenlagen

Laut (NAUMANN und PACHL 2004) ist ein Fahrplan eine vorausschauende Festlegung des Fahrtverlaufes der Züge hinsichtlich der Verkehrstage, des Laufweg, der Gleisbenutzung in den Betriebsstellen, der zulässigen Geschwindigkeit auf den einzelnen Abschnitten des Laufweges, des erforderlichen Bremsvermögens der eingesetzten Schienenfahrzeuge, der Ankunft-, Abfahr- und Durchfahrzeiten der Zugfahrten auf den Betriebsstellen. Ziel des Fahrplans ist die optimale Zuordnung der Zugtrassen zu dem vermuteten Transportbedarf. Als offensichtliches Optimierungsziel kann z. B. die Gewinnmaximierung gelten. Hieraus ergibt sich z. B. im Nahverkehr die Anforderung, durch Verringerung der Zugfolgezeiten, bzw. eine Erhöhung der mittleren Reisegeschwindigkeit die für einen Umlauf benötigte Zeit zu verringern (vgl. Abbildung 13.5).

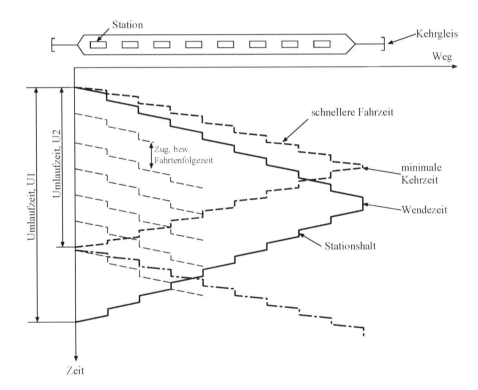

Abb. 13.5. Verkürzung des Umlaufs durch kürzere Reise- und Wendezeiten

Ein Umlauf ist die geplante Abfolge von Fahrten, die ein konkretes Schienenfahrzeug in einer bestimmten Zeitspanne durchführt. Die Anzahl der eingesetzten Fahrzeuge ergibt sich zu

$$Z = F \cdot U \qquad\qquad (13.2)$$

F : Fahrten/Zeiteinheit (Fahrtenfolge)
U : Umlauf
Z : Anzahl der Fahrzeuge

Durch kürzere Umlaufzeiten können die geplanten Zugfahrten mit weniger Rollmaterial und weniger Personal abgewickelt werden. Dem gegenüber steht eine höhere Anfälligkeit im Störungsfall: Ohne Reserven können die Verspätungen kaum abgebaut werden (vgl. Abschnitt 13.2.5). Eine andere Möglichkeit das benötigte Rollmaterial zu reduzieren, stellt die bedarfsgesteuerte Fahrplanung dar. Dabei folgen die Zugfahrten dem aktuellen Transportbedarf (vgl. Abbildung 13.6).

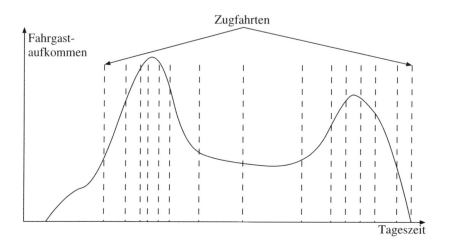

Abb. 13.6. Bedarfsgesteuerter Fahrplan für die Linie von A nach B

Auf der anderen Seite kann der Transportbedarf durch verschiedene Verkehrsträger abgewickelt werden. Falls der Fahrplan die Kundenwünsche nicht ausreichend berücksichtigt, wird auf andere Verkehrsträger ausgewichen und der tatsächliche Transportbedarf für Eisenbahn sinkt (vgl. Abschnitt 15.2). Da die Züge nicht voll ausgelastet sind, verliert der vorher erstellte Fahrplan seine Optimalität.

Für die Kunden zählen vor allem drei Merkmale einer Reise: Wartezeit vor Fahrtantritt, Fahrzeiten und Pünktlichkeit. Um diese Wünsche zu befriedigen, gibt es folgende Alternativen der Fahrplangestaltung (vgl. Abbildung 13.7):

- Ein Bedarfsfahrplan wird meist in Gebieten mit schwacher und unstetiger Verkehrsnachfrage (z. B. bei manchen S-Bahn-Linien) eingesetzt. Die Trassenlagen orientieren sich an dem vermuteten Transportbedarf (vgl. Abbildung 13.6).

- Taktfahrplan: hier verkehren die Züge in gleichbleibenden zeitlichen Abständen, so dass die Fahrgäste sich die Abfahrtszeiten leichter merken können. Der Taktfahrplan lässt sich weiter unterteilen in

  – liniengebundenen Taktfahrplan, bei dem die einzelnen Linien einen voneinander unabhängigen Takt aufweisen,

  – integraler Taktfahrplan, der die Takte der einzelnen Linien synchronisiert, um in großen Knoten günstige Umsteigebeziehungen zu ermöglichen.

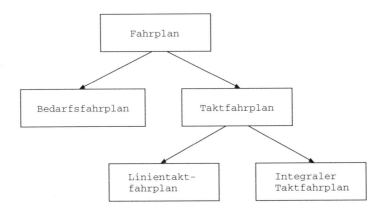

Abb. 13.7. Klassifikation der Fahrpläne für den schienengebundenen Verkehr

Liniengebundener Taktfahrplan

Ein liniengebundener Taktfahrplan wird meistens im öffentlichen Personennahverkehr (ÖPNV) mit mehreren unabhängigen Strecken eingesetzt. Der Takt ergibt sich als Summe der Fahrzeit, Fahrgastwechselzeit und Wendezeit an Endstationen. Ein Beispiel ist in Abbildung 13.8 dargestellt. Bei der gegebenen Topologie kann der Takt nicht mehr erhöht werden. Falls die Linie mit einer anderen synchronisiert werden soll, die in einem längeren Takt verkehrt, müssen die Haltezeiten verlängert werden, um auf den gleichen Takt zu kommen (so genannte Synchronisationszeiten). Dieses verringert die Kapazität bei gleichbleibenden Personalkosten.

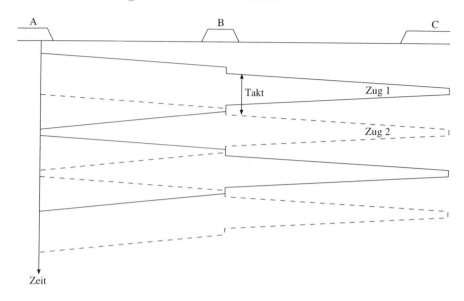

Abb. 13.8. Liniengebundener Taktfahrplan

Integraler Taktfahrplan

Bei dem Integralen Taktfahrplan (ITF) kommen in großen Knoten (s. g. ITF-Knoten) die Züge mehrerer Linien gleichzeitig an, um den Fahrgästen den Übergang zwischen den Zügen in beide Richtungen zu ermöglichen. Danach verlassen die Züge den Knoten zeitnah. Als ITF-Systemzeit wird normalerweise die volle oder die halbe Stunde gewählt. Damit bietet ein ITF sowohl leicht merkbare Abfahrtzeiten als auch günstige Umsteigebeziehungen. Auf der anderen Seite bringt der ITF eine Reihe zusätzlicher Restriktionen für den Betrieb mit sich:

- Die Fahrzeit zwischen den benachbarten ITF-Knoten muss ein ganzzahliges Vielfaches der halben Taktzeit betragen: $t = n \cdot t_{Takt}/2$. Dieser Zusammenhang wird in Abbildung 13.9 verdeutlicht. Falls die tatsächliche Fahrzeit von t abweicht, muss entweder ein schnellerer Zug eingesetzt und dafür unter Umständen die Strecke ausgebaut oder die Fahrzeit verlängert werden.

- Falls die ITF-Bahnhöfe eine geschlossene Masche bilden, muss neben obiger Einschränkung noch die Summe der Fahrzeiten entlang dieser Masche einem ganzzahligen Vielfachen der Taktzeit entsprechen (vgl. Abbildung 13.10).

- Die ITF-Knoten müssen soweit ausgebaut sein, dass die Züge möglichst ohne Behinderungen ein- und ausfahren können.

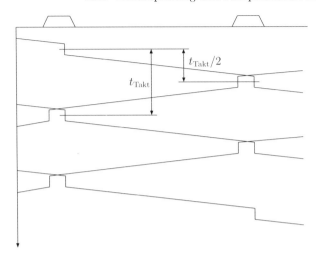

Abb. 13.9. Integraler Taktfahrplan zwischen zwei Stationen

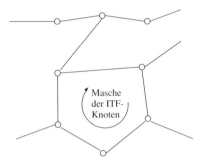

Abb. 13.10. Masche im Netz von ITF-Knoten

- In den ITF-Knoten werden die entstandenen Verspätungen auf Züge aus mehreren Richtungen übertragen. Deswegen müssen ausreichende Reserven eingeplant werden.

Derartige Restriktionen führen dazu, dass der ITF-Fahrplan nur bei bestimmten Netz- bzw. Gleistopologien möglich ist. Als Beispiel dafür ist hier z. B. das „Bahn 2000"-System der Schweizerischen Bundesbahnen zu nennen. Die Städte Zürich, Bern, Basel, Biel, Lausanne, Luzern, Olten, St. Gallen, Chur etc. sind ITF-Knoten mit Symmetriezeiten von 00/30 oder 15/45 im Stundenraster. Durch umfangreiche Bauprojekte konnten die Fahrzeiten zwischen den Städten auf das ganzzahlige Vielfache von 30 Minuten gebracht werden.

13.2.4 Zeiten für die Trassenkonstruktion

Für die Konstruktion einer einzelnen Trasse müssen Regelfahrzeit, Regelhaltezeit und die Zugfolgezeit ermittelt werden. Für die Kombination mehrerer Trassen zu einem möglichst stabilen und konfliktfreien Fahrplan müssen zusätzlich die Zugfolgezeiten (d. h. der zeitliche Abstand zweier aufeinander folgender Züge) und Pufferzeiten zur Kompensation von Folgeverspätungen nach Störungen berücksichtigt werden.

Regelfahrzeit

Die Regelfahrzeit wird wie folgt berechnet:

$$t_r = t_f \cdot R_z + B_z \qquad (13.3)$$

t_f : Die reine Fahrzeit stellt die physikalisch mögliche Fahrzeit da, die unter Ausnutzung der Zugkraft des Triebfahrzeugs, Beachtung der zulässigen Geschwindigkeit und angenommenen fahrdynamischen Bedingungen (Steckenwiderstände, Wind, Zustand der Lager etc.) durchgeführt werden kann.

R_z : Eine Möglichkeit, einen „stabilen" Fahrplan zu erzeugen ist, über prozentuale Regelzuschläge zu arbeiten. Der Regelzuschlag dient der Abfederung von Verspätungen, die durch unvorhersehbare Ereignisse während der Fahrt entstehen, und stabilisiert damit den Fahrplan.

B_z : Der Bauzuschlag dient dem Ausgleich von Fahrzeitverlusten, die durch Baumaßnahmen auf der Infrastruktur auftreten. Die Bauzuschläge werden getrennt nach Fern-, Nah- und Güterzüge vergeben. Die Berechnung erfolgt entsprechend den in Abbildung 13.11 dargestellten Parametern.

Regelhaltezeit

Die Regelhaltezeit besteht auch aus verschienen Elementen (vgl. Abbildung 13.12). Bei den Halten wird zwischen *Kundenhalten* und *Betriebshalten* unterschieden. Bei den Kundenhalten handelt es sich um „Veröffentlichte Halte" zum Fahrgastwechsel, „Nicht veröffentlichte Halte" zum Personalwechsel und „Bedarfshalte" für die Fahrgäste auf wenig frequentierten Nebenbahnen.

Betriebshalte ergeben sich aus der Fahrplankonstruktion wegen der Belegung der Strecke durch einen anderen Zug. Falls der Zug zum Betriebshalt verspätet ankommt und die Strecke bereits frei geworden ist, muss der Betriebshalt nicht eingehalten werden.

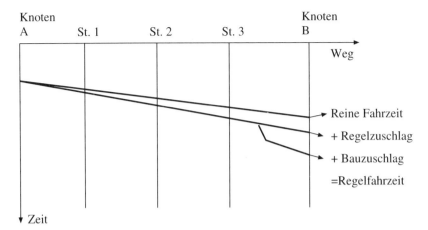

Abb. 13.11. Parameter zu Berechnung der Regelfahrzeit nach (SCHAER et al. 2006)

Zugfolgezeit

Die geplante Zugfolgezeit ergibt sich aus der Mindestzugfolgezeit (vgl. Abschnitt 7.3.4) und der Pufferzeit. Die Pufferzeit beträgt je nach Geschwindigkeitsunterschied oder Zugart zwischen einer und zwei Minuten. Sie ist ein Zeitpuffer zwischen zwei Trassen, um die Verspätungsausbreitung abzufedern. Es werden drei Stufen der Bewertung der Betriebsqualität unterschieden: „Gut", wenn die Verspätungen abgebaut werden, „Zufriedenstellend", wenn das Verspätungsniveau auf dem gleichen Stand bleibt und „Mangelhaft", wenn Züge mit keiner oder einer kleinen Verspätung mit noch höherer Verspätung den Bereich verlassen. Grundsätzlich wird eine gute Betriebsqualität angestrebt. Wichtig ist in diesem Zusammenhang, dass die hohe Qualität vor allem durch Bekämpfung der technischen Mängel an Leit- und Sicherungstechnik, Fahrzeugen und durch bessere Baustellenplanung und -koordination erreicht wird. Solche Versäumnisse im Fahrplan kompensieren zu wollen, führt zu hohen Einnahmeausfällen bei dem Netzbetreiber.

13.2.5 Durchsatzsteigerung

Zu den wichtigsten Freiheitsgraden bei der Trassenplanung gehören (KIEFER und REISSNER 1995):

- Zeitliche Abfolge der Züge verschiedener Fahrtrichtungen (vgl. Abbildung 13.13).

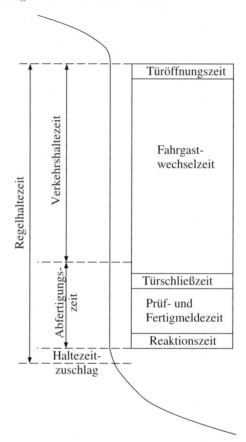

Abb. 13.12. Haltezeit eines Reisezuges nach (SCHAER et al. 2006)

- Geschwindigkeitsharmonisierung
  Falls eine Strecke hohe Geschwindigkeiten erlaubt, führt ein heterogenes Geschwindigkeitsvermögen der Züge zur starken Reduzierung der Kapazität. Deswegen wird versucht, die Züge nach ihren Geschwindigkeiten zu bündeln (vgl. Abbildung 13.14). Die höchste Stufe der Geschwindigkeitsharmonisierung stellt der artreine Verkehr dar. Beispiele dafür sind Hochgeschwindigkeitsverkehr (HGV) in Japan (Shinkansen), HGV in Frankreich (TGV-Verkehr), HGV-Strecken in Deutschland (Köln-Rhein-Main) oder der artreine Güterverkehr in den USA (vgl. Abschnitt 15.4.2). Bei der Deutschen Bahn AG hat dieses zur Definition verschiedener Netze geführt: Vorrangnetz, bei dem es darum geht, die unterschiedlich schnellen Verkehre zu entmischen, Leistungsnetz und Regionalnetz. Hierfür wird vorgegeben, ob es artreiner oder Mischverkehr ist, bzw. wird eine Aussage zur Richtgeschwindigkeit zwecks Harmonisierung getroffen.

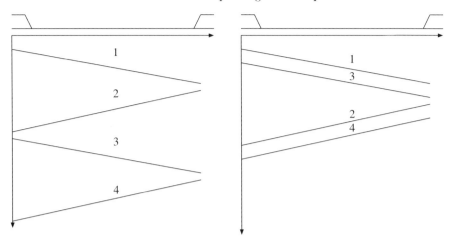

Abb. 13.13. Optimierung der zeitlichen Abfolge der Züge auf einer eingleisigen Strecke

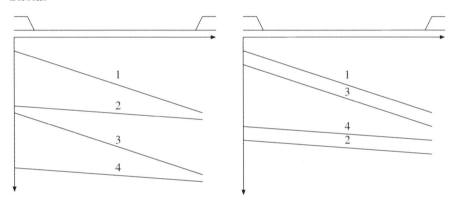

Abb. 13.14. Bündelung der Züge zur Geschwindigkeitsharmonisierung

Stochastische Störeinflüsse

Bisherige Betrachtungen gingen von einem „idealen" Verhalten der Züge aus. Die Problematik einer Fahrplankonstruktion kann am besten durch Übertragung auf den Autoverkehr verdeutlicht werden. Man stelle sich vor, ein Autofahrer bekommt folgenden Fahrplan für die Fahrt zur Arbeit:

- 7:32.3 starten und auf 30 km/h beschleunigen.

- 7:33.5 an der ersten Kreuzung in den Verkehrsstrom auf der Hauptstraße einfädeln – dort ist eine Lücke zwischen den Fahrzeugen von 0.2 min eingeplant.

- Danach die Geschwindigkeitsbegrenzungen seitens der Strecke mit Maximalabweichung von 3% einhalten.

- 7:42.1 auf dem 17,036 km der Bundesstraße B4 den LKW 321834 überholen, da dort die Lücke im Gegenverkehr dafür vorgesehen ist.

- 8:02.4 Ankunft bei der Arbeit. Bei einer Verspätung von mehr als 10 Minuten werden Sie mit dem Vorgesetzten konfrontiert und müssen eine Strafe zahlen.

Wegen einer Vielzahl an stochastischen Einflüssen im Straßenverkehr ist ein solcher Fahrplan mit sehr hoher Wahrscheinlichkeit nicht erfüllbar. Obwohl der Schienenverkehr im Allgemeinen verlässlichere Vorhersagen über das Betriebsgeschehen als der Straßenverkehr ermöglicht, können Abweichungen vom Fahrplan nicht völlig ausgeschlossen werden. Diese Abweichung von erwarteten Ankunftszeiten ist einerseits für den Fahrgast ärgerlich und wird zukünftig entschädigungspflichtig und damit nachteilig für die Eisenbahnbetreiber, andererseits sind Verspätungen für den gesamten Betriebsablauf problematisch, weil das Fahrplangefüge empfindlich gestört werden kann (KRAFT 1981, ZHU 2001).

Daher sind sowohl die Ursachen für Verspätungen durch verschiedene Maßnahmen zu beseitigen, als auch die Folgen von Verspätungen durch weitere Maßnahmen in der Planung und Betriebsführung zu mindern. Als Ursachen für Verspätungen gibt es mehrere Störungsquellen:

- schwankende Anzahl der Fahrgäste und deren Dynamik (Einstieg- und Ausstiegszeit) (ZASTROW 2000)

- technische Ausfälle der Infrastruktur (Signalausfall, Störung der Gleisfreimeldeanlagen etc.) (ZHU 2001)

- Ausfälle beim Rollmaterial (z. B. Türstörung)

- natürliche Schwankungen im Fahrstil bei den Lokführern (vgl. Abschnitt 3.4.1)

- schwankende Zugbeladung und witterungsabhängige Widerstandskräfte

- Fremdkörper auf den Gleisen

Diese Störungen aus dem Betrieb des Verkehrsnetzes, der Züge und der Leittechnik können einerseits durch entsprechende Verlässlichkeit der menschlichen und technischen Ressourcen verringert werden, wobei insbesondere der Instandhaltung inklusive einer leittechnisch verantworteten Diagnose und Instandsetzungsplanung große Bedeutung zukommt, andererseits durch die absehbaren Primärverspätungen aus Erfahrungen bereits in der Fahrplankonstruktion mittels Pufferzeiten berücksichtigt werden, um im Störungsfall Folgeverspätungen abklingen zu lassen. Die Forderungen hoher Reisegeschwindigkeit und hoher Zugfolge sowie hoher Pünktlichkeit stehen im Widerspruch zueinander. Um eine hohe Pünktlichkeit zu erreichen, müssen zwischen den Zügen große Pufferzeiten (z. B. eine so genannte Puffertrasse) und für die Trassen selbst relativ große Fahrzeitreserven (Regel- und Bauzuschläge) eingeplant werden. Dies führt zu niedrigen mittleren Zuggeschwindigkeiten und einer geringen Netzauslastung. Um einen attraktiven Preis für den Transport anbieten zu können, müssen dagegen möglichst viele Züge möglichst schnell durchgeleitet werden.

Die Lösung dieses Widerspruchs ist sehr komplex. Aktuell werden die Pufferzeiten und Fahrzeitzuschläge manuell nach bestimmten Erfahrungsregeln dimensioniert und anschließend mit Monte-Carlo Simulation validiert (ZHU 2001). Eine weitere Methode zur Validierung der Fahrplanstabilität liefert die Max-Plus-Algebra (BRAKER 1993).

Die Schwankungen der Fahrzeiten können mit technischer Hilfe reduziert werden. Dafür müssen die Zugführer fortlaufend über ihre aktuelle Verspätung und wichtige Änderungen auf der Strecke informiert werden. In Japan wird diese Information bereits auf dem Führerstand im Zug angezeigt. Damit wird eine mittlere Genauigkeit bei der Ankunftszeit von 2.3 Sekunden mit Standardabweichung von +/- 3.5 Sekunden nach 45 Minuten Fahrzeit erreicht (STALDER und LAUBE 2004).

Auf akute Störungen muss durch dispositive fristige Maßnahmen reagiert werden, um ihre Ausweitungen örtlich und zeitlich zu beschränken. Die Leistungsfähigkeit der schritthaltenden Disposition (online Disposition) reduziert die Verspätungen und steigert die Betriebsqualität. Dieser Effekt kann mittelfristig zu kürzeren Pufferzeiten führen, somit zu kürzeren Zugfolgen und höheren Umläufen, was sowohl die Kundenattraktivität als auch die Materialausnutzung steigert. Die online Disposition wird im Abschnitt 13.3 vorgestellt.

13.2.6 Fahrpläne zur Betriebsführung

Neben den Kundenfahrplänen, die an Eisenbahnverkehrsunternehmen übergeben werden und z. T. von Fahrgästen in den Bahnhöfen wahrgenommen werden, gibt es weitere interne Fahrplanunterlagen, die auf ihren Einsatz bei der Betriebsführung zugeschnitten sind. Ihre Gliederung ist in Abbildung 13.15 dargestellt.

Bildfahrplan

Ein Bildfahrplan stellt die Trassen in einer Zeit-Weg-Linien-Darstellung ohne die Abschnittsbelegung (Sperrzeitentreppe) (vgl. Abbildung 13.16) dar.

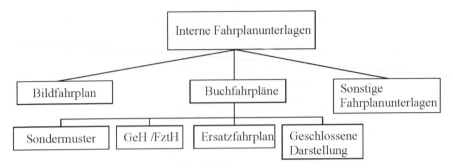

Abb. 13.15. Interne Fahrplanunterlagen nach (SCHAER et al. 2006) (Erläuterung im Text)

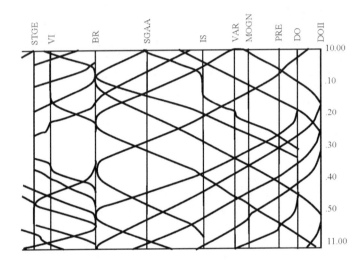

Abb. 13.16. Beispiel eines Bildfahrplans

Buchfahrplanhefte

Buchfahrplanhefte werden in Papierform für das Zugpersonal herausgegeben. Buchfahrpläne sind sehr komplex, weil für jeden Anwendungsbereich besondere Buchfahrpläne entwickelt werden:

Geschwindigkeitsheft (GeH) und Fahrzeitenheft (FztH)

Bis zur Inbetriebnahme des Elektronischen Buchfahrplans und Langsamfahrstellen (EBuLa) in Geräten auf dem Führerstand des Fahrzeugs stellten Geschwindigkeitsheft und Fahrzeitenheft die Basis des Buchfahrplansystems dar.

Das Geschwindigkeitsheft beinhaltet die infrastrukturbezogenen Daten und das Fahrzeitenheft die zugbezogenen. Seit dem Übergang zu EBuLa werden die Fahrzeitenheft nur noch für die Züge bereitgestellt, die keine EBuLa-Geräte am Bord haben (z. B. ausländische Triebfahrzeuge).

Ersatzfahrplan

Der Ersatzfahrplan dient als „Rückfallebene" beim Ausfall von EBuLa, sowie zur Durchführung von Sonderzügen und für Züge ohne EBuLa. Er enthält neben den zulässigen Geschwindigkeiten auch Minimalfahrzeiten und stellt die wichtigste Buchfahrplanunterlage dar, die auf allen Führerständen der Fahrzeuge vorhanden sein muss. Die Minimalfahrzeiten sind nicht für einen konkreten Zugtyp berechnet und werden deswegen in der Praxis oft überschritten.

Fahrpläne der Leittechnik

Aus dem Soll-Fahrplan einer Fahrplanperiode werden vor jedem Produktionstag weitere Fahrpläne generiert (vgl. Abbildung 13.17). Die Grundlage für

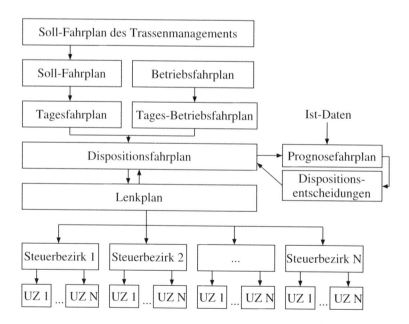

Abb. 13.17. Zusammenhangsdarstellung zwischen Fahrplan und Lenkplan nach (BORMET 2002). UZ - Unterzentrale

Disposition stellt der *Dispositionsfahrplan* dar. Dort werden alle Dispositions-entscheidungen eingetragen. Die Ist-Information für jeden Zug mit Standort wird in den *Prognosefahrplan* eingearbeitet. Damit gelingt es, die aktuellen Zeitabweichungen von den Dispositionsentscheidungen zu unterscheiden. Aus dem Dispositionsfahrplan wird der so genannte *Lenkplan* für ca. sechs bis acht Stunden im Voraus berechnet. Er wird im so genannten Zuglenkrechner hinterlegt, der die Stellbefehle an das Stellwerk ausgibt. Der Bediener wird somit von Routinehandlungen entlastet. An die Zuglenkrechner wird dann übertragen, in welcher Reihenfolge die Züge an einer Signalgruppe ankommen und welche Fahrstraßen das Stellwerk für diese zu gegebener Zeit stellen soll. Durch den hohen Automatisierungsgrad kann der Betrieb bei kleinen Abweichungen vom Fahrplan völlig autonom gesteuert werden.

13.3 Disposition als Regelung in Echtzeit

Ziel der Disposition ist die Minimierung der Abweichungen im Betriebsablauf vom Fahrplan (WHITE 2003). Sie funktioniert nach dem gleichen Prinzip wie eine prädiktive Regelung (vgl. Abbildung 13.18) (SOETERBOEK 1990):

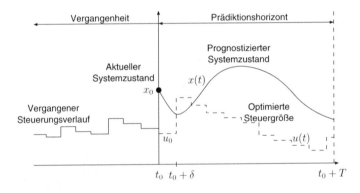

Abb. 13.18. Disposition nach dem Prinzip der prädiktiven Regelung

Ausgehend vom aktuellen Betriebszustand wird eine Prognose für das zukünftige Systemverhalten erstellt und darauf basierend die Steuergröße optimiert. Nach der nächsten Störungsmeldung wird der Vorgang wiederholt. Dafür ist das Dispositionsmodul in den Regelkreis eingebunden (vgl. Abbildung 13.19).

Basierend auf diesem Regelkreis lassen sich mehrere Aussagen über die einzelnen Komponenten treffen:

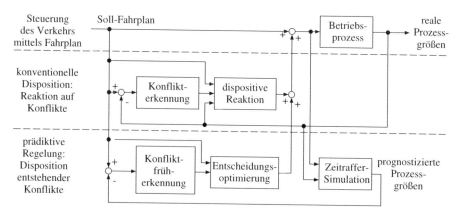

Abb. 13.19. Einordnung der Disposition im Regelkreis des Betriebsablaufes nach (FAY 1999)

- Der vorgegebene Fahrplan stellt eine Soll-Größe dar, die nur in störungsfreien Fällen unverändert übernommen werden kann.

- Zur Auswertung der aktuellen Lage müssen Fahrplan und Verkehrsprozess fortlaufend miteinander verglichen werden. Als Vergleichsbasis dienen meist nur die Eckdaten des Betriebsgeschehens in diesem Fall Ankunftszeiten an bestimmten Haltestellen.

- Der zeitliche Verzug von Störungen und deren Auswirkungen führt zur Notwendigkeit einer Verkehrsprognose (Prädiktion). Erst die Prädiktion liefert alle für den Vergleich mit dem Fahrplan notwendigen Eckdaten durch Simulation. Der Eisenbahnbetrieb ist dank vorhandener Fahrzeitreserven und Pufferzeiten generell auf hohe Reproduzierbarkeit der Systemzustände ausgerichtet. Aus diesem Grund kann mit Hilfe einer Simulation eine ausreichend genaue Verkehrsprognose erstellt werden.

- Wie bei jeder Regelung hat das Laufzeitverhalten des Reglers, d. h. hier der Entscheidung und Optimierung sowie prädiktive Simulation, eine große Auswirkung auf die Regelqualität.

13.3.1 Überblick der Optimierungsansätze

Wegen der Bedeutung der Disposition zur Regelung und Optimierung des Betriebsprozesses unter Störungen wurden in den letzten Jahrzehnten immer neue Ansätze entwickelt, Optimierungsverfahren und -algorithmen hierfür einzusetzen, die z. B. in (FAY 1999, WEGELE 2005) zusammenfassend dar- und gegenübergestellt sind. Die algorithmischen Grundlagen werden im Abschnitt 14.3 erläutert.

13.3.2 Wissensbasierte Disposition

Bei dieser Systemart wird das Wissen über das Problem in der Form „Wenn-Dann"-Beziehungen modelliert. Durch bestimmte Beschreibungsmittel, z. B. Fuzzy-Petrinetze, werden mehrere solcher Regeln zu einem Regelsystem verknüpft. Ein typischer Ablauf wird anhand der Lösung von Anschlusskonflikten veranschaulicht.

Angenommen, Reisende sollen vom Zug Z_1 in den Zug Z_2 umsteigen. Im Falle einer Verspätung von Zug Z_1 muss entschieden werden, ob der Zug Z_2 warten oder pünktlich abfahren soll. Die Einflussfaktoren sind: die Höhe der Verspätung von Z_1, die Anzahl der Fahrgäste, die umsteigen wollen, der Fahrtakt, ob Z_2 der letzte Zug an diesem Tag ist, die Ausbreitung der durch den Zug Z_1 verursachten Verspätung. Für diese Einflussfaktoren werden Fuzzy-Regeln aufgestellt, wie z. B. in Abbildung 13.20. Die Werte in den Plätzen des Fuzzy-Petrinetzes werden mit Hilfe einer Zugehörigkeitsfunktion aus den Einflussfaktoren berechnet.

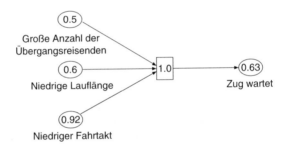

Abb. 13.20. Modellierung der Anschluss-Regel mit Fuzzy-Petrinetz (FAY 1999)

Eine mögliche Struktur für die Dispositionsunterstützung basierend auf Fuzzy-Petrinetzen ist in Abbildung 13.21 dargestellt.

Das wichtigste Merkmal einer Regelbasis ist das Fehlen von Rückkopplung, da die Rückkopplung durch das Beschreibungsmittel bislang nicht unterstützt wird (FAY 1999). Der Denkvorgang eines Disponenten dagegen ist durch eine Überprüfung und Verbesserung von möglichen Dispositionsmaßnahmen gekennzeichnet (s. Abbildung 13.22). Ohne eine fallbasierte Überprüfung der Ergebnisse kann eine „Verbesserung" der aktuellen Lage nicht erwartet werden. Ein Beispiel: durch die zusätzliche Wartezeit des Zuges Z_2 entsteht eine Kettenreaktion: $Z_2 \longrightarrow Z_4 \longrightarrow Z_5 \longrightarrow Z_6$ wobei der Zug Z_6 ein ICE ist, der die Verspätung über weitere 400 km ausbreitet. Der Vorschlag zur Einhaltung des Zuganschlusses ist in dieser Situation offensichtlich nicht hilfreich. Die Entstehung dieser Kettenreaktion hängt aber nicht nur von dieser Dis-

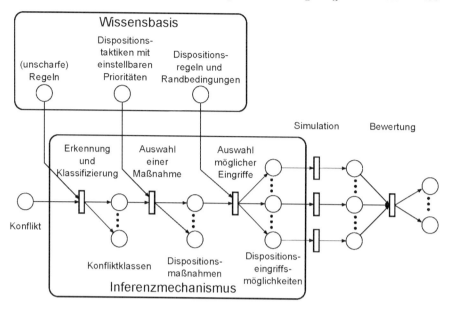

Abb. 13.21. Arbeitsweise einer regelbasierten Dispositionsunterstützung (Fay 1999)

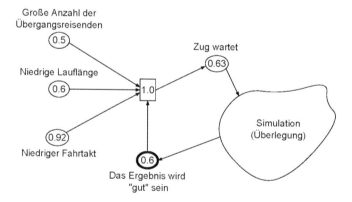

Abb. 13.22. Modellierung des Denkvorganges eines Disponenten mit Fuzzy-Petrinetz

positionsmaßnahme, sondern von vielen weiteren, die parallel dazu getroffen werden, ab. Aus diesem Grund kann keine Regel mit einer nicht exponentiellen Komplexität angegeben werden, die rückwirkungsfrei einen solchen Fall erkennt und ausschließt.

13.3.3 Optimierungsbasierte Disposition

In den Jahren 2000-2006 wurde am Institut für Verkehrssicherheit und Automatisierungstechnik ein optimierungsbasiertes Verfahren zu Echtzeitdisposition entwickelt und implementiert (WEGELE 2005). Ziel war es, mit Hilfe von evolutionären Algorithmen einen stark gestörten Eisenbahnbetrieb möglichst nahe am Fahrplan abzuwickeln, d. h. möglichst wenige Verspätungen zu erzeugen. Basis für den Algorithmus stellt die optimale Konfliktlösung dar. Unter Konflikten sind hier Belegungskonflikte sowohl auf der Strecke als auch im Bahnhof, Umlauf-, Gleisbelegungs- und Anschlusskonflikte gemeint.

Damit ein Optimierungsverfahren für die Disposition eingesetzt werden kann, muss es sowohl die algorithmische als auch die Softwarekomplexität beherrschen. Die algorithmische Komplexität resultiert aus der Kombinatorik der möglichen Dispositionsmaßnahmen. Die Software-Komplexität ergibt sich aus der hohen Anzahl der einzuhaltenden Nebenbedingungen.

Um einen Eindruck von der algorithmischen Komplexität zu bekommen, soll die Anzahl der Freiheitsgrade bei der Disposition eines exemplarischen Zuges aufgezeigt werden: Ein Zug befährt 20 Stationen mit jeweils 3 alternativen Fahrwegen, wobei in jeder Station ein zusätzlicher Halt von bis zu 10 Minuten eingefügt werden kann. Für diese Beschreibung können ca. $3.5 \cdot 10^{30}$ mögliche Abläufe generiert werden. Allerdings kommen wegen der vielen Nebenbedingungen nur wenige davon für die Disposition in Frage.

Um die erfolgsversprechenden Dispositionsmaßnahmen ermitteln zu können, muss es eine Bewertung des neu berechneten Fahrplans geben. Die nahe liegende Art der Bewertung ist die Bestrafung der von den Kunden wahrnehmbaren Störungen: Verspätungen, verpasste Anschlüsse, Gleisverlegungen (ACKERMANN 1998). Ziel der Disposition ist, die Kunden möglichst gut zufrieden zu stellen, d. h. die Strafen zu minimieren.

$$ f = \sum_{i \in Z\ddot{u}ge} \left(\sum_{j \in Stationen} k_{i,j} \Delta t_{i,j} + \sum_{j \in Stationen} g_{i,j} \Delta G_{i,j} + \sum_{l \in Z\ddot{u}ge} s_{i,l} S_{i,l} \right) $$

mit

$k_{i,j} \Delta t_{i,j}$: Gewichtete Strafe für eine Verspätung eines Zuges i, in Station j in [Euro].

$g_{i,j} \Delta G_{i,j}$: Gewichtete Strafe für die Gleisverlegung für Zug i in Station j in [Euro].

$s_{i,l} S_{i,l}$: Gewichtete Strafe für einen nicht eingehaltenen Anschluss zwischen Zügen i und l in [Euro].

Da die Strafen von der Bahngesellschaft beliebig vorgegeben werden, können mehrere Faktoren berücksichtigt werden, wie z. B. Anzahl der betroffenen Fahrgäste, Wartedauer auf den nächsten Zug, Zugklasse, Preis der Fahrkarten etc.

Im vorliegenden Optimierungsansatz wird eine Kombination der Methode evolutionärer Algorithmen mit Branch-and-Bound-Verfahren verwendet. Dabei werden nach einander die einzelnen Trassen mit Hilfe von Branch-and-Bound neu konstruiert und die Nebenbedingungen von evolutionären Algorithmen variiert (vgl. Abbildung 13.23).

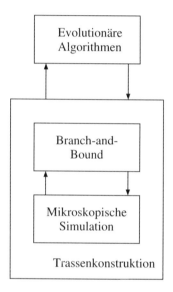

Abb. 13.23. Grundstruktur der Optimierung für die Disposition

Während der Trassenkonstruktion werden die Fahrzeiten in einer mikroskopischen Simulation ermittelt. Es hat sich gezeigt, dass im Gegensatz zu vorab berechneten tabellarisch vorgehaltenen Fahrzeitverläufen eine sehr genaue Fahrzeitberechnung mit relativer Abweichung von unter 10^{-6} aus der Sicht der Optimierung vorteilhafter ist, da die Streuung der Fahrzeiten bei wiederholten Iterationen durch die Simulationsabweichungen eliminiert wird. Dafür wurde ein Simulationsmodul entwickelt, das in der Lage ist, 48.000 Zugkilometer in nur 80 ms zu berechnen.

Ein Optimierungsverlauf auf einem 3 GHz-Pentium4 Rechner ist in Abbildung 13.24 dargestellt.

Auf einer Topologie mit über 1000 km Gleisen wurden ca. 1000 Zügen gleichverteilte Einbruchsverspätungen von 0 bis 30 Minuten zugeordnet. Als Re-

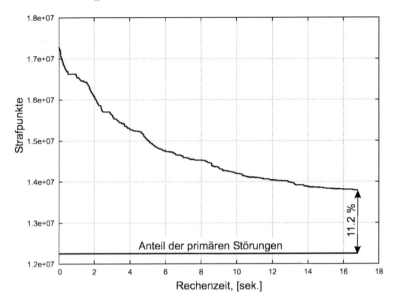

Abb. 13.24. Optimierungsverlauf für einen stark gestörten Verkehrsprozess

ferenzwert dienen die primären Verspätungen. Diese lassen sich ermitteln, indem jeder Zug ein „eigenes" Eisenbahnnetz bekommt und keinen weiteren Zug behindert.

Kurze Antwortzeiten und die Möglichkeit, die Konflikte schnell manuell zu lösen, lassen den Einsatz des Verfahrens für die Echtzeitdisposition als praktikabel erscheinen. Um das Dispositionsmodul möglichst unabhängig einsetzen zu können, wurde eine Schnittstelle nach dem CORBA-Standard sowohl für die Störmeldungen als auch für die Ergebnisübertragung implementiert (vgl. Abbildung 13.25).

Der CORBA-Standard (Common Object Request Broker Architecture) ermöglicht eine Kopplung von Programmen über Rechnergrenzen hinweg und ist Betriebssystem- und Programmiersprachenunabhängig. So könnte die graphische Benutzeroberfläche in Java implementiert in einem Internetbrowser gestartet werden, während die Berechnung tausende Kilometer entfernt auf einem Linux-Rechencluster durch ein in C++ implementiertes Modul durchgeführt wird.

Die Benutzungsoberfläche wurde basierend auf einer plattformunabhängigen graphischen Bibliothek QT in C++ entwickelt und kann sowohl unter Windows als auch unter Linux (bzw. Unix) eingesetzt werden. Sie ermöglicht eine detaillierte Darstellung der Fahrplanabweichungen und bietet neben dem vollautomatischen auch einen halbautomatischen Modus, bei dem der Disponent

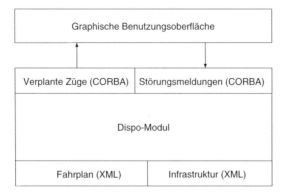

Abb. 13.25. Einbindung des Dispositionsmoduls zur Dispositionsunterstützung

nur wenige Entscheidungen vorgibt und die restlichen durch das Optimierungsverfahren getroffen werden.

Tabelle 13.2 zeigt eine zusammenfassende Übersicht der bekanntesten Optimierungsverfahren, die sowohl zur Fahrplankonstruktion als auch zur Echtzeitdisposition vorgeschlagen werden. Wegen der überaus hohen Problemkomplexität bei realen Anwendungsfällen ist trotz steigender Rechenleistung die Antwortzeit nicht immer ausreichend, so dass eine mit dem Betriebsprozess in Echtzeit schritthaltende Disposition und Prognose eine Herausforderung darstellt.

13.4 Realisierung der Betriebsführung bei der Deutschen Bahn Netz AG

13.4.1 Funktionshierarchie

Die Funktionen im Produktionsprozess des Schienenverkehrs können wie folgt strukturiert werden (vgl. Abbildung 13.26). Zur Unterstützung beim Trassenmanagement der DB Netz AG sind eine Vielzahl von Rechenwerkzeugen entwickelt worden und befinden sich im Einsatz. Die Werkzeugnamen werden in der Tabelle 13.3 näher erläutert. Abbildung 13.27 zeigt das Zusammenwirken der Datenverarbeitungswerkzeuge des Produktionsprozesses.

13.4.2 Organisatorischer Aufbau

Die Steuerung der Eisenbahnen entwickelt sich parallel mit den technischen Möglichkeiten seit über 150 Jahren. Große Ausdehnung der Anlagen und feh-

Tabelle 13.2. Chronologischer Auszug der Verfahren zur Fahrplankonstruktion und Echtzeitdisposition

Ansatz/ Jahr	Modell	Kodierung	Optimierungs-verfahren	Problemgröße
(Kraft 1981)	const. Fahrzeiten, const. Zugfolgezeiten	Konflikte	Branch-and-Bound	Single Line, 12 Züge
(Jovanovic und Harker 1991)	const. Fahrzeiten, const. Zugfolgezeiten	Zeitbasiert	Branch-and-Bound	Netz, 100 Züge, 3000 km
(Carey und Lockwood 1995)	const. Fahrzeiten, const. Zugfolgezeiten	Reihenfolgen	Branch-and-Bound	Netz, -
(Brännlund et al. 1998)	Lagrange-Relaxation	Zeitbasiert	Branch-and-Bound, Konjugierte Gradienten	Single Line, 26 Züge, 17 Stationen
(Fay 1999)	Fuzzy-Petrinetz	Konflikte	Regel-propagation (Koordinaten-suche)	-
(Sotek et al. 2002)	genaue Fahrzeitberechnung, Blocksicherung	Zeitbasiert	Zeitbasierte Konfliktlösung	Netz, -
(Blum und Eskandaria n 2002)	keine Angaben	Prioritäten (reell)	Genetische Algorithmen	Single-Line, 64 Züge, 250 km
(Lambro-poulos 2002)	keine Angaben	Konlikte (binär)	Genetische Algorithmen	Single Line, 20 Züge
(Wegele et al. 2002)	const. Fahrzeiten, const. Zugfolgezeiten	Zeitbasiert	Genetische Algorithmen	Netz, 126 Züge, 31 Stationen
(Wegele 2005)	genaue Fahrzeitberechnung, Blocksicherung	Reihenfolgen, Konflikte	Zwei Phasen: 1. Branch-and-Bound 2. Genetische Algorithmen	Netz, 1024 Züge, 1006 km, 104 Stationen

lende automatische Einrichtungen führten zunächst zu starker Dezentralisierung der Betriebsführung: In jeder Betriebsstelle wurden die Fahrstraßen manuell mechanisch vom Fahrdienstleiter gestellt (vgl. Abbildung 13.28).

Zur Verbesserung des globalen Betriebsablaufes wurde mit der Zeit eine stationsübergreifende Disposition eingeführt, die für Züge mit hoher Priorität Konfliktlösungen ermittelt und diese den örtlich zuständigen Fahrdienstleitern mitteilt. Die Netzleitzentrale koordiniert die netzübergreifenden Maßnahmen.

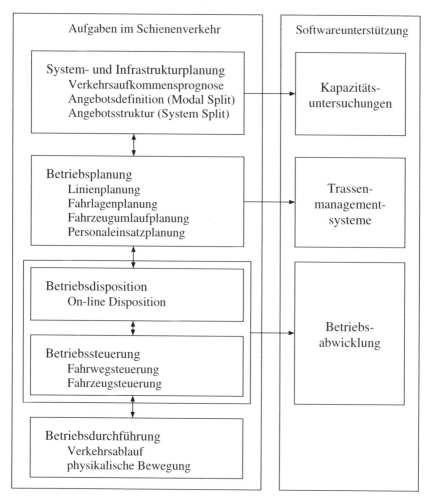

Abb. 13.26. Gegenüberstellung der hierarchischen Strukturierung von Aufgaben im Bahnverkehr nach (FAY 1999) und Softwareunterstützung (vgl. Abbildung 13.27)

Die Abbildung der aktuellen Zuglage geschah sowohl auf der dispositiven als auch auf der Fahrdienstleiterebene manuell durch Eintragung der Zuglage im Zeit-Weg-Linien-Diagramm auf Papier oder im Zugmeldebuch.

Diese Art der Betriebsführung ist sehr personalintensiv und folglich teuer. Deswegen versuchen die Eisenbahngesellschaften die Betriebsführung zu automatisieren. Zum Stand der Technik gehören:

- Automatische Darstellung der aktuellen Zuglage für den Menschen (Sammlung der Zugmeldungen, deren Aufbereitung und Darstellung). Die Be-

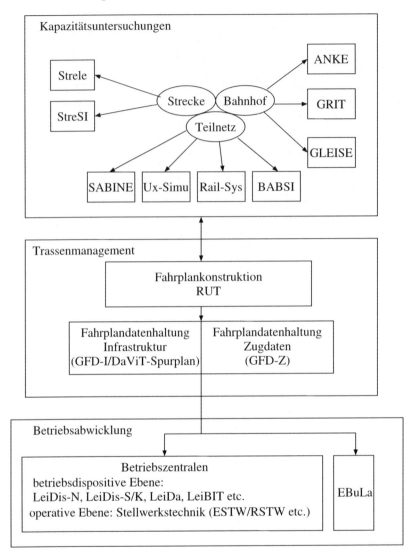

Abb. 13.27. Rechnerunterstützung für den Produktionsprozess nach (SCHAER et al. 2006) (vgl. Abbildung 13.26)

Tabelle 13.3. Auflistung der wichtigsten Softwarewerkzeuge für das Netzmanagement bei der DB AG

Werkzeug	Beschreibung
Strele	Analytische **Streckenleistungsfähigkeitsberechnung**
StreSI	Asynchrone **Streckensi**mulation
Ux-Simu	Simulation und Bewertung des Betriebsablaufs komplexer streckenabhängiger Knoten
Rail-Sys	Simulation von Eisenbahnsystemen
SABINE	**S**imulation und **A**uswertung des **B**etriebsablaufs **i**m **N**etz
ANKE	**A**nalytische Ermittlung der **K**apazität des **E**isenbahnnetzes
BABSI	Asynchrone Bahn-Betriebssimulation
GRIT	Gleisgruppenbemessung bei Taktfahrplan
GLEISE	Gleisgruppenbemessung
GFD-I	**G**emeinsame **F**ahrplan**d**arstellung - **I**nfrastrukturdaten
GFD-Z	**G**emeinsame **F**ahrplan**d**arstellung - **Z**ugdaten
RUT	**R**echner**u**nterstütztes **T**rassenmanagement

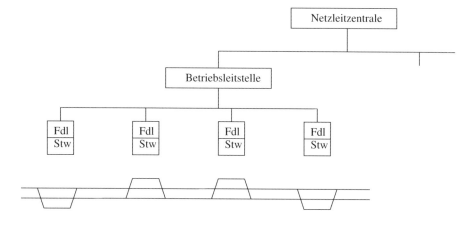

Abb. 13.28. Struktur der konventionellen Betriebssteuerung nach (PACHL 2004). Fdl-Fahrdienstleiter, Stw-Stellwerk

triebsleitzentrale in Frankfurt bearbeitet ca. 200.000 Zugmeldungen täglich (BREU et al. 2003).

• Elektronische Stellwerke (ESTW) werden durch Zuglenkanlagen ergänzt. Damit wird der Fahrdienstleiter von Routine-Aufgaben entlastet: solange der Betrieb nach Plan läuft, muss der Fahrdienstleiter nichts unternehmen. Im Störungsfall kann der Fahrdienstleiter die Verknüpfungen manuell ändern. Da die elektronischen Stellwerke zusätzlich ferngesteuert werden können, ist der Fahrdienstleiter in der Lage, mehrere Betriebsstellen gleichzeitig zu steuern. Dies führt zur Vergrößerung der disponierten Bereiche pro Fahrdienstleiter und folglich sinkenden Kosten; die Beanspruchung des Personals steigt jedoch.

Mit der Vergrößerung der Bereiche der Fahrdienstleiter verschwindet die Abgrenzung zwischen Disponenten und Fahrdienstleitern: beide Funktionen könnten von einer Person als „Zuglenker" übernommen werden. Die hohe Komplexität der Entscheidungen führt jedoch zur Beibehaltung der Hierarchie (vgl. Abbildung 13.29)

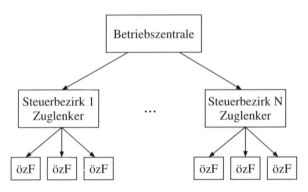

özF - örtlich zuständige Fahrdienstleiter

Abb. 13.29. Aufteilung der Fahrdienstleitung in einer Betriebszentrale nach (PACHL 2004)

Ein Mensch ist nicht in der Lage, alle Züge in einem ausreichend großen Dispositionsgebiet gleichzeitig zu verfolgen und in Echtzeit zu optimieren. Deswegen bearbeitet der Zuglenker nur die „wichtigen" Züge (Taktfernverkehr, wichtige Güterzüge) in einem großen Dispositionsbereich und der örtlich zuständige Fahrdienstleiter ist für alle Züge in einem kleineren Ausschnitt verantwortlich (einschließlich Rangierfahrten). Sowohl die Zuglenker als auch die örtlich zuständigen Fahrdienstleiter befinden sich in einer Betriebszentrale, von denen es in Deutschland sieben gibt. Die elektronischen Stellwerke werden dabei von vollständig automatisierten Unterzentralen gesteuert.

Flottenmanagement

Beim Flottenmanagement geht es um die Planung, Koordination und Überwachung von Verkehrsmitteln zum Zweck des Gütertransportes auf den Netzen sowohl des Straßen- als auch des Schienenverkehrs (ABERLE 2002).

Im folgenden Kapitel wird ein Überblick über die Aufgaben des Flottenmanagements gegeben (Abschnitt 14.1), gefolgt von einer Darstellung der Produktionsverfahren im Schienenverkehr (Abschnitt 14.2). Abschnitt 14.3 gibt eine kurze Übersicht über ausgewählte mathematische Verfahren zur Lösung der im Flottenmanagement auftretenden Optimierungsprobleme und Abschnitt 14.5.1 erläutert skizzenhaft die technische Umsetzung eines Flottenmanagementsystems. Das Kapitel schließt mit einer Vorstellung eines agentenbasierten Konzepts zur Realisierung der Aufgaben eines Flottenmanagementsystems (Abschnitt 14.4) sowie ausgewählter Umsetzungsbeispiele (Abschnitt 14.5).

14.1 Ziel und Aufgaben des Flottenmanagements

Ziel des Flottenmanagements ist, den Betrieb einer Fahrzeugflotte zu optimieren. Es beschäftigt sich mit der Planung, Steuerung und Kontrolle des Fahrzeugeinsatzes (PKW, LKW, Züge etc.) für einen effizienten Transport von Personen oder Gütern (vgl. Abbildung 14.1).

Hauptaufgabe des Flottenmanagements ist dabei die Zusammenstellung von Aufträgen zu Touren (Tourenplanung) und die Überwachung und Steuerung deren Ausführung mittels der Fahrzeuge einer Flotte.

Abbildung 14.2 gibt einen Überblick über die Akteure und Teilprozesse des Flottenmanagements in Form eines Anwendungsfall-Diagramms. Die an den Prozessen des Flottenmanagements beteiligten Personen, bzw. Rollen sind der Versender (Kunde), der Flottenbetreiber mit den Fahrzeugen, bzw. Transporteinheiten (Auftragnehmer für die Transportdienstleistung) und der Infrastruk-

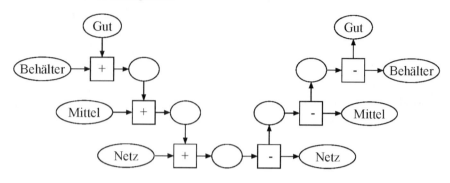

Abb. 14.1. Transportkette als Petrinetzansatz

turbetreiber. Beispiele für Flottenbetreiber sind z. B. Speditionen, Eisenbahnverkehrsunternehmen, Post, Taxiunternehmen, Flughafenshuttle oder ÖPNV-Betreiber. Als Infrastrukturbetreiber agieren beispielsweise die DB Netz AG, die Fraport AG, Flugsicherungsgesellschaften, wie SkyGuide und DFS, oder Hafenbetreiber.

Im Bereich des Straßenverkehrs tritt der Infrastrukturbetreiber beim Flottenmanagement nicht direkt in Erscheinung. Der Flottenbetreiber muss gegebe-

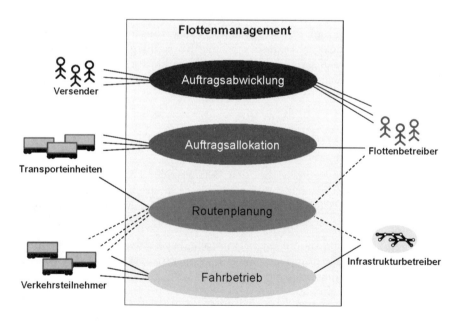

Abb. 14.2. Akteure und Teilprozesse des Flottenmanagements als Anwendungsfall-Diagramm

nenfalls lediglich für die Nutzung der Infrastruktur ein Entgelt an den Infrastrukturbetreiber bezahlen (z. B. Maut oder Nutzungsentgelte für Tunneldurchfahrten), die Planung der Transportdurchführung kann jedoch selbständig und von der Infrastruktur unabhängig durch den Flottenbetreiber durchgeführt werden. In anderen Verkehrsmoden, wo die Belegung der Infrastruktur aufgrund systembedingter Restriktionen koordiniert werden muss (z. B. zur Vermeidung von Selbstblockierungen, so genannten Deadlocks, bei eingleisigen Strecken im Schienenverkehr), wird die Routenplanung und auch der Fahrbetrieb in in enger Abstimmung zwischen Flottenbetreiber und Infrastrukturbetreiber durchgeführt (z. B. Fahrplantrassen im Eisenbahnverkehr (vgl. Abschnitt 13.2, Start- und Landeslots im Luftverkehr oder Hafenliegezeiten im Schiffsverkehr).

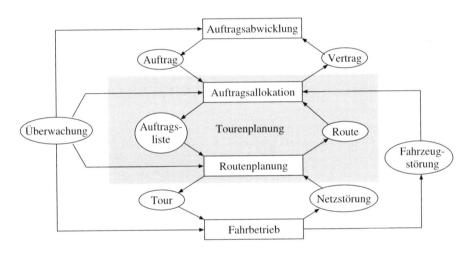

Abb. 14.3. Funktionale Struktur und Schnittstellen des Flottenmanagements als Kanal-Instanzen-Netz

Einen Überblick über die funktionale Struktur und die Schnittstellen zwischen den Teilprozessen des Flottenmanagements gibt Abbildung 14.3. Der Teilprozess der *Auftragsabwicklung* dient der Vermittlung, Verfolgung und Abrechnung von Transportaufträgen bzw. Transportdienstleistungen zwischen Kunde (Versender) und Flottenbetreiber (Transportdienstleister). Die Teilaufgaben umfassen hierbei unter anderem die Unterstützung der Kontaktanbahnung und der Kontaktaufnahme der beteiligten Akteure sowie die Unterstützung bzgl. Abwicklung und Nachbereitung der vermittelten Aufträge, wie z. B. Fakturierung und Zahlungsverbuchung.

Durch den Einsatz von so genannten Autobookingsystemen können große Bereiche der Auftragsakquise und -abrechnung automatisiert werden. Beispiel hierfür sind z. B. Autobookingsysteme bei Taxiunternehmen, die die Aufträge mittels Kunden- oder Rufnummernerkennung vollautomatisiert erfassen und rechnergesteuert an den nächstliegenden freien Mietwagen übermitteln (vgl. z. B. Flottenmanagementsystem der Firma Austrosoft/Weiss, (Austrosoft 2005)). Nach erfolgter Fahrt können die Aufträge automatisiert an die Fakturierung übermittelt werden und Prozesse wie „Verwaltung der offenen Posten", „Mahnwesen" sowie „Zahlungsverbuchung" angestoßen werden.

Die *Auftragsallokation* dient der Zuordnung von Transportaufträgen zu Transporteinheiten, Ergebnis ist eine Auftragsliste je Fahrzeug. Dabei wird ein so genanntes Zuordnungsproblem gelöst, welches unter Berücksichtigung von Nebenbedingungen einer Gruppe von Objekten eine andere Gruppe von Objekten zuweist, hier Aufträge zu Fahrzeugen unter Berücksichtigung von z. B. Laderaumkapazitäten. Dabei verfolgt der Flottenbetreiber das Ziel, eine für ihn möglichst profitable Zuordnung von Aufträgen zu Fahrzeugen vorzunehmen, unter anderem hinsichtlich der Minimierung von Kosten, Fahrtdauern oder der Anzahl an Leerfahrten. Nach der Ermittlung der Zahl an benötigten Fahrzeugen muss der Flottenbetreiber im Rahmen der Personaleinsatzplanung ein weiteres Zuordnungsproblem für die Allokation von Fahrern zu Fahrzeugen unter Berücksichtigung von Restriktionen wie z. B. Arbeits- oder Lenkzeiten, lösen.

Der Teilprozess der *Routenplanung* umfasst die Wegesuche einer Transporteinheit zur Erfüllung der Aufträge, d. h. es wird die kostengünstigste/kürzeste/schnellste Strecke von einem Startpunkt zu einem Zielpunkt unter Angabe von Zwischenknoten und Beachtung zeitlicher Restriktionen (Route) gesucht (Kürzeste-Wege-Problem). Für den Schienenverkehr ist dies in Zusammenarbeit mit dem Infrastrukturbetreiber durchzuführen, da dieser die Belegung der Infrastruktur koordiniert. Die Wegesuche kann je nach Automatisierungs-/Dezentralisierungsgrad entweder von der Zentrale für die einzelnen Transporteinheiten durchgeführt werden oder durch die einzelnen Transporteinheiten selbst, z. B. manuell durch den Fahrer oder mit Hilfe eines Navigationssystems.

Werden die Zuordnung von Aufträgen zu Fahrzeugen und die Planung der Routen zur Abwicklung der Aufträge (Reihenfolge in der die Aufträge bearbeitet werden) simultan durchgeführt, so spricht man von *Tourenplanung*. Der Tourenplan gibt dann an, wie viele Fahrzeuge eingesetzt und welche Aufträge in welcher Reihenfolge von welchem Fahrzeug ausgeführt werden sollen (Tour), so dass die von allen Fahrzeugen verursachten Kosten/zurückgelegten Entfernungen/Fahrtdauern minimal sind.

Je nach Ausprägung des Systems kann die Planung statisch oder dynamisch erfolgen. Bei einer statischen Planung werden alle Touren/Routen eines anstehenden Planungsintervalls geplant. Nach Ablauf des Planungsintervalls, d. h. nach der Durchführung der Touren, werden die Plandaten mit der erfolgten Transportdurchführung verglichen, eventuell auftretende Abweichungen zwischen Plan und Ist werden dann in der folgenden Planungsrunde berücksichtigt. Bei einer dynamischen Planung dagegen werden die Plandaten durchgehend bereits während der Transportdurchführung mit dem aktuellen Zustand verglichen, so dass bei auftretenden Abweichungen - je nach Störung - gegebenenfalls umgehend eine Neuplanung angestoßen werden kann.

Der *Fahrbetrieb* beschreibt die eigentliche Durchführung des Transports im Zusammenspiel von Fahrzeugen und Streckeninfrastruktur. Aufgabe des Flottenmanagements ist neben der Planung auch die *Überwachung* der Durchführung der Transportaufträge. Dazu wird die Position und der aktuelle Status der Fahrzeuge schritthaltend ermittelt und an den Flottenbetreiber weitergeleitet. Treten Planabweichungen auf (z. B. Stau oder Engpässe), so kann dies der Auslöser für eine erneute Routenplanung sein. Bei gravierenden Störungen (z. B. Fahrzeugstörung) kann gegebenenfalls auch eine Umplanung der Auftragsallokation und der Routen notwendig sein, so dass der Prozess der gesamten Tourenplanung erneut durchlaufen werden muss (vgl. dynamische Planung).

Zur Kontrolle und Auswertung der Aktivitäten einer Flotte beinhaltet das Flottenmanagement meist noch Funktionen zur *statistischen Auswertung* verschiedener Daten wie z. B. Auftragsstruktur, Pünktlichkeit, Fahrzeugauslastung, durchschnittliche Transportkosten.

14.2 Flottenbetrieb auf den Straßen- und Schienenverkehrsnetzen

14.2.1 Allokation der Konstituenten

In der Regel wird das Flottenmanagement nach den einzelnen Verkehrsmoden getrennt dargestellt. So stehen beim Flottenmanagement im Straßenverkehr primär die Zuordnung von Ladung bzw. Sendungen zum Lastkraftwagen und seine Quelle-Zeitbeziehung im Straßennetz im Vordergrund, während im Schienengüterverkehr insbesondere bei kleinen oder differenzierten Gütermengen noch eine weitere Beziehung über den aus vielen Waggons bestehenden Zug hinzukommt.

Infolge der Raumerschließung durch das weniger feine Schienenverkehrsnetz muss die Nutzung dieser Ressource durch Fahrzeuge einerseits sehr ökonomisch erfolgen, weiterhin bedingen die aktuellen Abstandshalteverfahren nur eine geringere Kapazitätsausnutzung der Schienenverkehrswege. Daher wird der Eisenbahnverkehr üblicherweise mit Zügen betrieben, wobei eine Vielzahl beladener Waggons ohne eigene Antriebe von einer Lokomotive befördert wird. Die räumliche Verteilung der Ladungen mit den Waggons erfolgt in der Regel durch Trennung der Züge/Wagen in Rangierbahnhöfen (vgl. Kap. 10) sowie ebenfalls die dortige (Neu-)zusammenstellung von Wagen unterschiedlicher

Quellorte für einen Zug im Hauptlauf (vgl. Bild 14.4). Dieses topologisch orientierte Transportkonzept wird als Nabe-Speiche-Verfahren (Hub and Spoke) bezeichnet.

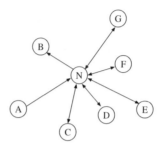

Abb. 14.4. Transportkonzept nach dem Nabe-Speiche-Verfahren

Abstrahiert man von der technischen Ausführung der Kombination von Wagen zu Zügen im Schienenverkehr, so reduziert sich die Aufgabenstellung auf das Management von Verkehrsmitteln auf beschränkten Verkehrswegen unter zahlreichen Rand- und Nebenbedingungen. Diese Aufgabe wird als Flottenmanagement oder auch als Verkehrsmitteldisposition bezeichnet. Bei dieser geeigneten Abstraktion sind die Aufgaben prinzipiell ähnlich und daher werden auch dieselben Verfahrenskonzepte zur optimalen Ressourcenausnutzung für die wirtschaftlichen Transportprozesse verwendet.

Die verschiedenen Allokationsarten bzw. Konzepte der jeweiligen Konstituenten von Straßen- und Schienengüterverkehr zeigt Tabelle 14.1.

Es zeigt sich, dass die technische Realisierung sowohl der Transport- als auch der leittechnischen Funktionen nahezu disparat sind: Der Straßenverkehr operiert weitgehend verteilt und dezentral, der Schienenverkehr konzentriert und zentral.

14.2.2 Produktionsverfahren im Schienengüterverkehr

Eine Besonderheit des Schienenverkehrs im Gegensatz zum Straßenverkehr besteht in der Zugbildungsfähigkeit. Einerseits stellt dies im Hinblick auf Massengutfähigkeit und Energieeffizienz eine große Stärke da, andererseits führt dies in Kombination mit der Spurführung zu einem erhöhten Planungs- und Koordinationsaufwand für das Flottenmanagement und einigen Besonderheiten gegenüber dem Straßenverkehr. Aus diesem Grunde werden im Folgenden kurz die grundlegenden Produktionsverfahren des Schienengüterverkehrs dargestellt.

Tabelle 14.1. Allokationsprizipien des Flottenmanagements

Konsti-tuenten	Mode	Allokationsprinzip	
		verteilt	konzentriert
Verkehrs-gut	Straßen-verkehr	Stückgut (Sammelgut) Auflieger, Wechselbrücke, Container	-
	Schienen-verkehr	Stückgut (Sammelgut) Container	Massengut
Verkehrs-mittel	Straßen-verkehr	Lastkraftwagen	-
	Schienen-verkehr	Einzelwagen	Güterzüge: • Ganzzüge • Ringzüge • Linienzüge • Pendelzug
Verkehrs-wege-infra-struktur	Straßen-verkehr	Rampe im Straßenverkehrsnetz	-
	Schienen-verkehr	Gleisanschluss im Schienen-verkehrsnetz	Umschlagbahnhof Rangierbahnhof KLV-Terminal
Verkehrs-organisa-tion	Straßen-verkehr	LKW-Fahrzeugführer örtl. Dispositions-zentrale	Frachtbörse
	Schienen-verkehr	„DOGMA" (Abschnitt 14.5)	Dispositionszentrale Netzleitzentrale

Der Bahngütertransport kann nach den vier Kategorien Entfernungsbereiche, Transportgefäße bzw. -einheiten, Produktionssysteme und -verfahren gegliedert werden, deren Merkmale im Folgenden dargestellt werden:

- *Entfernungsbereiche* Die Einteilung der Entfernung in Nah- und Fernverkehr ist wichtig, da sich eine Umstellung von Waggons bzw. Ladung erst nach einer bestimmten Transportentfernung wirtschaftlich durchführen läßt. So ist der KLV bei dem momentanen Produktionsverfahren erst ab Transportentfernung von ca. 350 km preiswerter als der LKW-Direkttransport.

- *Transporteinheiten*
  Der Bahngütertransport kann nach dem Transportgefäß, das die zu transportierenden Güter beinhaltet, in zwei Kategorien aufgeteilts werden. Zum einen in den reinen *Wagentransport*, hierbei befindet sich das Transportgut in speziell dafür gebauten Wagen, z.B. Öl, Getreide, Kohle, etc. Auf

der anderen Seite werden die Transportgüter in genormte Ladeeinheiten verpackt, die leicht vom Verkehrsmittel zu trennen sind, i. a. sind dies *Container* oder Wechselbehälter. Aufgrund der genormten Verpackung ergibt sich die Möglichkeit, das Transportgut mit verschiedenen Verkehrsmitteln transportieren zu können.

- *Produktionssysteme*
  Bzgl. der Produktionssysteme werden folgende Produktgruppen unterschieden (vgl. Abbildung 14.5):

  – Ganzzugverkehr für Sendungen, die einen kompletten Zug auslasten,

  – Einzelwagenverkehr für Sendungen, die den kompletten Laderaum eines oder mehrerer Waggons benötigen (Wagenladungsverkehr),

  – Verkehr von Einzelsendungen, die nicht den kompletten Laderaum eines Güterwagens beanspruchen und

  – Kombinierter Ladungsverkehr (KLV) bei dem verkehrsträgerübergreifende Transportketten gebildet werden.

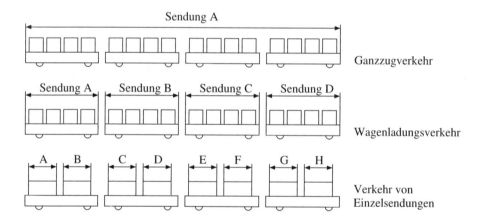

Abb. 14.5. Produktgruppen im Schienengüterverkehr nach (BERNDT 2001)

Der Einzelwagenladungsverkehr nimmt - gemessen in Tonnenkilometern - mit über 40 Prozent den größten Anteil im deutschen Schienengüterverkehr ein. Er liegt damit knapp über dem Anteil, der mit Ganzzügen transportiert wird und ist zirka doppelt so hoch wie der Anteil, den der Kombinierte Verkehr zu verzeichnen hat (WOLFERT 2005).

- *Produktionsverfahren*
  Der Bahngütertransport umfasst neben dem eigentlichen Transportvorgang noch das Sammeln und Verteilen der Waggons zum Zusammenstellen

der Züge. Alle zum Sammeln und Verteilen benötigten Funktionen werden unter dem Begriff *Zugbildung* zusammengefasst. Ein Produktionsverfahren umfasst die Zugbildung und die Beförderung der Güter. Im Folgenden werden die Verfahren Knotenpunktverfahren, Linienzug, Ringzug und Shuttlezug kurz dargestellt.

– Das *Knotenpunktverfahren* ist ein Produktionsverfahren, bei dem die Güter durch sternförmiges Sammeln zusammengestellt werden. Ausgehend vom so genannten Satellitenbahnhof werden die Güter mit Übergabezügen zum Knotenpunktbahnhof transportiert. Dort bildet man aus den Wagen Nahgüterzüge, die zum Rangierbahnhof fahren. Hier werden die Waggons wieder neu sortiert und in Durchgangszügen zum Empfängerrangierbahnhof befördert. Das Verteilen geschieht in umgekehrter Reihenfolge. Der Zeitaufwand des Umstellens kann hierbei sehr groß sein, so dass die reine Fahrzeit zwischen den verschiedenen Bahnhöfen nur 20 – 30 % der Gesamttransportzeit ausmacht.

– Der *Ringzug* (TransCare 1994) fährt mehrfach am Tag eine bestimmte Strecke ab, bei der Ausgangs- und Zielbahnhof identisch sind. In den verschiedenen Haltebahnhöfen werden Ladeeinheiten vom Zug genommen oder aufgeladen, ohne die Zusammensetzung des Zuges zu ändern. Die zeitaufwendige Bremsprobe entfällt und ein schneller, rationeller Transport ist möglich.

– Im Gegensatz zum Ringzug transportiert der *Linienzug* die Ladeeinheiten auf einer Strecke mit definierten Zwischenhalten, ohne den Ausgangsbahnhof direkt wieder zu erreichen. Der Linienzug hat den Nachteil, dass die Auslastung des Zuges zum Anfang und Ende der Transportstrecke abnimmt, da zum einen noch nicht genügend Güter eingesammelt oder diese bereits wieder verteilt wurden.

– Der *Shuttlezug* verkehrt wie der Ganzzug zwischen zwei Punkten ohne Zwischenhalt. Charakteristisch ist, dass der Shuttlezug ohne Umstellung der Wagen zwischen zwei Terminals pendelt. Der Shuttlezug ist in Bezug auf das Sammeln und Verteilen der Güter das wirtschaftlichste Produktionsverfahren im Schienengüterverkehr. Problematisch ist allerdings, dass ausreichend große Güterströme zwischen den Terminals vorhanden sein müssen.

Abbildung 14.6 zeigt einen qualitativen Vergleich eines ausgewählten Produktionsverfahrens des Schienengüterverkehrs (Shuttlezug) und des LKW-Transports in Bezug auf die verschiedenen Attribute der Verkehrswertigkeit in Form eines Polardiagramms. Diese Darstellung ermöglicht eine übersichtliche Gegenüberstellung der Stärken und Schwächen der einzelnen Produktionsverfahren.

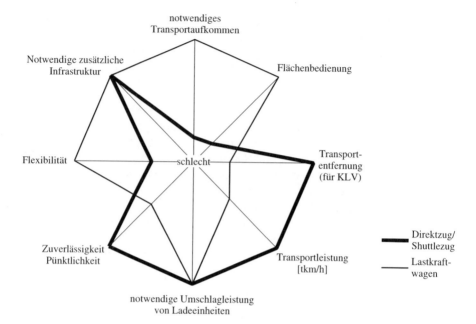

Abb. 14.6. Vergleich des Produktionsverfahrens Direktzug/Shuttlezug und des LKW-Transports (MÜLLER 1998)

14.3 Optimierungsverfahren zur Flottendisposition

Für einen effizienten Einsatz einer Fahrzeugflotte müssen verschiedene Optimierungsprobleme, beispielsweise zur Routenplanung oder Auftragsallokation, betrachtet werden. Zur Lösung der Zuordnungs- und Wegesuchprobleme des Flottenmanagements werden verschiedene mathematische Verfahren eingesetzt. Man unterscheidet dabei exakte Verfahren und heuristische Verfahren. *Exakte Verfahren* finden in einer endlichen Zahl an Schritten die optimale Lösung des Problems, der Rechenaufwand ist jedoch in manchen Fällen sehr hoch. *Heuristische Verfahren* dagegen liefern in einer akzeptablen Rechenzeit eine gute, zulässige Lösung, ohne jedoch die Optimalität der gefundenen Lösung zu garantieren. D.h. eine Heuristik versucht, ausgehend von einer zulässigen Lösung, mittels bestimmter Vorgehensregeln die Lösung sukzessive zu verbessern und findet so lokale Optima. Je nach „Startlösung" wird damit das globale Optimum gefunden oder nicht. Um dieses Problem zu umgehen, werden so genannte *Metaheuristiken/Heuristische Metastrategien* eingesetzt, die sich von herkömmlichen heuristischen Verfahren dadurch unterscheiden, dass sie vorübergehend auch eine Verschlechterung des Zielwertes in Kauf nehmen und infolgedessen lokale Optima Metaheuristiken auch wieder verlassen können, um so dass globale Optimum zu ermitteln (vgl. (DOMSCHKE 1997)). In den folgenden Abschnitten werden einige Verfahren beispielhaft vorgestellt.

14.3.1 Greedy-Algorithmus

Ein Greedy-Algorithmus ist ein heuristisches Verfahren und konstruiert in Bezug auf die gegebene Bewertungsfunktion die Lösung sukzessive. Dabei verwendet das Verfahren nur lokal verfügbare Informationen. Der Name Greedy (= gefräßig) leitet sich aus dem Vorgehensprinzip des Algorithmus ab: „Nimm immer das größte Stück", d. h. es wird ausgehend von der letzten Teillösung die beste der Lösung der nächsten Ebene ausgewählt. Die Vorgehensweise eines Greedy-Algorithmus ähnelt damit sehr stark dem gradientenbasierten Optimierungsverfahren. Das Hauptproblem des Verfahrens besteht darin, dass nur lokale Optima gefunden werden und das globale Optimum nur dann ermittelt wird, wenn die optimale Lösung einer bestimmten Struktur (Matroid) unterliegt.

Der Ablauf eines Greedy-Algorithmus für ein Minierungsproblem ist in Abbildung 14.7 beispielhaft dargestellt. Im Entscheidungsgraphen stellen die Kanten die Entscheidungen und die Knoten den Lösungszustand mit der Lösungsgüte dar. Aus dem gesamten Graphen wurden nur die dargestellten Zustände errechnet, die schraffierten Knoten geben die Lösungen an, von denen aus weiter verzweigt wurde. Die Reihenfolge, in der die Entscheidungen getroffen wurden, wird durch die Markierung an den Kanten gekennzeichnet. Der Greedy Algorithmus hat ein lokales Optimum mit einem Zielwert von 32 als beste Lösung ermittelt. Das globale Optimum für dieses Beispiel ist jedoch weit besser als dieser Wert, wie die mit dem Branch-and-Bound-Verfahren ermittelte Lösung mit einem Zielwert von 15 in Abbildung 14.8 zeigt.

Das Verfahren eignet sich für Optimierungsaufgaben, bei denen eine Lösung durch diskrete Entscheidungen schrittweise konstruiert wird. Da es einfach zu implementieren ist und eine niedrige Komplexität aufweist (O(n), n-Anzahl der benötigten Entscheidungen), lässt es sich besonders für hochdimensionale komplexe Aufgaben, wie z. B. Planungsaufgaben im Flottenmanagement, einsetzen (vgl. z. B. (HILLERT 1992)). Obwohl das Verfahren unter Umständen schlechte Lösungen konstruiert, ist es in vielen komplexen Fällen besser als eine gute aber zu spät berechnete Lösung.

14.3.2 Branch-and-Bound-Verfahren

Zu den erfolgreichsten exakten Optimierungsalgorithmen zählt das Branch-and-Bound-Verfahren. Grundidee dieses Verfahrens ist, möglichst große Gruppen an Lösungen (Teilbäume) möglichst frühzeitig von der Suche auszuschließen, wenn sie keine bessere Lösung als die bisher beste Lösung ergeben. Das

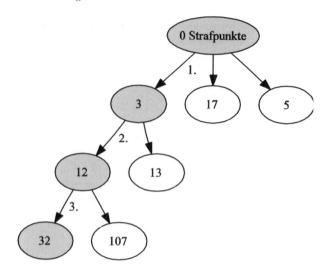

Abb. 14.7. Ablauf der Lösungssuche nach dem Greedy-Algorithmus

Verfahren läuft in zwei Schritten ab: Verzweigen (Branching) und Beschränken (Bounding). Dabei wird ein Lösungsbaum aufgestellt, dessen Knoten möglicherweise Teillösungen des Problems ergeben. Beim Branching wird das Optimierungsproblem in disjunkte, einfachere Teilprobleme zerlegt. Mittels Bounding werden davon diejenigen Teilprobleme ausgeschlossen, deren Lösung keinen besseren Wert als die aktuell beste Lösung bieten. Das Verfahren wird rekursive durchgeführt, bis eine optimale Lösung des Problems gefunden wurde. Die Blätter des Baums auf der untersten Ebene stellen zulässige Lösungen des Entscheidungsproblems dar.

Die Vorgehensweise beim Branch-and-Bound-Verfahren ist der des Greedy-Algorithmus ähnlich. Der Hauptunterschied liegt in der Auswahl der nächsten zu betrachtenden Alternative. Während beim Greedy-Verfahren immer der beste aus den tiefsten Knoten genommen wird, ist die Auswahl beim Branch-and-Bound-Algorithmus nicht auf die tiefsten Knoten begrenzt. Das Verfahren wählt von allen Teilproblemen dasjenige mit der bis dahin besten Lösung aus.

Abbildung 14.8 zeigt beispielhaft den Ablauf einer Suche nach dem Branch-and-Bound-Verfahren. Es wurden alle gezeigten Knoten des Baums errechnet und die schraffierten Knoten jeweils aufgrund ihres guten Zielwertes weiterverfolgt. Die Markierungen der Kanten geben die Reihenfolge der Entscheidungen wieder.

Diese Vorgehensweise des Branch-and-Bound-Algorithmus führt stets zu einem globalen Optimum. Allerdings müssen beim Branch-and-Bound-Verfahren die jeweiligen Teillösungen der Optimierungsprobleme gespeichert werden. Bei einer großen Zahl an Variablen und Nebenbedingungen kann dies in un-

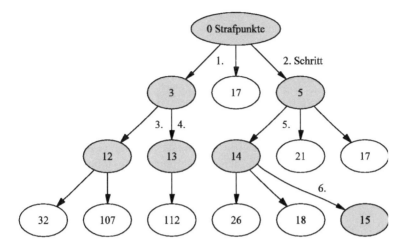

Abb. 14.8. Ablauf der Lösungssuche nach dem Branch-and-Bound-Verfahren (Bestensuche)

günstigen Fällen zu einer sehr hohen Zahl an zu untersuchenden Problem führen und damit zu einem sehr hohen Rechenaufwand. Im worst case müssen beim Branch-and-Bound-Verfahren alle Lösungen vollständig enumeriert werden. Viele Lösungsansätze verwenden Branch-and-Bound zur Lösung von Rundreiseproblemen oder für Teilaufgaben der Trassenplanung im Schienenverkehr (vgl. z. B. (JOVANOVIC und HARKER 1991, CAREY und LOCKWOOD 1995, BRÄNNLUND et al. 1998)).

14.3.3 Evolutionäre Algorithmen

Die biologische Evolution lässt sich als ein Optimierungsprozess verstehen, bei dem verschiedene Tier- und Pflanzenarten an die Umwelt möglichst ideal angepasst werden. In der Natur finden sich sehr viele Lebewesen mit ausgezeichneten Fähigkeiten und hochgradig spezialisierten Funktionen. Diese Tatsache bestätigt die hohe Effizienz der Optimierungsstrategie der Natur. Es gibt bislang im Wesentlichen zwei Modelle der Evolution, die sich für Computersimulationen und Anwendungen in der Informatik besonders eignen: Die Evolutionsstrategien und die Genetischen Algorithmen. Die Evolutionsstrategien basieren auf einem Modell der Evolution, das in den sechziger Jahren von Ingo Rechenberg an der TU Berlin entwickelt wurde (vgl. (RECHENBERG 1973)). Die Genetischen Algorithmen stammen aus den USA, bei denen John Holland die Evolution unter einem etwas anderen Blickwinkel betrachtet hat (vgl. (HOLLAND 1975)). Das Grundgerüst beider Modelle ist gleich. Evolutionäre Algorithmen sind stochastische Heuristiken, die den Suchraum simultan an mehreren Stellen untersuchen. Von der natürlichen Evolution werden folgende Charakteristika nachgebildet:

- Eine Population ist eine Menge zulässiger Lösungen, d. h. eine Teilmenge des Suchraums.

- Es gibt eine kompakte Kodierung, die die Individuen (zulässige Lösungen) vollständig beschreibt. Jedes Individuum wird durch einen Genotyp (Ausprägung der Gene, Variablenvektor), einen Phänotyp und einen Fitnesswert (Maß für Lösungsqualität, Zielwert) charakterisiert. Diese Aufgabe wird in der Natur durch die Chromosomen wahrgenommen.

- Es gibt Vorschriften, wie diese Kodierung in einem Individuum umgewandelt wird: Geburt und Aufwachsen.

- Es gibt sowohl sexuelle als auch asexuelle Fortpflanzung, d. h. es gibt eine Möglichkeit die Eigenschaften zweier Individuen in einem Dritten zu mischen (Crossover).

- Es gibt einen Mechanismus zur Bewertung der Individuen (Natürliche Auslese).

- Es gibt eine stochastisch wirkende Kraft, die auf die Kodierung einwirkt (Mutation).

Die prinzipielle Vorgehensweise eines Evolutionären Algorithmus ist wie folgt:

- Bewertung der aktuellen Population: Bestimmung der Fitness aller Individuen der aktuellen Population.

- Selektion von Individuen: Erzeugen eines Genpools aus den Individuen der aktuellen Population, in den ein Individuum mit einer Wahrscheinlichkeit proportional zu seinem Fitnesswert eingeht. Der Genpool enthält dann unter Umständen von Individuen mit einer hohen Fitness mehrere Kopien, während Individuen mit niedrigem Fitnesswert eventuell gar nicht vorkommen.

- Rekombination: Sukzessive werden je zwei Individuen aus dem Genpool entnommen und mit einer Crossover-Wahrscheinlichkeit mit einander gekreuzt, bzw. mit der Wahrscheinlichkeit Eins minus Crossover-Wahrscheinlichkeit unverändert in die neue Population übernommen.

- Mutation: Sind bei der Rekombination neue Individuen entstanden so wird an deren Genstrang mit einer (sehr geringen) Mutations-Wahrscheinlichkeit eine Mutation durchgeführt. Eine Mutation kann auch erfolgen, in dem man die durch Kreuzung entstandene Lösung einem Verbesserungsverfahren unterzieht. Anschließend werden die mutierten und die durch Kreuzung entstandenen, aber nicht mutierten Individuen der neuen Population hinzugefügt.

Die Prozesse der Rekombinartion und Mutation werden solange fortgeführt, bis der Genpool leer ist und die neue Population vollständig ist, d. h. die gleiche Anzahl hat wie die alte Population. Dann beginnt der gesamte Prozess von vorne. Der Evolutionäre Algorithmus läuft solange, bis ein vordefiniertes Abbruchkriterium, z. B. Maximalzahl an Iterationen oder eine Güteschranke für die Lösung, erreicht ist.

Evolutionäre Algorithmen werden im Rahmen des Flottenmanagements z. B. zur Lösung von Dispositionsaufgaben im Schienenverkehr eingesetzt, vgl. hierzu Abschnitt 13.3.3.

14.3.4 Simulated Annealing

Eine weitere im Bereich der Transportoptimierung häufig eingesetzte Heuristik ist Simulated Annealing. Simulated Annealing ist ein lokal suchendes stochastisches Optimierungsverfahren. Der Name Simulated Annealing (simuliertes Auskühlen) ist abgeleitet von dem zugrunde liegenden Prinzip des physikalischen Abkühlvorgangs in der Thermodynamik. Das Verfahren erzeugt ausgehend von einer zulässigen Lösung weitere Lösungen in der Nachbarschaft der aktuellen Lösung. Hat die neue Lösung einen besseren Zielwert als die aktuelle Lösung, so wird das Verfahren mit der neuen Lösung fortgesetzt. Ist der neue Zielwert schlechter als der ursprüngliche Zielwert, wird mit einer bestimmten Wahrscheinlichkeit, die abhängig ist von der aktuellen „Temperatur" und der Größe der Verschlechterung, dieser neue Zielwert dennoch akzeptiert und von dieser Lösung aus weitergesucht. Ähnlich wie bei einem Abkühlvorgang ist die „Temperatur" zunächst hoch und das Verfahren nimmt die schlechten Lösungen mit einer relativ hohen Wahrscheinlichkeit an, im Laufe der Suche wird die „Temperatur" jedoch immer niedriger und die Wahrscheinlichkeit, mit der schlechtere Schritte akzeptiert werden, wird geringer.

Eine Abwandlung des Simulated Annealing ist Threshold Accepting. Dies ist eine vereinfachte deterministische Variante des Verfahrens, bei der stets eine Zielwertverschlechterung akzeptiert wird, wenn sie unterhalb eines vorgegebenen Schwellwertes/Schranke (threshold) liegt. Im Laufe des Verfahrens wird ähnlich wie bei Simulated Annealing der Schwellwert sukzessive auf Null reduziert.

Simulated Annealing wird z. B. zur Verbesserung von Ausgangslösung bei der Zuordnung von Fahrzeugen zu Aufträgen genutzt (vgl. (Bachem 1996) oder (KIAHASCHEMI 1995)).

14.3.5 Tabu Search

Tabu Search ist ein lokal suchendes Optimierungsverfahren, das ausgehend von einer zulässigen Lösung in jedem Iterationsschritt die Nachbarschaft nach besseren Zielwerten absucht. Gibt es keinen besseren Zielwert, so wird unter allen (nicht verbotenen) Nachbarn derjenige mit dem besten Zielwert – auch wenn er eine Verschlechterung darstellt - ausgewählt und als Ausgangspunkt für die nächste Iteration gewählt. Die jeweils beste zulässige Lösung wird gesondert abgespeichert. Damit nach einer Verschlechterung anschließend nicht wieder zur bereits besuchten Lösung zurückgekehrt wird, werden diese „tabuisiert". Dadurch wird gewährleistet, dass der Suchraum deterministisch nach allen Möglichkeiten durchsucht.

Im Gegensatz zu Simulated Annealing wird bei Tabu Search nicht zufällig ein schlechterer Wert ausgewählt, sondern nur dann, wenn es keine Verbesserungsmöglichkeit gibt. Tabu Search geht dabei nach deepest descent/mildest ascent vor, d. h. es wird der Wert mit der besten Verbesserung bzw. der geringsten Verschlechterung gewählt.

Die Metaheuristik Tabu Search wird vielfach als Verbesserungsverfahren im Rahmen der Routensuche innerhalb des Flottenmanagements verwendet (vgl. z. B. (AMBERG und VOSS 2002)).

14.3.6 Constraint basierte Verfahren

Bei diskreten Aufgaben mit mehreren harten Nebenbedingungen wie z. B. die Erstellung von Raumbelegungsplänen, wird das so genannte Constraint Programming angewendet. Das zu lösende Problem wird in Form eines Variablenvektors kodiert, wobei jeder Variable eine Menge an möglichen Werten zugeordnet wird. Die Nebenbedingungen werden in Form von Gleichungen oder komplexen Bedingungen (Constraints) abgebildet. Der Lösungsablauf bei der Suche mittels Constraint Programming ist in Abbildung 14.9 dargestellt.

Neben der Belegungsplanung lässt sich das Verfahren auch zur Lösung von Optimierungsaufgaben im Eisenbahnverkehr nutzen (GESKE et al. 2002), da sich die Aufgaben zur Belegungsplanung von Gleisen durch Züge ähnlich abbilden lassen.

14.3.7 Agentenorientierte Ansätze

Zur Lösung von Optimierungsaufgaben, denen eine stark verteilte und sehr dynamische Informationsbasis zugrunde liegt, oder für Probleme, die auf Mechanismen von Kooperation und Wettbewerb basieren, eignet sich die Anwendung agentenorientierter Verfahren. Ein Agent (lat. agere - handeln) stellt eine autonom agierende Einheit dar, die unter Wechselwirkung mit ihrer Umwelt versucht, eigene Ziele zu erreichen. Im Zusammenspiel mit anderen Agenten in einem so genannten Multiagentensystem und unter Abstimmung der Ziele

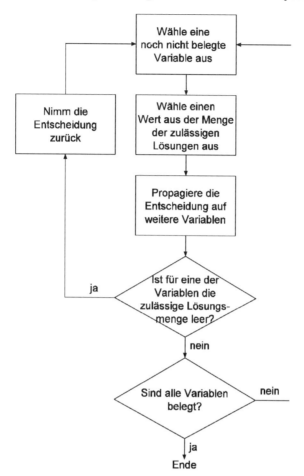

Abb. 14.9. Ablauf der Lösungskonstruktion mit Constraint Programming

der einzelnen Agenten lassen sich Aufgaben bewältigen, die anhand zentralistischer Problemlösungsverfahren nicht oder nur sehr aufwändig erreicht werden können.

Zur Lösung von Aufgaben mit räumlich/logisch verteilter Informationsbasis können Agenten als eigenständige Software-Einheiten realisiert werden, die lokal oder über ein Rechner-Netzwerk miteinander interagieren. Zur Bearbeitung von Aufgaben, deren Informationsgrundlage in Gänze vorliegt und deren Herausforderung in der Nachbildung von Kooperation/Wettbewerb liegt, kann ein Multiagentensystem auch in einer geschlossenen Simulationsumgebung realisiert werden, in dem agentenorientertes Verhalten nachgebildet wird (vgl. www.SWARM.org).

Agenten kommen u. a. in Anwendungen zur Routen- und Tourenplanung zum Einsatz. Einige dieser Anwendungen lehnen sich in ihrer Arbeitsweise an das kooperative Verhalten von Ameisen-Kolonien bei der Futtersuche an. Ameisen markieren die Pfade erfolgreicher Futtersuche entsprechend der Qualität der gefundenen Futterquelle mit Pheromonen und weisen auf diese Weise anderen Ameisen den Weg. Diese verstärken bei erfolgreicher Suche die Pheromonspuren ihrerseits bzw. unterlassen dies, sofern die Quelle versiegt ist. Dies führt zu einer Optimierung des Zugangs zu den attraktivsten Futterquellen. Analog hierzu kann beispielsweise zur Lösung des klassischen „Problems des Handlungsreisenden" eine optimale Route mit einem minimalen algorithmischen Aufwand ermittelt werden.

14.4 DOGMA – ein agentenbasiertes Konzept zur Flottendisposition

Der sich in den letzten Jahren vollziehende makrologistische Strukturwandel des Güterverkehrsmarktes führt zu einer Dezentralisierung, Individualisierung und Zersplitterung der Transporte und damit einhergehenden veränderten Kundenanforderungen in Bezug auf Planbarkeit, Informationstransparenz, Flexibilisierung und Individualisierung der Transporte. Um auch im Schienengüterverkehr auf diese veränderten Randbedingungen mit adäquaten Transportangeboten reagieren zu können, bedarf es neuer Planungs- und Organisationsstrukturen mit Mechanismen, die sowohl auf langfristige als auch kurzfristige Nachfrage reagieren können. Grundidee ist hierbei, der Einsatz kompakter, weitgehend autonomer Transporteinheiten („Modulzüge"), die sich ohne Rangiervorlauf auf freier Strecke zu informationstechnisch gekoppelten Zugverbänden („Virtuellen Zugverbänden") zusammenfinden (vgl. z. B. (FREDERICH 1994, BOCK 2001) oder (LEMMER et al. 2002)). Diese Virtuellen Zugverbände verbinden die Vorteile der Flexibilität und Individualisierung des LKWs mit den klassischen Vorteilen in Bezug auf hohe Transportgeschwindigkeiten und Energieeffizienz des Schienenverkehrs.

Die autonomen, selbst angetriebenen Transporteinheiten stellen die technischen Systemkomponenten zur Individualisierung von Transporten dar, ermöglichen jedoch nur in Verbindung mit einem angepassten Betriebs- und Organisationskonzept eine Flexibilisierung der Transportprozesse.

Im Rahmen von Forschungsarbeiten am Institut für Verkehrssicherheit und Automatisierungstechnik der TU Braunschweig wurde daher in Abkehr von monolithischen Komplettlösungen ein dezentrales, agentenbasiertes Betriebs- und Organisationskonzepts zur Transportplanung und -durchführung im Schienengüterverkehr unter dem Namen DOGMA konzipiert. Das Akronym DOGMA steht für „Decentralised Organisation of Guided Transport by Multi

Agent Systems" (zu DOGMA vgl. u.a. (BRAUN et al. 2004, KÖNIG 2005) oder (BRAUN und KÖNIG 2005)).

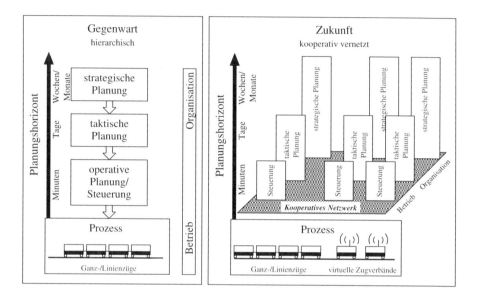

Abb. 14.10. Struktur gegenwärtiger und zukünftiger Betriebs- und Organisationskonzepte des Schienengüterverkehrs

Eine Steigerung der Flexibilität im Schienenverkehr erfordert die wechselseitige Vernetzung der bei der Bahn bisher weitgehend isolierten und rückwirkungsfrei verknüpften Planungs- und Betriebsprozesse (vgl. Abbildung 14.10). Dadurch steigt bei der Gestaltung der Planungs- und Betriebsprozesse die Komplexität der Problemstellung signifikant an. Um diese bewältigen zu können, wird der Ansatz eines dezentralen Systems verfolgt, in dem alle Akteure nach einfachen individuellen Regeln und Zielvorgaben handeln und gemeinsam ein hochkomplexes und dennoch effizientes Gesamtverhalten des Verkehrssystems bewirken. Zu diesem Zweck wird das Betriebs- und Organisationskonzept als agentenbasiertes System realisiert, in dem Transporteinheiten, Flotten- und Infrastrukturbetreiber sowie Versender in unterschiedlichen Planungs- und Betriebsprozessen durch Software-Agenten repräsentiert werden (Abbildung 14.11).

Eine Übersicht über die Teilprozesse und die Struktur des Betriebs- und Organisationskonzepts DOGMA gibt Abbildung 14.11. Die Teilprozesse bestehen analog zu den allgemeinen logistischen Prozessen eines Flottenmanagementsystems (vgl. Abschnitt 14.1) in der Auftragsvergabe/-akquisition, der Flottendisposition/Auftragsallokation, der Fahrtenplanung sowie dem Fahrbetrieb. Beim Einsatz von autonomen Modulzügen und deren Zusammenfinden zu

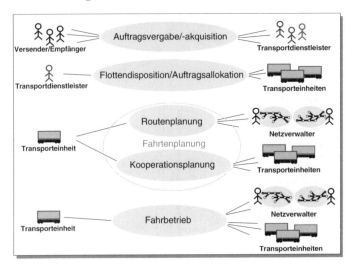

Abb. 14.11. Teilprozesse des Betriebs- und Organisationskonzepts DOGMA im Systemüberblick

Virtuellen Zugverbänden zwecks gemeinschaftlicher Nutzung des Streckennetzes, muss dieses Zusammenspiel koordiniert werden, was über den Teilprozess Kooperationsplanung realisiert wird.

Auftragsvergabe/-akquisition

Der Teilprozess der Auftragsvergabe/-akquisition umfasst die Auftragsvermittlung zwischen Kunde und Flottenbetreiber und wird im Sinne von DOGMA z. B. mittels einer Vermittlungsplattform umgesetzt, die wie ein elektronischer Marktplatz nach dem Vorbild bereits in der Anwendung befindlicher elektronischer Frachtenbörsen (vgl. z. B. (Freightmatrix 2003)) realisiert wird.

Flotteninterne Auftragsallokation

Im Rahmen von DOGMA wird zur Auftragsallokation ein Lösungsansatz verfolgt, der auf der aktiven Teilnahme von Transporteinheiten am Allokationsprozess basiert, indem Transporteinheiten als wirtschaftlich verantwortliche Einheiten (Profit Center) definiert und im Planungsprozess durch entsprechend ausgestaltete Agenten repräsentiert werden. Das aktive Partizipieren der Transporteinheiten an der flotteninternen Auftragsallokation ermöglicht die Anwendung dezentraler Mechanismen zur Lösung des Zuordnungsproblems, die ihre Leistungsfähigkeit und ihre Vorteile gegenüber zentralisierten

Ansätzen bereits unter Beweis gestellt haben (vgl. z. B. (WEINHARDT und SCHMALZ 1998)).

Die Zuordnung der Transportaufträge erfolgt in einem mehrstufigen Prozess, der bis zur eigentlichen Durchführung des Transports andauern und somit einer sich ständig wandelnden Auftragssituation Rechnung tragen kann (dynamische Planung). Hierbei wird in einem ersten Schritt ein eingehender Transportauftrag durch den Transportdienstleister unter den ihm zur Verfügung stehenden Transporteinheiten versteigert. Angesichts der sich ständig wandelnden Auftragssituation kann sich ein durch eine Transporteinheit akquirierter Auftrag später für diese als nachteilig erweisen. Aus diesem Grunde können die Transporteinheiten ihre Aufträge zu späteren Zeitpunkten weiterverkaufen (beispielsweise mittels Simulated-Trading-Verfahren) was dazu beiträgt, dass die auf der Basis der ersten Versteigerung ermittelte Auftragsallokation in Anpassung an die sich wandelnden Randbedingungen verbessert werden kann.

Routenplanung

Die Routenplanung umfasst in DOGMA neben der eigentlichen Wegesuche einer Transporteinheit auch die sich anschließende Buchung des Fahrwegs in Kooperation mit dem Netzverwalter.

Bei der Wegesuche, die durch die Transporteinheiten selbst durchgeführt wird, werden unter Berücksichtigung der voraussehbaren Belegungssituation des Netzes mittels eines ameisenbasierten Algorithmus mögliche Routen durch das Schienennetz ermittelt (WEGERICH 2002). Nach der Auswahl einer bestimmten Route wird diese autonom von der Transporteinheit beim Netzverwalter/Infrastrukturbetreiber gebucht.

Kooperationsplanung für Transporteinheiten

Das Ziel des Kooperationsplanungsprozesses besteht in der Vermittlung von Kooperationspartnern für die Bildung von Virtuellen Zugverbänden. Hierbei ist sicherzustellen, dass sowohl Flottenbetreiber als auch Infrastrukturbetreiber von den Kooperationen der Transporteinheiten wirtschaftlich und/oder betrieblich profitieren. Die Kooperationen können sowohl langfristig vermittelt werden (z. B. bei regelmäßig verkehrenden Transporten) als auch eher kurzfristig, wenn aufgrund der Netzbelegung eigentlich keine Trasse mehr für einen Transport zur Verfügung steht, durch die gemeinsame Nutzung einer Trasse als Zugverband, der Transport aber dennoch durchgeführt werden kann.

Fahrbetrieb

Die Abwicklung des Fahrbetriebs erfolgt nach einem dezentralen Betriebsverfahren, in dem dezentral angeordnete netzseitige Koordinationseinrichtungen zum Einsatz kommen, die auf aktive Anforderungen von Zügen entsprechende Fahrstraßen innerhalb ihres Netzbereichs bereitstellen und so einen verklemmungs- und kollisionsfreien Betrieb sicherstellen. Im Gegensatz zu konventionellen Betriebskonzepten existiert für die Durchführung des Zugbetriebs im Rahmen von DOGMA kein globaler Fahrplan, da das Gesamtverhalten des Systems angesichts des hohen Maßes an Flexibilität aufgrund der Berücksichtigung kurzfristiger Nachfrageschwankungen einem stetigen Wandel unterworfen ist. Stattdessen ist jede Transporteinheit selbst verantwortlich dafür, einen individuellen Fahrplan bereitzustellen, der bei der Durchführung des Buchungsprozesses erstellt wird, und der einen konfliktfreien Transportweg definiert. Gleichzeitig besitzt jede netzseitige Koordinationseinrichtung einen konfliktfreien Belegungsplan, der auf den Fahrplänen der einzelnen Züge basiert, um sicherzustellen, dass sich jeder Zug nur entsprechend seines Fahrplans bewegt. Auf Basis dieser individuellen Fahrpläne wird der eigentliche Transportprozess durchgeführt. Im Falle sich abzeichnender Fahrplanabweichungen ist es aufgrund der Tatsache, dass der Zugbetrieb nicht auf einem starren und globalen Fahrplan basiert, möglich, partielle Neuberechnungen für Routen und Kooperationsbeziehungen in kürzester Zeit anzustoßen. Auf diese Weise wird jede Zugbewegung durch einen gültigen und konfliktfreien Fahrplan legitimiert, ohne dass die Neuberechung eines globalen Fahrplans notwendig ist.

14.5 Technische Implementierung und Anwendungsbeispiele

In den folgenden Abschnitten werden beispielhaft einige Flottenmanagementsysteme bzw. Lösungen für Teilaufgaben des Flottenmanagements dargestellt.

14.5.1 Technische Implementierung

Flottenmanagementsysteme sind modular aufgebaut und bestehen in ihrer Grundstruktur aus einer Zentrale, der Flotte an Transporteinheiten sowie Kommunikationseinrichtungen für die Kommunikation zwischen der Zentrale und den Fahrzeugen (vgl. Abbildung 14.12). Weiterhin beinhalten Flottenmanagementsysteme (Software-)Komponenten für die Auftragsabwicklung, Auftragszuordnung und Routenplanung sowie auf den Fahrzeugen Ortungseinrichtungen zur Ermittlung der aktuellen Position der Fahrzeuge.

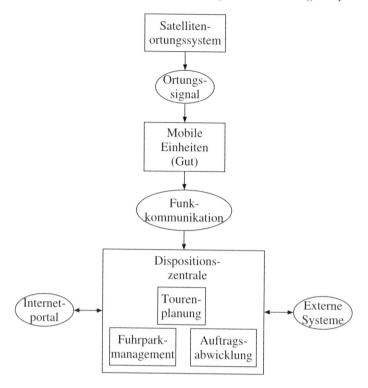

Abb. 14.12. Komponenten eines Flottenmanagements

Je nach Automatisierungsgrad des Flottenmanagementsystems können die einzelnen Funktionen durch verschiedene (Software-)Komponenten repräsentiert werden. Im einfachsten Fall werden Aufgaben wie Auftragsabwicklung, Auftragszuordnung oder Routenplanung manuell durch den Disponenten und/oder den Fahrer durchgeführt. Für komplexere Aufgabenstellungen jedoch kommen Optimierungsprogramme zum Einsatz (vgl. z. B. Intertour der PTV AG (INTERTOUR 2005)). Gegebenenfalls werden in die Routenplanung auch automatisiert aktuelle Daten zur Verkehrslage oder Abfahrtzeiten anderer Verkehrsmittel mit einbezogen, so dass eine Anbindung an weitere externe Systeme vorhanden sein kann. Die Ortungsinformationen können über streckenseitige Einrichtungen (z. B. Gleisfreimeldeeinrichtungen im Schienenverkehr) oder Ortungseinrichtungen auf den Fahrzeugen (z. B. GPS-Komponenten) erfasst werden. Im einfachsten Fall kann die Ortsinformation aber auch fernmündlich durch den Fahrer an die Zentrale übermittelt werden.

Ergänzend zu den genannten Komponenten können Flottenmanagementsysteme um eine Anbindung an ein Internetportal erweitert werden, so dass der

Versender Position und Status seines Auftrags online via Internet verfolgen kann (vgl. z. B. (UPS 2007) oder LogiOffice Abschnitt 14.5.2).

14.5.2 LogiOffice

LogiOffice ist eine offene, skalierbare Internetplattform für Telematiklösungen zur Überwachung von Flotten (vgl. (KLINGE 2001) und auch http://www.logi-Office.com). Mittels eines Internetportals können sich Flottenbetreiber und Kunden die aktuellen Positionen der Flottenfahrzeuge in einer digitalen Karte anzeigen lassen (vgl. Abbildung 14.13). Weitere Statusdaten, wie z. B. Temperatur der Ladung (Kühlgutüberwachung) oder Instandhaltungsdaten der Fahrzeuge, werden online übermittelt und nutzerspezifisch angezeigt. Zum Nachvollziehen der einzelnen Fahrten können Datum und Uhrzeit der Messpunkte der Fahrzeuge nachverfolgt werden (tracking and tracing). Über mobile Endgeräte können Nachrichten zwischen der Zentrale des Flottenbetreibers und den Fahrzeugen ausgetauscht werden, insbesondere zur Planungsaktualisierung bei Störungen, dabei können sowohl Point-to-Point- als auch Broadcast-Meldungen gesendet werden. Die erhobenen Daten können anschließend automatisiert zur Auswertung und Weiterverarbeitung anderen IT-Anwendungen zur Verfügung gestellt werden.

LogiOffice erfüllt somit Aufgaben aus den Bereichen Routenplanung und Überwachung des Fahrbetriebs eines Flottenmanagementsystems.

14.5.3 WIDAS

Das System WIDAS (Wissensbasiertes Disponentenarbeitsplatzsystem für Speditionen) ist ein Entscheidungsunterstützungssystem für die Touren- und Routenplanung in bedarfsgesteuerten Verkehrssystemen (DANOWSKI 1998). Dabei werden die im Verkehrsraum zwischen verschiedenen Abgangs- und Zielpunkten vorliegenden Transportaufträge unter Berücksichtigung unterschiedlicher Restriktionen zu Touren zusammengefasst (Clustering) und anschließend Fahrtrouten der einzelnen Transportmittel disponiert.

Zur Lösung des Clustering-Problems werden drei verschiedene Verfahren angewendet:

- Clustering nach benutzerdefinierten Zonen. Diese werden meist aus der Erfahrung des Unternehmens definiert.

- Winkelmethode. Dabei wird ausgehend vom Firmenstandort der Raum in bestimmte Winkel unterteilt.

- Gruppierungsmethode. Diese basiert auf der Analyse der Auftragsverteilung im Dispositionsgebiet. Auf der Grundlage der Entfernungsmatrix

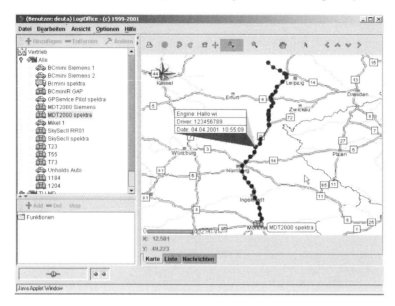

Abb. 14.13. Screenshot logiOffice (Quelle (KLINGE 2001)

werden die am nächsten liegenden Stationen zusammengefasst. Danach wird probiert, die nicht erfassten Stationen in die nächsten Cluster aufzunehmen. Anschließend wird versucht Cluster mit geringer Ladung auf die Nachbarn aufzuteilen um so eine Fahrt einzusparen.

Die Routenbestimmung geschieht nach dem Branch-and-Bound-Verfahren. In einzelnen Fällen konnte durch den Einsatz von WIDAS eine Einsparung der Dispositionskosten von bis zu 45% erreicht werden (vgl. (ILOS 1997)).

15

Modal-Split-Management

15.1 Problemstellung, Aufgaben und Ziele

15.1.1 Definition

Die Aufteilung der gesamten Verkehrsleistung in einem bestimmten Gebiet auf die verschiedenen Moden der Mobilität, d. h. der technischen Moden mit Straßen- und Schienenverkehr sowie Luft- und Schiffsverkehr, einschließlich der Moden mit natürlicher Antriebskraft wie Fußgänger- und Radfahrverkehr, wird als Modal-Split bezeichnet. Abbildung 15.1 zeigt als Beispiel die Modal-Split-Entwicklung des Personen- und Güterverkehrs in Deutschland im Straßen- und Schienenverkehr.

Die spezifische Aufteilung des Modal-Split hängt mit sehr vielen Faktoren zusammen, die zum Teil sehr unterschiedlich, aber nicht unabhängig voneinander sind. Dabei sind allgemeine und spezifische Faktoren zu unterscheiden. Zu den wichtigsten allgemeinen Faktoren zählen die langfristige historische Entwicklung bis zur aktuellen politisch-gesellschaftlichen und wirtschaftlichen Situation sowie die geografisch-klimatischen Randbedingungen. Zu den spezifischen Faktoren zählen die Transportentfernung, die Art des Verkehrsobjektes, d. h. Personen- oder Güterverkehr, sowie die Eigenschaften mit Kosten-, Qualitäts- und zeitlichen Merkmalen des jeweiligen Verkehrsmodus. Tabelle 15.1 zeigt spezielle Merkmale und Ausprägungen der einzelnen Faktoren.

Unter Modal-Split-Management wird nun die Möglichkeit und Durchsetzung verstanden, durch Einflussnahmen verschiedenster Art den Modal-Split in einem beabsichtigten Maß zu verändern bzw. einzustellen.

Diese Maßnahme entspricht der Vorstellung, dass mit dem Modal-Split bestimmte Größen des Verkehrs und relevante Größen anderer Bereiche, z. B. der Umwelt oder der Gesellschaft, unmittelbar korrelieren. Insofern wird der Modal-Split als beeinflussbare Regelgröße eines komplexen Regelsystems in-

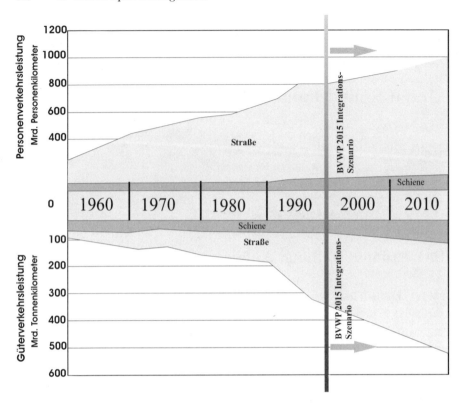

Abb. 15.1. Modal Split-Entwicklung der letzten Jahrzehnte des Landverkehrs in Deutschland nach (VerkehrInZahlen 2006)

Tabelle 15.1. Faktoren der Modal-Split-Wahl

Faktoren	Merkmale	Größen
Allgemeine Faktoren	Historische Entwicklung Geografische Struktur Wirtschaftlicher Status Siedlungsstruktur Verkehrsgut/Güterstruktureffekt Demographie Gesellschaftsstruktur	BSP, Kraftfahrzeugdichte Einwohnerzahl (-dichte), Verkehrswegelänge Güterstruktur Schülerzahl, Altersverteilung Liberalisierungsindex
Spezifische Faktoren	Transportentfernung Schnelligkeit Qualität Kosten Fahrtzweck Zeitbudget	Entfernungsverteilung Reisegeschwindigkeit Pünktlichkeit, Sicherheit Kraftstoffpreise, Steuern, Maut Erreichbarkeit Freizeit-Arbeitszeitverhältnis

terpretiert, die nachgeordnete Größen unmittelbar bestimmt und somit in einer Kaskadenstruktur dafür den Charakter einer Stellgröße hat.

Eine andere Vorstellung besteht darin, dass sich durch eine Vielzahl von einzelnen und durchaus lokalen Stellgrößen und Maßnahmen im Verkehrssystem und in Wechselwirkung mit den umgebenden Bereichen der Modal-Split einstellt und nur sekundärer Indikator für die relevanten soziotechnischen Systemgrößen ist.

Die Problematik der komplexen Wirkungsweise im Verkehrssystem lässt keine rückwirkungsfreien monokausalen Ursache-Wirkungspfade zu (vgl. Abschnitt 15.2), sondern muss in der oben skizzierten Dualität gleichermaßen akzeptiert werden. Wegen der breiten Etablierung des Modal-Split-Begriffs einerseits und zur Diskussion seiner Funktion der leittechnischen Beeinflussung andererseits soll jedoch hier der ersten Vorstellung gefolgt werden.

15.1.2 Problemstellung

Für das Modal-Split-Management resultieren zwei Problemstellungen mit einem länger- und einem kürzerfristigen Zeithorizont, wobei häufig der Spielraum der kürzerfristigen nur noch im begrenzten Rahmen der längerfristig wirkenden Bedingungen möglich ist.

Beispielsweise ist durch leittechnische Veränderung der Durchlassfähigkeit von Straßen, Strecken und Kreuzungen gemäß politischer Vorgaben auf kommunaler Ebene und gleichzeitiger Bevorrechtigung des ÖPNV zwar kurzfristig eine Veränderung des Modal-Split möglich, erfordert jedoch dazu die vorhergehende Ausrüstung mit Leittechnik, die flächendeckend nur über einen gewissen Zeitraum installiert werden kann. Ähnliches gilt für die Errichtung und Existenz von Verkehrswegen und Verkehrsmitteln mit ihren z. T. modalspezifischen Leistungs- und Ausstattungsmerkmalen.

Für die Änderung des Modal-Split durch substantielle längerfristige Eingriffe sind infolge deren volkswirtschaftlicher Größenordnungen und politischer Planungsvorläufe Zeiträume in Dekaden realistisch. Beispiele dafür sind die Errichtung von Flughäfen, Bahnhöfen, Wasserstraßen, Flottenausrüstungen oder technische Infrastruktureinrichtungen wie Funk- und Ortungsnetze usw. sowie insbesondere die räumlichen Siedlungsstrukturen und ihre Ursachen.

Sind jedoch die Konstituenten eines Verkehrssystems entsprechend leistungsfähig geplant und ausgestattet, sind durchaus kurzfristig Einflussnahmen des Modal-Split-Managements machbar, wenn die politisch-gesetzlichen Voraussetzungen vorliegen.

Das Modal-Split-Management verfolgt nicht primär die unmittelbare Einflussnahme auf die Verkehrsströme – auch wenn dies scheinbar der Fall ist – sondern ausschließlich mittelbar gesellschaftlich kollektiv verdichtete

Ziele, die jedoch auf individueller Ebene manchmal zu anderem und entgegengesetztem Modalverhalten führt, z. B. Parkraumbewirtschaftung und Parksuchverkehr, Autobahnmaut für Güterverkehr und Verdrängungseffekte, Alpentransit-Schwerverkehrsabgabe und geografische Verlagerungen von Belastungen.

15.1.3 Ziele

Die Ziele des Modal-Split und damit seines Managements sind aus gesellschaftlicher Sicht primär dem Nachhaltigkeits-Paradigma verpflichtet, d. h. sie umfassen ökonomische, soziale und ökologische Ziele. In ökonomischer Hinsicht sind dabei vor allem volkswirtschaftliche Kosten-Nutzen-Verbesserungen zu sehen, ökologisch sind Beanspruchung menschlich-natürlicher Lebensgrundlagen wie Boden(schätze) und Luft sowie Emission von Abgasen, Staub, Lärm und auch Erschütterungen, und sozial die Lebensqualität, aber auch die Erreichbarkeit von Lebensräumen zu beachten.

Die Ziele des Modal-Split sind nicht immer untereinander verträglich. Sie bedürfen daher in ihrer Gewichtung einer gesellschaftlich ausgewogenen Balance, die zwar häufig kurzfristig glückt, jedoch im Wechsel kurzer Wahlperioden im Verhältnis zur trägen Dynamik der Nachhaltigkeitsideale (noch) nicht dauerhaft etabliert ist und im Wettstreit von Volkswirtschaften erneut die politische Balance verlangt, die nur in historischen Zeiträumen erreicht werden kann.

Wenn es zwar naheliegend scheint, gewisse negative Eigenschaften mit bestimmten Verkehrsmoden zu assoziieren, z. B. Emissionen mit dem motorisierten Individualverkehr, darf daraus nicht der Schluss gezogen werden, einzelne Verkehrsmoden zurückzudrängen, sondern eher die jeweiligen Ursachen wie in diesem Beispiel die Emissionen von Verbrennungsmotoren einzuschränken, was sogar unspezifisch von Verkehrsmoden ist. Die Beschränkung auf funktionale Eigenschaften und Kenngrößen ermöglicht den Herstellern und Betreibern dann auch eher Spielräume für eine innovativere Realisierung, als wenn diese bereits einschränkend vorgegeben wird.

Für die Ziele eines Modal-Split-Managements ergeben sich konkrete Bemessungsgrößen und denkbare Aufgaben, die in Tabelle 15.2 aufgelistet sind.

15.1.4 Modal-Split Aufgabenstellung

Eine formale Modellierung und präzise Quantifizierung des Modal-Split und insbesondere seiner Zielsetzung bzw. -größe ist aus mehreren Gründen nicht einfach und immer noch Gegenstand der Forschung. Das liegt zum einen daran, dass nicht alle Bemessungsgrößen vollständig bekannt sind, auch wenn in gewisser Weise Konsens über die primären Größen, wie z. B. Verkehrsleistung,

Tabelle 15.2. Ziele, Bemessungsgrößen und Aufgaben des Modal-Split-Managements

Art	Ziele	Bemessungsgrößen	Aufgaben
ökono- misch	Wirtschaftlichkeit Schnelligkeit Verlässlichkeit Qualität	Kosten, Erlöse Reisegeschwindigkeit Verfügbarkeit Pünktlichkeit Kraftstoffverbrauch Investitions- und Betriebskosten	Gebühren, Steuererhebung Innovation Verbraucherschutz Wirtschaftliche Betriebsführung Steuer- und Gebühren- finanzierung
sozial	Optimale örtliche Er- reichbarkeit Sicherheit Komfort	Netzgröße, -raster Fahrplanstruktur Tote, Verletzte, Sachschäden Fahrkomfort Lärm	Netzgestaltung Steuergesetzgebung Beförderungsangebots- gestaltung Sicherheitsgesetzgebung und -überwachung Rettungswesen Instandhaltung
ökolo- gisch	Minimale Umweltbe- lastung Minimale Schäden	Emissionen Energieeffizienz Kontaminierung Roh- und Kraftstoff- verbrauch	Standortentwicklung Gesetzgebung (Richtlinien) Emissionsschutz Strafverfolgung

Verkehrsentfernungsverteilung, Reisegeschwindigkeit, modalspezifische Größen, wie z. B. Fahrzeugbelegungsgrad oder Nutzungsentgelte, besteht. Noch schwieriger wird zum anderen die Bemessung von ökologischen und sozialen Größen, z. B. Emissionen, Lärm, Unfall(folge)kosten, Gesundheitsschäden, Landschaftsverbrauch usw.

Besonders problematisch ist darüber hinaus die Vergleichbarkeit von gesellschaftlichen Wertvorstellungen. Diese werden häufig monetär verrechnet, was jedoch einerseits bereits sehr kontrovers diskutiert wird und andererseits in der modalspezifischen Zuordnung nur unscharf erfolgen kann: Zum Beispiel ist die Spreizung monetärer Verrechnung um den Faktor zwei oder mehr bei Unfallkosten keine Seltenheit (ROBATSCH und SCHRAMMEL 2001). Die modalspezifische Zuordnung, z. B. von Emissionen zu Flug-, Eisenbahn- und Automobilverkehr, wird ebenfalls mindestens in dieser Größenordnung diskutiert. Noch problematischer ist die Zuordnung von Folgekosten wie Unfallschäden, Schäden der Infrastruktur, Schäden der Emission und anderer Verkehrserscheinungen, z. B. Staus, aber auch ungenutzte Infrastrukturaufwendungen, auf die Gesellschaft und Volkswirtschaft, was unter dem Begriff Internalisierung aus den volkswirtschaftlichen Kosten auf die einzelnen Modalkosten verursachergerecht zugerechnet werden müsste. In der wissenschaftlichen Literatur werden diese Fragen seit langem diskutiert, ohne dass sich ein generelles quantifizierbares Mengengerüst herausgebildet hat (ROTHENGATTER 2002).

Insofern kann bereits für die Zielsetzung eines modalspezifischen Gütekriteriums kein allgemein akzeptiertes Gesamtmaß angegeben werden. Eine resultierende Problematik des Modal-Split-Managements liegt darin, welches das optimale Modal-Split-Verhältnis ist. Denn infolge der nicht-konsensualen und unscharfen Gewichtung, monetären Bemessung und Zuordnung von Bemessungsgrößen ist eine externe Vorgabe oder Steuerung des Modal-Split in bzw. nach wissenschaftlichen Kategorien (noch) nicht möglich. Insofern ist der anzustrebende Modal-Split Ergebnis politisch-gesellschaftlicher Willensbildung, die sich heute primär an einzelnen Bemessungsgrößen orientiert.

Demgegenüber steht der sich aus den komplexen Wirkungszusammenhängen des verkehrlichen Umfeldes (Abb. 15.2) ergebende tatsächliche Modal-Split, der i. A. häufig mit dem politisch angestrebten nicht übereinstimmt. Daraus resultieren zwangsläufig die Fragen, ob ein gewünschter Modal-Split überhaupt mit dem gegenwärtigen Wissen steuerbar und erreichbar ist, ob überhaupt die Steuerbarkeit des Modal-Split politisch gewollt ist, oder ob sich der Modal-Split quasi als Ergebnis der gesellschaftlichen und wirtschaftlichen Spielregeln schließlich nur einstellt.

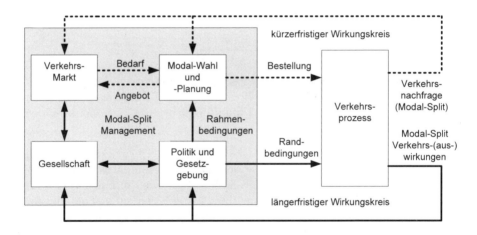

Abb. 15.2. Wirkungszusammenhänge bei der Modal-Split-Entwicklung

Im nächsten Abschnitt wird daher das Modal-Split-Verhalten differenzierter dargestellt, um seine dynamische Entwicklung im Sinne einer Regelstrecke zu verstehen. Aus Sicht der unmittelbaren Verkehrsleittechnik im Verständnis dieses Buches kann bereits jetzt schon vermutet werden, dass eine signifikante Einflussnahme unter den herrschenden gesellschaftlich-politischen Bedingungen kaum möglich ist. Da hierfür eher eine Generalverkehrsplanung zuständig wäre wird insofern das dynamische Verhalten des Modal-Split nur skizziert. Als entsprechende wissenschaftliche Disziplin fühlt sich zwar die Verkehrsplanung (HÖFLER 2004) verantwortlich, jedoch sind darüber hinaus für das Modal-Split-Verhalten noch weitere Einflüsse zuständig, die einerseits den zeithistorischen und technologischen, aber auch gesellschaftlich-wirtschaftlichen Kontext mit berücksichtigen müssen, was ebenfalls im nächsten Abschnitt angesprochen wird.

15.2 Modal-Split Verhaltensbeschreibung

Das Modal-Split-Management umfasst Eingriffe in ein hochkomplexes System. Insofern ist eine tiefgehende Analyse des Verkehrs in seinem gesamten Umfeld und seiner langfristigen trägen Eigendynamik für ein effektives Modal-Split-Management unabdingbar. Wegen der Komplexität dieses Systems kann jedoch bislang nicht von einem ausreichenden Verständnis dieses soziotechnisch-ökonomischen Systems ausgegangen werden.

Insofern ist eine spieltheoretische Modellierung zur Erklärung des Modal-Split-Verhaltens sicherlich ein attraktiver Ansatz. Insbesondere durch die damit mögliche Berücksichtigung von Interessen der Beteiligten und der Spielregeln wird der bisher stillschweigend postulierte Modellansatz einer gesamtheitlichen Regelung durch den eines gekoppelten dezentralen Mehrgrößenregelungssystems viel feiner differenziert und kommt dem Verständnis des komplexen Wirkungsgeflechts mit vielen Akteuren näher.

Die Beschreibung des Modal-Split-Verhaltens wird mit einer formalisierten regelungstechnischen Betrachtung eingeleitet, um daran die grundsätzliche Problematik aufzuzeigen. Anschließend wird eine konkrete Differenzierung anhand von Einzelaspekten herausgearbeitet, deren Wirkungsverflechtung jedoch im Kontext des formalen Modellkonzepts der Regelstrecke nicht vernachlässigt werden darf, um die Rückwirkung einer ausschließlich monokausalen Einflussnahme zu erkennen und damit argumentativ der Versuchung einer leichten Steuerbarkeit des Modal-Split zu widerstehen. Abschließend wird im Abschnitt 15.2.3 ein Ansatz einer konkreten formalen Modellierung rekapituliert.

15.2.1 Globale regelungstechnische Beschreibung

Dem Ansatz folgend, das Modal-Split-Verhalten als komplexe Regelstrecke zu interpretieren, werden zuerst die externen Größen dieses dynamischen Systems postuliert (Abb. 15.3).

Als eigentliche Regelgröße wird der individuelle Modal-Split-Anteil definiert, der sich über mehr oder weniger kurze Zeiträume praktisch gut erfassen und

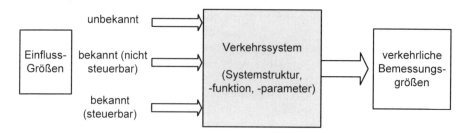

Abb. 15.3. Abstraktes Modell der Modal-Split-Regelstrecke und -größen

bestimmen lässt. Zusammen mit anderen verkehrlichen Größen wie Verkehrsleistung, Entfernung, Reisegeschwindigkeit, kann diese Bemessungsgröße als Ausgangsgröße des Systems aufgefasst werden. Jedoch sind nicht alle Bemessungsgrößen vollständig erfassbar und nicht zeitlich unmittelbar verfügbar, so dass häufig längere Auswertezeiten in Folge der Meldekette und statistischen Auswertung in staatlicher Verantwortung akzeptiert werden müssen.

Auf die Modal-Split-Regelstrecke wirken die verschiedensten Größen ein, so dass kaum zwischen internen, längerfristig gleichbleibenden System*parametern* (z. B. Länge der Verkehrswege, Anzahl der Verkehrsmittel) und kurzfristigeren Stell*variablen* unterschieden werden kann. Das Modal-Split-Verhalten hat heterogene Systemdynamiken, die eine derartige Unterscheidung sehr schwierig machen. Einzelheiten dazu werden weiter unten erläutert.

Die auf das System einwirkenden Größen müssen unterteilt werden in unbekannte Einflussgrößen, deren Wirkung bestenfalls vermutet, jedoch kaum kausal nachgewiesen werden kann, z. B. Brutto-Sozialprodukt oder Kraftstoffpreis und weiterhin beobachtbare Größen, die wiederum in unbeeinflussbare und letzten Endes extern unmittelbar beeinflussbare rückwirkungsfreie Größen unterschieden werden können. Beobachtbare, nicht unmittelbar beeinflussbare Größen ergeben sich aus dem komplexen Systemzusammenhang eines übergeordneten Ganzen und sind sowohl Eingangs- wie Ausgangsgrößen. Diese Unterscheidung hängt daher nur von der Wahl der Systemgrenze ab.

Interessant für die Modal-Split-Steuerung sind daher nur Größen, welche nicht wieder mittel- oder unmittelbar aus dem Verkehrsgeschehen resultieren. Diese Voraussetzung ist jedoch kaum gegeben, da im Verkehr als komplexes soziotechnisch-ökonomisches System keine rückwirkungsfreie äußere Einflussnahme möglich ist, ohne dass das System selbst darauf wieder zurückwirkt. Diese Erkenntnis wird häufig ignoriert, da sie wegen der teilweise trägen Dynamik der Zusammenhang zwischen Ursache und Wirkung im Zeitraum über Wahlperioden hinaus kaum wahrgenommen werden kann bzw. mag (WILKE 1999, VESTER 2002). So wird manchmal in bester Absicht, vor allem um negative verkehrliche Wirkungen zu vermeiden, in schlichter monokausaler Ursache Wirkungs-Vermutung eine staatlich verordnete Eingriffsnahme durchgesetzt,

z. B. Priorisierung des ÖPNV. Wegen der internen dynamischen Systemkopplungen, die bei der Einflussnahme nicht flankierend berücksichtigt werden oder nicht bekannt sind, stellt sich anfangs zwar der gewünschte Effekt ein, ruft jedoch später Begleiterscheinungen hervor, die ebenfalls unerwünscht sind. Dieses scheinbare Paradoxon ist in der Regelungstechnik unter dem Begriff Allpassverhalten bekannt und wurde bei der Steuerung komplexer sozialer Systeme von (FORRESTER 1969) und (DOERNER 1997) ausführlich beschrieben. Beispiele im Verkehr sind z. B. Umgehungsstraßen zur Verkehrsvermeidung in städtischen Siedlungen, die zu mehr Verkehr- und Landflucht beitragen, innerstädtische Fußgängerzonen und Einkaufszentren in städtischen Randbezirken.

Aufgrund seiner hochgradig vernetzten und rückgekoppelten Wirkungsstrukturen ist ein linear-kausales Ursache-Wirkungs-Verständnis kein erfolgversprechender Modellansatz (THOMAS 1996, DOERNER 1997, VESTER 2002). Dadurch wird an Symptomen kuriert, ohne nachhaltige Veränderungen zu ermöglichen. Manchmal sind schlicht die tatsächlichen Wirkungen schlimmer als die vorherigen ohne Eingriffe.

Die verkehrliche Eigendynamik im gesellschaftlich-technischen Umfeld erweist sich als nahezu resistent gegenüber unmittelbaren Steuerungseinflüssen wie das Beispiel Maut teilweise zeigt. Dies wird insbesondere dadurch deutlich, dass die Prognosen einer Verkehrswende, d. h. Verringerung der jährlichen Verkehrsleistung bzw. Änderung des Modal-Split, entsprechend politischen Zielsetzungen vom System schlicht ignoriert wurden.

Als Alternative zum gleichsamen Eingeständnis des Unvermögens, über direkte Stellgrößen den Modal-Split zu beeinflussen, könnte sich anbieten, die funktionalen Zusammenhänge der Regelstrecke selbst, d. h. die inneren Gesetzmäßigkeiten zu beeinflussen oder gar zu ändern. Ein Beispiel dafür wäre die unmittelbare Bepreisung von individuellen Transportleistungen jeder Verkehrsmode, wie es in den öffentlichen Verkehren weitestgehend üblich ist. Ein anderes Beispiel ist die Deregulierung von Monopolen, wie sie z. B. in Europa für die ehemaligen staatlichen Eisenbahnen verlangt und sehr verschieden realisiert wird (HASSMANN 2003).

15.2.2 Differenzierung nach Einzelaspekten

Nachdem die regelungstheoretisch orientierte Betrachtung die grundsätzlichen Schwierigkeiten der Einflussnahme auf das Modal-Split-Verhalten offenbart hat, sollen nun im zweiten Teil dieses Unterkapitels konkrete Aspekte beim Modal-Split beschrieben werden, insbesondere die inhaltlichen Ausprägungen in kausaler und temporaler Hinsicht, in räumlicher und Entfernungsabhängigkeit sowie im Hinblick auf die Interessen der Beteiligten in Verkehrssystemen. Vermutete Wirkungen verschiedenster Einflussgrößen auf dem Modal-Split werden analysiert. Sie erscheinen zwar plausibel, beziehen sich aber meist auf Einzelwirkungen, z. B. Kraftstoffpreise, auf lokale und sonst stabile Verhältnisse, insbesondere der Infrastruktur, so dass sie nicht ohne weiteres auf andere Verhältnisse übertragen werden können. Insbesondere sind die langwierigen Einflüsse der Verkehrsinfrastruktur zu beachten (AXHAUSEN et al. 2003, BO-BINGER 2006). Dies ist besonders für die Situation des Verkehrs in den schnell wachsenden Mega-Städten außerhalb von Europa interessant (HAYASHI 2004).

Voraussetzung für ein Verkehrssystem ist die Existenz einer Verkehrswegeinfrastruktur und von Verkehrsanlagen, die über große Zeiträume entwickelt, finanziert und genutzt werden. Der planungsrechtliche Verlauf und der anschließende Bau von Infrastrukturprojekten umfasst einige Jahrzehnte, die Nutzungsdauer liegt in der Größenordnung von Jahrhunderten bei entsprechender Unterhaltung. Die finanziellen Anforderungen sind beträchtlich und werden in der Regel von leistungsfähigen Gebietskörperschaften wie Staaten, Ländern und Kommunen, ggf. in Zusammenarbeit mit privaten Wirtschaftsunternehmen erbracht. Auch die gesetzlichen Rahmenbedingungen der (über)staatlichen Förderung haben gewissen Einfluss auf die Modalentscheidung.

Verkehrswege- und Siedlungs- bzw. Wirtschaftsinfrastruktur hängen so eng miteinander zusammen, dass keine explizite Ursache-Wirkungszuordnung möglich ist. Der Modal-Split korreliert insbesondere mit der Bevölkerungsdichte in Ballungsräumen, wie Abb. 15.4 zeigt.

Zu den längerfristig währenden Einflussgrößen auf den Modal-Split scheint neben den Kosten auch ggf. sogar ohne politische Einflussnahme die verkehrliche Leistungsfähigkeit selbst zu zählen. Beispiele aus dem Personenverkehr verdeutlichen dies. So hat z. B. die Verbindung Paris-Lyon nach Aufnahme des Hochgeschwindigkeits-Schienenverkehrs mit dem TGV in 1981 mit ihrer wachsenden Reisegeschwindigkeit die Luftverkehrsanteile proportional verringert, so dass diese Flugverbindung schließlich eingestellt wurde. Mit steigendem Angebot der Billig-Fluglinien in den letzten beiden Jahrzehnten hat der Verkehr in den Mitteldistanzen jedoch wieder erheblich zugenommen, ohne dass sich der Modal-Split nennenswert änderte.

Der Verkehrsbetrieb wird größtenteils mit eigenständigen Verkehrsmitteln wie PKW, LKW, Schienenfahrzeugen usw., aber auch mit eigenen Transportgefäßen wie z. B. Containern durchgeführt. Auch hier werden für Entwicklung und Betrieb von Fahrzeugen einige Dekaden veranschlagt. Der Austausch einer Fahrzeuggeneration kann zusätzlich in der Größenordnung von Dekaden liegen.

Eine andere langfristige Entwicklung des Modal-Split im Güterverkehr hat sich in kontinentalen Dimensionen ergeben, nämlich im Container-Verkehr, insbesondere im Übersee-Verkehr, ohne dass sich im kontinentalen Europäi-

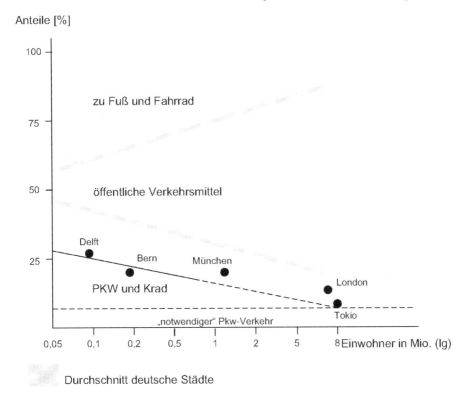

Anteile [%]

Abb. 15.4. Modal-Split in Abhängigkeit der Bevölkerungsdichte in Ballungsräumen (Collin 1990)

schen Binnenverkehr bislang nennenswerte Veränderungen im Modal-Split des Güterverkehrs ergeben haben.

Im Bereich des Güterverkehrs ist auch die Art der Transportgüter und ihrer -gefäße für den Modal-Split maßgebend, insbesondere für die Entwicklung im Containerverkehr, der im kontinentalen Vergleich Amerika, (Ost)Asien und Europa sehr unterschiedlich ist. Eine plausible Erklärung lieferte (Böse 2007), der die Inkompatibilität vorherrschender (anglo)amerikanischer Längenmaße (Feet, Inch) mit den metrischen Einheiten in Europa als (Teil)Ursache anführt. Dadurch konnte das gesetzlich begrenzte Lademaß nur unvollkommen und unwirtschaftlich ausgeschöpft werden. Hinzu kam ebenfalls in gleicher Ursache die Inkompatibilität von Europaletten und Containern, die die Kapazitätsproblematik noch verschärften. Dies könnte den bislang kaum nennenswerten Modal-Split-Anteil im europäischen Container-Verkehr erklären.

Die Abwicklung des Verkehrsbetriebes dient dem Zweck der Beförderung von Verkehrsobjekten im organisatorischen Rahmen der Regularien und ggf. technischer Mittel zur Realisierung. Bei den Verkehrsobjekten muss zwischen selbst- und fremdbestimmten Objekten, d. h. Personen und Sachgütern, und ihren jeweiligen Transportentfernungen und geografischen Verkehrsströmen unterschieden werden, die sehr unterschiedlichen zeitlichen Wandlungen unterworfen sind, was aus den Siedlungs- und Wirtschaftsstrukturen einerseits und den demografischen Verhältnissen und kalendarischen Ganglinien andererseits folgt.

Die Verkehrsleittechnik als organisatorische Infrastruktur auf der Basis der Automatisierungs-, Informations- und Kommunikationstechnik ist ebenfalls eine langlebige Investition mit Entwicklungs- und Betriebszeiträumen im Bereich von Dekaden.

Lediglich die Regularien als Gesamtheit von Direktiven und Gesetzen, Richtlinien und Normen können in kürzeren Zeiträumen geändert werden. Sie beeinflussen das Verkehrsgeschehen direkt und indirekt. Haben die normativen Vorgaben unmittelbaren Einfluss z. B. durch Vorgaben einer Steuer, Höchstgeschwindigkeit oder Promille-Grenze für Fahrzeugführer, ist eine schnelle Wirkung möglich. Auch bei vorhandener verkehrsleittechnischer Ausrüstung in Verkehrmitteln oder -wegen können normative Vorgaben dann schnell umgesetzt werden. Beziehen sich die Regularien auf die anderen Konstituenten, z. B. die Verkehrsleittechnik oder Verkehrsmittel, müssen die Entwicklungs-, Produktions- und Penetrationszeiträume berücksichtigt werden, so dass die volle Auswirkung durchaus Jahrzehnte dauert, z. B. bei der Luftreinhaltung durch Katalysator- oder Filtertechnologien.

Die Überwindung räumlicher Distanzen hat für das Modal-Split-Verhalten erhebliche Bedeutung. Für den Personenverkehr sind insbesondere bei extremen Entfernungen die Wahlmöglichkeiten eingeschränkt, da keine zweckmäßigen Alternativen bestehen. So hat in innerstädtischen Bereichen und bei kurzen Entfernungen der Fußgänger- und Radfahrverkehr erhebliche Bedeutung, der jedoch nach einiger Entfernung rasch abnimmt zugunsten des Öffentlichen Personennahverkehrs und des Individualverkehrs. Abbildung 15.5 zeigt die entfernungsabhängige Veränderung des Modal Split. Über ein originelles Experiment zum Vergleich der Leistungsfähigkeit verschiedener Verkehrsmoden in städtischen Ballungsräumen wurde Ende 2006 in der Zeit (MÖNNINGER 2006) berichtet. Eine Bürgerinitiative in Paris richtete einen Wettbewerb aus, bei dem ein 12 km langer Weg vom Pariser Norden zum Süden während des Morgens von einem Radfahrer, Rollerbladefahrer, Metrobenutzer und Automobilnutzer bewältigt werden sollte. Das Ziel wurde in der obigen Reihenfolge von den ersten Drei kurz nacheinander in etwa 40 Minuten erreicht, während das Automobil eine halbe Stunde später eintraf.

Klassische Studien zeigen eine Korrelation zwischen Entfernung und Reisezeitbedarf für den Modal-Split im Personenverkehr, so dass i.d.R. die höchste Reisegeschwindigkeit bzw. der minimale Zeitbedarf für die Modalwahl ausschlaggebend ist (KONTIV 2002).

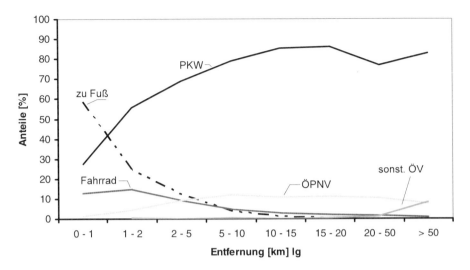

Abb. 15.5. Entfernungsabhängigkeit des Modal-Split (Kontiv 2002)

Bei sehr großen Entfernungen über mehrere hundert Kilometer und vor allem bei interkontinentalen Distanzen steht das Flugzeug zwangsläufig an erster Stelle. Bei mittleren Entfernungen von 50 - 500 km in bzw. zwischen urbanen Ballungsräumen, eine charakteristische Siedlungsstruktur in Europa, ist der Modal-Split das Ergebnis historischer, regional-geografischer, politischer und wirtschaftlicher Randbedingungen im Personen- und Güterverkehr. Durch Variation der Randbedingungen als auch der funktionalen Zusammenhänge eröffnet sich hier ein gewisser Spielraum zum Modal-Split-Management. Allerdings muss in diesem Zusammenhang die Häufigkeitsverteilung der Verkehrsentfernungen berücksichtigt werden, die aus dem Transportgut und seinem Transportzweck herrührt. Abbildung 15.6 zeigt, dass ein Großteil aller Verkehrswege innerhalb kurzer Distanzen durchgeführt wird. Ein nennenswertes Verlagerungspotenzial resultiert daher nicht zwangsläufig.

Hinzu kommt, dass die Modalentscheidung nicht immer aus der Sicht des Transportgutes, d. h. bedarfsabhängig entsteht, sondern häufig bereits durch die Existenz und Verfügbarkeit des Verkehrsmittels, d. h. angebotsabhängig, bestimmt wird. So hat der (private) Erwerb eines PKW in der Regel einen hohen Fixkostenanteil, der erst durch häufige Nutzung wirtschaftlich wird.

15.2.3 Mathematische Modellierung

Ein konkreter Ansatz zur quantitativen Modellierung des Modal-Split-Verhaltens bzw. Verhältnisses wurde von Strobel von der „Dresdner Schule" auf der Basis von (Schnabel und Lohse 1997, Voigt 1985) vorwiegend für urbane

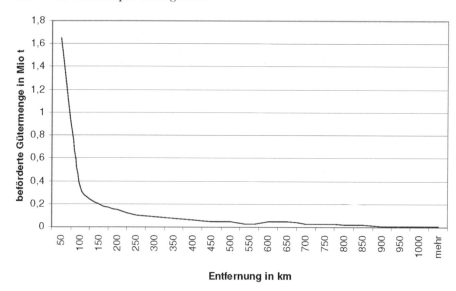

Abb. 15.6.   Verteilung der Verkehrswegeentfernungen im Güterverkehr (VWZ 2003-2004)

Ballungsräume in den letzten Jahren entwickelt, dem hier im wesentlichen gefolgt wird (STROBEL 1996):

„Die Aufteilung eines Verkehrsstromes auf mehrere alternative und konkurrierende Verkehrsarten wird von mehreren Faktoren beeinflusst, die sowohl vom Verkehrsteilnehmer selbst als auch vom Verkehrsmittel bzw. der spezifischen Verkehrssystemstruktur abhängen. Für die praktische Planungsarbeit ist es weder möglich noch notwendig, die Einflüsse aller Faktoren auf die Verkehrsmittelwahl gesondert zu berücksichtigen. Man geht deshalb so vor, dass man die unterschiedlichen Attraktivitäten der Verkehrsmittel, wie sie dem Verkehrsteilnehmer erscheinen, durch Attraktivitätswerte kennzeichnet und den besonderen Einfluss der Reisezeit durch spezielle Bewertungsfunktionen berücksichtigt".

Die Attraktivitätswerte lassen sich aus empirischen Befunden ableiten. Die Bewertungsfunktionen müssen so gestaltet sein, dass sie nicht nur den Reisezeiteinfluss bezüglich der Verkehrsmittelwahl sondern auch das Konkurrenzverhalten des Fußgängerverkehrs zum Fahrverkehr in den für den Fußgängerverkehr in Frage kommenden Entfernungsbereichen direkt mit erfassen.

Die Verkehrsstromaufteilung besitzt dabei durchaus Ähnlichkeiten mit der Aufteilung von elektrischen Strömen in parallel geschalteten Widerständen. Das Verhältnis der Teilströme zum Gesamtstrom ergibt sich nach den bekannten Kirchhoffschen Regeln als Quotient aus dem Leitwert des jeweiligen

Widerstandes geteilt durch die Summe der Leitwerte der parallel geschalteten Widerstände. Entsprechend lassen sich die Verkehrsmittelanteilswerte $VM(w_{Kij})_{KC}$ für das Verkehrsmittel K der Quelle-Ziel-Relation $i-j$ und der Quelle-Zielgruppe C gemäß

$$VM(w_{K_{ij}})_{KC} = \frac{A_{KC}F(w_{K_{ij}})_{KC}}{\sum\limits_{q=1}^{p} A_{qc} \cdot F(w_{K_{ij}})_{K_qC}} \tag{15.1}$$

sinngemäß als Quotient des „Verkehrsleitwertes" $A_{KC}F(w_{K_{ij}})$ des Verkehrsmittels K und der Summe aller „Verkehrsleitwerte"

$$\sum\limits_{q=1}^{p} A_{qc} \cdot F(w_{K_{ij}})_{K_qC} \tag{15.2}$$

interpretieren. Der „Verkehrsleitwert" setzt sich dabei aus dem Attraktivitätswert A_{KC} und der Bewertungsfunktion $F(w_{K_{ij}})_{KC}$ zusammen. Für die Attraktivitätswerte A_{KC} können unter den Bedingungen der Quelle-Ziel-Gruppe „Berufsverkehr" auf Grund empirischer Befunde folgende Zahlenwerte Verwendung finden: 0,29 für den Fußgängerverkehr, 0,08 für den Fahrradverkehr, 0,22 für den öffentlichen Personenverkehr und 0,41 für den motorisierten Individualverkehr (vgl. Abb. 15.6 und Abb. 15.5).

In die Bewertungsfunktion $F(w_{K_{ij}})_{KC}$ geht der (Verkehrs-)Widerstand $w_{K_{ij}}$ in Form der Reisezeit des Verkehrsmittels K zwischen der Quelle i und dem Ziel j (gemessen in Minuten) ein, die von der Quelle-Ziel-Entfernung L_{ij} und der mittleren Reisegeschwindigkeit V_{RK} in der Form

$$w_{K_{ij}} = \frac{L_{ij}}{V_{RK}} \tag{15.3}$$

abhängt. Für den Fußgänger- und Fahrradverkehr lässt sich die Bewertungsfunktion $F(w_{K_{ij}})_{KC}$ in der Form

$$F(w_{K_{ij}})_{KC} = (1 + w_{K_{ij}})^{-\varphi(w_{K_{ij}})} \tag{15.4}$$

mit

$$\varphi(w_{K_{ij}}) = \frac{F}{1 + \exp(F - Gw_{K_{ij}})} \tag{15.5}$$

angeben (SCHNABEL und LOHSE 1997), wobei E, F und G empirisch bestimmte Parameter sind.

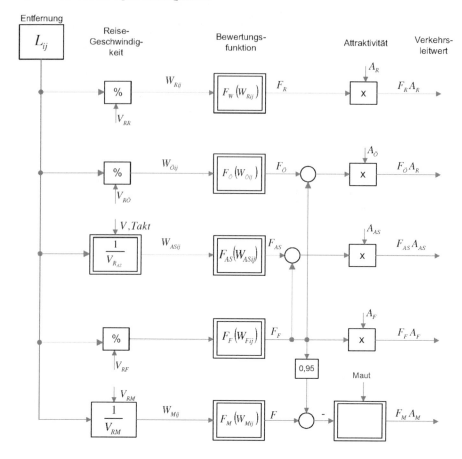

Abb. 15.7. Simulationsmodell zur Bestimmung von modalen Verkehrsleitwerten nach (STROBEL 1996)

Mit diesem Modell liegt nun eine mit empirischen Daten validierte Streckenbeschreibung für das Modal-Split-Verhalten in städtischen Ballungsräumen vor. Als wesentliche Bestimmungsgröße für den Modal-Split lassen sich aus dem Abb. 15.7 entnehmen: die Quelle-Ziel-Entfernung, die Reisegeschwindigkeit bzw. Taktzeiten im ÖPNV sowie die Mautkosten des Stadtzuganges. Das Modell macht eine hoch komplexe Wirkungsstruktur transparent. Es spiegelt jedoch nur den stationären Zustand wider, aber noch nicht dynamische Einschwingverhältnisse, die bei schnell ändernden Einflussgrößen wie z. B. Änderung der Reisegeschwindigkeit in Folge von Baustellen o. Ä. auftreten. Darüber hinaus wird durch dieses Modell auch nur der Berufsverkehr abgebildet, der nur etwa 20% der Personverkehrsmenge ausmacht. Bei anderen Verkehrszwecken wären ähnliche Ermittlungen notwendig, wobei allerdings der methodische Ansatz universell ist. Der obige Modellansatz wird z. B. durch die seit

2003 in London eingeführte Stadtmaut qualitativ aber in seiner Größenordnung (vgl. Tabelle 15.6) eindrucksvoll bestätigt (JONES 2004).

Nicht berücksichtigt ist in dem obigen Modell die streckeninterne Rückwirkung, z. B. auch auf das Gesamtverkehrsaufkommen. Hier ist die richtige
Begriffswahl entscheidend, die zwischen Transport und Verkehr unterscheidet. Die jeweiligen Dimensionen verdeutlichen ihren Unterschied: während der
Transport die gutbezogenen Kenngrößen in Personen- bzw. Tonnenkilometer
angibt wird der Verkehr auf das Beförderungsmittel durch Angabe der Fahrzeugkilometer bezogen. So ist beispielsweise im Jahrzehnt 1990 bis 2000 im
Güterverkehr die Transportleistung stärker als die Verkehrsleistung gestiegen,
was auf eine bessere Fahrzeugauslastung infolge verbesserter Logistik schließt,
die u. a. auch durch die 2005 in Deutschland eingeführte Autobahnmaut ver-
anlasst wurde.

15.3 Modal-Split Steuerung

Die Modal-Split Steuerung fußt auf zwei strategischen Elementen, zum einen
greift sie steuernd in die Variation der Verkehrsleitwerte ein, um dadurch die
Verkehrsnachfrage – meist zu Lasten des motorisierten Individualverkehrs – zu
drosseln, und zum anderen greift sie steuernd in die Angebotsentwicklung ein,
um durch Tarifierung, Steuern und Subvention die Attraktivität der Moden
zu beeinflussen und gemessen an politischen Zielen zu begünstigen.

Zum ersten Bereich gehört die monetäre Steuerung durch Bewirtschaftung
öffentlicher Straßen, zum Beispiel für Parkzwecke oder den generellen Zugang
in Innenstädten durch eine City-Maut, wie sie in Singapur und Oslo seit Jahrzehnten besteht und vor einiger Zeit mit guten Effekten in London eingeführt
wurde (JONES 2004, SCHADE 2007).

Die Modal-Split Steuerung kann im Sinne einer proaktiveren Einflussnahme
auf übergeordneter Ebene nur auf politisch-gesetzlicher und damit kollektiver Ebene erfolgen. Eine Einflussnahme auf individueller Enstehungsebene ist
meist nur die reaktive Folge auf die global vorgegebenen Randbedingungen.
Insofern liegt hier eine zweischleifige Regelung mit einer äußeren längerfris-
tigen fiskalischen Steuerung und einer kurzfristigen individuellen reaktiven
Regelung vor.

Grundsätzlich ist hinsichtlich der Modal-Split-Steuerung durch Verkehrsleittechnik festzustellen, dass zwar die individuellen bzw. operativen Maßnahmen
Auswirkungen auf den Modal-Split haben, aber erst die Fähigkeit, Verkehre
leittechnisch zu beeinflussen geschaffen werden muss, was die Moden mehr
oder weniger begünstigt. Voraussetzung für die situative, d. h. kurzfristigere
Steuerung der Modal-Verteilung der Verkehre, ist eine technisch ausgereifte
und leistungsfähige Verkehrs-Informations- und Kommunikationsinfrastruk-

tur, welche auch die Erhebung der Fahrwegbenutzungsgebühren (Fahrkarten oder Maut) beinhalten sollte. Dies kann alles jedoch nur im Rahmen des gültigen Rechts erfolgen (STOPKA und PÄLLMANN 2005).

Da die Modalwahl teilweise bereits lange vor der operativen Verkehrsteilhabe entschieden wird, ist häufig hierzu auch das Brechen tradierter Verhaltensmuster erforderlich, wozu umfangreiche Kampagnen initiiert werden.

Daneben kann man sich als weitere Akteure im Modal-Split-Management auch die Betreiber von Verkehrssystemen vorstellen, vor allem im ÖPNV und im Schienenverkehr, der proaktiv den Modal-Split angebotsorientiert beeinflussen kann. Dies kann insbesondere durch Vorhaltung von bedarfsangepassten Angeboten entstehen. Gemäß den bekannten Tagesganglinien der Transportnachfrage kann durch entsprechende öffentliche Beförderungsangebote, speziell mit Streuung der Taktfrequenz, d. h. kurzer Wartezeit, auch zu den Stoßzeiten ein hochattraktives kundenbezogenes Angebot offeriert werden (vgl. Abschnitt 13.2.3). Automatisierte Stadtschnellbahnen, die unabhängig vom sonstigen Verkehr operieren, können durch diese Art eines sowohl technologischen als auch wirtschaftlichen Innovationsszenarios die Betriebskosten zu einem Erlösüberschuss führen, wie (STROBEL 1996) zeigt und was durch die entsprechenden Systeme, z. B. in Vancouver, Lille und vor allem in HongKong bestätigt wird.

Auch im Güterfernverkehr gibt es viele Forschungsarbeiten, den Anteil des Schienenverkehrs durch entsprechende Maßnahmen wieder zu vergrößern. Die leittechnischen Maßnahmen allein sind nur von begrenztem Einfluss. Bedeutsam sind vor allem die erst längerfristig wirksamen und zum Teil umstrittenen gesetzgeberischen Maßnahmen (z. B. Bahnreform, Maut, Steuergesetzgebung für Kraftstoffe usw.) sowie die baulichen Voraussetzungen der Kapazitätsanpassung bzw. Erweiterung der Infrastruktur. Zum anderen sollten Eingriffe nur behutsam vorgenommen werden. Ein Beispiel ist die Verringerung der individuellen Bahnanschlüsse im Gebiet der Deutschen Bahn um etwas mehr als die Hälfte zur Verringerung der Verluste in den 90er Jahren (HAESSLER 2007). Damit entfielen Voraussetzungen für die flexible Erreichbarkeit von Quellen und Senken des Schienengüterverkehrs.

Insbesondere die Modalentscheidung durch den Urheber von Verkehr, d. h. den Menschen als Transportgast selbst oder in der Versenderfunktion, hat mit der operativen Steuerung der Verkehrsflüsse selbst keinen unmittelbaren Zusammenhang. Die leittechnisch bestimmte Verkehrsqualität und die Kosten sind jedoch für die Modalentscheidung im Individualverkehr der gewerblichen Transportwirtschaft des Güter- und Personenverkehrs sowie der dienstlichen Reise maßgeblich.

Auch die durchgängige informationelle Begleitung von Transporten beeinflusst die Attraktivität von Transportmoden. Ein Beispiel ist der Erwerb von Fahrscheinen im öffentlichen Verkehr, der grundsätzlich eine Art Hemmschwelle für seine Nutzung darstellt. Diverse Feldversuche und Studien haben ergeben, dass Mobiltelefone eine sehr gute technologische Plattform für Erwerb und Abrechnung von Fahrscheinen bilden, allerdings ist der wirtschaftliche Betrieb erst bei großen Märkten gegeben, die wiederum informations- und finanztechnische Standardverfahren erfordern, was derzeit nicht gegeben ist. Ähnliches gilt auch für die informationelle Begleitung von Frachten durch elektronische Frachtbriefe, die bei allen Beteiligten entsprechende Infrastruktureinrichtungen erfordert, was teilweise finanziell nicht aufgebracht werden kann.

Tabelle 15.3 listet zusammenfassend die Einflussgrößen auf, welche nachweislich die Verkehrsnachfrage und den Modal-Split signifikant beeinflussen. Dabei sind unmittelbare und indirekte Faktoren ausgewiesen, wobei die indirekten in teilweise mehrfacher Hinsicht auf die direkten wirken.

15.4 Anwendungsbeispiele

15.4.1 Modal-Split-Management im urbanen Personenverkehr

Die Teilhabe am öffentlichen Gut Straßenraum in urbanen Ballungsräumen ohne direkte monetäre Nutzungsentgelte hat neben anderen Faktoren die Dichte des fließenden und ruhenden Straßenverkehrs immer weiter ansteigen lassen, ohne dass aus den daraus resultierenden Erschwernissen längerer Reisezeit, größerer Emissionen und gestiegener Lärmbelastung nennenswerte begrenzende Rückwirkungen auf die Verkehrsnachfrage eingetreten sind.

Zahlreiche europäische Städte haben daher in den Ausbau des öffentlichen Personennahverkehrs investiert, jedoch ohne die erhoffte Verringerung des individuellen Straßenverkehrs zu erreichen, was sich leicht aus dem dadurch induzierten Straßenverkehr erklären lässt (LNV 1998).

Aus diesem Grund haben einige Kommunen daneben auch monetäre Zugangshürden für den innerstädtischen Verkehrsraum in den letzten Jahrzehnten eingerichtet, wie Tabelle 15.4 zeigt.

Die Wirkungsweise verschiedener Einflussfaktoren auf den Modal-Split in urbanen Ballungsräumen wurde in (STROBEL 1996) mit Hilfe von Simulationsmodellen (vgl. Abschnitt 15.2.3) für das obere Elbtal um Dresden auf der Basis umfangreichen Datenmaterials anhand von vier verschiedenen Szenarien untersucht. Die Ergebnisse dieser Analyse sind im Folgenden zusammenfassend wiedergegeben (STROBEL 1996):

„Die durchgeführte Szenarioanalyse stützt sich auf allgemeingültige Modellstudien, wobei die Modellparameter empirische Befunde berücksichtigen, die

Tabelle 15.3. Direkte und indirekte Einflussgrößen auf den Modal-Split

Zeithorizont	Einflussfaktoren	
	indirekt	**direkt**
planerisch/ längerfristig	Bruttosozialprodukt Lebensqualität(sindex) Demographie Siedlungsstruktur Steuerpolitik (Förderung) Standardisierung Forschungsvorhaben Organisationsstrukturen	Verkehrswegeinfrastruktur- eigenschaften Motorisierungsgrad Freizeitbudget Transportentfernung Kraftstoffpreis(index), Abgaben Transportgutaffinität Innovationen Verkehrsinformations- und Kommunikations- Infrastruktur
operativ/ kürzerfristig	Abgabenpolitik Verkehrswirtschaft Verkehrsmittelqualität Verkehrsleittechnik Verkehrs- und Transportlogistik	Monetär Nutzungsentgelte (Parkraum, Maut) Tarifierung (ÖV) Entgelterhebung und Transaktionsabwicklung Betriebsqualität Privilegierung (ÖV) Zugangsschwellen Verkehrsqualität Vernetzung, Abstimmung Informationell Informationsqualität, -kette Kommunikation und Kooperation Frachtbörsen

Tabelle 15.4. Ausgewählte Städte mit Innenstadtmaut nach (SCHADE 2007)

Stadt	Einführung der Maut	Verringerung des MIV
Singapur	2/1990	3 – 7%
Oslo	1975	15%
London	2/2003	15 – 18%
Edingburgh	2005	noch keine Daten

für die Spezifika der untersuchten Ballungsraumkategorie zutreffen. Die gewonnenen Resultate verstehen sich dabei als Ergebnisse grober quantitativer Abschätzungen, die jedoch zu signifikanten Unterschieden für die vier Szenarien führten und deshalb als robuste und verlässliche Trendaussagen angesehen werden dürfen. Folgende Erkenntnisse lassen sich zusammenfassend festhalten:

Das *Referenz-Szenario*, das bei der Schaffung des intermodalen Verkehrsleitsystems auf restriktive Maßnahmen gegenüber den motorisierten Individualverkehr verzichtet, kann die geforderte Trendwende nicht herbeiführen: Die im Rahmen dieses Konzepts vorgesehenen Maßnahmen sind zwar notwendig, aber nicht hinreichend.

Im Rahmen des *City-Maut-Szenarios* ist eine bedeutende verkehrliche und ökologische Wirksamkeit nur dann erreichbar, wenn eine drastische Verteuerung der Pkw-Nutzung in den ökologisch sensiblen Stadtgebieten durchgesetzt wird: Mit einer *City-Maut* von 3 bis 5 DM pro Fahrt[1] im gebührenpflichtigen Gebiet lässt sich der Modal-Split-Anteil des MIV deutlich, d. h. für kurze Quelle-Ziel-Abstände von ca. 4 km um bis zu 17% verringern. Eine Trendwende in der wirtschaftlichen Situation des öffentlichen Nahverkehrs ist allerdings nur bei Akzeptanz einer neuen Verkehrsfinanzierungspolitik erreichbar, d. h. bei Verwendung von *City-Maut-Einnahmen* zur Verbesserung des ÖPNV-Kostendeckungsgrades. Mit dem *City-Maut-Szenario* lässt sich also die verkehrliche, ökologische und wirtschaftliche Trendwende nur dann erreichen, wenn eine grundlegende Änderung verkehrspolitischer Rahmenbedingungen die politische und juristische Akzeptanz finden würde. Andererseits verspricht das *City-Maut-Szenario* die größte Wirtschaftlichkeit: Notwendige Investitionen, u. a. in die intermodalen Verkehrsleit- und Gebührenerhebungsysteme, „rechnen sich" betriebswirtschaftlich, wenn dazu geeignete institutionelle Rahmen (z. B. Betreibergesellschaften) geschaffen werden. Öffentliche Haushalte könnten geschont werden und der anzustrebende Grundsatz *„Verkehr finanziert Verkehr"* wäre realisierbar.

Das *technologische Innovations-Szenario* vermeidet die politischen und juristischen Akzeptanzbarrieren des *City-Maut-Szenarios*. Die Trendwende soll durch Einfügen eines „steuerbaren" *By-Passes* in das „Blutgefäßsystem" der Stadt herbeigeführt werden, d. h. die automatische Stadtschnellbahn soll als Mittel der Verkehrssystemintegration und des intermodalen Verkehrsmanagements genutzt werden, um so bedeutende Anteile des Stadtverkehrs für den stadtverträglichen ÖPNV zurückgewinnen und dessen Wirtschaftlichkeit zu verbessern. Die Simulationsergebnisse belegen die Erreichbarkeit dieser Zielstellung: Der Anteil des motorisierten Individualverkehrs am Modal-Split kann im Einzugsbereich der automatischen S-Bahn im Vergleich zum *Referenz-Szenario* um 17 bis 22% zurückgedrängt werden. Erfahrungen, die in Städten gewonnen wurden, die bezüglich Einwohnerzahlen und Stadtstrukturen der

---

[1] heute ca. 2 bis 3 Euro

untersuchten Ballungsraumkategorie vergleichbar sind (Toulouse und Lille), haben für das Gesamtsystem, bestehend aus automatischer Stadtbahn und herkömmlichem ÖPNV (Straßenbahn und Bus) eine Verdoppelung der Fahrgäste des öffentlichen Verkehrs (in Lille mit zwei etwa 12 km langen Linien) bzw. einem Anstieg auf 152% in Toulouse mit einer ca. 10 km langen Linie) nachgewiesen. Der Kostendeckungsgrad der automatischen S-Bahn erreichte in Lille im Jahre 1992 einen Wert von ca. 120% und für das Gesamtsystem des Nahverkehrs werden erhebliche Verbesserungen des Kostendeckungsgrades verzeichnet (Anstieg auf ca. 70%). Das *technologische Innovations-Szenario* besitzt also das Potenzial, die angemahnte Trendwende herbeizuführen. Im Gegensatz zum *City-Maut-Szenario* sind dazu naturgemäß erhebliche Mittel aus öffentlichen Haushalten erforderlich; im Vergleich zu bisher genutzten Konzepten, etwa zum Einsatz herkömmlicher U-Bahnen, wird allerdings eine größtmögliche verkehrliche Wirksamkeit mit minimalen betrieblichen und investiven Aufwendungen erreicht.

Das *technologische* und *wirtschaftliche Innovations-Szenario* würde erstmalig die Realisierung einer Doppelstrategie ermöglichen:

- Dämpfung der Nachfrage nach umweltbelastendem Individualverkehr und seine Umlenkung auf den ÖPNV durch monetäre Steuerung

- Koordinierte Erhöhung des ÖPNV-Angebotes, d. h. die Angleichung des Sitzplatzangebotes der automatischen S-Bahn an die schwankende Verkehrsnachfrage durch eine feinfühlige Taktzeitregelung (aktualisiert in (Scholz 2006)). Hierdurch würden die Servicequalität maximiert und die Betriebskosten durch Sicherung einer hohen Auslastung der Züge minimiert werden.

Das *technologische* und *wirtschaftliche Innovations-Szenario*, das erstmals eine *kombinierte Verkehrsnachfrage-* und *-angebots-Regelung* gestatten würde, besitzt demzufolge das Potential zu einer durchgreifenden Trendwende in verkehrlich-ökologischer und wirtschaftlicher Hinsicht.

In diesem Szenario wird zusätzlich zum Einsatz der automatischen Stadtschnellbahn als Mittel des intermodalen Verkehrsmanagements und der Verkehrssystemintegration die Nutzung monetärer Steuerungsinstrumente zur Dämpfung der Nachfrage nach umweltbelastenden Verkehrsarten vorgesehen.

Angenommen wird jetzt, dass im Modal-Split-Regelkreis nach Abb. 15.7 zusätzlich zur Verbesserung des ÖPNV-Angebotes mit Hilfe der monetären Steuerung ein Druck auf die umweltbelastenden Verkehrsarten zum Umstieg auf den ÖPNV bzw. zum Verzicht auf Fahrten ausgeübt wird. Dass diese Kombination von MIV-Nachfragemanagement über die monetäre Steuerung (*City-Maut*) und ÖPNV-Angebotsmanagement über die Taktzeitregelung der automatischen S-Bahn zu einer durchgreifenden Modal-Split-Beeinflussung führen würde, machen die in Tabelle 15.5 dargestellten Simulationsergebnisse sichtbar.

Diese Resultate gestatten drei Schlussfolgerungen:

- Im Vergleich zum *Referenz-Szenario* gelingt es, den Anteil des umweltbelastenden motorisierten Individualverkehr ganz erheblich, d. h. im Einzugsbereich der automatischen S-Bahn für Quelle-Ziel-Abstände von mehr als 4 km um 32 bis 35% zurückzudrängen, wenn der automatischen S-Bahn-Einsatz mit einer *City-Maut* von CM_E = ca. 2 Euro kombiniert werden würde. Der stadtverträgliche ÖPNV wäre danach hier wieder der Hauptträger des Stadtverkehrs.

- Dabei ergänzen sich die Wirkungen von automatischer S-Bahn und *City-Maut* in Abhängigkeit von den Quelle-Ziel-Abständen:

  - Bei kurzen Quelle-Ziel-Abständen ($L_{L_{ij}}$< 4 km) wirkt die *City-Maut* stärker als die automatische S-Bahn

  - Bei großen Quelle-Ziel-Abständen ($L_{L_{ij}}$< 6 km) hat die automatische S-Bahn eine größere Wirksamkeit

- Geht man davon aus, dass ein Modal-Split von ÖPNV:MIV $\approx$ 50%: 50% bereits zu ökologisch verträglichen Verhältnissen führt, dann könnte die Rolle der *City-Maut* im Modal-Split-Regelkreis auf die eines „Korrektiv" beschränkt werden: Das heißt, die monetären Steuerungsinstrumente brauchten lediglich verkehrs- oder umweltzustandsabhängig, d. h. in Störungsfällen, eingesetzt werden. Das würde die politische und soziale Akzeptanz monetärer Steuerungsinstrumente deutlich erhöhen, vorausgesetzt, dass transparente und plausible „Spielregeln" für die verkehrszustandsabhängige Festlegung der Stadtzufahrtsgebühren gefunden werden."

15.4.2 Modal-Split im Güterverkehr

Der Modal-Split im Güterverkehr hängt wie im Personenverkehr u. a. von den politisch-gesetzlichen Rahmen- und Randbedingungen ab, die allerdings erst – aus systemtheoretischen Verhaltensmustern begründet – langfristig ihre Wirkung offenbaren, was meist über die kürzeren Wahlperioden hinaus geht. So ist beispielsweise in der Schweiz und den USA ein grundsätzlich anderer Modal-Split im Güterverkehr festzustellen als in Deutschland oder Frankreich, wie die Tabelle 15.6 zeigt.

Eine interessante Entwicklung über vier Jahrzehnte im Güterverkehr der USA wurde von (ELLWANGER 2002) analysiert und mit dem der europäischen Bahnen verglichen, was im Folgenden ausschnittsweise rekapituliert wird.

Tabelle 15.5. Modal-Split-Anteile für verschiedene Szenarien zur Modal-Split-Steuerung nach (STROBEL 1996)

Wege-länge	Szenario	Modal-Split-Anteile		
		MIV	ÖPNV	autom. Stadtbahn
4 km	Referenz	65,0	35	-
	City-Maut	52,2	47,8	-
	technologisches	48,0	35,2	16,8
	City-Maut und techno-logisches	31,0	35,2	33,6
10 km	Referenz	68,0	32	-
	City-Maut	60,9	39,1	-
	technologisches	45,0	32,7	22,3
	City-Maut und techno-logisches	35,5	32,7	31,8

Tabelle 15.6. Modal-Split im Güterverkehr in ausgewählten Ländern (Angaben in Mrd. tkm) (VerkehrInZahlen 2006)

Jahr	Frankreich		Deutschland		Österreich	
	Straße	Schiene	Straße	Schiene	Straße	Schiene
1999	204,7	53,4	278,4	73,8	33,4	15,0
2000	204,0	55,4	280,7	75,4	35,1	16,6
2001	206,9	50,4	289,0	75,8	37,5	16,9
2002	204,4	50,0	285,2	71,4	38,5	17,1
2003	203,6	46,8	290,8	71,3	39,6	16,9

„Ein Vergleich der Eisenbahnen der USA mit der DB AG ist aufgrund völlig unterschiedlicher Größenverhältnisse nicht möglich; mit einer gewissen Vorsicht können jedoch die amerikanischen mit den europäischen Bahnen verglichen werden. Während in Europa eine ähnliche Größenordnung zwischen Personen- und Güterverkehr vorhanden ist, dominiert in den USA der Güterverkehr, der neunmal so stark ist wie der in Westeuropa. Im Jahr 1980 lag der Schienenanteil der USA bei 37,5%, reduzierte sich bis 1986 auf 36,4%, um sich danach auf derzeit 41% zu verbessern. Bei den transportierten Tonnen beträgt der Anteil der Schiene 25% und bei den Güterverkehrserträgen lediglich 9%; dies ist auf die niedrigen Tarife der Bahnen und ihren hohen Massengutanteil zurückzuführen.

Die EU-Bahnen halten ihre Verkehrsleistung (tkm) seit langem etwa konstant, der gestiegene Markt führte jedoch zu einer Verringerung des Marktanteils, der nur noch 14% beträgt.

Die Zahl der Class 1 Bahnen, d. h. der Hauptstrecken, hat sich von 1980 bis 2000 auf acht halbiert. Gleichzeitig hat sich die Zahl der anderen Bahnen auf

554 erhöht, beinahe eine Verdoppelung gegenüber 1980. Diese Regionalbahnen und kleineren „shortlines" dienen als Zubringer für die Class 1 Bahnen, haben aber auch ein eigenständiges Verkehrsaufkommen; bei Kapazitätsengpässen der „Großen" werden die Strecken der Regionalbahnen auch zur Entlastung benutzt. Unter diesen Bahnen gibt es auch zahlreiche Familienunternehmen mit nur wenigen Mitarbeitern, die sowohl Lokomotiven fahren als auch Unterhaltungsarbeiten am Gleis durchführen oder sich um die Kunden kümmern.

Die Verkehrsleistungen der vier Class 1 Bahnen liegen zwischen 316 und 787 Mrd. tkm, dies ist deutlich mehr als die 263 Mrd. tkm aller Bahnen in EU 17 zusammen. Die mittlere Transportweite eines Zuges der Class 1 Bahnen beträgt 1350 km, bei einer durchschnittlichen Beladung mit 2923 t. In Westeuropa beträgt die mittlere Transportweite 258 km, d. h. lediglich ein fünftel des amerikanischen Wertes. Die europäischen Züge sind im Mittel nur mit 330 bis 400 t beladen, d. h. weniger als ein siebtel der amerikanischen Beladung. Ein besonders starkes Wachstum verzeichnet der Kombinierte Ladungsverkehr (KLV). Von 3,1 Mio. im Jahr 1980 sind es mehr als 9 Mio. Container und Sattelauflieger im Jahr 2000 geworden.

Der Staggers Rail Act (SRA) brachte - im Oktober 1980 - den Eisenbahnunternehmen „flexibility", d. h. selbständiges, unternehmerisches Handeln. Die Auswirkungen der Deregulierung im den USA werden aus einer langfristigen Betrachtung der Class 1 Bahnen besonders deutlich. Interessant ist die Tatsache, dass der Verfall der Frachtraten (price) nach 20 Jahren immer noch nicht zum Stillstand gekommen ist. Inflationsbereinigt sind die Frachtraten um 59 % gefallen, die Verlader und ihre Kunden sparen jährlich über $10 Mrd. Verantwortlich dafür ist sowohl der Wettbewerb zwischen den Bahnen als auch die verschärfte Konkurrenz durch die Straße, da der Straßengüterfernverkehr ebenfalls im Jahr 1980 dereguliert wurde.

Der Rückgang der Güterverkehrserträge – trotz gestiegener Verkehrsleistung – ist auf die gesunkenen Tarife zurückzuführen. Der wirtschaftliche Erfolg der Deregulierung des Schienengüterverkehrs in den USA liegt darin begründet, dass es den Bahnen gelungen ist, die Betriebskosten je Tonnenmeile deutlich stärker zu senken als die Erträge. Die Produktivität wurde um beachtliche 173 % gesteigert; als Maßstab dient das Verhältnis der Tonnenmeilen zu den Betriebsausgaben. Die Class 1 Bahnen haben die unternehmerische Freiheit genutzt, um sich konsequent von zu großen Kapazitäten zu trennen. Das eigene Netz wurde um 71000 km, d. h. 39,8% reduziert. Zusätzlich wurde abschnittsweise die Gleisanzahl verringert.

Die europäische Infrastruktur lässt lediglich Achslasten von 20 bis 22 t zu, in Amerika sind dagegen 35 t möglich. Besonders positiv wirkt sich das größere Lichtraumprofil aus, es lässt den zweistöckigen Transport von Containern, den dreistöckigen Transport von Pkw oder den Transport von Lkw auf normalen Flachwagen zu. Die automatische Kupplung „Alliance" ermöglicht es, besonders lange und schwere Züge zu bilden.

Die Betriebsführung unterscheidet sich vollkommen von der europäischen, welche mit Fahrplänen für den Personen- und Güterverkehr arbeitet. Die amerikanischen Züge werden im „Dispatching System" geführt. Der Dispatcher legt kurzfristig den Fahrplan eines Zuges mit den notwendigen Randbedingungen fest.

Heute ist man sich in den USA einig, dass die Entscheidung gegen eine Verstaatlichung der wichtigste Schritt zur Revitalisierung des Eisenbahnsystems war. Die zweite wichtige Voraussetzung war dann die Erkenntnis, dass es weniger die Konkurrenz von Lkw und Binnenschiff war, die den Bahnen zu schaffen machte, sondern vor allem mangelnder Wettbewerb und fehlende Bewegungsfreiheit am Transportmarkt aufgrund überkommener starrer Regulierungen.

Die wichtigsten Ansatzpunkte von Staggers für die Eisenbahnen waren dabei die Begrenzung staatlicher Festlegung von Tarifen auf Fälle von „Marktbeherrschung", die Abschaffung gemeinsamer Tarifbildung in Kommissionen, die Zulassung des Abschlusses von Verträgen mit Verladern, die nicht veröffentlicht werden, die Erleichterung und Beschleunigung von Streckenstillegungsverfahren, die Erleichterung beim Verkauf von Nebenstrecken sowie die Anpassung der Bestimmungen der Bundesstaaten.

Mit einem Steuergesetz von 1981, das den Bahnen eine Verbesserung ihres Cash Flows um 2,5 Mrd. $ brachte, gab der Staat den Gesellschaften eine Starthilfe für den Weg ins Neuland des Wettbewerbs.

Natürlich darf nicht vergessen werden, dass die US-Bahnen in einem einzigen Staat operieren, in Europa dagegen noch zahlreiche einzelstaatliche Regelungen gelten, die zu gewissen Behinderungen führen. Weitere Fortschritte bei der Deregulierung durch die EU und die Beseitigung der Wettbewerbsverzerrungen (Fahrweggebühren, externe Kosten, Sozialvorschriften, u.a.m.) sollten auch den europäischen Güterzügen eine Renaissance ermöglichen, wie sie im europäischen Personenverkehr mit den Hochgeschwindigkeitszügen eingetreten ist."

15.4.3 Strategien zur Verlagerung des Güterfernverkehrs – von der Straße auf die Schiene

Ausgehend von der politischen Zielsetzung, Teile des Güterfernverkehrs von der Straße auf die Schiene zu verlagern, wurden in einem BMBF geförderten Forschungsvorhaben (BRAUN et al. 2003) Ansätze dafür entwickelt. Dies erforderte zunächst die Identifikation und Gewichtung der Kundenanforderungen hinsichtlich der Transportqualität. Eine Gegenüberstellung der Straßen- und Schienenverkehrssysteme führte zur Identifikation des Handlungsbedarfes und zur Ableitung entsprechender Maßnahmen für den Schienenverkehr.

Um eine Verlagerung von Verkehr von der Straße auf die Schiene zu erreichen, muss das Leistungsangebot des Schienenverkehrs an die geänderten
Randbedingungen angepasst werden. Veränderungen sollten dabei zunächst
auf die Kriterien zielen, die eine hohe Bedeutung für den Kunden besitzen
und konform zu den Anforderungen der Gütergruppen mit einem hohen Verlagerungspotenzial sind. Dazu wurde ermittelt, welche Anforderungen an die
Transportqualität von den Kunden als wichtig erachtet werden und wie die
Erfüllung dieser Anforderungen durch die Verkehrsträger Schiene und Straße
von den Kunden wahrgenommen wird. Zu diesem Zweck wurden Speditionen
und Unternehmen der verladenden Wirtschaft befragt.

Die Analyse von Kundenanforderungen in einem Forschungsvorhaben (BRAUN
et al. 2003) hinsichtlich zeitlicher Anforderungen im Güterverkehr führt zu
einer deutlichen Unterscheidung von Qualitätseigenschaften des Güter- und
Straßenverkehrs. Die Analyse ergab auch eine qualitative Neuordnung der Gü-
terverkehre hinsichtlich ihrer zeitlichen Qualität, aus der ein nennenswertes
Verlagerungspotential zugunsten des Schienenverkehrs resultierte, allerdings
auch zu notwendigen Maßnahmen in Infrastruktur und Betrieb des Schienenverkehrs führte und nur in geringem Maße leittechnische Maßnahmen verlangt,
wie im Folgenden ausgeführt wird.

Zur Ermittlung der Qualitätsmerkmale von Gütertransporten wurde auch eine umfangreiche Literaturrecherche durchgeführt und vorangegangene Umfra-
gen zum Thema herangezogen. Mittels vergleichender Betrachtung konnten
als wesentliche Anforderungen an Gütertransporte die in Abbildung 15.8 angegebenen Transportanforderungen identifiziert werden, die dort hinsichtlich
Bedeutung für den Kunden (Anforderungsprofil) sowie der Erfüllung durch
die Verkehrsträger (Qualitätsprofil) dargestellt sind. Das Anforderungsprofil
zeigt, dass allen Transportanforderungen insgesamt ein hoher Stellenwert bei-
gemessen wird. Als wichtigste Anforderungen wurden die Termintreue und die
Transportsicherheit identifiziert. Der Vergleich der Qualitätsprofile der Verkehrsträger Schiene und Straße macht deutlich, dass Straßentransporte den
genannten Transportanforderungen nach Ansicht der befragten Unternehmen
wesentlich besser gerecht werden als Schienentransporte, wo als einziges Kriterium die Transportsicherheit positiv bewertet wurde. Als die im Schienenverkehr am wenigsten erfüllten Kriterien werden die örtliche und zeitliche
Flexibilität genannt.

Betrachtet man die charakteristischen Eigenschaften des Verkehrsträgers Schiene, so sind es hauptsächlich die Betriebsführung und die durch die Infrastruktur gegebenen Randbedingungen hinsichtlich der Verkehrsführung, durch deren Änderung eine qualitative Verbesserung hinsichtlich der ausgewählten Kriterien erfolgen kann. Mögliche Maßnahmen könnten hier in den Ansätzen der
Schaffung ausreichender Ausweich- und Überholmöglichkeiten, der Verbesserung des Angebotes an Alternativrouten, der temporären Priorisierung des
Güterverkehrs, der Entmischung der Verkehre, der Verbesserung des Netzzu-

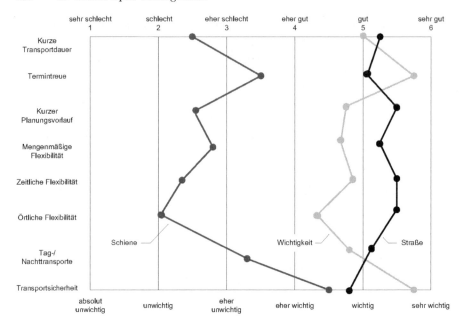

Abb. 15.8. Anforderungs- und Qualitätsprofile der Verkehrssysteme des Straßen- und Schienengüterverkehrs

standes, der Ertüchtigung der Güterzüge für höhere Geschwindigkeiten, der Harmonisierung der Geschwindigkeiten, der Optimierung der Betriebsverfahren, der Echtzeittrassenplanung sowie der Rationalisierung des Lok- und Personaleinsatzes bestehen.

Für eine Untersuchung hinsichtlich der flächendeckenden Auswirkungen wurden die Maßnahmen selektiert, von deren Umsetzung eine relevante Erhöhung der Leistungsfähigkeit der Strecken erwartet wird. Um die Kundenerwartungen zu erfüllen, erschien eine Neustrukturierung von Logistikgruppen erforderlich, die nach folgenden Merkmalen in absteigender Bedeutung gruppiert wurde: Der kurzen Transportdauer, des genauen Anlieferungszeitpunkts, der zeitlichen Unabhängigkeit, der kurzfristigen Verfügbarkeit und der Regelmäßigkeit der Transporte.

Daraus kristallisierten sich drei Gruppen mit weitgehend homogenen logistischen Anforderungen heraus. Aus den vorliegenden Daten wurden die zu verlagernden Transportmengen anhand der Verlagerungskriterien Mindestaufkommen, Mindestentfernung und Zugehörigkeit zu einer Logistikgruppe bestimmt. Die so gewonnene Quelle-Ziel-Matrix der Hauptgütergruppen wurde um die Relationen reduziert, die eine Transportmenge von weniger als 1.500 Tonnen aufwiesen.

- *1. Logistikgruppe: Die Anspruchsvollen (52%)*
  Hohe Transportanforderungen kennzeichnen diese Logistikgruppe, deren Güter aufgrund kurzfristiger Transportwünsche mit einer geringst möglichen Transportdauer zu transportieren sind. Es besteht eine starke zeitliche Abhängigkeit, so dass feste An- und Abfahrtzeiten in den Abend- und Morgenstunden kennzeichnend sind. Durch die ähnlichen Anforderungen an die Transportmittel sind die Güter dieser Logistikgruppe für paarige Verkehre geeignet.

  Für die Verlagerungsgrenze dieser Logistikgruppe wurde eine Entfernung von mindestens 400 km gewählt, da es sich um den Transport hochwertiger Güter handelt.

- *2. Logistikgruppe: Die Zeitgenauen (15%)*
  Die Logistikgruppe der „Zeitgenauen" erfordert eine feste zeitpunktgenaue Anlieferung, die jedoch aufgrund der geringeren zeitlichen Abhängigkeit individuell im Tagesablauf bestimmbar ist. Die Transportdauer hat nicht mehr eine so große Bedeutung wie in der vorigen Gruppe.

  Für diese Logistikgruppe, deren Transportanforderungen zeitlich flexibler sind, wurde mit mindestens 350 km eine Entfernung oberhalb des Minimalspektrums von 250 bis 300 km gewählt, in dem Schienentransporte gewöhnlich wirtschaftlich vertretbar durchgeführt werden können.

- *3. Logistikgruppe: Die Planbaren (33%)*
  Die Gruppe der „Planbaren" ist durch ein Mindestmaß an Pünktlichkeit charakterisiert bei gleichzeitiger zeitlicher Unabhängigkeit. Ein längerer Planungsvorlauf des Versenders und geringere Anforderungen an die Transportzeit kennzeichnen diese Logistikgruppe. Die Güter sind durch ihre besonderen Anforderungen an die Transportmittel und ihr Aufkommen in nur eine Richtung für paarige Verkehre weniger geeignet.

  Ihre Grenze liegt mit einer Entfernung von mindestens 267 km ebenfalls oberhalb der Mindestentfernung von 250 km.

Aus diesen Restriktionen ergibt sich eine maximal verlagerbare Menge von 50% des Güterfernverkehrsaufkommens. Dies entspricht einem zusätzlichen Güteraufkommen von 433 Mio. Tonnen auf der Schiene und bedeutet eine Steigerung von ca. 110%. Um die zunehmende Kapazitätsauslastung des Schienennetzes darstellen zu können, wurde der Anteil der Schiene, ausgehend von dem Referenzfall des Integrationsszenarios mit ca. 25%, in 5%-Schritten bis zu dem Maximalwert von 50% erhöht. Dabei wurden sukzessive – beginnend mit den Gütern der 3. Logistikgruppe – immer anspruchsvollere Gütergruppen bis zur 1. Logistikgruppe verlagert.

Zur Analyse der Verlagerungsfähigkeit wurden Szenarien definiert, die mit Hilfe von Simulationen untersucht wurden. Die Einzel-Szenarien beinhalten

gegenüber dem Referenz-Szenario die folgenden kapazitätssteigernden Maßnahmen, welche sich durch die Infrastruktur, des Betriebes sowie der Leittechnik realisieren lassen:

- *Szenario Blocklänge (Betrieb und Leittechnik)*
  Die Reduzierung der Blocklängen führt zu einer Verkürzung des zeitlichen
  Abstandes, der zwischen zwei aufeinanderfolgenden Zugfahrten mindestens
  einzuhalten ist, um einen behinderungsfreien Betriebsablauf zu gewährleisten.

- *Szenario Zugfolgeabschnitt (Infrastruktur und Betrieb)*
  Durch die Schaffung zusätzlicher Überholungsgleise können Konflikte zwischen Zügen unterschiedlicher Geschwindigkeit flexibler gelöst werden. Bei
  eingleisigen Strecken führen erweiterte Kreuzungsmöglichkeiten zu einer
  verbesserten Abwicklung von Begegnungsfällen.

- *Szenario Regionalstrecken (Infrastruktur)*
  Die sogenannten Regionalstrecken (Streckenstandards R80 und R120 der
  DB Netz AG) sind häufig nur eingleisig ausgebaut und im wesentlichen
  für Regionalzüge des Personenverkehrs ausgelegt. Die Erhöhung der Gleis-
  längen in den Kreuzungsbahnhöfen auf das für den Betrieb überregionaler
  Güterzüge erforderliche Maß von 700 m kann eine Entlastung der übrigen
  Strecken bewirken, da dieses alternative Zuglaufwege im gesamten Netz
  ermöglicht.

- *Szenario Harmonisierung (Betrieb und Leittechnik)*
  Durch eine Harmonisierung der Zuggeschwindigkeiten wird das bei Misch-
  betrieb typische Auseinanderlaufen der Zeit-Wege-Linien und damit das
  Auftreten großer Zeitlücken zwischen den einzelnen Zugfahrten vermieden.

- *Szenario Moving Block (Betrieb und Leittechnik)*
  Durch das Fahren von Zügen im absoluten Bremswegabstand („Moving
  Block") können die Zugfolgezeiten im Einrichtungs-Betrieb einer Strecke
  drastisch gesenkt werden. Die Betriebsweise ist sowohl fahrzeug- als auch
  fahrwegseitig mit einem sehr hohen technischen Aufwand verbunden.

- *Szenario Lange Züge (Betrieb, Leittechnik und ggf. Infrastruktur)*
  Durch Anhebung der zulässigen Güterzuglänge auf 1400 m erhöht sich die
  theoretische Transportkapazität eines einzelnen Zuges, so dass für die Erbringung der gleichen Transportleistung weniger Zugtrassen erforderlich
  sind. Diese Maßnahme erscheint nur in Verbindung mit einer Harmonisierung der Geschwindigkeiten in den Nachtstunden sinnvoll durchführbar.
  Andernfalls würde sich die Notwendigkeit für Überholungen durch den
  Personenfernverkehr ergeben, für die zu wenig Gleise in ausreichender
  Länge zur Verfügung stehen würden.

- *Szenario Bedienungszeiten (Betrieb)*
  In den späten Nachmittagsstunden wird ein großer Anteil der Güter für den Transport bereitgestellt, um im Idealfall am nächsten Morgen beim Empfänger einzutreffen (Nachtsprung). Damit sind häufig Belastungsspitzen im Zulauf auf die Zugbildungsanlagen verbunden, die in Verbindung mit dem Personenverkehr zu kritischen Engpässen führen können. Auch in den Zugbildungsanlagen selbst entstehen durch den ungleichmäßigen Zulauf von Wagen hohe Spitzenbelastungen, die eine entsprechende Auslegung der Anlagen erfordern. Durch Annahme einer gleichmäßigeren zeitlichen Verteilung kann eine Entspannung der beschriebenen Situation erzielt werden.

Die Gegenüberstellung der Einzel-Szenarien mit dem Referenz-Szenario führt zu den in Tabelle 15.7 zusammengefassten Empfehlungen:

Tabelle 15.7. Nutzenanalysen der Szenarien zur Verkehrsverlagerung

Szenario	Nutzen	Bemerkung
Harmonisierung	hoch	nachts flächendeckende Minderung von Engpässen
Regionalstrecken	hoch	vor allem nachts Entlastung der Hauptachsen
Bedienungszeiten	hoch	Entschärfung der Belastungsspitze am Nachmittag
Blocklänge	hoch	Flächendeckende Minderung von Engpässen
Lange Züge	mittel	Einsatz langer Züge auf wenige Relationen beschränkt
Zugfolgeabschnitt	gering	nur bei unterschiedlichen Geschwindigkeiten bedingt wirksam
Moving Block	gering	Nutzen auf wenige Strecken beschränkt, nicht flächendeckend

Bereits die Bewältigung der für das Jahr 2015 für die Schiene prognostizierten Gütermenge stellt ein ehrgeiziges Ziel dar. Eine weitere Erhöhung des Schienenverkehrsanteiles könnte nur mit der Durchführung umfangreicher betrieblicher und baulicher Maßnahmen erreicht werden. Bezogen auf die Erhöhung der Netzkapazität zeigen die ersten vier Maßnahmen Harmonisierung der Geschwindigkeiten, Ertüchtigung der Regionalstrecken, Flexibilisierung der Bedienungszeiten und Verkürzung der Blocklängen die größten Effekte. Aber auch bei Umsetzung dieser Maßnahmen ist die Erhöhung der Beförderungskapazität der Schiene nur in einem begrenzten Umfang möglich.

Literaturverzeichnis

[ABERLE 2002] ABERLE, G. (2002). *Transportwirtschaft. Einzelwirtschaftliche und gesamtwirtschaftliche Grundlagen.* Oldenbourg.

[ABERLE und WOLL 1996] ABERLE, G. und A. WOLL (1996). *Transportwirtschaft.* Oldenbourg Verlag, München.

[ACATECH 2006a] ACATECH (2006a). *Mobilität 2020. Perspektiven für den Verkehr von morgen.* Fraunhofer IRB Verlag, Stuttgart.

[ACATECH 2006b] ACATECH (2006b). *RFID wird erwachsen.* Konvent für Technikwissenschaften der Union der deutschen Akademien der Wissenschaften e.V., Fraunhofer IRB Verlag, München/Berlin.

[ACKERMANN 1998] ACKERMANN, TILL (1998). *Die Bewertung der Pünktlichkeit als Qualitätsparameter in Schienenverkehr auf der Basis der direkten Nutzermessung.* Dissertation, Universität Stuttgart.

[ADAC 2002] ADAC (2002). *Verkehrstelematik in Städten. Ein ADAC-Leitfaden für die Praxis.*

[ALBRECHT 2005] ALBRECHT, T. (2005). *Ein Beitrag zur Nutzbarmachung Genetischer Algorithmen für die optimale Steuerung und Planung eines flexiblen Stadtschnellbahnbetriebes.* Dissertation, Technische Universität Dresden.

[AMBERG und VOSS 2002] AMBERG, A. und S. VOSS (2002). *A hierarchical relaxations lower bound for the capacitated arc routing problem.* In: *Proceedings of the 35th Hawaii International Conference on System Sciences.* http://csdl2.computer.org/comp/proceedings/hicss/2002/1435/03/14350083b.pdf.

[ARMS 1994] ARMS, C. (1994). *Strukturierte Analyse und Konzeptentwurf eines optimierten Prozeßleitsystems für Schienenbahnen.* Dissertation, Technische Universität Braunschweig.

[Austrosoft 2005] AUSTROSOFT (2005). *Produktbeschreibung Flottenmanagementsystem FMS.* http://www.austrosoft.at.

[AutobahnNRW 2007] AUTOBAHNNRW (2007). *Verkehrslage in NRW, Hochrechnung für Autobahnen.* http://www.autobahn.nrw.de.

[AXELROD 1984] AXELROD, R. (1984). *The Evolution of Cooperation. Basic Books.* New York.

[AXHAUSEN et al. 2003] AXHAUSEN, K. W., P. FRÖHLICH und M. TSCHOPP (2003). *Zur Entwicklungsdynamik der Verkehrsnachfrage im Personenverkehr: Hintergründe und Erwartungen.* In: *VDI Gesamtverkehrsforum 2003.* Braunschweig.

472   Literaturverzeichnis

[Bachem 1996] BACHEM (1996). *Anwendungen der kombinatorischen Optimierung.* In: *Jahresberichte der Arbeitgruppe Prof. Bachem/Prof. Schrader.* http://www. zaik.uni-koeln.de/AFS/publications/annualreports/95-96/.

[BAIER und MILROY 2000] BAIER, T. und I. MILROY (2000). *Metromiser a system for conserving traction energy and regulating punctuality in urban rail services.* In: *IFAC Control in Transportation Systems,* S. 343–347, Braunschweig.

[BALZERT 1995] BALZERT, H. (1995). *Methoden der objektorientierten Systemanalyse.* Wissenschaftsverlag.

[BASt 1999] BASt (1999). *Entwurf und Bewertung von Verkehrsinformations- und-leitsystemen unter Nutzung neuer Technologien.* BASt-Schriftenreihe Verkehrstechnik, Heft V70.

[BASt 2000] BASt (2000). *Folgerungen aus eruopäischen F+E-Telematikprogrammen für Verkehrsleitsysteme in Deutschland.*

[BAYER 1994] BAYER, R. (1994). *Plädoyer für eine Nationale Informations- Infrastruktur.* Informatik-Spektrum, 17:302–308.

[BECHLER et al. 2005] BECHLER, M., S. JAAP und L. WOLF (2005). *An Optimized TCP for Internet Access of Vehicular Ad Hoc Networks.* Proceedings of the IFIP Networking Conference, Waterloo, Canada, Mai 2005.

[BENDFELDT 2006] BENDFELDT, J. P. (2006). *Planung von Eisenbahnknoten Infrastrukturgestaltung, Verfahrensweise, Standardisierung.* In: *EIK 2006,* S. 297–322.

[BERNDT 2001] BERNDT, T. (2001). *Eisenbahngüterverkehr.* Teubner.

[BIKKER und SCHROEDER 2002] BIKKER, G. und M. SCHROEDER (2002). *Methodische Anforderungsanalyse und automatisierter Entwurf sicherheitsrelevanter Eisenbahnleitsysteme mit kooperierenden Werkzeugen.* Dissertation, TU Braunschweig.

[BLUME und WESNER 2002] BLUME, H.-J. und G. WESNER (2002). *100 Jahre Tacho - Geschichte und Zukunft der Fahrerinformation.* Siemens VDO Automotive AG, Regensburg/Schwalbach.

[BMBF 2003] BMBF (2003). *MOBINET Abschlussbericht: 5 Jahre Mobilitätsforschung im Ballungsraum München.*

[BMVBS 2005] BMVBS (2005). *Bundesministerium für Verkehr, Bau und Stadtentwicklung: Verkehr in Zahlen.*

[BMVBW 2004] BMVBW (2004). *Bundesministerium für Verkehr, Bau- und Wohnungswesen: Telematik im Verkehr.* Druckerei des Bundes BMVBW, Bonn.

[BOBINGER 2006] BOBINGER, R. (2006). *Optimation and evolution of transportation networks.* In: *Proceedings of the 3rd International Symposium Networks for Mobility,* Stuttgart.

[BOCK 2001] BOCK, U. (2001). *Betriebs- und Kommunikationskonzepte für dynamische Rendevous-Manöver von Zügen.* Dissertation, Technische Universität Braunschweig.

[BOLTZE 1992] BOLTZE, M. (1992). *Zur Bewertung von Managementmaßnahmen und neuen Techniken im Verkehr.* Straßenverkehrstechnik, 4.

[BORMET 2002] BORMET, J. (2002). *Funktion der fahrplanbasierten Zuglenkung für Betriebszentralen.* EI - Eisenbahningenieur, 53:36–44.

[BORMET 2007] BORMET, J. (2007). *Anforderungen des Betreibers an den Lifecycle in der Fahrwegsicherungstechnik.* Signal + Draht, 1+2(99).

[BOSCH 2001] BOSCH (2001). *Fachwissen Kfz-Technik - Sensoren im Kraftfahrzeug.* Gelbe Reihe, Stuttgart.

[BOSCH 1999] BOSCH, ROBERT GMBH (1999). *Vom Dreiklang zum Hinztriller.* Datenhefte zur Bosch-Geschichte.

[BOTMA 1995] BOTMA, H. (1995). *Comparison of models for the instability of a traffic stream.* In: WOLF, D. E., M. SCHRECKENBERG und A. BACHEM, Hrsg.: *Workshop on Traffic and Granular Flow.* HLRZ Forschungszentrum Jülich (KFA).

[BRABAND 2005] BRABAND, J. (2005). *Risikoanalysen in der Eisenbahn-Automatisierung.* Eurailpress, Hamburg.

[BRAESS und SEIFFERT 2005] BRAESS, H.-H. und U. SEIFFERT (2005). *Handbuch Kraftfahrzeugtechnik: mit 91 Tabellen.* 4. Auflage, Vieweg Verlag, Wiesbaden.

[BRAKER 1993] BRAKER, HANS (1993). *Algorithms and Applications in Timed Discrete Event Systems.* Dissertation, Delft University of Technology.

[BRAUN et al. 2003] BRAUN, I., B. JÄGER, G. KNITSCHKY, B. SEWCYK und M. KETTNER (2003). *Strategien zur Verlagerung von Güterfernverkehr von der Straße auf die Schiene.* In: *Verein Deutscher Ingenieure,* S. 53–69. Gesamtverkehrsforum 2003 – VDI-Berichte Nr. 1799, Braunschweig.

[BRAUN und KÖNIG 2005] BRAUN, I. und S. KÖNIG (2005). *A Multi-Agent-Based Management and Operation System for Rail Transport.* In: *Proceedings of the 5th European Congress and Exhibition on Intelligent Transport Systems and Services - HITS 2005, Hannover.*

[BRAUN et al. 2004] BRAUN, I., S. KÖNIG und E. SCHNIEDER (2004). *Agentensysteme für die Logistik im Schienenverkehr.* Automatisierungstechnik, 52(7):328–334.

[BREU et al. 2003] BREU, S., G. THIEMT und M. KANT (2003). *"LeiDis-N " - Netzdisposition in der Netzleitzentrale der DB AG in Frankfurt.* SIGNAL + DRAHT, S. 14–19.

[BRILON et al. 2005] BRILON, W., J. GEISTEFELDT und M. REGLER (2005). *Reliability of Freeway Traffic Flow: A Stochastic Concept of Capacity.* In: *Proceedings of the 16th International Symposium on Transportation and Traffic Theory, College Park, Maryland.*

[BROCKFELD 2004] BROCKFELD (2004). *Performance of car following behaviour in microscopic traffic flow models.* In: *Proceedings of the 2nd International Symposium Networks for Mobility,* S. 41.

[BROCKHAUS 1967] BROCKHAUS, F. A. (1967). *Brockhaus Enzyklopädie in 20 Bänden, 2. Band.* Wiesbaden.

[BRUMM 2006] BRUMM, M. (2006). *Auskünfte eines Mitarbeiters der Firma IBEO AS GmbH.* (via E-Mail und telefonisch).

[BRÄNNLUND et al. 1998] BRÄNNLUND, U., P. O. LINDENBERG, A. NÖU und J. E. NILSSON (1998). *Railway Timetabling using Lagrangian Relaxation.* Transportation science, 32(4):358–369.

[BUBB 2006] BUBB, H. (2006). *Akzeptanz, Nutzen, Sicherheit.* In: *22. Internationale VDI/VW-Gemeinschaftstagung „Fahrzeug- und Verkehrstechnik",* Wolfsburg.

[BÖSE 2007] BÖSE, J. (2007). *Instrumente zur Unterstützung der Planung von Innovationsprozessen.* Dissertation, Universität Hamburg.

[BÖTTCHER 1969] BÖTTCHER, R. (1969). *Die numerische Behandlung des Verkehrsablaufs an signalgesteuerten Straßenkreuzungen.* Dissertation, Technische Universität Karlsruhe.

[CAREY und LOCKWOOD 1995] CAREY, M. und D. LOCKWOOD (1995). *Algorithms and Strategy for Train Pathing.* Journal of Operational Research Society.

[CHANDLER et al. 1958] CHANDLER, R. E., R. C. HERMAN und E. W. MONTROLL (1958). *Traffic dynamics: Studies in car following.* In: *Operations Research 6,* S. 165–184.

[CHANG 1961] CHANG, SSL (1961). *Synthesis of Optimum Control Systems.* McGraw-Hill, New York.

474   Literaturverzeichnis

[CHEN 1992] CHEN, Z. (1992). *Menschliche und automatische Regelung der Längsbewegung von Personenkraftwagen*. Fortschritts-Berichte, VDI Verlag, Düsseldorf.

[COHEN 1991] COHEN, S. (1991). *Kinematic Wave Theory*. In: *Concise Encyclopedia of Traffic and Transportation Systems*, S. 231–234. Pergamon Press.

[COLLIN 1990] COLLIN, H. J. (1990). *Integration des ruhenden Verkehrs in die Verkehrsentwicklungsplanung*. In: *VDI-Berichte 817*, S. 273–298.

[CREMER 1979] CREMER, M. (1979). *Der Verkehrsfluß auf Schnellstraßen : Modelle, Überwachung, Regelung*. Springer, Berlin.

[CZOMMER 2000] CZOMMER, R. (2000). *Leistungsfähigkeit fahrzeugautonomer Ortungsverfahren auf der Basis von Map-Matching-Techniken*. Dissertation, Universität Stuttgart. http://elib.unistuttgart.de/opus/volltexte/2001/818/pdf/ Czommer_Diss.pdf.

[DANKMEIER 2006] DANKMEIER, W. (2006). *Verschlüsselung, Kompression, Fehlerbeseitigung*. Vieweg Verlag, Wiesbaden.

[DANOWSKI 1998] DANOWSKI, K. (1998). *Computergestützte Fahrtendisposition in fahrplan- und bedarfsgesteuerten Verkehrssystemen : ein Beitrag zur Integration wissensbasierter und algorithmischer Konzepte in Entscheidungsunterstützungssystemen*. Dissertation, TU Dresden.

[DAVIS 1972] DAVIS, A. M. (1972). *Spieltheorie für Nichtmathematiker*. Wissenschaftsverlag, Oldenbourg.

[DB 2007] DB (2007). *Presseinformation 119*. http://www.db.de/site/bahn/de/ unternehmen/presse/presseinformationen/bw/bw20070319a.html.

[DECKNATEL 2001] DECKNATEL, G. (2001). *Entwicklung eines Typs kontinuierlich-diskreter höherer Petrinetze und seine Anwendung auf Bahnsysteme*. Dissertation, Technische Universität Braunschweig.

[DeStatis 2006] DeSTATIS (2006). *Unfälle im Straßenverkehr nach Geschlecht 2005*. Statistisches Bundesamt, Wiesbaden.

[DILAX 2007] DILAX (2007). www.dilax.de.

[DIN 19259] DIN 19259. *Datentypen mit Klassifikationsschema für Messeinrichtungen mit analogem oder digitalem Ausgang für die Prozessmesstechnik*.

[DIN 70000] DIN 70000. *Norm DIN 70000: Straßenfahrzeuge; Fahrzeugdynamik und Fahrverhalten; Begriffe (ISO 8855:1991 modifiziert)*.

[DOERNER 1997] DOERNER, D. (1997). *Die Logik des Misslingens. Strategisches Denken in komplexen Situationen*. Rowohlt, Reinbeck.

[DOLL et al. 2002] DOLL, C., M. HELMS, G. LIEDTKE, S. ROMMERSKIRCHEN, W. ROTHENGATTER und M. VÖDISCH (2002). *Wegekostenrechnung für das Bundesfernstraßennetz – Grundlage für fahrleistungsbezogene Straßenbenutzungsgebühren*. Internationales Verkehrswesen, 5.

[DOMSCHKE 1997] DOMSCHKE, W. (1997). *Logistik: Rundreisen und Touren.*. Oldenbourg, 4. Aufgabe.

[EBERENZ 1990] EBERENZ, R. (1990). *Optimale Fahrweisen für Kraftfahrzeuge*. Vandenhoeck & Ruprecht.

[EBO 1967] EBO (1967). *Eisenbahn-, Bau und Betriebsordnung vom 01.05.1967; in der Fassung vom 30.10.2006*.

[EBO 2007] EBO (2007). *Eisenbahnbau- und Betriebsordnung*. http://www.rechtliches.de/info_EBO.html; 05. April 2007.

[EIBV 2005] EIBV (2005). *Verordnung über die diskriminierungsfreie Benutzung der Eisenbahninfrastruktur und über die Grundsätze zur Erhebung von*

Entgelt für die Benutzung der Eisenbahninfrastruktur (Eisenbahninfrastruktur-Benutzungsverordnung - EIBV). `http://www.wedebruch.de/gesetze/betrieb/eibv_2005.htm`.

[EKrG 1971] EKRG (1971). *Gesetz über Kreuzungen von Eisenbahnen und Straßen (Eisenbahnkreuzungsgesetz); in der Fassung der Bekanntmachung vom 21. März 1971; BGBl. I S. 337*.

[ELLWANGER 2002] ELLWANGER, G. (2002). *Erfolge des Schienengüterverkehrs in den USA – 20 Jahre Deregulierung*. ETR.

[ENGELBERG 2001] ENGELBERG, T. (2001). *Geschwindigkeitsmessung von Schienenfahrzeugen mit Wirbelstrom-Sensoren*. VDI Verlag.

[ENNULAT und GOTTSCHALK 1992] ENNULAT, D. und A. GOTTSCHALK (1992). *Neue Lösungen in der Verfahrenstechnik in Ablaufanlagen*. Signal + Draht, 84(4):87–92.

[ERKE 1978] ERKE, H. (1978). *Visuelles Design für Kommunikationsprozesse – Grundlagen und Praxis*. IDZ Design-Seminar 2, L. Vogt, IDZ, Berlin.

[ETSCHBERGER 1994] ETSCHBERGER, K. (1994). *CAN, Controller-Area-Network*. Hanser Verlag, München / Wien.

[EU 2004] EU (2004). *Richtlinie 2004/49/EU über die Sicherheit der Eisenbahnen in der Gemeinschaft*.

[EU 2005] EU (2005). *Antikollisions-Radar: Die Kommission ermöglicht die Ausrüstung von Kraftfahrzeugen mit iener Technologie für die Straßenverkehrssicherheit*. `http://europa.eu/rapid/pressReleasesAction.do?reference=IP/05/54&format=HTML&aged=0&language=de&guiLanguage=en`.

[EVERS und ALGER 2004] EVERS, H. und M. ALGER (2004). *Anonyme Verkehrsdatenerfassung über Mobilfunknetze*. In: *Tagungsband Informationssysteme für mobile Anwendungen 2004, Braunschweig*.

[EVERS und KASTIES 1998] EVERS, H. und G. KASTIES (1998). *Kompendium der Verkehrstelematik*. TÜV-Verlag, Düsseldorf.

[FA 007] FA 007. *Telematik in Braunschweig 2001*. ADAC/GZVB Konferenz.

[FAY 1999] FAY, A. (1999). *Wissensbasierte Entscheidungsunterstützung für die Disposition im Schienenverkehr - Eine Anwendung von Fuzzy-Petrinetzen*. Dissertation, TU Braunschweig.

[FENNER et al. 2003] FENNER, W., P. NAUMANN und J. TRINCKAUF (2003). *Bahnsicherungstechnik Erlangen*. Publicis.

[FGSV 1998] FGSV (1998). *Hinweise zum Einsatz bargeldloser Zahlungsmittel*.

[FILIPOVIC 1992] FILIPOVIC, Z. (1992). *Elektrische Bahnen*. Springer-Verlag.

[FINKENZELLER 2005] FINKENZELLER, K. (2005). *RFID-Handbuch*. Hanser Verlag, München.

[FORRESTER 1969] FORRESTER, J. W. (1969). *Urban Dynamics*. M.I.T. Press.

[FRANKE et al. 2002] FRANKE, R., M. MEYER und P. TERWIESCH (2002). *Optimal Control of the Driving of Trains (Optimale Steuerung der Fahrweise von Zügen)*. at - Automatisierungstechnik, 50(12).

[FRASCA et al. 2004] FRASCA, M., P. ARENA und L. FORTUNA (2004). *Bioinspired emergent control of locomotion systems*. World Series on Nonlinear Science, Series A.

[FREDERICH 1994] FREDERICH, F. (1994). *Chaos als Konzept Schienengüterverkehr mit selbstorganisierenden Fahrzeugen*. Glasers Annalen, 118(7):329.

[Freightmatrix 2003] FREIGHTMATRIX (2003). *online logistics marketplace*. `http://www.freightmatrix.com`.

[FRIEDRICH 2000] FRIEDRICH, B. (2000). *Steuerung von Lichtsignalanlagen, BALANCE - ein neuer Ansatz.* Straßenverkehrstechnik, 7.

[FRIEDRICH 2004] FRIEDRICH, M. (2004). *Umdruck zur Verkehrstechnik und Verkehrsleittechnik.* TU – Stuttgart.

[FSA 2004] FSA (2004). *Baikonur Launching Site, "Proton-K – GLONASS, GLONASS-M".* http://www.roscosmos.ru/video/Glonass_Bloock_www1.pdf.

[FÜRSTENBERG 2005] FÜRSTENBERG, K. (2005). *New European Approach for Intersection Safety – The EC-Project INTERSAFE.* In: *ITS*, Hannover.

[GABARD 1991] GABARD, J.F. (1991). *Car-following models.* In: *Concise Encyclopedia of Traffic and Transportation Systems*, S. 65–68. Pergamon Press.

[GANZELMEIER 2004] GANZELMEIER, L. (2004). *Nichtlineare H∞-Regelung der Fahrzeuglängsdynamik.* Dissertation, Technische Universität Braunschweig, Institut für Verkehrssicherheit und Automatisierungstechnik.

[GAZIS et al. 1961] GAZIS, D. C., R. HERMAN und R. W. ROTHERY (1961). *Nonlinear Follow the Leader Models of Traffic Flow.* In: *Operations Research*, Bd. 9, S. 545–567.

[GEISTLER 2005] GEISTLER (2005). *Disposition. Vorlesung Eisenbahnbetriebswissenschaft II.* www.mrt.uni-karlsruhe.de/download/skript-ebw2.pdf.

[GERMAN 2000] GERMAN, R. (2000). *Performance Analysis of Communication Systems. Modeling with Non-Markovian Stochastic Petri Nets.* John Wiley & Sons Ltd.

[GERSTENBERG 1922] GERSTENBERG, F. (1922). *Fernmeldeanlagen und Schranken.* In: CAUER, W., Hrsg.: *Sicherungsanlagen im Eisenbahnbetrieb.* Springer, Berlin.

[GESKE et al. 2002] GESKE, U., H.-J. GOLTZ und D. MATZKE (2002). *A technology for avoiding conflicts in multitrain simulation.* Computers in railways, III:379–388.

[GLATTFELDER 2001] GLATTFELDER, A. H. (2001). *Regelungen mit Ausgangsbeschränkungen.* In: *GMA-Fachausschuss 1.4, Dept. of Automatic Control*, Nr. ISBN 3-9501233-2-6, S. 33–44. Johannes Kepler Univ.

[GLÄSER et al. 2007] GLÄSER, S., F. HÖWING und E. SCHNIEDER (2007). *Automatische Fehleranalyse einer offenen Kommunikationsarchitektur für Kraftfahrzeuge. atp – automatisierungstechnische Praxis.* Oldenbourg Verlag, München.

[GMA 2003] GMA (2003). *DI/VDE-Gesellschaft Mess- und Automatisierungstechnik.* VDI/VDE 3682 Formalisierte Prozessbeschreibungen.

[GOODCHILD et al. 2003] GOODCHILD, A., Y. OUYANG, C. REMY und R. SENGUPTA (2003). *Intersection Decision Support (IDS): An implementation for collision avoidance.* In: *ITS*, Madrid.

[GOODWIN 1995] GOODWIN, P. B. (1995). *Empirical Evidence on Induced Traffic: A Review and Synthesis.* Transport Studies Unit, University of Oxford, TSU Ref:834.

[GREENSHIELDS 1935] GREENSHIELDS, B. D. (1935). *A study of highway capacity.* Bd. 14, S. 448–477. Proceedings Highway Research Record, Washington.

[GREWAL et al. 2001] GREWAL, M. S., L. R. WEILL und A. P. ANDREWS (2001). *Global Positioning Systems, Inertial Navigation, and Integration.* John Wiley & Sons.

[HAESSLER 2007] HAESSLER, M. (2007). *„Gleisanschlusslogistik", Internationales Verkehrswesen.* Internationales Verkehrswesen, S. 90–94.

[HAHN 2006] HAHN, M. (2006). *Analyse der Sicherung europäischer Bahnübergänge.* Diplomarbeit, Technische Universität Dresden.

[HAKEN 1987] HAKEN (1987). *Lasers and Synergetics. A Colloquium on Coherence and Self-Organization in Nature.* Springer Verlag.

[HANS et al. 1994] HANS, G., U. KUCHARZYK und P. LUTZ (1994). *TCN Train Communication Network. Internationale Normung für Zug- und Fahrzeugkommunikation.* In: *Aktive Leittechnik für Schienenfahrzeuge. Tagung Aachen, 8./9. September 1994.* VDI-Berichte 1154. VDI-Verlag, Düsseldorf.

[HARTMANN 1982] HARTMANN, H.-L. (1982). *Nachrichtensysteme: Dienstintegration in künftigen Kommunikationsnetzen.* Teubner, Stuttgart.

[HASPEL und NÖTH 2007] HASPEL, U. und F. NÖTH (2007). *Floating Car Data als Quelle für Echtzeit-Verkehrsdaten.* Internationales Verkehrswesen, 1+2:29–33.

[HASSMANN 2003] HASSMANN, WALTER (2003). *Aufgaben der EU Beitrittsländer bei der Harmonisierung der Bahn.* In: *10. Internationales Symposium, Zel 2003.*

[HAYASHI 2004] HAYASHI, Y. (2004). *Integrated land use and transportation planning and policy for sustainable cities and regions.* In: *Möhlenbrink W et al.* FOVUS, Stuttgart.

[HBS 2001] HBS (2001). *Handbuch für die Bemessung von Straßenverkehrsanlagen.* Forschungsgesellschaft für Straßen- und Verkehrswesen (FGSV) Verlag GmbH, Köln.

[HECHT und SCHASER 2006] HECHT, H. P. und F. SCHASER (2006). *Ausbau- und Neubaustrecke Karlsruhe-Basel: Streckenabschnitt 9/Katzenbergtunnel.* ETR Eisenbahntechnische Rundschau, 1+2(55).

[HEINRICH 1998] HEINRICH, W. (1998). *Signaltechnische Sicherung von Hochgeschwindigkeitsstrecken mit Linienzugbeinflussung.* In: *Fachseminar: Sicherheitstechnik am Beispiel des Schienenverkehrs.*

[HEINZE 1979] HEINZE, G. W. (1979). *Verkehr schafft Verkehr, Ansätze zu einer Theorie des Verkehrswachstums als Selbstinduktion.* Berichte zur Raumforschung und Raumplanung 23, 4/5:9–32.

[HELBING 1997] HELBING, D. (1997). *Verkehrsdynamik.* Springer Verlag, Berlin, Heidelberg.

[HELBING und NAGEL 2003] HELBING, D. und K. NAGEL (2003). *Verkehrsdynamik und urbane Systeme.* Physik Journal, 5(2):35–41.

[HENNING und SCHÜRMANS 2000] HENNING, S. und P. SCHÜRMANS (2000). *BUE in Clusteranordnung wirtschaftlich für Nebenstrecken.* Signal + Draht, 6(92).

[HENZE 2004] HENZE, R. (2004). *Beurteilung von Fahrzeugen mit Hilfe eines Fahrermodells.* Dissertation, Technische Universität Braunschweig, Institut für Fahrzeugtechnik.

[HERMAN et al. 1959] HERMAN, R. C., E. W. MONTROLL, R. B. POTTS und R. W. ROTHERY (1959). *Traffic dynamics: Analysis of stability in car-following.* In: *Operations Research 7,* Bd. 7, S. 86–106.

[HILLERT 1992] HILLERT, F. (1992). *Routenoptimierung mit Greedy-Algorithmen.* Dissertation, Universität Bremen.

[HOLLAND 1975] HOLLAND, J. H. (1975). *Adaption in natural and artificial systems: an introductory analysis with applications to biology, control, and artificial intelligence.* University of Michigan Press.

[HORN 1974] HORN, P. (1974). *Beitrag zur Lösung des Syntheseproblems der energieoptimalen Steuerung einer Zugfahrt.* Dissertation, Hochschule für Verkehrswesen „Friedrich List", Dresden.

[HUNT 1981] HUNT (1981). *SCOOT a traffic response method of coordinating signals.* Technischer Bericht, TRRL laboratory report 1014, Crowthorne, Berkshire.

[HUSE 2001] HUSE, H. (2001). *Digitale Funkdienste bei der Bahn.* Funkschau, (16):56–59.

478   Literaturverzeichnis

[HÖFLER 2004] HÖFLER (2004). *Verkehrswesen-Praxism, Band 1: Verkehrsplanung*. Bauwerk Verlag GmbH, Berlin.

[HÖFLER 2006] HÖFLER, F. (2006). *Verkehrswesen Praxis, Band 2: Verkehrstechnik*. Bauwerk Verlag GmbH, Berlin.

[IBEO 2006] IBEO (2006). http://www.ibeo-as.de/.

[ILOS 1997] ILOS (1997). *Analyse des Einsatzes des Wissensbasierten Disponentenarbeitsplatzsystems für Speditionen WIDAS für den Zeitraum 1.12.1995-28.2.1997.*

[Induktionsschleifen 2007] INDUKTIONSSCHLEIFEN (2007).   http://www.rp-tuebingen.de/servlet/PB/menu/1158191/index.html.

[INSTITUT FÜR MOBILITÄTSFORSCHUNG 2006] INSTITUT FÜR MOBILITÄTSFORSCHUNG, Hrsg. (2006). *Öffentlicher Personennahverkehr: Herausforderungen und Chancen*. Springer Verlag, Berlin.

[INTERTOUR 2005] INTERTOUR, PTV (2005). http://www.ptv.de/.

[ISENHARDT und HEES 2005] ISENHARDT, I. und F. HEES (2005). *Der Mensch in der Kommunikation mit der Technik*. In: *Aachener Reihe Mensch und Technik, Band 53*. Wissenschaftsverlag Mainz, Mainz/Aachen.

[ITS HANNOVER 2005] ITS HANNOVER, Hrsg. (2005). *Proceedings of the 5th European Congress and Exhibition on Intelligent Transport Systems and Services*.

[JAKOB 2004] JAKOB, W. (2004). *Zukunft der Bahnen im Hinblick auf die europäische Integration*. Alcatel Telecom Rundschau.

[JOHANNSEN 1993] JOHANNSEN, G. (1993). *Mensch-Maschine-Systeme*. Springer Verlag, Berlin/Heidelberg.

[JOHANNSEN 2000] JOHANNSEN, G. (2000). *Audiovisuelle Informationsdarbietung in Assistenzsystemen für die Fahrzeugführung*. In: *Fortschritt-Berichte VDI, Symposium „Automatisierungs- und Assistenzsysteme für Transportmittel"*, Braunschweig, 2.-3. März 2000.

[JONES 2004] JONES, P. (2004). *Impacts of Congestion Charging - The London Experience*. In: *Networks for Mobility (Proceedings of the 2nd international symposium. FOVUS, Stuttgart*.

[JOVANOVIC und HARKER 1991] JOVANOVIC, D. und P. T. HARKER (1991). *Tactical Scheduling of Rail Operations: The SCAN I System*. Transportation Science, 25(1):46-64.

[JUCKENACK 1989] JUCKENACK (1989). *Handbuch der Sensortechnik - Messen mechanischer Größen*. Verlag Moderne Industrie.

[JÄGER 1986] JÄGER, B. (1986). *Ein Beitrag zur rechnergestützten Fahrzeigeinsatzsteuerung in bedarfsorientierten Personenbeförderungssystemen unter Berücksichtigung spezifischer Anforderungen des Krankentransportes*. Dissertation, Hochschule für Verkehrswesen „Friedrich List" Dresden.

[KAPITZKE 2001] KAPITZKE, S. (2001). *Bestimmung fahrdynamischer Daten auf Schienenfahrzeugen anhand des Verlaufes von Zugfahrten*. Dissertation, Universität Hannover.

[KERNER 2004] KERNER, B. S. (2004). *The physics of traffic: empirical freeway pattern features, engineering applications and theory*. Springer Verlag, Berlin.

[KIAHASCHEMI 1995] KIAHASCHEMI, M. (1995). *Fleet Assignment mit Simulated Annealing*. Humboldt-Universität zu Berlin.

[KIEFER 1996] KIEFER, J. (1996). *Methodische Partitionierung und Parametrierung von Feldbussen*. Dissertation, Technische Universität Braunschweig.

[KIEFER und REISSNER 1995] KIEFER, J. und F. REISSNER (1995). *Ein strukturiertes Konzept für die Streckendisposition im Schienenverkehr*. In: *Jahrbuch 1995 - Fahrzeug- und Verkehrstechnik*, S. 82 – 98. VDI-Verlag.

[KIENCKE und NIELSEN 2005] KIENCKE, U. und L. NIELSEN (2005). *Automotive Control Systems*. Springer Verlag.

[KIRCHHOFF 2002] KIRCHHOFF, P. (2002). *Städtische Verkehrsplanung. Konzepte, Verfahren, Maßnahmen*. Teubner, Stuttgart.

[KIRICZI 1996] KIRICZI, B. S. (1996). *Signaltechnische sicher Fehlergrenzen für die Erfassung der Bewegungszustände von Bahnen*. VDI Verlag, Düsseldorf.

[KIRSCH 1978] KIRSCH, J. (1978). *Die Abstandszielbremsung - ein Verfahren zur Steuerung von Gleisbremsen in Ablaufanlagen*. Dissertation, Technische Universität Braunschweig.

[KIRSCH und BEYERSDORFF 1980] KIRSCH, J. und R. BEYERSDORFF (1980). *Einrichtung zum Steuern von Talbremsen in Eisenbahnablaufanlagen*. Deutsches Patentamt, München, Auslegeschrift 2852784.

[KLAUS 1999] KLAUS, H. (1999). *Funktion und Einsatzweise isolierstoßlosr, kodierter Gleistromkreise für Hochgeschwindigkeitsstrecken*. In: *Fachseminar: Sicherheitstechnik am Beispiel des Schienenverkehrs*.

[KLIMMEK 1985] KLIMMEK, D. (1985). *Modell für die Bewertung von Navigationssystemen im Landverkehr*. Diplomarbeit, Institut für Verkehr, Eisenbahnwesen und Verkehrssicherung, TU Braunschweig.

[KLINGE 1998] KLINGE, K.-A. (1998). *Konzept eines fahrzeugautarken Ortungsmoduls für den spurgebundenen Verkehr*. Shaker Verlag.

[KLINGE 2001] KLINGE, K. A. (2001). *Telematik im Internet*. ArcAktuell - Schwerpunkt GeoServices. http://esri{}-germany.de/ηηdownloads/ηarcaktuell/aa_101_extra.pdf.

[KONTIV 2002] KONTIV (2002). *Studie „Kontinuierliche Erhebung zum Verkehrsverhalten" – Kontiv, Mobilität im Verkehr*. Bundesministerium für Verkehr, Bau und Stadtentwicklung.

[KOPPA 2001] KOPPA, J. R. (2001). *Human Factors*. In: *Revised Traffic Flow Theory - A State of the Art Report*. Transportation Research Board.

[KoRil 408] KoRIL 408. *Konzernrichtlinie 408 der DB AG: „Züge fahren und Rangieren" vom 15.07.2003*.

[KoRil815] KoRIL815. *Konzernrichtlinie 815 der DB AG*.

[KRAFT 1988] KRAFT, K. H. (1988). *Fahrdynamik und Automatisierung von spurgebundenen Transportsystemen*. Springer Verlag.

[KRAFT und SCHNIEDER 1981] KRAFT, K. H. und E. SCHNIEDER (1981). *Dimensionierung von diskreten, laufzeitbehafteten Regelsystemen mit asynchroner Abtastung*. Regelungstechnik, 7:219–227.

[KRAFT 1981] KRAFT, KARL HEINZ (1981). *Zugverspätungen und Betriebssteuerung von Stadtschnellbahnen in systemtheoretischer Analyse*. Dissertation, TU Braunschweig.

[KRÜGER 2003] KRÜGER, M. (2003). *Zugsicherung in Deutschland – von der LZB zu ETCS*. Eisenbahningenieur, 54(2).

[KUHLA et al. 1999] KUHLA, E., M. SCHROEDER und E. SCHNIEDER (1999). *Innovative Slot Management Systems for Guided Traffic*. In: *WCRR '99 World Congress on Railway Research*, Tokyo (Japan).

[KUPKE 2006] KUPKE, T. (2006). *Entwurf eines funkbasierten Zugbussystems zur Nachrichtenübertragung auf Güterwagen*. Technischer Bericht, Institut für

480   Literaturverzeichnis

Verkehrssicherheit und Automatisierungstechnik, Technische Universität Braunschweig.

[KUTTER 2005] KUTTER, E. (2005). *Entwicklung innovativer Verkehrsstrategien für die mobile Gesellschaft*. Erich Schmidt Verlag, Berlin.

[KÖHLER 1974] KÖHLER, U. (1974). *Stabilität von Fahrzeugkolonnen*. Schriftenreihe des Instituts für Verkehrswesen der Universität Karlsruhe. Heft 9.

[KÖNIG 2005] KÖNIG, S. (2005). *Middleware für evolutionäre Architekturen und Anwendung für ein kooperatives Produktionskonzept im Schienengüterverkehr*. Dissertation, Technische Universität Braunschweig.

[LAGENDÖRFER und SCHNOR 1994] LAGENDÖRFER, H. und B. SCHNOR (1994). *Verteilte Systeme*. Hanser Verlag, München.

[LANDENFELD 1998] LANDENFELD, M. (1998). *Regelstrategien mit Fuzzy-Logik zur Signalisierung in gesättigten Straßennetzen*. Dissertation, Technische Universität Hamburg-Harburg.

[LAPRIS 1992] LAPRIS, J. C. (1992). *Dependebelity: Basic Concepts and Terminlogy, IFIP WG 10.4 Depenable Computing and Fault-Tolerant Systems*. Springer.

[LEE et al. 2004] LEE, H. K., R. BARLOVIC, M. SCHRECKENBERG und D. KIM (2004). *Mechanical restriction versus human overreaction triggering congested traffic states*. Physical Review letters, 92(23).

[LEHNHOFF 2004] LEHNHOFF, N. (2004). *Quality of Automatic Data Collection with Loop Detectors*. In: *Proceedings of the 2nd International Symposium "Networks for Mobility"*, Universität Stuttgart.

[LEINHOS 1996] LEINHOS, D. (1996). *Analyse und Entwurf von Ortungssystemen für den Schieneverkehr mit Strukturierten Methoden*. VDI Verlag, München.

[LEMMER et al. 2002] LEMMER, K., E. SCHNIEDER und J.-U. VARCHMIN (2002). *Innovative Ansätze im modernen Schienengüterverkehr*. In: *Zentrum für Verkehr der TU Braunschweig, Gesamtverkehrsforum, 27./28. November 2002*, S. 92–108. VDI Verlag.

[LEONHARD 1992] LEONHARD, W. (1992). *Einführung in die Regelungstechnik*. Vieweg Verlag, Braunschweig.

[LEONHARD 2001] LEONHARD, W. (2001). *Control of Electrical Drives (Power Systems)*. Springer Verlag.

[LEUTZBACH 1988] LEUTZBACH, W. (1988). *Introduction to the theory of traffic flow*. Springer, Berlin Heidelberg.

[LIGHTHILL und WHITHAM 1955] LIGHTHILL, M. J. und G. B. WHITHAM (1955). *On Kinematic Waves. A Theory of Traffic Flow on Long Crowded Roads*. Proceedings of the Royal Society of London. Series A, Mathematical and Physical Sciences, 229(1178):317–345.

[LITTLE 1966] LITTLE, E. L. JR. (1966). *Varietal transfers in Cupressus and Chamaecyparis*. Madroño, 18:161–167.

[LNV 1998] LNV (1998). *Landesnaturschutzverband Baden-Württemberg e.V.: Wie wehrt man sich gegen überzogenen Straßenbau? – Das Phänomen Verkehr (Straßenbau, -ausbau, -rückbau, Verkehrsberuhigung aus der Sicht des Umweltschutzes)*.

[LORENZ 2003] LORENZ, M. (2003). *Stellwerkstechnik. Band 2: Planung, Projektierung, Dokumentation*. Eigenverlag, Dresden.

[LORENZEN 1987] LORENZEN, P. (1987). *Lehrbuch der konstruktiven Wissenschaftstheorie*. BI Wissenschaftsverlag, Mannheim.

[LUTZ und WENDT 2003] LUTZ, H. und W. WENDT (2003). *Taschenbuch der Regelungstechnik*. Verlag Harri Deutsch, Frankfurt am Main, 5 Aufl.

[LUX 2006] LUX, M. (2006). *Installation und Bewertung eines Laser-Scanners in einem Versuchsfahrzeug*. Diplomarbeit, Institut für Verkehrssicherheit und Automatisierungstechnik, TU Braunschweig.

[MANSFELD 1998] MANSFELD, W. (1998). *Satellitenortung und Navigation*. Vieweg-Verlag.

[MARQUES und NEVES-SILVA 2006] MARQUES, M. und R. NEVES-SILVA (2006). *A systems theory approach to the development of traffic flow-density models*. In: *Preprints 11th IFAC Symposium on Control in Transportation Systems, Delft, Netherlands*.

[MASCHEK 2007] MASCHEK, U. (2007). *Eisenbahnsicherungstechnik*. In: *Handbuch Eisenbahninfrastruktur*. Springer.

[MATTHEWS 2003] MATTHEWS, V. (2003). *Bahnbau*. Teubner, Stuttgart.

[MAYR 2001] MAYR, R. (2001). *Regelungsstrategien für die automatische Fahrzeugführung*. Springer Verlag.

[MAZUR et al. 2005] MAZUR, F., D. WEBER, R. CHROBOK, S. F. HAFSTEIN, A. POTTMEIER und M. SCHRECKENBERG (2005). *Basics of the online traffic information system autobahn*. Technischer Bericht, Physics of Transport and Traffic, Universität Duisburg-Essen.

[MEISSNER 1998] MEISSNER, F. (1998). *Die Prädiktion der Verkehrsentwicklung in großen Straßennetzen und ihre Realisierung in einem Rechnerverbund*. Dissertation, Technische Universität Hamburg-Harburg.

[MEYER ZU HÖRSTE 2004] MEYER ZU HÖRSTE, M. (2004). *Methodische Analyse und generische Modellierung von Eisenbahnleit- und -sicherungssystemen*. Dissertation, Technische Universität Braunschweig.

[MIDDELHAM 2003] MIDDELHAM, F. (2003). *State of practice in dynamic traffic management in the Netherlands*. In: *Tsugawa S, Masayoshi*. In: *CTS 2003 Preprints, 10th IFAC Symposium on Control in Transportation Systems, 04.-06.08. in Tokyo*, S. 331–336.

[MIRCESCU 1997] MIRCESCU, A. (1997). *Über die Beschreibung und Optimierung verteilter Automatisierungssysteme*. Dissertation, Technische Universität Braunschweig.

[MITSCHKE und WALLENTOWITZ 2004] MITSCHKE, M. und H. WALLENTOWITZ (2004). *Dynamik der Kraftfahrzeuge*. Springer Verlag.

[MOVE 2004] MOVE (2004). http://www.move-info.de.

[MURR 1990] MURR, E. (1990). *Systembeschreibung der Linienzugbeinflussung (LZB) der Deutsche Bahn*. In: *Eisenbahn-Ingenieurkalender*, S. 285–317.

[MÖLLERING und HIRZEL 1927] MÖLLERING, H. und S. HIRZEL (1927). *Die Sicherungs-Einrichtungen für den Zugverkehr auf den deutschen Bahnen*. Leipzig.

[MÖNNINGER 2006] MÖNNINGER, M. (2006). *Verkehr à la francaise*. Die Zeit.

[MÜLLER 1996] MÜLLER, J. O. (1996). *Entwurf einer optimalen Mensch-Prozeß-Kommunikation für einen Dispositionsarbeitsplatz im Magnet-Schnellbahnverkehr*. Dissertation, Technische Universität Braunschweig.

[MÜLLER 1998] MÜLLER, K. (1998). *Verkehr in systematischer Darstellung und ihre Anwendung auf ein multimodales Güterverkehrskonzept*. Dissertation, TU Braunschweig.

[NAGEL und SCHRECKENBERG 1992] NAGEL, K. und M. SCHRECKENBERG (1992). *A cellular automation model for freeway traffic*. Journal de Physique I France, 2:2221–2229.

[NATURE TODAY 2006] NATURE TODAY (2006). *Lidar – Info auf Physik.NaturToday.de*. http://physik.naturtoday.de/Lidar.

[NAUMANN und PACHL 2004] NAUMANN, P. und J. PACHL (2004). *Leit und Sicherungstechnik im Bahnbetrieb. Fachlexikon.* Tetzlaff, Hamburg.

[NEUHOF 1984] NEUHOF, U. (1984). *Optimierung der Abdrückgeschwindigkeit von Ablaufanlagen unter Berücksichtigung der Falschlaufwahrscheinlichkeit.* Dissertation, Technische Universität Darmstadt.

[NIITTYMAKI und SIHVOLA 2003] NIITTYMAKI, J. und T. SIHVOLA (2003). *Potential of Energy and Environment Savings in ITS and Different Infrastructural Design.* In: *Intelligent Transportation Systems, Proceedings of the seminar*, Zilina.

[NIITTYMAKI et al. 2002] NIITTYMAKI, J., T. SIHVOLA und R. NEVALA (2002). *Simulation and Optimisation of Traffic Signal Processes in Transportation Networks.* In: *Control and Management of Transportation Processes on a macroscopic level*, Zilina.

[NITSCHE und SCHULZ 2004] NITSCHE, B. und R. SCHULZ (2004). *Automotive applications for the alasca laserscanner.* In: *Proceedings of the International Forum on Advanced Microsystems for Automotive Applications (AMAA)*, Berlin.

[OCIT 2007] OCIT (2007). http://www.ocit.org.

[OGINO 2004] OGINO, TAKAHIKO (2004). *Cyber Rail.* In: *IFIP 18th World Computer Congress, Topical Sessions*, S. 651–656, 22-27 August 2004, Toulouse, France.

[OTZEN 1922] OTZEN, R. (1922). *Sicherungsanlagen im Eisenbahnbetriebe.* Springer, Berlin.

[PACHL 1999] PACHL, J. (1999). *Systemtechnik des Schienenverkehrs.* B. G. Teubner Verlag, Stuttgart.

[PACHL 2004] PACHL, J. (2004). *Railway Operation and Control.* VTD Rail Publishings, Rochester, WA.

[PAPAGEORGIOU 2004a] PAPAGEORGIOU, M. (2004a). *6th Short Course, Dynamic Traffic Flow Modelling and Control, Chania, Greece.*

[PAPAGEORGIOU 2004b] PAPAGEORGIOU, M. (2004b). *Review of Road and Motorway Traffic Control Strategies.* Stuttgart. Proceedings of the International Symposium „Networks for Mobility".

[PAPAGEORGIOU und KOTSIALOS 2002] PAPAGEORGIOU, M. und A. KOTSIALOS (2002). *Freeway ramp metering: an overview.* IEEE Transactions On Intelligent Transportation Systems, 3(4):271–281.

[PASTERNOK 1991] PASTERNOK, T. (1991). *Selbstkonfigurierendes dezentrales Steuerungssystem für Bahnen.* Schriftenreihe des Instituts für Eisenbahnwesen und Verkehrssicherung, Braunschweig.

[PETRI 1961] PETRI, C. A. (1961). *Kommunikation mit Automaten.* Dissertation, Technische Hochschule Darmstadt.

[PETRI 1996] PETRI, C. A. (1996). *Nets, Time and space.* Theoretical Computer Science, 153:3–48.

[Physikevolution 2007] PHYSIKEVOLUTION (2007). *Physikevolution: Jenseits der Lichtgeschwindigkeit-Gedankenspiele und Experimente zu Relativitätstheorie.* http://www.physikevolution.de/JdLpdf.pdf.

[PIPES 1953] PIPES, L. A. (1953). *An operational analysis of traffic dynamics.* In: *Journal of Applied Physics*, Bd. 24, S. 274ff.

[PIRATH 1929] PIRATH, C. (1929). *Versuche zur Ermittlung der Luftwiderstände von Eisenbahnwagen.* Verkehrstechnische Woche 10.

[POLZ und BERGLEHNER 2000] POLZ, J. und R. BERGLEHNER (2000). *Innovationen in der Bahnübergangstechnik.* ETR, 4.

[POTTHOFF 1962] POTTHOFF, G. (1962). *Verkehrsströmungslehre, Band I: Die Zugfolge auf Strecken und in Bahnhöfen.* Transpress VEB Verlag für Verkehrswesen, Berlin.

[PUENTE 1959] PUENTE, E. A. (1959). *Bemessungsregeln für kontinuierlich veränderbare Verzögerungsleitungen mit einer oberen Grenzfreuqenz von 1 bis 50 MHz.* Dissertation, TU Braunschweig.

[RADKE 2006/2007] RADKE, S. (2006/2007). *Verkehr in Zahlen.* Bundesministerium für Verkehr, Bau- und Wohnungswesen Berlin, Ausgabe 35.

[RAMMLER 2003] RAMMLER, S. (2003). *Güter, Gleise und Gewinne. Soziologische Anmerkungen zur Wachstumslogistik des modernen Güterverkehrs.* In: *Gesamtverkehrsforum 2003.* VDI-Verlag, Düsseldorf.

[RECHENBERG 1973] RECHENBERG, I. (1973). *Evolutionsstrategie: Optimierung technischer Systeme nach Prinzipien der biologischen Evolution.* Frommann-Holzboog, Stuttgart-Bad Cannstadt.

[REICHE 2001] REICHE, J. (2001). *Sicherheit an Bahnübergängen.* Eisenbahningenieur EI, 10.

[REIMERS 1997] REIMERS, U. (1997). *Datenkompression und Übertragung für DVB.* Springer Verlag, Berlin.

[REIMERS 2005] REIMERS, U. (2005). *The family of international standards for digital video broadcasting.* Springer Verlag, Berlin.

[REISSENWEBER 1998] REISSENWEBER, B. (1998). *Feldbussysteme.* Oldenbourg Verlag.

[REUSCHEL 1950] REUSCHEL, A. (1950). *Fahrzeugbewegungen in der Kolonne bei gleichförmig beschleunigtem oder verzögertem Leitfahrzeug.* In: *Z. d. Österreichisches Ingenieur Archiv Ver. 95*, Bd. 95, S. 52–62 and 73–77.

[RIECKENBERG 2004] RIECKENBERG, T. (2004). *Telematik im Schienengüterverkehr: ein konzeptionell-technischer Beitrag zur Steigerung der Sicherheit und Effektivität.* Dissertation, TU Berlin.

[RIEDEL et al. 2005] RIEDEL, H., H. GRÜNLEITNER, B. BUXBAUM, T. RINGBECK und R. LANGE (2005). *Räumliches Wahrnchmen der Fahrerumgebung mit PMD-Sensorik in Assistenz- und Sicherheitssystemen.* In: *Elektronik im Kraftfahrzeug – Internationaler Kongress Electronic Systems for Vehicles*, VDI Berichte Nr. 1907, S. 35–46, Baden-Baden.

[RiLSA 1998] RiLSA (1998). *Richtlinien für Lichtsignalanlagen RiLSA – Lichtzeichenanlagen für den Straßenverkehr.* Forschungsgesellschaft für Straßen- und Verkehrswesen (FGSV) Verlag GmbH, Köln.

[RiLSA 2003] RiLSA (2003). *Richtlinien für Lichtsignalanlagen RiLSA – Lichtzeichenanlagen für den Straßenverkehr- Teilfortschreibung 2003.* Forschungsgesellschaft für Straßen- und Verkehrswesen (FGSV) Verlag GmbH, Köln.

[RISSE 1991] RISSE, H. J. (1991). *Das Fahrerverhalten bei normaler Fahrzeugführung.* In: *Verkehrstechnik/Fahrzeugtechnik*, Bd. 160. VDI Verlag, Reihe 12, Düsseldorf.

[ROBATSCH und SCHRAMMEL 2001] ROBATSCH, K. und E. SCHRAMMEL (2001). *Grundlagen der Verkehrssicherheit.* Wien.

[ROBERTSON 1969] ROBERTSON, D.I. (1969). *TRANSYT method for area traffic control.* Traffic Eng. Control, 10:276–281.

[ROTHENGATTER 2002] ROTHENGATTER, W. (2002). *Auswirkungen der Nutzerfinanzierung der Infrastruktur.* In: *Gesamtverkehrsforum*, Nr. 56. Verein Deutscher Ingenieure, VDI-Berichte.

[ROSSBACH 2002] ROSSBACH, U. (2002). *Positioning and Navigation Using the Russian Satellite System GLONASS.* Dissertation `http://137.193.200.177/ediss/rossbach-udo/inhalt.pdf`.

[RUMPE und HESSE 2004] RUMPE, B. und W. HESSE, Hrsg. (2004). *Modellierung.* Köllen Druck und Verlag GmbH, Bonn.

[RÖVER 1995] RÖVER, S. (1995). *Datenübertragung auf Schienenfahrzeugen.* Diplomarbeit, Technische Universität Braunschweig.

[SCHADE 2007] SCHADE, J. (2007). *Städtische Straßenbenutzungsgebühren: Internationale Erfahrungen und Akzeptanz.* Vortrag beim Braunschweiger Verkehrskolloquium, März.

[SCHAER et al. 2006] SCHAER, T., G. HEISTLER, R. POMP, J. KUHNKE, C. LINDSTEDT, T. SCHILL, S. SCHMIDT, N. WAGNER und W. WEBER (2006). *Eisenbahnbetriebstechnologie.* Eisenbahn-Fachverlag.

[SCHEINER 2006] SCHEINER, J. (2006). *Zeitstrukturen und Verkehr: Individualisierung der Mobilität?.* Internationales Verkehrswesen, Band 12.

[SCHIEMANN 2002] SCHIEMANN, W. (2002). *Schienenverkehrstechnik. Grundlagen der Gleistrassierung.* Teubner, Stuttgart.

[SCHMIDT-CLAUSEN 2004] SCHMIDT-CLAUSEN, R. (2004). *Verkehrstelematik im internationalen Vergleich: Folgerungen für die deutsche Verkehrspolitik.* Dissertation, Technische Universität Darmstadt.

[SCHMIDT et al. 2006] SCHMIDT, R., J. VON EBERSTEIN, P. KUNSCH und O. STINDL (2006). *Fahrerassistenzsysteme im asiatischen Kontext mit Fokus Japan.* In: *Automatisierungssysteme, Assistenzsysteme und eingebettete Systeme für Transportmittel (AAET),* Braunschweig.

[SCHNABEL und LOHSE 1997] SCHNABEL, W. und D. LOHSE (1997). *Grundlagen der Straßenverkehrstechnik und der Verkehrsplanung Band I + II.* Verlag für Bauwesen, Berlin, 2 Aufl.

[SCHNIEDER 1981] SCHNIEDER, E. (1981). *Zustandsregelung der Translationsbewegung von Magnetschnellbahnen.* In: *Siemens Forschungs- und Entwicklungsberichte,* S. 379–384.

[SCHNIEDER 1983] SCHNIEDER, E. (1983). *Entwurf von Zustands-Kaskadenregelungen.* rt – Regelungstechnik, 31(10):346–350.

[SCHNIEDER 1993] SCHNIEDER, E. (1993). *Prozessinformatik.* Vieweg, Braunschweig.

[SCHNIEDER 1999] SCHNIEDER, E. (1999). *Methoden der Automatisierung.* Vieweg & Sohn Verlagsgesellschaft, Braunschweig/Wiesbaden.

[SCHNIEDER 2000] SCHNIEDER, E. (2000). *Die Idealisierung des Kontinuierlichen – zur Modellierung kontinuierlich-diskreten Verhaltens in der Automatisierungstechnik und Informatik.* In: KERN, H., Hrsg.: *45. Internationales Wissenschaftliches Kolloquium,* Universität Ilmenau.

[SCHNIEDER 2001a] SCHNIEDER, E. (2001a). *Engineering komplexer Automatisierungssysteme.* EKA, Braunschweig.

[SCHNIEDER 2001b] SCHNIEDER, E. (2001b). *Modellkonzepte in der Automatisierungstechnik.* In: ENGELS, G., A. OBERWEIS und A. ZÜNDORF, Hrsg.: *Modellierung,* S. 7–17. Köllen Druck + Verlag GmbH.

[SCHNIEDER 2004] SCHNIEDER, E. (2004). *Traffic Safety and Availability - Contradiction or Attraction.* In: MÖHLENBRINK, W., F. C. ENGLMANN, M. FRIEDRICH, U. MARTIN und U. HANGLEITER, Hrsg.: *Proceedings of the 2nd International Symposium of Networks for Mobility - Fovus, Stuttgart,* S. 23.

[SCHNIEDER und GÜCKEL 1986] SCHNIEDER, E. und H. GÜCKEL (1986). *Quasizeitoptimale Zustands-Zielpunktregelung von Bahnen.* at - Automatisierungstechnik, 5.

[SCHNIEDER und JANSEN 2001] SCHNIEDER, E. und L. JANSEN (2001). *Begriffsmodelle der Automatisierungstechnik – Basis effizienten Engineerings.* In: (SCHNIEDER 2001a).

[SCHNIEDER und ROSENKRANZ 1987] SCHNIEDER, E. und U. ROSENKRANZ (1987). *BLS 90 – Dezentrale Komponenten zur Steuerung und Sicherung des spurgeführten Verkehrs.* Statusseminar Forschung Nahverkehr, Berlin.

[SCHOLZ 2006] SCHOLZ, S. (2006). *Erhöhung des Wirkungsgrades von Stadtschnellbahnen durch Automatisierung und nachfrageabhängige Steuerung des Beförderungsangebotes.* Automatisierungstechnik, 54:323–333.

[SCHRECKENBERG et al. 1996] SCHRECKENBERG, M., A. SCHADSCHNEIDER und K. NAGEL (1996). *Zellularautomaten simulieren Straßenverkehr.* In: *Physikalische Blätter*, Bd. 52, S. 460–462.

[VAN SCHRICK 2002] SCHRICK, D. VAN (2002). *Entepetives Management – Konstrukt, Konstruktion, Konzeption.* Shaker Verlag.

[SCHROM 2003] SCHROM, H. (2003). *Realisierung eines optimiertes Feldbussystem und Modellierung mit Petrinetzen.* Dissertation, Technische Universität Braunschweig.

[SCHWANHÄUSSER 1974] SCHWANHÄUSSER, W. (1974). *Die Bemessung der Pufferzeiten im Fahrplangefüge der Eisenbahn.* Dissertation, RWTH Aachen.

[SCOOT 2007] SCOOT (2007). http://www.scoot-utc.com.

[SIEMENS 2005a] SIEMENS (2005a). *Eurobalise.* http://www.transportation. siemens.com/ts/en/pub/products/ra/products/etcs/products/components/ vehicle/balise.htm.

[SIEMENS 2005b] SIEMENS (2005b). *EUROBALISE S21 für TRAINGUARD.* http://www.transportation.siemens.com/de/data/pdf/ts_ra/ ds_eurobalise_s21_de1.pdf.

[SIEMENS 2005c] SIEMENS (2005c). *Pictures of the Future.* www.siemens.de/pof.

[SIEMENS 2006] SIEMENS (2006). *Entspannter und sicherer zum Ziel – -Technologie.* http://www.siemensvdo.de/products_solutions/chassis-carbody/ safety-systems/components-for-advanced-driver-assistance-systems/ lidar-technology/lidar-sensor.htm.

[SIX 1996] SIX, J. (1996). *Abstandshaltung und Streckenleistungsfähigkeit.* Signal + Draht, 4.

[SLOVÁK 2006] SLOVÁK, R. (2006). *Methodische Modellierung und Analyse von Sicherungssystemen des Eisenbahnverkehrs.* Dissertation, Technische Universität Braunschweig.

[SOETERBOEK 1990] SOETERBOEK, R. (1990). *Predictive Control. A Unified Approach.* Dissertation, TU Delft.

[SOMMER 2002] SOMMER, C. (2002). *Erfassung des Verkehrsverhaltens mittels Mobilfunktechnik: Konzept, Validität und Akzeptanz eines neuen Erhebungsverfahrens.* Schriftenreihe des Instituts für Verkehr und Stadtbauwesen, H. 51, Technischen Universität Braunschweig.

[SPITZER 2002] SPITZER, M. (2002). *Lernen.* Spektrum Akademischer Verlag.

[STALDER und LAUBE 2004] STALDER, O. und F. LAUBE (2004). *The efficient railway – a field of action for formal methods.* In: *Formal Methods for automation and Safety in Railway and Automotive Systems (FORMS/FORMAT)*, Braunschweig.

[STAMATIADIS und GARTNER 1996] STAMATIADIS, C. und N. H. GARTNER (1996). *MULTIBAND-96: A program for variable bandwidth progression optimization of multiarterial traffic networks.* Transportation Research Record, 1554:9–17.

[STASKA 1984] STASKA, G. (1984). *Bestimmung der Fahrwiderstände von Kraftfahrzeugen im Fahrversuch.* In: *Technische Universität Graz, Mitteilungen des Institutes für Verbrennungskraftmaschinen und Thermodynamik, Heft 40.*

[STAUSS 2001] STAUSS, H. (2001). *Mesoskopische Simulation des Straßenverkehrs mit telematikgestützter Zielführung.* Dissertation, Technische Universität Braunschweig.

[STELLWERKE 2007] STELLWERKE (2007). http://www.stellwerke.de.

[STOPKA und PÄLLMANN 2005] STOPKA, U. und W. PÄLLMANN, Hrsg. (2005). *Für eine deutsche Verkehrspolitik – Mobilität braucht Kommunikation.* Deutscher Verkehrs Verlag, Hamburg.

[STROBEL 1996] STROBEL, H. (1996). *Verkehrssystemintegration und intermodales Management: Ein Beitrag zur Szenarioanalyse alternativer Konzept.* Automatisierungstechnik, 44:459–468.

[STROBEL 2001] STROBEL, H. (2001). *Analysis and design of traffic control systems: potentials and limits of microscopic modelling approaches.* In: *Control and Simulation of Transportation Processes on a Mircoscopic Level.* University of Zilina.

[StVO 2006] StVO (2006). *Straßenverkehrs-Ordnung (StVO) in der Fassung des Inkrafttretens vom 01.03.2007. Letzte Änderung durch: Vierundvierzigste Verordnung zur Änderung straßenverkehrsrechtlicher Vorschrifften vom 18. Dezember 2006.* Bundesgesetzblatt Jahrgang 2006 Teil I, Nr. 62, S. 3226 ausgegeben zu Bonn am 21. Dezember 2006.

[Subset2 2002] SUBSET2 (2002). *SUBSET-026-preface v222.*

[THEEG und MASCHEK 2005] THEEG, G. und U. MASCHEK (2005). *nalyse europäischer Signalsysteme.* Signal + Draht, 6.

[THOMAS 1996] THOMAS, U. (1996). *Dichtung und Wahrheit in der Verkehrspolitik.* J.H.W. Dietz Nachfolger-Verlag.

[TOMICKI 2004] TOMICKI, P. (2004). *Bildung und Validation eines formalen Risikomodells des Bahnübergangs.* Diplomarbeit, TU Braunschweig.

[TROPPMANN und HÖGER 2005a] TROPPMANN, R. und A. HÖGER (2005a). *ACC-Systeme: Hardware, Software & Co. Teil 1.* In: *Automotive*, Bd. 3-4, S. 36–41.

[TROPPMANN und HÖGER 2005b] TROPPMANN, R. und A. HÖGER (2005b). *ACC-Systeme: Hardware, Software & Co. Teil 2.* In: *Automotive*, Bd. 5-6, S. 58–62.

[UEBEL 2000] UEBEL, H. (2000). *Durchsatz von Strecken und Stationen bei Bahnen.* in *VDI Berichte 1545.* VDI Verlag, Düsseldorf.

[UPS 2007] UPS (2007). http://www.ups.com/europe/de/gerindex.html.

[UTOPIA-SPOT 2007] UTOPIA-SPOT (2007). http://www.peektraffic.nl/index.php?nodeid=229.

[VDV 2006] VDV, VERBAND DEUTSCHER VERKEHRSUNTERNEHMEN (2006). *Telematik im ÖPNV in Deutschland.* Alba Fachverlag, Düsseldorf, 2001.

[VerkehrInZahlen 2006] VERKEHRINZAHLEN (2006). *Bundesministerium für Verkehr-, Bau- und Wohnungswesen: Verkehr in Zahlen 2006/2007.* Deutscher Verkehrs-Verlag GmbH, Hamburg.

[VESTER 2002] VESTER, F. (2002). *Die Kunst, vernetzt zu denken.* Dtv Verlag, München.

[VOIGT 1953] VOIGT, F. (1953). *Verkehr und Industrialisierung.* Zeitschrift für die gesamte Staatswissenschaft, 109(2):193–239.

[VOIGT 1985] VOIGT, W. (1985). *Modellvarianten zur Berechnung verkehrsmittel-bezogener Personenverkehrsströme einzelner Verkehrsbezirke.* Die Straße, S. 225–231.

[VOIT et al. 1994] VOIT, F., H.-J. VOSS, E. SCHNIEDER und O. PRIEBE (1994). *Fuzzy Control versus konventionelle Regelung am Beispiel der Metro Mailand.* at - Automatisierungstechnik, 9(42):400–410.

[VOLLMER 1989] VOLLMER, G. (1989). *Luftwiderstand von Güterwagen.* Dissertation, Technische Universität Darmstadt.

[VOSS 1996] VOSS, H. J. (1996). *Optimale Fahrprofilausnutzung bei schienengebundenen Nahverkehrsfahrzeugen durch Kombination von konventioneller Regelungstechnik und Fuzzy Control.* Dissertation, Universität Braunschweig, Institut für Verkehrssicherheit und Automatisierungstechnik.

[VWZ 2003-2004] VWZ (2003-2004). *Bundesamt für Raumentwicklung/Verkehrskoordination, Verkehrswirtschaftliche Zahlen.* Bern.

[WAKOB 1985] WAKOB, H. (1985). *Ableitung eines generellen Wartenmodells zur Ermittlung der planmäßigen Wartezeit im Eisenbahnbetrieb unter besonderer Berücksichtigung der Aspekte Leistungsfähigkeit und Anlagenbelastung.* Dissertation, RWTH Aachen.

[WALD 1998] WALD, L. (1998). *A European proposal for terms of reference in data fusion.* In: *International Archives of Photogrammetry and Remote Sensing*, Bd. Band XXXII, S. 651–654.

[WEGELE 2005] WEGELE, S. (2005). *Echtzeitoptimierung für die Disposition im Schienenverkehr.* Dissertation, TU Braunschweig.

[WEGERICH 2002] WEGERICH, A. (2002). *Entwurf und Simulation eines agentenbasierten Routing-Verfahrens für den Betrieb virtueller Zugverbände.* Diplomarbeit, Institut für Verkehrssicherheit und Automatisierungstechnik, TU Braunschweig.

[WEIGEND 2004] WEIGEND, M. (2004). *Linienführung und Gleisplangestaltung. Die Trasse der Eisenbahn in Grund- und Aufriss.* Schriftenreihe für Verkehr und Bahntechnik, Band 3. Tetzlaff, Hamburg.

[WEINHARDT und SCHMALZ 1998] WEINHARDT, C. und A. SCHMALZ (1998). *Zentrale versus dezentrale Transportplanung. Eine vergleichende Analyse für Multi-Depot Tourenplanungsprobleme.* http://www.econbiz.de/archiv/ka/uka/information/zentrale_vs_dezentrale.pdf.

[WENDE 2003] WENDE, DIETRICH (2003). *Fahrdynamik des Schienenverkehrs.* Teubner.

[WENDLER 1999] WENDLER, E. (1999). *Analytische Berechnung der planmässigen Wartezeiten bei asynchroner Fahrplankonstruktion.* Dissertation, RWTH Aachen.

[WERMUTH und NEEF 2003] WERMUTH, M. und C. NEEF (2003). *Die bundesweite Verkehrserhebung Kraftfahrzeugverkehr in Deutschland.* VDI-Gesellschaft Fahrzeug- und Verkehrstechnik. VDI-Verlag, Düsseldorf.

[WHITE 2003] WHITE, T. (2003). *Elements of train dispatching.* VTD Rail Publishing.

[WILKE 1999] WILKE, H. (1999). *Systemtheorie 2. Interventionstheorie.* UTB Verlag, Stuttgart.

[WILLUMEIT 1998] WILLUMEIT, H. P. (1998). *Modelle und Modellierungsverfahren in der Fahrzeugdynamik.* B.G. Teubner Verlag.

[WILTSCHKO 2004] WILTSCHKO, TH. (2004). *Sichere Information durch infrastrukturgestützte Fahrerassistenzsysteme zur Steigerung der Verkehrssicherheit an Straßenknotenpunkten.* Nr. 570 in *12.* Fortschritts-Berichte VDI, VDI Verlag, Düsseldorf.

[WITTE 1996] WITTE, S. (1996). *Simulationsverhalten zum Einfluss von Fahrerverhalten und technischen Abstandsregelsystemen auf den Kolonnenverkehr.* Dissertation, Universität Fridericiana zu Karlsruhe (TH).

[WOJANOWSKI 1978] WOJANOWSKI, E. (1978). *Linienförmiges Zugsicherungs- und Zugsteuerungssystem auf der Grundlage äquidistanter Gleisstromkreise mit Dezentralisierung der Streckenausrüstung.* Dissertation, Technische Universität Braunschweig.

[WOLFERT 2005] WOLFERT, K. (2005). *Modernisierungsprogramm Zugbildungsanlagen.* EI - Eisenbahningenieur, 7:42–48.

[WOLFERT und HOLTZ 2006] WOLFERT, K. und R. HOLTZ (2006). *Varianten bei der Modernisierung von Zugbildungsanlagen.* ETR - Eisenbahntechnische Rundschau, (4):213–220.

[XU et al. 1998] XU, Z., R. SCHWARTE, H. HEINOL, B. BUXBAUM und T. RINGBECK (1998). *Photonic mixer device (PMD) – New system concept of a 3D-imaging camera-on-a-chip.* In: *International Conference on Mechatronics and Machine Vision in Practice*, S. 259–264, Nanjing.

[ZACKOR et al. 1999] ZACKOR, H., A. LINDENBACH, H. KELLER, M. TSAVACHIDIS und K. BOGENBERGER (1999). *Entwurf und Bewertung von Verkehrsinformations- und -leitsystemen unter Nutzung neuer Technologien.* Bundesanstalt für Straßenwesen, Bremerhaven: Wirtschaftsverlag NW.

[ZAMBOU 2005] ZAMBOU, N. (2005). *Lagrange-basierte und modellgestützte Regelungsstrategie für die automatische Fahrzeugführung im Konvoi.* In: *Fortschritts-Berichte VDI*, Bd. 8. VDI Verlag, Düsseldorf.

[ZASTROW 2000] ZASTROW, K. (2000). *Analyse und Simulation von Entstörungsstrategien bei der Automatisierung von U-Bahnsystemen.* Dissertation, Technische Universität Braunschweig.

[ZHANG et al. 2001] ZHANG, M., T. KIM, X. NIE, W. JIN und L. CHU (2001). *Evaluation of On-ramp Control Algorithms.* In: *California PATH Program.* Institute of Transportation Studies, University of California at Berkeley.

[ZHU 2001] ZHU, PENGLING (2001). *Betriebliche Leistung von Bahnsystemen unter Störungsbedingungen.* Dissertation, TU Braunschweig.

[ZIMMERMANN und SCHMIDGALL 2007] ZIMMERMANN, W. und R. SCHMIDGALL (2007). *Bussysteme in der Fahrzeugtechnik - Protokolle und Standards.* Vieweg Verlag, Wiesbaden.

[ZOELLER 2002] ZOELLER, H. J. (2002). *Die Sicherungsebene im Elektronischen Stellwerk. Handbuch der ESTW-Funktionen.* Tetzlaff, Hamburg.

Sachverzeichnis

Abkürzungsverzeichnis

ACC	Adaptive cruise control
ARI	Autofahrer-Rundfunk-Information
BFR	Bitfehlerrate
Bluetooth	Name ist eine Hommage an dänischen Wikingerkönig Harald Blauzahn
BSC	Base Station Controller
BTS	Base Transceiver Station
CAN	Controller Area Network
CB-Funk	Citizens' Band / „Jedermann"-Funk
Circuit-Switching	Durchschaltvermittlung
COFDM	Coded Orthogonal Frequency Devision Multiplexing
CRC	Cyclic Redundancy Check
CSMA/CA	Carrier Sense Multiple Access/ Collision Avoidance
CWAAS	Canada Wide Area Augmentation Service
DAB	Digital Audio Broadcast
DECT	Digital Enhanced Cordless Telecommunications
DSL	Digital Subscriber Line
DSRC	Dedicated Short Range Communication
DVB-T	Digital Video Broadcast -Terrestrisch
EGNOS	European Geostationary Navigation Overlay Service
ESP	Elektronisches Stabilitätsprogramm
ETCS	European Train Control System
Euteltracs	Europäischer System
FEC	Forward Error Correction
FMCW	Frequency Modulated Continuous Wave
FSK	Frequency Shift Keying
GAGAN	GPS-Aided Geo Augmented Navigation
GNSS	Global Navigation Satellite System
GPRS	General Packet Radio Service
GSM	Global System for Mobile Communication

GSM-R	Global System for Mobile Communication - Rail
HF	High Frequency
INDUSI	Induktive Zugbeeinflussung
IR	Infrarot
IRNS	Indian Regional Navigation System
ISDN	Integrated Services Digital Network (Integriertes Sprach- und Datennetz)
KKF	Kreuzkorrelationsfunktion
Ladar	laser detection and ranging
LDW	Lane Departure Warning
LED	Light Emitting Diode
LF	Low Frequency
Lidar	light detection and ranging
LIN	Local Interconnect Network
LKS	Lane Keeping Support
LRR	Long Range Radar
LWL	Lichtwellenleiter
LZB	Linienförmige Zugbeeinflussung
MOST	Media Oriented Systems Transport
MSAS	Multi-Functional Satellite Augmentation System
MSC	Mobile Service Switching Center
MTSAT	Multifunction Transport Satellite System -
MVB	Multi function Vehicle Bus
OFDM	Orthogonal Frequency Devision Multiplexing
Packet-Switching	Paketvermittlung
PRN-Code	Pseudo-Random-Noise-Code
PROFIBUS	Process Field Bus
PZB	Punktförmige Zugbeeinflussung
QAM	Quadratur Amplitude Modulation
QZSS	Quasi Zenith Satellite System
RDS	Radio Data System
RFID	Radio Frequency Identification
S/A	Selective Availability
SFN	Single Frequency Network (Gleichwellennetz)
SNAS	Satellite Navigation Augmentation System
SNCF	Französische Eisenbahn (Société Nationale des Chemins de Fer)
SNR, S/R	Signal/Rauschverhältnis
SRR	Short Range Radar
TCN	Train Communication Network
TETRA	Terrestrial Trunked Radio (Bündelfunk)
TMC	Traffic Message Channel
TP, twisted pair	verdrilltes Kupferkabel
TP-HF	Hochfrequenz auf mehrfachen Paaren von verdrilltem Kupferkabel (Ethernet)

TSI	Interoperabilitätsrichtlinien
UHF	Ultra High Frequency
UMTS	Universal Mobile Telecommunication System
UWB	Ultra Wide Band
VM	Verkehrsmittel
VO	Verkehrsobjekt
VOrg	Verkehrsorganisation
VWI	Verkehrswegeinfrastruktur
WAAS	Wide Area Augmentation Service
WLAN	Wireless Local Area Netzwork
WTB	Wired Train Bus

Autorenverzeichnis

Uwe Becker	Kapitel 3
Imma Braun	Kapitel 14
Andreas Busemann	Kapitel 10
Stefan Detering	Kapitel 6, 8
Frank Hänsel	Kapitel 4
Jörg May	Kapitel 7
Lars Müller	Kapitel 9
Jan Poliak	Kapitel 4
Eckehard Schnieder	Kapitel 1, 2, 12, 15
Harald Schrom	Kapitel 5
Roman Slovak	Kapitel 11
Stefan Wegele	Kapitel 13, 14

Kurzlebensläufe

Dr.-Ing. Uwe Becker

Jahrgang 1955, studierte Maschinenbau an der Technischen Universität Braunschweig. Von 1985 bis 1991 war er bei den Feinmechanischen Werken Mainz als Entwicklungsingenieur im Bereich Aktorik und Regelungstechnik für neue Produkte tätig. Seit 1992 forscht er an der Technischen Universität am Institut für Verkehrssicherheit und Automatisierungstechnik und promovierte im Bereich Regelungs- und Fluidtechnik. Dr.-Ing. Becker hat zahlreiche Projekte aus dem Bereich der Fahrzeugautomatisierung und -sicherheit mit initiiert und bearbeitet.

Dipl.-Wirtsch.-Ing. Imma Braun

Jahrgang 1971. Studium des Wirtschaftsingenieurwesens mit Fachrichtung Elektrotechnik an der Technischen Universität Braunschweig. Von 1999 bis 2006 wissenschaftliche Mitarbeiterin am Institut für Verkehrssicherheit und Automatisierungstechnik der Universität Braunschweig. Arbeitsgebiete: Verkehrsautomatisierung sowie Kooperative Systeme und deren Anwendung in der Verkehrstechnik.

Dipl.-Ing. Andreas Busemann

Herr Dipl.-Ing. Andreas Busemann studierte Maschinenbau an der Technischen Universität Braunschweig und diplomierte am Vorgängerinstitut des Instituts für Verkehrssicherheit und Automatisierungstechnik. Anschließend war er 17 Jahre lang in leitender Position bei der Siemens AG Rail Automation in Braunschweig tätig. Seit 2007 hat er die Position des Leiters Technologie (CTO/CIO) bei der Deutschen Bahn Netz AG in Frankfurt inne.

Dipl.-Ing. Stefan Detering

Jahrgang 1979, Studium der Elektrotechnik von 1999-2004 an der Technischen Universität Carolo-Wilhelmina zu Braunschweig. Während des Studiums sammelte Herr Detering langjährige Praxiserfahrung unter anderem bei Siemens Transportation Systems Braunschweig und Siemens Signalling Company Ltd. Xi'an (China). Für seine Leistungen im Studium, das er „Mit Auszeichnung" abschloss, wurden ihm zwei Preise verliehen.

Seit 2004 ist Herr Detering wissenschaftlicher Mitarbeiter im Institut für Verkehrssicherheit und Automatisierungstechnik. Schwerpunkte seiner Arbeit bilden die Fahrzeugumfelderfassung, Fahrerassistenzsysteme und die Beschreibung des Straßenverkehrsverhaltens. Herr Detering war während seiner Institutstätigkeit maßgeblich an der Konzeption, Akkreditierung und Einführung des interdisziplinären konsekutiven Bachelor- und Masterstudienganges „Mobilität und Verkehr" beteiligt.

Dipl.-Inform. Frank Hänsel

Jahrgang 1975, Studium der Informatik von 1995 bis 2001 an der Technischen Universität Braunschweig, seit 2002 wissenschaftlicher Mitarbeiter am Institut für Verkehrssicherheit und Automatisierungstechnik der Technischen Universität Braunschweig.

Neben der Entwicklung und Betreuung verschiedener Versuchsanlagen für den Eisenbahnbetrieb und die Beurteilung der Güte von Satellitenortung im Straßenverkehr beschäftigt sich Herr Hänsel seit mehreren Jahren mit der Anwendung von Satellitenortung für sicherheitsrelevante Aufgaben im spurgeführten sowie im Straßenverkehr. Ein Schwerpunkt der Arbeit liegt bei Herrn Hänsel zurzeit auf der Entwicklung formaler Methoden zur Unterstützung von Prozessen der Zertifizierung von satellitenbasierter Ortung.

Dipl.-Ing. Jörg May

Jahrgang 1974, Studium des Maschinenbaus von 1995-2001 an der Technischen Universität (TU) Braunschweig, 2001-2002 Studienaufenthalt und anschließend Mitarbeiter als Testingenieur für die Einführung eines neuen Sicherungssystems (ETCS) bei der Schweizerischen Bundesbahn (SBB) in Bern. Seit 2002 wissenschaftlicher Mitarbeiter am Institut für Verkehrssicherheit und Automatisierungstechnik der TU Braunschweig.

Schwerpunkte seiner Arbeit bilden Forschungsarbeiten im Bereich der Risikoanalysen, Sicherheitsnachweise und Zertifizierungen von Eisenbahnsystemen sowie im Bereich innovativer Navigationssysteme für die fahrzeugautarke Ortung im Schienenverkehr. Sein Schwerpunkt in der Lehre bildet der Bereich „Verkehrstechnik".

Dipl.-Wirtsch.-Ing. Lars Müller

Jahrgang 1980, Studium zum Wirtschaftsingenier in der Fachrichtung Bauingenieurwesen an der technischen Universität Braunschweig von 1999-2005; 2002-2003 Studientaufenthalt an der University of Nebraska at Omaha (USA); 2004 Aufenthalt an der Beijing Jiaotong University (China). Herr Müller ist seit April 2005 als Produktmanager für Kunden- und Mitarbeiterschulungen bei der Siemens Rail Automation Academy tätig. Schwerpunkt seiner Arbeit bildet neben der inhaltlichen und didaktischen Konzeption technischer Seminare ihre organisatorische Koordination im Rahmen internationaler Kundenprojekte. Als Trainer führt Herr Müller mehrtägige Seminare zu den Themenbereichen eisenbahnbetrieblicher Grundlagen, Zugbeeinflussungssysteme und Stellwerkstechnik durch.

Dipl.-Ing. Jan Poliak

Jahrgang 1978, Studium der Elektrotechnik von 1998 bis 2003 an der Universität Žilina (Slowakische Republik), seit 2003 wissenschaftlicher Mitarbeiter am Institut für Verkehrssicherheit und Automatisierungstechnik der Technischen Universität Braunschweig.

Träger des Werner-von-Siemens-Excellence Award für die beste Diplomarbeit der Slowakischen Republik im Jahr 2003.

Herr Poliak beschäftigt sich mit der Entwicklung und Betreuung von Versuchseinrichtungen für die Visualisierung des Eisenbahnbetriebs sowie der Entwicklung von Verfahren zur Validierung von Satellitenortungssystemen für sicherheitsrelevante Anwendungen im Straßen- und Schienenverkehr. Zusätzlich ist Herr Poliak im Rahmen einer Arbeitsgruppe der Internationalen Eisenbahnverband (UIC) an europäischen Fragestellungen zur Einführung von

GALILEO[2] basierten Anwendungen in den Betrieb europäischer Eisenbahnen tätig.

Prof. Dr.-Ing. Dr. h.c. Eckehard Schnieder

Prof. Dr.-Ing. Dr. h.c. Eckehard Schnieder (Jahrgang 1949) studierte Elektrotechnik an der Technischen Universität Braunschweig und promovierte dort im Bereich Antriebstechnik. Von 1979 bis 1989 war er bei Siemens für automatische Bahnsysteme verantwortlich. Sei 1989 lehrt und forscht er an der Technischen Universität Braunschweig in dem Bereich Regelungs-und Automatisierungstechnik sowie Verkehrssicherheit und leitete das zugehörige Institut. Prof. Schnieder hat zahlreiche nationale und internationale Forschungs- und Entwicklungsprojekte der Verkehrsautomatisierung und -sicherheit initiiert, und darinn mitgewirkt.

Dr.-Ing. Harald Schrom

Jahrgang 1970, Studium der Elektrotechnik mit Fachrichtung Datentechnik von 1990 bis 1996 an der Technischen Universität Braunschweig. Nach dem Zivildienst ab 1998 wissenschaftlicher Mitarbeiter am Institut für Regelungs- und Automatisierungstechnik der TU-Braunschweig.

Neben experimentellen Versuchen zur Satellitenortung und Labormuster- aufbau eines satellitengestützten Zugleitsystems unter Funktionsspezifikati- on durch Petrinetze sowie einem Eisenbahnmodell-Demonstrator, bildete den Schwerpunkt der Arbeiten die technische Kommunikation, insbesondere Feld- bussysteme, die 2003 in eine Promotion auf diesem Gebiet mündeten. Seit- dem erfolgt eine Weiterentwicklung des patentierten Feldbussystems sowie selbständige Tätigkeiten auf den Gebieten des Facilitiy Managements (Ge- bäudeleitsysteme, Solartechnik) mit Regelungs- und Anlagenentwurf sowie IT-Systemen.

Dr.-Ing. Roman Slovák

Jahrgang 1974, Studium der Elektrotechnik an der Universität Žilina (Slo- vakische Republik). Seit 2000 Mitarbeiter am Instituts für Verkehrssicherheit

---

ropäisches satellitenbasiertes Ortungssystem

und Automatisierungstechnik der Technischen Universität Braunschweig. Promotion 2006 zum Thema „Methodische Modellierung und Analyse von Sicherungssystemen des Eisenbahnverkehrs". Manager des EU-Projektes SELCAT (Safer European Level Crossing Appraisal and Technology).

Dr.-Ing. Stefan Wegele

Jahrgang 1975, Studium des Maschinenbaus an der TU Braunschweig. Seit 1999 Mitarbeiter am Institut für Verkehrssicherheit und Automatisierungstechnik der Technischen Universität Braunschweig. Promotion 2005 zum Thema „Echtzeitoptimierung für die Disposition im Schienenverkehr".